ROWOHLT
BERLIN

Lutz Niethammer
Alexander von Plato Dorothee Wierling

Die volkseigene Erfahrung

Eine Archäologie des Lebens in der Industrieprovinz der DDR

30 biographische Eröffnungen

Rowohlt · Berlin

Lektorat: Charles Schüddekopf
Umschlaggestaltung: Walter Hellmann
Foto: Berliner Verlag

1. Auflage April 1991

Satz Sabon (Linotronic 500)
Gesamtherstellung Clausen & Bosse, Leck
Printed in Germany
ISBN 3 87134 009 x

Inhalt

Aufbau und Stillstand

Glasnost privat 1987

Reportage über eine Befragung unter den Zeitgenossen Honeckers zur Zeit Gorbatschows

Aufklärung, Avantgarde und Absolutismus

An einem Herbstabend des Jahres 1985 stand ich in einer Ost-Berliner Privatkneipe mit einem damals führenden Zeithistoriker der DDR am Tresen. Seit dem Frühjahr hatte Gorbatschows neues Programm erste Hoffnungen auf Perestroika und Glasnost auch für die DDR zu wecken begonnen, und ich hatte meinen Kollegen gebeten, durch seine Fürsprache für mich eine Genehmigung zur Benutzung von Archiven und zur Durchführung einiger lebensgeschichtlicher Interviews in der DDR zu erwirken. Ich wollte damals eine deutsche Nachkriegsgeschichte Ost und West schreiben und empfand, daß unsere Oral History-Befragungen im Ruhrgebiet meine Sicht der westdeutschen Erfahrungen stark geprägt und auch verändert hatten[1], während mir die Literatur über die Geschichte der DDR überpolitisiert und in ihrer kanonischen Weise dem wirklichen Leben entfremdet erschien.[2] Ohne einen ‹Quellenbiß› schien es mir ganz un-

---

1 Vgl. Lutz Niethammer u. Alexander von Plato (Hg.): Lebensgeschichte und Sozialkultur im Ruhrgebiet 1930–1960, 3 Bde. Neuausg. Bonn/Berlin 1989.

2 Trotz einer nicht unbeträchtlichen biographischen Literatur ist alltagsnahes biographisches Material aus der DDR in Ost und West gleichermaßen wenig publiziert worden. Die wichtigsten Ausnahmen sind: Erika von Hornstein: Die deutsche Not.

möglich, die Strukturen und Erfahrungen in der DDR auf eine vergleichbar realistische Weise in den Blick zu nehmen wie die westdeutschen.

Die Avantgarde und das Volk

In seinem gemütlichen Sächsisch erklärte mir der ostdeutsche Kollege, daß seine Bemühungen um entsprechende Genehmigungen für mich gescheitert seien. Insbesondere ‹Oral History› sei in der DDR amtlich nicht erwünscht, da die DDR ein Staat der Avantgarde sei. Das Unverständnis muß mir im Gesicht gestanden haben, denn er fügte hinzu: in einer von einer Avantgarde geleiteten Gesellschaft habe die Masse des Volkes naturgemäß ein zurückgebliebenes Bewußtsein. Dieses durch seine Erforschung und öffentliche Thematisierung mit sich selbst zurückzukoppeln sei unter dem Gesichtspunkt der Avantgarde ein schädlicher Vorgang. So klar hatte mir noch niemand die führende Rolle der Partei und die Unhörbarkeit des Volkes in der Öffentlichkeit der DDR erklärt. Offenbar hatte er Rollenprosa gesprochen, denn er lächelte wehmütig. Ich fragte ihn naiv, ob diese Ansicht im Zeitalter der Glasnost nicht vielleicht durch eine höhere Entscheidung revidiert werden könne. Das hielte er nicht für wahrscheinlich, denn es sei eine ziemlich hohe Entscheidung – später hörte ich, daß sie im ZK der SED gefallen sei. Aber ich könnte es ja vielleicht noch mit einer ‹Staatsratseingabe› versuchen.

Staatsratseingabe

Staatsratseingaben, so sollte ich in den nächsten Jahren lernen, waren im ancien régime der DDR ein weitverbreiteter Brauch, durch Petitionen beim Landesherrn (sozusagen als oberstem Ombudsmann) die Entscheidungen oder die Untätigkeit seiner Bürokraten

---

Flüchtlinge berichten, Köln/Berlin 1960; Hildegard Baumgart: Briefe aus einem anderen Land. Briefe aus der DDR, Hamburg 1971; Maxi Wander: Guten Morgen, Du Schöne. Protokolle nach Tonband, Berlin DDR 1977; Gabriele Eckart: So sehe ick die Sache. Protokolle aus der DDR. Leben im Havelländischen, Köln 1984; Wolfgang Herzberg: So war es. Lebensgeschichten zwischen 1900 und 1980. Nach Tonbandprotokollen, Halle u. a. 1985; Landolf Scherzer: Der Erste. Eine Reportage aus der DDR, Köln 1989 (zuerst Rudolstadt 1988).

überprüfen zu lassen. Sie standen im Ruf unerwartet häufigen Erfolgs und konnten sich, der Allzuständigkeit des Staates in einer weitgehend verstaatlichten Gesellschaft entsprechend, prinzipiell auf alle Lebensgebiete beziehen. Ob nun eine Rheumatikerin in ihrer feuchten Wohnung keinen Heizlüfter für die Übergangsjahreszeit bekam, weil der Gebrauch von Heizlüftern in der von Amts wegen sonst stets überheizten DDR aus Gründen der Energieersparnis nicht zugelassen war, oder ob die Baubehörde dem Pfarrer über 15 Jahre die Ziegel verweigerte, um das Kirchendach zu flicken, so daß die Nässe den Schaden an dem Denkmal aus den Tausendern in die Millionen vergrößerte: Eine Staatsratseingabe war die letzte Hoffnung, wenn man an den Vorschriften der Bürokratie oder ihren Schikanen gescheitert war. Und hatte man nicht mit der ersten Eingabe Erfolg, dann vielleicht mit der zweiten oder dritten. Eines Tages mochte dann plötzlich geschehen, was bisher verboten, unmöglich oder undenkbar gewesen war. Offenbar hatte man es höheren Orts nicht so eng gesehen und dazuhin die Macht, dem Petenten auf dem Gnadenwege zu seinem Recht oder doch seinem rechtlich nicht vorgesehenen Bedürfnis zu verhelfen. Die Masse der Eingaben[3] und die Fama ihrer hohen Erfolgsquote stärkten den Ruf des «Generals» – wie der Vorsitzende des Staatsrats und Generalsekretär der SED in Parteikreisen genannt wurde – toleranter, einsichtsvoller, populärer und jedenfalls gnädiger zu sein als sein Apparat. Das Institut der Staatsratseingabe stellte «Erich», wie das Volk ihn nannte, in die Tradition jener Monarchen und Führer, die alles zum Besten wenden würden, wenn sie nur erst um die Nöte des Volkes und die Korruptheit ihrer Beamten wüßten.[4]

---

3 Wie mir später ein Funktionär einer SED-Bezirksleitung erzählte, bediente sich das Volk der DDR des Instruments der Eingaben und Beschwerden auf allen Ebenen und insbesondere beim Staatsrat so massenhaft, daß die Parteiführungen begonnen hatten, Anzahl, Gegenstand und Verlauf der Eingaben in monatlichen Statistiken erfassen zu lassen und diese Tabellen als Hilfsinstrument zur Erhebung der öffentlichen Meinung und der Bewußtseinslage der sozialistischen Nation zu benutzen.

4 Daß bei aller Anonymität und Unbeliebtheit des DDR-Regimes im Ganzen der Staatschef sich dieser monarchischen Gegebenheit und projektiven Beliebtheit erfreut hatte, könnte auch erklären, warum das ganze Regime derart rasant zerstob, nachdem ihn sein Sturz aus den Phantasien seiner Untertanen in die gewöhnliche Wahrnehmung eines aufgestiegenen Feudalherrn überführt hatte. Die nachmalige Wut auf den Sün-

Das alles wußte ich damals indessen noch nicht, als ich am 17. Dezember 1985 wohl vorwiegend aus Trotz eine Eingabe an Erich Honecker richtete, um Zugang zu Archiven der DDR zu erhalten und lebensgeschichtliche Interviews mit 25 Arbeitern durchführen zu können. Darin betonte ich, daß mir «eine die unterschiedlichen Positionen wahrnehmende, unvoreingenommene und kritische Vertiefung der historischen Forschung für unsere beiden Gesellschaften, die Entwicklung ihrer Beziehungen und den Frieden in Europa wichtig» erschiene, wozu ich «aus meiner Sicht nach Kräften einen Beitrag leisten» wolle. Nun, fünf Jahre später, da das Volk der DDR den Anschluß an die Bundesrepublik begehrt, mag die Rede von zwei Gesellschaften wie aus einer anderen Welt erscheinen. Dem Blick des Historikers erscheint die damalige Formulierung dieser Petition zwar auf merkwürdige Weise unsicher, pathetisch und wohl auch anpaßlerisch, aber immer noch nicht ganz antiquiert. Noch immer will die Unterschiedlichkeit der Erfahrungen kritisch wahrgenommen sein, und noch immer handelt es sich um zwei Gesellschaften, die ihre Geschichte trennt, wenn sie auch staatlich vereint sein werden. Ich fügte die Anträge an die verschiedenen zuständigen Behörden bei, unterrichtete den Ministerpräsidenten unseres Landes von diesem Vorgang und bat ihn um Fürsprache für mein Anliegen. Dies geschah auch in einer formvollendeten Note an seine Exzellenz, den Leiter der Ständigen Vertretung der DDR in Bonn, und scheint meine bescheidene Bitte kurzzeitig auf die Ebene von Fernschreiben und dringenden Telefongesprächen gehoben zu haben, denn Johannes Rau hatte damals die SPD im Wahlkampf geführt.

Aber dann hörte ich nichts mehr davon. Zwei- oder dreimal bat ich Historikerkollegen an der Akademie der Wissenschaften der DDR, in deren Bibliothek ich während eines Forschungssemesters im andern Teil der Stadt häufiger auf Tagesvisum zu Gast war[5], sich nach

denbock sagt freilich mehr über die vormaligen Phantasien und Verdrängungen seiner «enttäuschten» Untertanen als über deren Objekt.

5 Die damaligen Arbeitsbedingungen der Kollegen haben sich mir im Bild eines Siegels verdichtet, das ich allabendlich sah, wenn ich aus der Bibliothek kam: es war an der Tür des Fotokopierraums, in dem die Angehörigen des Instituts sich ausnahmsweise und auf schriftlichen Einzelantrag an die Institutsleitung von einer dort eigens

dem Schicksal meiner Eingabe umzuhören. Mal machten sie mir Hoffnungen aufs Archiv, mal auf Interviews; immer konnten sie aber nichts Genaues herausfinden, außer daß höheren Orts geprüft werde. Erst später habe ich gehört, daß angeblich einige von ihnen aufgefordert worden seien, sich zu meinem Antrag gutachtlich zu äußern, und ein negatives Votum abgegeben hätten. Sie fürchteten, sich durch eine Befürwortung zu kompromittieren oder für meine Ergebnisse haftbar gemacht zu werden. Von einem oder zweien ist mir auch zugetragen worden, sie hätten selbst nämlich gerne Oral History in der DDR betrieben oder betreiben lassen und seien schon im Vorfeld abgeblockt worden. Denn jedes Interview in der DDR war durch den Ministerrat genehmigungspflichtig, wenn sich daran auch einige Beherztere nicht notwendig hielten.[6] Jedenfalls scheinen einige Kollegen gefürchtet zu haben, daß die Methode auch fürderhin stigmatisiert bliebe, wenn ein Westler mit zurückgebliebenem liberalem Bewußtsein sich ihrer bediente und damit bestätigte, was der Avantgarde ohnehin schwante, nämlich daß das Bewußtsein des Volks der DDR jugendgefährdend sei.

Unerfindlicher Gnadenerweis

Offenbar ist der Rat der Experten aber nicht durchgedrungen; bei einer Staatsratseingabe wurde eben nach übergeordneten Gesichtspunkten geprüft. Vielleicht war es für eine solche Eingabe auch cha-

---

beschäftigten Spezialkraft einige Seiten aus einem Buch kopieren lassen konnten. Der Sicherheit konnte das Siegel nicht dienen, denn es wäre noch leichter als die Tür zu erbrechen gewesen; es mußte eine symbolische Bedeutung haben: vermutlich sollte es den vorbeigehenden Angehörigen geisteswissenschaftlicher Institute (Fremde konnten das Gebäude nur mit einer Sondergenehmigung betreten) einschärfen, daß auch im Gral der DDR-Wissenschaft niemandem zu trauen war.

6 Vgl. den Forschungsbericht von Petra Clemens: The State of Oral History in the GDR, in: The History of Oral History, BIOS Special Issue 1990, S. 107 ff. Lange vor dem Herbst 1989 begonnen, aber erst danach publiziert wurde aus den Projekten z. B. von Petra Clemens: Die Kehrseite der Clara-Zetkin-Medaille. Die Betriebsfrauenausschüsse der fünfziger Jahre in lebensgeschichtlicher Sicht, in: Feministische Studien 8 (1990) H. 1, S. 20–34; Wolfgang Herzberg: Überleben heißt erinnern. Lebensgeschichten deutscher Juden, Berlin 1990; Dagmar Semmelmann: ‹Machen wir einen radikalen Schnitt!› Krisenverarbeitung an der Basis in einem lebensgeschichtlichen Beispiel, in: J. Cerny (Hg.): Brüche, Krisen, Wendepunkte, Leipzig u. a. 1990, S. 281–297.

rakteristisch, daß sie streng genommen nie beantwortet wurde – außer daß ich nach fast zwei Jahren von der Staatsarchivverwaltung einen höflich ablehnenden Bescheid erhielt, wegen mangelnder Ordnung der Archivalien und Personalnot, wie es hieß – bekanntlich war der Sicherheitsbereich ja so erbärmlich unterausgestattet in der DDR. Aber lange davor, gerade ein Jahr nach jener Belehrung über die Avantgarde und das Volk in einer Ostberliner Kneipe, rief mich mein zeithistorischer Kollege an, um mir mitzuteilen, daß ich die Interviews machen könne. Ich solle ein Exposé schicken, wann, wo und mit wievielen ich sprechen wolle und die Einreiseformalitäten für mich und meine Mitarbeiter vorbereiten.

Ich hatte kaum noch mit einer Genehmigung gerechnet und war baß erstaunt, daß ich nun sogar zusammen mit Mitarbeitern, was ich noch nicht einmal erbeten hatte, die Erhebung durchführen könnte. Nun brauchten die weiteren Prüfungen nur noch ein halbes Jahr, bis wir – d. h. zwei in der Oral History besonders erfahrene Historiker und Freunde, Dr. Dorothee Wierling und Dr. Alexander von Plato, und ich – am 1.4.1987 tatsächlich unsere Feldarbeit aufnehmen konnten, ausgestattet mit auf mehrere Monate befristeten Dauervisen, die uns zur freien Ein- und Ausreise ermächtigten, damals ein unerhört rarer Gnadenerweis im deutsch-deutschen Verkehr. Was uns diese Gnade – und den Neid mancher DDR-Kollegen – eingebracht hat, ist uns nie bekannt geworden. Der beste Tip scheint mir immer noch das gesamtdeutsche Prestige von Johannes Rau. Vielleicht war auch die Stasi an unseren Erkenntnissen interessiert und unterschätzte aus den in der DDR üblichen Traumvorstellungen von westlicher Effizienz den Zeitaufwand unserer Auswertungsarbeit oder auch ihre eigene Lebenserwartung. Vielleicht war es in diesen Jahren unmerklicher kleiner Öffnungsexperimente auch viel einfacher, nämlich daß einem im Grunde harmlose Dinge auch gestattet wurden, wenn man nur fragte, was die meisten DDR-Kollegen sich gar nicht erst getrauten. Aber auch denen, die sich trauten, das offizielle Verbot zu mißachten und in kleinerem Umfang ungenehmigte Interviews zu machen, geschah nichts.

Für die letztere Variante spricht auch, daß alles mit zunehmender Liberalität verlief, nachdem sich die Schleusen erst einmal geöffnet hatten – fast ebenso wie bei uns im Westen, wo unser Projekt unter Kennern als eine kleine Sensation gewertet wurde. Unsere Kollegen an der FernUniversität ließen uns mitten im Semester zu unseren Feldphasen ziehen, bevor es sich die östlichen Behörden möglicherweise wieder anders überlegen konnten. Die VW-Stiftung stellte kurzfristig Mittel für unsere Reisekosten und für die Bearbeitung der Interviews bereit.

Betreuung

Im Osten wurden unsere Untersuchungsorte genehmigt: wir hatten, um einen Vergleich zu unseren Forschungserfahrungen im Industrierevier an der Ruhr, zu dem es ja nichts Vergleichbares in der DDR gibt, zu ermöglichen, Orte für drei historische Schichten der Industrieentwicklung beantragt. Erstens Karl-Marx-Stadt oder wie es jetzt wieder heißt: Chemnitz als sächsisches Zentrum der frühen Textil-, Kleineisen- und Maschinenbauindustrie (sozusagen eine östliche Variante von Wuppertal oder Hagen). Zweitens das mitteldeutsche Bitterfeld mit seiner Braunkohle und Chemieindustrie als Repräsentant der technischen Entwicklung der Zwischenkriegszeit (sozusagen ein östliches Ensemble aus Bottrop und Leverkusen, die uns dagegen aber vergleichsweise wie Luftkurorte erschienen). Und drittens Eisenhüttenstadt, das in den fünfziger Jahren, als dort die erste neue Stadt der DDR in den märkischen Sand gesetzt wurde, Stalinstadt hieß, als einen der repräsentativen neuen Industriestandorte der DDR, wo sich an der Oder polnische Kohle aus Oberschlesien, Eisenerz aus der Sowjetunion und der Fleiß und die Improvisationskraft ostdeutscher Vertriebener zur Feier des stalinistischen Primats der Grundstoffindustrie über den Weltmarkt trafen. Über sechs Kombinate (Stahl, zweimal Chemie, Braunkohle, Fahrzeug- und Maschinenbau, Textil) bzw. deren Partei- oder Betriebsgewerkschaftsleitungen wurden uns erste Kontakte vermittelt, was wir zunächst als fürsorgliche Belagerung empfanden; aber als wir über diesen Rahmen hinauswollten, ließ man uns (außer im Bezirk Halle) laufen und uns 60 Prozent unserer Interviewpartner auf anderen Wegen finden, über

Kirchen, Altentagesstätten, Schrebergärten, Blockparteien, jüdische Gemeinden und allerhand private Verweise.

Als höfliche Belagerung empfanden wir auch das mit Bestimmtheit uns aufgedrängte Angebot, unser Projekt als ein Gemeinschaftsvorhaben mit den DDR-Historikern an der Akademie zu konstruieren, weshalb wir in der Feldarbeit von dortigen wissenschaftlichen Mitarbeitern betreut werden sollten. Anfangs haben wir mit reflexhaftem Argwohn herauszubringen versucht, wer von ihnen der Stasi-Mann sei, aber wir haben das bald aufgegeben, denn Berichte mußten sie alle schreiben. Nach ein paar Wochen ließen sie ihre Berichte aber so auffällig liegen, daß wir sehen konnten, daß sie die behutsamsten Feindbeschreibungen von uns verfaßten, zu denen kritische Solidarität und der Selbstschutz befähigen.[7] Viel von unserem Argwohn hatte sich auch bald gelegt, als wir ohne Probleme mit ihnen vereinbaren konnten, daß sie nur auf unseren Wunsch zu Interviews mitkamen (insgesamt war bei 15 Prozent unserer Interviews einer unserer Betreuer dabei) und daß sie nach anfänglichem Kampf mit ihrem staatsimprägnierten Gewissen auch nicht mehr uns ausforschten, mit wem wir in ihrer Abwesenheit gesprochen hatten. Danach haben wir sehr viel unbefangener am Abend mit ihnen den ungarischen «Grauen Mönch» gebechert, der die Hausmarke unseres Projekts wurde. Mit einem Wort: wir haben uns rundum mit unseren «Bewachern» angefreundet. Sie waren Historiker wie wir, Mitarbeiter des Bereichs DDR-Geschichte der Akademie, als solche zugleich als ideologische Vorhut verschrien und als sozialgeschichtliche Sonderlinge unter den politischen Hagiographen der Zeitgeschichte der DDR isoliert, und alle waren natürlich Mitglieder der SED.

---

7 Als dokumentarische Anlage sind diesem Band drei beispielhafte Betreuungsberichte beigefügt, die uns unsere ‹befreundeten Bewacher› im Sommer 1990 zugänglich machten; ihre Verfasser sind mit dem Abdruck einverstanden. Der erste stammt aus dem Anfang der Feldarbeit in Eisenhüttenstadt, der letzte von deren Ende in Chemnitz. Diese beiden spiegeln die Mehrschichtigkeit der offiziellen Berichterstattung und wurden seinerzeit ans Akademieinstitut und von da aus wohl auch an höhere Stellen weitergegeben. Der zweite hingegen enthielt eine so riskante und offen (selbst)-kritische Auseinandersetzung mit der Felderfahrung, daß der Leiter der Betreuungsgruppe ihn zurückhielt.

Negation der Negation

Noch ganz abgesehen von der Begegnung mit den 55 SED-Parteimitgliedern unter unseren 150 Befragten, die unsere Phantasien über den monolithisch-ideologischen Charakter der SED auflöste, hat uns auch der Austausch mit unseren vier sich abwechselnden «Betreuern» das Bild dessen, was in der SED möglich war, differenziert. Sie waren Berliner Intellektuelle, wie sie uns in der Industrieprovinz, auf die sich unsere Untersuchung konzentrierte, nicht begegneten, und sie waren jünger als unsere meist über sechzigjährigen Zeitzeugen. Vielleicht ist es deshalb nützlich, wenn ich einige Eindrücke von ihnen skizziere. Gemeinsam war ihnen in unterschiedlichen Mischungsgraden eine merkwürdige Verschränkung von Materialismus und Idealismus, die ihren Wahrnehmungsapparat strukturierte. Einerseits ein eingebauter Reflex zum ökonomischen Reduktionismus, soweit es allgemeinere gesellschaftliche Fragen anging, andererseits ein, wie mir schien, unausrottbarer Hang zum Positiven in allen politischen und anthropologischen Dimensionen des Sozialismus. Nichts war ihnen fremder als der teils den analytischen Blick schärfende, teils auch nur kulturkritisch schicke Negativismus der linken Szene im Westen und gar deren Hang zu anarchisch-libertärem Chaos. Die Negation der Negation schien in ihrem einst dialektischen Denken zu einer Position stillgestellt, die sich ans keimhaft Positive im sozialistischen Aufbau klammerte. Wenn wir wieder einmal beim abendlichen Zusammensitzen die lange Litanei unserer Kritik aus den Erfahrungen des Tages konkretisierten und dabei in einem Nebensatz auch ein Erstaunen über etwas Positives erwähnt hatten, versuchte der Gruppenleiter nicht, unsere Kritik zu widerlegen, denn meist handelte es sich ja um Punkte, an denen auch er litt, sondern er quittierte mit einer heiteren Wehmut nur den Nebensatz: «Immerhin!»

Der graue Mönch

Dieses «Immerhin!», das zu einem ironischen Codewort unseres Projekts geworden war, ist ihm in den letzten Monaten abhanden gekommen, und er erwartet nun seinen Rausschmiß aus der Akademie, wie seinerzeit auf der Höhe des kalten Krieges, als er als Unbotmäßiger nach einem Parteiverfahren das erste Mal in die Produktion mußte. Er hat uns mit dem «grauen Mönch» bekannt gemacht und schien uns mit seinem grauen Stoppelhaar und seiner hageren Gestalt, seinen strengen Falten und seinem heiteren Blick selbst wie einer. Er war mir zum erstenmal aufgefallen, als ich 1985 oder 86 einen Vortrag über unsere Oral History-Projekte im Ruhrgebiet an der Akademie gehalten und darin offen über deren Grenzen, organisatorische Implikationen und persönliche Irritationen berichtet hatte. Während die Kollegen mich nach kurzer Diskussion in ein Nobelrestaurant – das aber, wie meist, just an diesem Tage geschlossen hatte – abschleppen wollten, war es dieser Mitarbeiter, der seine Kollegen mit dem Argument, Offenheit verdiene eine offene Antwort, bewog, den ganzen Nachmittag über mit mir über ihre derzeitigen Arbeiten und deren Probleme so wenig geheimniskrämerisch zu diskutieren, als gebe es alle die schönen Vorschriften über die Weitergabe dienstlichen Wissens an den Klassenfeind nicht. Als Sohn einer deutschen Mutter und eines tschechischen Antifaschisten, der im Partisanenkampf gegen die Nazis getötet worden war, war er auf einem Internat für die Kinder von Antifaschisten erzogen worden und hatte sein Schicksal entsprechend eng mit dem des neuen Staates verflochten gefühlt. Wissenschaftliche Ausbildung und politische und Kulturarbeit in einem Stahlwerk hatten ineinandergegriffen, bevor er nach der Promotion, aus der er nur einen populären Aufguß als Broschüre publizieren konnte, auf einer Mitarbeiterstelle der Akademie stagnierte: seine eigenen Arbeiten wurden nicht publiziert, während seine Arbeitskraft in Beiträgen zu großen Kollektiv-Sammelwerken verpuffte, die niemand lesen wollte.

Seitdem ich ihn kannte, wartete er vergebens auf die Publikation eines Artikels, in den er seine jahrelangen empirischen Forschungen über die Privatunternehmer in der DDR der fünfziger Jahre zusammengepreßt hatte: er hatte nämlich herausgefunden, daß sie bereits in den ersten Nachkriegsjahren so sehr ans Gängelband staatlicher Institutionen, besonders des Kreditwesens, genommen worden waren, daß von einer selbständigen oder gar gegnerischen gesellschaftlichen Kraft nicht mehr die Rede sein konnte. Die von Zeit zu Zeit von der SED losgetretenen klassenkämpferischen Aktionen gegen sie stellten sich deshalb als eine selbstzerstörerische Farce zur Unterhaltung der Basis heraus. Es wäre ihm freilich nie eingefallen, seine Ergebnisse in solche ketzerischen Worte zu fassen, sondern er hatte ihre kritische Komponente in einer Wiederentdeckung des Leninschen Begriffs des «Staatskapitalismus» verborgen, den er nun anstelle des stalinistischen «Aufbaus des Sozialismus» anbot. Von Jahr zu Jahr wurde er trauriger, wenn ich ihn fragte, ob der Sammelband, in dem sein Artikel publiziert werden sollte, nunmehr erschienen sei, aber er war genug ein Kind der DDR, daß er nicht müde wurde, vor mir die Verzögerung mit Verlagsproblemen, Papiermangel und ähnlichem zu rechtfertigen. Als ich de Bruyns Wissenschaftlersatire «Märkische Forschungen» las, merkte ich, daß er nur in einem Punkte übertrieben hatte: die Wissenschaftler, die ich kennenlernte, auch die mit Machtpositionen, wohnten nicht in malerischen Altbauvillen am Stadtrand, sondern in schmucklosen Kleinwohnungen in irgendeinem neueren Plattenbaukasten.

Auch ein Funktionär

Unser zweiter «Bewacher» machte darin insofern eine Ausnahme, als er tatsächlich in einem Einfamilienhaus mit Garten am Rande der Stadt wohnte, allerdings nur im Dachboden, den er für seine Familie ausgebaut hatte, als die Kinder am Prenzlauer Berg aus den Luftröhrenkrankheiten nicht mehr herauskamen. Außerdem verzehrte sein Vater, ein kriegsbeschädigter Kommunist und Vorarbeiter, zwei Straßen weiter in seinem Siedlungshäuschen seine Rente, was die Kinderversorgung erleichterte. Er war der Nachwuchsstar des Instituts, neugierig, unkonventionell, intelligent und wohlinformiert wirkte er zugleich kumpelhaft-eingeboren in der DDR und mit seinem zottigen Bart und seinen heimgeschneiderten Lederhosen wie aus der alternativen Szene jenseits der Mauer gezogen. Nach einer glanzvoll absolvierten Promotion (über die Ost-West-Pendler in Berlin vor dem Mauerbau) wurde er zu meinem Erstaunen zum Parteisekretär und damit zum Mitglied der Leitung des großen Akademieinstituts bestimmt. Die Partei war für ihn eine Sache der familiären Tradition und einer Verantwortungsethik, die ihn magenkrank machte.

Er meinte, daß das System sich öffnen müßte, aber daß dies nur unter Leitung und Vermittlung durch die Partei geschehen könne, und es trieb ihn zur Verzweiflung, daß das Regime keine Anstalten machte, diesen Prozeß einzuleiten und auch durch die Diskussionen der Intellektuellen mit den Parteioberen aus dem Politbüro nicht bewegt, sondern nur zu noch größerer Verhärtung getrieben wurde. Sein Horrorszenario, das ihn zwischen hektischen innerparteilichen Diskussionen und depressiven Krankheitsausfällen taumeln machte, war nämlich von den Kategorien Ökonomie und Gewalt geprägt und drohte, daß es bei einer weiteren Verschlechterung der Versorgung oder einer für das ökonomische Überleben notwendigen materiellen Stimulierung nach Leistung, die ebenfalls eine Verschlechterung des Lebensstandards der Massen zur Folge haben werde, zu Ausbrüchen der weitgehend entfremdeten proletarischen Basis im Stile des 17. Juni 1953 kommen werde. Seine Phantasie und Lebenserfahrung in der DDR reichten nicht aus, sich eine andere Reaktion darauf als eine gewaltsame Niederschlagung, die er «die Katastrophe» nannte, vorzustellen. Deshalb schien ihm ein Wandel ohne oder gegen die Partei gefährlich. Er wollte die Partei aus den nämlichen, auf Ökonomie und Gewalt verkürzten Wahrnehmungen bewegen, aus deren Unlösbarkeit heraus sie sich nicht bewegte, sondern die Gewalt in ihr aufstaute. Inmitten der Problemverdrängung und Ratlosigkeit der DDR 1987/88, als man im Westen die DDR noch im Stile des Honecker-Besuchs bei Kohl wahrnahm, war er der einzige, der von der Gefahr sprach. Seiner Strategie ist er bis zuletzt, als er als Parteitagsdelegierter der Akademie Gysi mit auf den Schild hob, treu geblieben und danach sich selbst, auch aus Trotz gegen die Wendehälse, die noch Hosianna geschrien hatten, als ihn seine Alpträume von der Katastrophe nicht mehr schlafen ließen.

Der Modernisierer

Die beiden anderen ‹Bewacher› kamen aus bürgerlicheren Familien, aber das gab ihnen wenig Gemeinsamkeit. Mit unserem dritten Betreuer, der Anfang 1990 seinen verquer nationalen Chef als Bereichsleiter am Akademieinstitut beerbt hat, nachdem er als einer der ersten aus der SED ausgetreten war, wurden wir anfangs nicht warm.

Stets kontrolliert, erschien er von unwandelbarer Alterslosigkeit. Seine stete Zurückhaltung und sein unerschöpflicher Informationsfundus machten ihn zum Ziel geheimdienstlicher Projektionen. Auch er hatte den Hang zum Positiven, freilich in der gefrorenen Variante des Normalen. Jede kritische Wahrnehmung konnte er mit Informationen beantworten, die den Gegenstand als systemübergreifend normal erscheinen ließ. Er forschte seit langem – und soweit ich sehe, als einziger – über Lage und Verhalten der Arbeiter in der frühen DDR und hatte mit seinem empirischen Sinn herausgefunden, daß sie alles taten, was in der Ideologie nicht vorgesehen war: Sie waren materiell motiviert, sie hatten bereits Ulbricht Arbeitskämpfe geliefert, und ihr Widerstand hatte Anfang der sechziger Jahre eine neue, mehr marktkonforme ökonomische Politik erzwungen. Unermüdlich erklärte er lächelnd die Macht der konkreten Verhältnisse, aber nie ließ er sich zu einem Wort ihrer Kritik oder auch ihrer Verteidigung hinreißen.

Schon früh hatte ich erfahren, daß er von der Oral History nichts hielt, weil er sie in der DDR nicht für notwendig erachtete. In jenem Nachgespräch zu meinem Vortrag an der Akademie hatte er unverblümt in Frage gestellt, sich auf die Unwägbarkeiten des Gedächtnisses einzulassen, wo doch in der DDR alle Archive von (freilich für uns gesperrten) Berichtsquellen überflossen. Die Berichte stammten beileibe nicht nur von den «IM» der Stasi (den informellen Mitarbeitern, vulgo: den Spitzeln), sondern von allen Kombinatsetagen, allen Staats-, Partei- oder Gewerkschaftsorganen, die auf höheren Ebenen zusammengefaßt und ausgewertet wurden, aber in ihrer Urform bis tief hinab zu allen Wahrnehmungen vor Ort reichten. Mein Einwand, daß das auf Bespitzelung beruhende Berichtssystem die freie Meinungsäußerung verbogen habe und schon deshalb eine Wahrnehmung der Erfahrungen der Subjekte nicht ersetzen könne, machte ihn nachdenklich, aber überzeugte ihn angesichts der Masse der unausgewerteten Berichtsquellen in der DDR nicht. Auf der anderen Seite war er unserer sozialbiographischen Arbeitsweise am nächsten und über eine sich der quantitativen Daten versichernden Sozialgeschichte im Westen wohl informiert. Er wollte in einem Computer – unter unseren ‹Bewachern› konnte nur er einen handhaben, wenn auch nicht kaufen – alle Personendaten und Lebensläufe, die ihm bei seinen archivalischen Recherchen über die Arbeiter in der Braunkohle begegneten, speichern und hatte deshalb auf Karteikarten Vorarbeiten für ein unsystemisches, aber gleichwohl einzigartiges Archiv der biographischen Daten von mehreren tausend DDR-Arbeitern und Funktionären betrieben, sozusagen ein wissenschaftlicher Geheimdienst seiner selbst. Nicht nur im Umgang mit Computern, auch sonst liebte er das Professionelle und das Moderne und interessierte sich für moderne «formalistische» Kunst und Architektur. Einmal schien mir, als ob die Distanz ganz gewichen sei, nämlich als wir zusammen in Dessau begeistert das mittlerweile musterhaft restaurierte ‹Bauhaus› besichtigten und unter seiner Führung in den Nebenstraßen die Reste der Meisterhäuser suchten. Als wir ihn noch zu Honeckers Zeiten einmal nach Hagen eingeladen hatten, fragte ich am Ende des Besuchs – es war seine erste Westreise –, was ihm denn im Westen am meisten aufgefallen sei oder was ihn überrascht habe; eigentlich nichts, hatte er geantwortet, das Überraschende sei, daß alles so «normal» sei.

«ML-Tante» auf Bewährung

Die letzte in der Gruppe unserer befreundeten Bewacher durfte zu Honeckers Zeiten nicht in den Westen fahren, und auch danach zögerte sie lange, von uns eine Einladung anzunehmen, denn sie fürchtete einen Schock und Gewissensbisse. Aus dem protestantischen Milieu ihrer Kindheit hatte sie einen intensiven Hang zur Verinnerlichung und zum schlechten Gewissen mit in die Staatsjugend genommen, in der ihre kindliche Gläubigkeit an die «Zielstellung» der neuen Ordnung auf das Gute zu einer Art kommunistischem Pietismus ausgebildet worden war, der sie über kurz oder lang mit der zynischeren Staatskirche der SED in Konflikt bringen mußte. Bei ihr dauerte es bis 1976. Sie hatte Philosophie studiert und war nach der Promotion an der Humboldt-Universität das geworden, was sie selbst «ML-Tante» nannte, d. h. sie lehrte Marxismus-Leninismus im fakultätsübergreifenden Grundlagenstudium. Ihre Vorliebe für Marx' Frühschriften hatte sie noch nicht in Konflikt mit ihren Oberen gebracht, aber als sie nach Wolf Biermanns Ausbürgerung zur Aktualisierung ihres Unterrichts auf dessen Texte und die Proteste aus der Intelligenzija der DDR zurückgriff, wurde ihr eine Bewährung in der Produktion «nahegelegt». Danach wurde sie Archivarin in einem Betriebsarchiv. In jenen verstaubten Jahren beschloß sie, dem Proletariat durch Interviews näherzukommen, und begann, alte Kollegen aus ihrem Betrieb zu ungenehmigten, aber quasi dienstlichen lebensgeschichtlichen Langzeitinterviews von zwanzig und mehr Stunden zu gewinnen. Ihre engagierte Querköpfigkeit hatte sie in aller Stille drüben zu denselben Erkenntnis- und Methodenwechseln kommen lassen, die zeitgleich im Westen der Alltagsgeschichte Konjunktur machten. Freilich fragte sie bevorzugt das Gute und Aufbauende aus ihren Gesprächspartnern von der Basis heraus, weil sie in ihnen die Möglichkeiten für einen wahren Sozialismus freilegen und diese dem herrschenden Opportunismus entgegenstellen wollte. Sie tippte das Tonband, weil sie sich mehrere nicht leisten konnte, eigenhändig ab, um es löschen und wiederverwenden zu können, und wurde – wie ja auch viele Pioniere der Interview-Forschung im Westen – zunehmend ratlos über die Länge und Kontingenz ihrer Protokolle. Schließlich wurde sie an der Akademie auf einer gerade vakanten Stelle offenbar zur wissenschaftlichen Resozialisierung eingestellt und – u. a. durch unsere Betreuung (wer wen?) – mit der Professionalisierung ihres Oral History-Vorhabens betraut (die Interviews waren ja schon da).

Nun saß sie bei einigen unserer Interviews dabei und sah anfangs besorgt, später zunehmend neugierig zu, wie wir davon ausgingen, daß uns die Gesprächspartner das «Gute» in ihrem Leben schon von selbst erzählen würden, und die Gespräche immer und immer wieder auf das «Böse», das Schmerzliche, das Unkonforme, die Konflikte zu lenken versuchten. Einmal saß ich mit ihr bei einem Ingenieur und SED-Mitglied, der nicht erkannt hatte, daß sie keine Westlerin war, und uns – uns könne er es ja sagen – anvertraute, was er bisher verborgen habe, nämlich daß er im Krieg einer Elitetruppe des Dritten Reichs angehört hatte und dann noch vielerlei, was seine Distanz zum SED-Regime unterstreichen sollte, u. a. daß er der Partei nur beigetreten sei, um seiner Jagdleidenschaft frönen und Vorsitzender der örtlichen Jagdgesellschaft werden zu können. Sie hielt still, aber als wir das Haus verlassen hatten, begann sie sich heftig zu schütteln und sich Vorwürfe zu machen, daß sie ihm nicht offenbart hatte, daß sie «aus der Hauptstadt» war. Candide im Osten glaubte sie gegen alle ihre Erfahrung, in der besten aller möglichen Welten zu leben und kämpfte einen moralischen und intellektuellen Kampf, daß die Möglichkeiten auch zur realen Existenz gebracht werden sollten. Sie hat dann eine Oral History-Befragung in einem Stahlwerk gemacht. Als ich sie im Oktober 1989 wiedersah, war ihr Glaube angeknackst, aber sie wollte ihrer Partei noch eine Chance geben. Im Winter nahm sie nach langem Hin und Her unsere Einladung zu ihrer ersten Westreise doch nicht an, im März kam sie dann doch, mit einer leuchtend roten Baskenmütze. Aber zwei Wochen vorher war sie aus der PDS ausgetreten.

Grenzüberschreitung

Indessen hat mich nun die Erinnerung an unsere Betreuer von der Spur meines Projektberichts weggetragen und mich den Ereignissen weit vorauseilen lassen. Eine der wesentlichen Sorgen bei der Vorbereitung der Befragung galt der Frage, wie wir die unkontrollierte Ausfuhr der Interviews aus der DDR und den Vertrauensschutz gegenüber unseren künftigen Gesprächspartnern sicherstellen könnten. Auch in einem Land, in dem der Staat kein Monopol auf Geheimnisse hat, gelingt es meist nur, in Interviews hinter die Zensuren der Konformität zu kommen, wenn die Gesprächspartner sicher sein können, nicht nur, daß ihre Namen bei künftigen Veröffentlichungen nicht genannt werden, sondern vor allem, daß z. B. ihre Nachbarn oder Arbeitskollegen nicht erfahren, was sie gesagt haben. In einem Staat mit zusätzlich verstaatlichter Sozialkontrolle kommt die Sorge hinzu, daß sich staatliche Stellen Zugang zu den Gesprächsaufzeichnungen verschaffen und dem Interviewten aus etwaigen nonkonformen Äußerungen einen Strick drehen. Wer hinreichend Spionagekrimis gelesen hat und die Bedeutung seines Projekts hinlänglich überschätzt (und das taten wir natürlich), mochte sich das auf mancherlei Wegen vorstellen, das Naheliegendste aber war die Grenzkontrolle des Gepäcks, zumal damals das Mitführen von Ton- und Videokassetten beim Grenzübertritt verboten war.

Das Dokument

Wir besprachen das Problem mit dem zuständigen Direktor des Akademieinstituts, der Verständnis für unser Schutzbedürfnis zeigte.[8] Daraus entstand das einzige offizielle Schriftstück einer staatlichen Stelle der DDR zu unserem Projekt, das uns je bekanntgeworden ist. Es sollte sich an den Grenzübergängen als ein «Sesam-öffne-Dich» und bei der Anbahnung der Gespräche wie ein allerhöchster Freibrief erweisen. Indessen handelte es sich nur um einen Brief eines Kollegen von der Akademie auf deren Kopfbogen «an die Grenzorgane der DDR». Darin wurden diese darauf hingewiesen, daß wir in Zusammenarbeit mit der Akademie in der DDR ein Forschungsprojekt durchführten und deshalb Tonbänder, Kassetten, Computer, Arbeitsunterlagen und Fachliteratur unkontrolliert ein- und ausführen könnten. Alle, denen wir dieses Schreiben vorlegten, weil wir mit ihnen Interviews führen und ihnen mit diesem unserem einzigen Schriftstück belegen wollten, daß unser Projekt genehmigt sei, haben sich damit zufriedengegeben, daß es sich um eine allerhöchst genehmigte Ausnahme handeln müsse. Offenbar gab es in der DDR keine Unzuständigkeit: wer einen solchen Brief einem Westdeutschen aushändigen konnte, mußte sich offenbar dort rückversichert haben, wo alle Zuständigkeit zusammenfloß.

Und so war es denn wohl auch. Bei mehreren Dutzend Grenzüberschreitungen, die wir anfangs mit Herzklopfen anfuhren, unsicher, ob wir unseren Interviewten auch nichts Falsches versprochen hatten, ergab sich stets das gleiche Ritual. Wir öffneten den Kofferraum voller Tonbandgeräte, Kassetten, Bücher und Akten und zeigten das Schreiben vor. Der Grenzbeamte sah ungläubig auf beides und erwog, ob es Frechheit oder ein Sonderfall sei. Meist mürrisch ging er in

8 In meinem erwähnten Exposé hatte es bereits geheißen: «Weltweit ist es üblich, den Interviewten Anonymität... zuzusichern, soweit sie das wünschen... Es ist deshalb notwendig, daß im Vorlauf zu diesem Projekt festgestellt wird, ob die Interviewkassetten unkontrolliert aus der DDR nach Hagen ausgeführt werden dürfen. Wenn eine solche unkontrollierte Ausfuhr im vorab nicht zugesichert werden kann, muß dies den Interviewten vor Eintritt in das Gespräch gesagt und es muß auch als eine wesentliche methodische Randbedingung in künftigen Veröffentlichungen über das Projekt mitgeteilt werden.»

seine Baracke, um sich bei Vorgesetzten oder Computern rückzuversichern, und kam nach einer Weile wie verwandelt wieder, wünschte uns gute Reise und gutes Gelingen und fügte noch allenfalls hinzu, daß der Brief abgestempelt gehöre.

Unmerkliche Verwandlungen

Von der Grunderfahrung an der Grenze – und die innerdeutsche Grenze ist ja ein wesentlicher Schlüssel zur Geschichte der DDR – könnte der anthropologische Blick nun mehrere Spuren verfolgen. Z. B. zu jener Korrumpierung, zu der auch noch so abgeleitete Macht verführen mag. Wir konnten sie an uns selbst verfolgen, wenn wir – von der Grenze her außer die Regel des Systems gestellt – mehr als einmal keß die sonst von Westlern sklavisch eingehaltenen Geschwindigkeitsbeschränkungen oder Anmeldevorschriften mißachteten, weil uns ein Vermerk im Computer in ein Verhältnis gebracht hatte, in dem Macht vor Recht ging. Oder war es einfach kollektivistische Gastfreundschaft, daß ein Anruf unseres Betreuers bei der Bezirksparteileitung genügte, um einen Strafbefehl gegen Dodo wegen verspäteter polizeilicher Anmeldung über 300 Mark zu annullieren, oder ein Volkspolizist nach einem Blick auf mein Dauervisum mich weiterfahren ließ, obwohl ich geistesabwesend mitten in der Stadt eine rote Ampel überfahren und fast einen Unfall verursacht hatte? Etwas weniger selbstkritisch könnten wir jenen alltäglichen Terrorismus der Staatsmacht weiterverfolgen, wie er sich in der wegwerfend nachlässigen Saumseligkeit der Grenzer angesichts langer Warteschlangen immer wieder ausdrückte, und auch in ihrem plötzlichen Einknicken in autoritäre Bücklinge, sobald sie den vermuteten Untertan in einen möglichen Obertan umgestuft hatten.

Oder wir könnten über die semiotische Verwandlung unserer Contrebande beim Grenzübertritt nachsinnen, über den Bedeutungswandel der protokollierten und transportierten Aussagen, in denen sich ohne jegliche Änderung der elektronischen Aufzeichnung Gut und Böse, das Schickliche und das Ungeschickte durch die bloße Fahrt über ein paar Meter aufwendig inszenierter Grenzanlagen in ihr Gegenteil verkehrten. Denn diese Umwertung aller Werte (und Ängste) durch bloße räumliche Verlagerung der Zeugnisse ist ja seit der Öffnung der Mauer aus dem Raum in die Zeit gekippt. Die Kompromisse von einst werden hier und jetzt auch dort von der anderen Seite gelesen und ohne die Allgegenwart der Kontrollen und Gewohnheiten beurteilt, aus denen sie entstanden. Eine einst dort keck-aufmüpfige Andeutung erscheint hier und jetzt als halbherziges Zugeständnis. Sie muß – und dazu soll die Lektüre langer Zitate immer wieder einladen – gegen den Strich unserer Gewohnheiten gelesen werden, damit ihr Sinn wieder erkennbar wird und in ihm die Mitautorenschaft einer kontrollierten und kontrollierenden Kultur.

Grenzüberschreitungen im Gedächtnis

Es ist dabei noch einer anderen Grenzüberschreitung zu gedenken, nämlich des lebensgeschichtlichen Erinnerungsinterviews selbst und unserer Befragungsmethode.[9]

Lebensgeschichten sind ja immer ein Text, der in einem bestimmten Moment aus einer Auswahl von Erlebtem, das in eine gesamte Sinnkonstruktion verwebt wird, entsteht, und diese Sinnkonstruktion wie auch die Sprache gehören vielmehr dem Moment seiner Entstehung und seiner prägenden Kultur an als jener Vergangenheit, von der die Fragmente des Erinnerten handeln. Das Gedächtnis enthält aber mehr als solche Sinnkonstruktionen auswählen oder zulassen, und einiges davon kann auch erinnert und zur Sprache gebracht werden, wenn ein interessierter Zuhörer danach fragt und denjenigen, der den Spuren und Assoziationen seiner Erinnerung folgt, bei diesem Prozeß des Wiederauffindens unterstützt. Ist dieser andere aus einer anderen Kultur und ist die Kultur des Erinnernden von offiziellen Sinnvorgaben und anderen Zensuren geprägt – und das war ja in den meisten Fällen der Kern unserer Gesprächssituation –, so wird das Interview von widersprüchlichen Interaktionen zugleich behindert und gefördert. Behindert insofern, als der Befragte über seine konventionellen, sozusagen mit der Gesellschaft, dem politischen Regime, den alltäglichen Gesprächspartnern abgestimmten Sinn-

9 Vgl. dazu ausführlicher meinen Beitrag ‹Fragen – Antworten – Fragen. Methodische Erfahrungen und Erwägungen zur Oral History›, in: Niethammer/v. Plato (Hg.); Bd. 3, S. 392–445.

konstruktionen hinaus in brachliegende und unerschlossene Spuren seines Gedächtnisses verlockt oder gestoßen wird und dadurch unsicher über den Sinn und das Risiko seiner Aussagen werden kann. Gefördert insofern, als die meisten Befragten die Herausforderung der fremden Fragen annehmen und vor dem Fremden nicht als jemand erscheinen mögen, der viel zu verbergen hätte – das kann ihre Sinnkonstruktionen anhand neuer Erinnerungen erweitern oder andere Ebenen ihres Denkens aktivieren und dadurch erneut die Erinnerung voranbringen. Insofern ist das Erinnerungsinterview unter solchen Bedingungen, in denen sich die Zensuren der Gesellschaft und die Erzählzwänge gegenüber fremden Fragern widerstreiten, ein fruchtbares und riskantes Abenteuer. Mehr als einmal haben wir erlebt, daß die Interviewten in der ungewohnten Situation, mehrere Stunden lang ihr Leben einem Fremden zu erzählen, am Ende das Gefühl bekamen, sie hätten mehr von sich erzählt, als sie zuvor von sich gewußt hätten. Und zuweilen hat dies auch Angst erzeugt, vor allem davor, daß man sich über die Konventionen der Gesellschaft hinaus ins inopportune Reale, und sei es auch noch so lange vorbei, habe verführen lassen.

Wir müssen gestehen, daß unsere Interviewmethode genau auf diese grenzüberschreitenden Verführungen angelegt war. Soweit es an uns lag, baute sich das Gespräch nämlich aus drei Stufen auf. Auf der ersten erläuterten wir den Sinn unseres Projektes, nämlich die Geschichte der DDR durch die Aufnahme der Erfahrungen und Vorprägungen der einzelnen realistischer zu machen und zu differenzieren, und baten dann, der oder die Befragte möge uns ihr Leben erzählen, wie und wie lange sie oder er wolle. Soweit wir an uns halten konnten, haben wir diesem Bericht zugehört, ob er nun einige Minuten oder mehrere Stunden dauerte, um die Äußerung jener Sinnkonstruktion, die zugleich der DDR und uns Westlern zugewendet war, nicht zu stören und zunächst einen Überblick zu bekommen.

Wenn diese Selbstäußerung zum Ende gekommen war, haben wir in freier Form nachgefragt und dabei nach Möglichkeit zwei Elemente verbunden. Auf der einen Seite baten wir, uns Aussagen und Zusammenhänge, die wir nicht verstanden hatten, zu erläutern und offensichtliche Lücken im Bericht zu schließen. Auf der anderen Seite versuchten wir, das vorherrschende Thema der Sinnkonstruktion des Lebensberichtes zu wechseln – also z. B. jemanden, der fast nur von Beruf und Politik gesprochen hatte, nach seiner ersten Liebe oder dem Verhältnis zu seinen Eltern zu fragen, oder umgekehrt, wenn sich jemand ganz auf das Persönliche und Familiäre konzentriert hatte, mit Fragen zu konfrontieren, etwa wann sie zum erstenmal von der Vernichtung der Juden gehört hätten oder wo sie am 17. Juni gewesen seien. Und diese Versuche, Gedächtnisspuren neu zu eröffnen und die Erinnerung zu erweitern, wurden in freier Form in mehreren Wechseln wiederholt.

Für einen dritten Gesprächsteil, der in der Regel einer zweiten Sitzung, vor der wir das Erstgespräch noch einmal angehört und einer kursorischen Erstauswertung unterzogen hatten, vorbehalten blieb, gab es einen Leitfaden, von dem dasjenige nun noch nachgefragt werden sollte, das bisher in den unstrukturierten Gesprächsphasen nicht berührt worden war – freilich so, daß dem Befragten jederzeit Gelegenheit gegeben werden sollte, auch Themen und Geschichten eigener Wahl, zu denen ihn oder sie der Erinnerungsprozeß geführt haben mochte, aufzugreifen. Dieser – wie gesagt immer nur teilweise benutzte – Leitfaden zielte einerseits auf die Erfassung vergleichbarer Daten über Herkunft, Familie, Ausbildung, Beruf, Krieg, Organisationszugehörigkeiten, Wohnungen, Reisen, Einkommen und Konsum. Andererseits enthielt er persönliche und politische Gesprächsstimuli zu wichtigen Ereignissen der deutschen Geschichte (z. B. «Erinnern Sie sich an den ersten Besatzungssoldaten?») und zu Erfahrungen und Bilanzen des eigenen Lebens (z. B. «Was waren Ihre guten und was Ihre schlechten Jahre?»), die häufig erneut Erinnerungsgeschichten oder Sinnkonstruktionen einer anderen Ebene hervorlocken konnten.

Der Sinn dieses dreistufigen Verfahrens bestand darin, möglichst nahe an das biographische Selbstverständnis der Befragten heranzuführen, möglichst viele Erinnerungsgeschichten aus ihrem Leben sozusagen als Gedächtnisfragmente zu dokumentieren und einen Satz vergleichbarer Daten zu ihrem gesellschaftlichen Ort, ihrer generationstypischen Entwicklung und ihrer Geschichtsverstrickung zu erheben, mit denen die Lebensgeschichten und ihre Erinnerungsfragmente verflochten und zumindest auf ihre innere Stimmigkeit untersucht werden konnten. Die in solchen Fragen angelegte systematische Grenzüberschreitung betrifft sowohl die Grenzen des Privaten wie des Politischen, sie ist aber nicht uferlos, denn die Befragten behalten in aller Regel in diesem Dialog durchaus die Übersicht darüber, zu welchen Lebensdimensionen sie sich äußern wollen – und das noch in der späten DDR gegenüber einem Westdeutschen mit einem Tonbandgerät. Das Oral History-Interview ist keine psychoanalytische Exploration, sondern eine halböffentliche Veranstaltung, die nach einigen Stunden in der Regel einen Sättigungsgrad, was in dieser Situation erinnert werden kann und ausgesprochen werden soll, erreicht. Aber wenn der Prozeß des Erinnerns im Dialog beginnt, werden die gewohnten oder selbstgesetzten Grenzen oft durchlässig und die Gesprächspartner geraten oft schnell, gerade wegen solcher Grenzöffnungen, in ein vertrautes Verhältnis, in dem durch wechselseitige Zuschreibungen auch fast regelmäßig Mißverständnisse eingeschlossen sind. Diese oft produktiven Mißverständnisse können meist erst in der späteren Interpretation aufgefunden und geklärt werden, wenn die Erregung der zugleich menschlichkomplexen, aber auch der Interview-Veranstaltung geschuldeten künstlichen Nähe abgeklungen ist. Das zunächst Unverständliche und Irritierende erweist sich dann oft als viel fruchtbarer als die zunächst völlig klar erscheinenden Auskünfte, insofern sie die Abstiegsstellen bezeichnen, an denen die Interpretation eine tiefere Ebene der Erklärung der Lebens- und Sinnzusammenhänge und ihrer verschwiegenen gesellschaftlichen Voraussetzungen auffinden kann. Dazu braucht sie jedoch neben dem selbstgesteuerten Bericht jene Vielfalt an Informationen und Erinnerungsfragmenten, die der Kontrolle der Erfahrung vorausliegen, aber erinnert werden können.[10]

---

10 Fachlich geschulte Leser werden bereits bemerkt haben, daß ich hier gegen jene soziologischen Kollegen in der Biographieforschung argumentiere, die z. T. eine akribische Virtuosität in der Aufdeckung gegenwartskultureller Implikationen und Stereotypisierungen lebensgeschichtlicher Sinnkonstruktionen entwickelt haben, aber in der Regel mit einer für Historiker ebenso erstaunlichen wie unplausiblen Annahme arbeiten, nämlich daß die zeit- und personenspezifischen Inhalte der Erinnerung entweder beliebig oder uninteressant oder beides seien.

Vorerfahrungen

Im Zusammenhang des Interaktionsgeschehens im Erinnerungsinterview sollte ich vielleicht etwas zu unseren eigenen Erwartungen und Erinnerungen sagen, als wir das erste Mal zu unserer Feldarbeit fuhren, die in Eisenhüttenstadt begann. Niemand von uns dreien hatte Verwandte in der DDR. Alle waren wir eingeborene Westdeutsche ohne jenen zugleich vertrauten und verfremdeten Einblick in das alltägliche Leben der DDR, wie er aus eigener Fluchterfahrung oder einem jährlichen Besuch bei Verwandten entsteht. Aber wir hatten, jeder auf seine Weise, eine besondere politische Erfahrung mit dem anderen Staat in Deutschland.

Genossen im Traditionskabinett

Alexander erwischte seine Vergangenheit gleich an der Grenze, denn für ihn war entgegen den Verabredungen kein Visum hinterlegt. Er hatte als Philosophiestudent zu den Berliner Aktiven von '68 gehört und alle Hoch- und Degenerationsformen der Bewegung an führender Stelle mitgemacht, bis er nach der Auflösung seiner maoistischen Gruppe einen neuen Realitätskontakt suchte und Anfang der achtziger Jahre in der lebensgeschichtlichen Arbeit mit Betriebsräten im Ruhrgebiet fand. Mit dem Regime der DDR, in der er in den späten sechziger und frühen siebziger Jahren etliche politische Dispute durchfochten hatte und mehr als einmal dadurch hinter Gitter geraten war, verband ihn eine leicht erregbare kritische Spannung, ganz im Gegensatz zu seiner umgänglichen Vertrautheit mit ihren Bewohnern, die seine Ruhe und Leutseligkeit schnell erwiderten. Das Gut seiner Väter lag im Wendland, einen Katzensprung von der Elbe, und ob es die nationale Frage war, die ihn in der militanten Phase nach '68 auf den chinesischen Weg brachte, oder ob umgekehrt der Maoismus seine Kritik am spalterischen Revisionismus der DDR erst recht entfacht hat, habe ich nicht miterlebt. Jedenfalls wurzelte seine Kritik der DDR in nationalen und sozialistischen Motiven, und im Rückblick des Jahres 1990 kann man die Frage schwer vermeiden, ob seine mir so entfremdet erschienenen Positionen nach '68 nicht mehr Realitätssinn enthielten als die gutwilligen Verdrängungsleistungen anderer Fraktionen der seinerzeitigen Linken in Deutschland. Jedenfalls hatte die DDR ihm endgültig die Einreise gesperrt, nachdem er auch noch als Mitorganisator zu einem Kongreß für Rudolf Bahro nach dessen Inhaftierung in der DDR aufgerufen hatte.

Nun, nach mehr als einem Jahrzehnt war er begierig, zum erstenmal wieder in die DDR zurückzukommen und sie zu untersuchen. Aber mittlerweile war er Historiker geworden, und sechs Jahre Arbeit an deutschen Lebensläufen, an der Aufspürung ihrer Kontinuitätslinien vor und nach 1945 hatten seine einstige Überpolitisierung gedämpft und seinen Blick für die Grauzonen und politischen Übertragungen in den Biographien auch der Linken geschärft. Daß er auch in dieser professionellen Rolle und trotz aller Vorbereitung nun doch nicht einreisen sollte, war ein Schock. Ich mußte Krach schlagen und unsere Betreuer, sofort solidarisch, viele Telefonate führen, bis er am nächsten Tag dann doch ein Visum bekam. Als er danach nach Eisenhüttenstadt kam, sollte gerade im «Traditionskabinett» [11] des Stahlkombinats unsere erste Vorstellung mit gesprächsbereiten Veteranen beginnen. Der Agitpropleiter der Betriebspartei hatte es sich nicht nehmen lassen, diese deutsch-deutsche Premiere zu eröffnen. Als einziger mit Anzug und Krawatte begrüßte er mich gerade als den Professor aus dem Westen, als Alexander in Lederjacke und mit Tonbandtaschen beladen hinzustieß. Der fixe Sekretär hielt ihn für einen Ostler und streckte ihm die Hand entgegen: «Tag! Genosse? Kollege?», andeutend, daß er nicht sicher sei, ob der Neuankömmling auch in der SED oder nur wie jedermann im FDGB organisiert sei. Alexander nahm die Hand, lächelte und sagte dann zögernd: «Na ja.»

---

11 Etliche größere Kombinate der DDR unterhielten ein «Traditionskabinett» als Treffpunkt derer, die sich in der Erforschung der Betriebsgeschichte engagierten. Gewöhnlich unterstand es der Agitpropleitung der SED und enthielt eine Ausstellung, die Elemente antifaschistischer Erinnerung, prosowjetischen Bekenntnisses und industrieller Repräsentation miteinander verband. Im EKO war sie im Design des Leipziger Messebaus gehalten, aber hinter einer abgrenzenden Wand konnte man doch ganz gemütlich zusammen ein Bier trinken.

Verkennbares «Fräuleinchen»

Dodo war auf dieser Reise besonders erregt von ihrer auch mit 37 Jahren noch immer ungebrochenen Lust aufs Neue, auf Leute und auf das Abenteuer einer Ethnologie des Inlands hinter der Mauer. Das war eine andere Neugier als damals, als sie in den siebziger Jahren zum erstenmal die DDR besucht hatte. Nach '68 war sie an einer Ruhrgebiets-PH der DKP, die damals hier in der Hochschule am aktivsten war, beigetreten, ein Schritt ins Neue aus der Enge des katholischen Vorstadtmilieus. Mit einer DKP-Gruppe «auf Delegation» hatte sie zum erstenmal die DDR mit rosigen Augen gesehen. Aber als sie später ihre Lehrerstelle wieder aufgab, um an die Uni zurückzukehren und noch einmal zu studieren, führten die Neugierde und die Schritte zur Emanzipation, die sie einst in die DKP gebracht hatten, über deren engen Gesichtskreis hinaus. Es war für sie charakteristisch und widersprach den eingefahrenen kommunistischen Ritualen gegen «Renegaten», daß sie bei ihrem Parteiaustritt zum Abschied die ehemaligen Genossen «drückte» und die ihre Umarmung erwiderten. Mittlerweile hatte sie sich in Frauengeschichte und Oral History spezialisiert und in einer Untersuchung über Dienstmädchen im bürgerlichen Haushalt im Kaiserreich gezeigt, daß das herablassende Mitleid mit dem Proletariat und die Herabwürdigung der Frauen zu Daueropfern der Geschichte nicht ihre Sache waren. Sie zeigte vielmehr die kleinbürgerlichen Etablierungsträume und das Heimweh der Mädchen vom Lande, aber auch ihre listige Widerstandskraft in scheinbar völlig unterlegener Situation.

Als sie jetzt, mehr als zehn Jahre später, wieder in die DDR fuhr, hatte sie jedenfalls keine rosigen Augen mehr, sondern andere Teile der Welt gesehen, und ihr Sinn für die Vielfalt der Widersprüche war gewaltig gewachsen, ohne daß sie ihre Herzlichkeit verloren hätte. Mit dem freundlichsten Verständnis verfolgte sie später in Bitterfeld, wo uns partout keine Arbeiter und Arbeiterinnen begegnen sollten, sondern immer erneut Arbeitersöhne und kleiner Leute Töchter zugeführt wurden, die aber längst Direktoren bzw. «Kollegin Direktor» geworden waren, hartnäckig deren hartnäckigen Aufstiegstrieb. Was sie während der Feldarbeit am meisten überraschen sollte, war die Verschiebung ihrer eigenen Interessen: Sie entdeckte nämlich für sich die DDR-ler und sich selbst als Deutsche, sie entwickelte einen Sinn für Ironie, die sie bisher für Zynismus gehalten hatte, und sie begann sich immer mehr für die Totalitarismus-Theorie zu interessieren. Aber das hinderte sie nicht, auch jetzt noch hie und da Genossen, die es verdienten oder brauchten, oder auch Dissidenten zu «drücken». Die Blitzartigkeit, mit der sie bei Fremden Vertrauen erweckte, konnte aber auch insofern etwas Täuschendes haben, als viele ihre Munterkeit zunächst für naiv hielten und zu spät ihre Lust und Fähigkeit erkannten, ihre Gesprächspartner durch das Wechselspiel genau beobachteter Übertragungen zu «knacken». Ihre Erlebnisse mit der DDR-Kultur pflegte sie als «Minuten-Romane» in ihr Journal zu notieren. Der in meinen Augen beste dieser Minuten-Romane klingt heute noch trauriger als damals: Ein älterer Mann tritt ihr an einer Chemnitzer Straßenbahnstation auf den Fuß. Er dreht sich zu ihr um, und zur Entschuldigung schlägt er sich krachend mit dem Stock an sein Holzbein und lacht sie an: «Frankreichfeldzug. Aber dafür hab ich Paris gesehen. Könn'n Sie nicht, Fräuleinchen!»

Kontaktaufnahme

Was meine Person betrifft, so möchte ich hier von drei Vorerfahrungen erzählen. Inmitten der Hoffnungen der ‹Neuen Ostpolitik› war ich vor zwanzig Jahren neugierig auf das Land hinter der Mauer, und außerdem suchte ich damals Unterlagen für die Antifaschistischen Ausschüsse, die sich 1945 beim Einmarsch der Alliierten in vielen deutschen Großstädten gebildet hatten. Von einem solchen Ausschuß in Leipzig hatte ich nur Spuren in amerikanischen Akten gefunden, denn die Amerikaner hatten ihn verboten. Natürlich war mir bekannt, daß noch kein Westler Einsicht in Nachkriegsakten in der DDR bekommen hatte, aber ich hoffte, daß die besseren Zeiten bereits gekommen seien und der Gegenstand unverfänglich genug für einen Versuch sei. Ich schrieb also an die dortigen Archive. Nach einer Weile bekam ich zu meinem größten Erstaunen – telegrafisch – einen positiven Bescheid, und zwar durfte ich sogar mit dem Auto einreisen, was damals außergewöhnlich war und mich hätte stutzig machen sollen. Ich aber stutzte erst, als in dem für mich gebuchten Hotel kein Zimmer auf meinen Namen reserviert und überhaupt nur noch eines frei war, das die Kreisleitung der SED gebucht hatte. Ich dachte schließlich, daß das vielleicht des Landes Sitte sei und legte mich ins politisch gemachte Bett.

Ab dem nächsten Morgen wurde ich fast rund um die Uhr «betreut», in endlose politische Gespräche verwickelt, ausgeführt, ich durfte auch ein wenig an weniger interessanten Archivalien schnuppern, sogar – damals unerhört – eine außerbezirkliche Reise nach Dresden machen und wurde zum Schluß nach Berlin geladen. Zuerst behandelte man mich als etwas naiven, aber gutwilligen liberalen Sympi, am Ende wollte man unverblümt ausgerechnet von mir Ungedientem, daß ich (zunächst öffentlich zugängliches) Informationsmaterial über die Bundeswehr besorgte – natürlich im Sinne der Bannung der Kriegsgefahr durch Aufklärung. Die Woche hat all jene Wahrnehmungen der DDR als Polizeistaat, die ich gerade abzulegen bereit gewesen war, wiederbelebt. Als ich am Ende wieder heraus war und in Helmstedt aus dem Auto steigen wollte, schlotterten mir so die Knie, daß ich hinfiel. Zu Hause informierte ich meinen Chef und hatte auf Jahre genug von östlichen Abenteuern.

Ein sozialistischer Scheck

In der zweiten Hälfte der siebziger Jahre war die deutsch-deutsche ‹Normalisierung› so weit vorangeschritten und mein Schock, der mir zuerst alle möglichen Phantasien über meine Bedeutung und Gefährdung in den Räuberpistolen zwischen Ost und West eingegeben hatte, abgeklungen. Ich wollte damals in Merseburg Akten des Preußischen Handelsministers aus dem Kaiserreich sehen, eine Routineangelegenheit, die sich auch als solche erwies. Ich schnupperte täglich auf dem Weg in mein Hotel in Halle die Ausdünstungen der Herstellung der Plaste und Elaste aus Schkopau und wurde in Ruhe gelassen. Am Wochenende fuhr ich im Anhaltischen herum und fand im Archiv mehr, als ich gedacht hatte, und nach einigen Wochen ging mir das Geld aus. Schecks und anderes kapitalistisches Teufelszeug wurden damals noch nirgendwo akzeptiert, nach Hause fahren wollte ich nicht, weil ich nur ein Visum zur einmaligen Ein- und Ausreise hatte, und die ständige Vertretung in Ost-Berlin erklärte sich unzuständig für abgebrannte Touristen.

Also schickte ich ein Telegramm nach Hause und bat um eine telegrafische Anweisung, aber das Geld kam und kam nicht, sondern ging seinen sozialistischen Gang über deutsch-deutsche Verrechnungsstellen, die Außenhandelsbank der DDR, die Staatsbank in Berlin und sollte schließlich in deren Außenstelle in Halle landen, ein kleines mit Brettern verschlagenes Gelaß, in dem drei ältere Frauen in geblümten Mantelschürzen saßen, die mich jeden Tag trösteten, weil immer noch nichts angekommen war. Nach mehr als zehn Tagen, als ich nun wirklich dringlich abzureisen wünschte, gab mir eine von ihnen mütterlich einen sozialistischen Scheck, d. h. sie schrieb mit einem Bleistift auf ein Blatt eines Stenoblocks, daß für mich so und so viel Mark bei der Staatsbank eingehen würden, Stempel, Unterschrift. Mit diesem Zettel ging ich ins Hotel, unterschrieb ihn zum Zeichen, daß ich den vermutlichen Eingang dem VEB Interhotel vermachte, konnte mit diesem «Zahlungsmittel» ohne weitere Umstände bei einer verständnisvollen Dame an der Rezeption meine Schulden begleichen und reiste noch am selben Tag nach Westen. Damals wurde ich neugierig auf eine Ethnologie des Alltags in der DDR: Unter dem bürokratischen Alp, der den allgemeinen Stillstand zu erzwingen schien, gab es auf den zweiten Blick ein Land der unbegrenzten Möglichkeiten, in dem hilfreiche Menschen mit ziemlich unkonventionellen Mitteln das Leben in Bewegung hielten.

Inter-Nationalismus '84

1984 wurde ich zusammen mit einigen anderen Zeithistorikern aus der Bundesrepublik zum erstenmal zu einer Tagung auf die Insel Rügen eingeladen. Die DDR hatte nämlich auf dem Stuttgarter Internationalen Historikertag ein Antifaschismusreferat durch den damaligen Abteilungsleiter und jetzigen Leiter des Parteigeschichtsinstituts übernommen und wollte sich durch einen Probelauf auf mögliche Reaktionen vorbereiten. Zur Staffage der Internationalität waren auch Kollegen aus den meisten osteuropäischen Ländern eingeladen, aber das Hauptinteresse der DDR-Kollegen richtete sich offensichtlich auf uns vier aus der Bundesrepublik.

Alle Osteuropäer sprachen Deutsch, nur für die Russen wurde übersetzt – aus aufeinandergetürmten Tischen und Bettlaken waren an der Seite des großen Saales in einem Selliner Strandhotel Dolmetscherkabinen improvisiert worden, und jeder hatte für den Notfall ein kleines funkgesteuertes Hörgerät. Als der Delegationsleiter aus der Sowjetunion, ein Funktionär der dortigen Akademie, der aussah, als sei er aus einer antikommunistischen Karikatur des ‹punch› entsprungen, zu seiner Grußadresse anhob, schoben sich fast alle Kollegen aus der DDR, von denen offenbar kaum einer hinreichend Russisch verstand, den kleinen Mann ins Ohr. Als sich aber schnell herausstellte, daß in seiner Aneinanderreihung von Phrasen, die gegen Ende in der Verlesung einer längeren Liste sowjetischer Dissertationstitel zum deutschen Antifaschismus gipfelte, kein wissenswerter Akzent enthalten war, nahm einer nach dem andern das Hörgerät vom Kopf und begann sich angelegentlich mit seinem Nachbarn zu unterhalten. Gegen Ende waren außer dem Vorstandstisch wir Westdeutschen wohl die einzigen, die aus Höflichkeit und ethnologischem Interesse noch zuhörten und dadurch mitbekamen, daß sich die Dolmetscherinnen z. T. über den Unsinn totlachten und vor Gekicher ganze Passagen unübersetzt ließen. Zum Schluß war der ganze Saal so angelegentlich in durchaus mehr als halblaute Gespräche vertieft, daß die Beendigung des Referats nicht bemerkt wurde und der Vorsitzende sich erheben und mit über dem Kopf erhobenen Händen Applaus klatschen mußte, in den dann der Saal artig einstimmte. Diese Einführung in die auswärtigen Beziehungen unserer Kollegen ließ die unscheinbare Formel in der seinerzeitigen Abrüstungsinitiative Honeckers «vom deutschen Boden», von dem nie mehr ein Krieg ausgehen sollte, in neuem Lichte erscheinen.

Ich hatte mir am zweiten Verhandlungstag, als ich der östlichen nicht eine entsprechend hinnehmbare westliche Sicht entgegengesetzt, sondern einige Referate immanent kritisiert und auf ihre undialektische Sicht aufmerksam gemacht hatte, eine merkliche Rüge des sich sonst durch ausnehmende Höflichkeit auszeichnenden Vorsitzenden, eines Spezialisten für rheinische Jacobiner, eingehandelt: «Von Dialektik verstehen wir schließlich mehr.» Am Abend steuerte nun ein Hüne vom Vorstandstisch, der sich als der Leiter der Faschismusabteilung der Akademie, vom Spezialgebiet als ein ungedienter Militärhistoriker und persönlich als Abkomme Weddinger Sozialdemokraten herausstellte, mit einer Flasche und den Worten auf mich zu: «Herr Niethammer, warum sind Sie so ein Antikommunist?» Wir diskutierten bis in den Morgen, und am Ende stand die damals verwegen erscheinende Idee, eine deutsch-deutsche Zeithistorikergruppe zu bilden, die sich ein- oder zweimal im Jahr hüben und drüben treffen und statt über historische Placebos über wirkliche Streitpunkte, nämlich die Zeit nach 1945, auseinandersetzen sollte. Nach wissenschaftlichen und politischen Vorabstimmungen, zu denen wir uns nach geheimnisvoll dunklen Telefonabsprachen wie Geheimbündler in Ost-Berliner Cafés trafen, kamen zwischen 1984 und 1988 vier solcher Tagungen in Hagen und bei Gotha, bei Frankfurt und am Müggelsee zustande. Der ursprünglich schon genehmigte Plan, aus diesen Verhandlungen einen Band, der als deutsche Premiere gleichzeitig in Hamburg und Ost-Berlin erscheinen sollte, zusammenzustellen, scheiterte 1988/89 an der Verhärtung der DDR-Führung. Jedenfalls hatte ich in diesen Jahren, in denen auch meine Kontakte zur Akademie sich verdichteten, die Mehrschichtigkeit vieler Ost-Berliner Intellektueller kennengelernt, nicht aber das Volk der DDR jenseits der ‹Hauptstadt›.

Erregung

Ich habe deshalb hier einige unserer widersprüchlichen und punktuellen Vorerfahrungen mit der DDR skizziert, um dem merkwürdigen Erregungszustand, in dem wir uns am Beginn unserer Feldarbeit befanden und der uns während der ganzen Monate unserer Interviewarbeit nicht mehr verlassen sollte, einen Hintergrund zu geben. Wir fühlten uns bis zur Erschöpfung lebendig und schwammen gleichsam auf einem Adrenalinsee. Diese Erregung resultierte aber nicht nur aus der entgrenzenden Interviewsituation und aus der gespannten Vorerwartung, sondern wurde auch durch die tägliche Arbeit genährt. Intuitiv nahmen wir an, daß wir von anonymen Stellen gegängelt werden sollten, und mobilisierten all unsere Geistesgegenwart im Kampf gegen die Schatten. Und wir vermuteten, daß sich solche ungreifbaren Schatten auch auf die Aussagen unserer Interviewpartner gelegt haben könnten, und waren ständig auf der Suche nach dem möglicherweise Verschwiegenen, um es auf indirekten Wegen doch noch zur Sprache zu bringen.

Am Anfang der Feldarbeit erregte es uns besonders, wenn unsere Befragten – gefragt oder ungefragt – die Verhältnisse in der DDR kritisierten. Wir hatten natürlich angenommen, daß sie das eigentlich nicht dürften und daß wir besonders brisantes Material sozusagen als Zugabe zu unserem historischen Interesse einsammelten, wenn uns die Leute anvertrauten, daß die Versorgung immer schlechter werde, die Produktivität 30 oder 50 Prozent hinter der westlichen hinterherhinke, und zwar mit sinkender Tendenz, und von der Ulbricht-Zeit schwärmten, weil damals Angebot und Nachfrage näher beieinander lagen. Wir hatten nicht angenommen, daß uns das gesagt werden dürfe, und wir waren anfangs auch verblüfft: Wie die meisten im Westen damals hatten wir angenommen, daß das Alltagsleben in der DDR noch auf einem dürftigen Niveau sei, aber eben «noch». Unsere Befragten beharrten auf dem Gegenteil.

Die Erregung über diese kritische Komponente unserer Interviews hat sich während der folgenden Monate gelegt, ja ist sogar einer gewissen Ermüdung gewichen. Die Versorgungskritik wurde zu einem beherrschenden Thema fast jedes Interviews und bei parteinahen Befragten keineswegs weniger. Unser Interesse daran erlahmte nicht, weil etwa unsere Betreuer uns überzeugt hätten, daß die Klagen objektiv falsch seien, sondern weil die Kritik so stereotyp war und sich regelmäßig auf das Angebot von Konsumgütern konzentrierte. In diesem ökonomischen Reduktionismus und in den obszönen Hinweisen auf das bessere Leben unter Ulbricht schien uns die Versorgungskritik wie ein offiziell lizenziertes Ventil und zugleich ein Ausdruck eines tiefen Konsenses mit den ökonomistischen Wertannahmen des Systems, der zugleich ein Schweigen oder ein Nicht-Wahrnehmen seiner Unfreiheit im übrigen implizierte. Der Ökonomismus, jene als Entzugserscheinung nur allzu verständliche Reduktion der Fülle des Lebens auf das unmittelbar Materielle, war in der DDR zur ‹lingua franca› geworden, in die sich alle Gefühle übersetzen mußten, weil nur auf dieser Ebene ökonomisch nicht eingelöster Perspektiven die Kritik des Volkes und die der Führung übereinstimmte. Zwar konnten wir damals schon sehen, daß Ulbricht-Nostalgie und Westwaren-Fixierung nur zwei Varianten ein und derselben immanenten Kritik der späten Honecker-Ära waren, aber wir waren zu sehr in der Vorstellung der militärischen Stabilisierung des Ostblocks gefangen, um zu erahnen, daß sich daraus die Dynamik einer künftigen Wiedervereinigung entwickeln könnte. Auf der anderen Seite hat es uns dann im Winter 1989/90, als sich diese Entwicklung abzeichnete und dann in der Bundesregierung ihren Partner fand, weniger überrascht als andere, die in der DDR entweder mehr liberales oder mehr sozialistisches Potential erhofft hatten.

Nicht nur, aber auch wegen der Lawine an Versorgungskritik hielten wir damals im Feld unser Projekt für unglaublich brisant und wurden darin von vielen unserer Gesprächspartner auch bestärkt. Als Folge unserer Erregung gerieten wir in eine manische Sammelwut, so viel als möglich Interviews zu machen. Oft führte jeder von uns zwei und gelegentlich sogar drei Gespräche am Tag, und wenn wir am Abend zusammensaßen und unbedingt darauf drängelten, uns die erfahrenen Lebensgeschichten und die heißesten Varianten der Versorgungskritik zu erzählen, kamen wir uns nicht nur vor wie Jäger, sondern zuweilen auch wie Menschenfresser mit Verdauungsbeschwerden.

Deutsch als Fremdsprache

Ein wichtiges Medium unserer ständig erregten Aufmerksamkeit war die Sprache, vor allem der schnelle und oft unmerkliche Übergang zwischen ihrer Vertrautheit und Fremdheit. Das begann schon damit, daß keiner von uns die Dialekte, in der die Mehrzahl unserer Interviewpartner sprachen, wirklich beherrschte; immerhin konnte man da aber noch nachfragen. Wichtiger war, daß die Menschen in der DDR viel versierter darin waren, mehrere deutsche Sprachen zu sprechen, in der einen aus der anderen zu zitieren oder auf sie anzuspielen: die Umgangssprache in einer stärker und einer weniger dialektgetönten Form, die offizielle Begriffssprache (Kaderwelsch), zuweilen in ironischen oder verballhornten Formen, und die Sprache des Westfernsehens, die meist mit der unsrigen identifiziert wurde («ihr», «bei euch»). Die manifesten Unterschiede sind dabei am wenigsten problematisch, denn es lernt sich schnell, daß ein Hähnchen «Broiler» heißt, ein Vorarbeiter «Brigadier», der Gruppenakkord «sozialistischer Wettbewerb» oder daß die Zusammenlegung einer Wäscherei, einer chemischen Reinigung und einer Schusterwerkstatt als «Komplexannahmestelle» firmiert.

Aber was verbirgt sich dahinter, daß in der DDR ganz allgemein eine Zielsetzung «Zielstellung» heißt oder ein Zusammenhang (mit einer Entlehnung aus der Bergbausprache) als «Strecke» bezeichnet wird? Sind ein gesetztes und ein gestelltes Ziel austauschbar oder setzt man sich ein Ziel selbst, während man es von anderen gestellt bekommt? Auf welcher Sprachebene und auf welcher «Strecke» des Gedächtnisses befinden wir uns, wenn ein pensionierter Parteifunktionär, der als junger Mensch ein begeisterter Nazi war, sich jetzt im Alter als Anhänger Gorbatschows bekennt und (1987) mit dem Parteiaustritt spielt, zusammenfaßt: «Ich habe immer gesagt: nichts bekommt dem Deutschen weniger als die Demokratie»? Zeugt es von interaktiver Begabung oder von kommunikativer Verkrüppelung, wenn viele unserer Gesprächspartner bei politisch kitzligen Fragen zunächst einmal zögerten oder sich mit fragmentarischen Andeutungen begnügten, um uns zu weitergehenden Zusammenfassungen zu provozieren und diese Vorformulierung dann mit «Genau so!» oder häufiger mit einem vagen und rückzugsfähigen «So ähnlich!» zu quittieren? Bei uns verblieb natürlich der Eindruck, unsere suggestive Formulierung habe ihre eigentliche kritische Ansicht zum Ausdruck gebracht. Aber langsam wurden wir vorsichtiger mit der vorschnellen Auflösung unauflöslicher semantischer Vieldeutigkeiten, durch die sich die Verhältnisse aussprachen.

Die handelnden Massen und der Lautsprecher

Der 1. Mai in Eisenhüttenstadt war ein Schulbeispiel: Jedermann ging zur großen Demonstration, ein Brauch, aus dem eine Pflicht geworden und eine Pflicht, aus der ein Brauch geworden war. Die sonst immer etwas ausgestorben wirkende Schichtarbeiterstadt war rammelvoll und wirkte fröhlich und förmlich zugleich. Beim Friedrich-Wolf-Theater auf der Lenin-Allee war die Tribüne für mehrere Dutzend lokale Honoratioren aufgebaut. Von hier aus wurde per Lautsprecher quer durch die Stadt der Firnis des Rituals verbreitet: gemeinplätzige offizielle Reden, die niemanden zu erreichen oder zu schokkieren schienen. Dann aber kam in engem Kontakt mit den klatschenden Zuschauern wie beim Karneval im Rheinland die Begrüßung der einzelnen Gruppen des endlosen Zuges, der sich durch alle Hauptstraßen der Stadt wand, um sich zehn Meter nach der Tribüne in volkstümlichem Chaos aufzulösen. Die Begrüßungszeremonie war ein Fest der lokalen Wieder- und Anerkennung: Jeder Betrieb und jede größere Abteilung, jede Verwaltung, Schule, Organisation wurde begrüßt, und viele hatten ein Symbol ihrer Tätigkeit mitgebracht. Da lagen etwa die Jungs von der GST[12] auf Armeelastwagen und hatten Gewehre im Anschlag, als zielten sie ins Publikum, und über ihnen prangte die makabre Parole «Schießsport ist Massensport». Die Schüler hatten sich mehrheitlich auf irgendwelche Sportvereine aufgeteilt, um in den verschiedensten Trikots aufmarschieren zu können, und die übrigen, die bei ihren Schulklassen mitlaufen mußten, hatten einen Anorak über das Blauhemd gezogen.

Die eigentliche Entdeckung aber waren die Volksmassen aus dem großen Stahlwerk, die zu Tausenden wohlgelaunt in einem wenig disziplinierten Zug durch die Straßen liefen und ungeachtet der dröhnenden Lautsprecher sich offenbar angeregt unterhielten. Mischte man sich unter sie, so konnte man mitbekommen, woraus der Chor des Volkes zu den Lautsprecherweisheiten über Friedenskampfkraft und Aufbauerfolge bestand: es war das Massengewoge eines Tauschmarkts – man erzählte sich von Gebrauchtangeboten und Bedürfnissen nach schwer aufzutreibenden Waren und hatte das Ohr an den Massen, wo man einen Fahrradschlauch gegen Westkaffee oder umgekehrt einhandeln konnte: der Kampftag der Arbeit als Cloumarkt verhinderten Konsums. Nie gab es einen Ruf aus diesem wandelnden Inserateteil der Massen gegen den Lautsprecher, nie ging der Lautsprecher auf das ein, was die Leute beschäftigte. Nur einmal bezogen sich die Straße und die Tribüne aufeinander. Als die Betriebsgruppe der polnischen Baufirma, die im Kombinat tätig war,

12 Die Gesellschaft für Sport und Technik war für die vormilitärische Ausbildung der Jugendlichen zuständig.

beim Vorbeimarsch an den Bonzen polnische Fähnchen hochriß und auf deutsch: «Frieden, Freiheit, Solidarität» skandierte, übertönte der Lautsprecher von der Tribüne sie mit den Worten: «Es lebe unser sozialistisches Vaterland, die Deutsche Demokratische Republik».

Verhaltene Schweijkiaden oder der Todesstreifen als Schrebergarten

Die Mehrfachkodierung der Kommunikation war in der Regel nicht einfach auflösbar und forderte eine gesteigerte Aufmerksamkeit, um nicht nur eine der möglichen Ebenen wahrzunehmen. Sie wurzelte in der allzeitigen Präsenz autoritärer Strukturen, die aber nicht allseitig durchgesetzt waren oder werden konnten. In diesen Zwischenräumen entlastete sich das Volk durch seinen Witz, ein Sprachhandeln, das mit den Grenzen von Wahrheit und Tabu spielt und sich an diesem Spiel schärft. Dieses Sprachhandeln ist im Sinne politischer Veränderungen weitgehend folgenlos und auch verhalten genug, um für gewöhnlich nicht sanktioniert zu werden; seine Distanzierungen halten aber das individuelle Selbstbewußtsein aufrecht und begrenzen die Durchsetzbarkeit der autoritären Strukturen. So unerträglich gemeinplätzig oder ausweichend viele offene Sachdiskussionen in der DDR verliefen, so kunstvoll war der Sinn für mehrbödige Geschichten und Bilder ausgebildet.

Da es davon viele Beispiele in diesem Buch gibt, will ich mich hier als Beispiel auf eine Antwort beschränken, die mir ein ursprünglich aus der Tschechei stammender Meister im Stahlwerk gab. Er hatte zu den aufbauenden Kräften des Sozialismus im Werk gehört, war aber in keine politische Organisation aufgenommen worden, weil er im Krieg, ursprünglich um als Ausländer dem Wehrdienst auszuweichen, in einer Polizeieinheit gedient hatte und dann in eine SS-Truppe überführt worden war. Soviel lebensgeschichtlicher Widerspruch ist als Hintergrund vielleicht notwendig, um sein unabhängiges und abwägendes Urteil und sein weltweises Lächeln verständlich zu machen. Seit er in Rente war, durfte er zu seinem Bruder im Westen fahren, was er mehrmals im Jahr tat. Als ich ihn nach seiner Meinung zur deutschen Teilung und zu den Möglichkeiten einer Wiedervereinigung fragte, zögerte er ein wenig und sagte dann lächelnd: Er fahre ja nun mit dem Zug öfter durch die Grenzanlagen und sehe, wie breit die seien. Und dann denke er, wie lang die erst sein müßten. Und dann frage er sich immer, ob man sich soviel Brachland leisten könne, wo es doch mit der Gemüseversorgung in der DDR so schwierig sei.

Arbeiter h. c.

Neben dem Labyrinth der Semantik war ein weiterer Quell unserer Erregung im Feld die Frage, wie wir Arbeiter und Arbeiterinnen als Gesprächspartner für unsere Interviewarbeit finden sollten. Wie schon gesagt, hatten wir uns in den Kopf gesetzt, alte Arbeiter und Arbeiterinnen zu interviewen, sowohl aus Gründen des Vergleichs mit unseren Untersuchungen zur Kontinuitätserfahrung an der Ruhr als auch, weil wir die DDR wie höfliche Gäste da untersuchen wollten, wo sie selbst ihre starke Seite postulierte: bei der Arbeiterschaft, also bei der «herrschenden Klasse». Allerdings begegnete uns dieser marxistische Leitbegriff in der Umgangssprache der DDR allenfalls in satirischer Maske, etwa wenn von einem entthronten und in die Produktion verbannten Funktionär gesagt wurde, er sei «in die herrschende Klasse abgestürzt». Während sich die meisten unserer Gesprächspartner im weiteren Sinn und viele nur in der Vergangenheitsform der Arbeiterklasse zurechnen ließen, fiel es uns bei den von uns gesuchten älteren Zeitzeugen nicht leicht, deren praktizierenden Teil zu finden. Die meisten waren von proletarischer Herkunft, fast alle hatten den Facharbeiter gemacht, ziemlich viele auch eine Weile als Arbeiter gearbeitet; aber wer hatte bis zuletzt an der Werkbank gestanden? Die Arbeiter, die uns über die Betriebspartei- und Gewerkschaftsleitungen benannt worden waren, waren meist nur noch Arbeiter honoris causa: Wenn sie nicht über Nachqualifizierung ins Management aufgestiegen oder als Funktionär von der Maloche freigestellt worden waren, hatten sie meist den Meister gemacht. Unter den Frauen hatten wir mehr Erfolg. Zwar waren auch bei ihnen viele aufgestiegen, aber meist nicht vom, sondern zum Facharbeiter.

Erst allmählich dämmerte uns, daß es gar nicht so leichtgefallen wäre, uns Männer über sechzig in größerer Zahl zu benennen, die Arbeiter geblieben waren. Das nach Westen entschwundene Bürgertum, der entlassene öffentliche Dienst, die Ausbildungsblockaden für Akademikerkinder hatten den Gründergenerationen der DDR die Plätze auf der Aufstiegsleiter freigeräumt und für die qualifizierungsfähigen Arbeiter einen Aufwind entstehen lassen, dessen Sog die wenigsten widerstanden. Ihre Plätze wiederum nahmen, idealtypisch gesprochen, Vertriebene und vor allem Frauen ein. Unsere spätere Suche nach alten (und nicht nach ehemaligen) Arbeitern in Rentnerclubs und kirchlichen Gemeinden zeigte uns, daß wir in Eisenhüttenstadt nicht einer PR-Strategie der SED, nur die tüchtigsten Genossen vorzuzeigen, aufgesessen waren, sondern eine These über die nachrevolutionäre Aufsteigergesellschaft der DDR entdeckt hatten, nämlich von einem doppelten Ersatz: der älteren DDR-Facharbeiterschaft als männlichem Prototyp einer Ersatzrekrutierung einer ausgedünnten Leistungsgesellschaft und der Professionalisierung der Frauen als ihrem weiblichen Ersatz. Dieses enorme Element an sozialer Mobilität, das die soziale Integration der DDR eine lange Generation lang begünstigte, blieb aber für diese erste Erfahrungskohorte nach dem Krieg und nach dem Systemwandel charakteristisch und erwies sich bei Nachfolgenden als unwiederholbar.

Politische Kultur vor Ort

Allerdings sollte ich nicht verhehlen, daß die Suche nach alten Arbeitern und Arbeiterinnen nicht überall auf dieselben Probleme traf. Offenbar hatte sie auf einer zweiten Ebene auch etwas mit der lokalen politischen Kultur zu tun. In Eisenhüttenstadt wurden unsere Vorerwartungen durch ein pragmatisches und relativ liberales Klima überrascht, und wir erhielten eine Einführung in die Widersprüchlichkeit ideologischer Projekte bei ihrer Realisierung, z. B. durch den hohen Vertriebenenanteil in «Stalinstadt». Die ungebrochen stalinistische Atmosphäre in Bitterfeld hingegen, wo man uns jeden, nur keinen Arbeiter interviewen lassen wollte, verhärtete unser gerade gelockertes Bild der DDR-Gesellschaft wieder und öffnete es dann in einem zweiten Schritt für die Wahrnehmung unterschiedlicher lokaler Traditionszusammenhänge. In Karl-Marx-Stadt, unserer dritten Station, mußten wir zunächst unser Bitterfelder Mißtrauen abarbeiten, um zu entdecken, daß wir hier fast alle Gruppierungen interviewen konnten – sogar Antifaschisten, die uns bis dahin nicht begegnet waren, und Funktionäre von Blockparteien, wenn auch mit einigem Aufwand.

«Warum fragen Sie mich?»

Eisenhüttenstadt ist aus der Wohnstadt des Eisenhüttenkombinats Ost (EKO) hervorgegangen, das seit 1950 bei Fürstenberg an der Oder aus dem Sand gestampft wurde.[13] Es war die erste neue Stadt der DDR, die von Ulbricht nach Stalins Tod auf dessen Namen getauft wurde. Sie sollte eine Stadt «ohne Türme» werden, d. h. ohne Kirchtürme. Die Kirchen waren aber von Anfang an präsent, wenn auch in Holzbaracken; erst Ende der siebziger Jahre wurde in einem Außenbezirk ein evangelisches Gemeindezentrum gebaut, neben dem ein zweistöckiges Glockengerüst entfernt an einen Campanile erinnerte. Das Stadtzentrum bestand aus niedrigen, um grüne Höfe gruppierten Wohnblocks und wurde in einem ‹Neubarock› genannten stalinistischen oder postfaschistischen Stil errichtet, der heutige Besucher postmodern anmutet; die Wohnungen sind wegen ihrer – im Vergleich zur späteren – solideren Bauweise und Größe auch heute noch gesucht. Obwohl der Aufbau eines integrierten Hüttenbetriebs und Stahlwalzwerks Ende der fünfziger Jahre ins Stocken geriet, wuchs die Stadt auch nach ihrer Zusammenlegung mit Fürstenberg, aus deren Anlaß beide in Eisenhüttenstadt umbenannt wurden, weiter an auf 50000 Einwohner; aber die neueren Stadtteile wurden dann wie überall in der DDR als funktionalistische Massenwohnanlagen in Plattenbauweise errichtet. Wir zogen zunächst ins einzige Hotel am Platze in der Leninallee, die das Stadtzentrum mit dem Hauptwerkstor des EKO verbindet, und blickten auf das Rathaus, das sich die Stadtverwaltung mit der Stadtleitung der SED tei-

13 Ein Bildband aus der Frühzeit gibt erste Einblicke: Heinz Colditz u. Martin Lücke: Stalinstadt. Neues Leben – neue Menschen, Berlin DDR 1958; die Gründung des Werks untersucht Jochen Cerny: Der Aufbau des Eisenhüttenkombinats Ost 1950/51, phil. Diss. (masch.) Jena 1970; einen populären Überblick ders.: EKO, Berlin 1984.

len mußte, und auf eine Grünfläche, die in der Stadtmitte seit je für einen künftigen Kulturpalast vorgehalten wurde und vor der die einzige große Propagandatafel des Orts prangte: «Dein Arbeitsplatz – Dein Kampfplatz für den Frieden.» Was mochten das für Menschen oder Verhältnisse sein, wo man friedliche Arbeitsplätze militärisch legitimieren mußte oder konnte?

Am zweiten Abend saßen wir im Werk mit einem Dutzend von der Betriebsgewerkschaftsleitung (BGL) benannten Veteranen zusammen, um sie für ein Interview zu gewinnen. Sie erstaunten uns dadurch, daß jede(r) zweite, die oder den wir um einige Lebensdaten gebeten hatten, nach dem Geburtsort die Worte «heute Polen» einfügte. Als wir uns darüber wunderten, so viele Vertriebene – oder in DDR-Sprache: «Umsiedler» – in dieser Auswahl zu treffen, stellte sich heraus, daß die Auswählenden darüber auch verwundert waren. Sie hatten gar nicht darauf geachtet. Während die Sowjetische Besatzungszone ursprünglich von allen Besatzungszonen relativ den höchsten Anteil an Vertriebenen aufzunehmen hatte, wurde die Umsiedlerfrage 1950, als die DDR die Oder-Neiße-Grenze anerkannt hatte, offiziell als gelöst erklärt und aus der Öffentlichkeit verbannt. Das EKO war die erste und größte der «Baustellen der Republik» und erwies sich zu einem gut Teil als ein Projekt zur Ansiedlung von meist berufsfremden Vertriebenen, die hier nichts zu verlieren, aber eine neue Wohnung, überdurchschnittlichen Lohn, durch einen neuen Beruf den Eintritt in die Industriegesellschaft und ein pragmatisches Sozialmilieu, das ihrer Integration keine einheimischen Traditionen entgegenstemmte, zu gewinnen hatten. War es Unwissenheit oder Zynismus der Berliner Führung, ausgerechnet einer solchen Gesellschaft den Namen «Stalinstadt» zu verleihen?[14] Jedenfalls gab es hier hinter dem Firnis eines ideologischen Vorzeigeprojekts für uns ganz andere Vorerfahrungen, Motive und Mentalitäten der Beteiligten zu entdecken.

In jeder weiteren Gesprächsgruppe wiederholte sich die Häufig-

---

14 Nachdem das Tonband ausgeschaltet worden war, erzählte ein führender SED-Betriebsfunktionär, der aus Niederschlesien stammte, einen «Traum», dem er schon öfter nachgehangen habe: nämlich daß sie wieder ‹drüben› in Schlesien wären. Er meine ja gar nicht, daß die Gebiete wieder an Deutschland kommen müßten. Wenn man sie nur rüberließe, um die verrottete, alte Heimat wieder in Schuß zu bringen.

keit dieses «heute Polen», das nach der Erwähnung des Geburtsorts eingeschoben wurde. Zum Schluß haben wir 27 Personen allein in Eisenhüttenstadt befragt, die aus den ehemaligen Ostgebieten stammten – mehr als wir ursprünglich überhaupt Interviews in der DDR beantragt hatten und jeweils etwas mehr als die Hälfte sowohl unserer Befragten aus Eisenhüttenstadt als auch der befragten Vertriebenen überhaupt. Warum dehnten wir den Kreis der Interviewten so aus? Und inwiefern ließ er sich so ausdehnen? Die Antwort auf die erste Frage liegt in unseren Überraschungen in der Feldarbeit: Wir hatten nichts vom verborgenen Charakter des EKO als Vertriebenenansiedlung gewußt und wollten nun die Variable Vertreibungserfahrung mit den eher vorhergesehenen Variablen des Geschlechts, der Generation, der politischen oder kirchlichen Orientierung vor und nach 1945 multiplizieren. Hinzu kam noch als weiterer Multiplikator die schon erwähnte Entdeckung der Nachqualifikation und des Aufstiegs aus dem Proletariat als Breitenerfahrung besonders in der Kriegs- und FDJ-Generation und die Motivsuche bei denjenigen, die an dieser Erfahrung nicht teilgenommen hatten. Solche Multiplikationen, um in möglichst viele Erfahrungsverläufe Einblick zu erhalten und das Gewicht der Variablen einschätzen zu lernen, waren indes uferlos und führten zunächst einfach zu einer individualisierenden Ausweitung.

Die Ausweitung unseres Projekts in Eisenhüttenstadt lag auch daran, daß unsere Vorerwartungen, daß wir genau beaufsichtigt, gegängelt und daß uns nur genau ausgesuchte Leute als Interviewpartner erlaubt würden, schnell zusammenbrachen. Der Typ des alten, im antifaschistischen Kampf erprobten Genossen, den wir erwartet hatten, trat überhaupt nicht auf; wir begegneten nur dem Mythos eines solchen Genossen, der bei vielen Befragten lebendig zu sein schien. Es handelte sich um den früheren, längst in die Hauptstadt zu höheren Funktionen abgezogenen und mittlerweile pensionierten Werkdirektor des EKO Erich Markowitsch[15]. Jeder wollte ihn gekannt haben,

15 1913 in Hamburg als Sohn eines Arbeiters geb., wurde er selbst Arbeiter und 1929 Mitgl. des KJVD und ein Jahr später der KPD. 1933–45 inhaftiert, zunächst im Zuchthaus Fuhlsbüttel, später im KZ Sachsenhausen, in einem Außenbetrieb der IG Farben in Auschwitz und zuletzt in Buchenwald. Seit 1945 führend beim Aufbau der

ein Direktor, der in seinem Werk lebte und seine Beschäftigten anzusprechen wußte. Dieser Vorzeigetyp war der einzige, zu dem wir in Eisenhüttenstadt nicht vordringen konnten. Er lebte angeblich noch nicht einmal eine Autostunde entfernt, aber seine Anschrift erfuhren wir nicht. Auch der offizielle Weg über unsere Betreuer und einen Antrag an ‹Berlin›, ihn interviewen zu dürfen, hat zu nichts geführt. An der Oder war keine Gesellschaft der Avantgarde, zumindest war sie nicht mehr da. Vielmehr eine Gesellschaft, die sich in ihrer Normalität und Zugänglichkeit sonnte. Die Haupterfahrung war ein ganzes Spektrum von Typen, die uns lebhaft an sozialdemokratische Betriebsräte in den Stahlwerken des Ruhrgebiets erinnerten: praxisnah, offen, nüchtern, freundlich. Der Prototyp wurde für uns der Betriebsleiter einer Montageabteilung, der als Lehrling hierhergekommen und den Aufbau des Werks mit allen Schwierigkeiten von Anfang an miterlebt hatte und darüber zuerst im Werk, dann in seiner Dreizimmerwohnung in einem Arbeiterblock ausführlich, konkret, abwägend berichtete wie auch über die Probleme in der Familie, und auch seine Frau, die im Rangierdienst der Betriebseisenbahn Schichtarbeit machte, zu Wort kommen ließ. Unsere Sympathie wurde mit einem Schock Fremdheit versetzt, als er am 1. Mai, an dem er in einer traditionellen Bergmannsuniform mitging, erwähnte, daß er das erste Mal nicht mit den Betriebskampfgruppen marschiere; er war nämlich einer ihrer örtlichen Kommandeure gewesen.

Bereits an einem der ersten Tage, als wir noch glaubten, jeden unserer Schritte umsichtig sichern zu müssen, hatten wir eine peinliche Erfahrung gemacht. Nachdem wir im Werk die ersten zwanzig Interviews gemacht hatten, meist mit Parteigenossen, und nachdem sich entgegen unseren Befürchtungen die Gespräche viel leichter und offenherziger angelassen hatten, dachten wir, es wäre ein großer Schritt, nunmehr in der «Stadt ohne Türme» zu verlangen, auch mit Gemeindemitgliedern der örtlichen Kirchen lebensgeschichtliche Interviews

---

Volkspolizei beteiligt, dann Kaderleiter des Stahlwerks Unterwellenborn (Thür.), 1954–59 Werkdirektor des VEB «Eisenhüttenkombinat J. W. Stalin», seit 1958 Mitgl. der Volkskammer, 1959–61 Abt.leiter in der Staatl. Plankommission, seit 1961 stellv. Vorsitzender des Volkswirtschaftsrats der DDR.

führen zu können. In einer Mischung aus Dreistigkeit, Höflichkeit und Unterwürfigkeit sagten wir das der Agitprop-Leiterin der örtlichen Parteiführung, die zusammen mit unseren Betreuern vor Ort für unser Projekt zuständig war, und erwarteten Schwierigkeiten. Sie war eine muntere junge Frau, Typ Ruhrgebietsgewerkschaftsfunktionärin der siebziger Jahre, und ließ uns strahlend auflaufen: «Warum fragen Se mich? Wissen Se nicht, wo die Kirche ist? Der Pastor is ein umgänglicher Mann, der wird Ihnen schon helfen. Oder wollen Se, daß ich für Sie bei ihm anrufe?»

«Lassen wir's dabei!»

Nachdem wir an der Oder gerade aus den Schützengräben des Kalten Krieges vollends herausgekrochen waren, wurden wir in Bitterfeld ebenso unvermutet in sie zurückgestoßen. Schon äußerlich war die Stadt für die meisten von uns ein Schock[16], weder meine Kollegen noch einer der Sozialgeschichtler der Berliner Akademie waren hier jemals gewesen: ein Städtchen von 20000 Einwohnern, eingeklemmt zwischen einem Braunkohlen- und einem Chemiekombinat mit über 25 000 Beschäftigten. Daneben liegt das größere, aber weniger bekannte Wolfen mit der Filmfabrik ORWO, dem ehemaligen AGFA Werk der IG-Farben mit noch einmal 18 000 Beschäftigten, die heute aber überwiegend Chemiefasern herstellen. Die meisten leben in einer neuen Trabantenstadt nördlich von Wolfen oder in den Dörfern der Umgegend.

Bitterfeld hat sich in zweifacher Weise ins Bewußtsein der DDR eingeschrieben: in die offizielle Geschichte durch den sog. «Bitterfelder Weg», eine hier verkündete kulturpolitische Strategie der SED, mit der sie Kultur und Produktion näher aneinander heranrücken wollte. Die meisten Intellektuellen haben die Aufforderung, in die

16 Eine neuere Geschichte der Stadt haben wir nicht gefunden. Einen Einblick in ihre Erfahrung gibt der Reportageroman von Monika Maron: Flugasche, Frankfurt/M. 1981. Wenigstens über eines der drei großen Kombinate gibt es eine politisch popularisierte Betriebsgeschichte: Janis Schmelzer u. Eberhard Stein: ORWO. Geschichte des VEB Filmfabrik Wolfen, Berlin DDR 1969. Informationen finden sich auch in den Broschürenreihen «Arbeiter machen Geschichte» und «Aus der Geschichte der Filmfabrik Wolfen» der dortigen betriebsgeschichtlichen Kommission.

Betriebe zu gehen, als Strafe empfunden, und die Arbeiter scheinen die vieldiskutierte Annäherung der Intellektuellen kaum bemerkt zu haben – in Bitterfeld bestand der ‹Bitterfelder Weg› darin, daß mehrfach ein Opernsänger vom Staatstheater im nahe gelegenen Dessau im Werk seine Arien sang. Danach wurde die Initiative dadurch auf Dauer gestellt, daß Brigaden, die im Gruppenakkord («sozialistischer Wettbewerb») reüssieren wollten, durch die Veranstaltung kultureller Zirkel oder zumindest durch einen gemeinsamen Betriebsausflug nachweisen mußten, daß sie auch «sozialistisch leb(t)en».

Im Volksmund der DDR hat Bitterfeld einen anderen Ruf. Man sagt: «Und seh'n wir uns nicht in dieser Welt, so seh'n wir uns in Bitterfeld!» Will sagen: der Ort ist das letzte, eine Hölle der Ökologie und der Lebensbedingungen. Für den westlichen Besucher erscheint die Region Bitterfeld/Wolfen, als hätte man Bottrop und Leverkusen in den fünfziger Jahren vereinigt: im Süden die Mondkrater des Braunkohletagebaus, dann eine Wüste vorwiegend überalterter Chemieanlagen, welche – flankiert von schwarz stinkenden abgestorbenen Sümpfen und farbig schäumenden Bächen, einem Industriedorf der Jahrhundertwende und von Arbeitersiedlungen der zwanziger Jahre – die beiden Städte über ca. 10 Kilometer verbindet, bis zu einem grauen Schlafgetto im Norden, das seit den siebziger Jahren in Plattenbauweise hochgezogen wurde.

In Bitterfeld war vom ersten Tag an klar, daß wir nach Möglichkeit keinen Arbeiter zu Gesicht bekommen sollten. In einem Braunkohle- und zwei Chemiekombinaten sollten wir angeblich auf Arbeiter treffen. Ich besuchte den größten Betrieb des Ortes, und hier bestand die Gruppe, um nur ein Beispiel anzuführen, aus einem bürgerlichen Professor und ehemaligen Leiter des Forschungsdirektoriums (parteilos), einem ehemaligen BGL-Vorsitzenden und späteren Abteilungsleiter (SED), dem Einsatzleiter des Fuhrparks (parteilos), einem ehemaligen FDJ-Vorsitzenden im Werk und nachmaligen Dispatcher und Werkleiter (SED), einem technischen Abteilungsleiter und Sicherheitsinspektor (SED), der Kombinatsdirektorin für Soziales (SED), der leitenden Gewerkschaftsfunktionärin im Direktorat für Kultur und Jugend (SED) und einem bürgerlichen Chemiker und Betriebsdirektor (parteilos). Die Hälfte der Vorgestellten kam aus Arbeiterfamilien. In den anderen Kombinaten machten meine Kollegen ähnliche Erfahrungen, so daß wir zunächst annahmen, unser ungewöhnlicher Wunsch, im Arbeiter- und Bauernstaat mit Arbeitern zu sprechen, sei vor Ort vielleicht nicht richtig verstanden worden und man habe für uns einfach eines jener in der PR-Arbeit der Konzerne üblichen Begrüßungskomitees vorzeigbarer Arrivierter zusammengestellt. Höflich genug haben wir alle uns Vorgestellten interviewt und uns dabei von unserer Neugierde in eine weitere Erweiterung unseres Projekts treiben lassen. Aber daneben versuchte ich unsere Ansprechpartnerin im Betrieb, eine Mitarbeiterin der von der SED-Betriebsparteileitung herausgegebenen Werkszeitung, davon zu überzeugen, daß wir eigentlich Arbeiter sprechen wollten. Das führte zu immer erneuten technischen Problemen, von der Urlaubsabwesenheit dafür Zuständiger bis zur angeblichen Inaktualität der Anschriftenliste der Betriebsveteranen – was bei der Immobilität älterer Arbeiter in der DDR besonders unwahrscheinlich klang. Immerhin konnte ich sie innerhalb der nächsten Wochen bewegen, noch vier etwas basisnähere Anschriften herauszurücken: ein Meister und in der Sowjetunion bewährter Altkommunist, der sich aber im Krieg mit seiner Familie zur Ostsiedlung im ‹Warthegau› gemeldet hatte; ein parteiloser Facharbeiter, der in der Waffen-SS gewesen war und dessen Familie sich von ihm getrennt hatte und jetzt in der Bundesrepublik lebte; eine parteilose Sekretärin in einem Meisterbüro des Werkes – sie war die Tochter eines aus dem Sudetenland vertriebenen Arztes und hatte in einer privaten Buchhandlung gearbeitet, bis diese dichtmachen mußte; und ein Lehrmeister (LDPD), dessen Mutter früh gestorben war und dessen Vater als ehemaliger NS-Funktionär 1950 in den Westen gegangen war und seine beiden halbwüchsigen Söhne zurückgelassen hatte. Es machte mich stutzig, so unvermittelt aus den Bilderbuchkarrieren der Vorstandsetagen in die deutsche Wirrsal darunter zu fallen. Und da es in den anderen Werken so ähnlich lief, brachen wir aus der Fürsorge unserer unwilligen Gastgeber aus und suchten auf eigene Faust Kontakte. Aber sobald wir sonstwo vorgesprochen hatten, bekamen unsere Berliner Betreuer am nächsten Tag von der Bezirksparteileitung in Halle eins auf den Hut. Das stalinistische Mißtrauen war in Bitterfeld offenbar ungebrochen und zeigte uns die Instrumente.

Anläßlich einer Betriebsbesichtigung des ORWO-Werks, bei der uns jeglicher Einblick in das Werk erfolgreich verweigert wurde, zu der aber der zuständige Funktionär der Hallenser Parteileitung offenbar zu einem Höflichkeitsbesuch angereist war, habe ich in einem Gespräch mit diesem versucht, die Blockierung unseres Projekts in Bitterfeld aufzubrechen. Wir standen vor dem Werk und konnten nicht durch die Pforte, weil Alexander seinen Paß vergessen hatte. Die Verzögerung benutzte ich, um dem Funktionär das Interesse unseres Projekts an Arbeitern zu erläutern und ihn zu bitten, uns entweder die Anschriften von Arbeiterveteranen durch die Kombinate vermitteln zu lassen oder unsere eigene Suche nach Gesprächspartnern nicht zu stören. Ich wies auf unsere Genehmigung und auf unsere gute Erfahrung in Eisenhüttenstadt hin und muß wohl über zehn Minuten auf ihn eingeredet haben, während er mich kein einziges Mal anblickte, sondern mit unbewegter Miene immer scharf neben meinem linken Ohr vorbei ins Nichts starrte. Irgendwann hielt ich mit meinem hilflosen Drohen und Flehen ein. Ohne seinen Blick zu verändern, antwortete er nur: «Lassen wir's dabei!»

Immerhin haben wir durch private Verweise, über Schrebergartenkontakte etc. dann doch noch zehn andere Betriebsangehörige des Chemiekombinats und über Kirchenkontakte neun weitere Bitterfelder gesprochen. Die letzteren waren – vom Pfarrer bis zur Putzhilfe – alle parteilos, jedenfalls nach 1945; vorher war hier über die Hälfte unserer Befragten oder deren Ehepartner in der NSDAP, der SA oder ähnlichen Organisationen gewesen. Die Chemiewerker reichten von drei in den fünfziger Jahren gestürzten Parteifunktionären (davon zwei ehemalige Sozialdemokraten) über einen Chemiker, der NSDAP-Mitglied und nach 1945 fünf Jahre in Buchenwald gewesen war, einen Kaufmann, der trotz seiner NSDAP-Mitgliedschaft nach 1945 zum Abteilungsleiter aufgestiegen war, und einen parteilosen Vertriebenen, der die firmeneigene Gärtnerei der Dreckschleuder der DDR leitete, bis zu drei SED-Mitgliedern mit sozialdemokratischem Hintergrund, die beruflich stagniert hatten (Preisprüfer, Hilfsrangiermeister, Dreherin).

Je mehr wir über die Interviews in die Verhältnisse eindrangen, desto mehr konnten wir erkennen, daß der schwierige Zugang zu älteren Arbeitern in Bitterfeld nicht nur mit dem üblen Ruf und Geruch der Gegend, der geringen Lebenserwartung der Chemiewerker oder dem kollektiven Aufstieg der Nachkriegsarbeiter zusammenhing, sondern mit einem spezifischen Trauma der mitteldeutschen SED. Ihr Mißtrauen gegenüber der Basis kontrastierte stark mit dem Ruf des Bezirks Halle in westlichen Presseorganen, in denen selbst 1990 noch zu lesen war, daß hier in den Hochburgen der Weimarer KPD die SED unter ihrem Bezirksfürsten der sechziger Jahre, Honeckers späterem Stellvertreter Horst Sindermann, ein den Wünschen des Volkes besonders aufgeschlossenes Regime geführt habe. In der Tat wurde hier mit dem Bau von Halle-Neustadt («Stadt der Chemiewerker») die sozialpolitische Pazifizierungsstrategie der siebziger Jahre vorbereitet. Aber der Zusammenhang war nicht einer der Stärke, sondern der Schwäche. Es gab nämlich keine ungebrochene Traditionslinie von der Stärke des kommunistischen Protests der weitgehend ungelernten Arbeiter in der neuen Chemieindustrie Mitteldeutschlands in den zwanziger Jahren in die Nachkriegszeit. Die Brechungen dieser Linie bestanden nicht nur darin, daß die Mehrheit der Arbeiter auch hier meist sozialdemokratisch gewesen und der Widerstand der KP-Funktionäre in den Betrieben ausgeblutet war. Vielmehr war auch die Nazifizierung von Management und Belegschaften im Bereich der IG Farben in ihrer Boomphase als Rüstungsindustrie besonders ausgeprägt. Zudem war fast das ganze IG-Farben-Imperium in Mitteldeutschland nach 1945 in sowjetische Aktiengesellschaften umgewandelt worden, in denen die Arbeiter besser gestellt waren, aber nichts zu sagen hatten, die Spezialisten aus dem Dritten Reich vielfach ohne viel Aufhebens übernommen worden waren und die SED-Kommunisten sich wie in einem Hohlraum als Arbeitervertreter etablieren und ihre sozialdemokratischen Konkurrenten austricksen konnten.

Der Bruch der Traditionslinie wurde offensichtlich, als nach der Rückgabe der meisten SAGs am 17. Juni 1953 die Stunde der Wahrheit kam und die Basis der Chemiewerke den Bezirk Halle – nächst der Hauptstadt – zur Hochburg des Arbeiterprotests gegen die SED machte. Und im Bezirk Halle war wiederum Bitterfeld die Hochburg des 17. Juni, wo die Belegschaften aller drei großen

Chemiewerke fast geschlossen mit dem Slogan «Wir wollen keine Sklaven sein, Kollegen reiht Euch ein!» in die Stadt zogen, auf der Festwiese das Deutschlandlied sangen und per Akklamation eine regionale Streikleitung einsetzten, die Polizei entwaffneten und das Stasi-Gefängnis öffneten. Während dergleichen in weniger massiver Form öfter vorkam, hat die Bitterfelder Streikleitung auch noch den Bürgermeister abgesetzt, das Rathaus übernommen und ein politisches Aktionsprogramm mit sozialdemokratischen und nationalen Zügen beschlossen, bevor am Abend die sowjetischen Panzer intervenierten.[17] Ein Großteil der SED-Mitgliedschaft war mitmarschiert, an der Streikleitung hatten sich auch SED-Funktionäre sozialdemokratischer Provenienz beteiligt, regimetreue Teile der SED-Führung hatten sich im einzigen verbliebenen sowjetischen Betrieb zurückgezogen und Kontakt zur Roten Armee gesucht, die Polizei hatte kapituliert, und ein paar Funktionäre, die auf der Festwiese noch meinten, die Massen zurückhalten zu können, waren von diesen in den Dorfbach getaucht worden.

Der Schock kam für die SED-Führung völlig unerwartet. Sie hatte der selbstproduzierten Simulation ihrer Führung der Arbeiterklasse angehangen und konnte es gar nicht fassen, als ihre Basis selbst tätig wurde. Der 17. Juni ist *das* Ereignis in der Bitterfelder Geschichte, ein Choc, der sich in jedermanns Gedächtnis um so tiefer eingegraben hatte, als er aus dem öffentlichen Gedächtnis völlig verdrängt wurde und deshalb unbewußt in der Partei noch immer deren Wahrnehmung der Basis prägte. Die öffentliche Verdrängung hat gleichsam die Zeitdistanz aus dem Gedächtnis getilgt, so daß sich jedermann an die damaligen Szenen erinnern konnte, als wären sie gestern gewesen. Gelegentlich galt das selbst für führende Funktionäre, wenn sie im Interview die Bilder des eigenen Erlebens in sich aufsteigen ließen und sich die offizielle Rationalisierung, daß es sich um einen vom

---

17 Vgl. zuletzt Ilse Spittmann u. Karl Wilhelm Fricke: 17. Juni 1953. Arbeiteraufstand in der DDR, Köln 1982, S. 15, wo auch das Resolutionstelegramm der dortigen Streikleitung an die Regierung der DDR abgedruckt ist. Realistisch die Fernsehrekonstruktion «Gedenktag. 17. Juni 1953 in Bitterfeld», die zum Jahrestag 1986 vom NDR gesendet wurde.

Westen organisierten konterrevolutionären Putsch gehandelt habe, nur noch gelegentlich einmischte.

Und ich war ja damals BGL-Vorsitzender, wo der 17. Juni losging. Wir warn ja (am Vorabend) in den Betrieben nachts und haben noch diskutiert. Nichts gemerkt von einer Umsturzbewegung. Die Leute waren brav, fleißig an ihren Apparaturen in Labors. Und am anderen (Morgen) früh, wie ich ins Werk kam, marschierte hier ein Strom in Achterreihen vom Osten hinten vor, hier vors Hauptgebäude und da war mit einmal ein Redner da, von der sogenannten Streikleitung, der schwang sich, ne, erst kam der Kreissekretär Kipf und versuchte, die Massen zu beruhigen. Den hamm se runtergezottelt und dann hat einer von der Streikleitung verkündet, also, die Zeit ist vorbei, die SED ist aufgelöst, die Gewerkschaft auch, alle demokratischen Organisationen ist alles nicht mehr Bestand, Polizei steht auf unserer Seite und die Funktionäre werden jetzt gekascht. Und da hat der Werkdirektor Dr. Schulze erstmal in unserem Parteibüro angerufen, bei mir oben in der BGL. Da wäre eine Delegation vorm Kraftwerk und die fordern die Aufhebung der Normenbewegung. Kommt bitte mal rüber, alleine komme ich mit denen nicht klar. Und da war, man höre und staune, als Leiter dieser Streikbewegung ein Meister, Genosse unserer Partei, Zirkelleiter im Parteilehrjahr, Streikleitungsvorsitzender. Und wie wir reinkamen, sagte ich: Paule, was machst du denn da? Da guckt er mich an, wie elektrisiert, sagt er, damit de klar siehst, es ist Schluß. Die Ulbricht-Aera ist vorbei. Da sag ich, nu paß mal uff, mach keinen Fehler, überdenk dir das gut, was de jetzt machst, das könnte ins Auge gehen. Ich sag und dann: du biste en Genosse von uns, biste Zirkelleiter im Parteilehrgang gewesen, hast den Marxismus-Leninismus gepredigt und jetzt trittste uff als Klassengegner (lacht). Also ehrlich, ich habe nie daran geglaubt, daß das kippen kann. Naja, jedenfalls es war mit ihm nichts auszumachen... Und uns haben se dann de Ausweise abgenommen, und hamm uns nach Haus geschickt. Unsere sowjetische Generaldirektion (in der Farbenfabrik) war ja weg, aber in der Filmfabrik oben, war se noch da. Und dann hamm wir uns telefonisch verständigt mit der Filmfabrik oben, Parteileitung, haben die gesagt, keine Panik, keine Panik. Um Mitternacht ist Schluß hier. Und so wars auch. Um 12 Uhr hamm wa uns gesammelt in der Filmfabrik, sind mit nem Bus in der Nacht gegen Mitternacht wieder ins Werk gefahren, wieder in unser Partei- und Werksgebäude, in die Büros und haben die ganze Truppe, soweit se nicht geflüchtet ist, von dieser sogenannten Streikleitung festgesetzt.

Ich frage, was das für ein Gefühl war, als die Arbeiter ihm in Achterreihen entgegenkamen:

Das, das war ein komisches Gefühl, das muß ich schon sagen. Ich, vor allen Dingen, weil, weil, ich kannte ja viele, ich war ja lange genug Gewerkschaftsfunktionär hier und die kannten mich ja och. Ich bin in die Reihen reingegangen, habe den Franz, den Paul und den Willi und wie se alle hießen, angesprochen, habe gesagt, ja was issen los? Die hamm mir gar keine Antwort gegeben. Die hamm die Augen niedergeschlagen, hamm sich geschämt, und sind auf en Platz marschiert und haben gewartet, was dort verkündet wird. Da hab ich die Welt ehrlich gesagt nicht mehr verstanden. Denn die warn mir nicht böse, irgendwie. Die kannten mich als Mensch und ich sie auch. Und doch war ja Rabatz im Gange. Da kommt man nu aus dem gemütlichen Baden-Württemberg, als ruhiger, sachlicher Bürger in eine Gegend und wird auf einmal von so einem Trubel überfallen. Da wundert man sich, was ist da los in der Welt, ja.

Letzteres stimmt nicht ganz: Der BGL-Vorsitzende, der 1919 im Elsaß geboren ist und in seiner Kindheit einige Jahre bei seinem Stiefvater, einem katholischen Handwerker, am Rhein gewohnt hatte, kam zuletzt nicht aus Baden-Württemberg, sondern aus der Sowjetunion. Als Feldwebel der deutschen Luftwaffe hatte er dort vier Jahre bei der Bombardierung der nunmehrigen ‹Freunde› geholfen und sich kurz vor Torschluß nach Mitteldeutschland absetzen können, wo er in Bitterfeld bei einer Luftwaffenhelferin seiner Einheit hängengeblieben war und sie geheiratet hatte. In der Chemie fand er als Handwerker Arbeit; die Kriegsgefangenschaft blieb ihm erspart. Eine Vorerfahrung in der Arbeiterbewegung hatte er nicht, und der SED gehörte er auch nicht an, als deren gerade von den Kommunisten im Betrieb übernommene Führung ihn als einen gefügigen BGL-Vorsitzenden einsetzte, nachdem die Betriebsräte 1948 abgeschafft worden waren, die hier wie meist in der Hand von Sozialdemokraten waren. Seine politische Unerfahrenheit entwertet sein Zeugnis nicht, denn Funktionäre der Arbeiterbewegung, die noch auf Weimarer Erfahrungen zurückblicken konnten, gab es im Betrieb nicht viele, und die meisten von ihnen waren beim 17. Juni mitmarschiert, wie der erwähnte Meister und SED-Zirkelleiter, ein ehemaliger Sozialdemokrat.

Der ehemalige BGL-Vorsitzende hatte zu denen gehört, die uns vom Chemiekombinat zunächst für ein Interview empfohlen worden waren. Und auch alle anderen, die uns anstatt unkalkulierbarer Arbeiter benannt worden waren, haben uns nicht nur über die Bedingungen ihres Aufstiegs ausführlich berichtet, sondern auch über ihre Erlebnisse am 17. Juni. Insofern hat sich der Kreis der Verdrängung und des aus ihr erwachsenden zwanghaften Fehlhandelns geschlossen. Ohne die stalinistische Sensibilisierung, in die uns unsere Gastgeber in Bitterfeld stießen, wären wir auf das Bitterfelder Trauma und auf die Weiterwirkung des 17. Juni in der politischen Unkultur seiner Hochburgen schwerlich aufmerksam geworden.

Das Erbe von Siegmar und Rabenstein

Als wir aus Bitterfeld nach Karl-Marx-Stadt kamen, saß uns der Kalte Krieg in den Gliedern und machte uns für jede hysterische Projektion gut. Das begann gleich mit dem Hotel, das uns signalisiert worden war: im Gästehaus der Wismut AG in Siegmar sei es günstig. Siegmar ist das Untertürkheim von Chemnitz, früher als Sitz der Wanderer-Werke die Wiege der Auto-Union und nach deren Demontage nach dem Krieg die Metropole des sowjetischen Uranbergbauimperiums im Erzgebirge. Hier war die Hauptverwaltung des mit einstmals bis zu 450000 Beschäftigten größten und sicher geheimnisumwittertsten Unternehmens im Nachkriegsdeutschland, das mittlerweile eine deutsch-sowjetische Aktiengesellschaft geworden war. Wir wußten damals noch nicht, daß die Wismut AG längst unrentabel geworden war und die Sowjets beabsichtigten, ihre Anteile an die Deutschen abzustoßen, die aber die ‹Freunde› nicht aus der Haftung für die gigantischen Schäden an Umwelt und Gesundheit durch den Uranabbau entlassen wollten. Wir wußten nur, daß das Wismut-Imperium, das den Rohstoff für die Atomwaffen der Sowjetunion in der Nachkriegszeit geliefert hatte und damals als Zwangsarbeiterkonzern verschrien war, ein Staat im Staate war, mit eigener Polizei, eigenen Autokennzeichen, besonderen Kliniken und sogar einer eigenen Gewerkschaft.

Alles, was die Wismut betraf, war geheim. Unsere Betreuer waren unfähig, irgendwelche Informationen über das größte Unternehmen ihres Landes beizubringen. Bei der Vorstellung, ins Gästehaus der Wismut einquartiert zu werden, schauderte mir, als sollte ich mich freiwillig in die Hände der GPU begeben. Zu Hause recherchierten wir, was man hier über die Wismut wußte[18] – es war wenig genug und jedenfalls kein Trost, denn die Informationen bestanden größtenteils aus Zeitungsausschnitten aus den späten vierziger und frühen fünfziger Jahren mit trostlosen Erlebnisberichten und Skandalgeschichten über Massenunfälle im teilweise abgesperrten Kreis Aue, die in der Hochzeit des Kalten Krieges in die westliche Presse geraten waren. Näheres zu Siegmar fanden wir nicht. Zum aktuellen Stand war nur zu erfahren, daß der Abbau auf wenige Gruben vor allem in der Gegend von Gera konzentriert worden sei. Da man die schwarzen Abraumpyramiden von der Autobahn aus sehen kann, pirschten wir uns im allseits verbotenen Absperrgebiet, ohne daß uns freilich jemand angehalten hätte, an die Urangruben heran und waren vom Umfang des aktiven Abbaus beeindruckt.

Bei einer Vorbesichtigung in Siegmar waren die baulichen Hinterlassenschaften der Residenz des Wismut-Imperiums unübersehbar und hatten in ihrem verfallenden stalinistischen Prunk etwas Gespenstisches. An der Straße zur Autobahn standen sich zwei große schloßartige Gebäude gegenüber, die einst in barockisierendem Stil für die sowjetische Hauptverwaltung errichtet worden waren; jetzt war das eine unbeschriftet, und sein Pendant wies ein Schild als Sitz der Bezirksleitung der SED für die Wismut AG aus. Daneben zeugten neuere Bürogebäude sowie werkseigene Fuhrparks und Kaufhallen davon, daß noch nicht alles Leben aus dem früheren Firmensitz gewichen war. Im Stadtpark bröckelte ein antiker Tempel von gewaltigen Ausmaßen vor sich hin. Seine einst beeindruckende Auffahrt führte nun ins Nichts, denn die Eingänge hinter den dorischen Säulen waren teils vermauert, teils verbarrikadiert. Die Anwohner schwärmten, wie prachtvoll das Kulturhaus der Wismut einmal gewesen sei, bevor es das sächsische Studio des Fernsehfunks der DDR aufgenommen habe, das nun aber auch wieder ausgezogen sei. Auch das gegenüberliegende Badehaus war geschlossen, der davorliegende Teich abgelassen. Das Wismut-Hotel an der größten Straßenkreuzung des Ortes lag neben der Wismut-eigenen Klinik und einen Block weit von herr-

18 Eine knappe Zusammenstellung von Informationen z. B. in der anonymen Schrift: Der Uranbergbau in der SBZ, 26 S. (hekt.) o. O. u. J. (ca. 1951).

schaftlichen Gebäuden der Wismut-Gewerkschaft, einer Versorgungskasse der Firma und ähnlichem. Es stammte aus den fünfziger Jahren und war in jenem Stil altdeutscher Moderne gehalten, in dem die SS einst ihre Kasernen zu errichten pflegte. Aber es war – wie übrigens auch fast alle anderen Gaststätten des Ortes – wegen Umbau geschlossen.

Damit hatten wir den Anfang gemacht, unsere Bitterfelder Phantasien im Süden der Republik wieder abzuarbeiten. Schließlich landeten wir in einem Interhotel, nicht im teuersten, aber im schönsten, dem Chemnitzer Hof. Den eleganten Art-Deco-Palast im Stadtzentrum hatte man denn doch nicht in Karl-Marx-Hof umbenennen wollen, als Grotewohl 1953 der Stadt, durch die noch immer die Chemnitz floß, das Danaergeschenk ihres neuen Ehrennamens brachte. Der Name war wenig geliebt, schon weil er so umständlich war; aber für den Alltagsgebrauch fand man eine gangbare Lösung. Man kürzte den Stadtnamen nämlich allgemein als «Kmst» ab, und das konnte man dann – mit einem läßlichen kleinen Fehler – auf Sächsisch so lesen, als ob sich gar nichts geändert hätte: «Chämtsch».[19] Weniger übersehen konnte man den mehr als fünf Meter hohen grimmigen Karl-Marx-Schädel, den die Herrschenden wie zur Abschreckung vor dem Geist gleich einer Trophäe von einem guillotinierten Riesen auf einen vier Meter hohen Steinquader vor ihre Bezirksverwaltung gesetzt hatten. Der Volksmund quittierte das mit der Umbenennung der anliegenden überbreiten Karl-Marx-Allee, die eine Kahlschlagsanierung durch den einst schönen Ostteil der Innenstadt gelegt hatte, in «Schädelgasse».

Als wir hörten, daß wir in der Bezirksleitung der SED wieder einen «Betreuer» hätten, fürchteten wir zunächst die Fortsetzung der Bitterfelder Belagerung. Aber er stellte sich als ein interessierter und

---

19 Erste Einblicke in die Stadtgeschichte gewähren: Karl-Marx-Stadt. Kleine Stadtchronik 1165–1983, 2. Aufl. Karl-Marx-Stadt 1983; Autorenkollektiv Helmut Bräuer u. a.: Karl-Marx-Stadt. Geschichte der Stadt in Wort und Bild, Berlin DDR 1988; zur politischen Zeitgeschichte noch am informativsten die sechs von einem Autorenkollektiv der lokalen Partei erarbeiteten Hefte «Zur Geschichte der Bezirksparteiorganisation Karl-Marx-Stadt der SED (1945–1961)», Karl-Marx-Stadt o. J. (1984).

hilfreicher Historiker heraus, der uns nicht nur Arbeiter interviewen ließ, soviel wir wollten, sondern uns auch die Türen zu Lokaleliten öffnete, die uns bisher verschlossen geblieben waren. Er knüpfte für uns Kontakte zur BGL einer Siegmarer Fahrradfabrik und zur volkseigenen Handschuh-Strickerei in Rabenstein[20], in der seit den fünfziger Jahren alle kleinen Verlage mit mehr oder weniger Druck aufgegangen waren und die Heimarbeit an den Strickmaschinen industrialisiert worden war. Beide Werke waren exportierende Monopolbetriebe in der DDR, und der Betriebsstolz und die familiären Verhältnisse vor Ort waren ebenso unübersehbar wie der Ärger über die Verödung der einst reichen Industriegemeinden durch ihre Eingemeindung (1950) und den Zusammenbruch ihres früher ausdifferenzierten Dienstleistungsgewerbes nach seiner Verstaatlichung. Es waren einheimische und eingewachsene Verhältnisse, in denen das Bürgertum schon lange fehlte, weil es nach Westen gegangen war und alles aus der Arbeiterschaft kam: von der Heimarbeiterin bis zum Technischen Direktor und von der Parteisekretärin über die Büroangestellte, deren Mann, im Dritten Reich stellvertretender Schulrektor, 1950 in Buchenwald umgekommen war, bis zum alten Tüftler aus sozialdemokratischer Tradition, der schon im Herbst 1946 der SED sein Parteibuch wieder hingeschmissen hatte, als ihm junge Hilfspolizisten einen Sack Kartoffeln vom Fahrrad geholt hatten. Der Sohn des in der Weimarer Zeit führenden Sozialdemokraten am Ort, ein Stricker, war 1948 BGLer geworden und hatte mit dem Fabrikanten

---

20 Geschichten dieser einst traditionsreichen Industrieorte haben wir nicht gefunden. Einen Ersatz für Siegmar bieten die ausführlichen betriebsgeschichtlichen Artikelserien von Manfred Bretschneider in der Betriebszeitung «Diamant» 1983 und 1985, u. a. 30 Folgen von «100 Jahre Elite Diamant. Die Geschichte eines Betriebs in den Epochen seiner gesellschaftlichen Entwicklung». Die Rabensteiner Geschichte in der DDR scheint noch ganz unerforscht; zur Vorgeschichte wurde uns als informatives Rarissimum zugesteckt Dr. Steinbrück (Hg.): Die 1000jährige Burg Rabenstein. 600-Jahr-Feier der ersten urkundlichen Erwähnung. Festschrift zum Heimatfest, 13.–15. Juni 1936. Ein Beitrag zur Ortsgeschichte, 120 S. Rabenstein 1936, worin allein schon 77 Geschäftsanzeigen lokaler Unternehmen, Gaststätten und Einzelhändler eine Erinnerung enthalten, die scharf mit der monopolisierten und verödeten Infrastruktur der Gegenwart kontrastiert – ein Werk, ein Volksgut, eine Kaufhalle, drei Kneipen, davon zwei seit Jahren geschlossen.

zusammen Tauschgeschäfte organisiert. Als der letztere darüber hinter Gitter kam und dann in den Westen ging, hatte der Stricker den Betrieb als Produktionsleiter übernommen und über Jahrzehnte seine Rationalisierung betrieben. Er kannte alle im Betrieb und wurde von allen geduzt. Er verwies uns auch auf den letzten noch lebenden Beamten der Gemeinde vor 1945, einen Sozialdemokraten, der dann in der NSDAP war und nach seiner Rückkehr auf den Bau mußte, bevor er bei der Wismut einen Schreibstubenjob bekam. Und auch auf den einstigen Schulrektor des Dorfs wies er uns hin, obwohl der immer in der braunen Uniform herumgerannt sei. Der hatte eingesehen, daß er nach 1945 nicht Lehrer bleiben konnte, aber er trug schwer daran, daß er Ende der fünfziger Jahre, als er in einer Berufsschule doch wieder untergekommen war, erneut Lagerarbeiter werden mußte, weil er seine Tochter hatte konfirmieren lassen.

Es waren familiäre Verhältnisse, in die wir durch die Gespräche Einblick gewannen; aber es zeigte sich auch, daß der Anschein eines gewachsenen linken Milieus trog. Durch die dreißiger und vierziger Jahre hindurch gab es kaum ungebrochene Traditionslinien. Die Chance, daß jemand, der durch sein Elternhaus oder seine Jugend «links» geprägt worden war, nach dem Krieg in die SED ging, lag auch hier nicht über 50 Prozent, und die Wahrscheinlichkeit, daß SED-Mitglieder aus unpolitischen Verhältnissen kamen oder in ihrer Jugend vom NS geprägt worden waren, lag weit höher. Besonders dünn an der Basis war die kommunistische Tradition. Vom roten Sachsen war vor Ort fast keine Spur mehr zu finden. Freilich auch kaum von einem Widerstand gegen die Herrschaft der SED, die vielmehr die gegebenen Verhältnisse repräsentierte, mit denen man sich irgendwie arrangiert hatte. Auch die politisch Engagierten hatten aber nur eine Perspektive in die Vergangenheit: auf die materiellen Fortschritte seit der Arbeiterkindheit war man stolz, aber wie es weitergehen sollte, war allen ein Rätsel.

Dienstwege der Kollaboration

Da unser «Betreuer» in der Schädelgasse so hilfreich war und da sich unser Projekt nun ohnehin schon in Bitterfeld auch auf lokale Eliten ausgedehnt hatte und da wir nach über hundert Interviews an der

Basis der DDR immer noch keinem Antifaschisten begegnet waren, setzten wir uns länger als geplant in «Kmst» fest und versuchten, die Defizite auszugleichen. Wir gingen vermehrt zu den Kirchen und interviewten auch vier Pastoren; wir gingen zur jüdischen Gemeinde, die allerdings nur noch sieben, überwiegend bettlägrige Mitglieder hatte, aber von wo uns dann die Wege zu anderen jüdischen Gemeinden in der DDR geebnet wurden; und wir klagten unserem Betreuer, daß wir es nicht glauben konnten, daß uns alte Kommunisten oder Sozialdemokraten, die im Dritten Reich in Haft gewesen waren, überhaupt nicht begegneten. Er hat uns dann mit einer solchen seltenen Person in Gestalt eines emeritierten Professors bekannt gemacht. Obwohl dieser der Vorsitzende der «Verfolgten des Naziregimes» und der «Kämpfer gegen den Faschismus» in der Stadt war, konnte er uns keine anderen Antifaschisten als Interviewpartner benennen: entweder seien sie krank, oder sie erinnerten sich, wie er meinte, «falsch» oder beides. Wir haben dann noch versucht, in Leipzig in einem Altersheim für Parteiveteranen, auf das uns ein Historikerkollege aufmerksam gemacht hatte, politische Antifaschisten vors Mikrophon zu bekommen. Aber das war wieder ein anderer Parteibezirk, und wir erhielten keine Interviewerlaubnis; unsere jüdischen Gesprächspartner in Leipzig hat das nicht gestört. Jedenfalls hat es an unseren Mühen nicht gelegen, daß wir aus der volkseigenen Erfahrung der Industrieprovinz der DDR kaum mehr eine gelebte antifaschistische Tradition berichten können.

Als ein anderes Defizit unseres Projekts erschien uns am Ende unserer Feldphase, daß wir zwar viele Mitglieder und Funktionäre der SED und noch mehr politisch Nicht-Organisierte und Angehörige einer Religionsgemeinschaft interviewt hatten, aber daß es bisher nur ganz vereinzelt zu Gesprächen mit Angehörigen oder Funktionären der Blockparteien gekommen war. Immerhin hatten wir mit fünf CDUD-Mitgliedern, darunter zwei Funktionären, gesprochen. Die anderen städtischen Blockparteien warfen nun insofern ein Problem auf, als LDPD und NDPD keine Arbeiter aufnehmen durften und wir deshalb bei der Anbahnung von Gesprächen über die diesbezüglichen Parteigeschäftsstellen fürchteten, an den Rand unserer Genehmigung zu kommen. Unser Betreuer von der Schädelgasse meinte, hier im Süden der Republik müsse man das nicht so eng sehen. Also gingen wir zu den Stadtleitungen der besagten Parteien und bekamen bei den Liberalen auch bald einige Anschriften von ehemaligen Unternehmern und Selbständigen. Die Gespräche, die wir noch führen konnten, waren durchweg munter und offen: Die Liberalen erwiesen sich persönlich als liberal, zugleich zeigten sie uns aber auch, wie schmal und vielfach gebrochen die liberale Tradition in der DDR war. Seit dem Auslaufen der halbstaatlichen Betriebe 1972 hatte es keinen wirtschaftlichen Gestaltungsspielraum mehr für sie gegeben, und ihre Partei war, wie einer sagte, seit den siebziger Jahren ein «Skatclub» geworden, in dem einige mitspielten, weil sie schon immer drin waren, und einige wenige hinzukamen, weil sie eine kleingewerbliche Existenz politisch absichern wollten. Denn die Blockparteien waren im Prinzip die SED fürs Bürgertum, machten aber nicht so viel Aufwand.

Mehr als die Liberalen standen die CDUD und die NDPD im Ruf, auch in ihrer inneren Struktur völlig durchstalinisiert und der SED über das Schutzgeld hinaus zu Diensten zu sein, die CDUD vollends seit den sechziger Jahren, die NDPD schon immer. Diese war 1948 von der SED unter dem Vorsitz eines Altkommunisten gegründet worden, um den kleinen Nazis und den nationalen Konservativen ein Kollaborationsangebot zu machen. Dieser Zweck hatte sich im Übergang von Ulbricht zu Honecker überlebt. Zwar bestimmte er immer noch die Ursprungsmotive der Masse der alten Parteimitglieder, aber seither war die Partei zu einer Heimat des Managements geworden, wo sich zweit- und drittklassige Figuren absichern konnten, ohne sich der Disziplin der Staatspartei unterwerfen zu müssen. Dodo ging zur Stadtleitung der NDPD in Karl-Marx-Stadt und verblüffte sie mit dem Wunsch nach Interviewpartnern für ein westdeutsches Projekt. Als sich der smarte Funktionär von seiner Verblüffung erholt hatte, bat er, daß der Projektleiter am nächsten Tag um die Mittagszeit sich zu einem Gespräch mit Vorstandsmitgliedern einfinden möge, bei dem man die Möglichkeiten einer Zusammenarbeit erörtern werde. Als ich am nächsten Tag dieser Einladung folgte, wurde ich mit kalten Platten empfangen und fand mehrere Mitglieder des Stadt- und des Bezirksvorstands der NDPD vor. Ich trug zunächst erneut unser Anliegen vor und wurde dann, bevor wir in weitere Gespräche eintraten, über die beiden Parteiziele der NDPD aufgeklärt. Ich zitiere diese «unumstößlichen Grundsätze», die mir so ähnlich erläutert wurden, in ihrer kanonischen Form:

«Das vorbehaltlose Bekenntnis zur wachsenden Führungsrolle der Arbeiterklasse und ihrer marxistisch-leninistischen Partei, das vorbehaltlose Bekenntnis zum Bruderbund der DDR mit der Sowjetunion und den anderen Staaten der sozialistischen Gemeinschaft waren, sind und bleiben die beiden programmatischen Kernsätze der NDPD.»[21]

Das war wohl der abgeschmackteste Aufguß des Stalinismus, die Selbstversklavung als Programm für kleinbürgerliche Restschichten. Aber hatte nicht Hegel schon gelehrt, daß Freiheit aus der Einsicht in die Notwendigkeit entstehe? Hier mußte man sich das wohl so übersetzen: Hatte man sich erst einmal öffentlich kompromittiert, dann lebte es sich im Schatten der SED ganz ungeniert. Jedenfalls gingen wir nach dem Abgesang der programmatischen Kernsätze unvermittelt zum gemütlichen Teil über, in dem mir meine Gesprächspartner bei belegten Brötchen all ihre Sorgen mit dem Mangel an marktwirtschaftlicher Effizienz und Arbeitsdisziplin im Sozialismus klagten. Auf der anderen Seite fühlten sie sich im Aufwind, denn während die SED stagniere, hätten sie wie auch die anderen Blockparteien Mitgliederzulauf. Der Zusammenhang war einfach: Zur Absicherung der Karriere brauchte man eben eine Mitgliedschaft. Die in der SED war für leitende Angestellte schwer zu bekommen, weil man dafür auch mindestens einen beitrittswilligen Arbeiter auftreiben mußte, damit die Statistik wieder stimmte. Bei ihnen gebe es keine solchen Hürden, und auch danach habe man keine weiteren Pflichten außer der Anerkennung der Kernsätze. Sie seien politisch auch deshalb im Aufwind, weil sie nicht so unbeweglich seien wie der große Tanker SED. Da sie mit der großen Politik ja kaum befaßt seien, hätten sie von den westlichen Bürgerinitiativen gelernt und mischten sich mit

21 Informationsschrift «Die National-Demokratische Partei Deutschlands in der Deutschen Demokratischen Republik» 16 S. (o. O. u. J. 1986), S. 2. Fast wortgleich der Parteivorsitzende Heinrich Homann: «Unumstößliche Grundsätze politischen Wirkens», in: ders.: Die NDPD. Mitgestalter der entwickelten sozialistischen Gesellschaft in der DDR, Berlin (Ost) 1986, S. 11.

kleinen Anfragen zur Gaststätteneröffnung, zum Denkmalschutz oder in Umweltfragen in die Lokalpolitik. Sie erzählten mir auch, daß sie jüngst schon einen anderen westdeutschen Kontakt (zu einem CDU-Politiker) gehabt hätten und sich viel von der Entwicklung der deutsch-deutschen Beziehungen versprächen, vor allem ökonomisch. Sie waren alle irgendwo Stellvertreter in der Industrie und sprachen aus erster Hand. In Erinnerung ist mir noch der zweite oder dritte Direktor eines Getränkekombinats, der aber in seiner Partei weiter vorne war und der sich angelegentlich darüber beschwerte, daß er einen Lastwagenfahrer, der eine Palette mit Bieren und Säften verkippt hatte, nicht «wie im Westen» fristlos entlassen könne. Am Ende einer mehrstündigen Diskussion bekam ich die Anschriften einiger Parteifunktionäre, damit wir sie nach ihrem Leben befragen konnten.

Wie wir später aus mehreren Nachrichten rekonstruieren konnten, war in den 24 Stunden zwischen Dodos und meinem Besuch das folgende geschehen und allein schon die Geschwindigkeit der Ereignisse war so ungewöhnlich, daß es berichtet zu werden verdient. Der Stadtfunktionär der NDPD hatte den Bezirksvorstand informiert und dieser den Vorstand in Berlin. Von dort war zuständigkeitshalber beim ZK der SED angerufen worden, wo aber kein Zuständiger erreicht worden war und nach Aktenlage der stellvertretende Direktor für Auswärtiges des Akademieinstituts konsultiert worden war, der die Anfrage an den Verantwortlichen vor Ort bei der Bezirksleitung der SED in Karl-Marx-Stadt verwiesen hatte. Das war unser hilfreicher Betreuer in der Schädelgasse, einen Block von der NDPD-Stadtleitung, und er muß – etwas außerhalb der Ordnung – die Auskunft gegeben haben, daß es mit unserem Projekt seine Ordnung habe. Darauf lief der Dienstweg rückwärts, zum ZK der SED, zum Gesamtvorstand der NDPD in Berlin, zu deren Bezirksvorstand Kmst und schließlich zu ihrer Stadtleitung, die in Rekordzeit auch noch die Schnittchen zu meinem Empfang besorgt hatte. Nie hätte ich geahnt, daß der sozialistische Gang so behend sein könnte oder daß der simple Wunsch, einige Menschen nach ihrem Leben zu befragen, einen solchen Abstimmungsaufwand erzeugen könnte. Aber die Grundsätze der NDPD waren eben, wie gesagt, «unumstößlich».

Hat sich unser Projekt überlebt?

Die letzten zwei Monate waren doch wie zehn, fünfzehn Jahre.
Das ist ja so ewig her alles.
Dietmar Fischer, Chefarchitekt von Leipzig, Ende 1989

Von der Begegnung mit unseren Gesprächspartnern will ich in diesem Bericht nicht sprechen, denn davon handelt der Rest dieses Buches. Was aber bedacht sein will, ist die Qualität der Distanz, die zwischen der Aufnahme unserer Gespräche und der Publikation unserer Interpretationen eingetreten ist. Als im Herbst 1989 die Mauer und mit ihr die SED-Herrschaft fiel, mußten wir uns fragen, ob sich unser Projekt überlebt habe. Nun konnte jeder in die DDR fahren und mit jedermann reden, vielleicht würden sogar die Archive und die Stasi-Akten bald der Forschung zugänglich werden. Was sollte da noch eine Reportage aus dem Ancien régime des real nicht mehr existierenden Sozialismus, die unter mancherlei Beschränkungen entstanden war? Stand jetzt nicht alles im Feuilleton, was es über das Leben und die Geschichte der DDR zu wissen gab? Und würden sich unsere Interviewpartner nicht bloßgestellt fühlen mit ihren behutsamen Aussagen und oft mühevollen Rationalisierungen von damals, wo jetzt jeder Wendehals im Westjargon versicherte, daß er weder etwas gewußt noch etwas geglaubt habe? Je schneller jedoch in den nächsten Monaten der Anschlußzug rollte, desto deutlicher schälte sich für mich heraus, was sich an unserem Projekt überlebt hatte und was nicht. Und ich bekam sogar den Eindruck, daß es neue Aufgaben bekommen hatte, an die wir in der Feldarbeit noch gar nicht gedacht hatten, etwa differenzierte Erinnerungen gegenüber neuer Verdrängung zu stützen oder Verständnis zu erzeugen für eine ältere Generation, deren mit Schrunden erworbenes Selbstbewußtsein zusammengebrochen ist und der kaum Zeit für ein anderes Leben bleibt.

Überholt war der Versuch einer Ethnologie des Lebens in dem einst fernen Land hinter der Mauer, und sicher wäre es auch verfehlt, jetzt, da die Erforschung der kurzen Geschichte der DDR vor ganz neuen Möglichkeiten zur Quellenerschließung steht, mit dem Behelf von Erinnerungszeugnissen eine alternative Legende der DDR-Geschichte zusammenzupuzzlen. Auf der anderen Seite hatten wir ein unwiederholbares Zeugnis zur individuellen und kulturellen Erfahrungsgeschichte der DDR gesammelt. Gewiß kann man nun unter freieren Bedingungen viel leichter Lebensgeschichten und andere Gedächtniszeugnisse zusammentragen, aber nie mehr wird das Gedächtnis so funktionieren wie damals. Damit will ich nicht sagen, die Leute in der DDR hätten sich damals «richtiger» oder umfassender erinnert als heute. Aber auch die gegenteilige Aussage wäre falsch. Denn die spezifischen Bedingungen, unter denen Erinnerung geschieht, wirken immer an der Auswahl und Zurichtung der Gedächtnisinhalte mit. Der Kontext, auf den man sich damals kritisch oder zustimmend bezog, erscheint im Rückblick wie eine Fiktion, aber er war eine Realität, die in mehr als vierzig Jahren geronnen war und differenzierte Verhaltensmuster und Sinnkonstruktionen erzwungen hatte. Der neue Kontext westlicher ‹Normalität› erscheint wie eine Befreiung zur Realität, aber in der DDR ist er ein phantastisches Gebilde aus schnell wechselnden Vorstellungen, die sich noch nicht an den eigenen Fähigkeiten und der Organisierung eines Alltags bewährt haben. Das, was so lange geronnen war, kommt jetzt nicht mehr zur Sprache, aber es ist nicht aus dem Gedächtnis verloren. Wird es zum Schweigen verdammt, wird es sich in die Sprache des Verschweigens einmischen.

Wir haben der naheliegenden Versuchung widerstanden, nach dem Fall der Mauer oder nach der ersten freien Wahl in der DDR unsere Interviewten sogleich wieder aufzusuchen. Wir werden das tun, aber erst wollten wir die damaligen Gespräche interpretieren, ohne daß die Zeugnisse vom Wandel der Gedächtnisse und allerhand pragmatischen Erwägungen überholt würden. Darin liegt für beide Teile ein Risiko, für unsere Gesprächspartner das der Auskunft von einst, für uns, daß wir uns des Privilegs des Historikers, die Vergangenheit im Lichte dessen, was danach gekommen ist, zu interpretieren, begeben haben. Die Mehrzahl der in diesem Band veröffentlichten Einzelgeschichten ist vor dem Herbst 1989 entstanden, und keine wurde danach geändert; den Unterschied merkt man allein an der Zeitform, nämlich ob von der DDR der SED in der Gegenwart oder in der Vergangenheit gesprochen wird.

Die Geschichten sind langsam gewachsen. In den ersten Monaten nach der Feldphase – damals waren Alexander und Dodo inhaltlich mit anderen Projekten befaßt, so daß ich ziemlich ratlos vor den über 500 Tonbandkassetten saß – befiel mich eine Depression: viel zu viel Material und viel zu traurige Geschichten. Ich fand es einleuchtend, daß sich eine Gruppe Pariser Kollegen, die sich mit dem Gedächtnis Osteuropas beschäftigten, ‹la mémoire grise› benannt hatte. Die zweite, die mühsame, die wirkliche Wahrnehmung der Gespräche in der Abstraktion der Tonbandprotokolle begann. Dazuhin fand ich in West-Berlin, wo ich mich damals aufhielt, niemanden, der bereit und in der Lage gewesen wäre, sächsische Interviews abzutippen, die künftige Hauptstadt war damals ihrem Hinterland noch ziemlich fremd. Alexander von Plato hat dann in Hagen viel Mühe auf die Organisation und Beaufsichtigung der Transkriptionsarbeiten verwandt.

Der erste Ansatz im Frühjahr 1988 war, mich zunächst auf die Chemnitzer Gespräche zu konzentrieren und die Bewußtseinsspaltung, die in fast allen Erinnerungsgesprächen aus der DDR sichtbar war, aus einigen Interviews herauszuarbeiten, die Aufsteigergesellschaft und die zerbrochenen politischen Traditionen auch quantitativ zu dokumentieren und eine politische Diagnose zu formulieren: In der DDR stehe ein Umbruch der Generationen und der Kultur bevor, weil die relative Integration der älteren Generation, die für die lange Unbeweglichkeit der DDR verantwortlich sei, sich aus der wechselseitigen Ergänzung einer Reihe von Erfahrungstypen ergäbe, deren Gemeinsamkeit darin bestehe, daß ihre positiven Erfahrungen nicht system- oder programmspezifisch seien, sondern auf die Lasten der Nachkriegszeit und auf den Aufstieg von Proletariern in erster Generation zurückwiesen. Insofern sei ein Werttransfer dieser älteren Generation kaum möglich. Wenn die herrschenden Greise weiterhin eine eigene systemimmanente Wertfindung durch die jüngeren Generationen behinderten, sei ein Bruch zu erwarten.

Kollegen in der DDR, denen ich Mitte 1988 diesen Aufsatz[22] noch

22 Annäherung an den Wandel. Auf der Suche nach der volkseigenen Erfahrung in der Industrieprovinz der DDR, in: BIOS 1 (1988), S. 19–66; auch in A. Lüdtke (Hg.): Alltagsgeschichte, Frankfurt-New York 1989, S. 283–345.

im Manuskript gezeigt hatte, waren überwiegend besorgt: Sie glaubten, ich hätte mir durch meine Spekulationen meinen Kredit verscherzt, und auch unsere befreundeten Bewacher kritisierten, daß wir die Befragten nicht hinreichend nach dem ‹Positiven› befragt hätten. Nicht uncharakteristisch für die Endphase der DDR stellte sich die Frage der Richtigkeit der Analyse nicht. Als der Bruch, wenn auch durch den Niedergang der Sowjetunion als Führungsmacht Osteuropas in einer systemsprengenderen Weise, als ich es mir hatte vorstellen können, dann gekommen war, geschah auch eine zweite Auswertung in politischer Absicht. Im Oktober 1989 war ich in einem mecklenburgischen Städtchen, um wieder einmal mit Kollegen von der Akademie der DDR über Erfahrungsgeschichte zu diskutieren. Die Kollegen schwankten damals zwischen einer Reform der SED und dem Neuen Forum. Ich sagte noch zögernd, daß ich nicht glaubte, daß die DDR noch lange bestehen werde, und als der eingangs erwähnte führende DDR-Historiker in einer Pause auf mich zukam, um mir mitzuteilen, daß er beim 17. Juni 1953 nur deshalb nicht mitmarschiert sei, weil er mit einem Gipsbein im Krankenbett gelegen habe, sagte mir eine innere Stimme, daß ich recht hatte. Zum erstenmal hatte ich diesen Eindruck kurz zuvor aus einer etwas ungewöhnlichen semantischen Operation gewonnen. Als Honecker gestürzt wurde, war ich gerade in Westberlin und sollte an jenem Abend, für den Krenz seine Rede an das Volk angekündigt hatte, in einem Auto ohne Radio über die Transitstrecke nach Hause fahren. Also kaufte ich mir in einem Intershop an der Transitstrecke ein billiges Transistorradio und hörte, wie der neue Chef der DDR mit der Anrufung aller werktätigen Stände, die in den bewaffneten Organen gipfelten, seine historische Chance vertat. In Helmstedt hatte ich den Eindruck, zum letztenmal durch die DDR gefahren zu sein, jedenfalls durch jene DDR, von der ich hier gesprochen habe. Nach der Öffnung der Mauer schrieb ich einen Kommentar zu den laufenden Ereignissen, für einen Historiker ein schwieriges Geschäft.[23] Ich stützte

23 Das Volk der DDR und die Revolution. Versuch einer historischen Wahrnehmung der laufenden Ereignisse, Nachwort zu der Dokumentensammlung C. Schüddekopf (Hg.): «Wir sind das Volk!», Reinbek 1990, S. 251–279.

mich auf unsere Interviews und die Programmdokumente der Opposition, der damals die westdeutsche Presse zu Füßen lag und deren Mut ich bewunderte. Überfraktionell avisierte sie eine nachholende Revolution frühliberaler Prägung und danach eine ökologische Perspektive, während sie zu den Kernfragen der Ökonomie und der Nation nichts zu sagen hatte. Aus unseren Interviews schloß ich, daß es jedoch gerade dieses Terrain sein werde, auf dem sich die Situation entschiede, und insofern eine zweite Revolution im Kurzschluß zwischen Ökonomie und Nation zu gewärtigen sei.

Wir haben uns dann überlegt, worauf wir in einer größeren Publikation nun das Schwergewicht legen sollten. Nach mancherlei Überlegungen haben wir uns entschlossen, uns auf Interpretationen zum individuellen und kollektiven Gedächtnis der DDR zu konzentrieren. Im ersten Band berichten wir über einzelne Biographien und versuchen, durch die Interpretation der Texte einzelner oder von Paar-Interviews Kontinuitäten und Brüche der individuellen Lebenserfahrung vor und nach 1945 zu beleuchten. Natürlich können wir dabei nicht alle Befragten vorstellen, sondern wir haben Interviews für dieses individuelle Vorgehen ausgewählt, die meist wegen formaler Auffälligkeiten aus dem Rahmen fielen. Z. B. Interviews, deren formaler Aufbau tieferliegende Gedächtnisschichten zu verhüllen schien oder deren zunächst irritierende Formulierungen oder Widersprüche sich gegen eine einfache Lektüre sperrten, oder sogar Interviews, in denen wir wichtige Informationen nur bei ausgestelltem Tonband erhalten hatten oder die sogar ganz gelöscht werden sollten. Wir hofften dabei nicht nur auf besonders interessante Geschichten zu stoßen, sondern vor allem Einstiege in die Geheimnisse der DDR-Kultur zu finden. Die Schwierigkeiten, die sich hier dem Verständnis entgegenstellten, schienen uns ein Fingerzeig darauf zu sein, daß es sich lohnen würde, in den Text so lange einzudringen und wie ein Archäologe Schicht um Schicht abzutragen, bis zumindest ein Angebot zur Überwindung der Verständnisschwierigkeiten gemacht werden konnte.

In einem zweiten Band hoffen wir, in absehbarer Zeit kollektive Erfahrungen und Mythen aus der Nachkriegsgeschichte zu behandeln. Wir werden dabei untersuchen, wie quer durch unsere Interviews hindurch bestimmte Ereignisse (wie der Einmarsch der Besatzungsmächte, der 17. Juni), sozialgeschichtliche Zusammenhänge (wie die Demontagen und andere Kriegsfolgen, die Verstaatlichung, die Nachqualifizierung) oder Grundbedingungen (wie die Wahrnehmung des Dritten Reiches, das Bild vom Westen, die Haltung zur Partei etc.) erinnert und berichtet werden. Wir suchen dabei nach Grundmustern der Geschichtserfahrung in der DDR, nach ihren kulturellen Mythen, ihren Variationen, Brüchen und ihrem individuellen Gebrauchswert.

In beiden Fällen wird zugleich viel aus der Geschichte der DDR, ihren Schichten, Familien, ihrer Industrie und politischen Kultur erzählt, oder es werden diesbezügliche Informationen zusammengetragen, um die Erzählungen zu erläutern. Dies geschieht aber gleichsam beiher und gänzlich unsystematisch, nämlich dann und soweit, als es in der jeweiligen Lebensgeschichte anfällt oder für einen Ereigniszusammenhang notwendig ist. Die Untersuchung macht sich an den Problemen der Texte fest, und deren Lösung impliziert Geschichte. Der an verdichteten Sachinformationen interessierte schnelle Leser wird dieses indirekte, suchende, fragmentarische Verfahren vermutlich wenig mögen.[24] Aber wer sich darauf einläßt, das anfängliche Unverständnis gegenüber manchen Texten als Wünschelrute auf der

24 Solche Leser seien auf die noch immer informativsten knappen Gesamtdarstellungen zur Geschichte der DDR verwiesen, die wir auch denen empfehlen wollen, die durch unsere jeweils nur knappen Andeutungen auf weitere Sachinformationen und Literaturverweise neugierig werden: Hermann Weber: Geschichte der DDR, München 1985, für die politische Geschichte und für eine erweiterte gesellschaftsgeschichtliche Wahrnehmung Dietrich Staritz: Geschichte der DDR 1949–1985, Frankfurt 1985. Für den deutschen Zusammenhang die zweibändige deutsche Geschichte 1945–1971 von Christoph Klessmann: Die doppelte Staatsgründung, Göttingen 1982; Zwei Staaten, eine Nation, Göttingen 1988. Statistische Zusammenstellungen am besten bei Dieter Vogt, Werner Voss, Sabine Meck: Sozialstruktur der DDR, Darmstadt 1987; Ralf Rytlewski u. Manfred Opp de Hipt: Die Deutsche Demokratische Republik in Zahlen 1945/49–1980, München 1987. Als Nachschlagewerk unerläßlich das unter der Leitung von Hartmut Zimmermann erarbeitete «DDR-Handbuch», 2 Bde., 3. Aufl., Köln 1985. Die übrige Literatur ist nuanciert erschlossen durch Hermann Weber: Die DDR 1945–1986, München 1988, S. 105 ff. Das DDR-offizielle Handbuch «Geschichte der Deutschen Demokratischen Republik» (3. Aufl. Berlin DDR 1987) stammt von einem Autorenkollektiv unter Leitung von Rolf Badstübner. Über neuere oder einst unterdrückte Erkenntnisse vieler Mitglieder dieses Kollektivs unterrichtet der Sammelband Jochen Cerny (Hg.): Brüche, Krisen, Wen-

Suche nach den Geheimnissen der DDR-Kultur und der deutschen Kontinuität zu nutzen, dürfte unversehens und wie nebenbei auch eine Menge über die Alltags- und Strukturgeschichte der DDR erfahren. Einige der Hauptthemen, denen wir durch unsere Erkundigungen auf die Spur gekommen sind, tragen wir dann am Ende des zweiten Bandes zusammen.[25] Doch zunächst möchten wir die Leser in diesem Band einladen, sich in einer Vielzahl oft rätselhaft erscheinender Lebensgeschichten auf die Suche nach der deutschen Kontinuität, der Sozialkultur der DDR und der Verknüpfung beider in individuellen Erfahrungen einzulassen.

depunkte. Neubefragung von DDR-Geschichte, Leipzig-Jena-Berlin 1990, der auf eine Kolloquienreihe im Winter 1989/90 zurückgeht.

25 Einstweilen sei für solche analytischen Ansätze und Perspektiven verwiesen auf die in Anm. 22 u. 23 erwähnten Einzelbeiträge sowie Lutz Niethammer: Volkspartei neuen Typs? Sozialbiographische Voraussetzungen der SED in der Industrieprovinz, in: PROKLA 20 (1990) H. 3, S. 40–70. Während wir dieses Manuskript abschließen, sind weiterhin in der Drucklegung: Ders.: An Oral Historian's Comment to the First Free Elections in the GDR (in Historia y Fuente Oral, Barcelona), Verschwindet mit der DDR auch ihre Mentalität? (in einem Band der Wiener Volkshochschule Ottakring über das Symposion ‹Deutschland, einig Vaterland?›); Dorothee Wierling: Is there an East-German identity? Some Aspects of a Social History of the GDR (im Jahrbuch für Deutsche Geschichte, Tel Aviv 1990) sowie Alexander v. Plato und Wolfgang Meinicke: Die Last des Schweigens – Flüchtlinge, Vertriebene und Umgesiedelte in der SBZ/DDR (Union-Verlag, Berlin 1991).

Erbe und Tradition

Ordnung und spätes Leid

Bruno Horn, Revisor, 80 Jahre

Bruno Horn sieht aus, wie alte Fotografien aus der DDR verdiente Arbeiterveteranen zu sehen pflegten: zupackende Hände, ein gegerbtes Gesicht, eine weiße, nach rückwärts gekämmte Mähne, ein abgewetztes Jackett, mit dem ein Arbeiter ins Büro und in die Werkstatt kann, und wenn er sich mit seinen 80 Jahren aufs Fahrrad schwingt, dann tritt er mit einer Energie in die Pedale, als wäre er ein Junger. Er macht nicht viel Worte, aber in dem, was er sagt, liegt Entschiedenheit. Auf den Vorschlag zu einem Gespräch geht er sofort ein, obwohl er gerade neue Zähne hat und sich mit dem Sprechen schwertut. Von einem Parteifunktionär in seinem Haus hat er schon gehört, daß wir im Ort sind und daß es mit unserem Projekt seine Ordnung hat. Wir sitzen in einer engen Dachwohnung, in der er mit seiner 26jährigen Enkelin Lola Kern (L. K.) und deren zwei Kindern zusammen wohnt. Das erste bekam sie mit 19, eher spät für DDR-Verhältnisse, wie sie meint, wenn auch vor ihrer ersten Ehe; das zweite bekam sie vor der zweiten. Alle sind beim Gespräch im Wohnzimmer zusammen, der Fernseher wird aber ausgemacht. Die Kinder spielen mit Wollknäueln und Stoffresten, die Mutter näht privat, seitdem sie nach dem letzten Babyjahr ihre alte Arbeit in der Nähstube nicht mehr wiederbekam, sondern – ungelernt ist ungelernt – auf den Bau sollte. Ihr zweiter Mann, ein Metaller, ist zur Zeit bei einer Entziehungskur.

Lola, in Badeanzug und Haushaltskittel, greift von Zeit zu Zeit in das Interview ein, wenn Herr Horn etwas allzu knapp gesagt hat, oder kramt hilfreiche Fotos und Erinnerungsgegenstände aus den Schränken. Der Ton zwischen den beiden ist gelegentlich rauh, aber klar und unverkennbar herzlich. Zu mir spricht Frau Kern vom Haus ihres Opas mit einer zarten Dankbarkeit; der Alte wird gelegentlich mit den Jungen barsch, dann stöhnen sie alle demonstrativ auf, und keiner hat Angst. Opa bringt die Kinder (um Viertel vor sechs Uhr früh) in den Kindergarten, er fährt sie spazieren, er hilft den Frauen in den benachbarten Läden die schweren Kisten hereinzutragen, er tut was in der Nationalen Front[1] für die Nachbarschaft. Opa ist für alles da, offenbar eine Seele von Arbeiterveteran mit der zugehörigen rauhen Schale.

Als er mir gleich zu Beginn erzählt, daß er nach dem Krieg im Werk Revisor in der Hauptbuchhaltung geworden und 31 Jahre lang geblieben sei, bin ich erstaunt. Während ich rechne, sagt er es schon selbst: 13 Jahre lang hat er über die Rentengrenze hinaus gearbeitet, bis zum 78. Lebensjahr, und das als Buchhalter! Ich muß ihn wohl sehr entgeistert angeschaut haben, als ich gegen alle Regeln der Interviewführung ausrief, das hätte ich ja noch nie gehört, denn er sagte sogleich den Grund:

Ich hatte die Absicht, mir noch einen Wagen zu kaufen, aber bin nicht dazu gekommen. Weil mein ganzes Geld – meine Frau, nachdem daß ich Wasser in der Lunge hatte und das wurde rausgezogen, wurde von meinem Sohn gesagt, daß sie zu ihm ziehen soll. Und da kam ich aus dem Krankenhaus zurück und wurde – denn meine Frau ging dann in die Neubausiedlung, um das Geld einfach zu holen und traf meinen Sohn nicht an und war nochmal später da und hat ihn wieder nicht angetroffen und war dann, also am Frauentag vor vier Jahren, zur Frauenfeier von unserer Volkssolidarität und kam am Abend nicht wieder zurück. Die war auf der Straße tot und die obere Prothese war weg mit den Goldzähnen und ich kriegte nur Bescheid, daß sie tot ist. Sofort wurde sie dann nach dem Friedhof eingeliefert.

---

1 Die Nationale Front, die aus dem Block der antifaschistisch-demokratischen Parteien unter Führung der SED erwachsen ist, war die Vereinigung der Blockparteien in der DDR, ein erzwungenes Wahlbündnis, in dem die Wahlergebnisse vor der Wahl zwischen den Parteien festgelegt wurden. Auf lokaler und Nachbarschafts-Ebene war sie jedoch ein Dachverband, der den mehr oder weniger freiwilligen Arbeitseinsatz für gemeinnützige Zwecke – z. B. die Pflege von Grünanlagen u. ä. – organisierte.

Bevor ich noch recht seinen Verdacht eines unaufgeklärten Raubmords an seiner Frau begriffen habe, kehrt er schon zu seinen Lebensdaten zurück, von denen er mir zuvor nur mitgeteilt hatte, daß er Schlosser gelernt und am Krieg teilgenommen habe, daß er dort verwundet worden und in den ersten Nachkriegsjahren politisch aktiv gewesen sei.

1924, darf ich nochmal zurückgreifen, das war jetzt mein Tätigkeitslauf – 1924 trat ich in die SPD ein und bin bis zum heutigen Tage noch als Parteigenosse tätig. Ich bin in der Volkssolidarität tätig und arbeite so, helfe bei Kaufleuten hier im Konsum oder HO mit, die schweren Sachen reintragen, wo die Frauen eben alleine stehen. Das wäre so mein Gang und Gäbe.
L. K.: Und unterstützt uns und die Enkelkinder.
B. H.: Unterstütze die Enkelkinder, die Urenkel und – hier meine Wohnung und koche für mich und mache eben auch so alles. Bringe die Kinder zum Kindergarten, den großen, und hole ihn abends. Einkaufen. Einen Hund habe ich noch zugelegt für die Kinder.
I.: Wie alt war denn Ihre Frau, als sie gestorben ist?
B. H.: Die war 76.
I.: Und Sie meinen, die war ermordet worden oder? Habe ich das richtig verstanden?
B. H.: Ja, eh, muß ich annehmen. Werden Sie ausschalten, jetzt?

Denver-Clan in Mitteldeutschland

Herr Horn ist wohl gewöhnt, daß die Leute abschalten, wenn er sein Leid und seinen Verdacht erwähnt. Auch die Polizei hat sich nicht dafür interessiert; obwohl die Goldzähne fehlten und die Tote merkwürdig mit angelegten Armen am Straßenrand lag – und obwohl alles Ersparte aus Herrn Horns 13jähriger Altersarbeit weg ist – wurde seine Frau ohne Obduktion beerdigt, der Vorfall nicht untersucht. Lola erklärt alles noch einmal genauer. Sie hat ein plastisches Gedächtnis für diesen Abend, nicht zuletzt weil sie gerade einen Krimi auf West sah, als zwei Häuser weiter ihre Großmutter umkam. Und dann gibt ein Wort das andere:

L. K.: Das ist eine Frauentagsfeier und die Oma ist da freudig hingegangen und die Frau Groß unten, die hat dort eine Rede gehalten von der Schule aus, mit so Kindern eine Vorstellung gemacht, bloß die mußten wieder zurück zur Schule, so daß sie nicht bis zum Ende der Veranstaltung bleiben konnte. Und Mittwochs kommt die Fernsehserie und die haben wir noch geguckt gehabt, und weil Opa gerade frisch aus dem Krankenhaus war und nun den Rauch nicht vertragen konnte, durch die Lungenkrankheit, die er gehabt hatte, mit dem Wasser in der Lunge und so, da haben wir die Sendung hier zu Ende geguckt und zwar war das Denver-Clan, der fängt um 21.00 Uhr an und geht bis dreiviertelzehn. Wir sind aufgestanden, sind rüber gegangen in unser Zimmer und wollten uns gerade eine Zigarette anzünden und in dem Moment hat es geklingelt und da hat jemand gefragt: ‹Bruno, ist deine Frau schon da?› Und Opa hat gesagt: ‹Nein› – ‹Dann ist sie das, die hier unten liegt. Hier zwei Häuser weiter›. Kerzengrade lag sie so auf dem Fahrradweg.

B. H. (steht auf, reckt den Kopf und zieht die Schultern hoch und legt die Hände an die Hosennaht): So lag sie, so lag sie in der Gosse.

L. K.: Also wir sind alle runter, Opa hat noch Mund-zu-Mund-Beatmung gemacht, weil sie in dem Moment noch lebte, sie atmete noch, ich habe dann hier unsere Nachbarn, den Arzt geholt. Der kam auch gleich und der hat wohl noch vorher, bevor er runter kam, telefoniert, so daß auch gleich noch der Bereitschaftswagen von der Klinik kam, und die Ärztin hat dann nur noch festgestellt, Tod durch Herzversagen.

I.: Und ihre Zähne waren weg?

L. K.: Die oberen Zähne waren weg.

B. H.: Mit einem Goldzahn.

L. K.: Aber den Schmuck hat sie noch umgehabt.

B. H.: Mein Sohn hat sich noch – scheinbar, scheinbar – von dem Geld einen Citroen gekauft. Der war siebenmal verheiratet –

I.: Ihr Sohn war siebenmal verheiratet?

B. H.: Siebenmal verheiratet.

I. (zu Lola): Ist das Ihr Vater?

L. K.: Ne, er ist mein Onkel.

B. H.: In J. dreimal und der wollte jetzt nochmal in J. wieder heiraten. Der hat drei Fahrzeuge gehabt, einen Citroen, hat er für 42 000,– Mark gekauft, der ist Taxifahrer und hat einen Lada und hat noch einen Trabant.

I.: Gleichzeitig oder hintereinander?

L. K.: Nee, gleichzeitig.

I.: Aha. Wozu braucht der drei Autos?

B. H.: Ja, er wollte ein Taxi(-unternehmen) aufmachen, in Rostock. Wollte die Erste (von der er schon dreimal geschieden ist, wieder) heiraten und die hat gesagt: ‹Nein, das kommt nicht in Frage, es ist dreimal nicht gegangen, geht es das vierte Mal auch nicht›. Aus erster Ehe hat er zwei Kinder, aus zweiter Ehe hat er zwei Kinder, als unehelich hat er auch ein Kind, was er so noch hat, weiß ich nicht und im Hochhaus hat auch noch eine entbunden, nachdem – Der wollte nämlich an dem Tag dann wegfahren und dann: geht ins Klosett und tot.

I.: Der ist einfach so umgefallen?

L. K.: Herzinfarkt oder so.

B. H.: Herzinfarkt.

I.: Jetzt gerade?

L. K.: Dies Jahr.

B. H.: Vor 6 Wochen oder 8 Wochen.

L. K.: Nee, ein bißchen länger schon her.

B. H.: Viertel Jahr vielleicht.

I.: Wie alt ist er denn geworden?

B. H.: 45.

L. K.: Meine Mutti ist gestorben mit –

B. H.: 37.

L. K.: 34, ja 35 geworden in dem Jahr.

B. H.: Die ist ja, (er deutet mit dem Kopf auf Lola) ihr Vater hatte, na, ich weiß nicht, wie ich das sagen soll, da könnte ich mich am liebsten noch selber aufhängen. Eh, der hat mit einer Frau, aus der Verwandtschaft mit einer rumgebuhlt und kam die Nacht nach Hause und wollte von seiner Frau, von ihrer Mutti (der Tochter von Bruno Horn), wollte der auch noch was haben, und da hat sie gesagt: ‹Mach, daß du dahin kommst, wo du hergekommen bist!› und da hat er sie so geschlagen, daß das Nasenbein kaputt war –

L. K.: Da war auf dem Röntgenbild die ganze obere Hälfte alles dunkel und kein Arzt hat gewußt, daß sie geschlagen worden ist, es ist angenommen worden, es ist Schnupfen oder so was. Also Nase durchstoßen. Da kam lauter geronnenes Blut raus –

L. K.: Eine Woche später war sie tot.

I.: Ist das jetzt die Frau von Ihrem Sohn?

L. K.: Ne, sie war meine Mutti. Das waren Geschwister, meine Mutti und –

B. H.: Und mein Sohn waren Geschwister.

I.: Sind beide Ihre Kinder tot.

B. H.: Beide sind sie tot.

I.: Das ist ja traurig. Und wann war das?

B. H.: Wann ist das passiert mit Mutti?

L. K.: Vor 15 Jahren, im August.

I.: Da sind Sie ja wirklich vom Unglück verfolgt.

B. H.: Nur alles für die Kinder getan.

Auch der Tod der Tochter und die ursprüngliche Akkumulation des Sohnes für seine Geschäftseröffnung, die er dann nicht mehr erlebte, als er sich von seiner vierten Frau und siebten Ehe trennen wollte, wurden nicht untersucht. Als der vierjährige Enkel ausplauderte, wie der Schwiegersohn die Tochter dauernd auf den Kopf geschlagen habe, wollte Bruno Horn seine Tochter exhumieren lassen. Aber seine Frau sagte, dann könne er sie gleich dazulegen, so daß er vom Plan einer Obduktion abließ. Und Eltern seien, sagen sie mir, in der DDR nicht erbberechtigt; deshalb sehe er jetzt auch nichts von den drei Autos seines Sohnes. Die letzte von dessen Frauen habe den Vater, der nur mit Überwindung zur Beerdigung gegangen sei, ohnehin vom Friedhof gescheucht und die Schleifen von seinem Kranz abgerissen.

Anfangs denke ich, ich sei ins Medium gerutscht, alles sei nur ein Film: Opa Horn und seine Enkelin Lola sähen zuviel Denver-Clan und inszenierten ihn nun für mich mit den Requisiten ihrer herrschenden Klasse. Aber je mehr sie beim zweiten, dritten Durchgang ins Detail gehen, je häufiger sie Fotoalben über die ganze Verwandtschaft anschleppen und Mappen mit alten Zahlungsbelegen, mit denen der alte Horn die Unterhaltsrückstände seines Sohnes beglich, desto mehr verdichtet sich auch bei mir sein Verdacht, daß seine Familie durch Gewalt und Geldgier ausgelöscht wurde. Schließlich gehen wir in die Garage, wo ein 28 Jahre altes weißes Cabriolet – ein IFA 3/12er, Baujahr 58 – aufgebockt ist und vor sich hin rostet. Es war einmal Bruno Horns ganzer Stolz, aber seit Jahren kann er trotz all seiner Beziehungen nicht mehr die nötigen Ersatzteile auftreiben. Offenbar ist er ein Autonarr, wie sein Sohn, und wollte im Alter alles daransetzen, sich noch einmal ein neues Auto zu kaufen, einen Wartburg – die Ansparzeit hätte bei seinem Gehalt der Lieferfrist von 16 Jahren ungefähr entsprochen. Er, ein Buchhalter, lieferte sein gesamtes Gehalt in bar bei seiner Frau ab, und die hatte den Schatz offenbar lange Zeit in einem Versteck gehortet; über die Bank liefen nur die Abbuchungen für die Wohnung. Kurz vor der Katastrophe muß seine Frau dann den Schatz – in einer prallen Tüte – mit in die Wohnung ihres Sohnes, des Taxifahrers, genommen haben, der gerade noch ein Auto brauchte, um sich an einem Ort, an dem er noch nicht berüchtigt war, selbständig zu machen und durch eine respektable Existenz seine ursprüngliche Liebe (nach drei mit dieser und vier anderen gescheiterten Ehen) doch noch zu binden. Es leuchtet ein, daß ein Trabi auch in der DDR sich nicht zum Taxi eignet und daß der letzten Frau drei Autos[2] lieber waren als ein entlaufener Hallodri.

Und auch die andere Geschichte gewinnt Nahrung, wenn schon keine Beweise. Schon Ende der fünfziger Jahre hatte der Schwiegersohn den alten Horn an seinem Nerv getroffen, als dieser mit viel Findigkeit ein gebrauchtes 6-Zylinder-Cabriolet, eine Rarität, aufgetan hatte, um endlich seinen alten Adler (mit Außenschaltung) aus der Vorkriegszeit zu ersetzen. Als sie zusammen das schöne Stück abholten, wollte der junge die Neuerwerbung unbedingt probefahren. Kaum saß er drin, fuhr er freilich davon und unterschrieb den Kaufvertrag, so daß der Schwiegervater das Nachsehen hatte und alles zusammenkratzen mußte, um ein vergleichbar extravagantes Gefährt zum Neupreis zu erstehen, die Reliquie aus der Garage. Bedenkt man, daß sie damals zusammen in einer Wohnung wohnten – dem Hausmeisterhäuschen der Parteischule –, dann kann man sich vorstellen, wieviel Gewalt sich in den Verhältnissen staute. Lola freilich, die Anfang der sechziger Jahre dort aufwuchs, hat eine Idylle in Erinnerung, es gab einen Garten und Hunde, auf denen sie ritt – und die Generationen hielten sich in Schach.

Nach dem Tod ihrer Mutter wurde dies schlagartig anders. Der Vater zog mit den Kindern in eine andere Stadt, verbrannte ihr Spielzeug, damit sie sich auf die Schule konzentrieren sollten, verbot ihnen Radio, Fernsehen und Ausgang (in ihrem Zeugnis stand immer ‹Steht abseits›) und heiratete die Buhlschaft der verhängnisvollen Nacht. Sie wurde ‹eine Stiefmutter im wahrsten Sinne des Wortes› und prügelte den Bruder mit Holzlatschen durch die Wohnung; und Lolas Vater selbst hörte erst mit dem Schlagen auf, als Lola eines Tages allen Mut zusammennahm und sagte: ‹Willst du mich auch totschlagen wie unsere Mutti?› Etwas abseits des offiziellen Menschenbilds

2 Um eine Vorstellung von den Werten, um die es hier ging, zu erhalten, muß man wissen, daß drei solche Autos im Ancien régime der DDR etwa den Gegenwert von zwei Einfamilienhäusern ausmachten.

seiner Partei – um seinen Meisterposten zu halten, war der Vater in den siebziger Jahren in die SED eingetreten – erzog er seine Kinder dazu, daß «jeder dem andern sein Deibel» ist. Mit Erfolg: eben 18 Jahre alt, zog jedes der drei Geschwister von zu Hause aus – Lola weiß nicht mal, ob ihr Vater noch lebt – und sie können sich auch gegenseitig nicht riechen. Daß der Bruder jetzt bei der Stasi in der Hauptstadt ist, könnte verführerisch erscheinen, denn dort könnte er alles besorgen, was in der mitteldeutschen Provinz unerreichbar ist; aber gleichzeitig gibt es dem Verhältnis den Rest.

Ich wünschte mir, die Sicherheitskräfte würden nicht so falsch eingesetzt, sondern dort, wo sie gebraucht werden. Jetzt werde ich in die Rolle eines Krimi-Kommissars gedrängt, nur weil ich zuhöre und ein Tonbandgerät habe. Vielleicht kann ich ja meine Rolle als Historiker, der etwas über die Nachkriegszeit und ihre Vorbedingungen herausfinden will, mit der zugemuteten des kriminalistischen Dilettanten verbinden, denn offenbar fehlt in dem, was ich über Herrn Horns Kinder höre, das Motiv, also das, wodurch man verstehen könnte, was man nicht beweisen kann. Herr Horn hat mir gesagt, daß er 1946 nach der Vereinigung der Arbeiterparteien in die ‹Zentrale Parteileitung› seines Werkes gewählt wurde, und zwar versah er dort hauptamtlich die Aufgabe eines Hauptkassierers, und Andeutungen sprechen dafür, daß er das in den vierziger Jahren blieb. 1947 aber, hatte er eingangs gesagt, sei er in die Revision der Hauptbuchhaltung gekommen. Und Ende der fünfziger Jahre haben wir gehört, daß er in einer Hausmeisterwohnung lebte. Hatte er damals immer zwei Jobs? Und wie kommt ein Schlosser ohne Zusatzausbildung in eine buchhalterische Kontrollfunktion? Ich frage nach seinen Wohnungen und seinem Einkommen, seinen Tätigkeiten, seiner Familie und seinen politischen Erfahrungen und Perspektiven, und allmählich formt sich aus den Erinnerungsfragmenten, die er knapp, aber bereitwillig hervorholt, ein Bild seiner Vorgeschichte, bevor er Revisor wurde, das stolze Auto erwarb, der Sohn ausflippte und die Tochter des Parteifunktionärs sich kirchlich trauen ließ, weil man beim Standesamt damals in den fünfziger Jahren kein weißes Hochzeitskleid tragen durfte.

Der Dicke und sein Milieu

Das erste Foto, das Herr Horn mir herüberreicht, zeigt einen jungen Kutscher in einer gehrockähnlichen Livree vor der Droschke und Villa eines Fabrikanten, der sich Geheimrat nannte. Bruno Horn kennt seinen Vater «nur bildmäßig», denn er starb an einer Lungenentzündung, als Bruno noch nicht einmal zwei Jahre alt war. Die Mutter war Verkäuferin und nahm jetzt, noch vor dem Ersten Weltkrieg, eine Arbeit in einer Weinstube auf, deren Inhaber ihr zweiter Lebensgefährte wurde – «nur ein Verhältnis», wie Herr Horn sagt. Es war ein großes und feines Etablissement, das später Brunos um ein Jahr älterer Bruder übernahm, bevor der im Zweiten Weltkrieg zur Polizei ging und aus dem Kriegseinsatz nicht zurückkam. Der hatte einen Zug zum Vornehmen, war zu Beginn des Dritten Reiches der SS beigetreten und hatte die Tochter eines Bauunternehmers geheiratet. Die Weinstube wurde ein Opfer der Bomben. Herr Horn hat die Weinstube und den Bruder in übler Erinnerung: Wenn er seine Mutter besuchte, durfte er dort die Dreckarbeit machen, während der Bruder, der ihm in allem vorgezogen wurde, daheim bleiben und eine kaufmännische Lehre machen konnte und obendrein mit der Mamsell aus der Küche poussierte, die er dann sitzen ließ. Als Bruno ihn einmal mit der Mamsell auf dem Zimmer erwischte, hat er ihn herausgebeten und tüchtig verdroschen.

Das muß Mitte der zwanziger Jahre gewesen sein, um die Zeit, als Bruno mit 17 Jahren in die SPD eintrat (Gewerkschafter wurde er schon mit 15). Daß der Bruder älter war, spielte keine Rolle. Bruno wog damals über zwei Zentner, er hatte Kraft und Wut und Anstand im Leib. Seine Mutter hatte den kleineren ihrer Söhne zu den Großeltern gegeben, als sie ihren Ernährer verlor, und Bruno wuchs dort in einer ganz anderen Atmosphäre auf, ohne Herrschaft und Etablissement. Die Großeltern waren arm, zäh und akkurat. Der Großvater arbeitete als Formstecher für eine Tapetenfabrik, und beide wurden um die 100 Jahre alt. Der Junge orientierte sich an den Kindern in der Nachbarschaft, und da wohnten Arbeiter. Der Großvater wars zufrieden, als der Junge wie die meisten in der Gegend Handwerker werden wollte, schickte ihn aber nach dem Ersten Weltkrieg als

Schlosserlehrling in eine besonders moderne Fabrik, die Elektrogeräte und bald auch Flugzeuge herstellte. Dort blieb Bruno auch als Geselle, bis die Firma nach einem Streik einige entließ. Kollegen warben ihn damals für die SPD mit dem Argument, er sei doch auch Arbeiter – da konnte er nicht nein sagen. Für sein politisches Engagement gibt es keine besonderen Gründe, die Stichworte signalisieren die Selbstverständlichkeit des Milieus: «durch meinen Umgang», «Arbeiterviertel», «Gärten», «Erster Weltkrieg». Die Versammlungen, das Plakatekleben machten ihm als jungem Menschen Spaß, die Überzeugung kam dann mit der Gewöhnung an die Genossen.

Nach der Arbeit haute er ansonsten auf den Putz. Er gehörte nicht mehr wie Walter Ulbricht zur Generation der sozialdemokratischen Bildungsvereine, und alles Feinere verband er mit der Weinstube, wo er während seiner Arbeitslosigkeit wohnte, aber nur fürs Grobe da war, im Haushalt zum Beispiel für das Putzen der Fässer und das Fortbringen der Flaschen – und auch politisch.

Ich bin sozusagen, weil ich doch Sozialdemokrat war – mein Bruder, der war mehr für das Bessere, ja? – da war ich ein bißchen verachtet in der Familie. Da war ich nicht der Betreffende, der ich eigentlich sein sollte.

Aber er war auch wer, besonders als er nach anderthalb Jahren in derselben Firma wieder eingestellt wurde und wieder ein Jahr später seine nachmalige Frau kennenlernte. «Ich war ein Kräftiger.» Er boxte, er raste mit dem Motorrad, er soff, um zu renommieren.

Ich habe als Jugendlicher auch viel getrunken. Für jeden eine Flasche Schnaps und fünf Flaschen Weißwein, das war mein erstes Frühstück. Und da habe ich sogar noch den ersten Preis geschossen, für meine Frau einen Silberkasten. 45 Flaschen Bockbier und dann den ersten Preis geschossen. Ich stand noch wie ein Baum, da bin ich noch Motorrad gefahren... Ich will nicht sagen, daß ich ein vornehmer Junge oder ein kleiner Junge war. Ich habe jeden Mist mitgemacht. Wie es sich eben beim Arbeitersport hier in einem Arbeiterviertel zuträgt.

Als er dem vornehmen Bruder vor seiner Mamsell gezeigt hatte, daß er kein kleiner Junge war, war er zwar auch von einer Sauftour zurückgekommen; aber auch dann hatten seine Reflexe in Sachen Frauen noch funktioniert. «Das gabs bei mir nicht.» Mehr kann er dazu eigentlich nicht sagen, allenfalls noch: «Das war früher nicht so: heute kennenlernen, morgen in die Betten und in neun Monaten heiraten.» Ein Foto aus den zwanziger Jahren zeigt den Dicken, der unter seinen Kollegen eher ein Draufgänger und Raufbold war, im Anzug, mit Hut und steifem Kragen. «So ging ich tanzen.» Er lernte seine spätere Frau mit 21 Jahren kennen, und dann gingen sie sieben Jahre miteinander, bis sie heirateten, und die Tochter kam dann zwei Jahre später.

I.: Aber sieben Jahre sind auch für damals ein bißchen lang, nicht?
B. H.: Nee, das kann ich nicht sagen.
I.: Nicht?
B. H.: Nein, wir haben uns gut verstanden. Und dann war das mit der Wohnung. Erst mußte eine Wohnung da sein.

Seine Freundin war die Tochter eines tüchtigen Klempnermeisters und mußte nicht arbeiten, nur zu Hause im Büro etwas mithelfen. Und er wohnte anfangs – nach einem Konflikt mit einem Meister, dem er eine gescheuert hatte, erneut arbeitslos – wieder in der Weinstube.

Und wie wir uns ein bißchen näher kennengelernt hatten – von wegen hier kennenlernen. Zu Hause konnte man es gar nicht. Und ich meine, ein Mädchen mitbringen, das gab es bei meiner Mutter gar nicht. Im Gegenteil. Wissen Sie, was meine Mutter gesagt hat, 1935: Hast du überhaupt schon eine Existenz, daß du heiraten kannst?

Er war jetzt 28 und er hatte. Offenbar war er tüchtig und pflichtbewußt, wenn auch zuweilen grob, und wurde von denselben Firmen, die ihn rausgeschmissen hatten, wieder eingestellt. Und Arbeit gab es in den späteren dreißiger Jahren, zumal er zu einem aufstrebenden Betrieb der IG-Farben gewechselt hatte. Seine Frau brauchte auch nach der Heirat nie arbeiten zu gehen.

1933 ist stillschweigend vorübergegangen. Zu denen, die mit Schippenstielen gegen die Nazis anwollten, habe er nicht gehört. Zwar hatte man noch Kontakt und hat sich eine Weile noch privat getroffen. Aber ansonsten half er jetzt abends dem Schwiegervater, bei dem sie wohnten, oder kümmerte sich um seine Familie.

Da haben wir uns immer mehr zurückgezogen, als Partei eben, sind wir mehr zurückgetreten und haben das laufen lassen. Und 39 kam ich dann zur Armee. Da spielte das sowieso keine Rolle.
I.: Ja, aber es sind immerhin 6 Jahre dazwischen.
B. H.: Ja.

‹Mutti, Mutti! Der Pole kommt›

Und später sagt er, er habe sich nur noch um seine Arbeit und seine Familie gekümmert. Weder die Olympiade 1936 noch die sog. Reichskristallnacht 1938 habe er wahrgenommen, obwohl er Juden gekannt und «sogar» bei ihnen gekauft habe. Über seine Militärzeit, in der er zuerst als Küchenbulle einer Verpflegungseinheit durch halb Europa kam, später als Unteroffizier und sich zum Schluß mit den Pionieren von Frankreich nach Dresden zurückzog, kann er nicht klagen, obwohl er am Ende noch sein rechtes Gehör verlor. Ins Detail geht er nicht. Die Kriegsgeschichten, die er anklingen läßt, handeln von Extratouren, die der Krieg ermöglicht hat: von einem Wildschweinfang in Rußland, vom Fischen mit Dynamit in Belgien und von vielen Freßpaketen, die er seiner Frau nach Hause geschickt hat. Selbst in der sowjetischen Kriegsgefangenschaft in der Lausitz hat er alsbald eine Magazinverwaltung ergattert und Tauschgeschäfte mit Russen gemacht. Schon im Juni 1945 wurde er entlassen, nachdem er einen Herzfehler vorgetäuscht hatte. Als er nach Hause kam, hatte er noch seine Uhr und seinen Fotoapparat, und ein Russe hatte ihm ein Schachspiel geschnitzt, das er noch immer wie eine Reliquie hütet. Ein Foto aus dieser Zeit zeigt ihn bärtig, in einer abgerissenen Uniform, wohlgenährt und guter Dinge. Offenbar war der Krieg für ihn so etwas wie eine Fortsetzung seiner Jugendzeit, als er «der Dicke» genannt worden war: ein Umgang unter Männern, wo Kraft und Pflicht Anerkennung verschaffen und Freiräume für Abenteuer eröffnen. Schlimmes habe er im Krieg nicht erlebt, betont er noch einmal:

Ich habe mich immer gut durchgeschlagen.

Als er seine ausgebombte Familie gefunden hatte und vor der Haustür stand, hörte er – vermutlich zum erstenmal – die Stimme seines dreijährigen Sohnes Dirk: «Mutti, Mutti, der Pole kommt!» Der Pole, erklärt Lola, ist in Mitteldeutschland der schwarze Mann, der die Kinder holt, wenn sie nicht artig sind. Indessen verliert Herr Horn kein Wort über seine Familie im ersten Nachkriegsjahrzehnt, z. B. wie Dirk mit der Präsenz des «Polen» im Haus zurechtkam, wie die Tochter jetzt in die Schule kam, wie die Frau die ausgebombte Familie durch die schlechten Zeiten brachte. Zu Hause gab es für ihn keine Konflikte, mehrfach betont er, daß er «eine sehr friedliche Ehe» geführt habe. Freilich erwähnt er an anderer Stelle auch, daß der Sohn der «Liebling» seiner Frau gewesen sei und sie ihm nichts habe abschlagen können. Von seiner Seite aus war es umgekehrt: Während er seine Tochter nie habe strafen müssen (und außerdem schlage man Frauen nicht), heißt es vom Sohn in den fünfziger Jahren lakonisch: «Der hat Dresche gekriegt», und auf Nachfrage setzt er noch einsilbig ein «oft» hinzu. Das scheint aber den Haussegen in Schräglage gebracht zu haben, denn zur Aussage, daß Dirk der Liebling der Mutter gewesen sei, der alles haben konnte, fügt er hinzu: «Und ich war dann eben der Betreffende, der der Schweinehund war. Und der ihm nichts gab. Obwohl er fortgehen konnte und alles.» Lola, die nur das Ergebnis dieser Konstellation kennengelernt hat, ergänzt, Onkel Dirk sei ein «Frauentyp» gewesen.

Betriebspolitik

Bruno Horn ging ab Sommer '45 wieder als Schlosser auf Arbeit. Der Betrieb wird jetzt noch mehr sein Terrain als früher, zumal sich dort, wo es für ihn wichtig ist, die Verhältnisse verändert haben und ihm das Einfügen leichtmachen.

Na, 45 kam dadurch, daß jeder seine Arbeit haben wollte, und wer nicht in der Nazipartei war, der war eben mehr politisch schon bestrebt, eine Arbeit zu kriegen. Und kriegte sie auch, denn der hier bei der Arbeitsannahme, der war auch in der Partei: Sozialdemokrat.

Die alten Kader haben vor Ort das Heft übernommen, und sie schauen auch aufs Politische, wenn Leute wieder eingestellt werden. Oben mag einiges vom alten Management geblieben sein und darüber sich ein neues sowjetisches installieren; aber unten ist jetzt ein ‹closed shop›, und die Mehrheit ist sozialdemokratisch; es gibt aber auch Kommunisten.

Der Meister, dem er zugeteilt wird, ist ein Sozialdemokrat, der im Dritten Reich entlassen worden war. Auch der Betriebsrat wird von einem Sozialdemokraten geleitet. Die sozialdemokratische Mehrheit ist so deutlich, daß beim Zusammenschluß der beiden Arbeiterparteien ein halbes Jahr später zum ersten Vorsitzenden der SED-Kreisleitung im Betrieb ein sozialdemokratischer Ingenieur bestimmt wird und zum zweiten ein kommunistischer Arbeiter (der macht es aber dafür hauptamtlich, der erste nicht). Bei den Parteiwahlen 46 wird Bruno Horn in die Parteileitung gewählt, dort aber einige Zeit später zugleich frei- und kaltgestellt. Er wird nämlich hauptamtlicher Kassier, der zwölf ehrenamtliche Kassierer beim Markenverkauf koordiniert und den Schriftkram erledigt. Er holt sich beim Kreisvorstand seine Anweisungen, gibt sie weiter und geht in der Organisation und in seinem Zahlenwerk auf.

Mit vierzig Jahren wird er Berufsfunktionär, aber zu sagen hat er wenig. Alle wichtigen Sachen entscheidet der engere Vorstand, bei dessen Sitzungen er merkwürdigerweise «nichts zu suchen» hat. So z. B. als 1948 der Betriebsrat aufgelöst wird (sein Vorsitzender wechselt ins Personalbüro) und der Kommunist in der Parteileitung den Sozialdemokraten dafür gewinnt, für die neue BGL[3] einen «Jungen» zu nehmen, sprich: keinen alten Gewerkschafter, sondern ein unbeschriebenes Blatt, «der hat total gehorcht und hat schon alles fix und fertig gemacht».

3 BGL steht für Betriebsgewerkschaftsleitung; deren Vorsitzender wird umgangssprachlich allgemein als BGLer bezeichnet.

Partei neuen Typs

Zu der Zeit hat sich das Personalkarussell aber schon weitergedreht. Der sozialdemokratische SED-Vorsitzende ist bei den nächsten Parteiwahlen durch einen anderen Sozialdemokraten ersetzt worden, der aber nur kurz da war – Herr Horn kann sich nur in diesem Fall an den Namen nicht erinnern. Jedenfalls kommt dann, wohl noch im dritten Jahr, eine Ein-Mann-Leitung, nachdem der neue wieder weg ist und der bisherige kommunistische Vorsitzende ins Personalbüro versetzt wurde, wo ihm der gerade dahin verschobene ehemalige Betriebsratsvorsitzende Platz machen mußte. Die neue Parteileitung heißt August Gitter, ein Kommunist. Daß er ein Opfer des Faschismus ist, macht vielleicht verständlich, warum er so autoritär und cholerisch ist.

Wer zu Gitter rein mußte, der hat schon vorher gezittert. Weil der eine Art und Weise hatte, als wie: ‹Du dummes Schwein! Du bist ja noch dümmer wie die Polizei erlaubt und so weiter, so ungefähr, ja. Mit dem habe ich zusammengearbeitet.
I.: Und Sie haben es mit dem ausgehalten, obwohl der so grob war?
B. H.: Ja, ja, bis er mich nachher selber versetzt hat, weil ich mal zu ihm gesagt habe, du kannst mich mal am Arsch lecken. Und zwar hatte er mich da rausgerufen und hat zu mir gesagt: ‹Sag jetzt die Wahrheit, hast du Essen mit nach Hause genommen?› Ich sage: ‹Hör mal zu, wenn ich hier schon esse und ich soll noch Essen mit rüber bringen zur Schule, dann nehme ich auch noch eine Portion mit für meine Frau. Und wenn dir das nicht paßt, dann kannst du mich am Arsch lecken. Und dann kannste meine Versetzung beantragen und schnell.› Und das dauerte auch gar nicht lange, dann kam ich rüber in die Parteischule als Hausmeister.

Das war 1950. Wieder verschwindet ein früherer Sozialdemokrat aus der Parteileitung, aber nicht etwa, weil es eine politische Auseinandersetzung gegeben hätte, sondern wegen Mundraubs für die Familie, wegen Widersetzlichkeit und auf eigenen Vorschlag. Der Vorgänger des jungen BGLers verlor nach dessen Auskunft seinen Posten, weil er am Werktor in eine Kontrolle gekommen sei und eine Schachtel Nägel dabeigehabt habe. Waren die Sitten damals, als im Ruhrgebiet sich noch kaum ein Fabrikant getraut hätte, einen Betriebsrat vom Werkschutz durchsuchen zu lassen, in der SBZ so viel strenger, oder war die politische Kultur so verkommen, daß abweichende Positionen nicht mehr diskutiert, sondern nur noch kriminalisiert wurden? Herr Horn muß lachen, als ich ihm die Auskunft des BGLers erzähle: Die oberen Funktionäre hätten doch alle Fahrzeuge gehabt und seien durch die Werkstore ungehindert raus- und reingefahren. Gitter habe eben immer nur Leute seiner Wahl um sich geduldet. Die Strukturen haben sich in drei Jahren so verändert, daß das auch für formelle Wahlfunktionen erheblich ist, wen der «Erste» um sich duldet. Und daß ein gewählter Funktionär «versetzt» werden kann.

Gitters Gründe können wir durch Horns Bericht nicht klären. Merkwürdig bleibt seine Entscheidung aber schon insofern, als Bruno Horn nicht nur Hausmeister, sondern auch noch für den sog. Massenbedarf zuständig wird. Das ist nämlich der kollektivierte Schwarzhandel, durch den aus Lehrlingswerkstätten und anderen Nischen planmäßig überhaupt nicht erfaßte, aber für den Kenner eben doch real existierende Gebrauchsgüter zusammengekarrt und im Werk verteilt werden, weil die Massenproduktion den Massenbedarf nicht deckt. Dafür steht dem Hausmeister ein PKW (der schon erwähnte Ur-Adler) zur Verfügung – Anfang der fünfziger Jahre wahrlich keine Selbstverständlichkeit. Sein im Krieg erprobtes Talent für Tauschgeschäfte und fürs Improvisieren hatte er auch schon früher in den Dienst der Parteibasis gestellt: Bei der Währungsumstellung z. B. führte er das Guthaben in seiner Parteikasse nicht vorschriftsmäßig an die Kreisleitung ab, sondern gab schnell noch alles für Bücher aus («Thälmann und alles, was es so gab...»), so daß er glaubhaft nichts abzuführen hatte; danach hat er die Bücher wieder verkauft, und dadurch blieb die Werkspartei flüssig. Solche Talente sind am rechten Fleck goldwert.

Sinnvoller als über Gitters Motive zu rätseln erscheint die Frage: Warum hat Herr Horn bei seinem eigenen politischen Sturz mitgespielt? Zunächst muß man sehen: Die Fallhöhe ist gering – zuvor war er ein politisch einflußloser Kassier, und hinterher muß er auch nicht in die Produktion zurück, bekommt sogar eine bessere Wohnung, einen Garten und ein Auto – und es bleibt ein «Zusammenhang», wie er sagt, die Partei. Der Konflikt hat alle Merkmale des unleidlichen Temperaments seines neuen Chefs, jedenfalls genügend davon, um ihn nicht in der Hauptsache als eine fraktionelle Niederlage ansehen zu müssen oder sich seinetwegen politisch zurückzuziehen. «Deshalb muß ich doch nicht meine Position ändern.» Das ist ungefähr so, wie wenn er bei anderer Gelegenheit sagt, für ihn als Sozialdemokraten sei ja nun Grotewohl der Bezugspunkt an der Spitze gewesen. Auf Ulbricht angesprochen, fügt er hinzu, daß ihm Antipathie gegen Menschen fremd sei, und außerdem werde die Politik ja ohnehin von den Ministerien gemacht.

Bruno Horn war durch seinen «Umgang» zu einem politischen Engagement gekommen, und als der Umgang nach 1933 nicht mehr ging, hatte er es laufen lassen. 1945 hatte sich dieses Engagement durch seinen Umgang im Betrieb erneuert; in seinem «Umfeld» sei niemand gegen die Vereinigung von KPD und SPD gewesen – und daß seine Genossen im Westen dagegen waren, hat er nicht zur Kenntnis genommen. Seine Politik bestand in Tuchfühlung und Funktionserfüllung. Insofern blieb er mit seiner Position aufgehoben, aber bieten ließ er sich nichts. Schon einmal hatte er einem Vorgesetzten, der ihm ans Essen wollte, gesagt, er solle ihn am Arsch lecken – ein Meister hatte ihn im Dritten Reich aufgefordert, die Mittagspause durchzuarbeiten. Damals war er fristlos entlassen und mit mehrmonatiger Arbeitslosigkeit bestraft worden. Jetzt bleibt er im Zusammenhang und bekommt eine Arbeit, die ihm vermutlich sogar mehr liegt. Aber kein Zweifel, eine Belohnung ist es nicht. Als wir über seine ungebrochene Parteitreue sprechen, sagt er auf meine Frage, ob man sich als alter Sozialdemokrat nicht blöd gefühlt habe, als in einer Partei, deren Stammkader mehrheitlich aus Sozialdemokraten bestand, die Kampagne gegen «Sozialdemokratismus» inszeniert worden sei:

Richtig. Aber ich wurde 1946 in die Partei gewählt. Bis 1950 war ich in der Hauptkassierung und wurde 1950 da umgesetzt als Hausmeister, als eine Zeitlang der Gitter gekommen war. Gitter war ein Mensch, der hat sich nie geäußert. Der hat nur die Leute um sich gehabt, mit ihnen zusammengearbeitet, die er wollte. Also wenn der jetzt irgendwie was gegen mich hatte, also daß ich nicht alles ehrlich sage, wie er das handelt, da bin ich vor ihm ab. Und

aufgrund dessen mußte ich als Hausmeister rüber in die Parteischule. So sind die Dinger.
I.: Was Sie mir jetzt sagen, ist, daß Sie als Sozialdemokrat von einem Kommunisten abgemeiert worden sind.
B. H.: So ungefähr.
I.: Und warum ist man dann so treu?
B. H.: Na ja, dadurch brauche ich ja meinen Standpunkt nicht zu ändern.
I.: Haben Sie sich darüber beschwert eigentlich?
B. H.: Nö.
I.: Warum nicht?
B. H.: Nö, warum?

Seine politische Fügsamkeit – und übrigens auch seine nur wenig überdurchschnittliche Rente – erklärt Herr Horn mit seinem Mangel an Schulung. Ich hatte ihn nach seinen Sympathien für Politiker der Nachkriegszeit gefragt, und nach seinem Hinweis auf Grotewohl war er ins Stocken gekommen.

Ich will Ihnen auch sagen, warum. Ich habe nicht den Gedankengang wie Sie als Professor. Ich will mich mal ganz glasklar ausdrücken, mein Hirn ist vielleicht so (klein), während Ihres vielleicht so (groß) ist. In der Aufnahme und in der Durcharbeitung. Wollen wir uns nichts vormachen.
I.: Na, ob es mit dem Gehirn zu tun hat, weiß ich nicht, ich habe eine längere Ausbildung als Sie.
B. H.: Erstens das, das sowieso. Auch wie Gitter zum Beispiel. Der war trotzdem ein geschulter Mensch, trotzdem er Opfer des Faschismus war, nicht. Der hat viel mitgekriegt, ja. Und so geht es den anderen auch. Oder der (erste SED-Vorsitzende im Werk), der bei der SP(D) damals war, der ist Ingenieur, Elektroingenieur, der hat ein ganz anderes Auffassungsvermögen und Wiedergabevermögen als wie ich als Schlosser. Gewiß gibts Schlosser, die ein weiteres Ziel haben. Aber für mich war es eben abgeschlossen, ich bin ja gefördert worden. Sonst hätte ich vielleicht jetzt noch als Schlosser gearbeitet... Ich stehe zu meiner Partei, ich stehe zu meinem Staatssekretär[4], wie sich das gehört als DDR-Bürger, ja, und nehme die Aufgaben oder die Zeitungssachen, die lese ich auch durch und nehme sie auch gut wahr. Und halte das auch für richtig, was sie rausbringen. Und warum? Weil ich auch der

4 H. verwendet diesen Ausdruck vielfach und meint damit Ulbricht und Honecker. Offenbar handelt es sich um eine Zusammenziehung ihrer Ämterverbindung, der Vorsitzende des Staatsrates der DDR und des Generalsekretärs der SED.

Überzeugung bin, daß unser Staatssekretär oder die Minister, von Honecker angefangen bis zu den Sekretariaten, daß das Menschen sind, die vollständig im Politischen stark und voll ausgebildet sind. Ja, dadurch lasse ich mich auch dementsprechend gut weisen.

Herr Horn betont seine Grenzen im politischen Verständnis und gleichzeitig seine politische Bindung. Die Resultante dieser Spannung besteht in Unterordnung und Treue. Sie wurde verstärkt dadurch, daß er «gefördert» wurde, nicht mehr Schlosser zu sein brauchte, obwohl er sich das nicht durch Selbstschulung und einen Leistungsaufstieg erworben hatte. Diesen Zusammenhang hat er nicht verdrängt, wie er auch einen wachen Blick und einen Grimm auf die ökonomischen Mängel, die politische Korruption und die sozialen Ungerechtigkeiten in seiner näheren Umgebung behalten hat. Dadurch läßt er sich aber das System nicht vermiesen, sondern glaubt um so fester an die Weisheit der obersten Führung. Und doch hat dieser Zusammenhang etwas Deprimierendes, erst recht, wenn er mit öffentlichen Zurücksetzungen verbunden ist. Dafür braucht er Kompensationen. Als er Hausmeister wurde, hat er angefangen, Hunde zu halten, große Hunde, die er in Zwingern hielt – einen deutschen Schäferhund und eine deutsche Dogge, diese allein für 1000 Mark, das waren damals fast zwei Monatsgehälter. Etwas von der politischen Spannung, die an Bruno Horns Loyalitätsbereitschaft zerrt, kann man ermessen, wenn man erfährt, daß er einerseits bis weit nach dem Mauerbau zu einem Stammtisch ging, bei dem sich alte SPer, wie er die früheren Sozialdemokraten in der SED nennt, trafen, und andererseits am 17. Juni dem von einem Meister, ehemaligen Betriebsrat und alten SPer angeführten Demonstrationszug der Kollegen aus dem Werk entgegentrat, als diese Anstalt machten, an der Parteischule die Plakate abzureißen, die noch vom Vormonat da hingen und vom «Tag der Befreiung» und von der kurz nach Stalins Tod erfolgten Taufe des Eisenhüttenkombinats-Ost auf den Namen «Stalinstadt» kündeten.

Da bin ich rausgegangen mit den Hunden und habe gesagt: ‹Die Plakate bleiben dran!› Hat sich auch keiner dran vergriffen. Die Hunde hätten sie zerrissen.

In der Zeit danach nahmen die politischen Spannungen noch zu, die an Bruno Horn zerrten. Nicht so sehr wegen des 17. Juni, den er für einen im Westen weit überschätzten «Katzenstreich» hält, zu dem man in der DDR nicht zu Unrecht «Schwamm drüber» gesagt habe. Vielmehr trat nicht ein, was er als Ziel des Sozialismus betrachtete, nämlich eine schnellere und gerechtere Entwicklung des Massenwohlstands. Die alltäglichen Versorgungsmängel machen ihn nicht nur als Konsumenten, sondern erst recht als Funktionär wütend, und in manchen Läden wird er heute schon an der Tür ironisch mit seinem nachäffenden «Hamm wer nich. Hamm wer nich.» begrüßt. Im Rückblick datiert er die Anfänge dieser sich vergrößernden Versorgungslücke auf die Zeit nach 1953. «Danach gabs doch nischt mehr.» Sein Urteil ist im Vergleich zu anderen erstaunlich, weil sonst – für uns nicht weniger erstaunlich – die späten fünfziger und frühen sechziger Jahre als die goldenen der Versorgung im Gedächtnis erscheinen. Aber in gewisser Weise ist sein Blick unverstellter, weil er nie mit dem Westen verglichen hat. Er hat keinerlei Verwandte im Westen, er war deshalb auch nie da, er hat – auch unter SED-Funktionären wohl ein Unikum – nie das Westfernsehen eingeschaltet, und zwar bis 1980, als seine Enkelin zu ihm zog und erst mal den Apparat umstellte, um anfangs noch hinter seinem Rücken die Krimis und Musikshows von drüben sehen zu können. (Die Fußballübertragungen und die Nachrichten haben dann schließlich auch ihn gewonnen, aber wenn ein kritisches Wort über Honecker fällt, wird auch heute noch der Kasten ausgeschaltet.) Und er ist der einzige DDR-Bürger, den ich getroffen habe, der glaubhaft von sich sagen konnte, er wisse nicht einmal, wie eine D-Mark aussehe. Als vor Jahren neben dem Intershop an der Autobahn auch noch einer im Stadtinnern eröffnet wurde, hat er darauf nur mit Groll reagiert; daß er, der in den fünfziger Jahren für ‹Massenbedarf› zuständig und für seine Findigkeit in den Nischen des Konsums berühmt war, noch nie dort war, versteht sich von selbst.

Respektabilität

Seiner Zurücksetzung und politischen Enttäuschung trotzte Bruno Horn in den fünfziger Jahren mit einer Verhärtung äußerer Respektabilität und innerer Disziplin. Die Normen, die dabei greifen, sind nur teilweise die politischen der DDR, im Kern sind es diejenigen seiner Jugend – Dienst war Dienst und Schnaps war Schnaps und zum Tanzen war der keusche Saufbold mit seiner langjährigen Verlobten im Stehkragen gegangen. Insofern mag es ihm nicht gelegen haben, daß seine Tochter sich mitten im Kirchenkampf kirchlich trauen ließ; aber wenn man anders nicht zu einer weißen Hochzeit kam, dann hatte er dafür Verständnis. Gegen das Saufen und den Autotick seines Sohnes hätte er auch schlecht etwas sagen können, jedenfalls soweit der sich das leisten konnte. Aber als sein Sohn etwa zur selben Zeit die Lehre schwänzte, um bei Frauen, statt bei seinen Kollegen und seinem Vater Anerkennung zu suchen, rastete er aus:

Da war er zur Schule, da kommt der Berufsschullehrer: ‹Herr Horn›, den kannte ich sehr gut, war auch ein SPer, fragt, ‹wo war der Dirk heute?› und ‹Na ja, in der Schule.› – ‹Nee, der war nicht in der Schule.› Der kommt dann abends nach Hause, ich stehe an der Tür, ich sage zu meiner Frau: ‹Du gehst heute nicht an die Tür. Das werde ich selber machen.› Er klingelt, gehe hin, sage: ‹Wo kommst du jetzt her?› – ‹Von der Schule.› Ich sage: ‹Wo kommst du her?› – ‹Von der Schule.› Da habe ich ihm eine gescheuert, da flog der von der Türe vorne – da war ja noch nicht die Zwischentür von der Bibliothek, weil das Gewerkschaftsschule war - da flog der bis hinten an die Wand dran. Da habe ich ihm ein paar geknallt. Ich sage: ‹Mach daß du hoch kommst.› Meine Frau sagt: ‹Beim Essen wird nicht gestraft, beim Essen.› Ich sage: ‹Wenn du mir jetzt nicht die Wahrheit sagst, dann kriegst du nochmal eine, da fliegst du nicht gegen die Wand, da fliegst du in Keller. Wo warst du?› Da war der mit so ein paar Nutten zusammen. Rumgevögelt. Ich sag: ‹Das ist dein Glück, daß du das sagst. Morgen gehst du zum Lehrer und sagst ihm das, daß du von mir gestraft worden bist.› Das hat er auch gemacht. Der Lehrer kam dann den Abend und hat mir das gesagt. Da war das für mich erledigt. Gut, da war ich ein Ekel drinne. Von wegen, nicht pünktlich zur Arbeit oder früher aufhören. War ich kein Freund von.

Dirk war damals sechzehn. Geholfen hat die Demütigung natürlich nicht, im Gegenteil – und die Dresche war er gewohnt. Auch wenn der Vater nach Hause kam und traf den damals wohl schon 20jährigen Sohn in «Bauernhosen» an – vermutlich die in der DDR damals politisch verpönten, aber privat gesuchten Jeans –, hat's geknallt.

So geht man nicht auf die Straße... Ich wollte mich mit meinen Kindern sehen lassen, wie sich das gehört.

Seiner Depression über die Versorgungslage und seine Degradierung setzte Bruno Horn damals betonte Respektabilität auch in Fragen des Konsums entgegen. Erinnert sei an das weiße Cabriolet in einer der verpestetsten Industriestädte der DDR. Im selben Jahr, als der Vater diesen Wagen mit einer Sonderzuteilung der Partei erwarb, hatte Dirk mit siebzehn oder achtzehn die schlimmste Dresche bezogen, als er nämlich durch die Gesellenprüfung als Bäcker fiel. Die Berufswahl klingt nach einer Entscheidung des Vaters, aber ich habe vergessen, mich danach zu erkundigen. Jedenfalls war er dann als ungelernter Arbeiter in der Industrie und bewährte sich bei den Frauen.

Herr Horn mußte zum erstenmal Alimente für seinen Sohn zahlen. Als er «Blödsinn» im Werk gemacht hatte, rückte er danach von zu Hause aus und ging «mit einem Mädel» in den Westen. Herr Horn kann sich noch genau erinnern, weil seine Frau «von einem Anfall in den andern» fiel und der Tag ihrer silbernen Hochzeit nahte. Zwei Tage vorher erhielten sie von einem Amtsgericht in der Pfalz Bescheid, daß Dirk «etwas gemaust» hatte und eingesperrt worden war. Seine Frau bewog ihn dann, eine Bürgschaft zu übernehmen, worauf der 19jährige Dirk – ein halbes Jahr vor dem Mauerbau – wieder nach Hause überstellt wurde. Aber da war der Hochzeitstag schon lange verstrichen. Und nun füllte sich eine Mappe des Vaters mit Gerichtspost und Rückzahlungsbelegen, bald auch schon mit Scheidungsurteilen, deren Gebühren er entrichten mußte, mit Unterhaltszahlungen, die er anfangs übernahm, bis der Tunichtgut dann als Busfahrer auf eigenen Beinen stand. Viermal hat er in 25 Jahren dieselbe Frau geheiratet und zwischen den Scheidungen und den Wiederverheiratungen jeweils eine andere; daneben kann man sich noch an mindestens zwei uneheliche Kinder erinnern. Lola erklärt: «Er sah ziemlich gut aus. Er hat es bei Frauen leicht gehabt.» Aber wohl nur am Anfang. Als Dirk die erste Liebe, zu der er aus dem Haus seines Vaters geflohen war, die er immer wieder gewinnen, aber nicht halten konnte, nach dem Tod seiner Mutter mit drei Autos und den Perspektiven einer Selbständigen-Existenz – das ökonomisch Attraktivste, was es in der DDR für normale Menschen gibt – in einen weiteren Eheversuch locken wollte, soll diese geantwortet haben, was viermal nicht wird, wird auch zum fünftenmal nicht. Am nächsten Tag war der Sohn tot. Der Vater resümiert:

Ich wollte aus meinem Jungen was Anständiges machen und das ist mir nicht gelungen.

‹Muß! Aus!›

In den sechziger Jahren – das Werk war mit einem größeren zusammengeschlossen worden – wurde das Verwaltungsgebäude frei, so daß dort die Betriebspartei einziehen konnte. In das Gebäude der Parteischule sollten nun Büros kommen, und dafür brauchte man keinen Hausmeister der Partei mehr. Erst jetzt meldete er sich für eine frei gewordene Stelle in der Revision. Finanziell war er ausgeblutet, zu einem neuen Auto reichte es nicht mehr. Aber der Sohn blieb der Liebling seiner Mutter, die sich von ihm allerhand wertloses Zeug für teures Geld aufschwatzen ließ. Dennoch gab Herr Horn jeden Monat sein Geld bei seiner Frau ab, nach innen ist er nie ein Angestellter geworden. Der Maßstab ist sein Umgang geblieben:

Ich werde heute noch freundlich in der Werkstatt begrüßt, obwohl ich Revisor war und Revisors sind Schweinehunde, denen man am liebsten einen Fußtritt gibt.

Und er beschied sich, als ein anderer Parteifunktionär in seine geräumige Wohnung gesetzt und er unters Dach gezwängt wurde. Statussymbole hat er nicht mehr, aber er kippt eine ganze Kiste Auszeichnungen vor mir auf den Tisch und nennt mich dabei zum zweitenmal Professor. Mehrmals Aktivist, die meisten hat er jedoch wegen langer Mitgliedschaft erhalten. Er war offenbar frühzeitig in allem, sogar in einer Gesellschaft für deutsch-polnische Freundschaft, die aber 1952 wieder eingeschlafen ist. «Geld wär mir lieber», sagt er auf meine Frage, ob er stolz auf die Auszeichnungen sei. Er trägt sie nie. Nur das goldene Parteiabzeichen trägt er immer, sogar an seinem alltäglichen Kittel. Das bekommt man für 60jährige Parteimitgliedschaft und erinnert an seinen Eintritt in die SPD 1924.

Seine Enttäuschungen versucht er nach wie vor, von sich fern zu halten, aber sie sind ihm nun so nahe auf den Leib gerückt, daß er immer wieder von ihnen reden muß. So auch zum Schluß unseres Gesprächs:

Er war eben ihr Liebling. Da ist mein Geld alles fortgegangen. Ich konnte mir keinen Wagen kaufen. Und das war mein Grund, weshalb ich dreizehn Jahre länger gearbeitet habe.

I.: Und wie wird man mit solchen Enttäuschungen fertig?

B. H.: Wie soll man damit fertigwerden? Muß! Aus! Red ich nicht mehr drüber. Hab ich mich damit abgefunden. Ich war der Meinung, was meine Frau macht, das ist richtig. Und da hat sichs.

Magnesium und andere Zeiten

Wolfgang Gröhner, Forschungsdirektor, 81 Jahre

Prof. Wolfgang Gröhner, Chemiker des Jahrgangs 1906, teilt seine Lebensgeschichte grob in vier Zeitblöcke ein: die Zeit bis zur Beendigung seiner wissenschaftlichen Ausbildung 1936, die Berufstätigkeit bei der IG-Farben bis 1945, die Zeit als leitender Mitarbeiter im zur Sowjetischen Aktiengesellschaft (SAG) umgewandelten Betrieb bis 1953 und schließlich die folgenden Jahre, in denen er 1955 Forschungsdirektor wurde und daneben an einer Hochschule unterrichtete, veröffentlichte und regionale Prominenz erlangte.

Der erste Lebensabschnitt umfaßt das Studium und die Assistententätigkeit an den Universitäten Leipzig und Göttingen bis 1936. Beides waren Zentren der Naturwissenschaften, und so nennt er auch gleich zu Beginn des Interviews die großen Namen, mit denen diese Universitäten und z. T. auch er selbst verbunden waren: Wilhelm Ostwald, Werner Heisenberg, Carl-Friedrich von Weizsäcker, Edward Teller, James Franck und Victor Goldschmidt. Die drei letztgenannten wurden im Nationalsozialismus zur Emigration gezwungen. Sein eigener Chef mußte frühzeitig in Pension gehen, weil er sich nicht von seiner jüdischen Ehefrau trennen wollte, so daß Gröhner selbst, zumal ohne NSDAP-Mitgliedschaft und als Sohn eines liberalen Beamten, der 1933 ebenfalls vorzeitig pensioniert worden war, in

Göttingen keine Habilitationsperspektive mehr sah und sich in der Industrie bewarb. So begann 1936 «die IG-Farben-Zeit»:

Und (ich) hatte dort einen Auftrag als erstes (lacht), ein Magnesiumpulver höchster Feinheit zu machen. Das war mir natürlich unbewußt, daß das vielleicht schon in Richtung Brandbomben oder Rüstungsgeschichten geschah, ja? Und ich bin, das mußte also ein Pulver sein,... ein Pulver, feiner als zehntausend Maschen war, ja? Bisher hatte man das durch ein Kratzverfahren von Magnesium abgeschabt und wurde dann gesiebt usw. und dieses Verfahren habe ich damals entwickelt durch Destillation von Magnesiummetall in einer Wasserstoffatmosphäre. Und da ergab sich, daß also sämtliche Teilchen kleiner als zehntausend Maschen waren. (Das Pulver war allerdings hochexplosiv und später ist die ganze Anlage auch zweimal explodiert.) Inzwischen war ich aber schon nicht mehr in B. – ich bin also ein Jahr in B. – und wurde dann Leiter eines Forschungslabors für Magnesiummetall, und zwar in der Stadt A. an der Elbe. Das war ein neu erbautes Zweigwerk, das zu B. gehörte... Wir hatten also ein Verfahren, an dem die IG-Farben damals etwa 25 Jahre gearbeitet haben, ehe es soweit war,... und zwar insbesondere für die Flugzeugindustrie – damals in Dessau, die Junkerswerke, ja. Und ich hatte also dort ein neu gebautes Forschungslaboratorium in A., um Probleme dieser ganzen Magnesiumentwicklung zu bearbeiten bis zur Elektrolyse hin.

Magnesium war als Leichtmetall, mit Aluminium legiert, «von höchstem Interesse» für die Flugzeugbauer, weshalb Gröhner auch optimale Forschungsbedingungen erhielt und in A. «sehr glückliche Jahre» verlebte. Sogar von Bombardierungen blieb das Labor verschont, «weil die vier Mächte beschlossen hatten, Magnesium, das Verfahren müssen wir kassieren, so etwa, ja?» Gröhner arbeitete dann während des Krieges beim Aufbau einer neuen Produktionsstätte in Norwegen mit:

Da war Norwegen schon besetzt von uns, und da hieß es: Die Norweger haben Strom übrig, elektrischen Strom. Wir hatten keinen, ja, das war knapp. Wir hatten zwar die Rohstoffe gehabt, in Form der Chlormagnesiumlaugen..., und die Norweger hatten Strom übrig und so gab es einen Beschluß von IG-Farben B. aus, ein Magnesiumwerk zu errichten, um die Luftfahrt undsoweiter voranzutreiben... Mir standen damals durch besondere Vergünstigung seitens Hermann Göring alle Wege offen, um Rohstoffe, was weiß ich alles zu bekommen, um diese Forschung zu betreiben, und ich bin auch zweimal längere Zeit in Norwegen gewesen und habe dort an dem Aufbau mitgearbeitet.

Die IG-Farben-Zeit war für Gröhner die Zeit der großen Herausforderungen, Risiko und Erfolg lagen eng beieinander, die Möglichkeiten schienen unbegrenzt, die Vergünstigungen waren erheblich. «Alle Wege» standen ihm offen, um sich mit dem Verfahren zur Herstellung feinsten Magnesiums zu befassen, was zu zahlreichen Patenten und Veröffentlichungen führte. Gröhner beendet die Erzählung dieses Lebensabschnitts lapidar: «Ja. Das war das Magnesium.»

Mit dem Magnesium endete auch die IG-Farben-Zeit. In schneller Folge besetzten bzw. besuchten nun die Alliierten Gröhners Forschungslabor: Amerikaner, Engländer, Schotten, bis schließlich die Sowjets ihren Demontagespezialisten schickten. Gröhner wechselte ins Hauptwerk B., das mittlerweile in eine Sowjetische Aktiengesellschaft umgewandelt worden war.

Und nun war damals durch die, das Geschehnis der Atombombe, was die Amerikaner erst hatten, war das Interesse der Sowjets natürlich sehr groß, auch eine Uranbombe nachzumachen. Und dazu brauchte man Uranhexachlorid usw., und um das zu machen, brauchte man Calziummetall, und zwar Calziummetall in großer Reinheit.

Gröhner hat dann in einem neu eingerichteten Calziumlabor «eine ganze Menge interessante Arbeiten gemacht», und zwar unter der fachmännischen Aufsicht eines russischen Majors und Neffen eines bekannten Leningrader Physikers. Wie zuvor für das Magnesium, entwickelte er nun für die Herstellung besonders reinen Calziums ein intelligentes Verfahren, über das er ebenfalls veröffentlichen konnte. Nach zwei Jahren waren diese Forschungen beendet, «und das war dann alles klar, wie man Calzium machen konnte, in großer Reinheit».

Auf diese erste Phase in der SAG, die Zeit des Calziums, folgte ab 1948 die Zeit des Natriums, in der er ein Verfahren zur Herstellung von Natriummetall für die Bunawerke entwickelte, unter abenteuerlichsten Bedingungen des Mangels und des Chaos. Lachend erzählt er von Explosionen, von der Vernichtung gefährlicher Zwischenprodukte unter primitivsten Umständen, um die Erzählung dann befriedigt zu beenden: «Ja, das war also das Natrium.» Gröhner kommt auch auf diese Zeit immer wieder gern zu sprechen. Zwar gab es damals statt der «Vergünstigungen» der Kriegszeit extreme Beschränkungen, aber beides bildete eben eine starke Herausforderung, in der Gröhner sich bewähren mußte und wollte. Deshalb lobt er, trotz des Mangels und Chaos, die sowjetischen Manager als «sehr großzügig. Ja... Da wurde alles mögliche gemacht...» Die Sowjets waren «eifrig, da gab's keine Hemmungen, ja?» Für seine Forschungen verfügte er zwar äußerlich über schlechte Bedingungen, aber unter diesen war ihm jeder Freiraum gegeben. An Risiko mangelte es jedenfalls nicht, und er nahm dieses Risiko wirklich mit Freude auf.

Inzwischen war Gröhner Leiter des analytischen Hauptlabors geworden, und nun, nach dem Natrium, übernahm er 1953 das anorganische Forschungslabor, bis er zwei Jahre später mit der Leitung des gesamten Forschungsbereichs im Werk betraut wurde. Aber da war die SAG-Zeit schon zu Ende.

Voller Verachtung spricht Gröhner zuletzt über die vierte Lebensphase, für die keine chemische Substanz mehr steht, sondern die charakterisiert ist durch die Herrschaft der Ökonomen, für ihn jene Betriebsbürokraten, die ihn durch Planvorgaben und Gewinngarantieforderungen vom Forschen abhielten und zum «Papierkrieg» zwangen. Während er weiterhin an allen möglichen Ersatzstoffen und Ersatzverfahren erfolgreich «fummelte», hießen sie ihn seine Arbeit abbrechen, sobald der Mangel behoben war oder die Kosten bzw. das Risiko zu groß erschienen. Die großen Zeiten von Krieg und Nachkrieg waren vorbei. Die neue Zeit war ohne Reiz.

Am Ende seiner ersten Lebenserzählung wird Gröhner gebeten, nach seiner beruflichen auch seine familiäre und private Biographie zu berichten. Doch bei der Erwähnung seiner Heirat, seiner Kinder, seiner Enkel gerät er immer wieder an Stationen seiner oder ihrer beruflichen Ausbildungen, Bindungen, Positionen und Karrieren, so sehr scheint er sich und andere über ihre beruflichen Leistungen zu definieren – zumindest gegenüber seinem professoralen Gesprächspartner (Lutz Niethammer). Dabei ist ihm ein gewisser Familienstolz eigen: Der Stammbaum läßt sich bis auf das Jahr 1610 zurückverfolgen, und er selbst führt die Familienchronik des Vaters fort. Mehrfach erwähnt er die Hausmusikabende, zu denen sich die begabte Familie zusammenfindet. Aber sein eigentliches Thema ist doch der Beruf. Der Interviewer will nun in einem erweiterten Sinne wissen, was ihm dieser Beruf bedeutet habe. Nach seinem abschließenden Satz über die Zeit des Magnesiums hatte Gröhner sich selbst etwas hilflos gefragt: «Was wollte ich dazu noch sagen?» Eigentlich nichts, aber nun soll er Auskunft geben, ob ihm klar gewesen sei, daß er «einen sehr wichtigen Posten in der –» Hier unterbricht Gröhner den Frager, ehe das Wort Rüstung ausgesprochen werden kann. Doch später kommt die Frage wieder, ob es da ein «Problem» gegeben habe:

Ja, wissen Sie, als ich damals gewissermaßen von der Hochschule kam, war ich ja technologisch noch ein Anfänger und hatte keine Vorstellung, was bei IG-Farben vielleicht schon für Pläne für Rüstung da waren. Das war für mich zunächst uninteressant. Für mich war interessant eine Forschungstätigkeit mit beinahe unbegrenzten Mitteln, ja? Man schrieb einen Scheck aus und konnte das und jenes, was man brauchte, man wurde nicht erst gefragt, ja. Und das war natürlich sehr viel Begeisterung für mich, ja? Da hab ich nun nicht darüber nachgedacht, könnte das für die Rüstung sein. Können Sie das verstehen, ja? Ja?
I.: Ja, das kann ich gut verstehen.
Als junger Mensch, ja? (lacht) Nich? Und so bin ich da allmählich – wenn ich sagen möchte – hineingeschlittert, oder wie soll ich mich ausdrücken, ja? (lacht). Natürlich, wie nachher der Krieg losging, da hat man dann hinterher sich gesagt, (Pause) das hätte man vielleicht ahnen können oder. Schon wie das Dritte Reich losging, ja? (Der Interviewer verweist darauf, daß er mit seiner Arbeit in Norwegen die Stufe bloßen Reinschlitterns doch wohl überschritten habe.) Nein, dort hat man schon, natürlich bissel was geahnt. Man hat nicht geahnt, daß es einen Krieg geben wird, aber man hat geahnt, daß dort große Rüstungen im Gange sind, weil es eben hieß: Wir brauchen Leichtmetall für die Junkersflugzeuge, die natürlich och schon militärisch, – Das war schon, ne Vorahnung, aber nicht, daß Krieg kommen würde.

Herr Gröhner ahnt auch, was der Frager meint. Er verschiebt deshalb zunächst das Problem von der moralischen auf die technische Ebene, aus der Sphäre der Politik in diejenige des Konzerns, als sei er nach einem technologischen Problem oder nach Firmeninterna gefragt worden. Dann gibt er sein Desinteresse an dieser Fragestellung offen zu und spricht von der Euphorie, welche die fast unbegrenzten Forschungsmöglichkeiten in ihm ausgelöst hätten. Erleichtert registriert er das Verständnis des Interviewers, der ihn dennoch nicht aus der Verantwortung entlassen will. Seine Überlegungen und Äußerungen verbleiben aber im Wortfeld der «Ahnungen», also des Vorbewußten, so wie er schon ganz zu Anfang davon gesprochen hatte, daß ihm die Bedeutung der Magnesiumforschung «unbewußt» geblieben sei. Weil er den Bereich der bloßen Ahnungen nicht verlassen will, kann er auch nicht über die Norwegen-, also die Kriegszeit sprechen, sondern bleibt bei der Vorkriegszeit in A., wo er «vielleicht hätte ahnen können», ein «bissel was ahnte» und schließlich eine wirkliche «Vorahnung» hatte – aber eben nie vom Krieg. Und nachdem dieser Krieg stattgefunden hatte und verloren worden war, wurde ihm da seine Tätigkeit vorgehalten?

Nie.
I.: Nie?
G.: Nie, nein.
I.: Hat Sie das nicht erstaunt?
G.: Eigentlich nicht, nö. (Pause) Ich habe dann ja nach dem Krieg am Aufbau des Werkes hier wieder durch viele Verbesserungsvorschläge, Patente... Hab ich ja mitgeholfen, wieder was auf die Beine zu bringen, ja? Warum sollte mir das vorgehalten werden? (Pause) Nein, hat man nicht getan. Das mag nun auch daran liegen, daß die ersten Direktoren, die hierherkamen, das waren noch aus der alten Garde – möcht ich mal sagen – Leute, die noch zu IG-Farben gehört haben, ja?... Der Dr. Beck, das war kein Nationalsozialist, der war – Magnesiumfachmann auch, ja?... und dann kam ein Anorganiker, der war auch noch alter IG-Mann. Da sind noch einige in der Direktion gewesen, die mir da nicht vorgehalten hätten, daß ich irgendwie was für die Rüstung gemacht hätte.
I.: Und die Partei hat Ihnen das auch nicht vorgehalten?
G.: Nein, nein, nein. Nö, da galt Leistung, ja? Also insofern hab ich da keinerlei Schwierigkeiten gehabt.

Neben der Begeisterung für die Sache ist es vor allem «die Leistung», die Gröhner vor den Schuldvorwürfen und den eventuellen Sanktionen der Sieger schützte, weil er sie auch ihnen zur Verfügung stellte.

Im übrigen kann er sich als weitere mögliche Instanz, vor der er sich zu rechtfertigen hätte, nur das Werk, seine Direktoren vorstellen. Die aber waren ja selbst ehemalige «Männer aus der IG-Farben-Zeit», seine übliche Deckbezeichnung für den Nationalsozialismus, Fachleute wie er, von denen Vorhaltungen nicht zu erwarten waren. Auch gegenüber jenen politischen Instanzen, die nach 1945 die Macht hatten, wirkt als Schutz die Leistung. Als der Interviewer ihn später ein drittes Mal auf die allgemeine Ebene gesellschaftlicher Mitverantwortung als Wissenschaftler festlegen will, schweigt Gröhner. Ist es ihm kein Problem?

Sie meinen, daß – ich habe jetzt nicht ganz verstanden, was Sie jetzt meinen.
I.: Also die, die Mitwirkung eines Chemikers oder eines Physikers etwa in der Kriegsproduktion (Pause). Daß darin doch auch moralische Fragen gesellschaftlicher Mitverantwortung stehen, und Leute, die sozusagen an viel prominenteren, viel gefährlicheren Sachen, wie der Oppenheimer oder so, gearbeitet haben, haben dann im Rückblick darauf sehr skeptische, selbstkritische Gedanken geäußert.
G.: (Pause). Tja. Hm, das ist schwer zu sagen, ha, ist schwer zu sagen. Man sieht da gewisse Erfolgserlebnisse, die befriedigen einen dann natürlich, ja? Aber – Sie möchten vielleicht hören, daß das ein Bedauern bei mir auslöst oder – an so 'ner Sache mitgearbeitet zu haben, oder?
I.: Ich will nur rauskriegen, wie Sie es sehen.
G.: (lacht, dann Pause) Ja, das ist also 'ne schwierige Frage jetzt. (Pause) Schwierige Frage. (Pause) Ich, ich kann das nicht, nicht bereuen, das gemacht zu haben, möcht' ich mal sagen, weil für mich die Tätigkeit von, von – das war eine gewisse Begeisterung an der Chemie und an der Physik und – ja. Man kriegte den Auftrag von irgend – auch wenn die Sowjets hier waren, da hätt' ich ja auch sagen können: ich passe oder ich hau ab. Das hab ich aber nich gemacht, ja? Auch schon aus Begeisterung an der Sache mit, ja? Nich, also da war ich zu sehr Naturwissenschaftler, möcht ich mal sagen, ja, um eine Reue oder irgendwas zu zeigen. Genügt Ihnen diese Erklärung oder auch noch nicht?

Wolfgang Gröhner reagiert erstmals offen auf das, was von ihm erwartet wird – aber das will er nun gerade nicht zeigen, weil er es nicht fühlen kann. Seine Begeisterung galt nur der Sache, der Wissenschaft. Von wem der Auftrag kam, war nebensächlich, solange die Arbeit einen Forschungskitzel versprach. Dabei ging es Gröhner nicht einmal um Geld, weshalb auch der Westen ihn so lange nicht lockte, als in der SBZ/DDR seine Entwicklungslust befriedigt wurde. Jeder Anlaß zur Betätigung war ihm willkommen gewesen. Als in der SAG-Zeit eines Tages ein Rotarmist auf seinen Stern aus Goldemail zeigte, den er an der Mütze trug und an dem etwas Email herausgebrochen war, und mit den Worten: «Nun Du machen wieder neu» ihm den Stern übergab, war das für ihn Anlaß, Emails zu entwickeln, «in allen möglichen Farben, etwa 80 bis 100 Farbtöne...» Er ließ Email aus Berlin und Wien importieren, analysierte es und entwickelte das Email dann selber. Zunächst versorgte er damit die Kollegen des Soldaten, «die hatten auch alle solche Sterne, die waren nun im Laufe des Krieges kaputtgebrochen...» Auf der Leipziger Messe war das neue Email ein Riesenerfolg, «obwohl das nun natürlich kein Millionenprojekt war, ja?» Die Begeisterung für die Chemie kannte eben keine falschen Aufträge.

Grundlage seiner Identität waren also die Begrenzungen auf die Sphären der Technik, der Naturwissenschaft und des Werks – aber auch seine unbegrenzte Erfindungsbereitschaft und hohe Leistungsfähigkeit. Aber das scheint zu sehr abzusehen von den Erschütterungen und Katastrophen der Gesellschaft der vierziger Jahre. Wie hat Gröhner versucht, die Stabilität seiner Bezugspunkte zu erhalten bzw. wiederzufinden?

Über den Krieg als Krieg spricht er nur zweimal während des Interviews. Über seinen eigenen «Kriegseinsatz» kann er nur lachen. Er war auch sehr kurz, denn als Leiter einer kriegswichtigen Einrichtung war er natürlich unabkömmlich, uk-gestellt:

Ich war ja im Kriege in A., ja? Da bin ich sogar mal bei der Heimatflak gewesen, mußte ich (lacht) als Telefonist. ...Und zuletzt war da noch, das weiß ich noch, war an einem heißen Julitag, an dem gerade Paris erobert wurde, da besinn ich mich noch. Da mußten wir in Gummianzügen in so 'ner Berliner Heidelandschaft, da im Sand da waren Kampfstoffe versteckt. Die mußten aufgespürt werden mit Gasmaske – das war also eine strapaziöse Sache. Wir konnten nachher, wie wir die Anzüge auszogen, das Wasser ausschütten, ja? (lacht)

Einmal hat er die Folgen des Krieges von oben gesehen. Da flog er mit einer JU-52

von Oslo aus entlang der Küste, der Westküste von Dänemark, und das war schon eine heikle Sache, da sagte nämlich der Pilot: ‹Da unten sehen Sie einen schwarzen Schatten, das ist ein versunkenes Schiff.› Da waren schon gesunkene Schiffe vor der dänischen Küste zu sehen, ja? Das war 42 oder 41 glaub' ich, als ich mit dem Flugzeug zurückgeflogen bin.

Der Krieg als lächerlich strapaziöse Übung, als ferner Blitzsieg, als dunkler Schatten auf dem Meeresgrund, wahrgenommen hoch oben aus einem Flugzeug: der Krieg blieb eine bloße «Ahnung», auch als er schon europäische Realität geworden war. Als er aber «alle» (d. h. vorbei, D. W.) und alles «zur Ruhe gekommen» war, begann die Demontage.

I. Was hatten Sie denn für ein Gefühl bei der Demontage?
G.: Kein gutes. Das war insofern für mich – das Theater der Demontage in A. – möcht ich sagen – schwieriger und gesundheitlich schwieriger als der ganze Krieg zusammen, weil ich während der Demontage von früh sechs bis abends um sechs im Werk sein mußte, ja?... Und in dieser Zeit – ... – mußte ich mehrmalige Umzüge, Wohnungsumzüge (hinnehmen), ...mit dem Umzug nach B. ich neunmal umgezogen.

Die Frage war wohl etwas anders gemeint gewesen, wie eine spätere Nachfrage vermuten läßt. Sie richtete sich nämlich auf den möglichen Schmerz, die Trauer um das verlorene Labor, den Verlust der Maschinen, den Zorn wegen ihrer unsachgemäßen Behandlung. Vorausgegangen war seine Geschichte von den Russen, die auf höheren Befehl sogar seine «wunderbare Röntgenapparatur» mit schwarzer Teerfarbe gegen Korrosion angestrichen hatten. Aber in solchen Zusammenhängen erwähnt Gröhner dann eigentlich nur noch die Mineraliensammlung, die er in der Lehrlingsausbildung verwandt hatte, als «kleinen Verlust». Daß er, der dynamische und leistungsfähige Mann, die Demontage vor allem als gesundheitliche Belastung empfand, erstaunt. Später erläutert er noch einmal sein schlechtes Gefühl:

...weil man überhaupt nicht wußte, was wird, ja? Nun hatte man gehört, auch in B. wird demontiert, und überall, was zur ganzen Magnesiumsache (gehörte), das wurde alles weggenommen und, – gesprengt, und: was wird nun kommen mit unseren Familien, ja?... Natürlich auch, was kommt beruflich dann auf einen zu, ja? Was wird in B. noch existieren und was weiß ich? Da war ja die Verbindung auch weg.

In dieser Situation hatte Gröhner drei Möglichkeiten. Der neue Bürgermeister von A. («der kannte meine Einstellung zur Naziwirtschaft») trug ihm den Aufbau eines neuen Magnesiumwerks an, auf den Trümmern des demontierten und gesprengten Werks. Doch das war ihm zu schwierig, «das war alles so unsicher dort, wissen Sie, es war sehr unsicher. Ja? Man wußte ja gar nicht, was von der Regierung her für Hilfe – da hätte man ja müssen alle mögliche Hilfe haben, um wieder was aufzubauen.» Die zweite Möglichkeit bot sich, als der Verbindungsmann zu den Sowjets Gröhner das Angebot übermittelte, freiwillig für einige Jahre in die Sowjetunion zu gehen, zu besten Bedingungen, mit oder ohne Familie. Zu den 13 Chemikern, die zuvor in einer Nacht- und Nebelaktion zwangsweise in die SU verschleppt worden waren, hatte Gröhner nicht gehört. Nun machte er sich eine lange Liste mit Fragen, «die mich und meine Familie angingen». Ausbildung der Kinder, Möbel, die alten Eltern in Leipzig – schließlich entschied er: «Nee, ich bleibe hier – ja?» Und er erwähnt anschließend die Chemiker von Ardenne, Stehenbeck und Thiessen, die es anders machten und die nach ihrer Rückkehr großzügig mit eigenen Forschungsinstituten bedacht wurden. Ein Kollege riet ihm: «‹Wenn Sie ganz sicher gehen wollen, kommen Sie wieder nach B.› Und das habe ich dann nach schwerer Überlegung auch getan, ja?» Und abschließend nachdenklich: «Das war ja damals alles so schwierig, diese Umstürze.» Die Trennung von seinen Maschinen fiel Gröhner leichter als der Abschied vom Arbeitszusammenhang im Werk. Die plötzliche Orientierungslosigkeit durch die wirkliche und die eventuelle Demontage lassen ihn immer wieder auf die Familie, die Wohnungsumzüge zu sprechen kommen, auch als Deckformel für die ungewohnte Heimatlosigkeit auf dem offenen, zerstörten, verlassenen Werksgelände. Die dadurch entstandene Angst ist sogar größer als die Lust an der Herausforderung einer Neugründung in A.

oder in der Sowjetunion. Mit der «ordnungsgemäßen» Übergabe der bei Kriegsende (zusammen mit dem Pelzmantel seiner Frau) von ihm vergrabenen Forschungsberichte an die jetzt in B. herrschenden Sowjets beendete Gröhner die «schwierige» Periode zwischen Magnesium und Calzium. Das Werk als sicherer Ort war wiedergefunden.

Dabei zählt Gröhner durchaus nicht zu den sentimentalen Mitgliedern einer Werksfamilie. Auch ist er realistisch genug, die Notwendigkeit politischer Rahmenbedingungen für seine wissenschaftliche Arbeit anzuerkennen (Hermann Göring oder die Sowjets) bzw. einzukalkulieren, weswegen ihm die Pläne des Bürgermeisters in A., ohne die Hoffnung auf Hilfe einer ungewissen Regierung «aufzubauen», zu Recht naiv erscheinen. Arbeit im Firmenzusammenhang hatte ihm jedoch immer einen Schutz geboten vor den Brüchen und Gefahren der Politik. Die Mitgliedschaft in der NSDAP «hätte» er abgelehnt, wenn sie ihm angetragen worden wäre, die in der SED «hat» er abgelehnt, als man ihn drängte. Die parteipolitische Verweigerung begründet er mit dem «Schicksal meines Vaters» und mit seiner Erziehung. Über letztere wissen wir nichts, aber daß der Vater 1933 als parteipolitischer Liberaler und Bezirksoberschulrat Amt und Pensionsanspruch verlor, muß den jungen Wolfgang Gröhner beeindruckt haben, er erwähnt es in den allerersten Interviewminuten. Dann «erlebt» [1] er in Göttingen die Bedrängung und Vertreibung dreier berühmter Professoren. Dagegen erscheint ihm die Industrie als ein geschützter Ort, an dem nur Leistung zählt. Sein Göttinger Lehrstuhlinhaber wurde wegen einer jüdischen Ehefrau entlassen, sein Kollege in A. muß in der gleichen Situation lediglich auf die außerberufliche Geselligkeit mit seinen Kollegen verzichten, weil er seine von der Einladung ausgeschlossene Frau nicht allein zu Hause lassen will.

Nach Kriegsende lauern neue Gefahren. Der Werksdirektor in A., NSDAP-Mitglied, «aber kein Fanatiker», ein «sogenannter Wehrwirtschaftsführer» – «er wurde Wehrwirtschaftsführer, automa-

---

1 Die Formulierung ist interessant, da zwei der Entlassungen vor seiner Ankunft in Göttingen geschahen. Gröhner drückt damit aus, wie unmittelbar diese Ereignisse ihn betrafen.

tisch, weil das ja nun ein Wehrwirtschaftsbetrieb war», kam für zwei Jahre ins Zuchthaus nach Bautzen, wurde zwar später Generaldirektor, aber konnte man das damals ahnen? Gröhner dagegen suchte Ruhe und Sicherheit vor jedem politischen Engagement. «Gesellschaftlich aktiv» war er vor 1945 nur in einem «Volksbildungswerk», danach nur im Kulturbund, und in beiden Institutionen machte er dasselbe: Kammermusik und Vorträge über Steine. Und das Abenteuer Sowjetunion hätte ihn zwar zu einem berühmten Institutsdirektor machen können, aber der Freund, der ihn damals werben wollte, stürzte sich «in der Stalinzeit» aus dem Fenster, weil er in der SU als Jude verfolgt wurde. Gröhner dagegen wurde im Werk «ein alter Mann,... ein altes Eisen», wie er halb traurig, halb stolz sich nennt. Einerseits verkörpert er ja die alte IG-Farben- und SAG-Tradition des risikobereiten Erfinders, andererseits haben nun die neuen Bürokraten das Sagen. Immerhin steht er für ein starkes Stück Kontinuität, wie er genußvoll die Liste der neun Nachkriegsdirektoren aufzählt, «die auf meiner Bühne vorbeigezogen sind»: mehr und mehr Parteileute, immer seltener Fachleute, wie er einer war. «Seine Bühne» – so inszenierte Gröhner seine Lebensgeschichte: als lenkender Regisseur, zugleich als lächelnder Zuschauer.

Proletarische Verhältnisse in ungewisser Zeit

Dörthe Grothaus, Stahlfacharbeiterin, 74 Jahre

Dörthe Grothaus verließ die Vorstellungsrunde im Veteranentreff des Kombinats, bevor wir einen Termin mit ihr vereinbaren konnten, weil ihr plötzlich einfiel, daß sie vielleicht vergessen haben könnte, den Gasherd abzustellen, und ihr Mann allein zu Haus und krank sei. Am nächsten Tag stand ich mit einer DDR-Kollegin vor der Tür ihrer Neubauwohnung in einem hübschen Außenbezirk des Ortes und bat um ein Gespräch. Mißtrauisch und gutmütig zugleich ließ sie uns ein und kochte Kaffee.

Zeit-Haushalt

Frau Grothaus erwies sich während des gesamten Interviews als außerordentlich vergeßlich, allerdings nur in bezug auf das, was sie «Jahrgänge» nannte, Antworten also auf meine Frage: «Wann war das?»

Was machte die Zeitrekonstruktion so schwierig und bis zuletzt so ungenau? Nur wenige ausgewählte Daten stehen für Frau Grothaus fest, so die eigene Geburt, das Geburtsjahr ihrer Ehemänner und Söhne, ihre Heirat und das Jahr, in dem sie Rentnerin wurde. Manches weiß sie gar nicht mehr, so das Geburts- und Todesjahr ihrer

Mutter, die ein Alter von «86, 87, 88, so ziemlich 90» erreichte. Diese Antwort ist typisch für Frau Grothaus' Lösung, Zeit in Jahresketten auszudehnen, die aus mindestens zwei, oft drei und mehr Kettengliedern bestehen. So gibt sie an, «drei oder vier oder fünf oder sechs Jahre» mit dem Vater Hosen gebügelt zu haben, Jahre, die ihr jetzt an der Sozialversicherung fehlen. Als der Vater starb, meint sie, «17, 18, 20, 21, 22 Jahre ungefähr» gewesen zu sein, denn «39, 39/40, 41 muß er gestorben sein.» Schließlich gibt sie als Grenze «vor 45» an oder auch «vor dem Krieg», aber wann dieser Krieg begann, das weiß sie vermutlich nicht, datiert sie doch auch den Beginn des Ersten Weltkriegs vage auf 13/14. Vom Jahr des Ausscheidens aus dem Betrieb muß sie zurückrechnen, wann sie denn eintrat, wann sie ins Hauptpumpwerk kam, wo sie «drei, vier, fünf Jahre» Hilfsmaschinist, später «drei, vier, fünf Jahre» Erster Maschinist war. So versucht sie, ihre Jahresketten in die wenigen festverankerten Ringe einzuhängen, von denen das Jahr 1948 als das ihrer neuen Seßhaftigkeit, ihrer Eheschließung und Mutterschaft dasjenige ist, auf welches sie sich am häufigsten bezieht. Was bedeuten ihr da die Daten der Politik? Als sie sich an das Jahr zu erinnern glaubt, in dem sie an Honekker wegen einer größeren Wohnung geschrieben hat, interveniert ihr Mann, das könne nicht sein, denn «Honecker war erst (19)71». «Und wie alt waren dann die Kinder, wenn sie 48 geboren sind?» fragt daraufhin Frau Grothaus, um sich so in ihre rein private Zeitkette zurückzuhelfen. Wenn der Jüngste aber gerade so alt war, daß er nicht mehr ins Kinderbett paßte, und deshalb die neue Wohnung nötig wurde, dann war es eher 1960/61/62 und nicht Honecker, an den sie schrieb, sondern irgend jemand anders. Damit gibt Frau Grothaus sich zufrieden. Die Eckdaten ihrer Zeitketten liegen wie diese selbst ausschließlich im persönlichen Bereich der Familie und der Arbeit, fast unberührt von Gesellschaft und Politik. Sicher ist, daß Frau Grothaus 1913 in Stettin geboren wurde, dort auch zur Volksschule ging und anschließend eine Schneiderlehre machte. Nach zweijähriger Gesellenzeit kündigte sie, um dem Vater in seiner Bügelwerkstatt zu helfen, bis dieser starb. Das Kriegsende und die unmittelbare Nachkriegszeit verbrachte sie auf dem «Kahn» bei der Oder-Schiffahrt, wo sie auch ihren ersten Mann kennenlernte. Die beiden heirateten 1948 und nahmen kurz darauf einen Säugling in Pflege, den sie später adoptierten. Die Familie lebte in Fürstenberg, und der Mann wurde Arbeiter im gerade errichteten Stahlwerk der neugegründeten Nachbarstadt. 1952 adoptierten sie einen Bruder des ersten Sohnes. Frau Grothaus arbeitete zunächst in einer Glashütte, danach als Kaltmamsell in einer Fischbratküche der HO, und ging Ende der fünfziger Jahre ebenfalls ins Stahlwerk. Dort stieg sie bis zu ihrer Rente 1975 zur Ersten Maschinistin des Hauptpumpwerkes auf und arbeitete danach noch drei Sommer im betriebseigenen Ferienheim. Nach dem Tod ihres Mannes im Jahre 1982 heiratete sie ihren früheren Brigadier am Hochofen, der ebenfalls Witwer geworden war. Dieser, Jahrgang 1907, saß nun, nach einer mißglückten Hüftoperation schwer gehbehindert, bei unserem Gespräch im Wohnzimmer und kam später auch zu Wort.

Arbeits-Schichten

Frau Grothaus' Vater, ein gelernter Schlosser, war im Ersten Weltkrieg durch einen Beckenschuß schwer verletzt worden und seitdem in seinem Beruf nicht mehr arbeitsfähig gewesen. Deshalb hatte er in der Wohnung eine Hosenbügelei aufgemacht und arbeitete im Auftrag einer Konfektionsfirma, bei der auch Frau Grothaus das Hosenschneidern lernte.

Nun hatte ich ja schon, eh, so zwei, drei Jahre so meine Lehre beendet gehabt und dann sagt mein Vater eines Tages zu mir, weeßte Mädchen, ich schaff das nicht mehr, weil (er) ja nun Invalide war. Hat ja sonst immer alleine gemacht. Geliefert, gebügelt, Hosen geholt, weggetragen, ja? Sagt er, Mädel, ich schaff das nicht mehr. Ob Du mir hilfst, hilfst Du mir wohl? Ich sag, ja klar, Papa, dann gebe ich meine Arbeit auf und helfe Dir.

Bereitwillig verließ also Frau Grothaus ihr Lohnarbeitsverhältnis zugunsten des Vaters und der Familie, fühlte sich auch wohl und meint, dabei «nicht schlecht abgeschnitten» zu haben. Zwar

war ich... noch ziemlich jung. Ich war so 19 oder 18/19 Jahre. Ich wollte gerne mal en bißchen schwimmen gehen und dies gehen und das gehen, nich? Da hab ich manchmal en bißel gemeutert, naja. Das ging alles vorüber.
I.: Aber Sie kriegten jetzt gar kein Geld dafür, ne?
G.: Mein Vater kriegte ja Geld. Aber der hat mir Geld gegeben. Hat mich gekleidet und so. Mein Vater war nicht knauserig.

Aus diesen beschränkten, abhängigen und traditionellen, aber doch freundlichen Verhältnissen wurde sie nach dem undatierbaren Tod des Vaters wieder in modernere, aber auch brutalere Arbeitsbeziehungen gezwungen. Nach einer kurzen Phase der Dienstverpflichtung gegen Kriegsende beim «Panzergräben zuschütten» gerät sie, nachdem Mutter und Schwester vor der Roten Armee in den Westen geflohen sind, zur Oder-Schiffahrt, als «Bootsmann». Sie ist immerhin 32 Jahre alt, aber fühlt sich erstmals allein und ausgeliefert, als der deutsche Steuermann sie anspricht:

Erstemal sagt er zu mir, warum ich immer ‹Sie› sage. Naja, sage ich, Sie sind mir ja unbekannt, sage ich, und ich bin hier als Angestellte, als Bootsmann, als Matrose, sage ich, und ich möchte auch nicht anders sagen. Da sagt er, Du kannst ruhig Du sagen. Nein, sage ich, ich sag nicht Du. Dann sagt er, ich könnte es besser haben, wenn ich bei ihm nach vorne ziehe. Ich sag, nein, ich bin hier hinten eingeteilt und ich bleib hier. Ich sag, Ihr deutschen Männer seid nicht besser wie die Russen und die Polen, sag ich. Ihr sollt euch doch was schämen. Eine Frau, die alleinstehend (ist), da denkt Ihr, mit der könntet Ihr es machen. Aber mit mir nicht.

Nachdem der Steuermann sie mit Schikanen und harter Arbeit für ihre Widersetzlichkeit bestraft hatte, kam ein neuer Bootsmann zur Mannschaft hinzu und fragte sie erstaunt, ob sie immer so hart arbeite. Sie erklärte ihre Situation, und

sagt er, was, sagt er, Du bist ne Frau. Det ändern wir. Na gut. Dann ging er nach vorne hin nach – nein, ich komm nicht auf den Namen – dann sagt er, das eine sag ich Dir, wenn Du die Frau nochmal so schikanieren tust wie es jetzt ist, dann häng ich Dir en Stein um's Bein und...

So fand Frau Grothaus, die sich zwar gegen die sexuelle, nicht aber gegen die Arbeitsschikane des Steuermanns hatte wehren können, in einem anderen Mann einen Beschützer. Es waren harte Zeiten des

Heimwehs und des Hungers. Der Kahn fuhr zwischen Stettin und Breslau hin und zurück, sie sehnte sich nach ihrer Mutter oder zumindest dahin, «wo deutsche Menschen sind», denn die Oder floß nun durch «fremdes Land» der Polen. Einmal überwinterten sie neben dem Dampfer Diana, auf dem ihr späterer Mann Maschinist war. Als er sie weinen sah und sie zugab, daß sie hungrig sei, lud er sie zum Abendbrot in seine Kabine. Sie brachte zum Schutz eine Freundin mit.

Naja, und denn, haben wir uns so kennengelernt. Dann sagt mein Mann eines Tages, weeßte was, Du kannst doch ruhig mal alleine kommen, ich tu Dir nischt... Er war en anständiger Kerl, nich? Naja, gut. Nun ging die Schiffahrt wieder los und mein Mann sagt, ich soll mit ihm mitkommen aufen Dampfer. Wir wollen nachher in Fürstenberg heiraten. Soweit waren wir denn schon, nich?

Für einige Zeit fuhren sie nun gemeinsam auf der Diana, bis Frau Grothaus sich weigerte, noch einmal Weihnachten auf dem Schiff zu verbringen. Sie wollte ein Zuhause und fühlte sich schwanger. Die Menstruation blieb aus, der Bauch wurde dick. Aber nach Monaten gingen die Zeichen der Schwangerschaft zurück. Geheiratet wurde trotzdem, und die jetzt 35jährige durfte ein Kind adoptieren, obwohl sie rein körperlich zu eigener Schwangerschaft in der Lage schien.

Während ihr Mann noch auf der Oder fuhr, nahm Frau Grothaus in der Fürstenberger Glashütte Arbeit an, eine gute Arbeit, wie sie erinnert, die aber 1953 aufgegeben werden mußte, weil die Hütte zumachte. Inzwischen hatte sie den vier Jahre jüngeren Bruder ihres Gerhard ebenfalls aufgenommen, allerdings unter der Bedingung, in Eisenhüttenstadt eine 2-Zimmer-Wohnung zu erhalten. Der Ehemann hatte 1951 im Stahlwerk begonnen, und Frau Grothaus blieb zwei oder drei Jahre zu Haus, bis sie im Keller eines HO-Fischgeschäfts Arbeit als Kaltmamsell fand: sie bereitete die Kartoffel- und Heringssalate für den Verkauf oben vor. Um mehr zu verdienen und um mit dem Ehemann zur Sicherung der Kinderversorgung umschichtig arbeiten zu können, wechselte sie, vermutlich 1958, ins Stahlwerk. 17 Jahre blieb sie, und die Erfahrung des Werkes nimmt in ihren Erinnerungen breiten Raum ein.

Nachdem sie als «Probennehmerin» und dann «Schmierer»[1] zuwenig verdiente, ließ sie sich – von ihrem jetzigen zweiten Ehemann – zum «Steuermann» qualifizieren: «Hab Roheisen gefahren.» Vom Steuerpult aus bewegte sie die mit dem heißen flüssigen Eisen gefüllten Roheisenpfannen[2] zur Masselgießmaschine[3]. Herr Grothaus kommentiert:

Da kam der neue Abteilungsleiter hin, nich, der wollte nun uns Alten, die wir en bißchen mehr verdienen, wollte er uns alle umbesetzen und dann fing er mit Frauen an, nich? Kaltmann an der Roheisenpfanne, hier bedienen das Steuerpult. Jetzt waren die ausgelernt und nun, 8 Wochen bis en Vierteljahr, bis sie sich sicher fühlten, nich? Jetzt mit eenmal kam die Sicherheitsinspektion und sagt, die Frauen müssen weiter entfernt sein vom flüssigen Roheisen als wie drei Meter und das war ja bloß knapp zwei Meter.
Sie: Erst haben se uns ausgebildet, dann bin ich nachher am Hochofen gekommen, Pfannenbegleiterin.
Er: Ist se woanders hingekommen. Aber von dem flüssigen Eisen mußte se weg.

Auf die Frage, warum die Arbeit für Frauen gesundheitsschädlich sei, für Männer aber nicht, wissen beide keine rechte Antwort; darüber haben sie anscheinend noch nicht nachgedacht:

Sie: Ja, für den Mann – warum ist das für den Mann zulässig?
Er: Der ganze Dunst, der ganze Schwefel.
Sie: Und der Mann?
Er: Ja, die Mannsarbeit ist das gewesen, aber doch keene Frauenarbeit!... Die Männer müssen das denn machen, die machen das an den Hochöfen ja überall. Das ist doch keene Frauenarbeit!... Dat is ja eben dat Schlimme bei uns, Gleichberechtigung. Ja, wenn ich ne Frau hab, muß ich von die dieselbe Arbeit verlangen wie vom Mann. Und wenn die Frau dat nich kann, muß se gehen. Der Kumpel hat gesagt, wir ziehen uns am Geländer hoch, wenn wir nach Hause kommen, und die Frauen... das kann ne Frau nich vollbringen, was en Mann vollbringt.

1 Nach jedem Abstich werden kleine Proben gegossen, an denen die Qualität des Roheisens überprüft wird. Der Schmierer reinigt und pflegt die Rollen, auf denen die Bänder mit Erz, Koks oder Schlacke zum und vom Hochofen laufen.

2 Große, trichterförmige Behälter für das Flüssigeisen, die auf Schienen bewegt werden.

3 An der Masselgießmaschine wird das Roheisen aus den Pfannen zu sog. Masseln gegossen, brotlaibförmigen Eisenbarren.

Sie: Manche Arbeiten nich.
Er: Die Arbeiten überhaupt nicht.

Die Arbeitsverhältnisse zwischen Männern und Frauen im Werk sind kompliziert: Den Männern gelten die Frauen zugleich als Last, als Konkurrenz und als zu Beschützende. Daß die Frauen zwei Meter vom Flüssigeisen entfernt Schaden nehmen, die Männer aber nicht, muß deshalb nicht hinterfragt werden, weil es in das Muster der «Männerarbeit» paßt: selbstverständlich ist diese hart und gefährlich, aber als Männer müssen sie sich in ihr bewähren, wie «überall» auf der Welt. Der Hochofen ist exklusiv männliche Sphäre, in der die Frauen als Eindringlinge kleingehalten werden müssen – sei es mit beschützendem Gestus, sei es offen verächtlich. Die Männerarbeit wird im Begriff des «Vollbringens» zu einem feierlichen Akt erklärt, an dem die Frauen keinen Anteil haben dürfen. Unter dem staatlichen Zwang, dennoch den Arbeitsplatz mit ihnen zu teilen, ist er als Brigadier genötigt, ihnen Leistungen abzuverlangen, zu denen sie unfähig sind – die «Gleichberechtigung» wird zur staatlichen und männlichen Waffe gegen die Frau.

Frau Grothaus hat die Situation offensichtlich widersprüchlicher erlebt. Das bringt sie zu Fragen, zu Differenzierungen. Weil die schwerindustrielle Arbeit zugleich Anstrengung und Herausforderung ist, will sie deren Verbot nur für «manche» Arbeiten gelten lassen, während ihr Mann dabei bleibt,

der überwiegende Teil ist nicht drinne, daß die Frauen das leisten können, was der Mann leistet –
Sie: Die Arbeiten nicht, die an der Masselgießmaschine –
Er: Und auch die andere Arbeit.
Sie: Ach, andere Arbeit kann die Frau schon machen.
Er: Auch mit dem Schüppen und dergleichen kommt ne Frau nicht –
Sie: Ich hab ja auch Spritzeisen geschüppt und das geschafft.
Er: Tja, aber wie.
Sie: Wie, was heißt wie? Was ich mußte!
Er: Guck mal, ihr ward doch gar nicht in der Lage, guck mal.
Sie: Was, ich hab sogar die Masseln tragen müssen!
Er: Ja, Stücke!
Sie: Stücke? Nee, nee, komm, richtig!

Er: Du hast keine 75 Pfund geschleppt!
Sie: Nischt ist! Nee, ich habe die ganzen Masseln getragen.

Wo ihre Leistungsfähigkeit pauschal in Zweifel gezogen wird, wehrt sich Frau Grothaus dagegen, von ihm herabgesetzt zu werden. Als ihr Mann ihr sogar die Fähigkeit abspricht, kräftig schüppen zu können, nimmt sie ihre anfängliche Einschränkung (nicht an der Masselgießmaschine) zurück – sie hat die schweren Barren getragen, wie ein Mann. Offensichtlich unterliegt sie auch wie ein Mann der Faszination körperlicher Verausgabung und Anstrengung. Sie hat eben nicht nur getan, was sie mußte, sondern auch, was niemand von ihr als Frau verlangen konnte. Und auf diese Kraft ist sie stolz.

Vom Roheisen weg wurde Frau Grothaus als Dispatcher[4] eingesetzt. Sie hatte leere Roheisenpfannen von der Masselgießmaschine zu den Hochöfen zu ordern, die kurz vor dem Abstich waren.

Die Arbeit war leicht, nich? (Aber) da bin ich ja halb wahnsinnig geworden. Oh, ich kann Ihnen sagen! Dat war nich so einfach, Kurt. Die Arbeit war nich schwer. Ich hab wohl da oben gesessen, aber Du weeßt ja gar nicht, wie die Männer gemein sind, wenn se keene Eisenpfannen haben. Der Ofen ist kurz vorm Abstich. Und dann hab ich angerufen an de Masselgießmaschine, habt ihr keene Eisenpfannen mehr? Da haste dann so'n dämlichen Querkopf gehabt, dann sagt er, nee, wir haben keene. Und ich schwitze oben Blut und Wasser, kann dem Ofen keene Pfanne geben. Was meinen Sie, was ich manchmal da geschwitzt hab. Geheult hab ich manchmal.

Die Männer am Hochofen, die auf die leeren Pfannen warteten, schrien und drohten ihr, sie müsse Rechenschaft ablegen, wenn die Rinne überlaufe. Sie mußte sich der Hilfe des Schichtmeisters versichern, wenn die Kollegen sie «zur Schnecke» machten.

Er sagt, Dörthe, warte mal, den werde ich zurechtstucken. ...Dich trifft keine Schuld, Du hast Dich bemüht und hast keine Pfannen gekriegt. Und denn wurde das nachher en bißel besser.
I.: Dann wurden die freundlicher zu Ihnen?
G.: Naja, so lang waren immer Männer da oben, jetzt kommen mit eenmal Frauen, das hat denen nicht gefallen, nich?

4 Bezeichnung für Koordinierungsfunktion zwischen verschiedenen Produktionsabteilungen.

Wie in den vierziger Jahren auf dem Oder-Kahn, hat sie auch in den fünfziger Jahren am Hochofen die Männer als Bedrohung und Schutz erfahren. Aber sie hält die rauhen Verhältnisse nicht aus und läßt sich deshalb nach einem halben Jahr zur Gas-Gebläse-Wasser(GGW)-Abteilung versetzen, wo auch ihr damaliger Mann gearbeitet hatte, bevor er zu ihr zur Masselgießmaschine kam, um genausoviel Geld zu verdienen wie seine Frau. Sie arbeiteten in verschiedenen Schichten auf demselben Arbeitsplatz. Nun aber wechselte sie zur Kläranlage, wo das Kühlwasser vom Schlamm getrennt und dieser auf Bändern außerhalb des Werksgeländes gefahren wurde.[5] Anfang der sechziger Jahre sollte sie ins neu errichtete Hauptpumpwerk versetzt werden.

Ich komm da nun runter mit'm Fahrrad, ich denk jetzt, Donnerwetter, dat Gebäude hier, mein lieber Gott, wat erwartet Dich denn hier? Ich komm da rein, wissen Sie, wie ich die Tafel gesehen hab, so ne ganz lange – alles voll Schalter! Manometer, Barometer. Ach sag ich, wissen Se, Herr P. – der lebt nicht mehr – hier soll ich arbeiten? Nee, sag ich, nein, sag ich, Herr P., machen Se mit mir, was se wollen, (und) wenn ich morgen aufhöre, hier kann ich nicht. Mensch, sagt er, ... zwei, drei Stück werden doch bloß benutzt davon! Und ich sag, warum hängen die Dinger alle da? Ich hab mich vielleicht erschrocken!

So ließ sie sich überreden, zuerst hat sie

geheult, ... denn habe ich zum Glück ne nette Kollegin gehabt. Nun war mir ja dat nun alles fremd. Alles, nich? Ich war ja meine Arbeit unten in der Kläranlage da (gewöhnt). Da konnte mir ja keener ne Ecke zeigen, wat ich nich wußte. Aber hier doch nicht. Hab ich immer gedacht, dat begreif ich nie, dat begreif ich nie. Ach, ich hab alles begriffen. Ich hab dat alles – ich hab sogar den Ersten gemacht.
I.: Ehrlich?
G.: Ich hab den Ersten Maschinisten unten gemacht.

Erster Maschinist im Hauptpumpwerk hieß Verantwortung für die Wasserkühlung der Öfen: Sie steuerte die gleichmäßige Zufuhr des Kühlwassers in drei verschiedenen Schichten. Einmal fielen nachts

---

5 Vermutlich handelt es sich um Schlammwasser, das in der Sinteranlage entstanden war. Dort wurde feinkörniges Erz mit Kalk und Koks zu größeren Brocken verbacken, die dann zum Hochofen geleitet wurden. (Feines Erz würde den Hochofen luftundurchlässig machen.) Die heißen Sinterbrocken mußten, um die Gummibeschichtung des Bandes nicht zu verbrennen, mit Wasser abgekühlt werden. Dabei entstand die schlammige Masse, die in die Kläranlage floß.

drei Pumpen aus, weil jemand vom Kraftwerk aus Versehen das Wasser abgestellt hatte – in einem Raum, zu dem sie keinen Zutritt hatte. Ausführlich beschreibt Frau Grothaus die Panik, die sie ergriff: «Masselgießmaschine keen Wasser, Kraftwerk keen Wasser, Hochofen keen Wasser. Und mir ist der Schweiß ausgebrochen.» Sie rennt zum Kraftwerk, beschimpft den Arbeiter «dämlicher Kerl», schwitzt «Blut und Wasser», ruft den Meister zu Hilfe, «ich sag, warum stellt man hier so'n Dussel hin? Ach ich war verrückt.» Vorsichtig läßt sie nach erneuter Wasserzufuhr die riesigen Pumpen wieder anlaufen, damit ihr nicht «das Gehäuse rausplatzt». Ich drücke Frau Grothaus meine Bewunderung dafür aus, wie sie die Havarie bewältigt hat. Sie nimmt es scheinbar gelassen: «Naja, wissen Sie, ich will Ihnen was sagen. Wenn Sie vor so 'ner Situation stehen, begreifen Sie es.»

Frau Grothaus hat mir viele Facetten ihrer Arbeitserfahrung im Stahlwerk vermittelt. In ihren Erinnerungsbildern mischen sich die Härte der Arbeit, der Schmutz, Lärm, die schweren Masseln und Schüppen mit der nervlichen Belastung, dem Zeitdruck, den vergeblichen Bestellungen, den Fehlern der Kollegen, ihren Beschimpfungen und vor allem der Verantwortung, wenn für den Hochofen kein Wasser, keine Eisenpfanne da waren. An immer neuen Arbeitsplätzen mußte sie lernen, Helfer und Bündnispartner suchen, sah sich vor ungewohnte Herausforderungen gestellt. Zugleich erlebt sie die Arbeit aber auch als kollegiale Zusammenarbeit, als Zuwachs an Qualifikation, an positiver Bewährung, bis sie die großen Pumpen «beherrscht». Ihre Identifikation mit dem Funktionieren des Werkes ist deshalb sowohl Quelle für ihre starke Belastung als auch für ihre Arbeitszufriedenheit.

Zugleich ist die Arbeit im Werk Verbindungsglied mit dem Ehemann, der sie nach der Schicht nicht nur im Werk, sondern auch in der Familie ablöst. So teilt man sich den Einkauf, das Saubermachen und die Kinderbetreuung, nur bei der Beaufsichtigung der Schulaufgaben,

> da hat's en bißel gehapert, (und in der Wohnung war er) nicht ganz so sauber wie ich. Naja, ach Gott, da steckt man en Auge zurück, nich? Wenn der Mann das macht. Die Hauptsache ist, es ist so aufgeräumt, daß sich jeder noch drin sehen kann.

Das mag kleinere Reibereien verursacht haben, vielleicht hat sich Frau Grothaus solche Toleranz nicht sofort gestattet. Das umschichtige Arbeiten hatte den Vorteil, daß beide ihre gut bezahlten Arbeitsplätze halten und daß sie sogar darauf verzichten konnten, die Söhne im Hort unterzubringen, wo zumindest der Kleine ihr zu verkümmern schien, obwohl er doch eigentlich ein lebendiger Frechdachs war. Zwar sahen sich die Ehepartner selten (G.: «Naja, ach Gott»), aber sie mögen sich trotzdem nahe gewesen sein, verband sie doch neben den Kindern auch die Erfahrung der Arbeit, der Zusammenhang des Werks, worüber Frau Grothaus sich ja auch heute noch mit ihrem zweiten Mann auseinandersetzt und verständigt.

Lieben und Strafen

Der grobe Umgang in den Arbeitsbeziehungen – Frau Grothaus beschreibt sie vor allem für das Verhältnis zwischen Männern und Frauen im männlich dominierten Arbeitsbereich – scheint ganz im Gegenteil zu stehen zu der freundlichen Zusammenarbeit mit dem Vater, zu der funktionierenden Arbeitsteilung in ihrer selbst gegründeten Nachkriegsfamilie. Ist die Familie eine Gegenwelt zur Sphäre der Arbeit, freundlicher, rücksichtsvoller, toleranter, uneigennütziger? Dafür sprechen Frau Grothaus' Kindheitserinnerungen, nach denen sie selten Schläge erhielt, besonders den Vater bezeichnet sie nach seiner Kriegsverletzung als «Kamerad». Gegenüber dem geschwächten männlichen Elternteil spielte die Mutter eine stärkere Rolle, aber die Tatsache, daß sie sich lebhaft daran erinnert, von dieser einmal mit dem Messer bedroht worden zu sein und sich vor ihr unter dem Bett versteckt zu haben, zeigt, wie außergewöhnlich eine solche Bedrohung war. Im übrigen beruhte ihre damalige Angst auf einem Mißverständnis: Die Mutter hatte in der Küche mit dem Messer gearbeitet und war der Tochter ins Zimmer gefolgt. Auch ihre eigene Erziehungspraxis schätzt sie nur selten als streng ein. Sie sei vor allem «sehr, sehr gut» gewesen, mußte den Haushalt wegen ihrer Berufstätigkeit allerdings strikt organisieren und bestrafte die Söhne mit Stubenarrest, wenn sie sich als unzuverlässig erwiesen hatten.

Streitereien mit dem Ehemann scheinen eher harmlos gewesen zu sein, und lachend erinnert sie eine Ausnahme, als sie ihm einmal vor Wut das Nähtischchen vor die Füße warf.

In einer frühen Interviewphase erzählt Frau Grothaus jedoch hintereinander drei Geschichten, in denen sie von anderen Familienverhältnissen spricht – Geschichten, deren merkwürdige Grausamkeit mich irritierte.

Ihre Schwester, ein Jahr jünger als sie, habe jung geheiratet, als sie schwanger war, eine unglückliche Ehe, da der Mann sich «viel umhergetrieben» habe. Ja, sie habe sich dann scheiden lassen, aber «dat möchte ich Ihnen gar nicht so doll erzählen, was alles so gewesen ist». Damit hatte sie mich hinreichend neugierig gemacht, und auf Befragen berichtet sie:

Den ham se, eh –
Er: Die Nazis haben ihn –
Sie: Nicht die Nazis, doch die Nazis – doch, die Nazis waren das. Der hat während der, also sie waren, doch sie waren noch verheiratet und während der Zeit hat er dumme Geschichten gemacht in der Dunkelheit. Boote ausgeraubt, geraubt. Uns hat er auch unser Boot – wir hatten en großes Segelboot gehabt – da hat er den Motor geklaut von uns. Aber das hat er nachher in der Zeit, wo er hingerichtet wurde, zugegeben. Hat er gesagt, wo der Motor ist. Der ist dann hingerichtet worden, weil der zuviel schlimme Sachen in der Verdunkelung gemacht hat, nich? In der Verdunkelungsgefahr wurde doppelt bestraft, damals, bei uns.

Erst bei der Gerichtsverhandlung habe die Familie erfahren, «daß er mit 6 und 7 und 8 Jahren auch schon nicht die Finger hat dicht halten können». Der Schwester wurde ermöglicht, sich von ihrem Mann scheiden zu lassen:

Dann hat sie gesagt, ja, sie möcht sich scheiden lassen. Und denn wurde er hingerichtet. Aber dann wurde er nicht gleich hingerichtet, sondern erst en halbes Jahr später. Dann wurde er erst hingerichtet.

Spätestens bei der Erwähnung dieses scheinbar so sinnlosen Aktes – eine Scheidung angesichts des nahen Todes – begann meine Irritation. Frau Grothaus versucht zu erklären: Die Schwester habe immer wieder nachgegeben. Trotz Versprechungen habe er sich nicht gebessert, «er hat getrunken, hat se geschlagen, ein fürchterliches Leben war das». Nun war er verurteilt, geschieden und wartete auf seine Hinrichtung. Zuletzt äußerte er noch den Wunsch, seine Frau noch einmal zu sehen.

Er: War sein letzter Wunsch.
Sie: Naja, sein letzter Wunsch, aber es hat ihm ja meine Schwester übermittelt – Sie hat ihn ja nicht persönlich gesprochen, ihren Mann. Nein, sie wollte nicht mehr. Und der hat dann gesagt... er geht jetzt so rüber in die andere Welt und er möchte doch bitten, um Verzeihung bitten. Das war ja nun schon alles zu spät, nich?
I.: Und er wollte sie noch mal sehen?
G.: Ja. Sie ist aber nicht hin. Sie war schon schwanger noch. Ich weeß nicht, in welchem Monat sie war, fünften, sechsten oder so ungefähr, wollte sie nicht mehr mit ihm sprechen, nicht?

Meine spontane Abscheu vor der Herzlosigkeit dieser Verweigerung hat sich lange gehalten. Warum wurde der Mann ohne Verzeihung, ohne Versöhnung dem Tod überlassen? War es die Scheu vor der Institution Gericht und Gefängnis, als «der Richter oder der Diener oder der Aufsichtsrat oder wie man das nennt» der Schwester den Wunsch ihres geschiedenen Mannes übermittelte? War es die Scheu vor dem Tod, den der Verurteilte unmittelbar vor sich hatte? Oder steckte in der Weigerung die Hilflosigkeit der sichtbar Schwangeren, die den Mann nicht noch zusätzlich quälen wollte, zumal in der Formulierung – «schon schwanger noch» – unbewußt, aber gezielt offengelassen wird, ob das Kind noch von ihm oder schon von einem andern war.

Im Mittelpunkt der zweiten Familiengeschichte steht die gemeinsame Tochter der Schwester und des später hingerichteten Mannes. Als diese 12 Jahre alt war, 1948, hat Frau Grothaus die Nichte zu sich genommen. Sie war frisch verheiratet, hatte den Säugling in Pflege und war von der Schwester gebeten worden, sich um das Mädchen, mit dem es Erziehungsschwierigkeiten gab, zu kümmern.

Und denn hab ich sie natürlich ganz streng in die Zucht genommen, muß ich wirklich sagen.
I.: Und hat's geholfen?
G.: Ja, ich hatte ihr Stopfen gelernt. Ich hab se die Schularbeiten machen

lassen, und alles so dumme Sachen, die se da (bei ihrer Mutter, D. W.) gemacht hatte, das gab's bei mir nicht. Nich, ich hab gesagt, wenn de nicht willst, kannst nach Hause zu Deine Mutti, sag ich. Bitte. Hier bei mir gibt's sowas nicht. Und dann kam der große Knatsch mit ihr.

Frau Grothaus hat geglaubt, mit strengster und rigider Erziehung die Nichte disziplinieren zu können. Die aber widersetzte sich im «großen Knatsch»: Sie stahl im Nachbarsladen Geld aus der Kasse und wurde dabei beobachtet. Frau Grothaus erfuhr vom Diebstahl und glaubte, nur ein drastischer Schrecken sei wirksam gegen die aufkommende Verderbtheit des Mädchens. Sie ließ sich die Tasche zeigen, das Mädchen wurde «glühend rot» und kam schließlich «raus mit der Wahrheit»:

Ich sag, sag mal, schämst Du Dich nicht? Weißt Du gar nicht, was Du mir antust hier? Die steht hier. Ich sag, pack Deine Sachen, Tasche mit, ab zur Polizei, so wahr ich hier sitze. Aber ich dem Polizisten nur zugeblinkert, der wußte, was los war. Ich wollte ja nur ihr einen ganz großen Schrecken einjagen. Ich sag, nun komm. Dann hab ich das alles da den Polizisten erzählt. Ja, sagt er, was machen wir nur mit die, mit Dir? Jetzt mußt Du weg. Jetzt siehst Du Deine Mutter nicht mehr und Deine Tante auch nicht mehr. Bitte, bitte, laßt mich dort. Ich mache es nie mehr wieder und will es auch nicht – so wie die Kinder dann so sind und betteln.
I.: Die war 12 oder 13?
G.: Sie war 12 oder 13. 12 oder 13 war se. Ich sag, Ursula, Du läßt das nicht. Ich dacht nur, Du kommst nach Deinem – das ist das Kind von dem ersten Vater, ja?

Die Drohung an die Nichte, sie der Polizei auszuliefern, ihr das Zuhause, sogar das Ersatz-Zuhause bei der Tante zu nehmen, die Prophezeiung ihrer Unverbesserlichkeit hatten die erwünschte Wirkung des Schreckens und einer Not, die das Kind zum Betteln um Liebe und Zuhause nötigte. Auch diese Szene erschien mir sofort besonders grausam, vor allem mit jenem Zusatz, der den verbrecherischen Vater ins Spiel brachte. Frau Grothaus selbst muß dabei allerdings unter starkem Druck gestanden haben. Die Bestohlene war eine befreundete Nachbarin, vor der sie die Respektabilität zu bewahren hatte. Der Schwester hatte sie versprochen, die Nichte zu einem ordentlichen Mädchen zu erziehen, und mußte nun fürchten, in der Familie als Versagerin dazustehen. Und schließlich schien sie wirklich jenen Mechanismus zu fürchten, demzufolge das böse Erbe des Hingerichteten auf dessen Tochter übergehen könnte. Das aber «dachte» sie nur und sprach es dem Mädchen gegenüber nicht aus. So hütete sie sich vor einer noch extremeren Verletzung. Daß sie weit gegangen war, wurde aber durch ihren Erziehungserfolg im nachhinein legitimiert: Ursula stahl nie wieder, machte eine Lehre, heiratete und setzte einige Kinder in die Welt: «Das ist dann der andere Lauf, nich?»

Die dritte Geschichte handelt vom neuen «Lebenskameraden» der Mutter, den diese «nach Jahren» des Alleinseins fand.

Und, der war eigentlich zu ihr sehr gut. Aber wenn er seine Mucken gekriegt hat, wenn er en bißel über'n Durst getrunken hat, denn wollte er meine Mutter immer schlagen, nich? Hab ich gesagt, Mama, das hast Du nicht nötig. Trenn Dich von dem Mann.

Als er die Mutter wieder einmal geschlagen hatte, als er sogar drei Tage inhaftiert wurde, weil er geklaut hatte, «mal en Huhn, mal dies, mal jenes, und meine Mutter hat gesagt, komm mir nicht mit den Sachen ins Haus. Ich will das nicht haben» – fuhr Frau Grothaus zur Mutter, um den Mann zur Rede zu stellen.

Dann sag ich, Otto, eins sage ich Dir, wenn Du meine Mutter nochmal schlagen tust, sag ich, ich schmeiß Dich hier raus. Da kannste Dich druff verlassen, sag ich. Das hat meine Mutter nicht verdient an Dir. Und sowat lieben wir auch nicht. Merke Dir das ein für alle mal. Mensch, sagt er, Dörthe, Du weeßt – er hat hier en Kreuz, of en Kopf so'n Kreuz gehabt. Das hat er vom KZ gehabt. Zeitweise muß er da irgend, dämmerte es bei ihm wohl nicht irgendwie, ja? Wenn er dann en bißchen Schnaps trinkt, dann verliert er die Beherrschung.
I.: Was heißt das, der hatte en Kreuz auf'm Kopf vom KZ? Ist das ne Narbe?
G.: Der ist geschlagen worden, ja. Der ist da so geschlagen worden.
I.: Hm. Ne kreuzförmige Narbe.
G.: Das haben sie am Kopf geschlagen, damals wo er im KZ war.

Frau Grothaus ließ sich versprechen, daß er die Mutter von jetzt an besser behandeln werde, und fuhr nach Haus mit der Drohung, wieder zu kommen, falls er sein Versprechen nicht halte. Der Freund der Mutter starb bald darauf an Typhus.

Alle drei Geschichten – von Frau Grothaus hintereinander erzählt – enthalten gleiche Grundelemente und eine ähnliche «Moral» über Familie, Gesellschaft, Politik und Geschlechterbeziehungen. Die Rücksichtslosigkeit, ja, die Brutalität familiärer Beziehungen zeigt sich nicht nur in direkter körperlicher Gewalt, sondern wird auf komplexe Weise da freigesetzt, so scheint es, wo als außergewöhnliche Gefahr die Grenzüberschreitung zur «Asozialität», zur Kriminalität droht – in allen drei Fällen geht es um Diebstahl und die Schande, die damit verbunden ist. Im Zustand materieller und seelischer Not ist gestohlen worden – was in einer Arbeiterfamilie passieren kann, die in unsicheren Zeiten lebt – und damit war der immer schon gefährdete Zustand der «Anständigkeit» verletzt worden. In Frau Grothaus' Generation glaubte man ja noch nicht in dem Maße an die Möglichkeit des sozialen Aufstiegs, wie das für die 20 Jahre jüngeren Arbeiterinnen typischer war. Sie hoffte nicht auf die soziale Öffnung nach oben, sondern fürchtete die offenen sozialen Grenzen nach unten. Der Weg des sozialen Abstiegs aber geht unter anderem über Kleinkriminalität. Deshalb muß hier der stärkste Riegel vorgelegt werden. Die Gesetzesverletzung muß verhindert und, wenn schon geschehen, bestraft werden, bzw. vom Täter hat eine deutliche Distanzierung stattzufinden: Der Verurteilte wird geächtet, das Kind mit dem Entzug des Zuhauses und der Liebe bedroht, dem Stiefvater bedeutet: Sowas lieben wir nicht.

Die Verletzbarkeit gegenüber dem sozialen Abstieg und die Gefahr durch familiäre Gewalt bringen Frau Grothaus und ihre Familie in Verbindung zur staatlichen und politischen Gewalt. Aus der Geschichte über den diebischen Schwager ist keine Distanzierung zu entnehmen, die Begründung seiner harten Bestrafung wird neutral wiedergegeben, und der kurze Eingangsdialog, ob es die Nazis gewesen seien, die ihn haben hinrichten lassen, ist nicht nur ein Problem der Datierung, sondern enthält ja auch die Frage, inwieweit es sich hier um eine spezifische Grausamkeit, wie sie mit den Nazis verbunden wird, oder um übliche staatliche Gewalt, der man neutral gegenübersteht, handelte. Frau Grothaus wirkt da durchaus unentschlossen. In der zweiten Geschichte geht sie ein augenzwinkerndes Bündnis mit dem Polizisten ein, und in der dritten Geschichte dient die

Gewalt, die dem Freund der Mutter im KZ angetan wurde, zwar als Erklärung seiner eigenen Gewalthaftigkeit, wird aber mit keiner politischen Wertung oder Qualifizierung verbunden – Frau Grothaus weiß und wußte nicht, warum der Mann ins KZ gekommen war, und konzentriert sich ganz auf das Ziel, die Mutter vor dem Mann zu schützen. Die öffentliche Gewalt wird als gegeben akzeptiert, vor allem dann, wenn sie im Einklang mit den eigenen Anstrengungen zur Abwehr von Gesetzlosigkeit und Normverletzung steht.

Die Geschichten enthalten schließlich Aussagen über ein kompliziertes Machtgefüge in den Familien, von denen sie handeln. Einerseits sind die Frauen: die Schwester, die Mutter, Opfer männlicher Gewalt. Andererseits sind es die Frauen bzw. jeweils Frau Grothaus selbst, die den Schutz der Mutter, die Wahrung von Ordnung zu ihrer Sache machen und mit Macht durchsetzen. Die Schwester verweigert dem Mann die Verzeihung und den letzten Besuch. Frau Grothaus bezwingt die Nichte und droht dem Freund der Mutter mit Vertreibung.

So zeigt sich die Familie durchaus nicht als konfliktfreier Raum, sondern auch als ein Kampfplatz, den die Frauen stärker beherrschen als den männlich dominierten Erwerbsbereich. Lachend, und gegen ihren Willen, erzählt Herr Grothaus, was sie ihm nach der Eheschließung vorhielt: «Du bist nicht mehr mein Brigadier, sagte se. Jetzt weht en anderer Wind.»

Arbeiter im Bauernstaat

Die Politikferne ihres Arbeiterlebens machen Frau und Herr Grothaus immer wieder deutlich. Honecker wird nur einmal erwähnt, nämlich im oben beschriebenen Zusammenhang, ob sie an ihn oder irgendeinen anderen «hohen Herrn» um eine Wohnung geschrieben habe. Sein Vorgänger «Ulbricht ist der, der die Feiertage abschaffte», und am nächsten ist Frau Grothaus noch dem «Führer» gekommen, den sie einmal gesehen hat,

Aber von weitem, ja, nich. Waren ja auch so viele Menschen da. Da konnte man bloß, wie er am Wagen hochstand und so, hab ich ihn bis hier (bis zur Taille, D. W.) gesehen. Also so, weiter nich. ... Ich war wirklich den Moment ein bißel stolz drauf, nich. Und ich bin auch stolz, denn ich hab ihn ja gesehen.

So fern und unwirklich wie die Politiker ist die Große Politik. Herr Grothaus weiß über die Novemberrevolution und die ihr folgenden Ereignisse:

18 war doch der Generalstreik, 18/19. Da ist doch der Kaiser Wilhelm abgehauen, nich? Da gab es doch erst die sozialdemokratische und kommunistische Partei.
I.: Ja.
H. G.: Und, und alle die – da waren wir doch noch ein gesamtes Deutschland, nich? Da waren doch noch keine Grenzen. Die Grenzen sind ja jetzt erst nach dem Krieg 45 –

So orientiert er sich grob, um eine Antwort auf meine Frage zu finden, was er vor 33 gewählt habe: sozialdemokratisch, was sonst, diese Richtung hatte schon das Elternhaus vorgegeben. Ansonsten spielt Politik keine große Rolle im Leben des Ehepaares. Sein Sohn aus erster Ehe ist aufgestiegen und Parteisekretär der SED geworden, aber Herr und Frau Grothaus waren «nirgendswo drin, auch heute noch nirgendwo drin, vollkommen parteilos.»:

Er: Wenn ich mal vielleicht hätte wirklich (mich) politisch en bißchen auf die Hosen gesetzt
Sie: Dann wärst Du ooch so'n Mann geworden.

Ganz stimmt es übrigens nicht, daß sie «nirgendwo drin» waren. Sie ließ sich am Anfang in den DFD[6] werben, eine Mitgliedschaft in der DSF[7] erlosch zu ihrem Bedauern, da sich niemand recht um sie kümmerte, und die Gewerkschaft war für beide eine Selbstverständlichkeit, vor allem für ihn, der schon in den zwanziger Jahren im Forstarbeiterverband gewesen war und stolz ist auf sein sechzigjähriges Gewerkschaftsjubiläum. Beide genießen die Gewerkschaft als

6 Demokratischer Frauenbund Deutschlands
7 Deutsch-Sowjetische Freundschaft

Freizeit- und Betreuungsverein, aber das Politische im engeren Sinne erscheint ihnen als nachteilig, ja, gefährlich. Herr Grothaus erinnert, wie 1933 die Kommunisten abgeführt wurden, 1945 die Nazis. Deren Wahlkabinen findet er genauso scheinheilig wie die jetzigen. Deshalb nutzt er die Freiheiten eines Unpolitischen:

Ich kann doch heute mehr sagen, als wie ein Genosse. Ich kann doch sagen: hier, geht doch mal hin und besorgt mir mal – aber ein Genosse, der soll mich ja überzeugen, nich? Ist doch so. Wenn wir uns früher unterhalten haben, hier mit – damals hab ich gesagt, na, Hans, wir müssen doch wenigstens Toiletten(papier haben). Ach, sagt der, machste Toilettenpapier. Ohne Toilettenpapier geht es nicht. Aber es ist doch dem Arbeiter seine Forderung. Wir haben dort doch alles gemacht. Das haben wir doch, nich?

Ist die Politik als offizielle Geschichte, in der Gestalt der Politiker und in der Form von Parteien auch fern oder fernzuhalten, so bekennt sich Herr Grothaus doch als wichtigen Teil seiner Gesellschaft, nämlich als Arbeiter, der «dort doch alles» gemacht hat. Das Feld gesellschaftlicher Auseinandersetzung für beide ist die Arbeit, das Werk. Frau Grothaus kämpfte einmal mit Erfolg um die volle Jahresendprämie von 450 M, die man ihr zunächst verweigerte, weil sie lange krank gewesen war. Seine Erzählungen, von ihr zustimmend kommentiert, dokumentieren in dichter Sprache seine Erfahrung als «Arbeiter im Bauernstaat», wie er in unfreiwilliger Verkürzung seine entfremdete Existenz charakterisiert. Nach den Mechanismen der alljährlichen Plandiskussion befragt, erklärt Herr Grothaus:

Ja, dat is alles fertig.
I.: Dat is fertig?
H. G.: Das wird von oben herab besprochen, und denn, denn nachher wird das vorgelesen. Ja, wer hat wat dagegen? Keiner. Jeder macht dann vielleicht ne Faust in der Hosentasche – und sagen tut keener wat, nich?

Zur Ohnmacht, mit der die Arbeiter den «von oben herab» besprochenen Plan akzeptieren müssen, gehört diejenige Ohnmacht, mit der sie die Nichterfüllung dieses Plans und damit den Verzicht auf Prämien hinnehmen müssen:

und so planen die von oben herab und sagen, wenn es irgend drin ist, muß es geschafft werden, nich? Es ist doch klar, da sind doch Havarien und sowas kommt immer mal vor, nich? Das ist – im Haushalt geht auch mal was kaputt, was nicht vorgeplant, mit eingeplant ist, und so ist es auch allgemein und da ist auch keiner dagegen (gefeit). Und da können wir auch nischt gegen machen, wat da – Wir als kleiner Mann – kann keiner wat gegen machen. (Bei der Planerfüllung an der Masselgießmaschine z. B.) sind wir abhängig gewesen vom Ofen, vom Hochofen. Das Eisen mußten wir vermasseln, was der Ofen bringt. Also wir sind Anhängsel gewesen. Wir mußten uns aber verpflichten, soundsoviel Tonnen Eisen zu vermasseln. Nur daß wir gesagt haben, wir können doch nicht mehr vermasseln, wie wir von oben kriegen, nich? Und da geht denn keener von ab. Dann sagen se, laßt doch loofen, laß es laufen, wie es will, nich? Denn wir sind ja Anhängsel.

Den Marxschen Satz vom Arbeiter, der im industriellen Kapitalismus zum bloßen Anhängsel der Maschine wird, muß Herr Grothaus im Laufe seines gewerkschaftlichen Lebens – vielleicht sogar öfter – gehört und sich deshalb eingeprägt haben, weil er seiner eigenen Erfahrung industrieller Arbeit im Sozialismus vollkommen entsprach. Dabei wählt er seine Worte ohne Ironie oder Häme, spricht lediglich über sein wirkliches Verhältnis zu Maschinen, Kollegen und Betriebsleitern, wobei er von der Situation der letzteren glaubt:

Wissen Se, wenn hier en Werkdirektor ist, der muß mit dem oberen Stab zusammenhalten und der kann mit nem kleenen Arbeiter nicht zusammenhalten. Sonst kann er nicht existieren. Und Pauken-Paule[8], haben wir gesagt, der hat auf die Pauke gehauen, nich? Der hat gesagt, hier, was is mit den Kumpels hier, nich? Und det, det haben sich dann die oberen Herren nicht bieten lassen.

Das proletarische Selbstbewußtsein, das Herr und Frau Grothaus im Interview äußern, nährt sich von Erfahrungen mit Maschinenbeherrschung und Kollegensolidarität, wird aber als Anspruch an die Gesellschaft oder gar an die Leiter und Politiker zu einer trotzig-hilflosen Rhetorik. Eine weitere Kränkung, die ihnen im Zusammenhang mit dem Aufbau des sozialistischen Wirtschaftswunders zugefügt wurde, schloß sich an.

---

8 Spitzname für den Werksdirektor Teichmann, der später abgesetzt wurde.

Zu alt für Stoßschichten

Gefragt nach der Hennecke-Bewegung[9], an der uns interessierte, ob sie eine motivierende Breitenwirkung entfaltet habe, äußerte sich Herr Grothaus ähnlich wie auch andere Interviewpartner. Solche Leistungen seien zwar im Einzelfall möglich gewesen, aber nur nach gründlicher Vorbereitung und unter Abzug aller zeitraubenden, aber notwendigen Nebenarbeiten wie Materialbereitstellung, Reinigung usw., und nur durch solche Unterstützung

war Hennecke der Mann gewesen. (Überhaupt) die Jugend, Adolf (Hitler D. W.) hat auf die Jugend gebaut. Wir stützen ooch off die Jugend. Auf die Alten können sie sich nicht verlassen. Nich? Der größte Teil lebt nich mehr. Der andere Teil kann nich mehr. Ja, die Jugend hat ne Stoßschicht. Nich? Da mußten wir morgens alles sauber machen und die sind hingekommen, stand einwandfrei das Eisen da und die haben acht Stunden gearbeitet, die haben was geschafft, nich? Aber das ist ja nun nicht tagtäglich. Das ist ja nicht drinne. Da is ja zuviel Abfall. Das muß sauber gemacht werden. Da muß det gereinigt werden und dies und jenes. Da müssen die Rinnen[10] gebaut werden, nich? Und denn heißt es, ja, die haben Glück. Wir haben ja hier ooch immer versucht, aber wir sind nicht auf den Nenner gekommen, dat wir det vollbracht haben, weil wir ja zuviel Nebenbeschäftigung hatten. Dat is ja ooch nicht oft vorgekommen, aber mal. Wenn – die Jugend, die macht mal wat. Jaja. Adolf hat auf die Jugend gebaut, wir auch. Die Alten is ja keene Zukunft.

Die Bitterkeit ist unüberhörbar. Nun ist es die Jugend, die etwas «vollbringt», während durch seine eigene, alltägliche Schufterei nichts Spektakuläres zustande kommt. Hat er nicht vorher noch beansprucht, mit seiner Generation «alles dort gemacht» zu haben? Nun heißt es zu Beginn und Anfang des letzten großen Zitats, daß auf seinesgleichen kein Verlaß sei, weil den Alten nicht die Zukunft gehöre. Daß das schon «bei Adolf» so war, ist vielleicht sogar unbeabsichtigt kritisch, daß er sich mit dem «wir» zugleich in die Gesellschaft

9 Der ehemalige Kaufmann Adolf Hennecke hatte 1948 während einer Schicht im Bergbau die Norm um über 300 Prozent übererfüllt und damit das Signal für die auch nach ihm benannte Aktivistenbewegung gesetzt.
10 Durch die beim Abstich das flüssige Eisen geleitet wird.

einreiht, die auf ihn verzichtet, ist wieder so ein sprachlicher Trick, mit dem er die Kränkung nur mühsam verbirgt. Frau Grothaus hat das alles viel direkter, persönlicher und ungeschützter erlebt, als sie mit 62 Jahren zu ihrem Abteilungsleiter ging mit der Bitte, sie als Ersten Maschinisten zu entlasten und statt dessen als Zweiten Maschinisten einzusetzen. Man bat sie zu bleiben, es gebe keinen Ersatz, keinen ausgebildeten Maschinisten. Sie antwortete,

ich bin Rentnerin, ich kann schon morgen aufhören. – Das werden Sie uns nicht antun! (Frau Grothaus versuchte es wieder bei der nächsthöheren Instanz) Ich schaff die Arbeit wirklich nicht mehr geistig, körperlich noch. Ich sag, das ist immer schlimmer, immer schlimmer, sag ich, und warum soll ich mir in meinem Alter jetzt noch soviel Gedanken und Quälerei machen, sag ich, ich hab zu Hause noch genug mit de Kinder, sag ich.

Frau Grothaus erzwingt schließlich die Einstellung eines «Ersatzes», indem sie «drei, vier Wochen krank macht» – zunächst wohl aus Trotz, aber der untersuchende Arzt verbietet ihr tatsächlich die nervenaufreibende Arbeit. Zurück im Betrieb

sag ich, ich höre sofort auf. Bleiben Sie, Sie können als Zweiter fahren. Ist in Ordnung, sage ich. Da bin ich dann geblieben. Jetzt haben wir aber so ne Kollegin gekriegt, wissen Sie – obwohl ich ihr gar nicht irgendwie Vorwürfe mach, die war ja erfahren als Erster Maschinist. Die konnte ihre Arbeit und sie hat se auch gemacht. Aber es gab so Momente, wissen Sie, wo ich ihr hätte helfen können, was ich en bißel besser gewußt habe, und det wollte se nicht. Sie war en bißel stolz, ja. Nich, das war so ne Kleinigkeit an de Pumpe. Wir mußten de Pumpe verpacken und da habe ich zu ihr gesagt, Frau F. – da habe ich noch Sie zu ihr gesagt – wir werden mal die Pumpe ganz kurz ein- und wieder ausschalten. Dann kommt die Stockbuchse ganz von alleine ein bißel raus und wir brauchen uns nicht zu quälen. Ja, das ist verboten. Ich sag, das brauchen Sie ja nicht an die große Glocke zu bringen. Ich sag, ich habe das ooch vom Meister gelernt, aber ich sage Ihnen trotzdem nicht den Namen, von wem ich das hab, sag ich.

Gegenüber der neuen Kollegin, der sie nun als lediglich «Zweiter» ja unterstellt war, konnte sie nur die kleinen aus der langjährigen Erfahrung und gemeinsam mit den Kollegen gewonnenen Tricks vorweisen, auf die es in den Zeiten der Improvisation angekommen war.

Aber 1975, als diese Geschichte spielte, sollten diese Zeiten vorbei sein, und die neue Generation der Facharbeiterinnen war zugleich professioneller und unerfahrener. Stolz waren sie beide und hatten verstanden, daß es um nichts weniger als um die Macht ging im Hauptpumpwerk. Frau Grothaus rächte sich für die Niederlage beim Verpacken der Pumpe mit hämischem Gehorsam im nächsten Konflikt:

und wenn sie denn irgendwie weg war und ich habe geschaltet und habe ne Pumpe reingenommen, dann sagte se zu mir, warum haste ne Pumpe reingenommen, wir haben doch genug Wasser. So sag ich, der Soundso hat angerufen, wir haben zuwenig Wasser, sag ich. Ich mußte die Pumpe – ach, der Soundso, (der) kann mich mal. Naja, gut, sag ich. Beim nächsten Mal stand wieder so wenig Wasser, auf 3,5. Warum machste keene Pumpe rin? Ich sag, Sie haben mir gesagt, ich soll keene Pumpe rinnehmen, und ich habe es auch nicht, (ist) Ihre Arbeit. In dem Moment rief der Dispatcher an. Sehen Se, jetzt haben Se den Salat, sag ich. Einmal so, einmal so, einmal so. Und so haben wir uns immer kleene Reibereien gehabt.

Schließlich beschloß Frau Grothaus, nicht länger «mit so ner blöden Kuh da (zu) arbeiten, wo ich selber mal früher gefahren bin und weiß, wie ich zu fahren habe.» Sie kündigte schriftlich, gab mündlich auch den wahren Grund an und weigerte sich standhaft, anstelle der Kollegin F. wieder den «Ersten» zu machen, wohl aber den «Zweiten», aber mit einer neuen Kollegin. Nach langer erfolgloser Werbung beschied sie Meister und Abteilungsleiter endgültig, es bleibe dabei. «Sonst wäre ich weiter geblieben, hätte weitergemacht noch en paar Jahre.»

I.: War die viel jünger als Sie?
G.: Ja, die war eine ganze Zeit jünger. Ach, eine ganze Zeit jünger.

Es war eine schmerzhafte Trennung, von ihr eigentlich noch nicht gewollt, aber notwendig, da sie sich von der Jüngeren verdrängt und mißachtet fühlte. «Die Zukunft», das hatte Herr Grothaus ja erkannt, war in den Qualifizierungskampagnen der sechziger Jahre in die Hände der jüngeren Generation gelegt worden. Herr und Frau Grothaus erlebten jeder auf seine Art, was es hieß, überflüssig zu werden. Dabei war es weniger die Betriebsleitung als die jüngere

Generation selbst, die ihnen dieses Gefühl vermittelte. Trotzdem gehören die Geschichten der Frau Grothaus und ihres Mannes für mich zu denjenigen, in denen ein relativ hohes Einverständnis mit den Verhältnissen in der DDR zum Ausdruck kommt. Das hängt einmal mit der starken Identifikation zusammen, die beide mit dem Stahlwerk verband, in dem sie zwar keine Macht, aber doch einen selbstverständlichen Platz hatten, der erst im Alter gefährdet war – aber dies ist wohl ein unvermeidbarer Ablösungsschmerz. Hier und in der dazugehörigen Stadt fand Frau Grothaus das Stück Stabilität, Heimat und soziale Sicherheit, das sie sich erhofft hatte. Diese Sicherheit erreichte sie auch dadurch, daß sie sich strikt an die Normen ihrer Schicht, ihres gesellschaftlichen Umfelds hielt – mit Folgen, die mir manchmal grausam, ja, unmoralisch erschienen. Frau Grothaus' Moral aber war ganz gebunden an feste Konventionen. Einen Aufstieg aus ihren proletarischen Verhältnissen erstrebte sie nicht, und die Bedingungen, unter denen sie nach 1948 als «moderne» Lohnarbeiterin, Ehefrau und Mutter lebte, waren für sie nicht nur akzeptabel, sondern auch eine positive Herausforderung, ein gutes Leben.

Die Grenzen der Volkssolidarität

Herta Gunkel, Näherin, 80 Jahre

Ich habe Frau Gunkel in einem Volkssolidarität-Club im damaligen Karl-Marx-Stadt (Chemnitz) kennengelernt, wo sie mit anderen älteren Frauen zusammensaß und auf die Verteilung des Mittagessens wartete.[1] Nachdem ich ihr unser Projekt vorgestellt hatte, erklärte sie sich bereit, am nächsten Tag in ihrer nicht weit vom Club gelegenen Wohnung über ihr Leben zu sprechen. Es war eine geräumige Altbauwohnung, in der sich Frau Gunkel aber seit dem Tod ihres Mannes, zwei Jahre zuvor, einsam fühlte. Ihre drei erwachsenen Kinder sieht sie unregelmäßig, mit dem ältesten Sohn ist sie verkracht, eng ist nur das Verhältnis zur Tochter. Das Leben einer alleinlebenden Rentnerin ohne Zusatzeinkommen in der DDR war schwer – an Westverwandtschaft hat Frau Gunkel nur eine 90 Jahre alte Schwägerin aufzuweisen, die sie früher öfter besucht hat. Zum erstenmal während unseres Projekts hatte ich beim Interview das Gefühl, meine Gesprächspartnerin erwarte von mir persönlich Abhilfe, als sie mir, unter Klagen über hohe Preise und mangelnde Qualität des Warenangebots in der DDR, einen starken Kaffee anbot.

---

1 Die «Volkssolidarität» ist eine Institution, die sich in der DDR vor allem der Altenbetreuung widmete. Sie bietet billige Mittagstische, Freizeitbetreuung, Krankenpflege und Beratung in Fragen der Gesundheit, des Rechts, der Renten usw.

Von der knappen Stunde, in der Frau Gunkel mir zunächst ihre Lebensgeschichte erzählte, verwandte sie eine gute halbe Stunde auf sechs Nachkriegswochen 1946. Sie begannen mit der Nachricht, ihr im Krieg vermißter Mann befände sich in Hamburg, und endeten mit der gemeinsamen Rückkehr nach Rabenstein bei Chemnitz, wohin sie bei Kriegsende aus Stettin zunächst geflüchtet war, weil ihr Bruder dort wohnte. Im Detail, dialogisch und szenisch, beschrieb sie, wie sie nach Erhalt der guten Nachricht versuchte, bei der sowjetischen Kommandantur in Rabenstein eine Besuchserlaubnis für Hamburg zu erhalten, wie sie nach der Ablehnung einfach in den Zug stieg, an der Zonengrenze aber von Russen gefangengenommen und mit anderen in einer Scheune festgehalten wurde, wie die Gruppe in der Nacht entwischte, sie nach manchen Hindernissen doch noch in Hamburg ankam und sich dort durchfragte bis Harburg, wo ihr Mann bei der Hafenbahn arbeitete. Er war bei ihrer Ankunft nicht in seinem Quartier, und seine Kollegen versteckten sie, um ihn zu überraschen, hinter der Tür, so daß er sie bei der Heimkehr zunächst nicht sah. Als sie plötzlich vortrat, war die Freude groß. Vier Wochen blieb sie in Hamburg, dann überredete sie ihren Mann, nach Hause zu kommen, wo sie schon eine kleine Wohnung eingerichtet hatte. Er selbst und sein Chef wollten sie dagegen in Hamburg halten, letzterer bot ihr sogar den Bau eines Häuschens auf dem Bahngelände an, aber schließlich gab der Mann nach, nahm Urlaub und folgte seiner Frau nach Rabenstein in die sowjetische Zone.

Die ganze Geschichte wirkt, als sei sie oft erzählt und durchinszeniert, ihr Ton ist heiter, klingt manchmal aber auch übertrieben dramatisch, denn man ahnt gleich zu Beginn, daß die Geschichte gut ausgehen wird. Sie beschreibt den Wendepunkt in einem längeren Zeitraum der Instabilität und Rekonsolidierung, beginnend mit der Evakuierung aus Stettin, als die damals 36 Jahre alte Frau Gunkel, ihre drei Kinder und ihre Mutter 1943 vor den Bombenangriffen aufs Land evakuiert wurden. Gegenüber dem doppelten Druck, nach der Niederlage für die Polen landwirtschaftliche Arbeit verrichten und die polnische Staatsangehörigkeit annehmen zu sollen, entschied sie 1945, «ich fahre dahin, wo ich hingehöre», denn, «ich bin deutsch und ich bleibe deutsch». Zufluchtsort war Rabenstein bei Chemnitz, aber, «ich bin nicht wegen der Heimat hierhin gezogen, ich bin hierhin gezogen, weil ich meinen Bruder... in Rabenstein hatte, da dacht' ich, haste erstmal 'ne Verwandtschaft.» Nach der glücklichen Heimholung des Ehemannes zog das Ehepaar nach Chemnitz, wo man nach zwei weiteren Umzügen schließlich Anfang der fünfziger Jahre[2] die Wohnung bezog, in der Frau Gunkel noch heute lebt.

Damit ist der Kreis geschlossen: Die Stabilität der dreißiger Jahre, in denen sie in Stettin eine Wohnung eingerichtet und eine Familie gegründet hatten, war im Chaos der vierziger Jahre zerstört worden. Aber diese endeten mit einer neuen Existenz, die zwar der alten nicht gleichkam, aber doch in eine wiedergewonnene Stabilität mündete, getrübt allerdings von der Trauer um die an Polen verlorene Heimat und dem Zweifel, ob man nicht die Sicherheit, die eine schnelle Existenzgründung im Osten bot, mit einer glänzenden Perspektive im Westen bezahlt habe.

Frau Gunkel hat sich in diesem Zeitraum als außerordentlich lebenstüchtig und durchsetzungsfähig gezeigt. Mit sicherem Verständnis für die Möglichkeiten und Zusammenhänge der neuen Verhältnisse leitete sie ihre Familie und sich selbst durch alle Schwierigkeiten hindurch: Sie schickte ihren Mann – nach der Einreise in die SBZ – nicht, wie vorgeschrieben, durch die Quarantäne, sondern besorgte die Quarantänebescheinigung beim Arzt im Haus, den sie aus Stettin kannte. Sie begleitete ihren Mann zum Arbeitsamt, wo er darauf bestand, «am Aufbau» teilzunehmen, und daraufhin eine Stelle in seinem alten Beruf als Dachdecker erhielt. Sie kämpfte gegen das Wohnungsamt und organisierte einen komplizierten Wohnungsringtausch, der sie in ihre jetzige Wohnung brachte. Und dort wiederum klagte sie mit Hilfe des Wohnungsamtes von der Vermieterin einen neuen Ofen ein, den Nachbarn zum Vorbild. Einmal in diesem Zeitraum aber stellte sie sich als zu tüchtig heraus. Man zwang sie, die

---

2 Ihre Angaben zum genauen Zeitpunkt sind widersprüchlich, der letzte Umzug wird von ihr auf 1947 datiert, an anderer Stelle aber mit der Heirat des ältesten Sohnes im Jahre 1950 in Verbindung gebracht, als der mit 19 Jahren eine Ehe einging und dann eine Wohnung suchte.

750 Mark Flüchtlingskredit zurückzuzahlen – wovon 250 Mark schon ausgegeben waren –, weil sie mit ihrer Näharbeit die Freigrenze um genau eine Mark überschritten hatte.

Ich pfeif auf Euern Dreck, wenn ihr nicht mal soviel habt, daß Ihr hier könnt Leute unterstützen. Man hat drei Kinder und noch 'ne alte Mutter hier und dann könnt Ihr uns als Flüchtlinge noch nicht mal unterstützen, sag ich, da pfeif ich auf eure drei Groschen.

Nachdem sie sich vom Chef ihres Mannes einen Vorschuß zu guten Bedingungen verschafft hatte, ging sie voller Zorn zum Amt, um ihre Schuld zu begleichen.

Hab ich die 250 Mark genommen, hab ich se hingebracht, die feuerten über'n Tisch, da mußten se erstmal mir die Rückzahlung bestätigen und, na, nun war's Schluß, war's gut. Jetzt eines schönen Tages klingelt's mal und da sagten se, die Volkssolidarität[3]. Was, sag ich, was wollt Ihr haben, Volkssolidarität? Ich sag, habt Ihr mich unterstützt? Ihr habt mich nicht unterstützt, sag ich, hier, nich einen Pfennig kriegt Ihr von mir.

«Sie» und «Ihr» bezeichnen weniger konkrete Personen, sondern abstrakte Institutionen, wenn auch persönlich vertreten durch den Mann hinterm Amtsschreibtisch oder die Frau mit der Sammelbüchse. Sie sind aber nur Teil einer diffus als Ganzes wahrgenommenen gesellschaftlichen Umgebung, in der die Auseinandersetzung um die notwendigen Güter stattfindet, das Besorgen und Aushandeln, wo Ansprüche gestellt und befriedigt werden müssen, wo man trickst und kämpft, Verbündete und Feinde hat. Letztlich, so meint Frau Gunkel, muß es ein Handel auf Gegenseitigkeit sein. Man kriegt die Kinder, sorgt für die Mutter, arbeitet und spendet – aber dann muß man auch selbst bekommen, was einem zusteht, sonst kündigt man die eigene Hilfe auf.

Gerichtet ist all diese Arbeit aber auf die Absicherung eines Zuhauses, auf die Stabilität einer Heimat, einer Familie, einer Wohnung, der

3 Hoch von Staat und Partei subventioniert, nehmen die Volkssolidaritätclubs von den Mitgliedern doch geringe Monatsbeiträge und Spenden ein. Beides wird durch sog. Soli(daritäts)-Marken quittiert.

räumlichen und sozialen Einrichtung, der Privatsphäre – getrennt von und geschützt vor den Unbilden der Außenwelt. Für dieses «Heim» steht ihr vor allem Stettin, wo sie seit ihrem 12. Lebensjahr von 1919 bis 1943 lebte. Davor war die Familie häufig umgezogen, und an mehreren Stellen des Interviews wird deutlich, daß sie als Kind darüber verunsichert und unglücklich war. Erst später habe sie verstanden, daß ihr Vater – ein Drehermeister – sich jeweils beruflich verbesssert und es also der Familie wegen getan habe. In Stettin aber kam die Familie endlich zur Ruhe, und dort verbrachte sie ihre Jugend, arbeitete als Näherin, dort lernte sie ihren Mann kennen, heiratete 1930 und brachte 1931, 1938 und 1941 ihre Kinder zur Welt. Gefragt nach der schönsten Zeit ihres Lebens lautet ihre kurze Antwort deshalb: Stettin.

Als sie 1945 flüchten mußte, blieb ihr als Heimatorientierung nur noch das abstrakte Deutschsein. Ansonsten konzentrierte sie sich auf das ihr nächste Interesse: die Wiederherstellung eines Heims außerhalb der «Heimat». Gefragt, ob sie schockiert gewesen sei angesichts des verlorenen Krieges, antwortet Frau Gunkel:

Ich sagte ja, politische Sachen, hab ich mich überhaupt nicht drum gekümmert, ich wußte, meine Sachen sind weg, ich hab nichts mehr, ich steh auf'm Leeren da, ich muß wieder von vorn anfangen. Das war das Einzige.

«Politische Sachen», das Nachdenken über eine Gesellschaft der Niederlage, auch der Schuld, wurden in der Situation äußerster Not und persönlichen Verlusts abgewehrt. Die «eigenen Sachen», das heißt der gesamte äußere Rahmen des sicheren Privatlebens, waren «weg», und Frau Gunkel fand sich «auf dem Leeren» stehend. Damit wurde aber nur eine Haltung bestärkt, mit der sie während ihres ganzen Lebens gegen die drohende Heimatlosigkeit angekämpft hatte: als Suche einerseits nach Stabilität, andererseits nach einer sicheren Abgrenzung familiärer Privatheit. Dieser Fixierung entspricht der breite Raum, den Wohnungen, Wohnungseinrichtung und -wechsel im Interview einnehmen. Die Wohnung wird um so mehr zum alleinigen Symbol der ersehnten Sicherheit, als der Verlust der Heimat und der zwei Jahre zurückliegende Tod des Mannes sie schon anderer Stabilitätsfaktoren beraubt hatten. Der Rückzug auf die Wohnung soll vor der diffus gespürten Gefahr der äußeren Welt schützen. Im Interview wird das zum Gegensatz Wohnung versus Außenwelt, Fremde, Politik. Nachdem sie schon 45 Jahre in der jetzigen Wohnung gewohnt habe[4], sei sie beim Einkaufen nach einer Straße gefragt worden, die sie nicht kannte. «Da hab ich erstmal dort gestanden, da hab ich erstmal gegrübelt, da hab ich gesagt, ‹tut mir leid, ich bin selber hier noch fremd.›»

Zu Hause erzählt sie ihrem Mann davon und erfährt, daß es sich um die nächste Querstraße handelt. Ihre Reaktion: «Ich weiß ja, wo ich wohn, das genügt mir ja.» Chemnitz sei ihr gleichgültig, das ist ihr nur eine «Behausung». Das ehemalige Haus in Stettin hat sie einmal gesucht, Ende der siebziger Jahre, aber es war abgerissen, und sie war entsetzt und verbittert. Ihr Mann stieg aus dem Auto und spuckte auf die Erde. Sie aber blieb von vornherein sitzen: «Ich gehöre nicht mehr hierher».

Die Sicherheit der bescheidenen Wohnung in Chemnitz hielt sie mehrfach ab, in den Westen zu ziehen, der nun als verpaßte Chance durch ihre Phantasie geistert. Und wenn in der «Volkssolidarität» einmal über Politik gesprochen werde, so wehre sie ab: «Laßt mich in Ruhe, ich will nichts davon wissen, ich hab meine Wohnung, da hab ich genug.» Nie hat sie sich mit einer politischen Organisationszugehörigkeit «behaftet», und als der Vater vor 1933 sagte: ‹Wer Hitler wählt, wählt Krieg›, beschloß sie: «Ich geh nicht wählen.» Mit den vielen Wohnungswechseln ihrer Kindheit verbindet sie spontan und vage ihre Abneigung gegen Politik, nach der ich sie frage. Das habe sie als Kind nie verstanden. Und fast aggressiv hat sie im Interview und auch wohl in Gesprächen mit Vater und Ehemann das Thema Politik vermieden: «Politik ist für mich tabu, ich will nichts von Politik wissen.»

Frau Gunkel ist nicht einfach desinteressiert und unpolitisch, sie ist antipolitisch und voller Angst. Die klare Grenzziehung, die man hinter der Abtrennung von Welt/Politik/Männer gegenüber Haus/Familie/Frauen vermuten könnte, ist nämlich gefährdet, muß speziell

---

4 Diese Angabe kann nicht stimmen, vgl. vorletzte Anmerkung. Es handelt sich also vermutlich um 35 Jahre.

bewacht, Grenzüberschreitungen müssen tabuisiert werden. Die Existenz der tüchtigen Arbeiterfrau und Mutter, die sich in den vierziger Jahren als sog. Trümmerfrau einen Namen macht – Frau Gunkel scheint ihren Prototyp darzustellen. Energisch und zielstrebig hat sie durch die schlechten Zeiten hindurch die guten aufgebaut, für ihre Kinder, ihren Mann und für sich, zugleich Objekt der Geschichte und deren eigensinniges Subjekt. War die Welt der Politik diesem Leben nicht tatsächlich fern, mußte die Last des privaten Alltags nicht den Blick auf die gesellschaftliche Umwelt verstellen?

Wir kommen scheinbar zufällig auf den Nationalsozialismus zu sprechen, als ich Frau Gunkel danach frage, wie sie ihren Mann kennengelernt hat. Dessen Eltern waren, wie ihre, Mitglieder in einem Abstinenzlerverein. Sie erwähnt einen Spaziergang, bei dem die beiden Elternpaare vorneweg, sie selbst mit ihrem späteren Mann und einem weiteren Bekannten in einigem Abstand hinter diesen gingen.

Jetzt mußte mein Mann eben, der mußte mal austreten, das war so eine Ecke, wo er gehen konnte, ... und er ging da rein, und ich blieb außen stehen, weil der andere mit dabei war, und das war ein Jude. Und ich konnte doch das nicht, das konnte ich nicht vertragen.
I.: Was konnten Sie nicht vertragen?
G.: Weil er Jude war, konnte ich das nicht vertragen, ne?
I.: Sie mochten Juden nicht?
G.: Ich mocht se damals nicht. Die hatten mich auch mal geärgert.
I.: Erzählen Sie mal.
G.: Das war hier, die hatten hier, den hab ich, nachdem war das, aber da waren wir schon verheiratet, und wir wollten uns, wir haben uns was gekauft.
I.: In 'nem Geschäft?
G.: Ja, das war en jüdisches Geschäft, da hab ich mir Sachen gekauft, Möbel, und die brachten mir die, das waren auch Sessel waren das, und die brachten mir die, und mein Mann kommt zu Hause, setzte sich in die Sessel rein, und ich kam, ‹Na sag mal, was hast denn Du für Sessel gekauft?› Ich geh rein in die Stube, ich gucke, ich sag, ‹das sind doch nicht meine Sessel.› Guck ich nochmal, guck se richtig an, ich sag, ‹das sind nicht meine Sessel›. Ich sag, ‹wie sieht denn der aus?› ‹Ja›, sagt er, ‹da hab ich drinne gesessen.› War so ne richtig ne Beule drin. Ich hin. Ich hatt' mich noch gar nicht ausgezogen. Wie ich das gesehen hab, ich rein in die Stadt, ich hab dort einen

Krach geschlagen. Ich hab gesagt, ‹die Sessel werden sofort abgeholt, und die gebracht, die ich gekauft habe.› Ne? Ich hab se gekriegt. Seitdem kann ich die Juden nicht mehr vertragen.
I.: Wissen Sie noch, wann das war?
G.: Och, das war so, vorm Krieg war das noch.
I.: War denn da Ihr erstes Kind schon geboren?
G.: Ja, das hatt' ich schon. Und, war Schluß.
I.: Aber das andere, was Sie erzählten, das war ja vor Ihrer Ehe, als Sie Ihren Mann kennenlernten. Hatten Sie denn da auch schon Erfahrungen mit Juden gemacht, daß Sie Juden nicht so mochten?
G.: Ja, das kann ich Ihnen jetzt nicht mehr so – jedenfalls:
I.: Sie standen mit dem jetzt zusammen.
G.: Ja, er stand auch mit dort, und dann nachher, als mein Mann rauskam wieder, da bin ich auf der Seite, wo ich hingehör eigentlich, und das hatte dem nun nicht gepaßt. Und daher hab ich mich mit dem auch fast gar nicht unterhalten, hab mich eben bloß so mit meinem Mann unterhalten, und da hat er das gemerkt, und da hat er sich verabschiedet. Da is er gegangen. Und daher, wie das nachher im Kriege kam, das mit dem Krieg richtig losging, da hab ich gesagt, ‹ich bin ja froh, daß ich den nicht geheiratet habe. Da hätten se mich auch vergast.›
I.: Meinen Sie?
G.: Ja. Denn den haben se ja auch vergast. ‹Hätten se mich auch vergast, ne?› sag ich. Da bin ich in einer Art ganz froh. Meine Eltern, meine Mutter wollte, ich sollte den heiraten. Weil er nu eben, er war ja nu, gutes Geschäft.
I.: Die hatten Geld?
G.: Ja, die hatten Geld, und das war nun was für meine Mutter, meine Mutter war überhaupt sehr dafür.
I.: Wofür?
G.: Für Geld kann ich ja auch hin.
I.: Und was ist dann aus denen geworden, vielleicht können Sie das noch mal weiter erzählen?
G.: Der ist dann ja nachher vergast worden.
I.: Wann haben Sie den denn zuletzt gesehen?
G.: Das weiß (ich nicht), während des Krieges hab ich den überhaupt nicht mehr gesehen.
I.: Haben Sie das denn mitgekriegt, Sie lebten doch in Stettin damals.
G.: Das war ja in Stettin!
I.: Haben Sie das denn mitgekriegt, wie die Juden da deportiert wurden?
G.: Ja, das hat man ja – an allen Ecken und Enden gesehen.»

Warum kommt Frau Gunkel auf die Frage nach ihrem Mann auf den Juden zu sprechen und auf den «Krieg», die Zeit der Deportationen und Vergasungen? Frau Gunkel hat das Gefühl, eine glückliche Wahl getroffen zu haben, als sie statt des Juden, den die geldgierige Mutter ihr nahelegte, den arischen Dachdecker heiratete. Dabei ging es um mehr als um persönliche Sympathien, um Liebe. Denn der Jude war ihr unangenehm als Repräsentant einer «Rasse», weshalb sie ihre Abneigung auch begründen kann mit einer Geschichte, die mit anderen Personen besetzt ist und in einer anderen Zeit spielt. Als Person ist ihr dieser Jude gleichgültig, so daß sie ganz selbstverständlich von seiner Vergasung spricht, obwohl sie ihn «während des Krieges» schon aus den Augen verloren hatte. Wohl aber erinnert sie sich an andere Juden, «an allen Ecken und Enden». Dies Bild erscheint als Antwort auf die Frage, ob sie Deportationen gesehen habe. Da es unwahrscheinlich ist, daß in Stettin die Juden sich über die Stadt verstreut zu den Deportationen sammelten, scheint es, daß Frau Gunkel hier lediglich alle Juden, die sie in Stettin wahrgenommen hatte, als spätere Opfer der Deportationen und Vergasungen vorstellt. Allein die Erinnerung an ihre frühere Verbindung mit einem Juden erfüllt sie nachträglich mit Schrecken. So ist die zitierte Geschichte eine, die – über die Erzählung von ihrer Eheschließung – von ihrer Zugehörigkeit zur deutschen Mehrheitsgesellschaft erzählt. Da diese gesichert war, konnte Frau Gunkel anschließend die Deportationen als etwas betrachten, was nicht ihrer Welt zugehörig, wofür sie weder zuständig noch verantwortlich schien. So klar trennt sie ihre Person von den sie umgebenden Verbrechen, daß sie sich weder damals scheute, seine Opfer wahrzunehmen, noch heute schämt, davon zu sprechen. Ihre Konzentration auf das «Private» bedeutet im Rahmen der nationalsozialistischen Gesellschaft ein irritierendes Verharren in quasi unschuldiger Verantwortungslosigkeit.

Die Geschichte vom «Juden» als Antwort auf die Frage nach dem Ehemann hatte mich völlig überrascht. Ich erinnere mich deutlich an den Schrecken und die Abneigung, die mich überkamen, als Frau Gunkel aussprach, sie sei «froh» gewesen, weil sie sonst «auch» vergast worden wäre, was «dann ja» dem Juden tatsächlich geschah. Meine Deutungsversuche standen bis zuletzt unter dem negativen Eindruck, den die Kälte und Schamlosigkeit ihrer Erzählung hinterließen, und der Empathie und Nähe kaum aufkommen ließ.

Aus Frau Gunkels Perspektive handelt die Geschichte von einer Ehe, einer Wohnung und einer Einrichtung, die durch die Existenz und das Tun «des Juden» gefährdet und gestört schienen und die durch ihr eigenes energisches Handeln vor solcher Bedrohung bewahrt wurden. Sie erzählt eine Schlüsselgeschichte über jene Gefährdung von Privatheit, die zugleich auf die persönliche Vorgeschichte in der Familie verweist. Denn mit der Geschichte vom Kennenlernen ihres Mannes deutet sie darüber hinaus an, daß die eigene Mutter sie «dem Juden» ausgeliefert, quasi verkauft hätte, da diese das Geld liebte und meinte, «für Geld kann ich ja auch hin». Über die möglichen psychischen Ursachen, die zu Frau Gunkels Fixierung auf die «eigenen Sachen» führten, läßt sich freilich nur mutmaßen: Das Leiden unter dem Vater, der ihr immer wieder die Heimat nahm, und unter der Mutter, die das Geld mehr liebte als ihre Tochter – und damit indirekt auch an des Vaters übergroßer Mobilität, mit der er sich finanziell verbesserte, schuld war – dies sind individuelle Ausformungen eines Selbst- und Weltverständnisses, die jedes politische System ermöglicht. Die Unsicherheit der proletarischen Existenz zu Beginn des Jahrhunderts, als Frau Gunkel geboren wurde, die hohe Mobilität, die geringe berufliche Qualifikation, die Krisenhaftigkeit der frühen dreißiger Jahre lassen vermuten, daß eine solche Disposition, wie ich sie bei Frau Gunkel vermute, einen historischen Typus hervorgebracht hat, für dessen übergroßes Stabilitätsbedürfnis die Versprechungen und ersten ökonomischen Erfolge der Nationalsozialisten große Bedeutung hatten. Die bewußte Wahrnehmung von Politik und Gesellschaft im Deutschland jener Zeit stand diesem Sicherheitsbedürfnis entgegen und wurde durch die damaligen Rollenerwartungen an Arbeiterfrauen auch nicht nahegelegt. Je brutaler diese Gesellschaft im Krieg nach innen und außen wurde, desto stärker galt es, an den Grenzen zur Privatheit als Sicherheitssphäre festzuhalten. Dies waren aber auch die Grenzen der Solidarität, durch die jene Brutalisierung erst möglich wurde.

In der DDR hat Frau Gunkels wirkliches und symbolisches Verbleiben in der Wohnung seine Funktionen bewahrt. Sie blieb Hausfrau und Näherin im Nebenerwerb. Ihre Tüchtigkeit im Wiederaufbau eines Zuhauses war in der Nachkriegsnot ebenso gefragt wie 1930, als sie ihr erstes Heim gründete. Zumutungen aus der Sphäre der Politik wehrte sie weiterhin ab, verweigerte politische Gespräche dem Ehemann wie den Bekannten «in der Volkssolidarität». Mit bedenkenloser Verbissenheit konzentrierte sie sich darauf, sich selbst «etwas zu schaffen». Anders als vor 1945 schloß Frau Gunkel nun ja ihre Augen nicht vor einer Gesellschaft des Verbrechens, sondern «nur» der Repression. Anders auch, daß sie, statt in einem Krieg alles zu verlieren, nun tatsächlich etwas «geschaffen hat», was sie trotz aller Ineffizienz im Land hielt, so lange, bis ihr der Traum vom Westen erst durch die Mauer und dann durch das Alter tatsächlich versperrt war. Seit zudem der Mann gestorben ist und die erwachsenen Kinder sich teils im Streit von ihr gelöst haben, ist sie in ihrer Welt allein, sicher eingegrenzt auf die Wohnung und die «Volkssolidarität», gleich gegenüber.

Seiltänzer mit Schulung

Ludwig Färber, Abteilungsleiter, 77 Jahre

Herr Färber, den ich bei einem billigen Mittagstisch für Rentner in der Volkssolidarität getroffen hatte, lebt mit 77 Jahren allein in einer 3½-Zimmer-Wohnung in einem heruntergekommenen Haus, das einmal für zwei Familien gebaut wurde, in dem aber jetzt vier Parteien wohnen. Als ich in sein Wohnzimmer komme, tönt aus dem Radio Blasmusik, und er stellt sie auch nicht gleich ab, als der Sprecher einen Stau zwischen Nürnberg und Ingolstadt meldet. Erklärend fügt er hinzu: «Ich höre ja nur Euch.» Auf dem Tisch liegt das ‹Neue Deutschland›, auf das er abonniert ist, um auch die hiesige Sicht der Dinge zu verfolgen. Alle paar Atemzüge redet er mich mit Titel an, und ich weiß nicht recht, ob das der konservierte Stil eines alten Angestellten in der DDR ist oder ob er für sich unterstreichen will, daß er Besuch von einem Professor aus dem Westen hat. Mir, den er gerade erst getroffen hat, vertraut er Vertrauliches an, «denen hier nicht». Er spricht offen und überlegt, aber er ist verbittert. Am Schluß seines Lebensberichts und dann noch einmal zum Abschluß unseres Gesprächs nennt er den Grund.

Das Ende des Hauses Färber

Nach dem Ersten Weltkrieg bauten sich hier in der Wiesenstraße am damaligen Stadtrand kleinbürgerliche Familien ihre Häuser, deren zweiter oder dritter Stock vermietet wurde, was die Abzahlung erleichtern sollte. Jetzt hat die Stadt die Gegend längst eingeholt, die Straße heißt nach einem KPD-Reichstagsabgeordneten, und die städtische Gebäudewirtschaft, der die meisten Häuser nun gehören, erhält sie gerade so, als wären sie ein Museum über die proletarische Wohnungsfrage im Kaiserreich. Ludwig Färber ist hier im Hause seines Vaters aufgewachsen, der Bürovorsteher im Werk und Vertreter der Liberalen im Gemeinderat war. Er ist nach dem Krieg hierher zurückgekommen und in den fünfziger Jahren dageblieben, als viele seiner Kollegen unter den alten Kaufleuten im Werk in den Westen gingen, und zwar der Familie und des Hauses wegen. Es war das Haus der Familie, in dem damals noch seine Eltern lebten und seine Frau drei Kinder aufzog, die sie geboren hatte, als er im Krieg war. Sein Vater bekam in der Nachkriegszeit vom westlichen Konzernteil eine Betriebsrente, die man alle paar Monate in West-Berlin abholen konnte. Das half, hier auszuharren, als auch Ludwig Färber Angebote im Westen gemacht wurden. Er sagt nicht, daß er das Hierbleiben bereue, aber er betont, daß die Weggegangenen es nicht bereut hätten: seine ehemaligen Kollegen haben jetzt mehr als viermal soviel Pension im Westen als er mit seiner Rente von zusammen 599 Mark[1], obwohl er auch Abteilungsleiter war. Damit liegt seine Altersversorgung in der DDR deutlich über dem Durchschnitt, hat aber bei den kaum nennenswerten Mieteinkünften nicht gereicht, auch nur die notwendigsten Reparaturen am Haus zu finanzieren.

Ja, noch ein paar Worte vielleicht von mir persönlich. Ich sagte Ihnen, 1919 hat mein Vater dieses Haus gebaut. Ich muß jetzt gestehen, ich mußte es verschenken. Ich habe es an den Staat geschenkt. Ich darf hier wohnen bleiben, aber ich zahle Miete. Ich habe keinen Pfennig Abfindung bekommen. Also ich mußte dieses Haus verschenken, und ich war froh, daß sie es genom-

1 Darin enthalten sind eine Betriebszusatzrente von 50 Mark und noch 10 Mark, die er als langjähriges Gewerkschaftsmitglied erhält.

men haben. Es hat einige Jahre gedauert, bis es soweit war. Denn man kann nicht Miete einnehmen, Steuern bezahlen, Schornsteinfeger bezahlen, an erster Stelle Reparatur bezahlen, und das können Sie alles mit der Miete machen, die seit 1939 festgeschrieben ist! Also ich habe nach dem Kriege noch zusammen mit meinen Eltern ungefähr 20000, 25000 Mark in das Grundstück reingesteckt, und dann waren unsere Möglichkeiten erschöpft. Ich bin dadurch heute, ich will nicht sagen: ein armer Mann, aber doch gegenüber meinem früheren Lebensstandard, oder Lebensgewohnheiten – der Standard ist ja nicht schlecht, da die allgemeinen Lebensmittel nicht allzu teuer sind, aber (Pause) – ich habe dadurch heute (so wenig), ich kann mir keinen Farbfernsehapparat mehr kaufen, ich kann mir kein Auto kaufen. Jetzt, als 77jähriger Mann, macht man das sowieso nicht mehr, aber, na ja, es hat mal zur Debatte gestanden und durch das Grundstück –

I.: Auch als Sie noch arbeiteten, hätten Sie sich kein Auto kaufen können?

Nein, nein. Herr Doktor, Herr Professor, ich habe für meine Kinder – meine Kinder waren ja Angestelltenkinder – bis 1956 Schulgeld bezahlen müssen. Heute ist das alles ganz, ganz anders. Heute, heute werden die Familien sehr gut gefördert hier, also das muß man sagen. Aber davon hat meine Generation nichts mehr gemerkt. Und meine Frau war schwerhörig, konnte nicht arbeiten gehen, also ich war immer Alleinverdiener. (...) Also, wir wären gut hingekommen, oder ich komme jetzt gut hin, ja, also, nachdem ich jetzt – und das war ja der Hauptgrund, weswegen ich einen drauf getrunken habe, daß ich dieses Haus abgeben konnte. Herr Professor, es ist doch so, wenn ich heute Hausbesitzer bin, und es geht irgendeine Badewanne kaputt oder irgendwas, und dann kommt der Mieter und sagt, ich brauch eine neue Badewanne: Die muß eingebaut werden. Ich bin handwerklich absolut untalentiert, ich kann nichts selber machen. Erst nachdem ich das Haus abgegeben habe, da konnte ich sagen, das verbliebene Sparguthaben, das gehört tatsächlich mir. Da kann keener kommen und sagen, ich brauch einen neuen Ofen. Oder das Dach ist kaputt, das Dach ist nun seit acht oder neun Jahren kaputt, aber jetzt wirds gemacht, ja. Es ist nicht ganz einfach, einen solchen Schritt zu tun. Denn mein Vater war selber auch Angestellter, meine Eltern haben doch auch Opfer gebracht für dieses Grundstück, und man glaubte dann, daß man mietfrei wohnen kann, aber das bleibt mir nicht. Also ich muß meine Miete bezahlen. Die Mieten sind hier billig zu bezahlen, für die 3½-Zimmer-Wohnung bezahle ich 51 Mark Miete, also es ist nicht teuer, aber –

I.: Und Ihre Kinder, die waren damit einverstanden, daß Sie das Haus verschenken?

Ja natürlich. Ich habe das natürlich mit meinen Kindern abgesprochen, habe gesagt, wenn ihr es haben wollt, bitte sagt es. Da haben die gesagt: Um Gottes willen, wir wollen uns das nicht aufbinden.

Herr Färber versucht, das Malheur mit seinem Haus ökonomisch zu erläutern. Aber das will nicht recht gelingen. Die Kinder wollten es nicht. Er wohnt in derselben Wohnung. Er zahlt einen Bruchteil dessen, was er vorher aufwenden mußte, seitdem er das Haus dem Staat geschenkt hat, der es freilich erst nahm, nachdem es völlig schuldenfrei war. Daß er keinen Farbfernseher kaufen kann oder früher kein Auto erwerben konnte, das schreibt er den früheren Aufwendungen für sein Haus zu (und der Diskriminierung der Angestellten durch Schulgeld) und nicht dem Umstand, daß er jetzt kein Haus mehr hat, oder gar den heutigen Kosten seiner Wohnung, die noch nicht einmal 10 Prozent seiner Rente ausmachen. Ja, ökonomisch war es ein gutes Geschäft, das Haus loszuwerden. Er als ein «Verkäufer mit Leib und Seele», wie er selbst sagt, hat einen drauf getrunken, als er endlich verschenken konnte, worin seine Familie seit zwei Generationen ihr Erspartes investiert hatte. Seine Bitterkeit gründet nicht darin, daß er jetzt 51 Mark im Monat für seine eigene Wohnung zahlen muß. Diese Miete ist eher ein Vorwand für seine Gefühle.

Als ich ihn am Schluß unseres Gesprächs nach den guten und den schlechten Jahren in seinem Leben frage, sagt er zu den schlechten:

Herr Professor, die sind jetzt. Nachdem ich mich von dem, was hier jetzt steht, wo wir uns jetzt unterhalten können (getrennt habe). Daß mir nichts mehr gehört, nicht ein Stein, nicht ein Krümel und daß das (Pause), daß das, was meine Eltern und meine Vorfahren geschaffen haben, daß ich alles aufgeben mußte, weil dieser Staat die Doktrin hat: billige Mieten. Eine Sache, die ich verstehe. Aber wenn Sie selber das Opfer dieser Doktrinen werden, dann ist das ein Unterschied. Ich hätte nichts dagegen, wenn man mir (gesagt hätte): Gut, die da aus dem Osten gekommen sind, die haben ihre Häuser verloren, du mußt auch verkaufen. Das hätte ich verstanden. Wenn man gesagt hätte: Gut, die aus dem Osten, die haben Entschädigung gekriegt. Hier bei uns nicht. Aber bei Ihnen drüben. Wenigstens ein Äquivalent in irgendeiner Form, wie man es am Anfang noch gemacht hat, daß man gesagt hat: Gut, du gibst das Haus ab, es wird Volkseigentum, aber solange du lebst, bezahlst du keine Miete. Das hat dann aufgehört. All das, es hängt doch davon die Seligkeit nicht ab, aber – es tut irgendwie weh.

Darf ich das sagen? Oder kann man das verstehen als Fremder? Denn ich weiß, wie meine Eltern sich gemüht, sich geplagt haben, um dieses Grundstück erst einmal zu schaffen, mein Vater war auch Handwerker, selber hat er auch viele Steine gelegt, aber er hat es auch finanziert, und mein Großvater war dran beteiligt. Entstanden ist es auch mit in der Inflation, und mein Vater kriegte damals einen großen Kredit von seinem Werk und hat das dann getilgt später, aber alles doch mit Mühe. Und hier, ich muß das verkaufen ohne irgendwie, noch nicht mal danke schön. Ich kann es gar nicht umschreiben...

sagt er und zeigt mir den Brief, mit dem die Stadt sein Geschenk quittiert hat:

Bescheid
über die Genehmigung des Verzichts auf das Eigentumsrecht auf Grund § 2 Abs. 1 der GrundstücksverkehrsVO v. 14.12.1977.
Der mit Ihrem Antrag vom 10.6.1979 für das Miet-Wohn-Grundstück in X., eingetragen im Grundbuch Blatt 2362, erklärte Eigentumsverzicht wird mit Wirkung vom 01.06.1979 genehmigt. Das Grundstück ist unbelastet. Die Gewährung eines mietfreien Wohnrechts – dies ist in bestimmten Fällen als Billigkeitsgrund möglich – kann in Ihrem Fall unter Berücksichtigung der gesamtsozialen Lage nicht in Betracht gezogen werden. Die Umschreibung des Grundstücks in das Eigentum des Volkes, Rechtsträger Gebäudewirtschaft X. wird von uns veranlaßt. Mit diesem Betrieb, der eine Durchschrift des Bescheides erhält, sind auch die Formalitäten der Verwaltungsübergabe zu regeln.

Michel
Mitglied des Rates für Finanzen

Verstehen Sie das?

fährt er fort:

Und wissen Sie, ich habe mich da erkundigt, dieses «unter Berücksichtigung der gesamtsozialen Lage»! Da muß man ja alles Sparguthaben usw. alles angeben. Und da habe ich gesagt, wo war denn die Grenze dessen, was ich habe durfte, um mietfrei zu wohnen. Da lag ich um 300,- DM in meinem Sparbuch darüber. Wenn ich die nicht hätte. Ich habe das wahrheitsgemäß gemacht, aus dem einfachen Grunde, ich war kein Freund von irgendwelchen Schludereien.

Der Verlust des Hauses, obwohl er ökonomisch unter den gegebenen Bedingungen ein Segen war, bedroht die soziale Identität von Herrn Färber. Der Hausbesitz war nicht nur als Altersversicherung, sondern auch als Ort der Familie über die Generationen und die politischen Veränderungen hinweg gedacht gewesen, ein Zeichen ihres Aufstiegs vom Dorfschmied über den Bürovorsteher zum Abteilungsleiter; nun sind seine Kinder Akademiker geworden, wohnen an anderen Orten, keines hat ein Haus, und das ererbte ist sang- und klanglos an den Staat gefallen, ohne Dank, ohne einsehbare Begründung, und hat den Sinn seines Verbleibens in der DDR, als seinesgleichen weggingen, mit sich genommen. Nicht, daß er der DDR völlig feindlich gegenübergestanden hatte, aber seine Arrangements hatten darauf gegründet, daß ein Hort des Privaten verblieb. Aber jetzt im Alter ließ sich dieser Hort nicht mehr verteidigen.

Ähnlich war es ihm mit dem Schrebergartenverein gegangen, in dem er 1950, als noch der Hunger im Vordergrund stand, einen Garten erhalten hatte. Später war er als Nachfolger eines früheren Sozialdemokraten, der dem Verein noch aus der Vorkriegszeit angehörte, der Vorsitzende dieser «Sparte» * geworden und über Jahrzehnte geblieben, weil er ein Pragmatiker war, die Handwerker am Ort kannte und wußte, daß eine Hand die andere wäscht. Da konnte es den Schrebergärtnern, die einen Rückzugsbereich von der Politik wollten, nur nützen, daß er unter der Hand auch dem Bürgermeister einen Garten verschafft hat. Vor ein paar Jahren mußte er aber wegen seines Alters den Vorsitz der Sparte abgeben; als Nachfolger habe die Partei einen ihrer Frührentner hineingedrückt, der vorher den sozialistischen Wettbewerb in einem Betriebsteil organisiert habe und jetzt versuche, die Gemüse- und Obstablieferung mit Selbstverpflichtungen, von denen die Leute doch schon im Beruf «die Schnauze gestrichen voll» hätten, anzukurbeln. Außerdem halte der bei den Versammlungen längere politische Referate, so daß nur noch wenige kämen und er keine Feierabendbrigaden mehr zusammenbringe, sondern alle Reparaturen allein machen müsse. Jetzt laufe da gar nichts mehr.

In gewisser Weise ist die Politik sogar in der Familie spürbar, wenn die Kinder und ihre Ehepartner und die Enkel ab und zu um den

---

* Schrebergartenvereine werden in der DDR deshalb ‹Sparte› genannt, weil sie eine Sparte aus dem VKSK, dem Verband der Kleingärtner, Siedler und Kleintierzüchter der DDR, darstellen.

großen Tisch in seinem Wohnzimmer noch einmal zusammenkommen. Nicht etwa, weil es dann heiße politische Debatten in der Familie gäbe, sondern weil seine eine Tochter einen Pastor geheiratet habe[2], die andere einen überzeugten Parteigenossen und sein Sohn sich aus allem Politischen konsequent heraushalte. Die Männer könnten sich nur noch über Autos unterhalten und die Frauen über das, was es in den Geschäften nicht gibt.

Also wenn hier die Familie zusammenkommt – und Gott sei Dank kommt die zusammen, auch die Pastors kommen nächste Woche zum Beispiel –, da komme ich mir manchmal vor wie ein Seiltänzer. Es gibt auch Gegensätze, wobei nicht immer die Pastoren die Gegensätze haben, nicht immer. Denn die sind politisch, also wenn die in der Bundesrepublik leben würden, die würden der SPD nahestehen. Auf keinen Fall CDU. Während ich zur CDU tendiere, soweit ich das übers Fernsehen machen kann.
I.: Hier? Sind Sie in die christliche Partei noch eingetreten?
Nein, nein.
I.: Auch in der frühen Nachkriegszeit nicht?
Nein, nein. Herr Professor, ich stand auf dem Standpunkt, man kann die Gesinnung nicht ändern wies Hemd. Und obgleich ich kein Nazi war, habe ich den Nationalsozialismus immer verstanden. Und deswegen war ich immer rechts eingestellt, ich gehörte zur groß-deutschen Jugend. Ich habe als eine der Grundvoraussetzungen, daß der Nationalsozialismus, gerade in Deutschland, so werden konnte, angesehen und so wurden wir auch in der Schule erzogen (Pause) – durch den Versailler-Vertrag. Der Versailler-Vertrag hat viel dazu beigetragen, daß dieser Revanchismus bei uns sich ausbreiten konnte. Und ich bin auch der Meinung, daß der nächste Krieg, hoffentlich kommt er nicht, aber wenn er kommt, seine Ursache hat in einem nicht oder schlecht abgeschlossenen, bis jetzt nicht abgeschlossenen Friedensvertrag.

---

2 Im Gegensatz zu Herrn Färber waren seine Kinder in den fünfziger Jahren kirchlich aktiv, vor allem seine älteste Tochter, die sich damals in der ‹Jungen Gemeinde› engagierte und dadurch Probleme im Betrieb bekam, die der Vater aber ausgleichen konnte. Sie ging dann aber mit einem Pfarrer als dessen Sekretärin in eine andere Stadt. Als ihrem Freund, der von seinem Werk zum Ingenieurstudium vorgeschlagen war, von der Hochschule ein Studienplatz verweigert worden war, weil sein Vater Handwerker (also Bürger) war, bewog sie ihn, Pfarrer zu werden. Davon können sie aber jetzt kaum leben, weil er knapp 600 Mark Gehalt bezieht, weshalb die Pfarrfrau nebenbei bei einem Steuerberater jobbt.

Politische Konflikte, Relikte

Der Versuch, die Politik aus der Familie herauszuhalten, kommt bei Herrn Färber nicht aus unpolitischen Motiven, sondern aus politischen Erfahrungen und aus dem Wunsch, die Familie trotz aller politischen Gegensätze zusammenzuhalten. In seiner Jugend wollte er nämlich selbst Politiker werden oder – wie er es ausdrückt – «die politische Laufbahn einschlagen». Als Sohn eines liberalen Kommunalpolitikers, der im Werk den deutschnationalen Handlungsgehilfenverband organisierte, wurde er schon in der Zeit seiner kaufmännischen Lehre ein Aktivist dieser rechten Gewerkschaft und kam, als er nach der Gehilfenprüfung mit 20 Jahren 1930 hauptberuflicher DHV-Funktionär geworden war, dort in Berührung mit Intellektuellen der konservativen Revolution wie August Winnig, Hans Grimm und vor allem Edgar Jung («Die Herrschaft der Minderwertigen»). Es war wohl dessen Faszination zuzuschreiben, daß Ludwig Färber damals als Protestant dem Zentrum anhing. 1933 wurde der DHV von den Nazis anders als die linken Gewerkschaften nicht aufgelöst, sondern zusammen mit anderen nationalen Verbänden in den Deutschen Angestellten-Verband übernommen bzw. gleichgeschaltet, und Ludwig Färber rückte vom Jugendfunktionär zum Geschäftsführer eines DAV-Kreisverbands im Harz auf, nachdem er im Mai in die NSDAP eingetreten war. Das will er auf Anraten von höheren, im Zentrum engagierten DHV-Funktionären getan haben, um die Nazipartei mit «unserem Gedankengut zu unterwandern», was «natürlich ein Fehlschlag» gewesen sei. Während Jung schon beim sog. Röhm-Putsch und die Zentrums-Ratgeber später im Umfeld des 20. Juli 1944 von den Nazis umgebracht wurden, geriet auch Ludwig Färber in Konflikte mit seiner neuen Partei, aber nicht aus einer ideologischen Opposition oder politischen Fraktionierung heraus, sondern aus verwickelteren Anlässen.

Der erste bestand darin, daß eine spezielle Verbandsrente des DHV für Werkmeister nach der Gleichschaltung in der «Deutschen Arbeitsfront» wegfallen sollte. Er erhob dagegen Einspruch, da sie mit 72 Mark für die damalige Zeit nicht unbedeutend war, und erhielt im Juni 1935 als Antwort von der DAF postwendend die fristlose Entlassung. Offenbar war er für einen NS-Funktionär nicht gehorsam genug, vielleicht hatte man auch nur einen Anlaß gesucht, um den Funktionärsstamm von den anfänglich notwendigen Bündnispartnern zu säubern. Immerhin konnte er aber durch gerichtliche Schritte erreichen, daß die politische Entlassung, deretwegen er schwerlich eine andere Arbeit gefunden hätte, in eine Kündigung auf eigenen Wunsch umgewandelt wurde. Durch die Vermittlung seines in der Zwischenzeit zum Abteilungsleiter aufgestiegenen Vaters erhielt er in dessen Konzern einen Posten in der Werbeabteilung. Es war die Zeit der Aufrüstung, und er hatte rüstungsrelevante Innovationen auf Ausstellungen und technischen Messen zu betreuen. Er fiel also weich, und seiner Begeisterung für das Dritte Reich scheint der Konflikt auch keinen Abbruch getan zu haben, wie man aus seiner Schilderung von ein, zwei Begegnungen mit Hitler auf solchen Rüstungsausstellungen entnehmen kann.

Ich durfte in dieser Eigenschaft auch Herrn Hitler kennenlernen. Der kam in der Nacht, als ich in Berlin war, und wir hatten ausgestellt Räder für Geschütze, die nachher sich als untauglich herausgestellt haben. Und wenn der dagewesen war, ich hab ihn dann nochmal in Leipzig (gesehen), der krempelte den Ausstellungsstand um. Der forschte wirklich, und wir hatten vor dem eine unheimliche Achtung, nicht etwa Angst. Er fragte zwar sehr viel, und wir waren immer darauf geeicht, also daß wir alle, fast alle Auskünfte geben konnten, und wenn wir manchmal gelogen haben, das hat er ja nicht gemerkt, das Fachliche nicht. Und eine Stunde war er an dem Ausstellungsstand.
I.: Was heißt das, er krempelte ihn um?
Na ja, der hat die Wagenräder vorbewegt und so weiter, alles in die Hand genommen.

Das war 1937. Ein Jahr später geriet er in den nächsten Konflikt, der ihm und vor allem seiner Frau große Angst machte, der aber erneut über persönliche Beziehungen glimpflich beigelegt werden konnte und dessen Nachweis sich später sogar als sehr nützlich erweisen sollte. Die Begebenheit spielte in einem Werkbus, der mittags die Angestellten zum Essen in ihre Siedlung fuhr.

Und da war 1938 ja die berühmte Kristallnacht, die berüchtigte. Und als wir mittags nach Hause fuhren, am Tage nach dieser sogenannten Kristallnacht, wurde darüber gesprochen. Und ich habe damals in dem Bus gesagt, wenn sich jemand gegen das Judentum auflehnt und tritt dabei Fensterscheiben ein und klaut für die Frau einen Pelzmantel, dann ist das für mich kein Patriot, sondern dann ist das Fledderei.
Gesagt, getan. Ich komme abends nach Hause, meine Frau weint. Ich sag: nu Mädchen, was ist denn los? Sagt sie, Karl Herbert war da. Karl Herbert war hier bei der Gestapo, aber ein Verwandter von mir. Und der war da, da liegt ein Haftbefehl vor, du hast irgendwas gesagt, was nicht richtig ist, und du sollst verhaftet werden. Aber er hat den Haftbefehl noch nicht ausgeführt, aber du sollst sofort, wenn du nach Hause kommst, zu ihm in sein Dienstrevier kommen. Nun, kam ich dort hin, da sagt der: Mensch, was haste denn da gemacht? Hab ich ihm erzählt. Sagt er: Mensch, das darfst du doch nicht. Das war ein alter Kriminalbeamter, der dann 1935/36 als Gestapo mit umgeschult wurde. Sagt er: Also, paß mal auf, ich geh jetzt zum Kreisleiter, ihm Bericht erstatten, ich sage für dich gut. Und ich hoffe, daß ich den Haftbefehl zurückziehen kann. Aber halte die Schnauze. Und tatsächlich, der Haftbefehl wurde zurückgezogen, aber ich kriegte ein Parteigerichtsverfahren an den Hals. Aber auch das lief, der Vorsitzende von dem Parteigerichtsverfahren, das war auch ein Bekannter, als Eingesessener war man überall bekannt. Und ich bekam einen Verweis, und es wurde mir dann gesagt, daß ich demnächst zur Armee eingezogen werde, und das kam dann auch 1939, aber da wurde man ja sowieso eingezogen. Also, das hab ich nicht irgendwie als Strafe empfunden. Im Januar 1939, in Friedenszeiten praktisch, deswegen war es auch eine harmlose Ausbildung. Ich muß ehrlich sagen, Herr Professor, ich war gerne Soldat.

Sollte Ludwig Färber, nationalistischer Junggewerkschafter, Adept der konservativen Revolution, Hitler-Fan und Aufsteiger, zu den wenigen Deutschen gehört haben, die im November 1938 mit den Juden Solidarität, und sei es nur mit Worten des Mitleids, geübt haben? Hört man auf die Nebentöne dieser merkwürdigen Geschichte, so ist das wenig wahrscheinlich. Offenbar hat ihn etwas am Pogrom abgestoßen, nämlich die zersplitterten Fensterscheiben und die geklauten Pelzmäntel – alles damals weitverbreitete Stereotype der Unordnung, in denen die vom Terror betroffenen Menschen nicht vorkommen – aber er nennt das Leichenschändung und kritisiert es im Namen einer höheren Moral: Patriotismus, Auflehnung gegen das Judentum. Das könnte eine Taktik des Protests sein, die Fledderei könnte – im Rückblick – die Plünderei an den todgeweihten Juden meinen. Aber warum sagt er auch noch zwischen dem Zitat, das ihm in der Nachkriegszeit einen Hauch von Widerstand verleihen konnte, und der Folgegeschichte, die seine guten Beziehungen im lokalen NS-Establishment betont und ihnen die Folgen zuschreibt, die für ihn keine Strafe, sondern der Übergang zu einem agreablen Krieg waren: «Gesagt, getan.» Er hats gesagt, und der Verwandte bei der Gestapo hat seine Pflicht getan? Oder er hat mit seinem Sagen einen Akt des Widerstands getan, der seine Akzeptanz in der Nachkriegsgeschichte der SBZ/DDR sichern wird – denn tatsächlich wird er unter Berufung auf diese Akte seines Parteiverfahrens 1946, als er aus der Kriegsgefangenschaft zurückkehrt, von der Entnazifizierung ausgenommen werden und eine Stelle in seinem alten, jetzt von den Sowjets in eine SAG umgewandelten Betrieb erhalten, die ihn nach einigen Jahren in denselben Rang eines Abteilungsleiters wie einstens seinen Vater im Dritten Reich erhebt. Freilich geschieht das nach demselben Muster persönlicher Verbindungen, die ihn auch schon durch die Stromschnellen des Dritten Reiches geleitet haben: Er kannte den Personalchef des Konzerns, wieder ein alter Bekannter, jetzt einer aus der SPD, der dann in die SED gehen und später hinausgeworfen werden wird. Die Entnazifizierung des Heimkehrers wird von der Personalabteilung seines Werkes durchgeführt, und in seinem Fall geschah das nach seinen Worten «formlos», d. h. formal. Die neue Macht, wie sie sich vor Ort darstellt, begreift seine Konfliktgeschichte jedenfalls als jenes Spurenelement von Widerstand, das ihn zum antifaschistischen Bündnispartner qualifiziert und weitere Verfahren erübrigt.

Ich aber suche nicht nach Bündnispartnern, sondern nach den Komplexitäten der Kontinuität, mithin klingt für mich die Geschichte zumindest ambivalent, und also frage ich ihn in einem späteren Teil unseres Gesprächs:

I.: Sie sagten vorhin, daß Sie von Ihrer Laufbahn einerseits sagen, daß sie den Nationalsozialismus verstanden haben, auf der anderen Seite haben Sie was gegen die sogenannte Reichskristallnacht gehabt. Haben Sie persönlich denn jüdische Freunde gehabt?

Nein, ich habe jüdische Freunde nicht gehabt, aber wir hatten hier im Werk früher viele jüdische Direktoren und die leitenden, also einige der leitenden – aber Kontakt, Herr Professor, nie gehabt, nie. Und die Einstellung, wie gesagt, werde ich heute noch vertreten: Wenn ich eine Schaufensterscheibe kaputt trete und hole einen Pelzmantel raus für meine Frau, dann ist das nicht nationale Aufbäumung, dann ist das Plünderei.

Also habe ich mich doch nicht verhört; erneut wird das administrative Pogrom in die Deutungsnorm ‹nationaler Aufbäumung› (gemeint ist: gegen die angebliche jüdische Weltverschwörung) erhoben und nur die Unregelmäßigkeiten seiner Durchführung werden verurteilt. Das verändert die Konfliktgeschichte: hinter der Ablehnung des braunen Pöbels, dessen Raffgier ein Ventil geschaffen worden war, erscheint der Antisemitismus als höhere ideologische Norm. Die hat meist lange Wurzeln und erhält sich jenseits aller Erfahrung.

I.: Würden Sie denn sagen, daß Sie selber damals auch antisemitisch waren?
F.: (Pause) Ja.
I.: Und heute?
Sind ja keene mehr da. Aber heute, Herr Professor, das Ende, was das Judentum genommen hat hier in Deutschland, ist furchtbar, und das bedaure ich, und diese Tendenzen werde ich immer ablehnen.[3] Ich würde allerdings auch nicht in einem jüdischen Geschäft kaufen. Es gehn ja genug andere hin; ich würde da nicht hingehen.
I.: Warum?
Warum? Ich kann das nicht begründen, vielleicht doch ein Stückchen Antisemitismus, ich weiß es nicht. Der Deutschnationale Handlungsgehilfenverband hatte in seinen Satzungen stehen über die Aufnahme von Mitgliedern, also von DHV-Mitgliedern, also da waren ja nur Männer drin, in dieser Gewerkschaft: ‹Juden und im Gegensatz zum Deutschtum Stehende werden in unserem Verband nicht aufgenommen.› Und das hat wahrscheinlich abgefärbt. Auf mich, vielleicht sogar auch heute noch. Die antisemitischen Tendenzen sind, glaub ich, auch hier nicht ganz ausgelöscht in der DDR.
I.: Wieso? Oder: woran erkennen Sie das?
Vielleicht übertrage ich diese Einstellung von dem Schicksal, bzw. von den

---

3 An anderer Stelle sagt er, im Krieg in Norwegen hätten sie von KZs und von der Judenvernichtung nichts wahrgenommen. Von Buchenwald habe er schon aus der Vorkriegszeit gewußt, aber man habe damals nicht geahnt, daß es sich um eine derartige «Katastrophenstätte» gehandelt hätte.

Behandlungsmethoden, die die Juden heute in der Sowjetunion genießen. Und dort werden sie ja auch mit Vorsicht (behandelt), bzw. nicht mit Vorsicht, das ist nicht richtig ausgedrückt, sondern die werden ja auch nicht gerade gefördert. So will ich mal sagen. Obgleich der Litvinov-Finkelstein als Außenminister war ja auch ein Jude, aber unter Stalin.
I.: War es denn unter Stalin anders?
Unter Stalin war das anders, ja. Also der Stalin war kein Gegner des Judentums, persönlich nicht, glaub ich nicht.

Die Erfahrung der Vernichtung der Juden hat Herrn Färber weder historisch noch menschlich erreicht. Denn was er bedauert und ablehnt, ist ja nicht, was geschehen ist: die Ermordung der meisten europäischen Juden durch die deutsche Reichsregierung und ihre Helfershelfer unter seinen Gesinnungsgenossen. Er erinnert sich nur eines Endes «des Judentums in Deutschland», und auch dabei liegt die Aktivität, mithin auch die Schuld, letztlich bei diesem selbst: Es hat sein Ende «genommen». Ich glaube nicht, daß Herr Färber das sagen wollte, er bedauert die Judenvernichtung, und ich habe den Eindruck, daß sich sein Bedauern nicht nur in zeitgemäßen Formeln erschöpft, sondern auch ein Gefühl und ein Erschrecken benennt. Aber etwas in ihm strukturiert seine Sprache, so daß ihm noch der Versuch, ein Bedauern über den Judenmord auszudrücken, zu einer antisemitischen Ungeheuerlichkeit entgleitet. Sein Antisemitismus hat mit wirklichen Juden nichts zu tun; er entfällt auch nicht, wenn keine mehr da sind, und er gebietet noch immer «Kauft nicht beim Juden», wo es weit und breit kein Geschäft eines jüdischen Kaufmanns mehr gibt. Wir sind jetzt völlig in den Gefilden des Wahns, wo noch genügend andere in das nicht existente Geschäft gehen, er aber nicht. Er hält sich noch immer an die antisemitischen Statuten seiner Deutschnationalen – oder vielleicht müßte man eher sagen: sieht fast erstaunt, daß sie ihn noch immer halten, und führt das gleichsam, als blickte er mit historischer Distanz auf sich selbst, als eine historische Entschuldigung an. Den Namen des sowjetischen Volkskommissars für Auswärtige Angelegenheiten Maxim Litvinov[4], der für

4 Litvinov (Außenminister 1930-39, Botschafter in USA 1941–43, stellv. Außenminister 1943–46) war sein bolschewistischer Tarnname aus der illegalen Zeit. Sein

eine Zusammenarbeit mit dem Westen gegen das Dritte Reich stand und den Stalin seinem Pakt mit Hitler opferte (um ihn 1941 zu reaktivieren und als Botschafter nach Washington zu schicken), erinnert er noch im Originalton von Goebbels' Lügenmaschinerie. Stalin wird, trotz der Unterbrechung während seines Pakts mit Hitler, entsprechend der Goebbelschen Propaganda nach 1941, in die jüdisch-bolschewistische Weltverschwörung verrechnet.

Herr Färber will mich offensichtlich nicht von seiner antisemitischen Ideologie überzeugen; soweit er sie selbst wahrnimmt, will er sie mir eher verständlich machen, als etwas, das zu ihm gehört und das er selbst nicht begründen kann. Das ist anders als bei vergleichbaren Gesprächen, an die ich mich aus Westdeutschland erinnern kann. Die Unbelehrten und Unbelehrbaren, die ich dort gehört hatte, trachteten danach, sich eine Äußerung ihres Antisemitismus zu verbieten, weil sie ihn für gesellschaftlich tabuisiert hielten, oder sie versuchten, den Gesprächspartner von ihrer Meinung zu überzeugen, oder verwendeten seine Wahnerklärungen, um das Unerklärliche in ihrer Welt doch zu erklären. Nirgends in unserem Gespräch, außer an dieser Stelle, verwendet Herr Färber ein antisemitisches Stereotyp. Er kennt keine Juden mehr, und es fällt ihm nicht ein, die jetzige Weltlage oder den Staat, der ihm Unerklärliches wie den Verzicht auf sein Haus zumutet, mit antisemitischen Ideologemen zu erklären. Im Gegenteil: Obwohl die Führung der DDR den Antisemitismus offiziell verdammt, meint er zu wissen, daß er mit seinen überkommenen Meinungen hier nicht allein steht, sie wohl als geduldet empfinden kann, ja daß selbst in der Sowjetunion seit Stalin – er drückt sich da gewählt aus – die Juden nicht gerade gefördert werden. Seine Welt und die der Sowjetunion sind ein Stück aufeinander zugegangen. So hat zwar der politische Antisemitismus keine Funktion mehr; aber die Ideologie ist dadurch nicht überwunden, sondern ragt funktionslos, aber unangefochten in die Gegenwart. Sie befindet sich im schweigenden Einverständnis mit der täglichen antiisraelischen Propaganda in den Medien der DDR, die z. T. von antizionistischen Ju-

---

ursprünglicher Name war Meir Walach. Er stammte aus einer jüdischen Familie in Bialystok.

den verfaßt wird und jedenfalls maßgeblich außenpolitische Motive hat, aber diese Koexistenz mit einem latenten Antisemitismus ohne Juden im Innern hinnimmt.[5]

Bei Herrn Färber ist dieser Antisemitismus trotz seiner Funktionslosigkeit nicht nur deshalb resistent, weil in seiner Umwelt keine Auseinandersetzung mit ihm stattfindet, sondern auch weil er mit den «guten Jahren» seiner Lebenserfahrung verknüpft ist, die in seinem Fall auch nicht durch Kriegstraumata entwertet oder distanziert wurden.

Die guten Jahre waren bis 1939. Trotz dieser Judengeschichte usw. Das hat man ja nicht so ernst genommen, man hat den Nationalsozialismus auch nicht für so brutal gehalten. Also es ging aufwärts. Ich war bei der Gewerkschaft, wir stellten fest, es wurden Leute angefordert, denn wir hatten ja auch eine Arbeitsvermittlung bei der Gewerkschaft. Es wurden Leute gebraucht, die Arbeitslosigkeit sollte aufhören. Ich war in Magdeburg usw. tätig. Wenn man nach Hause kam, man hatte wieder Arbeit gefunden, ja natürlich, das hat imponiert. Es wurde etwas geschaffen, es wurde etwas gebaut und dann kam auch: Das Nationalbewußtsein wurde gestärkt, es wurde angekämpft gegen den Versailler-Vertrag und und. Es hat mir als jungem Menschen imponiert. Dann kam natürlich der Krieg, und da war (Pause) Krieg. Und von meinem persönlichen Soldatentum muß man ja einen großen Unterschied machen. Wie ich den Krieg erlebt habe, also das ist wenigen (passiert). Es gibt nicht ein Prozent in Millionen.

---

5 Die Verbreitung solcher Einstellungen in der DDR ist angesichts der mangelnden Öffentlichkeit schwer einzuschätzen. Vor einer Überschätzung warnt mich, daß in unseren Interviews ein so klares Bekenntnis wie das von Herrn Färber nur einmal vorkommt, häufiger Fragmente antisemitischer Stereotype, die unwillentlich benutzt wurden. Daß solche Stereotype trotz öffentlicher Verbannung weiterleben können und in einer kaum auf glaubwürdige Auseinandersetzung angelegten Öffentlichkeit wenig Widerstand (wenn auch keine Bestärkung) finden, ist jedenfalls nicht unwahrscheinlich. Auf der anderen Seite haben uns befragte Juden auf die Kontinuität eines dumpfen Antisemitismus im Volk hingewiesen, und in manchen Gesprächen wurden auch neofaschistische Ausdrucksformen des Jugendprotests erwähnt, wie sie zunehmend auch Jugendpsychologen und Geschichtslehrer in der DDR beschäftigen. Nachbemerkung 1990: Die Angst der Juden in der DDR seit dem Herbst 1989 und das vermehrte Auftreten der ‹Skins› in Ost-Berlin, z. B. anläßlich des bundesdeutschen Siegs bei der Fußballweltmeisterschaft 1990, läßt diese vormaligen Beobachtungen als allzu zurückhaltend erscheinen.

Von den Einbrüchen durch seine beiden politischen Konflikte in den dreißiger Jahren ist hier nicht mehr die Rede. Er wurde von einer anderen Dynamik getragen, die ihm imponierte und ihm andere Perspektiven erschloß. Als er entlassen worden war, hatte er einen interessanteren Job gefunden, und der Wechsel aus der nationalistischen Gewerkschaft in den Rüstungskonzern machte ihm keine Probleme. Die neuen Perspektiven begründeten Zukunftsvertrauen nach der Wirtschaftskrise: Im selben Jahr, in dem er wieder in die Heimatstadt kam, hat er geheiratet, ein Jahr später kam die erste Tochter. Er wollte eine traditionelle Familie gründen, seine Frau war von Anfang an so schwerhörig, daß an Berufstätigkeit nicht zu denken war. Und die Schwiegereltern kamen aus demselben Milieu, der Schwiegervater war ein gehobener Beamter und – anders als sein Vater, der nie Parteigenosse geworden war und den er als «fanatischen Hörer des englischen Rundfunks» erinnert – ein überzeugter Nazi.

Andererseits scheint ihm das Weggehen, als er eingezogen wurde, nicht schwergefallen zu sein. Nur wenige sagen heute noch «Ich war gerne Soldat». Sieben Jahre war er beim Militär, und nur einmal ist er mit scharfer Munition in Berührung gekommen. Das war bei einem U-Boot-Angriff auf den Truppentransporter, mit dem er 1940 nach Norwegen gebracht wurde; sie wurden aber gerettet, weil ein Minensuchboot in die Torpedobahn fuhr und sich für das größere Schiff opferte, wobei die ganze Mannschaft umkam. Diese Feuerprobe war ein Omen. Den Kartoffelkrieg über, wie er den Polenfeldzug nennt, hat er nur in Halle «auf der Chaise gelegen». Einmal in Norwegen angekommen, wurde er wegen seiner Bürofertigkeiten von einem Major der Luftwaffe seiner Transporttruppe abgeworben und saß den ganzen Krieg über auf einer Schreibstube beim Luftwehrkommando in Oslo, wo er vom Fähnrich zum Hauptwachtmeister befördert wurde. Auch danach blieb der Haufen beisammen. In der englischen Internierung behielt er seine Formation, und das Kriegsgericht diente nun als Standesamt, wo die Offiziere in der Gefangenschaft ihre Luftwaffenhelferinnen heiraten konnten und der eine oder andere auch noch seine ‹norske pieke›. Im Anfang des Krieges blieb seine Zuversicht ungebrochen, nach seinen ersten beiden Heimaturlauben wurde seine Frau jedesmal schwanger. Auch hatte er in Norwegen Kontakt mit höheren Herren seines Konzerns, die den Krieg zum Aufbau eines rohstoffnäheren Zweigwerks in einem Fjord nutzten. Als Mitarbeiter eines «hohen Stabes» hatte er Begegnungsmöglichkeiten mit der Zivilbevölkerung, gelegentlich wurde er zu Kurierdiensten nach Schweden und Finnland geschickt, und im Amt mußte man dienstlich die Feindsender abhören. Das machte ihn mit der Zeit vorsichtig, damit er den Krieg weiter als Fortsetzung des Büros mit anderen Mitteln genießen könne.

Sollte zu einem Offizierslehrgang, da habe ich mich dann geweigert. Geweigert ist ein bißchen übertrieben, ich habe drum gebeten, von dieser Kommandierung zu einem Offizierslehrgang abzusehen. Ich wollte bei diesem Haufen sein. Denn mein Vater war Soldat (im Ersten Weltkrieg). Der hat zu mir gesagt: Weißt du Ludwig, als Soldat soll man alles machen, muß man ja alles machen, aber nicht freiwillig. Und das war mein Leitspruch, das habe ich eingehalten.

Sein dritter Konflikt mit den Nazis, von dem er berichtet, hatte deshalb mit seinem Dienst nichts zu tun. Und wiederum sollte sich alles in Wohlgefallen auflösen.

Während des Krieges – ich habe von den Reisen erzählt über Schweden nach Finnland – da passierte in meiner Familie folgendes: Mein Schwiegervater war tätig bei der Reichsbahn und ein Hitleranhänger. Und als ich im letzten Urlaub Weihnachten 43 nach Hause kam, da wohnten die hier ganz in der Nähe. Da sagt er: Na Ludwig, wann können wir denn nun den Endsieg feiern? Und da hab ich zu ihm gesagt: Vater, wenn wir hier mit einem blauen Auge davonkommen, dann muß es gutgehen. Denn in der Zwischenzeit war ja schon Stalingrad, und es bröckelte doch, oder brach zusammen – der Zusammenbruch hat ja viel zu lange gedauert. Und da sagt er zu mir: Wenn du nicht mein Schwiegersohn wärst, würde ich dich einsperren lassen wegen Defaitismus. Na ja, es kam dann beinah zum Bruch mit meinem Schwiegervater. Ich hab mich zwar noch verabschiedet, aber meine Frau hat darunter sehr gelitten. Das war auch mit einer der Gründe, daß ich nachher gegenüber meiner Familie leichtsinnig geworden bin und dieses Verhältnis eingegangen bin…

Ob es nun seine Frau dem Durchhaltefanatismus ihres Vaters verdanken sollte oder nicht, jedenfalls schaffte er sich für den Rest des Krieges eine ‹norske pieke› an, von der er mir mit verständnisinniger Männlichkeit prahlt («Konnte ja nicht sieben Jahre abstinent leben»; «Geschmack hatte ich auch», «Aber ohne Heiratsversprechen») und mich in die Komplizenschaft eines Manns und Ehrenmanns zu ziehen versucht. Damals dürfte es eher eine Flucht aus der Sinnlosigkeit der großen Politik in ein kleines Glück gewesen sein, die nun auch den Familienhort in Frage stellte. Die Geschichte hatte in der Familie ein lautes und ein stilles Nachspiel in der Nachkriegszeit, sieht man einmal davon ab, daß wir vom weiteren Schicksal der Norwegerin nichts erfahren, das Herr Färber wohl auch nicht kennt. Das eine Nachspiel handelt von seiner Frau, der er die Soldatenliebe verheimlicht hatte und die es «aus den Socken gehauen» habe, als die Frau eines Kriegskameraden sie bei einem Besuch zufällig erwähnt habe. War es nicht genug, daß sie drei kleine Kinder durch den Krieg gebracht hatte und nicht wußte, wie sie sie ernähren sollte, als er Ende 1946 mit 80 Pfund Gepäck und auch am eigenen Körper mit «erheblichem Übergewicht» aus der Gefangenschaft nach Hause gekommen war? Er sieht das anders:

Nein, nein. Dadurch, daß meine Eltern hier wohnten, mein Vater doch einige Verbindungen hatte auch nach dem Lande und wir selber auch durch meine Mutter, die vom Lande stammte, hat sie außer der Tatsache, daß sie eben drei Kinder hatte, nichts durchgemacht.

Bei der Versöhnung mit dem Schwiegervater, der den Nazis blind die Treue gehalten hatte, konnte er großzügig sein, zumal dieser gerade im höheren Alter aus seiner Beamtenstelle entlassen worden war. Am Morgen seiner Heimkehr kam der Schwiegervater und bot ihm die Hand, und – hier halte ich mich an seine Auskunft – Ludwig Färber nahm sie nicht einfach, sondern bot ihm die seine.

Hab ich gesagt: Du hast dich geirrt. In dieser Beziehung habe ich mich auch geirrt. Passiert ist mir nichts durch Deine Äußerung. Du hast das nicht wahr gemacht.

Dann «war alles o. k.». Unterwerfung auf amerikanisch.

Auf der Kippe

Die Heimkehr bekam der Linie; binnen eines halben Jahres hatte er von seinen gut anderthalb Zentnern acht, neun Kilo herunter – ohne «Entfettungskur». Binnen eines Tages hatte der Vater für ihn wieder einen mittleren Job im Konzern organisiert, und weil in seinen Personalakten seine unbotmäßigen Äußerungen zur ‹Reichskristallnacht› verzeichnet waren, wurde die Entnazifizierung vom neuen Personalchef, der von der SPD gerade in die SED übergewechselt und auch ein Bekannter der Familie war, «formlos» geregelt, d. h. eine weitere Prüfung entfiel, und es wurde ihm nur ein dreijähriger Beförderungsstop auferlegt. Zu Unrecht gilt ja die verwaltungsmäßige Form der Entnazifizierung in der SBZ als besonders drakonisch; das war sie nur im öffentlichen Dienst und bei Produktionsmittelbesitzern – im übrigen war sie oft durchlässiger als diejenige durch die politischen Spruchkammern in den Westzonen. So unnachsichtig die Entnazifizierung im öffentlichen Dienst der SBZ dazu benutzt wurde, die Tradition der alten Bürokratie zu unterbrechen und Platz für neues, den Arbeiterparteien verbundenes Personal in der Verwaltung zu schaffen, so pragmatisch konnten die Dinge oft in der Industrie geregelt werden, vor allem im wenig spektakulären mittleren Bereich, wo Fachleute gebraucht wurden. Von Färbers Bekannten im Management des Konzerns, der in eine sowjetische Aktiengesellschaft umgewandelt worden war, wurde nur dem Generaldirektor die Schuld an der Beschäftigung der Zwangsarbeiter im Dritten Reich zur Last gelegt; die anderen amtierten weiter oder gingen in den Westen zu den dortigen Teilen des Konzerns oder taten erst das eine und später das andere. Und im übrigen drehte sich jetzt alles ums Hamstern, dann, als der Schwiegervater 1950 starb, um dessen in der Familie weitergereichten Schrebergarten.

Als ich wiedergekommen bin, da hatte ich für sieben Leute zu sorgen. Die Familie waren fünfe, meine Eltern waren zweie, und meine Schwiegereltern waren zweie. Aber da bin ich aufs Fahrrad gestiegen und habe Kartoffeln dann geholt oder Kohlrüben oder irgendwas. Wir hatten ja nichts. Und da habe ich nachher den Garten übernommen von meinem Schwiegervater, als der verunglückte. Bin selber Bauer geworden.

Er wurzelt ein. Sein bis 1950 eingefrorenes Gehalt von 470 Mark beginnt leicht zu steigen, und als die Prämien der SAG wegfallen, bleibt immer noch die Zusatzrente des Vaters in Westmark. Dennoch müssen die frühen fünfziger Jahre eine Zeit der Unschlüssigkeit gewesen sein. Von acht seiner bürgerlichen Schulkameraden war jetzt außer ihm nur noch einer da. Man erwog, ob man ohne Mitverdienst der behinderten Ehefrau im Westen einen Start wagen könne. Aber die Versorgung wurde auch hier besser – «besser als heute», wie er einstreut – und da waren die Eltern. Da war das Haus. Er fühlte sich als Eingesessener, liebte die Gegend, war stolz auf den Ort, der sich seit seiner Kindheit so stürmisch entwickelt hatte und trotz seiner Industrie fast unzerstört geblieben war – und wie nützlich es ist, wenn man sich kennt am Ort, hatte er schon mehrfach erfahren.

1953 schien ihm alles noch einmal auf der Kippe zu stehen. Als die Arbeiter am 17. Juni abteilungsweise zur Demonstration in die Stadt zogen, ging auch er streiken.

Ich bin mit auf die Straße gezogen. Habe mitprotestiert. Die einzige Demonstration, die auf diesem Gebiet stattgefunden hat, in der DDR. Ich habe geglaubt, wir würden es schaffen. (Leise) Ich habe dieses Regime hier nie geliebt. (...) Die Normen wurden immer höher geschraubt. Das waren ja in erster Linie Handwerker, die angefangen haben. Und dann sprach sich das von Abteilung zu Abteilung rum, und eine Abteilung nach der anderen meldete sich bei der Direktion ab, auch meine Gruppe. Habe ich mich abgemeldet beim kaufmännischen Direktor, wir streiken, und der war auch dabei. Obgleich der in der SED war. Waren viele Genossen dabei. (...) An der Pforte wurden es immer mehr, und als wir in die Stadt reinkamen, da waren wir ein stattlicher Demonstrationszug. Viele waren schon vor uns da, da kamen sie von allen Werken. Es war alles unterwegs. Und da sind wir zum Gefängnis gezogen, da haben sie die Leute rausgezogen, befreit. Die Gestapo – Gestapo nicht – Staatssicherheitsdienst hatte sein Quartier in der Nähe, und da haben sie auch Leute rausgeholt. Da haben noch ein paar Schellen gekriegt. Ein paar haben sie in den Bach geschmissen, ohne daß sie da ertrinken mußten. Da war einer von der BGL, und der wollte sich hinstellen, und sagt: Leute, Ihr wißt ja nicht, was Ihr tut usw. Und da haben sie ihn, na Gott. (...) Danach zur Festwiese. Und da haben ein paar Leute geredet. So eine Kundgebung hat unsere Stadt noch nie gesehen, und da war unheimlich Begeisterung. Das Deutschlandlied wurde gesungen. Da war man gerührt. Mir kommen heute noch, wenn ich das Deutschlandlied höre, die Tränen, selbst im Fernsehen.

I.: Und was ist da noch gelaufen auf der Festwiese? Was ist denn da gesagt worden?
Herr Professor, da waren wir alle so mit uns selbst beschäftigt, so freudig erregt, daß wir eigentlich nicht groß über irgendwas nachgedacht haben. (...) Am Abend war eigentlich alles friedlich. Da waren die Panzer durch die Straßen gefahren, die russischen Panzer, und dann herrschte wieder Ruhe. Da habe ich mir gesagt, aus, vorbei, alles. Hier ist nichts zu machen.[6]

Der 17. Juni wurde als Entladung der lange aufgestauten Opposition erfahren, die sich in Stunden vom sozialen Protest über politische Befreiungsaktionen zur nationalen Symbolik steigerte. Ludwig Färber hatte sich der Protestbewegung angeschlossen und den politischen Aktionen gegen Stasi und Funktionäre billigend zugeschaut. Er hatte sich aufgehoben gefühlt in der Zuhörerschaft der Redner, die – wie man aus anderen Quellen über diese Stadt weiß – die Senkung der Normen, den Sturz Ulbrichts, die Durchsetzung der Demokratie und die Wiedervereinigung forderten und einen neuen Bürgermeister proklamierten und unter denen übrigens kein früherer Nazi war, und war im nationalen Gefühl mit sich selbst beschäftigt. Sein Gedächtnis des Tages ist von der Bewegung erfüllt, die Inhalte waren nicht so wichtig, als daß er sie erinnern könnte. Seine innere Bewegung drängte aber nicht auf die Praxis des Umsturzes, den er sich doch erhoffte, sondern zur Pflicht, zu der er national erzogen worden war. Noch bevor die Panzer kamen, erinnerte er sich einer eiligen, für die Krankenversorgung wichtigen Lieferung, die er durch seine Beteiligung am Streik nicht mehr bereitgestellt hatte, und kehrte ins leere Werk zurück. Erst nachdem die Lieferung abgeholt worden war, nahm er bei der Heimkehr die sowjetischen Panzer wahr.

Die Machtdemonstration der Roten Armee, die Flucht und auch die Festsetzung vieler, die an diesem Tag spontan das Wort ergriffen

6 Die Auslassungszeichen in diesem Bericht beziehen sich nicht auf Details des Geschehens, sondern daß Herr Färber mehrmals direkt zu den Geschehnissen der Nacht (als er ins Werk ging, um trotz des Streiks für die medizinische Versorgung wichtige Waren auszuliefern) und des nächsten Tags (als im Werk Kommissionen zur Entgegennahme der Kritik der Belegschaft gebildet und einige Löhne erhöht wurden und die Partei und Werksleitung viel Selbstkritik verlautbarte) überging und ich ihn durch Zwischenfragen bat, zunächst das Geschehen selbst zu berichten.

hatten, die Untätigkeit des Westens und vor Ort die materielle Nachgiebigkeit und seltene Konkretion der Selbstkritik der Partei- und Werksleitungen in den folgenden Tagen verhinderten, daß aus dem Potential des spontanen Ausbruchs sich ein breiter Widerstand verdichtete. Auch Ludwig Färber wurde aus seiner Beteiligung am Streik keinerlei Vorwurf gemacht; im Gegenteil, er wurde am folgenden Tag in eine der Kommissionen geholt, welche die Kritik und Beschwerden der Belegschaft für die Partei- und Werksleitung sammeln und aufbereiten sollten und deren auf den Arbeitsalltag bezogenen Vorschlägen weitgehend gefolgt wurde.

Schulung

Nachdem sich seine Opposition gegen das ungeliebte Regime am 17. Juni entladen hatte, hat er sich mit ihm arrangiert. Es wurden ihm Angebote gemacht: Berufserfahrene Kader waren Mitte der fünfziger Jahre mehr denn je gesucht, und soviel Sinn für Pflicht und Macht, wie er an diesem Tag gezeigt hatte, ließen wohl seine Vergangenheit und seine politischen Gefühle unschädlich erscheinen, zumindest aber bildungsfähig. Es wurde ihm eine Gehaltserhöhung in Aussicht gestellt, wenn er sich schulen ließe.

Bei der ersten Erwähnung klingt das so:

Ich habe dann 1954 einen Internatslehrgang bei der Wirtschaftsschule Heinrich Rau besucht, vier Monate Marxismus-Leninismus. Na, Vorlesungen, da waren ganz bedeutende Lektoren zum Teil, unter anderem auch (der damalige Wirtschaftsminister) Heinrich Rau, dann: Wettbewerbe haben wir von Henneke gelehrt bekommen, aber da habe ich eigentlich nur gelehrt bekommen, daß der sehr viel besoffen war. Und bin dann zurückgekommen, dann hieß es, ich soll in die Partei eintreten. Und ich habe das nicht gemacht. Ich habe das zwar nicht groß abgelehnt. Aber (ich habe gesagt): Ich bin vorher in der Partei gewesen, was ich bedaure. Und ich möchte nun heute kein Überläufer in der Form werden. Das ist akzeptiert worden. Da haben sie gesagt zu mir: Dann arbeiteste in der Gewerkschaft mit, und das habe ich gemacht. Als Vertrauensmann oder in irgendeiner Kommission. Habe ich mitgearbeitet. Hier gibt es doch diese, diese eh, (Pause) Konfliktkommissionen. In so einer Konfliktkommission war ich Vorsitzender für unseren Bereich.

Danach ist Ludwig Färber Abteilungsleiter geworden und bis zu seiner Verrentung auf dieser dritten Leitungsetage seines Kombinats geblieben, gesellschaftlich angesehen als Vorsitzender des größten Schrebergartenvereins am Ort und politisch integriert als gewerkschaftlicher Friedensrichter im Betrieb[7], wenn er schon nicht aus «der Partei» in «die Partei» wechseln wollte. Sein Gehalt hat sich nach der Schulung sogleich um ein Drittel erhöht und ist dann in 20 weiteren Betriebsjahren, aus denen er in seinem Lebensbericht nichts mehr erwähnenswert findet, langsam noch einmal um das Doppelte dieses Sprungs gewachsen.[8]

Die Nachricht, daß ihm, dem Bürger, ehemaligen Parteigenossen, DAF-Berufsfunktionär, zufriedenen Soldaten und unbelehrbarem Antisemiten, ein Jahr, nachdem er am 17. Juni in Tränen das Deutschlandlied gesungen hatte, die Mitgliedschaft in der SED und damit das Billett zu noch weiterem Aufstieg angetragen wurde, gibt einen Einblick in die seinerzeitige Kadernot und volksparteiliche Breite der Vorhut der Arbeiterklasse in der DDR. Daß Herr Färber das Angebot abgelehnt und sich mit der Absicherung eines mittleren Managementpostens in den gewerkschaftlichen Vorhöfen beschieden hat, bezeichnet die Grenzen seines Arrangements. Als ich ihn später noch genauer nach seiner Schulung frage, stellt er sie unumwunden als opportunistischen Rite de passage dar:

---

7 Als Vorbild für die Schlichtung innerbetrieblicher Konflikte nannte Herr Färber, auch insofern für einen Sozialismus mit common sense durchaus aufgeschlossen, übrigens den sowjetischen Generaldirektor des Werks aus der SAG-Zeit, von dem er auch sonst des Lobes voll war, weil er die alten Fachleute im deutschen Management gewähren ließ. Wenn man zu ihm einen Arbeiter gebracht habe, der im Betrieb etwas geklaut hatte wie z. B. eine Kiste Nägel, so habe der nur gefragt, ob Nägel derzeit im Laden zu kaufen seien. Wenn nicht, habe er ihn die Nägel bezahlen lassen, und die Sache sei erledigt gewesen.

8 Zum Schluß verdiente er um 1000 Mark, etwa soviel wie ein Facharbeiter, was für einen kaufmännischen Angestellten auch in gehobener Position in der DDR-Industrie nicht wenig ist – jedenfalls, wenn er nicht in der Partei sei, wie Herr Färber (der Parteileute als Leute, die nichts tun, apostrophiert) hinzufügt: Sein Nachfolger sei in der SED und bekomme, obwohl jünger, mehr als er.

Ich habe mich nicht geweigert, als der kaufmännische Direktor damals (sagte): Mensch, also wenn wir weiterkommen wollen, müssen wir alle dahin gehen. Und da waren auch einige Nichtgenossen, und die sagten: Mensch, geh bloß dahin. Da hing ja auch die Gehaltserhöhung dran. Geld stinkt nicht, Herr Professor. Es ist ja kein Zeichen von hoher Gesinnung. Aber ein Zeichen des Selbsterhaltungstriebes. Ich brauchte deswegen (im Betrieb) nichts anderes zu machen, und das bißchen Marxismus-Leninismus, das verdaut sich und dann basta.

Für seinen Beruf habe er dort «nicht die Bohne» gelernt; zudem verletzten die Begriffe der neuen Ökonomie seinen Berufsstolz.

Aber wir waren nie Ökonom. Ich werde heute noch fuchsteufelswild, wenn einer zu mir sagt, du bist Ökonom. Ich bin Kaufmann (betont). Ein Ökonom riskiert nichts, ein Kaufmann riskiert den Arsch. Das ist der Grundunterschied zwischen Ökonom und Kaufmann. Ökonomen können Buchhalter werden, aber nicht Kaufleute. Zum Kaufmann taugt kein Ökonom, also, der muß was riskieren, der Kaufmann muß weiterdenken, der Ökonom denkt nicht weiter.
I.: Und wie denken die?
Im Plan. Der Plan ist Gesetz, und da gehe ich weder einen Schritt nach rechts noch nach links. Stureinheit. Und wenn im Plan ein Fehler ist, dann mache ich eben einen Fehler. Das ist beim Kaufmann auch nicht ausgeschlossen, beim Risiko, der macht auch dadurch Fehler. Aber er riskiert wenigstens was.

Indessen lag der Schwerpunkt der Schulung im Marxismus-Leninismus. Obwohl man habe «gar nicht so dumm sein» können, da durchzufallen, war es offenbar eine Mischung aus politischer Zumutung und Streß. Jedenfalls hat er sich an dem kleingedruckten Lehrbuch die Augen verdorben, was immerhin auf eine nachdrückliche Beschäftigung schließen läßt. Seinen Zimmernachbarn, einen Werksleiter, habe er jedoch nach den ersten ML-Stunden nur mit knapper Not – und mit dem Argument: sonst werde er zu Hause Arbeiter – von der Heimreise abgehalten. Von sich selbst sagt er:

Ich habe dort die Spitzen erreicht im Rauchen. Ich habe bis dahin geraucht, aber dann dort habe ich die Zigaretten gefressen. Ja, anfangs habe ich das nicht verdauen können. 40–50 Zigaretten pro Tag. Die ganze Atmosphäre war an sich, Herr Professor, tot macht man sich da nicht. Also wir mußten ein paar Arbeiten schreiben, aber du lieber Gott, das haben wir aus dem Hut gemacht. (...) Also manchmal war es schon anstrengend, also, ich wollte ja auch ein bestimmtes Ergebnis erreichen, denn nur mit dem Ergebnis ‹is ne Pfeife›, das wollte man auch nicht in die Personalakte rein.

Bilanz

Nach all dem hat mich seine nach kurzer Überlegung sehr bestimmt gegebene Antwort auf die abschließende Frage des Interviews, nämlich ob er im Rückblick in seinem Leben Wendepunkte erkennen könne, doch erstaunt. Er nannte nämlich zwei positive Lernprozesse: Den preußischen Militarismus und seine Schulung zum Sozialismus, und zumindest den zweiten hätte ich nicht erwartet.

Der erste bestand in seiner Begegnung mit höheren Offizieren preußischer Prägung, mit denen er als Unteroffizier in den Stäben in Norwegen in engere Berührung gekommen war. An ihnen schätzte er, daß sie wider Erwarten keine Kommißtypen waren, sondern gerecht und umgänglich, daß sie ihn förderten und nicht fertigmachten. Er lernte, daß es auch beim Militär oben zivil zugehe, während «die Schärfe kam unten». Dadurch habe er «einen ganz anderen Eindruck bekommen vom Militarismus, vom viel geschmähten preußischen». Die Armee als Schule des Managements. Beim Sozialismus waren es hingegen nicht die Menschen, die ihn beeindruckten, sondern die Sache.

Als ich von der Wirtschaftsschule zurückkam, war die Schulung an mir nicht ganz spurlos vorübergegangen. Und ich tendierte viel in diese Richtung. Mein Vater hatte mal zu einem Bekannten von mir gesagt, der Ludwig ist als anderer Mensch von der Wirtschaftsschule zurückgekommen. Nur weil ich nun diese marxistischen, also kommunistischen Vokabeln doch zum Teil in mir aufgenommen hatte. Und das weiß ich überhaupt nicht. Und es ist ja nicht alles schlecht.
I.: Ich bin jetzt ganz erstaunt. Sie haben vorhin über die Schulung in ganz abfälligem Ton gesprochen; jetzt sagen Sie plötzlich, daß sie eine der wesentlichen Weichenstellungen in Ihrem Leben gewesen ist.
Na ja, ich bin ja nicht –
I.: Das müssen Sie mir noch genauer erläutern.

Ich bin ja nicht dadurch, ich habe ja, ich bin ja trotzdem nicht in die SED eingetreten. Aber, alles habe ich auch nicht für Unsinn gehalten. Was das betrifft, die Unterscheidung zwischen Kapitalismus und Sozialismus, daß der Kapitalismus immer bestrebt ist, in seine Tasche zu wirtschaften. Und daß das im Sozialismus nicht möglich ist, aus dem einfachen Grunde, weil es da keine persönliche Bereicherung am Kriegsgeschäft, zum Beispiel, geben kann.[9]

Der «vielgeschmähte preußische Militarismus» als ziviles Charaktervorbild und die Einsicht, daß der Sozialismus Kriege verhindere – das sollen die beiden wichtigsten Lernschübe seines Lebens gewesen sein? Wenigstens diejenigen, an die er sich bewußt erinnert, im Gegensatz zum Nationalismus und Antisemitismus, die ihn unbewußt

---

9 Das ist für ihn keine Leerformel, und sie hat auch andere Erwägungen nicht verdrängt. An anderer Stelle sagt er über seinen Schwiegersohn, der in der SED ist: «Der ist überzeugt, der macht solide Arbeit und woher kommts? Der Vater kam mit abgeschossenem Bein aus der Panzerschlacht von Orel. Diese Leute, keine Verfechter vom Nationalsozialismus sowieso nicht, sehen nur das Gespenst, was über ihre Familie gekommen ist durch den Krieg. Und immer noch ist die Tendenz hier vertreten, daß man sagt, den Krieg machen die Kapitalisten. Die wollen an dem Krieg verdienen und das Kanonenfutter sind wieder wir. Das ist ein Grund. Ich möchte da mal sagen, die (Tendenz) teile ich zum Teil, obgleich ich nicht glaube, daß drüben maßgebende Politiker möglich sind, die heute wieder in den Krieg gehen würden. Aber die Tendenz ist nicht gestattet. Hier ist sie insofern gestorben, als hier bei uns keiner persönlich am Krieg verdient hat, also wir haben keinen Krupp-Nachfolger oder sowas, oder wir haben keinen Messerschmidt und und und, also die das forcieren, um des persönlichen Gewinns wegen. Hier kann eben höchstens einer Generaldirektor werden, aber das ist kein begehrter Posten. Und deswegen ist ja die Partei da, die das regelt, was von der anderen Seite kommt. Tja, ob soweit gedacht wird in jedem Falle, ich weiß es nicht. Ich meine das so: Die Ideologie ‹Proletarier aller Länder, vereinigt euch!› könnte dazu führen, aus ideologischen Gründen einen Krieg zu führen.» Ich habe ihn dann nach seiner Meinung zur ČSSR 1968 gefragt, und er war einer der relativ wenigen Interviewten, die aus ihrer Ablehnung der Intervention keinen Hehl machten. «Ich habe es erstmal bedauert, daß wir Deutschen aus der DDR wieder den Kommißstiefel in die Tschechoslowakei gesetzt haben.» Ulbricht habe keine eigene Entscheidung gehabt, aber der überwiegende Teil der Bevölkerung habe das nicht verstanden. «Ich persönlich erst recht nicht», u. a. weil er einen Geschäftsfreund in Prag hatte, der Dubček-Anhänger war und danach Hotelportier wurde.
PS 1990: Neuere Informationen deuten darauf hin, daß die DDR entgegen dem in der Öffentlichkeit entstandenen Eindruck an der Besetzung der ČSSR nicht beteiligt war, sondern sich auf ein Manöver diesseits der Grenze beschränkt hat.

geprägt haben. Mir wollte das im Gespräch nicht in den Kopf, und ich bohrte nach weiteren Eindrücken aus der Schulung, die ihm wichtig geworden seien. Aber da kam nicht viel heraus, außer daß ihm die damaligen hemdsärmeligen Lehren der sozialistischen Ökonomie, mit denen die alten Fachkräfte gewonnen werden sollten, besser gefielen als die heutige Praxis, wo ja nur noch «geschulte Kräfte» (d. h. in der DDR ausgebildete Akademiker) da seien und die Wirtschaft bergab gehe.[10] Offenbar hatte er mir schon im ersten Anlauf genau das gesagt, was für ihn wichtig war und was sein Arrangement mit dem ‹Regime›, das er nie geliebt hatte, als weniger opportunistisch erscheinen läßt als seine Anekdoten über den cash-nexus seiner ML-Schulung.

Weil mir mein Unverständnis wohl im Gesicht geschrieben stand, unterstrich er ausdrücklich, daß das kein Widerspruch sei. Hätte ich mich an die Neue Wache unter den Linden, in denen der Opfer des Faschismus gedacht wird, und den Parademarsch der Volksarmisten in Wehrmachtsuniform bei der Wachablösung erinnern sollen, um die Verbindung von Preußentum und Sozialismus bei Herrn Färber nicht nur als eine individuelle Verknüpfung zu verstehen? Er hatte aber nichts Zackiges an sich, und er hatte mir Anekdoten über seine Ablehnung übertriebener militärischer Formen erzählt. Er war gern Soldat, weil er eigentlich nicht Soldat war, sondern den Krieg im Vorzimmer höherer Stäbe verbracht hatte, die aus ihrem Abseits im Norden den Kriegsverlauf fast so realistisch wie Kaufleute verfolgt hatten. Zu Hause wäre der Seiltänzer mit seinem dort oben selbstverständlichen Wissen am Fanatismus der Uninformierten fast gescheitert – auch hier «kam die Schärfe unten». Die Schulung brachte ihn wieder nach oben und enthob ihn dieser Art Schärfe. Sie brachte ihn in Konflikte, aber eher in Loyalitätskonflikte – jenes Selbstbewußtsein opportunistischen Verrats, aus dem er sich mit seinem ironischen Bericht einräumend distanzieren wollte – als in inhaltliche Konflikte.

---

10 Z. B. erinnert er sich an ein Referat des Wirtschaftsministers Rau, in dem dieser zur heute in der auf sofortigen Absatz eingestellten DDR-Ökonomie verpönten Reservenbildung gesagt habe: «Nur Zigeuner haben keine Reserven.» Das war eine Sprache, die Ludwig Färber verstand: «Das sind so Dinge, die mir gefallen und mich beeindruckt haben.»

Er hing nicht am Krieg, aus dem ihn sein Soldatsein gerade herausgehalten hatte – seiner Sondererfahrung in dieser Hinsicht war er sich sehr bewußt – und er hing auch nicht mehr am Nationalsozialismus. Seine Konflikte mit ihm und dessen Scheitern erzeugten im Rückblick vielmehr eine Leere der Orientierung, die von seiner bürgerlichen Existenz, seinem Selbstbewußtsein als Fachmann und seinen nationalen Gefühlen begrenzt wurde. Im Kern war er für eine neue Weltsicht bereit, wenn er sie nicht ganz übernehmen mußte, sondern auswählen konnte, was zu ihm paßte. Das war zunächst der Code des Systems, mit dem er sich arrangieren und in dessen höheren Stäben er sich etablieren wollte. Es war zugleich eine Antwort auf die Grundfrage seiner Generation nach dem Krieg, nämlich nach der Vermeidbarkeit von Kriegen: ohne Kriegsgewinnler keine Kriege. Diese Einsicht versöhnte sein Arrangement einer bürgerlichen Existenz im Sozialismus mit Sinn, jedenfalls solange sich dessen Doktrinen nicht gegen diese bürgerliche Existenz mit der Verantwortung eines Vorgesetzten, mit einem Stammhaus als eigentümlichem Hort der Familie und mit einem Abonnement beim Gewandhausorchester wandte.

Nun hatte er schon lange keine berufliche Position mehr, und im Gartenverein war er auch abgelöst worden. Die Politik verflachte das Gespräch in der Familie, weil sie ausgeklammert werden mußte, wenn es Familie überhaupt noch geben sollte. Das Haus als Inbegriff privater Kontinuität hatte er verschenken müssen. Zwar hatte ihm auch nach dem Tod seiner Frau niemand die für DDR-Verhältnisse große Wohnung, in der er seit je gelebt hatte, streitig gemacht. Aber alle über die konkrete Existenz hinausweisende Bedeutung war gewichen – immerhin ging er noch regelmäßig ins Konzert.

Seit er Rentner geworden war, waren einige Westreisen hinzugekommen – eine reaktivierte Kriegskameradschaft im Sauerland hatte es möglich gemacht. Er lebt mit den Medien der Bundesrepublik, verfolgt deren Politik und bezieht darin seinen Standpunkt – zum Beispiel erwähnt er, er tendiere zur CDU, und es ist dabei klar, daß er damit nicht die CDUD der DDR meint. Und er warnt mich (übrigens unmittelbar im Anschluß an sein Bekenntnis, daß er noch immer antisemitisch eingestellt sei) vor der Gefahr des Rechtsradikalismus im

Westen, in dem er einen Kriegsherd sieht. Über die Politik der DDR informiert er sich aus erster Quelle, ohne sich auf sie zu beziehen: eine Art Informationspflicht für den Kopf. Im Herzen hegt er seine nationalen Gefühle, die nun wieder Nahrung bekommen, und sagt von einer seiner Westreisen unversehens: «Als ich das letzte Mal in Deutschland war...». Auf die Wiedervereinigung hofft er noch immer, «weil ich es einfach nicht anders denken kann», aber er glaubt nicht an ihre Verwirklichung.

Nein, das glaube ich nicht. Unter den jetzigen Verhältnissen halte ich das für nicht möglich, daß eine Wiedervereinigung kommt. Wünschen würde ich es. Und ich glaube, das wird auch vielen meiner Landsleute so gehen. (...) Herr Professor, es wird immer vom Selbstbestimmungsrecht gesprochen, und man kann nicht auf Jahrzehnte, auf Jahrhunderte nur davon sprechen, man muß das eines schönen Tages auch verwirklichen. Wir müssen Gelegenheit bekommen, zu sagen, ob wir dahin oder dahin wollen oder ob wir selbständig sind. Selbständig ist dieser Staat kaum auf geschichtlich lange Zeit denkbar.

Politik und Realität

Pia Diemer, Kaderleiterin, 78 Jahre

«Mein Vater, der war nicht so politisch, der war real.» Nach über zwei Jahrzehnten politischer Tätigkeit im real existierenden Sozialismus macht Pia Diemer hier einen Unterschied, dem nachzugehen sich lohnt. Mit ihren fast achtzig Jahren stellte sich Frau Diemer dem Interview aus Pflichtgefühl, denn sie war Betriebsparteisekretärin und später Kaderleiterin in einem volkseigenen Unternehmen, in dem wir Befragungen machten; aber sie führte es nicht gern. Immer wieder flicht sie Treuebekundungen zu ihrem Staat ein, als wäre der angegriffen worden, oder allerhand negative Einschätzungen der Bundesrepublik, die sie noch nie besucht hat. Und über ihre Kinder wollte sie schon gar nicht sprechen, so etwas Hohes – will sagen: Geheimes – waren die geworden. Dabei ist sie trotz ihrer Scheu und ihrer aggressiven Entlastungen offensichtlich eine nette alte Dame, von der mir alle gesagt haben, was für eine gute Kollegin sie gewesen sei, vor allem habe man bei ihr sein Herz ausschütten können.

Zwischenzeitlich kommen wir dann doch ganz gut ins Gespräch, vor allem über ihre Jugend. Sie war das einzige Kind, natürlich von Arbeitern, aber was für welchen! Ihre Eltern waren beim Theater! Der Vater als Bühnenarbeiter, die Mutter als Requisiteurin, und das bei wechselnden Bühnen, so daß sie als Kind viel herumgekommen und zuletzt sogar nach Berlin gelangt ist. Dazwischen freilich war sie auch viel allein bei einer Tante in Sachsen. Aber das Theater war ihre Welt und hat ihr zeitlebens einen Drang zur klassischen Kultur und überhaupt zum Höheren eingepflanzt, bis ihr späterer Mann im Alter dem Konzertgehen mit einem Reizhusten ein Ende setzte und sie auf Schallplatten umsteigen mußte.

Das praktische Leben war demgegenüber bescheidener – Anfang der dreißiger Jahre wohnte die Familie in Berlin in einer Laube – und sie ging es praktisch und tüchtig an, lernte Steno und Schreibmaschine und wurde Bürokraft bei einem Zigarrengroßhändler, den sie nicht ohne Sympathie als leutseligen Opportunisten schildert, der vor und nach 1933 mit den Verhältnissen zurechtkam und jeweils auch für die anderen noch ein gutes Wort hatte. 1935 heiratete sie – übrigens nur standesamtlich, denn beide waren damals aus der Kirche ausgetreten – einen Weber, genauer gesagt den Untermieter ihrer Tante zuhause, der sich als ein Theaterfan («Das war unser Leben!») herausgestellt hatte. Zielstrebig bekamen sie eine Neubauwohnung, in der sie übrigens immer noch leben. Nun wurde sie Hausfrau und Mutter dreier Kinder, das jüngste wurde ausgerechnet im Frühjahr 1945 geboren – «weil wir eine gute Ehe führten», sagt sie auf meine erstaunte Nachfrage. Ihr Mann hatte nicht in den Krieg gemußt, sondern wurde glücklicherweise am Ort in der Rüstungsindustrie dienstverpflichtet. Was er da gemacht habe, kann sie nicht erinnern. «Als junge Frau hat man sich da gar nicht für interessiert.» Gewebt hat er jedenfalls nicht mehr.

Aber 1945 ist er sofort beim Aufbau der Wirtschaft dabei, wird ins Landratsamt geholt, tritt bald in die SED ein und wird lokaler Wirtschaftsfunktionär. 1947 folgt sie ihm nach, tritt der Partei und der Gewerkschaft bei; gleich bei der ersten Versammlung hatte sie sich schon im Demokratischen Frauenbund engagiert, der damals in ihrem Ort «4 bis 500 Mann stark» gewesen sei. Eine DFD-Freundin weist sie dann darauf hin, daß doch auch ihre Mutter, die seit 1945 bei ihnen lebte, die Kinder versorgen könnte. Ab 1947 geht sie wieder ins Büro, zuerst als technische Kraft in einen großen Industriebetrieb, wo sie später als Schreibkraft ins Parteibüro geholt wird. Hier nimmt ihr Leben eine entscheidende Wendung. Sie deckt nämlich Mitte der fünfziger Jahre eine Verschwörung von «direkt Staatsfeinden» auf, nämlich von ihren Chefs in der Werkleitung, die einem englischen Geheimsender gemeldet hätten, wie man den Sozialismus sabotieren könne, wofür sie «dann viele Jahre eingesperrt worden sind». Sie habe eben «gute Verbindungen» und «ein Gespür gehabt: der meints gut, der meints nicht gut». Nach dieser Bewährung ihrer Wachsamkeit wird sie stellvertretender Parteisekretär des Werkes und ein Jahr später wird sie als Betriebsparteisekretär in einen hauptsächlich Frauen beschäftigenden Industriebereich versetzt, wo ein VEB gerade mit 100 Parteimitgliedern die Größenordnung für eine hauptamtliche Kraft erreicht hatte.

Indessen hatte sie damals noch nicht einmal eine Schulung besucht, und auch der 17. Juni war für sie gerade deshalb so wichtig gewesen, weil: «Ich war ja noch nie mit Arbeitern zusammen, bis auf Schwiegervater, Vater und so. Das war für mich ein Erlebnis.» Der Westler ist freilich schon wieder genasführt, denn das Erlebnis besteht darin, daß nichts passiert. Bis hierher ins Erzgebirge ist der Protest nicht vorgedrungen: Die Werksangehörigen organisieren einen Werkschutz. Bei einem so merkwürdigen, scheinbar völlig – sogar als Klassenerfahrung – unvorbereiteten Weg in die Politik, in der sie dann immerhin zwei Jahrzehnte beruflich tätig wurde, liegt die Frage nahe, ob denn ihr Vater politisch gewesen sei. Und dann sagt sie den eingangs zitierten Satz und fährt fort:

Mein Vater, der war nicht so politisch, der war real. Der war sogar so real, daß als der Hitler die Arbeiter, also wo die Leute Arbeit kriegten, daß er das bewundert hat. Aber nachher dann fiel das alles zusammen, fiel alles zusammen mit dem Verhalten dieser nazistischen Kräfte. Einer hat ihn verraten und dann mußte er doch fort.

Wenn ich es richtig verstehe, fiel «das alles» spät zusammen, genau genommen ganz am Ende. Ihr Vater hatte nämlich 1944 die Aufsicht über ein Provinztheater in Thüringen übernommen und sich schon ausgerechnet, daß er damit ganz gut durchkäme. Aber da hat ihn ein Kollege, den er früher gefördert hatte, angeschwärzt, daß das schwerlich eine diesen schweren Zeiten angemessene Aufgabe sei, so daß er doch noch zum Volkssturm mußte, krank wurde und starb. Die Politik greift ein durch das Denunziantentum und fordert unverdiente Opfer; solange sie gut geht, wird sie als solche nicht begriffen, sondern mit passivischen Strukturen anonymisiert. «Real» meint demgegenüber nicht etwas gänzlich anderes, sondern einen Perspektivenwechsel, einen Instinkt für die Nutzbarkeit oder das Risiko gegebener Verhältnisse. Das Reale ist z. B. der politische Konsens als Anerkennung für sozialpolitische Leistungen, und er bricht zusammen, wenn «das alles» zusammenfällt. Real ist aber auch die Instinktsicherheit, z. B. die kluge Enthaltung von einem Engagement, selbst für eine Politik, die man bewundert. Auch ihren Schwiegervater nennt sie später einen «sehr realen Menschen», denn der habe seinem Sohn, ihrem Schwager, abgeraten, sich freiwillig zum Militär zu melden; der sei aber dennoch gegangen und bei Stalingrad gefallen. Real ist also, wenn man einen Sinn für das Realitätstüchtige in den gegebenen Verhältnissen hat.

Ist Pia Diemer nun auch ein realer Mensch oder ein politischer? Das ist schwer zu sagen, denn in ihrer Tätigkeit seit den fünfziger Jahren ist bei ihr diese Unterscheidung anscheinend verdeckt geblieben. Die Brücke bildete ihr Idealismus, der sich in ihrem frühen Streben nach höherer Kultur vorbereitet hatte. Von den ersten Vorträgen in der Nachkriegszeit, als sie sich in der Schularbeit engagiert und dort eine Zithergruppe für erzgebirgische Volks- und Arbeiterlieder aufzog, erzählt sie, daß sie zum erstenmal mit Marxismus und Lenin in Berührung gekommen sei, «so daß es ein bissel hell wurde im Geist». Sie ist stolz darauf, daß ihre Versammlungen später im Betrieb beliebt waren, weil man da auch etwas erfuhr. Das wird in Interviews auch von anderen aus dem Betrieb bestätigt, auch von Gegnern. Sie galt als ehrlich, sie hielt niveauvolle und kurze Versammlungen, und – was wichtiger ist – zu Pia konnte man kommen und sich aussprechen, über Ehekrisen, Wohnungsnöte, Vorgesetzte und allerhand Privates, und alle hatten das Gefühl, daß es in den vier Wänden blieb. Ein Parteisekretär mußte im Betrieb den Pastor ersetzen und wurde in dem Maß anerkannt und als Informationsquelle über die Basis nützlich, als er oder sie das auch tat. Und er mußte die Alltagskonflikte regeln und Einsicht in die Anforderungen wecken, je geräuschärmer und persönlicher, desto besser.[1] Man wurde in dem Maße politisch wirksam, in dem man «real» war.

Nach ihrem problematischen Anfang hat Pia Diemer das offenbar vermocht; sie hatte verstanden, daß sie «Vertrauen» erwerben mußte und daß dies über die Realität des Privaten läuft. Deshalb ist sie stolz, daß ihr die Leute das Herz ausgeschüttet haben, und repräsentierte die Partei mit mütterlicher Treue. Als Parteisekretärin ist sie wie eine gute Akkordarbeiterin bezahlt worden; als Kaderchefin bekam sie danach 110 Mark weniger – das war damals in der DDR eine Menge. Sie hat es dennoch gemacht, als nach einer Umstrukturierung des Betriebs nicht mehr genug Parteimitglieder für eine Hauptamtliche da waren, und den Parteisekretär ehrenamtlich dazu. «Und da ich ne Einstellung habe, daß meine Arbeiter nicht sagen, die machts wegen dem Geld, da hab ichs weiter gemacht auch für weniger.» Das war in einem gewachsenen Feld persönlicher Bindungen ein politischer Ak-

---

1 Der ehemalige Betriebsleiter ihres VEB Siegfried Homann (SED) sagte mir zu den Funktionen des Parteisekretärs im Betrieb: «Der ist an sämtlichen Leitungssitzungen beteiligt. Es gibt keine generelle Leitungssitzung ohne Parteisekretäre und ohne BGL (Betriebsgewerkschaftsleitung), das gibts überhaupt nicht. Und seine übergeordnete Stelle ist die Kreisleitung, und die haben dann einen Stadtteilsekretär, und die verlangen eben Informationen aus dem Betrieb. Dinge, die erledigt werden müssen, politischer Art, Durchführung von Versammlungen, mit welchen Themen, das gibt die Kreisleitung vor, der hat sie bloß durchzuführen. Und jeden Tag, oder bei uns im Betrieb jeden zweiten Tag, hat er eine Sprechzeit, und die kann wahrgenommen werden von jedem praktisch, ob das nun eine Wohnungsfrage ist oder irgendeine andere Frage. Kommt dort an. Also ich sag Ihnen ganz ehrlich, ich möcht einen solchen Posten nie machen. Ich möchte so nen Posten nicht für 5000 Mark. Das heißt Abstreicherposten. Er kann es ja nicht realisieren, so wie er will. Es gibt Dinge, die man klären kann, weil sie eben so dumm angelegt waren, Dinge, wo man sagt: der wird angewiesen. Da schaut er dann dazwischen. Dann läßt er ihn kommen. Bei uns gibts das nicht, vor der Front anscheißen, auf deutsch gesagt, das ist auch ganz unüblich und ganz unlogisch. Tut man den Gesichtspunkt den Menschen gleich runterknallen, hats keinen Sinn mehr. Das macht man nicht. Die werden geladen. Die Aussprache wird nur unter vier Augen geführt, und dann hab ich eben das zu korrigieren. Also zu tun hat er wirklich. Ich möchts nicht für 5000 Mark machen. (Interviewer: Und was für Leute machen das?) Na, vor allem Leute, die gute Parteischulen schon durch haben, die schon von Geburt an so erzogen worden sind, die müssen aus einem guten Hause stammen, treu dazustehen und einen politischen Weitblick haben, das müssen sie auch. Na ja, wie ich sagte, da gehört viel Liebe dazu, das zu machen.»

zent, denn «ihre Arbeiter» – fast alles Frauen – waren real, und die hätten das Ihre für weniger schwerlich weitergemacht.

Am Ende ist Frau Diemer froh, daß das Interview vorbei ist, und sie bittet, sie mit einem zweiten Gespräch zu verschonen. Offenbar sind wir in reale Gemengelagen der Lebensgeschichte gekommen, die sie sich für dieses politische Gespräch mit einem Westler nicht vorgenommen hatte. Deshalb meint sie wohl noch etwas korrigieren zu sollen und bittet mich, das Gerät noch einmal anzustellen. Und da mir das nur dies eine Mal passiert ist, daß jemand etwas ausdrücklich zu Protokoll zu geben wünschte, sei es hier auch getreulich vermeldet:

Hoffentlich, Herr Professor, haben Sie von meiner Diskussion mitgekriegt, daß mir das westdeutsche Volk leid tut, unter diesen Verhältnissen leben zu müssen. Wir habens hier schöner, wenns auch immer heißt, wir haben keine Freiheit. So, ja.

Widerwillige Geschichtsarbeit

Ludwig Haber, Professor für Philosophie, 73 Jahre

Ludwig Haber erschien mir wie eine Rettung unseres Projekts. Am Anfang einer solchen Befragung ist der Westler in seinen Vorstellungen über die DDR gefangen. Meine liefen darauf hinaus, daß uns in der DDR vornehmlich Interviewpartner vermittelt würden, die erprobte, im antifaschistischen Kampf bewährte Genossen seien. Es stellte sich dann heraus, daß wir überhaupt nur mit 40 Prozent unserer Interviewpartner über die Betriebspartei- und Gewerkschaftsleitungen in Kontakt kamen und wir uns den Rest selber suchen konnten und mußten. Als wir das hundertste Interview gemacht hatten, entsprach noch immer keiner dem erwarteten Vorzeigetyp der DDR – da wurde ich nervös, denn niemand würde uns glauben, daß die DDR nur aus ehemaligen Hitlerjungen, Unpolitischen und depolitisierten Sozialdemokraten bestehe. Der antifaschistische Impetus der Führungsschicht der DDR war schließlich nicht auf einer bloßen Fiktion gegründet, Honecker regierte noch immer diesen Staat. Die Lektion, wie dünn und an der Basis kaum noch auffindbar diese Schicht der politisch aktiv gebliebenen Altkommunisten geworden war [1], war eindrücklich genug; Herr Haber fügte weitere hinzu.

---

1 Zahlen über die Altkommunisten in der Nachkriegszeit liegen m. W. nicht vor. Die KPD war zwar am Ende der Weimarer Republik zu einer überwiegend jungen und

Er war zehn Jahre in Arbeitslagern und Zuchthäusern des Dritten Reiches, und er wurde ganz gegen seinen Willen seit seiner Pensionierung von seiner Partei in die Geschichtsarbeit gedrängt, weil es nur noch wenige gebe, die wie er über den antifaschistischen Kampf berichten könnten. Zwar gebe es durchaus noch Genossen, die ihn erlebt hätten, aber das Komitee der antifaschistischen Widerstandskämpfer könne sie als Zeitzeugen nicht mehr einsetzen, denn sie erinnerten sich falsch. Teilweise erinnerten sie Geschichten, die sie gar nicht erlebt hätten; teilweise erzählten sie Geschichten, die sie zwar selbst erlebt hätten, die aber mit der geschichtlichen Wahrheit nicht übereinstimmten. Denn ihre unter konspirativen Bedingungen beschränkte Perspektive habe die größeren Zusammenhänge nicht erfaßt. Die Anforderung des SED-Funktionärs an den Zeitzeugen des antifaschistischen Widerstandskampfes also ist es, durch sein persönliches Erleben eine Gesamtgeschichte, die er als solche nicht erlebt hat, zu bezeugen, was eine Aufhebung der Individualität in die Geschichte der Bewegung, wie sie nur von ihrer Leitung aus interpretiert werden kann, bedeutet. Diese Anforderung ist so hoch, daß sie das Zeugnis der meisten entwertet. Wie hoch sie ist, hat Herr Haber selbst erfahren, aber das wollte er mir anfangs nicht verraten, und um ein Haar hätte ich gar nicht bemerkt, daß er nicht nur ein erstrangiger Zeitzeuge für das Schicksal kommunistischer Antifaschisten im Dritten Reich, sondern auch in der DDR ist.

---

hochfluktuierenden Mitgliedschaft von ca. 230000 Menschen gekommen, von denen aber nur die Minderheit zum politisch harten Kern gerechnet werden darf, der zudem durch Verfolgung im Reich und in der Emigration um ca. ein Drittel vermindert worden sein dürfte. In der SBZ, in der die KPD bereits nach weniger als einem Jahr 3 Prozent der Bevölkerung und die SED nach zwei Jahren mehr als 10 Prozent als Mitglieder organisierten, dürften deshalb deutlich weniger als 0,5 Prozent der Bevölkerung an bewährten Altkommunisten (Alt-SPD hingegen über 2 Prozent) verblieben sein. Von denen, die heute noch leben, sind die Jüngsten Mitte 70.

Zeitloses Zeugnis

Schon bei unserem ersten Gespräch war mir freilich ein merkwürdiges Ungleichgewicht in seinem Lebensbericht aufgefallen. Im fast zweihundertseitigen Transkript unserer Gespräche macht dieser erste Lebensbericht, der seine Kindheit, seine Rolle im kommunistischen Jugendverband, seine Verhaftung 1935 und seine Haftzeit als antifaschistisches Zeugnis in den Vordergrund rückt, 23 Seiten aus, während er sein Leben seither in kaum zehn Zeilen zusammenfaßte:

Und ich wurde dann Ende Juni durch die in der Zwischenzeit zugelassene KPD in unsre Stadt geholt und war hier sofort als Sekretär der KPD verantwortlich für propagandistische und wissenschaftliche Arbeit, für propagandistische und ideologische Arbeit, unter anderem auch für Fragen der Kultur, Fragen der Schulen, der Hochschulen und der Universitäten. In diesen Bereichen war ich dann immer tätig, bin in diesen Bereichen geblieben, habe dann ein Studium an der Parteihochschule – vornehmlich Philosophie – absolviert und habe später in philosophisch-mathematischen Grenzbereichen promoviert, wurde dann berufen.

Herr Haber hatte gerade seine Lehre als Glasschleifer beendet, bevor er in den antifaschistischen Untergrund ging. Jetzt ist er emeritierter Philosophieprofessor an einer mathematischen Fakultät. Wieso wird ein Glasschleifer als Funktionär für Wissenschaft und Ideologie eingesetzt, warum promoviert er – wie sich im weiteren Verlauf des Gesprächs nach ziemlich langer Nachfrage herausstellte – über 25 Jahre später über die Rückwirkungen des binären Denkens von EDV-Programmierern auf deren Phantasie? Und wann ist das «dann», seitdem er nun nicht mehr Parteifunktionär, sondern Professor ist? Wieder stochere ich mit meinen Fragen im Nebel einer Periode ohne erkennbare Zeitstruktur herum und erhalte Antworten, die in meine Raster akademischer Karrieren nicht passen wollen: er ist schon fünf Jahre Hochschullehrer, bevor er Ende der fünfziger Jahre zu promovieren beginnt. Er wechselt dann den Betreuer und wohl auch die Thematik seiner Dissertation, weil der Betreuer seine Studentinnen allzu intensiv betreut habe, weshalb er für den studierenden Hochschullehrer nicht mehr tragbar war. Haber macht dann zunächst 1969 einen Magister in EDV und dann im zweiten Anlauf die Promotion, nachdem er kurz zuvor schon an seinen künftigen Lehrstuhl an eine andere Hochschule gewechselt hatte, und danach erhält er – offenbar irgendwann in den siebziger Jahren – auch den Titel eines Professors. Mehrfach betont er in diesem Zusammenhang: «Mir wurde nichts geschenkt.» Seit fünf Jahren ist er nun pensioniert, aber im Angestelltenverhältnis sei er weiterhin tätig, diesmal in Germanistik, und zwar ist er spezialisiert auf den Mißbrauch der deutschen klassischen Literatur durch den «Hitler-Faschismus», den er internationalen Germanistenkursen in der DDR erläutert. Und daneben wurde er als Ortsvorsitzender des Komitees der antifaschistischen Widerstandskämpfer «gegen meinen Widerwillen» in die historische Arbeit gedrängt.

Da mit dem Ausscheiden von Teilnehmern am antifaschistischen Widerstandskampf und mit der immer geringer werdenden Zahl von Teilnehmern an der Befreiung (1945) und an der Vereinigung (von KPD und SPD zur SED) aktiv Beteiligten, – ich meine jetzt nicht nur solche, die das mitgemacht haben, sondern solche, die diesen Prozeß bewußt aktiv mitgestaltet haben, die an der Klärung der Probleme beteiligt gewesen sind –, da die Zahl derjenigen immer geringer wurde, kam man immer mehr auf mich zurück. Und als man feststellte, daß ich noch sehr viele Dokumente habe, als man feststellte, daß ich auch sehr vieles im Gedächtnis habe, ist immer mehr auf mich (zu)gekommen, so daß ich gar nicht anders konnte als dem Drängen der Organe auch unsrer Partei nach(zu)geben, mich jetzt vornehmlich mit Fragen der Geschichte zu befassen. Und ganz wesentlich befasse ich mich mit solchen Fragen, wo Geschichte anders ausgelegt wird oder Geschichte verfälscht wird.

Dem Drängen der Organe, anders ausgelegte Geschichte aus seinem Erfahrungsschatz zurechtzurücken, konnte er sich nicht entziehen. Aber meinem Drängen, mir zu verdeutlichen, was er nach 1945 und besonders nach 1950 gemacht hat, ist er erfolgreich ausgewichen, und statt dessen haben wir uns in ausgedehnte Streitgespräche über die Anfänge der Geschichte der SED verstrickt, wo er mir – unter stetem Hinweis auf seine mitwirkende Zeitzeugenschaft – die offizielle Auslegung aufs beschlagenste mit allen Ableitungen seit Marx und Bebel entgegenhielt und auf alle meine kritischen Fragen einging, ohne, wie mir schien, den Boden der historischen Tatsachen und politischen Gewichte in der Nachkriegsgeschichte der deutschen Arbeiterbewegung zu berühren.

Ganz im Gegensatz dazu hatte er mir zunächst einen ausgeformten und datenreichen Bericht seines frühen Lebens gegeben und diesen später auf Rückfragen hin noch bereitwillig näher ergänzt, der in jeder Hinsicht einem Inbild von Akkuratesse zu entspringen schien. Darin wird immer wieder eine damalige und eine heutige Sicht unterschieden oder selbst in Nebensächlichkeiten eine Festlegung auf Aussagen vermieden, wenn sie nicht genau belegbar sind. Ich gebe diesen Bericht in leicht geraffter Form hier wieder:

Ich bin (1914) in unserer Stadt geboren, in einem Dorf, das jetzt zur Stadt gehört. Mein Vater war Eisengießer, hier in unserer Stadt. Meine Mutter kam vom Spessart. Wir waren viele Kinder zuhaus, da das die zweite Ehe meines Vaters war. Seine erste Frau ist, wenn ich mich richtig erinnere, 1910 verstorben. Aus der zweiten Ehe warn auch noch mal vier Kinder vorhanden und davon war ich der älteste und habe von meiner Kindheit an gearbeitet. Zunächst als Laufbote in Gastwirtschaften und Bauerngehöften, dann verzogen meine Eltern in einen anderen Stadtteil und ab meinem 13. Lebensjahr habe ich – das war damals möglich – mit einem Arbeitsbuch und Sozialversicherung in einer Tischlerei gearbeitet, bis ich die Volksschule beendet habe. Das waren acht Klassen. Ich war in der Schule nun ein Schüler, der immerhin überdurchschnittliche Leistungen brachte und die auch so bewertet wurden, in den Fächern unterschiedlich, habe aber dabei stets Sport getrieben im Arbeitersportverein. Das war der größte im ganzen Land Sachsen. Dort hab ich mich auch kulturell betätigt, sowohl im Spielmannszug als auch in Laienspielgruppen. Wir führten da so kurze Sketche, kurze Stücke auf, aber das Kulturinteresse wurde bis zum gewissen Grade geweckt und altersgemäß, wie ich heute sagen würde, im wesentlichen befriedigt. Dabei haben wir auch viele Heimatlieder gesungen und gespielt, aber wir haben auch andere Sachen aufgeführt, die doch größeren Einfluß auch auf die Bewußtseinsbildung hatten. Ich entsinne mich noch heute, daß ich einmal die Rolle von Max Hoelz vor Gericht gespielt habe (lacht). Das war natürlich für unser Gebiet hier und für uns als junge Menschen damals eine führende Persönlichkeit, an dessen Mut und Einsatzbereitschaft wir uns versucht haben, ein Beispiel zu nehmen. Zumal er auch, und das war uns als jungen Menschen bekannt, stets Sport getrieben hat. Ich habe den Beruf eines Glasschleifers erlernt, hier in unserer Stadt. Ist für unsere Gegend ganz untypisch. Und habe mich da im Zusammenhang mit einigen Spezialausbildungen auch mit Mathematik befassen müssen. Diese Kenntnisse habe ich mir zusätzlich er-

worben, die wurden an sich nicht in der Berufsausbildung gelehrt und gefragt. Es war aber für mich deshalb von Bedeutung, als ich faktisch der einzige Glasschleifer in der ganzen Stadt gewesen bin, der über solche Kenntnisse verfügte.
Seit 1930 war ich Mitglied des kommunistischen Jugendverbandes, und dort kamen mir die Erfahrungen, die ich als junger Arbeitersportler, auch durch gesellschaftliche Funktionen im Arbeitersport, erworben habe, bereits zugute. Stets mußte ich als junger Mensch meine Tätigkeit im kommunistischen Jugendverband, der in unserer Stadt eine Massenorganisation war, mit der Tätigkeit im Arbeitersport koordinieren. Das war nicht leicht, aber für mich von keiner geringen Bedeutung. Der Wert lag vor allen Dingen darin, daß wir im Arbeitersport Sozialdemokraten, Kommunisten und Parteilose gemeinsam waren, und die Funktionen, die ich im Arbeitersport ausübte, mußte ich so ausüben, daß ich auch stets die Zustimmung der sozialdemokratischen Jugendfreunde bekam, denn sonst hätten sie mich nicht wiedergewählt. Wir als junge Kommunisten waren in diesem Arbeitersportverein eine Minderheit, wir waren sogar sehr stark in der Minderheit. Ich bekam aber, vor allen Dingen auch deshalb, weil ich kulturell tätig war, viele Stimmen, in Sonderheit die Stimmen der Mädchen. Nicht etwa, weil ich hätte gut argumentieren können, sondern es war für die Mädchen wichtig, daß ich in einer Volkstanzgruppe mitwirkte, und daß ich ein guter Turner war. Und da prägte sich die Fähigkeit aus, unsere Auffassung, unsere Anschauung, unsere Meinung so zu vertreten, daß sie massenwirksam wurde. Ich gebrauche heute ein Wort, das mir damals in diesem Umfang nicht bewußt war und das wir damals auch nicht gebraucht haben, ich sags aus heutiger Erfahrung. So bekleidete ich im Jugendverband vor allen Dingen die Funktion in der damaligen Unterbezirksleitung des Verantwortlichen für die politische Tätigkeit im Arbeitersport. Und erhielt im KJVD den Spitznamen «Sportmensch». Ich sage das mit aller Offenheit und in der Sprache, die wir damals als junge Arbeiter gesprochen haben.
Mehrere Komponenten prägten dann meine Entwicklung. Beruflich allein die Tatsache, daß ich eine relativ gute Ausbildung erhielt, wofür ich allen, die mir diese vermittelt haben, heute noch dankbar bin. Das waren meist ältere sozialdemokratisch organisierte Arbeiter, die aber großen Wert darauf legten, daß ein junger Arbeiter, der von ihnen fachlich ausgebildet wurde, auch politisch erzogen wurde, so daß ich auch von diesen Arbeitern Erfahrungen vor allen Dingen für die Führung des gewerkschaftlichen Kampfes mitbekommen habe. Im Arbeitersport also die Fähigkeit, unser Gedankengut so zu formulieren und so zu verbreiten, daß auch andere z. T. anders Denkende nicht nur nicht ausgeschlossen, sondern gewonnen werden konnten.
Als in Deutschland die faschistische Diktatur errichtet wurde, war ich politi-

scher Leiter des Jugendverbandes im Stadtteil Ost, also wir waren sehr stark, wir hatten mindestens 8 oder 10 Stadtteilorganisationen und ich war außerdem Mitglied der Unterbezirksleitung in besagter Funktion. Habe aber nicht nur diese, sondern dabei auch noch andere Aufgaben zu erfüllen gehabt. Als die faschistische Diktatur errichtet wurde, hatte ich also die Leitungsverantwortung für eine Stadtteilorganisation mit etwa 120 Mitgliedern. Doch für die genaue Zahl kann ich mich nicht verbürgen, denn wir haben weder Statistiken, noch irgendwelche Karteien über die Zeit des Faschismus hinweg gerettet, im Gegenteil, wir haben absichtlich manches '33 dann vernichtet, damit es den faschistischen Organen nicht in die Hände fallen sollte.

Ich wurde auch 1933 sofort festgenommen von den Faschisten. Da ich aber doch auch ein etwas bekannter Sportler war, gelang es mir, diese Organe hinters Licht zu führen. Ich habe dort gesagt, daß ich mich als Mitglied des KJVD – was ich nicht geleugnet habe, auch mit Berufung darauf, daß dies ja nicht verboten war – aber nicht für Politik interessiert habe, sondern immer nur sportlich tätig gewesen bin. Und die Faschisten hatten eine Zeitlang einen Spitzel in unserer Organisation. Dieser war bei meiner Vernehmung mit dabei und hat gesagt: ‹Ja, das stimmt. Der wurde immer als «Nur-Sportler» kritisiert.› Als Nebenbemerkung möchte ich einfügen: es ergab sich daraus, daß sehr oft zur gleichen Zeit Veranstaltungen im Arbeitersport wie im KJVD waren, und da gab es mitunter Dinge, bei denen ich mich für die Teilnahme, auch aus politischen Gründen, im Arbeitersport entscheiden mußte und dann im KJVD kritisiert wurde. So wurde ich nach wenigen Tagen Haft wieder entlassen.

Ich nahm dann, nachdem ich mich überzeugt hatte, daß ich nicht scharf bewacht werde, etwa nach drei, vier Monaten meine aktive Tätigkeit wieder auf und organisierte im Stadtteil Ost und darüber hinaus unseren antifaschistischen Widerstandskampf, d.h. zunächst einmal als erste Phase die Festigung unserer Organisation, Wiederherstellung des Zusammenhaltes unter den Bedingungen der Illegalität. Das ist mir bis zu einem gewissen Grade auch gelungen. Nach weiteren drei, vier Monaten begannen wir dann, uns mit Flugschriften usw. an die Öffentlichkeit zu wenden, die wir selbst verfaßten, aber meist nicht selbst gedruckt haben. Damals haben wir uns in erster Linie auf die Erläuterung des Zusammenhanges von Faschismus und Krieg orientiert, denn die Faschisten haben doch nicht gesagt, daß sie Krieg wollen. Doch damit hatten wir so gut wie keinen Erfolg.

Aber etwas kam mir zugute. Durch meine umfangreiche Tätigkeit im ehemaligen Arbeitersport hatte ich viele Verbindungen zu jungen sozialdemokratischen Freunden. Und vielleicht darf ich hier mit aller Ehrlichkeit, aber kurz gefaßt, nur für dieses Gespräch, eine kleine Episode wiedergeben, die auch für uns als junge Kommunisten, die wir eigentlich erst Kommunisten werden wollten, aus meiner Sicht, auch aus heutiger Sicht, typisch war. Im Arbeitersport spielte ich Fußball in einer Mannschaft, dessen – wir nennen es heute – Libero Vorsitzender der sozialistischen Arbeiterjugend im Stadtteil-Ost war. Und ich war aber der dortige Vorsitzende der kommunistischen Jugend. Also ein sozialdemokratischer, ein kommunistischer Funktionär für den gleichen Bereich spielten in einer Mannschaft, er als Mittelverteidiger, ich als Torwart. Dadurch waren zwischen uns persönliche Beziehungen entstanden, die allgemein im Jahr 1932 für diese Funktionäre nicht charakteristisch waren. Nach einiger Zeit illegaler, antifaschistischer Tätigkeit legten wir fest, daß unsere illegal werdenden Jugendgenossen in faschistisch geführte Massenorganisationen eintreten sollen, unter der Maßgabe, die Taktik des Trojanischen Pferdes anzuwenden, also diese Organisationen für unsere politische Tätigkeit auszunutzen. Das waren die Deutsche Arbeitsfront, das waren Kulturorganisationen und das waren für mich Sportorganisationen. Aber wir haben auch einige Jugendfreunde in die faschistische Hitlerjugend hineingeschickt. Allerdings mußten sie dann in Gegenden in diese Jugendorganisation eintreten, in der sie als ehemalige Kommunisten nicht bekannt waren. Da ich diesen Beschluß selbst mit gefaßt habe und ein Initiator dieses Beschlusses war, mußte ich ihn selbst auch mit realisieren. Ich trat in einen bürgerlichen Sportverein ein und wählte mir denjenigen aus, in den dieser sozialdemokratische Jugendfreund eingetreten war und dort als Libero Fußball spielte. Ich kam in die gleiche Mannschaft, wir spielten also unter faschistischen Bedingungen in derselben Mannschaft wieder zusammen. In diesem Sportverein hatten wir zwei illegale kommunistische Jugendgruppen. Ich geh jetzt im Moment nicht auf deren Problematik ein. Er als politisch erfahrener Mensch spürte das. Wir hatten ihn in diese Tätigkeit nicht einbezogen. Und darum war er ein klein wenig beleidigt. Und es entspann sich zwischen ihm und mir das Gespräch, das ich jetzt wiedergeben möchte. Aber das Gespräch zog sich in Wirklichkeit über Monate hin. Er sagte mir, er ist auch für den Sturz Hitlers und fragte mich als Kommunist: Aber was wollt ihr nach dem Sturz Hitlers. Und daraufhin sagte ich, und ich muß das heute mit aller Ehrlichkeit zugeben, das war damals meine wirkliche Meinung: ist doch ganz klar, anstelle Faschismus die Diktatur des Proletariats. Denn, so war mir das noch bewußt, der Faschismus ist die letzte Herrschaftsform der Bourgeoisie, errichtet aus Angst vor der Diktatur des Proletariats. (Nebenbemerkung: daran ist ein richtiger Kern, aber der richtige Kern ist verabsolutiert, übertrieben und damit im Grunde genommen für die politische Strategie nicht richtig.) Darauf dieser sozialdemokratische Jugendfreund: Ja, für den Sturz Hitlers bin ich auch, aber nicht für die Diktatur des Proletariats. Darauf meine Frage: und wofür bist du? Ja, wie in der Weimarer Republik, aber ohne Faschismus. Darauf sagte ich ihm: ja, aber der Faschismus ist doch aus der Weimarer Republik hervorgegangen (lacht). Oh, ich muß zugeben, wir haben diese Problematik nicht geklärt damals, aber wir sind zu einem noch freundschaftlicheren Ergebnis gekommen und haben uns im antifaschistischen Widerstandskampf unter den damaligen Bedingungen gegenseitig unterstützt. Faktisch hat er die kommunistische Gruppierung unterstützt und er hat aktiv daran mitgewirkt. Als ich dann später unter illegalen Bedingungen im Vorfeld des 7. Weltkongresses der kommunistischen Internationale in Moskau war, da wurde deutlich, daß Sturz des Faschismus nicht identisch ist mit Errichtung der Diktatur des Proletariats, daß Zwischenstufen erforderlich sind. Es geht jetzt nicht um die Bezeichnung dieser Zwischenstufen, doch das war mir in dem Gespräch mit dem sozialdemokratischen (lacht) Jugendfreund nicht bewußt. Und so kommt damit zum Ausdruck, daß auch wir erst lernen mußten. Uns war damals nicht bekannt das Ergebnis der letzten Tagung des ZK der KPD unter Führung Thälmanns in Berlin-Ziegenhals, denn dort hatte Thälmann – das habe ich aber erst nach 1945 erfahren – bereits dargelegt, daß der Sturz des Faschismus nicht Errichtung der Diktatur des Proletariats bedeuten muß. Aber das war uns unter illegalen Bedingungen bis dahin nicht bekannt.

Und wir haben also, nachdem wir mit der propagandistischen Tätigkeit wenig Erfolg hatten, im Nachweis Faschismus und Krieg, uns in Sonderheit in unserer Stadt auf die Ausnutzung der faschistischen Demagogie im Zusammenhang mit sozialen Fragen orientiert. Ich nenne nur ein Beispiel, ich könnte aber zwölf nennen, für die ich mich heute mit großer Gewissenhaftigkeit verbürgen könnte. Ich bin von Beruf Glasschleifer. Wir hatten als Lehrlinge nur drei Tage bezahlten Urlaub im Jahr. Bevor die Faschisten zur Macht kamen, haben sie in Sonderheit in unserem Industriegebiet die Losung verbreitet: Wenn wir an der Macht sind, erhält jeder Jugendliche vierzehn Tage Urlaub. Und als sie dann an der Macht waren, hat sich daran nichts geändert. Und so hatten wir in einigen Betrieben eine Flüsterpropaganda entfaltet: ‹Wann wollen denn die Nazis ihr eigenes Programm verwirklichen und jedem Jugendlichen vierzehn Tage bezahlen Urlaub geben?› Das hat in einigen Betrieben zu großen Erfolgen geführt. Die Schwierigkeit bestand nur darin, bei den Jugendlichen nicht den Eindruck entstehen zu lassen, als ob sie das den Faschisten zu verdanken hätten. Denn unsere illegal wirkenden Jugendfreunde, die das in diesen Betrieben getan haben, konnten sich ja nicht vor die Front stellen, ich spreche jetzt in übertragenem Sinne, und sagen, das haben wir als Kommunisten für euch organisiert. So daß wir dann, um solche Sachen zu unterstützen, dazu Flugblätter hergestellt haben. Diese Flugblätter haben wir aber in der Regel im Ausland, d.h. in deutschsprachigen Gebieten der Tschechoslowakei drucken lassen. Dort gab es eine kleine Druckerei, die stets unter Auftragsmangel litt. Die Schwierigkeit für uns bestand nur darin, diese Flugblätter über die Grenze zu holen. Das hatten wir zweimal mit Fahrrädern getan, auch ich, doch damals gab es in der Tschechoslowakei Linksverkehrsordnung und man kann sich vorstellen, wie kompliziert das ist, wenn man gewohnt ist, rechts zu fahren, plötzlich links zu fahren. Und diese war mit einer Bestimmung verbunden, daß dann auch die Klingel am Fahrradlenker und die Handbremse beim Linksverkehr an der anderen Seite sein mußten, so daß die Henlein-Faschisten in der Tschechoslowakei sofort gesehen haben, aha, es handelt sich um einen Reichsdeutschen, wie wir damals genannt wurden. Und ich greife voraus: nach meiner Verhaftung, ich war sogar schon verurteilt, sind die Faschisten dahintergekommen, daß ich mit dem Fahrrad in der Tschechoslowakei zu diesem Zweck gewesen war, haben sie mir mein Fahrrad beschlagnahmt und darüber einen Beschlagnahmebescheid ins Zuchthaus geschickt. Diesen Bescheid haben wir hier in diesem Zimmer (der Versammlungsraum der lokalen VdN) mit ausgestellt. Ich nenn es immer so etwas sarkastisch: der Haftbefehl für mein Fahrrad.

Und auf Grund dessen, daß es uns in mehrerer Hinsicht – ich habe jetzt nur die Beispiele erwähnt, an denen ich beteiligt war, das war aber nicht einmal die Mehrzahl, ich konnte ja nicht an allen beteiligt sein – gelungen war, die faschistische Demagogie auszunutzen, wurde ich ausgewählt, durch unsre illegale Leitung, an einer Konferenz des KJVD in Moskau teilzunehmen, und während ich in Moskau war, wurde hier unsere Leitung verhaftet. Ich war in der Zwischenzeit unter illegalen Bedingungen Zweiter Sekretär der illegalen Organisation für den ganzen Bezirk geworden. In dieser Eigenschaft also war ich in Moskau, und als bekannt wurde, daß ich steckbrieflich gesucht werde, beschloß unsere Leitung, daß ich nicht in diese Gegend zurück, sondern als Erster Sekretär, als Vorsitzender für den Bezirk Leipzig-West-Sachsen nach Leipzig gehe. Dort habe ich dann unter falschem Namen gelebt, bis Mitte 1935 und in Leipzig, kurz bevor ich wieder in die Sowjetunion fahren sollte, (wurde ich) verhaftet, kam zusammen mit zehn anderen aus unserer Stadt stammenden vor das Volksgericht und wurde nach angedrohter Todesstrafe – nicht beantragter, sondern während der Vernehmung angedrohter Todesstrafe – zu zehn Jahren Zuchthaus mit der Maßgabe verurteilt, anschließend lebenslänglich KZ-Haft. Maßgabe deshalb, weil KZ-Haft keine Angelegenheit der Gerichte, sondern eine Angelegenheit der Geheimen Staatspolizei war. Deshalb wurde ich nicht dazu verurteilt, sondern das Gericht hat das in der Urteilsbegründung eingebaut, mit der Begründung, daß der Senat – sie haben sich selbst als Hoher Senat bezeichnet – der Hohe Senat, ich wiederhole es jetzt wörtlich, der Auffassung sei, daß sich der Angeklagte Haber in seinem Leben nicht umstellen wird.

Die Strafhaft verbüßte ich im Zuchthaus Waldheim und in den Moorlagern im Emsland. Dort war ich in den Lagern vier, sieben und zwo. Ich habe aus sämtlichen Lagern Briefe mit. Während des Zweiten Weltkrieges wurde ich zurückgebracht ins Zuchthaus Waldheim (und) nicht wieder unter den Bedingungen der Zellenhaft, sondern der Gemeinschaftshaft untergebracht. Das war viel schlimmer, weil dort waren die politischen Häftlinge in der Minderheit. Während des Krieges wurde in Waldheim Rüstungsproduktion aufgenommen. Es wurden Drehereien und Metallbearbeitungsbetriebe eingerichtet, oberhalb des Zuchthauses. Durch unsere illegale kommunistische Widerstandsbewegung, die innerhalb des Zuchthauses existierte, erhielt ich die Möglichkeit, als Metalldreher in einer Dreherei zu arbeiten. Wenn im Saal gleicher Größe, wo andere Arbeiten verrichtet wurden, 160 Häftlinge untergebracht waren, so waren dort höchstens 34, weil ja große Maschinen bedient werden mußten. Und dort habe ich mich faktisch zum Dreher und sogar als Einrichter an den damals modernsten Automaten-Drehbänken qualifiziert. Der Ausdruck qualifiziert ist vielleicht nicht angebracht, aber es ist aus heutiger Sicht gesehen.

Dies war auch deshalb möglich, weil ich mich, sofern das unter Haftbedingungen möglich war, sehr viel mit Mathematik befaßt habe. Ich gebe gern zu, mein bester Mathematiklehrer war ein krimineller Häftling. Der war Mathematiker und war wegen Geldfälscherei in Haft, hatte Falschgeld gemacht. Politische kamen zunächst nicht zusammen in eine Zelle, sondern immer Kriminelle und Politische. Der erste Kriminelle, zu dem ich in eine Zelle kam, war ein Sittlichkeitsverbrecher, der zweite ein Doppelmörder und der dritte dieser Geldfälscher. Wir hatten weder Bleistift noch Papier, aber ihm war an einem mathematisch interessierten Mithäftling außerordentlich gelegen, und so hat er mich so weit gebracht – ich wiederhole, ohne jedes Hilfsmittel, ohne Bleistift, ohne Papier, das ich damals nicht besitzen durfte –, daß ich selbständig Logarithmentafeln aufstellen konnte, also mit Hilfe der Zahl e und des natürlichen Logarithmus. Ich wurde dann, wie man so sagt, ein Spezialist für Differentialgleichungen. Später durfte ich mir in der Zellenhaft Bleistift, Papier und ein Heft anlegen, und durfte in der sogenannten Freizeitbeschäftigung innerhalb des Zuchthauses Waldheim mich mit Mathematik befassen, mein Original-Mathematikheft aus dem Zuchthaus habe ich hier. Ich habe später als Einrichter an der Automatendrehbank das Recht gehabt, ein Mathematik-Lehrbuch zu besitzen. Mit Sonderantrag an die Zuchthausdirektion, weil ich das für die Berechnung von Einrichtungsvorrichtungen angeblich benötigt habe. Dieses Mathe-Lehrbuch habe ich vielleicht zweimal benötigt dazu, und ich hatte außerdem das Recht, die Fachzeitschrift für deutsche Ingenieure zu abonnieren als Häftling. Und ich gebe gern zu, diese Beschäftigung mit Mathematik hat mir auch persönlich über viele schwere

Stunden hinweggeholfen. Und hat mir unter diesen Bedingungen auch manches Erfolgserlebnis beschert, wenn es mir gelungen war, im Kopf eine schwierige mathematische Aufgabe zu formulieren und zu lösen.
Nach dem Bombenangriff auf Dresden am 13. Februar 1945 wurden im Zuchthaus Waldheim Häftlingskommandos zusammengestellt, die Blindgänger entschärfen und herausholen und zerstörte Einrichtungen säubern mußten. Da die Dreherei zerstört worden war, wurde von der Waffen-SS, die uns beaufsichtigte, gefragt, wer Dreher ist, da meldete ich mich, und so kam ich dann zu dieser Gruppe oder ich war fast der einzige unter Aufsicht von zwei Angehörigen der Waffen-SS und mußte dort die Drehbänke, die zerstört worden waren, wieder aus den Bombentrichtern herausholen und Drehteile zusammenlegen, und es wurde dann mit Geigerzählern gesucht, ob dort Blindgänger drin sind. Dort in Dresden waren wir untergebracht im Amtsgerichtsgefängnis Radebeul, das nicht zerstört war. Ein Gefängnis, nach meiner Schätzung für 160 Häftlinge eingerichtet, aber wir warn über tausend. Und dort aus dem Gefängnis ist es mir gelungen, zu fliehen. Mir blieb auch gar keine andere Wahl, denn ich mußte immer daran denken, daß für mich als Anschluß an die Haft, an die Strafhaft, die KZ-Haft festgelegt worden war. Ich mußte damit rechnen, daß ich lebend nicht wieder herauskomme. Wir sind zu zweit geflohen, und die Flucht ist mir gelungen. Es war etwas Glück dabei und über eine ganz komplizierte Sache kam ich dann zur Sowjetarmee, die damals aber schon in Schlesien stand. Da wurde ich erstmal dort arretiert, denn ich kam zu einer Panzertruppe. Fronttruppen hattens eilig, sie hatten ja Befehle zu erfüllen und konnten sich nicht mit einem Einzelschicksal abgeben, zumal es dort kaum Übersetzer gab. Schließlich haben sich dann die Dinge geklärt. Nach etwa einer Woche konnte ich mit dieser Einheit zurück nach Deutschland und war da am 8. Mai nicht in unsrer Stadt, sondern in der Umgebung von Bad Herzberg, südlich von Berlin.

Daran schließt sich dann der eingangs zitierte Abschnitt über die restlichen 40 Jahre seines Lebens. Der Bericht über seine ersten 30 Jahre ist streng zur Darbietung in der Öffentlichkeit geformt. Offenbar sind in ihm eine Ausbildungsgeschichte und Parteigeschichte miteinander verschränkt. Die erstere ist ungewöhnlich: ein Glasschleifer mit mathematischem Interesse, der im Gefängnis von einem Geldfälscher in die höhere Mathematik eingeführt wird und darüber gelegentlich sein Schicksal vergessen kann.[2] Die letztere wird in ihrer

2 Später ergänzt er die Rolle des Zuchthauses als Bildungsstätte in seinem Leben noch für die Bereiche der Kunst und Literatur: «Und dann möcht ich noch hinzufügen,

übergeordneten Bedeutung vorausgesetzt und die Eigenerfahrung aus späterer Sicht in sie so eingearbeitet, daß Partei und Person, obschon sie verschiedene Wege gingen, letztlich miteinander versöhnt werden. Daß Ludwig Haber das Opfer einer falschen Strategie gegen den Faschismus wird, ist einem aus der Illegalität erwachsenen Kommunikationsproblem mit der schon zu größerer Einsicht fortgeschrittenen Führung geschuldet; aber zugleich hat er, der Sportmensch, Volkstänzer und Laienspieler mit dem Instinkt der Klasse die spätere Linie schon vorher gelebt, von Sozialdemokraten das weniger wichtige Gewerkschaftliche, das man von ihnen lernen kann, angenommen, er hat mit ihnen Kontakt gehalten und sogar persönliche Beziehungen gepflegt. Und er hat sie massenwirksam geführt. Die Eigenerfahrung bedarf des Belegs: deshalb ist es schade, daß man keine Mitgliederkarteien aus der vorfaschistischen Zeit aufbewahren konnte; deshalb wird die Art der Untergrundpropaganda wenigstens durch einen Haftbefehl für sein Fahrrad dokumentiert; deshalb zeigt er mir Briefe an seine Familie aus seinen Haftstationen, schließlich das Heft mit mathematischen Formeln aus dem Zuchthaus, raumsparend mit der Präzision eines Kupferstechers beschrieben. Aber die Eigenerfahrung wirkt von dieser Gestaltung wie entkernt: kein Gefühl scheint der Erinnerung wert oder findet noch einmal zur damaligen Sprache.[3]

---

infolge der Tatsache, daß ich im Zuchthaus war, kam ich während der Zellenhaft auf einer Abteilung mit einem ehemaligen ZK-Mitglied, Reichstagsabgeordneten, Lehrer, Fachkraft für Germanistik, Ernst Schneller, zusammen. Der hat mir über Kassiber usw. auch ein paar Tips zum Studium oder zur Beschäftigung mit den Klassikern der deutschen Literatur gegeben. So daß auch diese Verbindung Kultur und Technik, wenn man so will, Kultur und Mathematik – aber damals nicht systematisch, nicht bewußt, ich war mir dessen nicht bewußt, ich will nichts in die Vergangenheit hineinlegen, was nicht hineingehört –, so daß diese Komponente, die heute tragend geworden ist, sich damals schon entwickelt hat. Ich hab mich sehr, sehr für vor allen Dingen für Herder, für Goethe interessiert, aber nicht nur für sie.»

3 In einem Brief aus dem Zuchthaus an seine Eltern vom Oktober 1943, den mir Herr Haber zeigte, heißt es: «Auch in diesem Brief, glaub ich, ist für euch alle, meine Lieben, mein heißester Wunsch, gesund und stark zu bleiben, die Geduld nicht zu verlieren und mutig allem entgegenzutreten, was euch zu Boden zu drücken versucht. Was jetzt vom Menschen verlangt wird, ist oft zu viel und in späterer Zeit wird man sich wundern, wie nur so etwas zu leisten und auszuhalten war.»

Einheit von Wort und Tat

Von einem «gefühlsmäßigen Höhepunkt» seines Lebens sprach Herr Haber aber im weiteren Verlauf des Interviews und meinte damit die Gründung der SED. Ich hatte ihn nach den Hauptproblemen der frühen Nachkriegszeit gefragt, und für ihn stand dabei die «Vereinigung der Arbeiterbewegung... bewußtseinsmäßig und gefühlsmäßig» ganz im Vordergrund. Er war nämlich in seinem Bezirk der «Leiter der Vereinigungskommission auf ideologischem Gebiet» und hat mit den linken SPD-Funktionären seines Bezirks damals vorbildliche Studien betrieben, nämlich durch die Lektüre von Karl Marx' Kritik des Gothaer Programms der SPD. Dabei kamen ihm seine alten Kontakte aus dem Arbeitersport zugute und auch der Umstand, daß die KPD 1945 in ihrem Aktionsprogramm ausdrücklich darauf verzichtet hatte, Deutschland das Sowjet-System aufzuzwingen. Auf denselben Höhepunkt kamen wir im Gespräch allerdings auch bei einer ganz anderen Frage, nämlich nach seiner ersten Liebe. Er sei nämlich ein «Spätentwickler» gewesen und habe sich zum erstenmal mit 30 Jahren verliebt.

Wenn Sie mich so genau fragen, bei der Gründung des antifaschistischen Jugendausschusses. Er wurde am 6. Juli 1945 auf kommunaler Basis gegründet. Dort warn vom Stadtrat für Kultur eingeladen dazu die Verantwortlichen der Parteien und Massenorganisationen für Jugendfragen. Wir wollten die Vorbereitung besprechen. Nicht die Gründung selbst. Die Vorbereitung. Dort war ich der Beauftragte der KPD, und meine Frau war die Beauftragte der SPD.

Sie war zwar 1933 erst zehn Jahre alt, aber die Sozialdemokratie lag ihr sozusagen im Blut: ihre Großmutter hatte noch Bebel in Leipzig gekannt, ihre Mutter hatte im Dritten Reich SPD-Flugblätter aus der ČSR geholt und war längere Zeit verhaftet, so daß die Kinder bei Bekannten aufwuchsen, denn der Vater hatte in die Emigration gehen müssen, weil er hauptamtlicher SPD-Funktionär und einer der Führer des «Reichsbanners» gewesen war.

Die Tradition achte ich. Ich achte sie sehr, denn damit ist sehr viel Gutes verbunden.

Die Habers haben die Arbeiterbewegung 1946 auch privat vereinigt. Die Parteigeschichte hat sich in den dreißiger und vierziger Jahren untrennbar in sein Leben eingeschrieben.

Sein Vater, ein lesender Arbeiter, war in der Weimarer Republik kommunistisch eingestellt, vielleicht sogar organisiert gewesen. Da will er «nichts Falsches sagen», weil er nur die Mitgliedschaft in der «Roten Hilfe» belegen kann. Ich dachte schon, ich hätte den Grund für seine penible Präzision in Sachen Belegbarkeit von Partei- und Widerstandsdingen erkannt, als ich ihn fragte, ob er seinem Vater oder seiner Mutter nähergestanden habe:

Der Mutter. Von meiner Mutter hab ich auch das größere Vorbild in der persönlichen Disziplin. Meine Mutter war Krankenschwester. Operationsschwester. Also, ich will ganz ehrlich sein. Da mußte zu Hause alles so ordentlich sein wie auf dem Operationstisch. Wenn etwas nicht an Ort und Stelle war, wurde ich kritisiert, ermahnt, erzogen. Als junger Mensch wollte ich gern erwachsen sein, um nicht immer erzogen zu werden. Auch wenn ich im Arbeitersport als Kind, als Kinderfunktionär Aufgaben übernommen hatte, wurde ich genauso kontrolliert (schnauft) wie in allen anderen Sachen. Ich hab sogar, um nicht kontrolliert zu werden, Schularbeiten, die Hausaufgaben, später in der Schule gemacht. Und wollte immer gern erwachsen werden. Und später war ich meiner Mutter sehr, sehr dankbar, daß sie mich zur Gewissenhaftigkeit, Disziplin und Exaktheit erzogen hatte. Bei meiner Mutter stimmte Wort und Tat mehr überein als bei meinem Vater. Ich bin meinen Eltern gegenüber sehr ehrerbietig, aber ich muß Ihnen die Wahrheit sagen, Sie haben mich gefragt, wem ich näherstand, ich wollte es begründen.

Von seiner Mutter hören wir nicht, daß sie Kommunistin gewesen wäre. Aber ihre Kontrolle, der er nicht ausweichen konnte und die er dann übernimmt, um nicht mehr erzogen zu werden, hat ihn mehr für die kommunistische Organisation prädisponiert als das kommunistische Bekenntnis des Vaters. Die Verinnerlichung des Operationstisches seiner Kindheit muß tief gegangen sein und scheint noch heute seine Wahrheitsliebe, die er mir immer wieder wie ein Kind beteuert, zu beherrschen. Aber genaugenommen habe ich nicht verstanden, warum er glaubte, mir die Wahrheit sagen zu müssen. Nur weil ich ihn fragte? Er hätte sich ja auch meine neugierigen Fragen verbitten können. Das tat er nie. Unermüdlich ging er auf jede meiner Fragen ein, auch wenn sie seine politische Identifizierung mit der KPD/SED herausforderten, und erging sich äußerst beschlagen in langen Ausführungen zur Ideologie und Geschichte seiner Partei, die zwar «Fehler» gemacht, aber im Grunde recht behalten habe. Und doch blieb mir unklar, was er in den fünfziger Jahren gemacht hatte.

Zwiespalt von Wort und Schrift

Über eine Stelle in diesen politischen Streitgesprächen bin ich gestolpert, als ich die Tonbandaufzeichnung des Interviews nach dem Gespräch anhörte. Wir hatten da über die sog. Parteiüberprüfung 1950 gestritten, bei der nach der Stalinisierung der SED 1948 ein erheblicher Teil der Mitgliedschaft ausgeschlossen worden war, und über die sog. Slansky-Affäre, also jene letzte große stalinistische Säuberungswelle, die zwischen 1949 und 1953 durch die osteuropäischen kommunistischen Parteien ging. Ich interpretierte beide als überhaupt nicht zu rechtfertigende Unterdrückungsmaßnahmen, im ersten Fall gegen die Sozialdemokraten in der SED, im letzteren gegen die kommunistischen Führungsfunktionäre, dic im Zweiten Weltkrieg in westlicher statt sowjetischer Emigration gewesen waren. Herr Haber, der sonst immer genau abwägend formulierte, wurde immer erregter und schien schließlich die Kontrolle über seine Sprache zu verlieren:

I.: Die ganze Westemigrantenfrage hängt da ja dran.
L. H.: Nein, nein, nein, ne ne ne.
I.: Aber die Leute sind ja damals rausgeschmissen...
L. H.: Die sind nicht rausgeschmissen (worden). Ich kenn keine, stimmt gar nicht.
I.: Na. Also, ich hab z. B. den Bruno Goldhammer[4] noch interviewt, als er noch gelebt hat.

4 Bruno Goldhammer war als Jude und kommunistischer Funktionär 1933 in die Schweiz emigriert. Nach seiner Rückkehr 1945 war er kurzzeitig bayerischer KPD-

L. H.: Ja, aber mit dem Bruno Goldhammer, das hing ja damals mit einer ganz anderen Sache zusammen. Hing ja nicht mit westlicher Emigration zusammen. Wir haben ja soviele Leute, auch aus westlicher Emigration... Kann ich ihnen 20 Leute nennen.

I.: Angeblich mit der Noel-Field-Affäre [5] hing das zusammen.

L. H.: Und mit noch paar andern Sachen. Ja, das war ungerechtfertigt, aber nicht weil er in westlicher Emigration war, da wurde einiges maßlos überspitzt. Jetzt will ich Ihnen aber sagen, wissen Sie, das ist nämlich viel komplizierter. Das kann man am Tisch nachhinein viel einfacher darstellen, als das im Leben in Wirklichkeit ist. Will Ihnen mal was sagen: Wir haben in der faschistischen Zeit – ich hab vorhin drauf angespielt – im KVJD bei uns drei Leute in die faschistische Hitlerjugend delegiert. Die waren dort illegal drin tätig in unsrem Auftrag. Die mußten darin Uniform tragen. Aber da haben wir kein Protokoll darüber gefaßt. Ich war der einzige, der noch am Leben war. Die meisten andern haben gesagt, das sind Verräter geworden. So, jetzt beurteilen Sie mal, daß die Aussage (zutrifft), wo die (andern) möglicherweise noch ein Foto bringen, wo der mit andern drauf ist und noch eine Hitlerfahne mit drauf ist. Und wir haben kein Protokoll. So, und die, die jetzt die Sache beurteilen sollen, und keiner ist mehr am Leben, der... Stelln Sie sich erst mal so in anderem Zusammenhang mit – wir haben immer Go [6] gesagt, ich hab ihn gut gekannt, deshalb fragte ich, mit wem Sie gesprochen haben. Entschuldigung, ich sag jetzt wieder Go. Jetzt stelln sich das in anderm Zusammenhang mal mit Go vor. Oder, die... bei mir zum Beispiel. Ich wurde...

I.: Aber der Goldhammer war doch nicht in der HJ.

L. H.: Nein, ich sag das in ganz anderem Zusammenhang. Äh, gibt es, über Dinge, da gibt es Dokumente oder Material, das dokumentarischen Charak-

---

Vorsitzender und ging dann als führender Kulturfunktionär nach Ost-Berlin. Im Zuge der Slansky-Affäre wurde er der Kooperation mit dem US-Geheimdienst bezichtigt und kam 1952 in ein Arbeitslager nach Workuta, aus dem er nach Chruschtschows Entstalinisierungsrede 1956 halbseitig gelähmt zurückkehrte. Er wurde rehabilitiert und zum nominellen Chefredakteur einer Illustrierten erhoben, konnte sich aber nicht mehr bewegen.

5 Kommunistischer Ausdruck für die Slansky-Affäre. Noel Field war im Zweiten Weltkrieg als Vertreter einer amerikanischen Hilfsorganisation der US-Botschaft in Bern attachiert und hielt dort Verbindung mit den Emigranten aus der Arbeiterbewegung der vom Faschismus beherrschten Länder, darunter zahlreichen (meist jüdischen) späteren kommunistischen Führungsfunktionären in der ČSSR, Polen, Ungarn, Bulgarien und der DDR, darunter auch dem Generalsekretär der KPČ Slansky. Auf der Höhe des Kalten Krieges wurden seine Verbindungsleute als Agenten des US-Geheimdienstes angeklagt und sehr viele – vor allem in Ungarn und der ČSSR – hingerichtet.

6 Goldhammers Spitzname im KJVD.

ter trägt, über andere Dinge nichts. Die aber jetzt darüber befinden, die haben nur das Material und nicht das andere, weil diejenigen, die da irgendwas beschlossen haben oder was, nicht mehr am Leben sind. Solche Fälle hat es viel gegeben. Und so entstehen Fehler. Fehlurteile. Und das war auch ungerecht bei ihm. Im nachhinein hat man, konnt man dann da was aufdecken, aber das dann, da wars zu spät. Ja, solche Sachen hat es gegeben, aber das betraf nicht die westliche Emigration, möcht ich ausdrücklich sagen. Denn unsere ganzen Genossen, die wir hier haben, auch in unserem Komitee, die waren doch fast alle im Westen, also die meisten waren im Westen in der Emigration.[7]

Der Ärger kommt immer zu spät, wenn man sich als Interviewer beim Wiederanhören bei einem groben Fehler erwischt. Mit meinem überflüssigen Hinweis, daß Goldhammer doch nicht in der HJ gewesen sei, hatte ich abgewürgt, daß mir Herr Haber vor lauter Erregung gerade etwas über sich sagen wollte. Aber was? Daß auch in bezug auf seine Person in der Partei Zweifel an seinem Verhalten im Dritten Reich aufgekommen seien? An diesem Musterbild von Parteitreue, Antifaschismus und Wahrheitsliebe? Es half mir wenig, mir zugute zu halten, daß Habers Gedankenführung in diesem Abschnitt in der Tat ziemlich verwirrend klingt. Durch meine Erwähnung Bruno Goldhammers als Opfer der letzten stalinistischen Säuberung, der sich als Habers Jugendfreund Go aus dem KJVD herausstellte, waren bei ihm vermutlich zwei Assoziationsketten entstanden, von denen die eine die Fehlurteile der stalinistischen Säuberung und die andere die Beweisnot ehemaliger KJVD-Mitglieder in bezug auf den Nachweis ihres Antifaschismus betrifft. Für ihn scheint es da ein gemeinsames Thema zu geben, das er auch an seinem eigenen Fall exemplifizieren könnte: der Widerspruch zwischen einer geheimen Wahrheit, die nur die Subjekte illegaler Widerstandstätigkeit wußten, und gegenteiliger Belege, die sie auch bei ihren Genossen als Feinde verdächtig machten. Und daß die Genossen nicht dem Wort der Genossen, sondern der irreführenden Schrift feindlicher Belege glaubten und daß daraus in der Endphase des Stalinismus Fehlurteile entstanden, die erst zu spät revidiert werden konnten.

---

7 Nebenbei gesagt, ist es mir nicht gelungen, von Herrn Haber die Namen und Anschriften dieser Westemigranten, die ich gar zu gerne interviewt hätte, zu erhalten.

Wieder zu Hause, suchte ich nach Spuren Habers in der Literatur und merkte, daß ich mit einer Unperson aus der frühen DDR-Geschichte gesprochen hatte, die – obwohl rehabilitiert – in den Geschichtsbüchern der DDR nicht mehr vorkam. Dabei war er von 1950 bis 1953 der Sekretär für Kultur und Wissenschaft im Zentralkomitee der SED gewesen und damit so etwas wie der erste Kultusminister der DDR. Dieses Amt gab es damals, als noch die Länder existierten, auf gesamtstaatlicher Ebene noch nicht; es wurde erst in seiner Nachfolge geschaffen und repräsentativ mit dem allbekannten Dichter Johannes R. Becher besetzt. Die Angaben in der westlichen Literatur über Habers Herkunft und Alter sowie über seine vermeintliche Emigration 1933 in die ČSR stimmten zwar mit den Angaben «meines» Herrn Haber nicht überein; aber sonst deutete alles darauf hin, daß ich mit dem Ludwig Haber gesprochen hatte, der 1950 als einer der jungen Leute Ulbrichts die stalinistische Kulturpolitik in der DDR gegen die moderne Kunsttradition der KPD durchgedrückt hatte und im Mai 1953 im Machtkampf Ulbrichts mit Franz Dahlem, dem Haber nahegestanden hatte, fallengelassen worden war.[8] Damals war er in einer ZK-Sitzung, deren Protokoll veröffentlicht wurde, unter der Anschuldigung gestürzt worden, er und Lena Fischer, die seinerzeitige Landesleiterin der KJVD (die ebenfalls jetzt ZK-Mitglied war und Ulbrichts Rivalen Dahlem nahestand) seien bei ihrer Verhaftung 1935 vor der Gestapo «schwach geworden» und hätten dadurch die Aufrollung des illegalen KJVD ermöglicht. Lena Fischer wurde sogar aus der Partei ausgeschlossen, Haber nur aus dem Zentralkomitee.

In einem Personennachschlagewerk aus der Bundesrepublik tauchte er in den sechziger Jahren noch einmal auf, und zwar zeichnete er als Sekretär für Kultur und Erziehung einer SED-Bezirksleitung verantwortlich für die größte Universität der DDR, an der er zugleich als Dozent für internationale Arbeiterbewegung unterrichtete. Ich begann zu verstehen, warum der Hochschullehrer in der Ära

8 Zu diesem Komplex ausführlich Frank Thomas Stößel: Positionen und Strömungen in der KPD/SED 1945–1954, 2 Bde. Köln 1985, S. 557ff sowie für das Umfeld Martin Jänicke: Der dritte Weg, Köln 1964.

Ulbricht – wie er mir bei meinem Herumstochern im Nebel seiner Nachkriegsbiografie gesagt hatte – «keine Zeit zum Promovieren gefunden hatte».

Zwei Monate später besuchte ich Herrn Haber noch einmal und konfrontierte ihn mit meinen Erkenntnissen. Er antwortete lakonisch: «Schon wahr, ja.» Und ließ sich ohne Zögern darauf ein, seine Tätigkeit im Untergrund des KJVD, seine Verhaftung 1935, den Zusammenhang seiner Bildung in der Arbeiterkulturbewegung und im Zuchthaus mit seiner Kulturpolitik in der DDR, seinen Sturz und seine Rehabilitierung durchzusprechen, und auch dieses zweite Interview kulminierte schließlich wieder in einem Streitgespräch, diesmal über seinen ungebrochenen Glauben an die Partei. Der Widerspruch zwischen Wort und Schrift bezeichnete in der Tat das Trauma seines Lebens.

Kurzgefaßt stellte sich der Sachverhalt jetzt so dar: Die Landesleiterin des illegalen KJVD war dem Landesleiter der illegalen KPD berichtspflichtig. Dieser war erst nach 1933 eingesetzt worden und ihr unbekannt. Von Genossen in der ČSR erfuhr Lena Fischer seinen Aufenthaltsort und einen komplizierten Code zur Erkennung, fuhr hin und fand alles wie beschrieben und erstattete ihrem Vorgesetzten mehr als zwei Stunden ausführlichen Rapport über Aktivitäten und Personalprobleme ihres Landesverbands.[9] Was sie nicht wußte, war, daß der Landesleiter der KPD bereits aufgeflogen war und sie alles dem Dresdner Gestapochef berichtet hatte, dessen Protokoll hinterher in ihren Akten als ihr «Geständnis» firmierte. Nach ihrer Verurteilung durch den Volksgerichtshof zu einer längeren Freiheitsstrafe war sie zwei Jahre in Haft und wurde dann, weil sie die sowjetische Staatsbürgerschaft besaß, 1938 gegen einen deutschen Spion in russischem Gewahrsam ausgetauscht. In Moskau, wo gerade die Säuberungen ihrem Höhepunkt zutrieben, verschwieg sie ihre peinliche Rolle bei

9 Der Vorgang zeigt, daß in den ersten Jahren des Dritten Reiches in selbstmörderischer Weise versucht worden war, den bürokratischen Kontrollapparat der KP in der Illegalität zu erhalten, was allen Regeln konspirativer Widerstandstätigkeit durch verselbständigte Kleingruppen widersprach, die Aufrollung dieser Organisationen durch die Gestapo erleichterte und die Kommunisten zu einem gefürchteten Sicherheitsrisiko überfraktioneller Zusammenarbeit im Widerstand machte.

der Zerschlagung ihrer Organisation und blieb auch nach ihrer Rückkehr in die SBZ bei diesem Schweigen – und beging damit die Todsünde eines Kommunisten: Unaufrichtigkeit gegenüber der Partei.

Ludwig Haber war 1934 bei seiner illegalen Reise nach Moskau zum Kandidaten des Zentralkomitees gewählt worden, weil fast nur aus seinem Bezirk über Erfolge in der Herstellung der Einheitsfront im Widerstand (die Gespräche mit seinem Fußballkameraden aus der SAJ im bürgerlichen Sportverein) und in der Taktik des Trojanischen Pferdes (gewerkschaftliche Opposition im Rahmen der ‹Deutschen Arbeitsfront›) berichtet werden konnte. Zur selben Zeit war aber zu Hause die übrige Führung dieses illegalen KJVD-Bezirks verhaftet worden, denn die Nazis hatten ihrerseits Trojanische Pferde auch in die illegalen kommunistischen Organisationen geschickt. Haber wurde deshalb von Moskau aus als hauptamtlicher Leiter in einen anderen Bezirk entsandt, wo er bald wieder ähnliche Erfolge entfaltete und u. a. im Begriff war, mit sozialdemokratischen Schriftsetzern, deren Bildungshochmut er mit seinen optisch-mathematischen Kenntnissen Respekt abtrotzte, im Rahmen eines Sportvereins eine gemeinsame Organisation aufzubauen. Dafür sollte er als Untergrund-Delegierter zum 7. Weltkongreß der Kommunistischen Internationale 1935, auf dem der neue und von ihm schon keimhaft praktizierte Volksfrontkurs verkündet werden sollte, nach Moskau fahren. Aber zwei Tage vor seiner Abfahrt wurde er infolge von Lena Fischers fehlplaziertem Bericht von der Gestapo verhaftet.

Bei den Verhören versuchte er zunächst, seine wahre Identität zu verbergen, um nicht über seine Moskauer Erfahrungen ausgequetscht zu werden. Nachdem er aber zweimal zusammengeschlagen worden und Lena Fischer (die er damals selbst für eine Verräterin hielt, was ihn später moralisch sehr belastet habe) gegenübergestellt worden war, und nachdem er hatte erkennen müssen, daß die Gestapo bereits «alles» wußte, begann er auszusagen, aber seine Aussagen so zu dosieren, daß er nur über Genossen aussagte, die bereits auf Grund von Lena Fischers Bericht verhaftet waren, so daß er einerseits nicht mehr wegen Aussageverweigerung zusammengeschlagen wurde und andererseits doch nichts preisgab, was der Gestapo nicht ohnehin schon bekannt war. Daraus ergab sich eine Gestapo-Akte, die für jeden, der diese Dosierung nicht durchschaute, als die eines «schwach Gewordenen», der zahlreiche Genossen preisgegeben hatte, erscheinen mußte. Im Gegensatz zu Lena Fischer hatte er ca. 1947, als er Kulturfunktionär auf Landesebene geworden war und ein Studium an der Parteihochschule begann, in einem Bericht über seine Widerstands- und Hafterfahrung jedoch die Parteidienststellen über seine Sicht seiner Verhaftung und Verhöre unterrichtet, aber der Bericht war irgendwo in der Bürokratie verlorengegangen. Anfang der fünfziger Jahre waren jedoch seine (und Lena Fischers) in Westberlin lagernde Volksgerichtshofakten über die Besatzungsmächte seiner Partei zugänglich gemacht worden, und deren Parteikontrollkommission hatte – in Unkenntnis seiner verlorengegangenen Gegendarstellung – diese Aktenlage mehrheitlich für einen Beleg eines «schwach Gewordenen», der zudem seine Erfahrung vor seiner Partei verborgen habe, angesehen und entsprechend Anfang 1953 seine Entfernung aus dem ZK empfohlen. Dagegen erhob er sofort in einer Eingabe Widerspruch, die zwar keine aufschiebende Wirkung für seinen Sturz hatte, aber dazu führte, daß nach einem Jahr sein Bericht von 1947 gefunden wurde, worauf er 1954 rehabilitiert und wieder mit verantwortlichen Parteifunktionen betraut wurde, allerdings auf Bezirksebene.

Das andere Selbst

Das mag so gewesen sein. Wenn es so gewesen sein sollte, würde es meine Achtung vor Herrn Habers Opposition im Dritten Reich nicht mindern, aber eine ungebrochene antifaschistische Tradition konnte man daraus schwerlich schmieden. Und dabei war Herr Haber noch von seiner Partei als Hort der Traditionspflege ausgewählt worden, oder wie er mir beim ersten Mal gesagt hatte, «gegen seinen Widerwillen» in die Geschichtsarbeit gedrängt worden. Wie mochten Wirklichkeit und Legende erst bei weniger vorzeigbaren Antifaschisten zusammenstimmen?

Vor allem wollte es mir nicht in den Kopf, daß das, was ich nun aus seinen Aussagen als Sachverhalt zusammengefaßt habe, alles gewesen sein sollte. Darüber haben wir in unserem zweiten Gespräch lange gestritten. Erst nach mehr als einer Stunde konnte ich ihm wenigstens entlocken, daß er, der seine Jugend wegen seiner Aktivität für die kommunistischen Organisationen im Zuchthaus verbracht und Todesangst ausgestanden hatte, darüber «enttäuscht» gewesen sei, daß seine Partei einer Gestapo-Akte mehr glaubte als ihm und ihn just deswegen zwei Jahrzehnte später auf spektakuläre Weise aus einer prominenten politischen Funktion entfernte.

Ja, sicher hat das eine Enttäuschung gegeben, das wäre ja Unsinn, das zu verschweigen. Ich hab aber gleich gesagt, ich hab irgendwie das Gefühl gehabt, das muß sich irgendwie klären.

Die schließliche Einräumung dieser Enttäuschung war für ihn nur das Zugeständnis eines Gefühls, das für seine Sicht der Dinge keine Rolle mehr spielte und kaum je eine Rolle gespielt habe.

Ständig warb er bei mir um Verständnis für die, die ihn gestürzt und seine Verschmelzung der Person mit der Sache nach zehn Jahren Zuchthaus und fast zehn Jahren in höchsten Leitungsfunktionen in Zweifel gezogen hatten: die Aktenlage habe ja in der Tat gegen ihn gesprochen, besonders da seine Gegendarstellung nicht auffindbar gewesen sei, und daß

«möglicherweise ich selbst, wenn ich diese Akte in der Hand gehabt hätte, einen solchen Vorwurf unterbreitet hätte.» Und später betonte er noch einmal: «Also deshalb sag ich, wenn ich in so einer Funktion wär, ich hätte vielleicht auch so entschieden über einen, bei dem derselbe Vorgang wie bei mir (vorlag), also gewissermaßen über mich selbst.»

An anderer Stelle betonte er aber in unserem Gespräch mehrmals, daß er selbst nie Personalakten studiert, sondern sich sein Urteil durch Gespräche mit den Betroffenen gebildet habe. Nein, es habe sich nicht um eine Parteiintrige im Zusammenhang der Rivalität oder fraktionärer Kämpfe zwischen Ulbricht und Dahlem gehandelt; zwar sei er in der Tat mit Dahlem befreundet gewesen und es habe auch Auseinandersetzungen zwischen Dahlem und Ulbricht gegeben, aber da habe es sich nur um teilweise Meinungsunterschiede in einzelnen politischen Sachfragen gehandelt. Nein, er habe keinen Groll gegen Ulbricht, der seinen Sturz verkündet hatte, gehegt, sondern er sei auch mit Ulbricht «gut dran gewesen», habe ihn sogar wenige Wochen danach («da war der 17. Juni dazwischen») getroffen, und sie hätten sich «freundlich die Hand gegeben» und über andere politische Probleme miteinander gesprochen:

«Es war so, als ob überhaupt nichts gewesen wäre.»

Nein, er habe nicht in der Zeit zwischen seinem Sturz und seiner formalen Rehabilitierung an seiner Partei gezweifelt, vielmehr habe er sich damals gesagt:

«zur Sache muß man auch stehen, wenn man mal mit einem Problem nicht einverstanden ist, und wenns einen selbst berührt.»

Herr Haber hatte in erstaunlichem Umfang die Gabe, sich mit anderen Augen zu sehen, und zwar denen der zuständigen höheren Instanzen seiner Partei. Die Autorität dieses Über-Ich, gegen das sich sein Ich in der Krise nur noch mit Hoffnung und auf dem Petitionswege rühren konnte, war in ihm um so stärker, als er selbst auch ein solcher anderer gewesen war. Es waren gleichsam seine eigenen Augen, die ihn unnachsichtig prüften und seiner verzweifelten Erinnerung die feindlichen Belege vorhielten. Einst wollte er durch die Übernahme der asketischen Disziplin seiner Mutter schneller erwachsen werden, um nicht mehr erzogen zu werden, und nun, auf der Höhe seiner Macht, wurde er wieder erzogen und hatte keine Ausflucht mehr, weil sich die Disziplin der Partei tiefer in sein Leben eingeschrieben hatte als in das der meisten.

Ein Kommunist, das ist eine alte kommunistische Auffassung, in der bin ich auch selbst erzogen worden als junger Mensch: ein Kommunist ist immer etwas Gewordenes, niemals etwas Fertiges.

Etwas. Wir befinden uns im Priesterseminar des Gotts der Sachen, wo Menschen nach dessen Bild geformt werden und die Erziehung nie aufhört. Auch Kommunisten sind Wanderer zwischen zwei Welten, aber auch die höhere ist hienieden. Das jüngste Gericht tagt an einem Tag wie jeder andere, und es entscheidet nach Aktenlage.

Aber solche Assoziationen verführen zu einer Schlüssigkeit, die zwar nicht ganz die von Herrn Habers antifaschistischer Beglaubigung des Kommunismus ist, aber doch auch das Widersprüchliche unberücksichtigt ließe. Z. B. hatte er in unserem Streitgespräch erwähnt, daß schon vor seinem Sturz in der Parteikontrollkommission gegen ihn ermittelt worden sei, und zwar weil er während seiner illegalen Tätigkeit 1934 einmal in Mährisch-Ostrau in der ČSR gewesen sei, damals der Wohnort von Slansky. Hatte also schon 1952 jemand am Stuhl des Zdanow der DDR gesägt und ihn durch eine weithergeholte Unterstellung den Hexenjägern der Slansky-Säuberung ausliefern wollen? Oder war der Hexenwahn damals so hysterisch, daß ex officio jedermann in Verdacht geriet, der auch nur seinen Fuß in dieselbe Stadt wie der Hauptangeschuldigte gesetzt hatte, und sei es auch über zehn Jahre, bevor dessen angebliche Verbrechen überhaupt begonnen hatten? Jedenfalls war diese erste Inquisition für Haber im Sande verlaufen, aber er hatte doch die Instrumente gesehen.

Warum erwähnt Haber z. B. an strategischen Stellen in unserem Gespräch immer wieder Sozialdemokraten, angefangen von seinen sozialdemokratischen Ausbildern und Sportkameraden in seiner Jugend – denen als einzige faßbare kommunistische Figur nur sein unglaubwürdiger Vater gegenübersteht, der ihm die Annahme eines Stipendiums für eine höhere Schule verbot, damit sein Sohn nicht durch Wissen verbürgerliche – bis hin zu Grotewohl, vor dem er eine «Riesenhochachtung» hatte, weil er mit seiner Autorität «über den Dingen» gestanden habe, während er von Ulbrichts Autorität sagt, die habe der eben bekommen, weil er häufig frühzeitig auf dem richtigen Dampfer war und weil von außen viele Entscheidungen mit seinem Namen verbunden worden seien? Alle persönlichen Beziehungen, die er erwähnt, rutschen aus der Parteilinie: Während des ultralinken Kurses ist er in einem sozialdemokratischen Sportverein und mit einem SAJ-Vorsitzenden befreundet. Aus der Haftzeit erwähnt er zwar mehrere Kommunisten, aber nur einen «Freund» unter den Mithäftlingen: Fritz Erler, den nachmaligen stellvertretenden Vorsitzenden der westdeutschen SPD. Er heiratet eine Tochter aus einer sozialdemokratischen Bilderbuchfamilie und «achtet diese Tradition sehr», profitiert von ihrer Bildung, und von seinen Kindern sagt er nichts Politisches, sondern ist stolz, daß zwei promoviert sind und daß der dritte hätte promovieren sollen, aber dazu keine Zeit fand. Und aus seiner ZK-Zeit erwähnt er wieder nur einen «Freund», nämlich Ulbrichts Rivalen Franz Dahlem, einen Westemigranten, der kurze Zeit nach ihm gestürzt und auch zu spät rehabilitiert wurde, um seine vormaligen Ämter wieder zu erlangen.

Vielleicht sollte ich ihm glauben, daß ihm sein Sturz aus dem Getriebe der hohen Politik in der Endphase des Stalinismus gar nicht so schlimm war, nachdem die Zweifel seiner Partei an seiner Ehre als Kommunist zurückgenommen worden waren. Denn diese Zweifel hätten damals seine mit der Partei verschmolzene Lebensidentität zerrissen. Aber zugleich erhielt er eine Chance, einen anderen Lebenstraum auszuleben und akademischer Lehrer zu werden und dadurch den anderen roten Faden seines Lebens, die Ausbildungsgeschichte eines Hochbegabten, dem eine höhere Bildung verweigert worden war und der in seiner Tätigkeit quasi als Kultusminister seine Bildungsressourcen gewaltig überreizt hatte, weiterzuspinnen und dadurch eine ihm unabhängig erscheinende Identität zu gewinnen. Gewiß, auch das wäre er ohne die Partei nicht geworden, aber er hat es dann durch eigene Leistung noch einmal erworben, um es zu besitzen.

Sofort als Dozent eingestellt. Mit Hochschulstatus. Nicht, also das war schon etwas.
I.: Ja, es war doch aber überhaupt nichts im Vergleich zu dem, was Sie vorher gewesen waren?
L. H.: Trotzdem... Wissen Sie, damals war das noch nicht so. Da warn nicht heutige Verhältnisse. Damals war es so, als noch die ehemals bürgerlichen Professoren die Majorität hatten, ch da jemand als Dozent anerkannt wurde, da mußte schon etwas dahinter sein, ja.

Und noch öfter bekräftigte er diesen Stolz des Autodidakten auf sein zweites Leben als Wissenschaftler, in dem er seine Leistung anerkannt fühlte, wenn auch durch wissenschaftspolitische Instrumente, die er selbst als Politiker eingeführt hatte und die der akademischen Welt fremd waren wie etwa eine institutionelle Gesamtbewertung der Lehrtätigkeit von Professoren:

Ich hab mich zu wohl gefühlt in dieser Arbeit. Ich sag's Ihnen ganz ehrlich. Wissen Sie, das ist ein schönes Gefühl, wenn man als Hochschullehrer die Überzeugung hat, man kommt bei seinen Hörern an. Das klappt nicht bei jeder Vorlesung, aber in der Regel doch. Und wenn Sie merken – ich habe auf Grund der Qualität meiner Arbeit, bitte verstehn Sie mich nicht falsch, aber auch am philosophischen Institut Vorlesungen gehalten und wurde dort in der Gesamteinschätzung gleichwertig mit Hans Mayer, der jetzt in Tübingen ist, und mit dem Direktor des Instituts, Robert Kopp, wurden meine Vorlesungen gewertet. Wissen Sie, wenn Sie dann an einer Dissertation arbeiten, und in diesem Stoff drinstecken – Sie sind doch selbst Wissenschaftler! – da ist Ihnen vielleicht der Gehalt der wissenschaftlichen Arbeit mehr denn als Leiter zu fungieren.

Kultur und Politik

Warum war Ludwig Haber ZK-Sekretär für Wissenschaft, Kultur und Volksbildung geworden? Auf diese Frage hat er keine Antwort. Angestrebt hatte er diese Funktion jedenfalls nicht, sondern er war äußerst überrascht, als er zum erstenmal ins ZK gewählt und am selben Tag mit dieser Aufgabe betraut wurde, so als würde einer, der Abgeordneter werden wollte, am Tage seiner ersten Wahl auch sogleich Minister. Seine Aufgabe in der Zentrale erinnert er als «ein sehr schweres Brot», denn «eigentlich war ich für diese Funktion im zentralen Maßstab nicht vorbereitet». Er kann es sich selbst nur so erklären, daß 1946/47 seine ideologischen Umschulungskurse[10] für Mediziner und andere Professoren, die Nazis gewesen waren, aber weiter gebraucht wurden, seine sorgfältig vorbereiteten Beiträge zur Ideologie und Parteigeschichte in der Diskussion um die Vereinigung der

10 Er selbst bereitete sich auf diese Weiterbildung zunächst anhand der einzigen drei einschlägigen Texte vor, die er besaß: vor allem der Einführung in Fragen der Philosophie von August Thalheimer, der als Rechtsabweichler an sich schon lange aus der Parteiideologie verbannt war, einem Vorwort von Hermann Duncker und dem 4. Kapitel aus dem Kurzen Lehrgang der KPdSU(B). Diese unkonventionelle Hungerration hat er dann aus der über den Faschismus geretteten sozialdemokratischen Bibliothek der Familie seiner Frau ausgeweitet, z. B. bei der Ausarbeitung eines Referats über ‹August Bebel und die Sprache›.

Arbeiterparteien[11] und seine als ausgezeichnet bewerteten Leistungen an der Parteihochschule[12] höheren Orts aufgefallen seien, und er erwähnt in diesem Zusammenhang wieder Grotewohl, und zwar als Laienmaler und wegen seiner literarischen Interessen.

Nun qualifiziert ein gerade, und sei es auch noch so gut abgeschlossenes Studium in der Regel noch nicht zum Kultusminister. Es müssen sich also andere darüber Gedanken gemacht haben, warum man der Wissenschaft und Kultur der jungen DDR 1950 einen noch jungen bildungsbeflissenen Arbeiter, einen in seinem Antifaschismus und in seiner Treue zur Sowjetunion erprobten Kommunisten und zugleich einen mit der sozialdemokratischen Tradition verschwägerten Vertreter der Weimarer Arbeiterkultur- und -Sportbewegung vorsetzen sollte. Welche Gedanken das waren und wer sie sich machte, wissen wir nicht. Aber es riecht nach einem Kompromiß: nach einer sozialdemokratischen Mäßigung und zugleich glaubwürdigen Repräsentation jener gegen die Autonomie bürgerlicher Fachleute und die internationale Moderne gerichteten Kulturpolitik der Volkstümlichkeit und einer jeweiligen Nationalkultur, die Zdanow in der Sowjetunion erneuert hatte und die in der Zuspitzung des Kalten Krieges für den ganzen von Moskau beherrschten Block verbindlich gemacht werden sollte.

Herr Haber rekapituliert die Schwerpunkte seiner politischen Aufgabe und erwähnt ihre Grundlagen und Schwierigkeiten:

11 Auf meine Frage, ob er sich gern in diesen Diskussionen geäußert habe und ein spontaner Redner gewesen sei, sagte er: «Nein. Ja, aber dann nie ohne Logik. Ich hab mir dann stenographische Stichworte gemacht, eine Logik aufgebaut dabei, es ging mir auch immer um die Beweisführung, nicht? Um ein Argument, aber auch ein Fakt, der mit dem Argument in Übereinstimmung steht. So und so bin ich in diese Funktion gekommen, für mich völlig überraschend. I.: Wie hieß die denn offiziell? L. H.: Sekretär für Kultur und Wissenschaft. In etwa das, was jetzt Kurt Hager macht. Das war (damals) nicht Politbüro, das war Sekretariat. I.: Und hatten Sie noch einen Vorgesetzten in dieser Frage damals oder waren Sie der Överste? L. H.: Nein, da war ich eigentlich der Oberste.»

12 Ihm wurde eines von den drei Jahren dieses Studiums geschenkt, was er mit der ebenso bescheidenen wie richtigen Bemerkung kommentiert, er werde den Verdacht nicht los, es seien eben Leute schneller gebraucht worden.

Das war im Wissenschaftsbereich die zweite Hochschulreform, also, die Einführung des marxistisch-leninistischen Grundlagenstudiums, das war das Wesentliche. Zu meiner Zuständigkeit gehörte auch die Volksbildung. Dazu gehörte im Volksbildungsbereich eine weitere Demokratisierung, die Einführung des ganzen Prinzips der Elternbeiräte. Im Kulturbereich waren die Sachen äußerst kompliziert. Es war damals eine solche Tendenz, in der Bildenden Kunst vor allen Dingen die abstrakte Kunst zu überbewerten und gewissermaßen eine Kinderkrankheit zu wiederholen, die es auch einmal in Sowjetrußland gab, (...) im Kulturbereich eine Art Umsturz der Kultur durchzuführen. Als ob der Sinn der Kulturrevolution darin bestünde, die Kultur an sich zu revolutionieren und dabei alles, was an Progressivem in der Vergangenheit geleistet wurde, zu negieren. Das war eine Sache.
Die andre Sache war, es machten sich stark kosmopolitische Tendenzen breit. Aber muß man auch sehen, das war eine Nachwirkung der ganzen Reaktion auf die Nazi-Zeit. Und es gab nun solche Fragen wie, man darf keinen Wagner spielen in der Oper. Und da sagt mir ein sowjetischer Kulturoffizier: ‹Was haben Sie als Deutscher gegen Wagner? Wir haben sogar Wagner während des Zweiten Weltkrieges gespielt.› Er hat mir das ganz genau alles erzählt. Dann eine Negierung, starke Negierung des deutschen Volksliedes und des Volksliedgutes. Eine Negierung auch der deutschen Romantik, der Romantik allgemein, aber der deutschen Romantik insbesondere, weil die Faschisten die Kulturwerte in Nazi-Deutschland besonders mißbraucht haben. Das führte uns...
I.: Nur die KPD hatte doch in den zwanziger Jahren grade mal für diese moderne Kultur auch gestanden, ne?
L. H.: Ja, ja! Ja, das war die Schwierigkeit, das war das Problem. Aber dabei hatte ich in gewisser Hinsicht – also wie gesagt, für mich stand die Frage theoretisch und politisch – ein großes Plus bei Johannes R. Becher, bei Erich Weinert ursprünglich...
I.: Bei Brecht wohl weniger.
L. H.: Zuletzt auch. Brecht hat mich in seine Wohnung eingeladen, zuletzt auch.

Er zählt mir dann eine ganze Reihe bekannter Künstler und Schriftsteller auf, mit denen er damals Gespräche führen konnte (vermutlich weil sie mit ihm Gespräche führen mußten), und scheint noch heute darüber beglückt, daß diese berühmten Leute ihn als Gesprächspartner akzeptierten (was blieb ihnen übrig?). Ich stelle ihn mir damals für seine intellektuellen Gesprächspartner als unwiderstehlich vor, hochintelligent wie sie, aber in seinem doppelten Glauben an die Macht des Geistes und der Partei gänzlich unzynisch und unbestechlich, es sei denn durch Anerkennung. Nach den Inhalten der Politik befragt, fährt er dann fort:

Eine große Rolle spielte das russische Vorbild und für mich die Reden, die seinerzeit Zdanow vor Kulturfunktionären und Künstlern gehalten hat. Ich habe alle diese Reden durchgearbeitet und habe mir gesagt: also das Anknüpfen an das klassische Kulturerbe über die Kultur der Arbeiterbewegung, aber einschließlich des Arbeiterliedgutes. Da hab ich immer Lieder, die von Dessau und von Eissler vertont wurden vor '33, hervorgehoben, daß wir dort weitermachen müssen, und nicht, ich will mal sagen, an Songs oder so etwas, die bloß eine kleine Gruppe singen kann. Man muß immer an die Zeit von damals denken, das sind ja über 30 Jahre zurück, nicht. Es gab ja damals also nicht eine Singbewegung wie heute, sondern damals gab es keine große Konferenz, wo nicht irgendwie gesungen wurde. In der FDJ wurde mehr gesungen als Politik gemacht. Aber es ging jetzt erst darum, was für Lieder singen. Es gab Lieder, die wurden auch von den Nazis gesungen. So und daran entstand nun die Diskussion. Aber die Nazis haben ja auch Lieder gesungen, die in der progressiven Wandervogel-Bewegung entstanden sind. Bis «Hoch auf dem gelben Wagen», oder «Wenn wir schreiten Seit' an Seit'», das ist gegen die Reaktion entstanden, nicht? Und um solche Fragen ging es dabei. (...)
Und dann ging es darum, auch dafür Sorge zu tragen, daß der Arbeiter als Gegenstand der Kunst verstanden wird. Damit hatten wir die größten Schwierigkeiten wiederum in der Bildenden Kunst. Einer der führenden bildenden Künstler (dem offenbar ein Arbeiter zum Portraitieren vorgestellt worden war) sagte mir, wenn ich einen solchen Knilch sehe und mir sage, ich soll den portraitieren, dann verrate ich die Kunst. Dieselbe Person hab ich dem Otto Nagel vorgestellt. Mit dem Otto Nagel war ich befreundet. Der hat mich riesig unterstützt, als es darum ging, diese Linie der Kunst, die Otto Nagel gepflegt hat, weiterzuführen. Und Otto Nagel war ja fast verfemt, weil er so lange in der Sowjetunion war. Er habe sich russifizieren lassen. Und da hab ich diese selbe Person, die von dem anderen genannt wurde, mit dem Otto Nagel bekannt gemacht. Hat der Nagel gesagt: Der Mann hat ja einen Kopf, den Mann muß ich portraitieren.
Ich hab dem Otto Nagel nicht gesagt, daß sein Kollege den einen Knilch genannt hat. Ich wollte nicht, daß irgendwie herauskommt, daß die Künstler dann sagen: ‹Der Sekretär des ZK spielt uns gegeneinander aus, wir haben im Vertrauen mit ihm so und so gesprochen und der sagt das dann weiter.› Also als ob ich unehrlich wäre, nicht. Jetzt verstehen Sie, an welcher Linie wir anknüpfen wollten. Und dagegen waren viele andere. Aber ich muß sagen, das war spezifisch in Berlin so.

In der Tat, Herr Haber hatte zwei der problematischsten Entscheidungen in der Kulturpolitik der DDR umzusetzen: die Verpflichtung zur ML-Schulung an allen Hochschulen und die Absage an die Kunst der Moderne. Die erste scheint ihm keine Probleme gemacht zu haben: es war ein bürokratischer Akt, die Studienpläne der Studenten um ein marxistisch-leninistisches Grundlagenstudium zu ergänzen und den Zugang des dafür notwendigen Lehrpersonals dadurch zu ermöglichen, daß man dafür die akademischen Qualifikationserfordernisse zumindest für eine Übergangszeit aufhob – Herr Haber sollte nach seinem Sturz selbst von diesen Regelungen profitieren. Wirksamer Widerstand dagegen war wenig wahrscheinlich, zumal damals noch die Zuständigkeit der Disziplinen für die Fachausbildung und deren traditionelle Instituts-Struktur nicht angerührt wurden. Die Ergänzung der Ausbildung in den Einzeldisziplinen durch ein fachübergreifendes Studium generale war außerdem seit langem Bestandteil aller Studienreformbemühungen, und daß es nun mit den Doktrinen des Marxismus-Leninismus angefüllt wurde, konnte unter den gegebenen Machtverhältnissen kaum überraschen.

Die Probleme lagen eher in der Langzeitwirkung, da die Akademiker der DDR durch diese auch noch kanonisch verkürzten Zwangsschulungen in zwei geistig extrem unproduktive Haltungen getrieben wurden: einerseits in die Kundigkeit, zwischen der offiziellen Doktrin und der persönlichen Fachauffassung zu unterscheiden und die letztere nach außen so auf die erstere zu beziehen oder verbal zu verpacken, daß man ‹keine Schwierigkeiten› bekam. Andererseits wurden die Absolventen der ML-Studien daran gewöhnt, die methodologischen und theoretischen Probleme ihrer Wissenschaften entweder durch die stalinistischen Dogmen für gelöst oder eine eigenständige Beschäftigung mit theoretischen Problemen für ein unfruchtbares oder politisch untunliches Vorhaben zu halten und die Theorie auslegungswütigen Kleingeistern zu überlassen.[13] Herrn Haber kann man

13 Am Ende der DDR läßt sich feststellen, daß durch die langfristigen Wirkungen dieser Fehlausbildung die Wissenschaft in der DDR daran gehindert wurde, selbst innerhalb der marxistischen Annahmen wesentliche Innovationen zu formulieren und den internationalen Austausch, wenn er denn möglich wurde, anders als zu pole-

aus diesen Wirkungen keinen Vorwurf machen, denn als wissenschaftsgläubiger Autodidakt und Parteischulabsolvent, der das parteiliche Dogmengerüst als vermeintlich objektives Korsett seines Wissenserwerbs kennengelernt hatte, konnte er keinen Einblick in den Zusammenhang zwischen Theoriefreiheit und Forschungsproduktivität haben. Die Verantwortung für die wissenschaftliche Selbstbeschränkung des DDR-Systems auf explikative und technische Leistungen und für die Vergeudung der Intelligenz auf die Rationalisierung neuer Erkenntnisse im Rahmen veralteter Annahmen trifft vielmehr diejenigen, die gerade ihm diese Verantwortung übertrugen.

Erkennbare Probleme machte ihm indessen die Einführung des sog. sozialistischen Realismus in der Kunst. Denn hier gab es auch innerhalb der kommunistischen Tradition Alternativen, und viele linke und jüdische Intellektuelle waren aus der Emigration ja gerade deshalb in die DDR zurückgekehrt, um hier in Erinnerung an die Avantgarde der zwanziger Jahre eine kulturelle Alternative zu Faschismus, Kapitalismus und nationaler Tradition zu schaffen. Ludwig Haber, der während seiner Amtszeit die neue Linie in einer gefürchteten Programmschrift «Gegen Formalismus in der Kunst, für sozialistischen Realismus» erläuterte, bezog hier bewußt eine andere Position und verfällt in der Erinnerung daran noch immer in den Originalton Ost der frühen fünfziger Jahre. Der in der späten DDR nicht mehr übliche Begriff «Kosmopolitische Tendenzen» war im ‹Neusprech› des Spätstalinismus der Deckname für den ehemaligen Internationalismus und kulturellen Avantgardismus («Formalismus») der Linken der Zwischenkriegszeit, der besonders seit seiner Rezeption durch die Vermittlung der europäischen Emigranten (z. B. des Bauhauses) in den USA als «internationaler Stil» bezeichnet wurde und seither im Osten als Ausgeburt des amerikanischen Kulturimperialismus galt. Ihm sollte in Kunst und Literatur ein «sozialistischer Realismus» entgegengesetzt werden und an jene populären Traditionen der jeweiligen Nationalkultur anknüpfen, die jetzt als

mischer Abwehr oder zum Nachexerzieren westlicher Angebote unter völliger Aufgabe eigener Ansätze zu nutzen.

deren «progressive Elemente» firmierten und darin den unter Arbeitern wenig goutierten formalen Avantgardismus der Weimarer Linken abgelöst hatten.

Herr Haber äußerte für die moderne Kunst nach 1945 nur insofern Verständnis, als sie ja auch vom Faschismus unterdrückt worden war, aber er konnte ihr nichts Positives abgewinnen. Statt dessen lag ihm das klassische Repertoire der wilhelminischen Arbeiterbildung und der Wandervogelbewegung am Herzen: deutsche Klassik und Romantik als hochkulturelles Erbe und das progressive Volksliedgut und der Volkstanz als massenkulturelle Betätigung. Und im übrigen sollte Kunst für alle verständlich sein. Die bildende Kunst, in der das Arbeiterportrait an die Stelle des Abstrakten treten sollte, nennt er dabei seinen Schwachpunkt und gesteht auch ein, daß es auf diesem Gebiet zu «Überspitzungen» gekommen sei. Beim Arbeiterportrait ging es für ihn ersichtlich nicht um eine ideologische Position in einem künstlerischen Streit, sondern um die Bildwürdigkeit seinesgleichen. Die Kränkung seines Gefühls durch die bürgerlichen Widersacher verhärtete seine Linie und ließ ihn wiederum sowjetischen Rückhalt suchen. Danach konnte er sich die Begegnung seiner Klasse mit der professionalisierten Kunst nur als Akzeptanz der Arbeiter in die schon bestehende Hochkultur vorstellen, quasi als Reprise der Anfänge bürgerlicher Kultur mit proletarischem Angesicht.

Dennoch ist ihm seine Unsicherheit in solchen Fragen weder verborgen geblieben noch in Vergessenheit geraten:

> Ich war in diesen Gesprächen der Lernende, so daß ich eine Ausbildung faktisch erhielt. Also gleichzeitig tätig zu sein, ohne die Voraussetzung vorher gehabt zu haben, und mir im Prozeß des Tätigseins die Qualifikation für die Leitung solcher Prozesse zu verschaffen.

Vom ‹schweren Brot in der Zentrale› war Ludwig Haber «in mancherlei Beziehung ein bißchen überfordert ... so wohl hab ich mich da nicht gefühlt». Das wurde nach seinem Abstieg auf die Bezirksebene und in eine Hochschullehrerstelle für ideologische Fragen anders, denn hier fand er leistbare Aufgaben der Anwendung, Durchführung und Erläuterung anstatt einer Repräsentationsrolle für eine Politik, die über seinen Kopf hinweg gemacht worden war.

Allmählich beginne ich zu verstehen, warum nur der Vorwand zu seinem Sturz ihn so sehr schmerzte, aber nicht dieser selbst, und ihm zu glauben, daß er nicht mehr auf die Führungsebene zurückwollte.

Aber auf Bezirksebene, wo ich die unmittelbare Verbindung zu den Grundorganisationen, zu dem fachlichen Leben hatte, das war eigentlich mein Metier. Das ist mit meiner, mit meiner Zustimmung geschehn. Wenn ich gesagt hätte, nein, ich möchte das nicht machen, nicht. Aber was es dann noch für ein Tauziehen gegeben hat, als ich schon in dieser Funktion im Bezirk war, eine zentrale Funktion zu übernehmen, nu, das steht auf einer andern Seite. Aber das ist meine Sache gewesen. Nein, so, so war das nicht.
I.: Das heißt, Sie wollten nicht mehr?
L. H.: Ja, ich hab mich zu wohl gefühlt in dieser Arbeit. Ich sags Ihnen ganz ehrlich.

Er hat sogar das Gefühl, als sei der Partei im Bezirk von höherer Stelle ein Wink gegeben worden, den gerade aus dem ZK Ausgestoßenen nicht als outcast zu behandeln, weil da noch etwas nachkomme, nämlich seine Rehabilitierung als Antifaschist. Was mir als Beleg für eine finstere Intrige erscheint, war für ihn ein Trost:

Ich wurde ja faktisch so behandelt, als wäre ich noch der Mann, der ich war.

Offenbar war es bei seiner Ablösung auch nicht um einen kulturpolitischen Kurswechsel gegangen, sondern um jene flexiblere Form der Anwendung, die wie bei seinen Nachfolgern – Söhnen von Professoren und Geistlichen und selbst aus der Emigration heimgekehrten Intellektuellen – aus der verletzlichen Spannung zwischen Person und Sache und aus der größeren Erfahrung im Umgang mit Intellektuellen und mit wechselnden Parteilinien entstehen kann.[14] Ludwig Haber hingegen hatte sich die Position, die er vertreten sollte, mit Haut und Haaren zu eigen gemacht, weil er in ihr seine eigenen Er-

---

14 Haber berichtet u. a., daß ihn während seiner Amtszeit im ZK Johannes R. Becher «auch vor manchen Dingern bewahrt hat und mir manchen Tip gegeben hat, wie ich eine Sache stellen soll. Wie ich jemanden auch in der Presse, der zwar abstrakte Kunst macht, aber vom Westen beschimpft wird, aus irgendeinem Grunde, wegen einer politischen Äußerung oder was weiß ich, wie ich für den Partei ergreifen soll. Also Becher war ein vorzüglicher Kulturpolitiker. So daß ich in der Beziehung bei ihm zugleich noch einmal eine gute Schule hatte.»

fahrungen zur Geltung bringen konnte. Fürs politische Geschäft erwies er sich als Ballast, weil er ein glaubwürdiger Hardliner war.

In der Ausbildung seiner kulturpolitischen Linie hatte Haber – wie die oben zitierten Ausschnitte ausweisen – aus drei Quellen geschöpft: aus den Schriften des damaligen sowjetischen Chefideologen (und aus anderen sowjetisch verbürgten Autoritäten), aus seiner eigenen Jugenderfahrung, in der er als minderheitlicher Kommunist die Massen der sozialdemokratischen Mädchen durch Volkstanz und Turnen gewonnen hatte, und aus dem Zuspruch verbürgter Intellektueller zu seinen eigenen, überwiegend unter extremen Bedingungen – nämlich in der Haft und ‹on the job› eines Quasi-Kultusministers – erkämpften Bildungsfortschritten, deren Inhalte ihm deshalb besonders am Herzen lagen.

Das galt besonders für die deutsche Klassik, insonderheit Schillers Dramen, deren Studium schon Hermann Duncker in einer Schulung über historischen Materialismus vor 1933 den jungen Arbeitern eingeschärft hatte und die Haber sich von den Nazis nicht nehmen lassen wollte, zumal sie im Gefängnis für ihn – neben der höheren Mathematik – eines der wenigen Studienobjekte und auch ein Trost waren. Während er von seiner Arbeit als Kulturpolitiker mit Schauspielern und Regisseuren spricht, flicht er z. B. ein:

Die marxistische Deutung der klassischen Literatur, kennengelernt hab ich sie ja eigentlich im Gefängnis, das stimmt, aber die Voreingenommenheit ihr gegenüber, die hat Hermann Duncker beseitigt. Da hab ich nur Goethe oder Schiller gelesen, wenn ich vor '33 z. B. ‹Kabale und Liebe› angeschaut habe, da hab ich das im vorhinein gelesen, und nur, ich sags so wie es war, weil uns Hermann Dunker gesagt hat, bevor ihr in eine solche Aufführung (geht), lest das vorher durch. Ich war mir der Bedeutung damals nicht bewußt. Aber z. B. über das wirkliche Gespräch, also das Kernstück, der Lady Milford mit dem Diener über die Söhne usw., dieses Verständnis dafür, das hab ich erst durch (den KPD-Reichstagsabgeordneten) Ernst Schneller in der Haft bekommen, da er ein ausgebildeter Germanist war. Und mit dem war ich auch drei Jahre auf einer Abteilung im Zuchthaus Waldheim, unter Bedingungen der Zellenhaft hat er mir, einmal sogar mit Hilfe von Kassibern, direkt schriftlich Hinweise gegeben, und hat mich angehalten, dies zu lernen. Und ich gebe gern zu, ich habe bereits während der Untersuchungshaft Schiller gelesen in Berlin. Da ging mirs in Moabit sehr schlecht. (...) Ich galt als

Schwerverbrecher und ich wurde behandelt, wie einer, der die Todesstrafe erwartet. Da gab es ein paar Wachtmeister, die hatten mit dem jungen Häftling bißchen Mitleid und da brachten die mir, obwohl ich gefesselt war, etwas zu lesen. Und brachten mir Schiller, Dramen. Und ich muß sagen, als ob das gute Psychologen gewesen wären, das war für mich genau das richtige. Es blieb für mich nicht ohne Wirkung, z. B. bei ‹Maria Stuart›, wo die Maria Stuart aus'm Gefängnis kommt und erstmals wieder Luft atmet usw. und sie – das meiste ist ja in gebundener Form, aber nicht im Reim, aber dies – den Reim «eilende Wolken, Segler der Lüfte» (spricht)![15] Also das hat mich auch ein bißchen berührt, wenn man da in Berlin-Moabit auf dem sogenannten Rundgang im Gefängnis auf die Wolken und die Sonne gesehen hat, da fiel mir gleich immer wieder dieser Vers ein. Das blieb nicht auf mich ohne Wirkung und irgendwie hab ich, ohne mir dessen damals schon bewußt zu sein, die Kraft poetischer klassischer Literatur gespürt, die echte menschliche Gefühle verallgemeinert. Das ist mir aber erst später bewußt geworden. Und an dem Bewußtwerden hatte Schneller kein geringes Verdienst, und so sinds diese Komponenten, die dann nach 45 mein Leben bestimmt haben.

Und etwas später weist er noch einmal darauf hin, warum ihm die Rettung der klassischen Literatur und die Aufklärung über ihren Mißbrauch durch die Nazis ein lebenslanges Anliegen werden sollte. In der Weimarer Republik war nämlich in den Gefängnissen das Erziehungsprinzip einschließlich der Ausbildung für einen Beruf eingeführt worden,

das war verbunden mit allgemein-politischem Unterricht für Häftlinge unter 25 Jahren. Als die Nazis zur Macht kamen, konnten sie hier im Lande diese Sache nicht von heute auf morgen abschaffen. Das ist erst während des Zweiten Weltkrieges erfolgt. Aber die haben versucht, die Sache in ihrem Sinne auszunutzen und haben daraus nationalpolitischen Unterricht gemacht. Und wir hatten einen Oberlehrer, einen ausgebildeten Germanisten, einen SS-Mann, der ehrlich an diese ganze Sache glaubte. Der seine ganze großdeutsche Vision darauf aufbaute: die Deutschen hatten einen Goethe, einen Schiller und und und. Und den deutschen Menschen aus dem Auftrittsmono-

15 Er spielt auf die Verse aus dem III. Aufzug, 1. Auftritt der Maria Stuart an: «Eilende Wolken, Segler der Lüfte!/ Wer mit euch wanderte, mit euch schiffte!/ Grüßet mir freundlich mein Jugendland!/ Ich bin gefangen, ich bin in Banden,/ Ach, ich hab' keinen andern Gesandten!/ Frei in Lüften ist eure Bahn,/ Ihr seid dieser Königin nicht unterthan.»

log des Faust herleitete. Der meinte es ehrlich. Und dieser Mann hat versucht, uns Politische mit Hilfe der klassischen deutschen Literatur zu Nazis zu machen. Und wenn man drei Jahre lang diese Möglichkeit hatte, dann hatte ich auch die Möglichkeit, mich damit auseinanderzusetzen. Was er aber nicht gewußt hat, daß ich Hilfe für meine Auseinandersetzung mit ihm von Ernst Schneller hatte. Dadurch ist das in meinem Bewußtsein und in meinem Kopf auf relativ hohem Niveau erfolgt. So habe ich mich, ohne das gewußt zu haben, gewissermaßen auf das Wahrnehmen solcher Funktionen im ideologischen Bereich vorbereiten können, und nach 1945 war dies eine ganz wichtige Sache.

Ludwig Haber hatte insofern in seiner eigenen Erfahrung Gründe, die Linie der sowjetischen Kulturpolitik «schöpferisch umzusetzen», wie man so etwas in der DDR nannte. Wie oben berichtet, hatte er Zdanow's Traktate als Grundlage seiner Arbeit studiert. Aber seine Bewunderung des sowjetischen Vorbilds war keine hymnisch gewendete Selbstverleugnung wie die mancher Intellektueller, sondern stets mit einem Quentchen praktischer Wahrnehmung versetzt – allerdings auch nicht mehr. Etwa wenn er sagt, die Führung der SED habe das sowjetische Vorbild «mit großem Gewinn studiert, um Fehler zu vermeiden» und dabei die Fehler der sowjetischen Entwicklung meint. Oder wenn er als einen der Gründe seiner frühen Begeisterung für die SU anführt, mitten in der Arbeitslosigkeit der Weltwirtschaftskrise habe es bei ihnen im Industriegebiet in größerem Umfang «Russenaufträge» gegeben, die er als Ausweis der wirtschaftlichen Stärke des revolutionären Systems und als Solidaritätsbeitrag an die deutschen Arbeiter verstand, und dann von seiner Enttäuschung bei seiner illegalen Moskau-Reise 1934 erzählt, als er merken mußte, daß dort die Lebensmittel rationiert waren. Ähnlich klingt auch seine Antwort auf meine Frage nach der Bedeutung Stalins für einen jungen Kommunisten seiner Generation und das Umdenken nach seinem Tod:

Also für mich war das ursprünglich ein schwerer Verlust. Ich hab geglaubt, daß wird die KPdSU nicht verkraften. Oder nicht so schnell verkraften. Und ich hatte dann, nach dem 20. Parteitag, diesen Sachen von Chruschtschow usw., ich hatte dann selbst Schwierigkeiten, mein eigenes Bild, das ich mir von Stalin gemacht hatte, zu korrigieren. Zumal ich am 1. Mai 1951 die Möglichkeit hatte, dem Jossif Wissarionowitsch Stalin die Hand zu drükken. Da war ich Leiter der gesamtdeutschen Delegation zum 1. Mai in Moskau.

I.: Und wie war das? Erinnern Sie sich daran?

L. H.: Ja. Es war für mich eigentlich enttäuschend. Ich hatte geglaubt, Stalin – abgeleitet von Stahl, stählerner Charakter, eine feste Hand. Und als er dann eine so weiche Hand hatte, von dem weichen Handdrücken war ich enttäuscht (lacht). Weil ich so eine richtige feste Hand erwartet hatte. Aber ich sag Ihnen das ehrlich so, Sie fragen mich, und ich antworte ganz ehrlich. Das hat jetzt nichts mit seiner Persönlichkeit in der ganzen Sache zu tun, obwohl mir im nachhinein vieles eingeleuchtet hat und klar ist, und die Kritik, die es daran gegeben hat, doch Dinge aufgedeckt hat, die mir die schrecklichen Auswirkungen eines solchen Personenkultes deutlich werden ließen. Aber ich hab mir gesagt, das war ja nicht er allein. Andrerseits hab ich mir gesagt, man muß auch verstehen, manches aus der Zeit heraus zu erfassen. Ich wollte versuchen, objektive Elemente in seinem Handeln zu erkennen. Da kann ich mir nur vorstellen, daß er da doch ein bißchen eigensüchtig von andern Leuten vorgeschoben und auch für bestimmte Dinge mißbraucht wurde. Ohne daß er das durchschaut hat. Wobei er selbst, wie ich im nachhinein weiß, auch von relativ mißtrauischem Charakter war, nicht wahr. Aber Sie kennen auch die (negative) Einschätzung Stalins durch Lenin. Es hat lange gedauert bei mir, bis ich das richtig verkraftet habe. Ich gebe das zu und hab es aber dann versucht, mir gegenüber selbst auch relativ gründlich zu machen. Ich habe auch dann längere Zeit die ganze Problematik aus wissenschaftlichen Veranstaltungen, die ich zu bestreiten hatte, zunächst ausgeklammert. Und wenn ich irgendwie in Gesprächen oder Kolloquia gefragt wurde, hab ich gesagt, da muß ich erst selbst ins reine kommen. Also ursprünglich war er ein Ideal oder ein Idol, wenn Sie so wollen, und das ist in mir zusammengebrochen, und dann hat es lange gedauert, bis ich mit dieser Frage fertig wurde.

Die Wahrnehmung von Stalins laschem Händedruck sagt mehr über die Idealisierungsbereitschaft des Sportsmenschen Ludwig Haber als über seine Anfänge einer Entstalinisierung. Stalin als Sieger des Zweiten Weltkriegs repräsentierte für ihn den Sinn seiner im Zuchthaus verbrachten Jugend, und zur Roten Armee hatte er sich nach seiner Flucht aus der Haft in den Endwirren 1945 über Hunderte von Kilometern durchgeschlagen, und nicht etwa die kurze Wegstrecke nach Hause, wo er erst Wochen nach dem 8. Mai 1945 auftauchte, weil ihn die Partei an den Ort seiner Jugend geschickt hatte. Den

Verlust des Idols seiner Jugend hat er mit der Kraft seiner Rationalisierungen («objektive Gründe») lange abgebremst, und auch im Alter noch ist seine Einsicht in «die schrecklichen Auswirkungen des Personenkults» abstrakt, während er auf meine konkretisierenden Nachfragen z. B. zum Hitler-Stalin-Pakt stets mit Verteidigungen antwortete und am Ende, als ich anmahnte, daß in seinen Äußerungen «das gigantische Ausmaß von Unrecht» des Stalinschen Regimes fehle, nur noch abwehrte: das habe er «in diesem Ausmaß nicht gewußt», und außerdem sei da ja Berija mit seinen undurchsichtigen geheimdienstlichen Verflechtungen gewesen.

Ludwig Haber wurde zwei Monate nach Stalins Tod gestürzt und wenige Wochen vor dem 17. Juni 1953. Angeblich, weil er 18 Jahre zuvor vor der Gestapo schwach geworden sei. Das Gespräch mit ihm hat mich nicht überzeugt, daß er nicht ein Bauernopfer in der Partie um den Machterhalt Ulbrichts war, als dessen Partei und wichtige sowjetische Vertreter in Berlin die Symbolfigur des deutschen Stalinismus loswerden wollten, die dann durch den 17. Juni auch für die Sowjets unkündbar wurde. Die Frage des Antifaschismus wäre dann für das Verständnis von Habers stalinistischer Kulturpolitik essentiell, aber für seinen Sturz hätte sie nur als taktischer Vorwand gedient.

Missionar in der Stadt ohne Kirchen

Bernhard Hardt, evangelischer Pfarrer, 70 Jahre

Der evangelische Pfarrer Bernhard Hardt ist eine beeindruckende Erscheinung: hochgewachsen, schlank mit schmalem Kopf, den eine weiße Mähne und buschige, graue Brauen zieren, mit einer leisen Stimme, die sich manchmal zu einer grimmigen Lautstärke erhebt.

Eine Fotografie, die er mir während der ersten von drei Interviewsitzungen gab, hat mich sowohl zu der Überschrift als auch zu einigen Interpretationen angeregt: Sie zeigt Pfarrer Hardt Mitte der fünfziger Jahre im Talar vor einer kleinen Schar treuer Gemeindemitglieder in einem ehemaligen Bahnwaggon, der zu einem «Missionswagen» umfunktioniert worden war.

Pfarrer Hardt wußte sehr wohl zu unterscheiden, ob er mit mir in Begleitung einer Akademie-Kollegin sprach oder mit mir allein. Nach der ersten Sitzung bat ich diese Kollegin, die sich dadurch als interessierte Historikerin und als Mensch gekränkt sah, mich nicht zu begleiten. Bei der zweiten Sitzung kam ich also allein.

Mich «solo» an der Tür sehend, trat er hinaus, schaute sich, wohl inszeniert, nach links und rechts um und fragte dann süffisant:

Wo haben Sie denn Ihre Aufpasserin gelassen?

Beim Abendessen und ohne Tonband zog er, der ansonsten staatsmännische Konzilianz gegenüber dem SED-Staat walten ließ, ordentlich vom Leder. Später korrigierte er mit Vorsicht immer wieder das Band, bat mich, eine bestimmte Passage noch einmal neu besprechen zu können, und blieb auch trotz meiner Gegenargumente hart. Und lange nach dem Interview ließ er sich das Transkript geben und machte Korrektur- und Zusatzbemerkungen, obwohl ich ihm sagte, daß sein Interview dann für uns aus zwei Dokumenten bestünde, denn auch die erste Fassung würden wir in unserer Interpretation berücksichtigen.

Pfarrer Hardt wurde 1916 in einem Elternhaus geboren, das ihn nicht gerade für seinen späteren Beruf zu prädestinieren schien. Sein Vater war gelernter Kaufmann, der die Tochter eines Mühlenmeisters geheiratet hatte und seit dem Ersten Weltkrieg als einfacher städtischer Beamter arbeitete. Aber immerhin, so erwähnt Pfarrer Hardt lachend: Sein Vater stammte aus *Pfaffen*dorf.

Bernhard wuchs in begrenzten und geordneten Verhältnissen auf, in einer Drei-Zimmer-Wohnung mit Balkon in einer kleinen Stadt nahe Berlin. Trotz des streng nach der Uhr geregelten Lebens, in dem bereits eine kleine Reise größere Aufregung verursachte, trotz der peniblen Korrektheit des Vaters empfindet Bernhard Hardt heute seine Jugend, auf die er «mit Dankbarkeit zurückblickt», als «sehr schön».

Mit sechs Jahren bekam er seine Schultüte und absolvierte, «wie das so üblich war», die Volksschule.

Das erste, das meinem Leben einen kleinen Einschnitt oder eine gewisse Richtung gegeben hat oder zumindest beeinflußt hat: Im Mai 1925, da war ich neun Jahre alt, habe ich mir den linken Arm gebrochen, und der ist nie mehr ganz ausgeheilt.

Trotz aller damaligen hauptstädtischen medizinischen Kunst blieb der linke Arm steif. Deshalb wurde Bernhard z. B. keine «Wasserratte» und mußte mit dem Spielen der Geige aufhören, die dann durch das Klavier ersetzt wurde; aber auch das Klavierspielen hatte wegen des Armes seine Grenzen. Trotz dieses Handikaps bedeutete ihm Musizieren sehr viel, und es brachte auch seine erste Verbindung zur Kirche, denn er spielte zusammen mit dem Küster des Ortes. Aber die wichtigste Folge des steifen Armes war:

Ich bin nie Soldat gewesen. Wahrscheinlich kann man schießen, aber man kann den Arm nicht gerade halten. Ich bin überhaupt um viele Dinge deswegen herumgekommen.

Er ging nach der Volksschule von 1926 bis 1933 auf das humanistische Gymnasium des Ortes, wo er Latein und Griechisch lernte, was eine wichtige Voraussetzung für seinen späteren Beruf wurde. Bei ihm träfe auch das Vorurteil zu: Mathematik schlecht – Religion gut.

Religion habe ich immer gerne gehabt, ich bin auch in jener Zeit schon in die Kirche gegangen, obwohl mein Elternhaus kein bewußt kirchliches Haus gewesen ist. Es ist ein gutbürgerliches Beamtenhaus gewesen. Aber man ging zu den Feiertagen in die Kirche – meine Mutter mehr als mein Vater.

Jesus habe zwar Jünger und keine Jüngerinnen gehabt, aber dennoch seien es «heute die vielen Jüngerinnen, die in die Kirche gehen (lacht), jedenfalls mehr als Jünger».

Er ist dann sehr gerne zum Konfirmationsunterricht gegangen; besonders ein junger Superintendent war, wenn auch nicht gerade sein Idol, doch ein Mann, der ihn sehr beeinflußt habe. Dieser Superintendent habe ihn auch durch das ganze Studium hindurch betreut, ihn später ordiniert und ihn in das Pfarramt seines Heimatortes, wo er zehn Jahre tätig war, eingeführt. «Aber bis dahin gibt es noch einige Umwege.»

Der weiteste Umweg: Sein Vater sprach sich, vermutlich damit der Sohn einen «anständigen Beruf» lernte, vielleicht auch wegen seiner Stellung als Beamter im Nationalsozialismus, gegen ein Theologiestudium des einzigen Kindes aus, das bereits nach der Konfirmation solche Wünsche geäußert hatte. Mitten aus der Obersekunda heraus besorgte der Vater dem Sohne eine Lehrstelle bei der örtlichen Bank, wo er «richtig als Stift» anfing, «treu und brav» an einer Buchungsmaschine saß und «treu und brav jeden Abend das Geld zur Post» brachte. Diese Lehre dauerte von 1933 bis 1937.

Ich bereue das gar nicht, bereue es gar nicht, obwohl mir, das muß ich allerdings sagen, vom ersten Tag an klar war: Hier stirbst du nicht. Das war mir völlig klar. Hier bleibst du nicht dein Leben lang, nicht hinter einem Schreibtisch sitzen, andauernd Zahlen zusammenrechnen oder tippen.

Immerhin habe er dort so viel gelernt, daß er in seinem späteren Pfarramt die gesamte «Kassenführung in der Hand» hatte. Während seiner Lehrzeit habe er immer sehr enge Verbindungen zur Kirche gehalten, sei mindestens zweimal pro Tag zum Gottesdienst, manchmal sogar zur katholischen Mitternachtsmesse, gegangen.

Ich war wirklich sehr eifrig, obwohl ich nicht in einer kirchlichen Jugendorganisation war, sondern der bündischen Jugend angehört habe, dem Deutschen Pfadfinderbund. Aber auch wenn wir dort auf Pfad gegangen sind, war es für mich selbstverständlich, daß ich zuerst früh meinen Gottesdienst besuchte.

Er habe auch weiterhin den sehr engen Kontakt zu seinem Superintendenten behauptet, habe ihn besucht und ständig mit ihm telefoniert.

Da waren ganz enge Bindungen. Und so hat es sich auch ganz langsam entwickelt, daß ich mir sagte, irgendwie wirst du doch noch mal dahin kommen, wohin du willst. Der Weg war aber doch schwieriger. Ich konnte meinen Vater nicht überlaufen, überrennen oder in die Ecke drängen. Das war auch nicht meine Absicht. Auch die Versuche des Superintendenten, mit ihm zu sprechen, haben nicht viel erbracht. Ich habe dann einen Umweg eingeschlagen. Nicht als Trick, nein, wahrlich nicht; aber ich habe gemeint, wenn das eine nicht geht, geht vielleicht etwas Ähnliches: Wie ist das denn mit einem Kirchenmusiker?

Diesen Umweg mit dem Ziel eines Studienrates schlug Bernhard Hardt auch ein, ging nach der Lehre zurück zum Gymnasium, machte 1939, bei Kriegsausbruch, als Externer das Abitur, besuchte dann kurz die Lehrerbildungsanstalt in Frankfurt an der Oder und schließlich 1940 die Hochschule für Musikerziehung und Kirchenmusik in Berlin; in den Leerzeiten dazwischen hatte er auch Gesangsunterricht genommen.

Aber bereits nach einem Semester wurde aus dem Umweg der eigentliche Pfad: Bernhard Hardt «stieg um» auf die Universität und belegte dort endlich Theologie. Er sei nun auch «älter, reifer und größer» geworden, habe auch immer wieder Gespräche mit seinem Vater geführt.

Er hat es nie recht verstanden. Später ist er stolz gewesen auf seinen Sohn – doch, ja natürlich.

Er habe in den Diskussionen mit seinem Vater auch größeres Verständnis für dessen Haltung bekommen, die «sicher 100 Jahre früher ehrenvoll gewesen» wäre.

Für die Kirche und für ihn selbst bekam im Krieg der «Nazismus» wachsende Bedeutung.

Ich bin nicht in der «Bekennenden Kirche» gewesen. Ich war aber natürlich nicht bei den «Deutschen Christen», aber das hing einfach damit zusammen, daß ich noch nirgends angebunden war.

Aber da der mit ihm befreundete Superintendent bei der «Bekennenden Kirche» war, tendierte er auch bald selbst dahin, obwohl er erst «im Werden war». Aber auch sein Studium führte ihn mehr und mehr in diese Richtung. Er sei jedoch nie Mitglied geworden, weil dann, als er soweit war, «die Bekennende Kirche ja zu Ende war». Er habe mal deren Bibelstunden besucht, habe aber auch mit einem Kollegen Kontakt gehabt, der überzeugter Deutscher Christ war.

Aber meine theologische Neigung lief natürlich zur «Bekennenden Kirche». Das entwickelte sich sehr schnell, zumal ja die Frage der Juden dazukam. Wo immer ich heute die Möglichkeit habe, eine Synagoge besuchen zu können, da bitte ich darum, eine Sabbatfeier besuchen zu können.

Er habe heute eine verzweigte Korrespondenz mit Juden aus West und Ost und habe selbst auch etwas über die Schicksale von Juden seiner Heimatstadt geforscht. Er sei erstaunt darüber, daß heute bei jüdischen Gottesdiensten die Polizei eine Stunde vorher auffahre, und habe einmal einen Polizisten gefragt, ob das sein müsse. Er selbst meint, daß Juden und Christen eine gemeinsame Geschichte haben, «die nicht immer glücklich gewesen ist, die schwer belastet ist». Sie trennen sich zwar in der Haltung zum Messias, da breche der gemeinsame Weg aus dem Alten Testament auseinander. Aber:

Darüber sind wir hinweg, daß die Juden schuld sind an der Kreuzigung Christi. Das ist alles vorüber, jedenfalls bei vernünftigen Leuten.

Auf die Frage von Juden, was er in ihrer Synagoge wolle, antworte er immer:

Ich will nichts weiter, als eine Stunde bei euch sitzen. Ich kann nichts wiedergutmachen, aber ich möchte eine Stunde bei euch sitzen.

Pfarrer Hardt hat in seinem Heimatstädtchen die «Reichskristallnacht» erlebt. Er habe seine Fragen dazu gehabt, aber soweit sei er damals nicht gewesen, daß er auf Antworten beharrt hätte. «Es ist auch vorübergegangen.» Er habe es nicht verarbeitet. Später habe er sich sehr mit diesen Fragen befaßt, besonders mit Auschwitz, sei jedoch nie dorthin gekommen. Aber der Film in Buchenwald, den er gesehen habe, «erschreckt, erschreckt genug». Er komme von dieser Problematik und – weiter gefaßt – von dem Verhältnis zwischen Juden und Christen «nicht mehr los». Er bitte auch manchmal Bekannte oder Gemeindemitglieder, alles, was sie mit dem Stichwort «Juden» assoziieren, niederzuschreiben; und dann diskutiere man gemeinsam darüber.

Dieser Teil des Interviews über sein Verhältnis zu Juden nimmt einen großen Teil seines frei erzählten Lebenslaufs ein. In der Stadt, in der er jetzt Pfarrer ist, gibt es keine Juden. Er hoffe nicht auf Vergessen, sondern auf Vergebung.

Während seines Studiums habe er in Berlin gewohnt, wo er drei Bombenangriffe – «eine ganz schlimme Sache» – erlebte, habe aber auch «lustige Abende mit Kommilitonen gehabt». 1944 war er mit seinem Studium bereits fertig und wurde in seiner Heimatstadt ordiniert, wo er dann bis Anfang 1953 blieb. Er bekam die Pfarrstelle in seinem Heimatort jedoch erst am Ende des Krieges, als sicher war, daß sein Vorgänger im Kriege geblieben war. Hier in dem Städtchen seiner Kindheit habe er auch das Kriegsende mit den Flüchtlingsströmen erlebt.

Die Leute, die ihr Zuhause jetzt auf der Landstraße hatten, mußten ja untergebracht werden. Ich erinnere mich, daß der Gottesdienstbesuch gewachsen ist. Natürlich, in Katastrophenzeiten wächst er immer. Ich erinnere mich, daß besonders die frommen Leute aus dem Osten die unseren überflügelt haben. Die große Christvesper am Heiligen Abend 1944 mit 4000 Leuten, eine gerammelt volle Kirche – das war schon bewegend. Und dann kam die Zeit, in der die Sowjetarmee an der Oder stand.

Besonders die Ukrainer der Wlassow-Armee[1], die in seinem Ort standen, hatten Angst und meinten: Wenn sie gehen, müsse auch er gehen. Sie hätten sich dann unter die Flüchtlinge in Zivil gemischt und seien untergetaucht. Es herrschte eine «große Aufregung». Als seine Heimatstadt zur Festung erklärt wurde, mußte er zusammen mit anderen fliehen. Zwei Tage vorher war die großartige Kirche dort, an die er «so viele schöne Erinnerungen» hat, zerstört worden. Der spätere Kirchenbaufonds, der aus Sammlungen für zerstörte Kirchen bestand, sei mit der Währungsreform «praktisch nichts mehr wert» gewesen; aber jetzt werde diese Kirche wieder aufgebaut.

Seine Flucht dauerte nicht lange; kurz nach Kriegsende kam er zurück. Es sei eine bewegende und schwere Zeit vor allem deswegen gewesen, weil man Feiern für die zahlreichen Verstorbenen mit ihren Verwandten hätte abhalten müssen – 60 bis 100 in der Woche; viele von ihnen habe er seit seiner Kindheit selbst gekannt. Er machte Hausbibelstunden, war jede Nacht unterwegs und hielt viele Gottesdienste ab. Denn der Kirchenbesuch habe erst später nachgelassen. «Dann kam manches anders.»

Und unser Leben hat sich so langsam wieder normalisiert. Sicher, in zwei verschiedenen Gesellschaftsordnungen. Ich lebe in der östlichen, habe dort gelebt von '45 an und habe nie daran gedacht wegzugehen, obwohl die Möglichkeit jetzt bei meiner Versetzung in den Ruhestand bestanden hätte. Es hätte auch andere Wege gegeben. Ich habe nie damit gespielt, auch meine Frau nicht. Begründung: Gott hat mich hierher gestellt, und Gott hat mir hier eine Aufgabe gegeben, und die habe ich hier zu erfüllen. Und diese Auf-

---

1 genannt nach dem sowjetischen General Andrej Wlassow (1901–1946), der mit Hilfe der deutschen Armee-, Partei- und Staatsführung sowjetische Kriegsgefangene in deutscher Gefangenschaft für den Kampf gegen die Rote Armee zu gewinnen suchte, eine Armee aufstellte und 1946 hingerichtet wurde.

gabe habe ich hier gerne erfüllt. Und wenn ich jetzt auf mein pfarramtliches Leben zurückschaue, möchte ich nicht mit dem Westen getauscht haben. Ich möchte nicht Pfarrer im Westen sein. Es ist natürlich dumm, wenn ich das sage, denn ich weiß ja nicht, wie man drüben Pfarrer sein kann... Es hat ja so eine Zeit gegeben, wo der Osten nach dem Westen geschielt hat, wie das Volk Israel nach dem gelobten Land... Das habe ich eigentlich nie getan. Ich bin mit all den Schwierigkeiten, die es natürlich hier gegeben hat, konfrontiert gewesen, aber ich habe sie angenommen. Es steht ja nirgends in der Bibel geschrieben, daß man auf Rosen gebettet ist, sondern Jesus hat ja immer etwas von seiner Nachfolge gesagt – und diese Nachfolge hat etwas mit Leid zu tun gehabt... Und Jesu Weg ist ein Weg gewesen, der hingeführt hat nach Jerusalem. In Jerusalem hat das Kreuz gestanden.

Er habe sich allerdings nie als Märtyrer empfunden – «das wäre ja furchtbar» –, auch wenn in der DDR und besonders in der Stadt, in der er 1953 sein neues Pfarramt bis zu seinem Ruhestand hatte, alles etwas schwieriger war. «Aber unter Leiden verstehe ich etwas anderes.» Bonhoeffer z. B. habe gelitten für seinen Glauben, habe sein Leben gegeben und sei «Blutzeuge» gewesen.

Die neue Pfarrstelle Bernhard Hardts lag in einer Stadt mit zahlreichen großen Neubaublöcken und vielen jungen Leuten. Es gab noch keine neue Kirche, weil sich die Stadt weigerte, dort eine Kirche bauen zu lassen. So lebte er zunächst in der Kirche der Altstadt in einem Stübchen bei dem gastfreundlichen und liebenswerten alten Pfarrer, der für diese neue Aufgabe jedoch ungeeignet war. Von dieser alten Kirche aus habe er die Neustadt mit ihrem hohen Flüchtlingsanteil «angepeilt». Und diese Leute waren glücklich, hier Arbeit und Wohnungen zu finden, und es seien auch entgegen manchen Gerüchten keine ausgesuchten Parteileute hierhergekommen. Anfänglich hätten die meisten, ca. 5000, hier noch in Baracken gewohnt.

Ja, und dann haben wir Besuche gemacht da draußen, d. h., wir sind früh um acht aus dem Haus bis mittags um zwölf, treppauf, treppab. Dann zum Mittagessen, und nachmittags bin ich wieder raus, dann oftmals bis in den späten Abend hinein.

Man mußte Reihenbesuche machen, da der Zustrom zu dieser Stadt immer größer wurde, so daß es häufig bei dem ersten Besuch blieb. Er fragte die Leute, ob sie zur evangelischen Kirche gehörten.

Die Antworten waren sehr unterschiedlich. Zuerst sind wir sehr freundlich empfangen worden, und die meisten gehörten zur Kirche. Jugendweihe war ja noch nicht. Volkskirche existierte ja noch. Wenn man sich überlegt, welche Raumprogramme wir für eine eventuelle Kirche in dieser Zeit entwickelt haben – da hat noch kein Mensch an den Schrumpfungsprozeß gedacht, der dann plötzlich Ende der fünfziger und in den sechziger Jahren eingesetzt hat. Ja, da haben wir also mit großen Zahlen rechnen können. Wir haben die Situation nicht übersehen und vielleicht auch nicht übersehen können, was daraus mal wird.

Auseinandersetzungen mit den Staatsorganen habe es immer wieder und auf ganz verschiedenen Ebenen gegeben. Das größte Problem sei die Raum- bzw. Kirchenbaufrage gewesen; es gab nichts am Ort, wo man einen Gottesdienst hätte abhalten können oder dürfen. Daß dahinter parteiliche, staatliche oder kommunale Absicht stand, sei allen klar gewesen. Herr Hardt liest aus einem Buch über die Neustadt vor, dessen Autor die damalige städtische Politik wiedergab: «Kirchliche Einrichtungen waren ursprünglich nicht vorgesehen, da den Wünschen der Bevölkerung entsprechend genügender Kirchenraum in der nahen Altstadt vorhanden ist.»

Da aber mehrere Kilometer zwischen diesen beiden Ortsteilen lagen, hatte die Kirchenleitung schon sehr früh den Bau einer neuen Kirche geplant; nach zähen Verhandlungen wurde eine erste Bauerlaubnis für das Jahr 1952 erteilt, die schnell wieder zurückgenommen wurde.

Versuche, mit der Stadt zu sprechen, evtl. einen Schulraum zu bekommen, das ist ja alles gescheitert. Da hat es ja mal Verfügungen gegeben, daß die Kirche auch an den Schulen so etwas tun darf.

Deshalb mußte sich die junge Gemeinde zunächst in der entfernt gelegenen Friedhofskapelle der Altstadt versammeln; dort wurden dann die ersten Gottesdienste auch für die Neustadt gemacht – mit «geringem Erfolg, wirklich mit ganz geringem Erfolg», denn auch die Infrastruktur sei noch schlecht gewesen, selten seien Busse gefahren, und Autos hatte man noch nicht. Pfarrer Hardt suchte dann hauptsächlich das persönliche Gespräch in den Wohnungen oder auch bei sich zu Hause. Aber auch daraus sei nicht viel geworden.

Dann habe man doch einen Schulraum im nördlichen Nachbardorf, das etwas näher als die Altstadt lag, bekommen.

Dort haben wir Gottesdienst gehalten, und dorthin haben wir eingeladen – mit ähnlich negativem Erfolg. Es sind kaum Leute hingekommen. Die erste wirkliche Hilfe ist dann von der Gossner-Mission gekommen mit dem Evangeliumswagen. Die haben uns einen Wagen hergestellt, einen Missionswagen mit 26 Sitzplätzen. Man konnte auch darin schlafen, denn der Wagen war zu heizen.

Durch diesen Missionswagen brauchten die Leute nicht mehr zur «Kirche ins Exil» in die Altstadt zu gehen. Es habe überdies keine gewachsenen Bindungen zwischen Alt- und Neustadt gegeben; die Neustadt sei auch in dem Sinn neu gewesen, daß die Leute sich nichts über eine gemeinsame Kindheit erzählen konnten, und noch heute gebe es in der Altstadt zwei Definitionen von «drüben»:

Die eine ist der Westen, die andere ist die Neustadt.

Man bemühte sich auch in jener Zeit, besonders bei Besuchen von Kirchenprominenz, andere Räume zu bekommen. Als Otto Dibelius[2] Heiligabend 1953 in die Neustadt kam, mietete man, nachdem die Stadt die Benutzung ihres Kultursaales abgelehnt hatte, zwei nebeneinanderliegende Festräume eines Lokals, wo man etwas zeitverschoben nacheinander zwei Gottesdienste abhielt. Ein Vierteljahr später, bei einem Besuch Pastor Martin Niemöllers, der den DDR-Behörden eigentlich etwas weniger «Bauchschmerzen» verursacht haben könnte als der Hardliner Dibelius, stand die Kulturhalle zunächst wiederum nicht zur Verfügung. «Völlig unverständlich, völlig unverständlich.» Dann gab es zähe Gespräche zwischen dem «Friedenswart» der Stadt und dem Superintendenten, dann sogar zwischen Probst Grüber und Minister Selbmann aus Berlin, die seit «der Notzeit», als sich Christen und Atheisten in den KZs schätzen gelernt hatten, «befreundet waren». Schließliches Ergebnis: Nachdem man

---

2 Otto Dibelius, 1880–1967; 1933 als Generalsuperintendent der Kurmark seines Amtes enthoben; 1945 evangelischer Bischof von Berlin; 1949 Vorsitzender des Rates der Evangelischen Kirche in Deutschland.

den Gemeindeabend mit Niemöller in eine Veranstaltung mit dem «Friedensfreund Niemöller» umgetauft hatte, durften 400 bis 500 Leute in die Kulturhalle einziehen und dort Niemöllers Vortrag über den «Glaubenskampf gegen die Angst» hören.

Trotz solcher alten KZ-Freundschaften wie der zwischen Grüber und Selbmann gab es gerade in Hardts Pfarrstelle während der fünfziger Jahre immer schärfere Auseinandersetzungen. Man bekam keine Kirche.

Am ersten Osterfeiertag 1954 kam zu dem Missionswagen noch ein Missionszelt hinzu, wo alles – von der Taufe über den Gottesdienst bis zum Unterricht – abgehalten werden konnte.

Das einzige, was ich nicht geschafft habe: Ich konnte nie ein Brautpaar bewegen, sich in dem Zelt trauen zu lassen.

Im Juli 1953 hatte man bereits über Otto Nuschke, den damaligen Ost-CDU-Vorsitzenden, einen Berechtigungsschein für den Kauf einer Baracke beschaffen können. Und im Herbst 1954 war es dann endlich soweit: Die Neustädter Evangelischen bekamen eine Kirche, aber eben nur eine Baracke mit einer außen freistehenden Glocke.

Selbst die Glückwünsche zu der neuen, mühsam erkämpften Kirchenbaracke und die Antworten zeugen von den taktischen Verbeugungen, Spitzen und Kniffen beider Seiten. Der Bürgermeister der nahen Stadt schickte nur seinen Stellvertreter und schrieb: «Wir freuen uns, daß durch den Fleiß unserer Arbeit der Bau der Kirchenbaracke so schnell vollendet wird.» Und der Direktor eines örtlichen Werkes hoffte, «daß auch die Kanzel dieser neuen Kirchbaracke zur Kanzel des Friedens wird», um dann auf einer halben Seite auf die «Wahl zur nationalen Front des Demokratischen Deutschland» hinzuweisen. An einer anderen Stelle hieß es: «Daß in dieser Stadt auch ein Kirchlein gebaut wurde, wollen gewisse Kreise in Westdeutschland nicht wahrhaben.» Und Pfarrer Hardt bedankte sich mit glatter Nettigkeit: «Unser Dank an die Regierung der Deutschen Demokratischen Republik, den Rat der Stadt und an die fleißigen Arbeiter.» Und in einer anschließenden Predigt: «Jetzt haben wir eine Kirche gebaut, nun wollen wir die Gemeinde bauen.»

Aber dabei gab es neue Probleme: Zunächst einmal war die als

Provisorium für ein bis zwei Jahre gebaute Kirchenbaracke von Dauer, wie so viele Provisorien im Nachkriegsdeutschland: «24 Jahre hat sie gestanden und ist zur geistlichen Heimat der Gemeinde geworden.» Auch das Glockengeläut, das im Advent 1954 durch Probst Grüber eingeweiht worden war, blieb ein Provisorium: zwei statt der erwarteten drei Glocken. Auf der ersten Glocke stand: «Seid fröhlich in Hoffnung»; auf der zweiten: «Geduldig in Trübsal». Und auf der dritten, die nun fehlte, sollte eigentlich stehen: «Haltet an im Gebet.» Diese Glocke war nicht lieferbar, so daß erst 1961, als eine Glocke aus dem Turm der Altstadt gekauft werden konnte, ein richtiges Glockenwerk gehört werden konnte, allerdings mit einer anderen Inschrift:

> «Land, Land, Land, höre des Herrn Wort.» Auch ein schönes biblisches Wort. Damit hatten wir dann ein Dreiergeläut doch noch bekommen. Und es hat viele gegeben, die damals gesagt haben: Nun ist Neustadt eine richtige Stadt. Jetzt läuten auch Glocken.

Daß schließlich doch noch «alles» – wenn auch nach vierfachem Scheitern, drei Jahre zu spät, mit weniger Glocken, nur als Baracke und dies 24 Jahre lang – «geklappt» hat, führt Pfarrer Hardt, der nimmermüde Diplomat der Kirche, unter anderem darauf zurück:

> Ich halte das für ein wesentliches Moment, daß in den KZs Freundschaften entstanden sind, die wirklich über lange Jahre und Jahrzehnte, wahrscheinlich bis ans Lebensende der Leute gehalten haben, und wirklich manche Notsituationen auch glätten konnten, manchen Sturm und manches Mißgeschick aus dem Wege räumen konnten.

Ich konnte der Versuchung nicht widerstehen, Pfarrer Hardt eine Anekdote über ihn wiederzugeben, die ich von einem anderen Interviewpartner tags zuvor gehört hatte. Demnach hatte es auch bald Krach um das Geläut gegeben, weil die Stadt nach mehreren anderen Versuchen das Krankenhaus vorschob, um der Kirche das Läuten aus «gesundheitlichen Gründen» zu verbieten. Das soll Pfarrer Hardt so erbittert haben, daß er den Lärm aus einem Ausflugslokal gemessen habe, um wiederum der Stadt zu beweisen, daß die Glocken nicht lauter und damit nicht schädlicher für die Kranken seien als die Musik des Lokals.

Der wendige Pfarrer mochte zu dieser Geschichte nicht recht Stellung nehmen: Einerseits könnte es so gewesen sein; andererseits war das Geläut vielleicht wirklich zu laut fürs Krankenhaus. Schließlich kommt aber selbst bei seiner harmonisierenden Version heraus, daß dieser Streit am Ende «ganz oben» auf der Ebene der Kirchen- und Staatsführung entschieden wurde. Dennoch gab mir Bernhard Hardt mit auf den Weg:

Aber darüber kann man ja reden. Es ist eine sachliche Auseinandersetzung, ist eine sachliche Frage, über die man sprechen kann. Und hier kann ja einer den anderen überzeugen, und wir haben uns überzeugen lassen.

Schließlich frage ich ihn:

Gab es so eine Don-Camillo-und-Peppone-Situation, wenn auch vielleicht nicht so lustig – aber gab es jemanden innerhalb der SED, mit dem Sie in ständiger Auseinandersetzung lagen?
Er: Nein, gab es nicht. Wenn, dann ist das eben keine einzelne Person gewesen, sondern die Ideologie, die langsam aktiv wurde, die dann auch das Verhältnis bei den Besuchen änderte. Später war die Tür nicht mehr so bereitwillig offen. Jetzt hatte auch die Partei angefangen, Fuß zu fassen und zu arbeiten. Warum denn nicht. Ist ja ihr gutes Recht. Und dann hat sich auch so etwas wie Angst auf viele – nicht auf alle, aber auf viele – gelegt, und dann wurden die Dinge natürlich komplizierter.

Pfarrer Hardt wäre kein Pfarrer guter Christenmenschen, wenn er nicht immer wieder einen Teil der Schuld für die Schwierigkeiten mit dem Staate auch bei sich sähe und dabei doch seinen ständigen Gegenspieler in der Verwaltung erwähnt und Nachdenkliches äußert:

Das mag, das gebe ich gerne zu, oftmals an Ungeschicklichkeiten meiner Person gelegen haben. Ich habe mich vielleicht auch manchmal benommen wie ein Funktionär. Das ist das Dumme – und der andere war auch Funktionär, mit dem ich zu tun hatte. Das war in der Regel der Stellvertreter des Oberbürgermeisters, Abteilung Inneres. Und dann haben sich zwei Funktionäre (gegenübergesessen). Und wir haben beide eine Rolle gespielt, die uns gar nicht zusteht.

Das Interessante an seiner Beschreibung ist, daß er beide Repräsentanten, also auch sich selbst, in dieser Verhandlungssituation oder Konfrontation, als Funktionäre beschreibt. Der Peppone «auf der anderen Seite» soll in der Tat nach Hardts späteren Auskünften ein ziemlicher Hartschädel gewesen sein; aber auch Pfarrer Hardt wird von einigen unserer anderen Interviewpartner nicht gerade als sanftmütig oder lammfromm geschildert. Einer von ihnen geht noch heute nicht zu ihm, weil der ihn mal im Missionswagen von vorne, also ex cathedra, *auf die Hörner genommen* habe, nachdem er einmal an einem Sonntagmorgen während der Kirchzeit auf dem Sportplatz gewesen war.

Aber wir sind noch bei der ersten Sitzung unseres Interviews im Jahre 1987 – und Pfarrer Hardt fährt in seiner Geschichte von sich und dem Funktionär der Abteilung Inneres in der ihm eigenen liebenswerten Weise versöhnlich fort:

Wir haben beide – das gibt es natürlich auch – entdeckt, daß man auch ganz anders miteinander reden kann. Es hat wunderbare Gespräche auch mit diesen Leuten gegeben, die ich ganz hoch achte und von denen ich ganz stark beeindruckt bin, als wir von Mensch zu Mensch geredet haben und nicht diese dummen Fakten auf den Tisch gelegt haben, als wären die unumstößlich. Der sagte gerne mal als Eingangssatz: «Nun, also darüber sind wir uns ja klar, Sie überzeugen mich nicht, und ich überzeuge Sie nicht. Infolgedessen können wir ja gleich zu den Fakten übergehen.» – Ich habe ihn einmal gestellt: «Zu einem echten Gespräch gehört auch, daß die Möglichkeit besteht, daß der eine den anderen überzeugt oder sich überzeugen lassen muß.»

Es habe dann zwar viele gute Gespräche gegeben, aber keine gegenseitigen Überzeugungen. Das zeigte sich schnell in der weiteren Geschichte des Baus der Kirche, die die Barackenkirche, die überdies immer auf volkseigenem Boden stand, ablösen sollte: Zunächst wurde übereigneter Grund und Boden der Kirche 1954 nicht in das Grundbuch eingetragen; dann gab es eine Bauerlaubnis an anderer Stelle, aber dort stieß man auf merkwürdige Fundamente, und schon kam der Baustopp von der Stadt – die geplante Kirche wurde nie gebaut; dann gab es baupolizeiliche und städteplanerische Einwände gegen zwei weitere Baupläne; eine erneute geplante Übereignung von Volks- in Kircheneigentum kam ebenfalls nicht zustande; erst 1985, also ca. dreißig Jahre später, erwarb die Kirche dieses Stück volkseigenen Landes.

Es bedurfte offensichtlich dieser Erinnerung an die Massierung von staatlichen Drangsalierungen, damit sich sogar der diplomatische Pfarrer Hardt zu dem folgenden Ausbruch an Leidenschaft hinreißen ließ:

Es ist das Jahr 1955 – ich habe schon den Eindruck, daß diese Stadt nicht daran interessiert war, eine Kirche zu bauen.

Aber auch nach dieser Erklärung war es ihm offensichtlich ein Bedürfnis, sich wieder mit Verständnis den Stadtvätern zuzuwenden, die ja nun «auf einer ganz anderen wissenschaftlichen Basis leben» und hofften, daß die Kirchen «langsam einschlafen» würden:

Der dialektische Materialismus beinhaltet Gott nicht. Da hat Jesus keinen Platz. Und daß man versuchte, diese Stadt ohne Kirche zu erstellen, das kann ich aus der Sicht dieser Leute verstehen... Es hat ja die Zeit gegeben, in der man geglaubt hat, entweder schlafe die Kirche ein oder sie kriegen sie mit einem bißchen Nachhelfen so in den Hintergrund, daß sie nur noch etwas für ein paar alte Großmütterchen ist... und gar keine Rolle mehr spielt.

Aber beide Seiten hätten lernen müssen, aufeinander zuzugehen, sowohl die Stadt als auch die Kirche und er selbst.

Natürlich bin ich genauso auf die Stadt zugegangen, wie die Stadt auf die Kirche zugegangen ist. Es geht ja nicht um mich, nicht, man darf mich jetzt nicht rausstellen, sondern es geht ja um die Kirche, und ich bin ein Mann der Kirche... Alle Schritte, die wir unternommen haben als Kirche, sind natürlich mit dem Superintendenten, mit dem Kreiskirchenrat, mit dem Generalsuperintendenten, mit dem Konsistorium, mit dem Kirchenbauamt abgestimmt worden, und wir sind gemeinsam vorgegangen. Ich bin ja ein Stück im Gefüge der großen Kirche.

Nach dieser Bemerkung über kirchlichen demokratischen Zentralismus läßt sich auch Pfarrer Hardt manchmal zu weniger Taktischem hinreißen und spricht dann von Kirchen- oder Glaubenskampf oder nimmt andere militärische Begriffe in den Mund, um die Schärfe der Auseinandersetzungen zwischen Kirche und SED zu charakterisieren, die ich aber nicht wiederholten sollte. Den Höhepunkt des Kirchenkampfes an seinem Ort erlebte Pfarrer Hardt, als kurz vor dem Mauerbau die Kirchenbaracke im Juli 1961 gekündigt wurde und rasch geräumt werden sollte. Aber nach einigen Eingaben sei auch diese Kündigung im Sande verlaufen: «Nie wieder was gehört, nie wieder.» Schließlich wurde Ende der siebziger Jahre nach erneutem mehrfachem Scheitern der Kirchenbaupläne ein schönes Gemeindezentrum mit vielen Räumen und Unterbringungsmöglichkeiten verwirklicht.

1950 hatte sich Pfarrer Hardt mit seiner späteren Frau verlobt, die aus einem gutbürgerlichen Hause des Nordens stammte, das von einem Speditionsunternehmen lebte. Die Geschichte seiner Heirat hat auch etwas mit der Geschichte des Kirchenbaus zu tun. Denn 1950 hoffte Pfarrer Hardt auf eine neue Pfarrstelle, die erst 1953 kam; als sie dann heiraten wollten, sprach sein kleines möbliertes Zimmer dagegen – also warteten sie erneut auf den Bau einer Kirche mit einem regulären Gemeinde- oder Pfarrhaus. Als das immer wieder scheiterte, wurde es Frau Hardt schließlich zu bunt, sie bestand auf einer Heirat, auch ohne Pfarrhaus. 1957 wurde dann geheiratet, sieben Jahre nach ihrer Verlobung! Aber sie mußten in der Hoffnung auf ein baldiges Ende der provisorischen Lösung in der Kirchenbaracke wohnen: «Ich habe 24 Jahre in der Baracke gewohnt, solange die gestanden hat. Und als ich geheiratet habe, meine Frau ebenfalls.»

Zusammenfassend stellte Pfarrer Hardt fest, daß allein der Bericht über die Baugeschichte der Kirche bis 1976 über 500 Seiten umfasse. Und dieser Bau war dann die Folge der großen Politik, als man vom sozialistischen Alleinvertretungsanspruch abkam und sich auf höchster Ebene auf die Formel «Kirche im Sozialismus» einigte. Aber bis dahin war es eben ein «langsamer und schwieriger Prozeß».

An dieser Stelle scheinen mir einige kurze allgemeine Bemerkungen zur Entwicklung der Kirche in der SBZ/DDR angebracht: Nach dem Kriege konnten sich die Kirchen, insbesondere die evangelische, noch als Volkskirchen begreifen; denn noch 1939 waren auf dem Gebiet der späteren sowjetischen Besatzungszone 86,6 Prozent der Bevölkerung evangelischer Konfession, 6,2 Prozent zählten sich zur römisch-katholischen Kirche.[3] Nach dem Kriege wurden in der SBZ Staat und Kirche getrennt, d.h. beispielsweise, daß die Kirchen ihre

3 Peter-Heinz Seraphim: Die Heimatvertriebenen in der Sowjetzone, Berlin 1954, S. 53.

Steuern mit Hilfe eigener Kirchensteuerämter selbst eintreiben mußten. Die Zahl der evangelischen Christen ging von 14,012 Mio. im Jahre 1946 auf 10,009 Mio. (1964) bzw. auf 8,470 Mio. Anfang 1974, der Anteil der Katholiken von 2,233 Mio. (1946) auf 1,3 Mio Anfang 1974 zurück.[4]

Heute dürften sich nach den Kirchenämtern bzw. anderen Quellen weniger als die Hälfte[5] oder sogar weniger als 20 Prozent[6] der Bevölkerung zu den Kirchen rechnen, so daß von Volkskirche kaum noch die Rede sein kann.

Im politischen Verhältnis zwischen SED-Staat und Kirche kann man verschiedene Phasen unterscheiden[7]: Nach einer vergleichsweise weitgehenden Einbeziehung der Kirchen und ihrer Repräsentanten in die Aufbauphase der Sowjetischen Besatzungszone gab es scharfe Kontroversen im Kalten Krieg vor allem um die Glaubensfreiheit und die Religionsausübung, um Fragen der Friedenssicherung, um die Schul- und Jugendpolitik u.ä.m., wobei in dem Auf und Ab dieser Beziehungen deutlich wurde, daß beide Seiten in dem jeweils anderen den Hauptkonkurrenten um die Köpfe bzw. die Seelen der Menschen sahen. Deshalb ging es letztlich in allen diesen Fragen um die Stellung der Kirchen in der «realsozialistischen Gesellschaft». Erst in dem Gespräch zwischen Honecker und der Evangelischen Kirchenführung am 6. März 1978 schien man mit der Formel «Kir-

---

4 Hans-Gerhard Koch: Staat und Kirche in der DDR. Zur Entwicklung ihrer Beziehungen 1945–1974. Darstellungen, Quellen, Übersichten, Stuttgart 1975, S. 243.

5 Gisela Helwig und Detlef Urban: Kirchen und Gesellschaft in beiden Deutschen Staaten, Köln 1987, S. 3.

6 Mündliche Gespräche der von Albrecht Sywottek und Bernhard Schallhorn organisierten jährlichen Treffen von Vertretern der jüngeren DDR-Forschung.

7 Einen ersten Überblick verschafft Hardtmut Lange mit seinem Bericht und seiner Bibliographie: DDR- und Deutschlandforschung in der Bundesrepublik Deutschland einschließlich Berlin (West). Institutionen wissenschaftlicher Forschung und Kommunikation, Bonn 1984. Hier ist eine allgemeine Bibliographie incl. Zeitschriftenartikel enthalten.

Vgl. auch Peter Fischer: Kirche und Christen in der DDR, Berlin 1978; Sam Dahlgren: Das Verhältnis von Staat und Kirche in der DDR während der Jahre 1949–1958, Uppsala 1972 (dort auf Deutsch). Oder auch: Hellmuth Nitsche: Zwischen Kreuz und Sowjetstern. Zeugnisse des Kirchenkampfes in der DDR von 1945 bis heute, Aschaffenburg 1983.

che im Sozialismus», die Bischof Albrecht Schönherr[8] dem Staatsratsvorsitzenden vortrug, einen tragfähigen Kompromiß gefunden zu haben[9]:

«Anschließend konnten beide Seiten mit Befriedigung feststellen, daß die Beziehungen der Kirche zum Staat in den letzten Jahren zunehmend von Sachlichkeit, Vertrauen und Freimütigkeit geprägt werden.»

Aber in der allgemeinen Destabilisierung der Ära Honecker bekam, wie man inzwischen weiß, vor allem die evangelische Kirche eine wachsende Bedeutung als Sammelpunkt, Beistand und Vermittler für Oppositionelle unterschiedlicher Richtungen.

Der schwierigste Kampf, den Pfarrer Hardt neben dem Kampf um die Kirche und die Ausübung der Religionsfreiheit sowie um Fragen des Friedens (Wehrkundeunterricht, Wehrdienst, Verweigerung) zu bestehen hatte, war der um die *Jugendweihe* bzw. um die Konfirmation, der zwischen 1958 und 1961 seine Hoch-Zeit gehabt hatte. Insgesamt nahmen in der DDR ca. 97 Prozent aller Jungen und Mädchen im Alter von 14 oder 15 Jahren Mitte der achtziger Jahre an der Jugendweihe teil.[10] Nach den Vereinbarungen der Evangelischen Landeskirchen in der SBZ hatte man nach dem Kriege das frühere Schulfach «Religionsunterricht» in «Christenlehre» umbenannt, die nicht mehr in der Schule, sondern in kirchlichen Räumen außerhalb der Schule abgehalten wurde. Ein Beispiel zur Entwicklung der «Christenlehre»: Hatten in der Evangelisch-Lutherischen Landeskirche Mecklenburgs im Jahre 1972 noch 30213 Kinder regelmäßig an der Christenlehre teilgenommen, so waren es im Jahre 1984 nur 9732.[11]

---

8 Vgl. Albrecht Schönherr: Horizont und Mitte. Aufsätze, Vorträge, Reden 1953–1977, München 1979. Oder Hardtmut Zimmermann: «Kirche im Sozialismus» – Zur Situation der evangelischen Kirche in der DDR, in: DDR-Report, 12. Jg. (1979), 1, S. 5–9.

9 Aus dem Bericht über das Gespräch Erich Honeckers mit Kirchenführern, 6. März 1978, in: DDR. Dokumente zur Geschichte der Deutschen Demokratischen Republik 1945–1985, herausgegeben von Hermann Weber, München 1986, S. 372.

10 Helwig/Urban 1987, S. 16.

11 Mathias Hardtmann: Kirchliche Jugendarbeit in beiden deutschen Staaten, in Helwig/Urban, S. 102 bis 117, hier S. 109ff.

Herr Hardt spricht sehr ausführlich über seine Auseinandersetzungen um die Konfirmation gegen die Jugendweihe:

Von der Seite der Stadt, der Partei oder was auch immer sind Dinge auf uns zugekommen, die es uns schwer gemacht haben, miteinander ins Gespräch zu kommen: z. B. eine Reihe von Zeitungsartikeln (gegen mich), die ganze Jugendweihefrage. Und im Grunde ist sie bis heute nicht ausgeräumt. Sie spielt heute nicht mehr die Rolle in der Kirche. Sie hat ihre Bedeutung verloren; denn im Grunde genommen sind es 99 Prozent der Kinder, die zur Jugendweihe gehen. Es ist eine Handvoll. Ich habe Bilder, wo wir noch mit 80 vor der Baracke stehen – man wird ja nachher immer fotografiert mit den ganzen Konfirmanden. Und wir haben dann eine Zahl gehabt, wo ich mit zweien eingezogen bin. Alles andere ist zur Jugendweihe gegangen.

Und er fügt mit leiserer Stimme hinzu:

Ich war also einer von den Leuten, die gesagt haben: Entweder – oder. Entweder ihr entscheidet euch für die Jugendweihe, oder ihr entscheidet euch für die Einsegnung. Ich habe gemeint, man könne nicht heute an einem Altar «Ja» zu einer Weltanschauung sagen, in der der Herr Christus keinen Platz hat, und sich dann acht Tage später zu demselben Herrn Christus am Altar der Kirche bekennen. Dieses habe ich durchgehalten.

Der Staat habe zwar gesagt, Jugendweihe und Konfirmation schlössen sich nicht aus, im Jugendweihe-Gelöbnis werde kein Wort gegen Gott oder Kirche gesagt.

Das stimmt auch, aber das Ganze ist doch verwoben und eingebettet in eine Ideologie, in der der Herr Christus eben keinen Platz hat. Und dagegen haben wir uns gewehrt. Entweder da oder da.
I.: Finden Sie nicht, daß Sie dabei – grob gesagt – den kürzeren gezogen haben?
Er: Selbstverständlich – nach außen hin gesehen, nach außen hin gesehen. Wir haben ja nicht nur die Kinder verloren, sondern es sind ganz viele Menschen ausgetreten in jenen Jahren.

Und Pfarrer Hardt liest dann die Zahlen der Austritte in seiner Gemeinde vor:

1954:	71	1966:	107
1955:	401	1967:	168
1956:	256	1968:	120
1957:	235	1969:	72
1958:	1305	1970:	77
1959:	643	1971:	82
1960:	757	1972:	54
1961:	404	1973:	68
1962:	367	1974:	71
1963:	234	1975:	60
1964:	176	1976:	35
1965:	442	1977:	34
		Summe	6239

Heute, also 10 Jahre später im Jahre 1987, habe man noch ca. knapp unter 2000 «Seelen» [12], die Kirchensteuer bezahlen, während man im Jahre 1958 – zugleich das Jahr mit den meisten Austritten – mit nicht ganz 10000 Mitgliedern den Höchststand erreicht hätte. In Prozentzahlen ausgedrückt:

1957:	13000 Einwohner,	8000 Seelen	= 62 Prozent
1967:	35000 Einwohner,	7500 Seelen	= 21,5 Prozent
1977:	41050 Einwohner,	1990 Seelen	= 4,8 Prozent

12 Die Bekenntniskirche hat eine denkwürdige sprachliche Blüte hervorgebracht: Sie schuf nämlich zwei Arten von Gotteskindern, nämlich «Einwohner» und «Seelen»: So sagt

Herr Hardt: «Die Bevölkerungszahl war 1957 13000, Neustadt Seelenzahl 8000.

I.: Was heißt Seelenzahlen?

PH: Kirchlich, kirchlich erfaßte Leute.»

Hier ist also ein wesentlich stärkerer Rückgang der Mitgliedszahlen zu beobachten, als sie in den allgemeinen Schätzungen zur Lage in der DDR zum Ausdruck kamen, was vermutlich auf die relativ sehr viel jüngere Altersstruktur dieser Neustadt zurückgeführt werden kann. Herr Hardt:

Der größte Einbruch ist bei der Jugendweihe erfolgt. Bei der Konfirmation, da haben wir verloren, wenn Sie so wollen, nach außen hin verloren. Aber daß Kirche niemals so im Gespräch gewesen ist wie in diesen Zeiten, das dürfen wir auch nicht vergessen.

Und:

Man könnte der Partei (SED) dankbar sein: Was die Kirche nicht geschafft hat, die Leute zur Entscheidung zu bringen, das hat die Partei geschafft. Sie hat die Leute zur Entscheidung gezwungen...
I.: Ich wollte gerade sagen, daß hier in der DDR an dem Punkt Jugendweihe der Staat wirklich ein Gegensymbol oder einen Gegenritus geschaffen hat bei einem großen Teil der Bevölkerung. Das ist ja – wie sagt man – ein Signum für einen gesellschaftlichen Wechsel. Und mich wundert Ihre Sicherheit, daß gerade in der Entscheidungsdiskussion ein positives Element läge.
Er: Das positive Element sehe ich einfach in den vielen Gesprächen und in dem Bekenntnischarakter, der sich daraus bei einer ganzen Reihe Leuten entwickelt hat.

Und Pfarrer Hardt entwickelt eine These, just nachdem er die Jugendweihe als Niederlage eingestanden hatte, nämlich die ihn offensichtlich selbst beruhigende Behauptung, daß sich die meisten, ja fast alle, die zur Jugendweihe gegangen wären, später wieder hätten einsegnen lassen.

Und die, die nun wirklich «Ja» (zur Konfirmation) und «Nein» zur Jugendweihe gesagt haben, die dies durchgestanden haben, nicht, die sind dann auch bei uns geblieben.
I.: Darf ich daraus schließen, daß Sie eher für eine Verkleinerung der Gemeindetätigkeit zugunsten einer wirklichen Bekenntniskirche sind gegenüber einer Volkskirche, die ihre Basis mehr und mehr verloren hat?
Er: Ich habe eine Volkskirche sehr gerne gehabt, und sie hat zu ihrer Zeit ihre Berechtigung gehabt. Und in dieser Zeit haben wir es nun allerdings erlebt, daß es innerhalb der Kirche sehr lau zugegangen ist. Oder sagen wir mal anders: Unsere Kirche hat sich anlehnen können an den Staat.

Das sei heute anders – heute müsse sich die Person, die sich für Christus einsetze, zur Kirche bekennen und freiwillig die Kirchensteuer («Kirchenopfer ist ein viel schöneres Wort als Kirchensteuer») bezahlen, die bei den niedrigsten Einkommen bei 1 Prozent des Jahreslohns beginne, dann progressiv aufsteige, insgesamt jedoch relativ niedrig liege. Aber:

Ich würde nicht drängen, die Volkskirche zu zerstören. Aber wenn nun einmal die Blätter vom Baum der Kirche fallen, weil ein anderer Wind weht, dann liegt das nicht am Wind, sondern es liegt an der schwachen Struktur der Kirche.

Seine Ausführungen halte ich für ein schwaches «Rückzugsgefecht», sage es ihm auch und fahre fort:

Stimmen Sie eigentlich zu, daß die Jugendweihe ein Ritus geworden ist, der mehr ist als nur ein Geschenktag, mehr als nur eine Familienfeier, sondern von Ihnen als Initiationsritus gesellschaftsfähig gemacht wurde, der selbst Bekenntnischarakter hat?
Er: Das ist in der Kirche nicht unbekannt. Man hat es oft ein bißchen spöttisch gesagt. Eigentlich hat die Kirche der Jugendweihe erst zu dem verholfen, was sie heute ist. Hätten wir sie nicht so ernst genommen und laufen lassen, hätten wir nicht so dagegen opponiert, dann wäre die Geschichte wesentlich harmloser gelaufen... Wieweit die Jugendweihe das Leben der Jugendlichen beeinflußt hat, das ist die große Frage. Aber das scheint mir bei der Einsegnung früher nicht anders gewesen zu sein. Wie viele von den Eingesegneten sind nachher zur Kirche gegangen? Das scheint mir bei der Jugendweihe genauso zu sein. Viele Eltern haben nicht verstanden, warum wir die Geschichte so ernst nehmen. Sie haben wirklich gemeint: «Lieber Herr Pfarrer, da gehen wir doch bloß hin, weil es sein muß, wegen der Stellung, wegen der Schule, wegen der Oberschule usw. usw. Aber zur Kirche kommen wir nachher und sagen unser klares Bekenntnis zum Herrn Christus.» Aber dem haben wir eben nicht nachgegeben, sondern haben gesagt: «Ihr müßt euch entscheiden.»

Ich kann Herrn Hardt nicht entlocken, ob er das spätere Verfahren, in dem man sowohl zur Jugendweihe als auch zur Konfirmation gehen kann, nun ablehne oder nicht. Aber sein alter orthodoxer Standpunkt klingt immer wieder durch.

Mein Problem war und ist jedoch eher, ob – und so frage ich ihn auch – die Säkularisierung in der DDR etwas anders gelaufen ist als im Westen Deutschlands, weil dem kirchlichen Einfluß mit der Jugendweihe erfolgreich ein Symbol entgegengesetzt worden ist. Als Westdeutscher kann ich nur schwer beurteilen, ob das ein Indiz für einen bewußten Wechsel hin zum Atheismus ist oder nur ein auswechselbares Startsignal für Geschenk- und Freßorgien, das ansonsten niemand so ganz ernst nimmt.

Letzteres glaube ich, letzteres. Ich glaube nicht, daß es zu einer Bestätigung des Staates oder zur Bestätigung der Ideologie führte. Das ist *ein* Punkt im Leben dieser Jugendlichen – dazu gehört wesentlich mehr, dazu gehören auch noch andere Punkte.
I.: Ich habe gelernt, Symbole, die ich selber nicht begreife, in ihrer Bedeutung nicht zu unterschätzen. Das ist ja der Kern meiner Frage, also ob es mehr ist (als nur ein Geschenktag) –
Er: Nein, das glaube ich nicht. Also, ich glaube es nicht.
I.: Warum haben Sie es dann zu dieser Alternative gemacht, wenn Sie das nicht glauben?
PH: (lacht) Wir haben geglaubt, daß wir uns gegen die Jugendweihe durchsetzen könnten, und haben dieses mit aller Macht versucht. Und das haben wir nicht geschafft. Und dann, haben wir allerdings gesagt, muß es auch klare Entscheidungen geben. Und dieses halte ich schon für gut.

Sein harter Standpunkt, den er mit vielen Pfarrern der Dibelius-Zeit geteilt haben dürfte, setzte sich letztlich nicht durch. Nach einer verhärteten Phase waren schließlich die meisten Landeskirchen für den Kompromiß: sowohl Konfirmation als auch Jugendweihe – und nicht entweder oder.

Diese Diskussion wirft allerdings auch ein Licht auf die glatte und diplomatische Erscheinung des Pfarrers Hardt: Unter seiner samtenen Hülle steckt eben ein kantiger Kern.

Viele der Ausführungen Pfarrer Hardts sprechen für sich; aber seine Ambivalenzen in der Selbstdarstellung fordern doch Interpretationen heraus: einerseits der konziliante, liebenswerte und wendige Pastor, andererseits der harte orthodoxe Glaubenskämpfer, der als gehorsamer Repräsentant seiner Kirche – als ihr Funktionär – agierte.

Der wichtigste und mir zugleich unzugängliche Quell seiner Kraft und Sicherheit ist natürlich sein Glaube, von dem er, wie nahezu jeder seiner Sätze bezeugt, durchdrungen ist. Aber darüber hinausgehende Bedeutung zur Erklärung seiner Ambivalenzen dürften die Erfahrungen im Nationalsozialismus und in der SBZ/DDR haben: Man ist auch als Christ schuldig geworden trotz besseren Wissens und Wollens – im Nationalsozialismus an den Juden («und hat sich nicht gewehrt»); man ist aber auch in der DDR schuldig geworden an der eigenen Gemeinde oder besser: Man schien gescheitert sowohl an der weltlichen Herrschaft und ihrer Macht, Opportunismus zu erzeugen, als auch an der eigenen Starrheit, welche die Niederlage im Kampf um die Herzen der meisten Menschen des Landes mit herbeiführte. Und diese Niederlage, dieser Glaubensabfall so vieler Menschen dürften schwer aushaltbare Frustrationen bewirkt, vielleicht auch Selbstzweifel verursacht haben.

Es könnte allerdings auch gerade die Kontinuität der Kirche in zwei antiklerikalen Staaten sein, die Pfarrer Hardts Kraft und Glaubensstärke, seinen mir als Ungläubigem fast autoritär erscheinenden Kirchengehorsam verstärkte und auch seine Flexibilität gegenüber der SED einschränkte. Noch einmal wollte man nicht scheitern wie die Deutschen Christen im Nationalsozialismus; aber zugleich konnte man auf die neuen Machthaber hoffen dank der gemeinsamen Gegnerschaft gegen den Nationalsozialismus bei aktiven Christen und Sozialisten, darin schien eine Garantie für eine neue Rolle der Kirche erhoffbar zu sein, ehe die fundamentalen Differenzen in Fragen des Glaubens und der Weltanschauung, auch Fragen der Konkurrenz um die Menschen, zum Tragen kamen.

Ein weiteres Element seiner Kraft, um nicht zu sagen seiner Sturheit, scheint mir darin zu liegen, daß für Pfarrer Hardt die äußeren Feinde so klar ausmachbar waren – ganz anders als im Westen, wo die allgemeine schleichende Säkularisierung auch die Feindbilder verschwimmen ließ. Diese hautnahe Erfahrung der Glaubensfeinde erleichterte sicherlich die klare Scheidung zwischen böse und gut, aber läßt Personen wie diesen beeindruckenden Pfarrer Hardt in einer Nachwende-Welt auch hoffnungslos veraltet erscheinen.

Fast beiläufig und kurz vor dem Ende unseres Gesprächs, als bei abgestelltem Tonband und während der Essen gemeinsam mit Frau Hardt schon immer deutlicher geworden war, daß Herr Hardt eben auch noch andere Seiten als die des milden Nachfolgers Christi hatte, half sie uns, diese Seiten ihres Mannes auch noch anders zu erklären. Sie führte überhaupt manchmal auf Spuren, die ihr Mann wohl lieber verwischt hätte. So deutete Frau Hardt beim Tee böse «Provokateursgeschichten» an. Bei abgestelltem Tonband erzählte Herr Hardt diese Geschichte ausführlich; aber als ich das Tonband wieder anstellte, las er aus einem Text vor, den er nach unserer ersten Sitzung vorbereitet hatte und in dem es zu seiner Überwechslung nach Neustadt heißt:

«Mit mir sieht die Kirchenbehörde den Pfarrer für die Neustadt vor. Er kommt nicht unbelastet nach Neustadt, schon in seiner vorherigen Pfarrstelle werden ihm bestimmte Dinge vorgeworfen.»
I.: Ach, Herr Hardt, jetzt lassen Sie wieder, weil das Tonband an ist, die spannenden Sachen weg.
Er: Ja, nein, habe ich gestrichen.
I.: Es sind doch sehr bezeichnende und gleichzeitig sehr witzige Geschichten. Ich finde es schade, wenn Sie sie mir fürs Tonband vorenthielten.

Aber Herr Hardt bleibt wieder hart. Er erzählt nur, aber immerhin im Gegensatz zu seiner früheren Diplomatie, folgendes:

Es sei ja dem Staat und der Stadt darum gegangen, «dieser Kirche möglichst viele Schwierigkeiten in den Weg zu legen, und dieses hat sich (hier) dann sehr stark auf meine Person konzentriert. Es hat verschiedene Versuche gegeben, mich in wahrlich böser Weise aus dieser Stadt zu verdrängen bzw. mich in der Gemeinde in ein Licht zu setzen, so daß die Gemeinde mich dann wahrscheinlich ablehnen würde. Eh, irgendwann ist mal jemand bei mir gewesen, der meinte, ich hätte Menschenschlangen vor den Geschäften mit einer Kleinbildkamera gefilmt. Seine Frage war: «Was wird, wenn diese Filme in den Westen gelangten?» Gegenfrage: «Wie sollen sie denn in den Westen kommen?» Antwort: «Das wissen Sie so gut wie ich.» Der Tatbestand war folgender: Ich habe in der Tat gefilmt, aber nicht Schlangen vor den Geschäften, sondern einen Maidemonstrationszug.

Das war Mitte der fünfziger Jahre, und das war die harmloseste der Geschichten, die er mir bei abgestelltem Tonband erzählt und nun für die Aufzeichnung wiederholt hatte. Auf mein Drängen deutet er eine andere wenigstens an:

Auf eine Anzeige hin hat sich auch mal eine Bürokraft gemeldet, die gerne eine Bürokraft gewesen wäre bei uns, von der sich aber später herausstellte, daß sie bei uns sicher auch mehr sehen wollte, als nur die übliche Büroarbeit.
I.: Also, Herr Hardt, jetzt sage ich doch mal etwas mehr, was mir jemand aus diesem Hause gesagt hat. (Ich unterbreche mich.) Jetzt fange ich auch schon so vorsichtig an. Also, man hat mir gesagt, daß Sie mehr befürchteten als nur die Tatsache, daß diese Frau vielleicht Gemeindesachen einsehen könnte, sondern daß es (mindestens) um die Beschattung Ihrer Person ging.
Er: Ja, wahrscheinlich, wahrscheinlich.
I.: Wollen Sie es dabei belassen?
Er: Ja, das würde ich.

Später korrigierte er auch diese Geschichte noch einmal und liest dann erneut aus seinem vorbereiteten Text vor: «Mit mir sieht die Kirchenbehörde einen Pfarrer für die Neustadt vor. (Unterbricht sich:) Das Tonband läuft jetzt, ja?»

Und er liest weiter, als ob nichts dazwischen gesagt worden wäre. Als ich darauf hinweise, daß mich das als Interviewer herausfordere, erzählte er schließlich, was man sich nun schon denken kann:

Diese weibliche sog. «Bürokraft» sollte ihn nicht nur beschatten, sondern sich mit ihm in eindeutigen Situationen erwischen lassen, um seinen Ruf als Pfarrer zu zerstören.

Es gibt noch andere provozierte Situationen, die ihn in eine «bestimmte politische Ecke drängen» sollten, aber über die soll ich nun wirklich nichts schreiben.

Nun gut, ich kann Pfarrer Hardt, der mir immer sympathischer wird und mit dem ich auch später Kontakte pflegte, verstehen, daß er diese Geschichten nicht veröffentlichen wollte; denn die mildeste Interpretation würde ihn zumindest als einen darstellen, der alle seine bösen Erfahrungen mit der Staatsgewalt nicht erzählen möchte, um seine Politik der Versöhnung nicht zu desavouieren oder um die Demütigungen, die er erfuhr, nicht sichtbar werden zu lassen. Vielleicht macht es auch einfach mutlos, wenn man mit solchen Erfahrungen leben muß, und Mutlosigkeit ist sicher das, was der anderen Seite seines Charakters nun überhaupt nicht entspricht. Dann schon eher Leiden im Streit für das Kreuz.

Andere Menschen würden solche Erfahrungen aus den fünfziger Jahren möglicherweise gebrochen haben, die nicht diese Härte besaßen, die der Glaube und die Räson eines kirchlichen lokalen Gegenspielers zur SED im Kalten Krieg dem Pfarrer Hardt verlieh. Aber ich frage mich heute, ob jenen Pfarrern, die wie Bernhard Hardt ihr eigenes Scheitern als erbitterter Funktionär der Kirche am Ende der fünfziger, in den sechziger und siebziger Jahren zu sehen glaubten, Eigenschaften fehlten oder verlorengingen, die in den neuen Zeiten – unter den leichteren Bedingungen der «Kirche im Sozialismus» – notwendig wurden. Die jüngere Pfarrer-Generation entwickelte kulturelle, journalistische und politische Fähigkeiten und konnte die Kirche zum Hort für neue, jüngere und zumeist oppositionelle Strömungen machen. Aber in dieser «Kirche im Sozialismus» wurden solche Tugenden, die für Bernhard Hardt so wichtig waren, wie Glaubensstärke und die Kraft zur Verkündigung des Evangeliums oder zur Behauptung der kirchlichen Rituale sekundär. Und wer weiß, was dies für die Säkularisierung im Osten Deutschlands nach der Vereinigung mit dem Westen bedeuten wird?

Zu Bernhard Hardt paßt wohl – anders als zu den jüngeren Pfarrern – eher das Bild vom Missionar im Evangeliumswagen, der sich in nichts von den anderen gehorsamen Soldaten der Kirche Christi unterscheiden möchte.

I.: Haben Sie sich als Missionar gefühlt?
PH: Ja, ich hoffe, es fühlt sich jeder Christ als Missionar.

Flüchten und standhalten

Getzel Taube, Unternehmer,
70 Jahre

Traum und Sinn

Zwei von fünfen ist der Ausbruch gelungen, weil im Moment seiner Entdeckung ein Luftangriff kam, so daß die Suchscheinwerfer, welche die anderen drei den Schüssen der Verfolger ausgeliefert hatten, ausgeschaltet werden mußten. Im Laufe der Nacht kommen die beiden an einen Fluß, über den es nur eine Brücke gibt. Sie stehen vor dieser Schleuse der Ausflucht, hinter ihnen das Gelände des Terrors und jenseits die Hoffnung auf eine ungewisse Chance. Auf der Brücke stehen zwei Wachen und schmusen mit ihren Mädchen. Sonst nichts. Den einen der Ausreißer verläßt der Mut: Wie sollen sie, für die es kein Zurück gibt, mit ihren ‹Generalsstreifen› an den Hosen, die sie als Häftlinge im Arbeitseinsatz erkennbar machen, an zwei Bewaffneten auf einer menschenleeren Brücke vorbei kommen? Der andere ist genauso verzweifelt, aber er sieht eine minimale Chance, und etwas läßt ihn alles auf diese eine Karte setzen. Er gewinnt seinen Kameraden für das Wagnis, das den Tod ebenso sicher zu enthalten scheint wie die Entscheidung, es nicht einzugehen. Nämlich ruhigen Schrittes über die Brücke zu gehen, eines so sicheren Schrittes freilich, daß sein Klang es den Soldaten in unbewußter Abwägung zwischen Pflicht und Trieb leichtmachen würde, bei der Liebe zu bleiben. So geschieht's: Die Wahrnehmung des Gewöhnlichen im Abnormen hat einen Spalt eröffnet, durch den sie entkommen. Sie gelangen zu einem Haus, wo sich eine polnische Familie tatsächlich Zivilkleidung abkaufen läßt, und erhalten Hinweise, die sie schließlich zu einer Gruppe der nationalen polnischen Untergrundarmee bringen. Die Nationalisten würden zwar die Juden am liebsten umbringen, aber auf Fürsprache ihres Anführers, daß die beiden in Auschwitz doch genug gelitten hätten, lassen sie sie laufen. Danach finden sie Kontakt zu einer kommunistischen Partisaneneinheit, die sie endlich aufnimmt, aber um den Preis, daß sie sich sofort in den Kampf einreihen.

Den Ausbruch aus dem Auschwitz-Außenlager bei einer Rüstungsfabrik in Schwientochlowitz bei Kattowitz im Juli 1944 und die Begegnung mit Partisanen der Armia Krajova und der Armia Ludowa hat mir Getzel Taube erzählt, die Schlüsselgeschichte von der Brücke nicht. Die hat seine Frau erst nach seinem Tod erwähnt. Sie war erstaunt, daß dieser Moment in seiner langen Lebensgeschichte für unser Tonband nicht vorgekommen war; fast Nacht für Nacht sei in den frühen Jahren ihrer Ehe die Situation an der Brücke in seinen Träumen wiedergekehrt und habe ihn aus dem Schlaf hochschrecken lassen.

Die Taubes haben Mitte 1947 in Leipzig geheiratet. Sie schlossen damals einen Ehevertrag, der die Aufgaben der Partner festlegte und jedem sein religiöses Bekenntnis beließ; für die Kinder wurde vorgesehen, daß Jungen beschnitten und Mädchen getauft werden sollten. Frau Taube war katholisch; ihr Mann, der aus einer orthodoxen Familie in Lodz stammte und in seiner Jugend Zionist gewesen war, hatte in Auschwitz seinen Glauben an den Gott der Väter verloren. Als seine Frau zwei Jahre nach der Heirat mit ihrem einzigen Kind, einer Tochter, schwanger ging, begann in ihm gerade der Glaube an einen Gott, der die Geschichte der Juden lenkt, wieder zu keimen. Den Anstoß dazu hatte die Ausrufung des Staates Israel in Palästina gegeben, die ihn Auschwitz als das größte aller denkbaren Opfer zu sehen lehrte.

«Ich habe seinerzeit das Judentum nicht mehr so als eine Religionsgemeinschaft angesehen aufgrund der Vorgänge im Lager, aufgrund dessen, was wir erlebt haben, aufgrund dessen, daß meine Familie umgekommen ist und die ganzen Verwandten. Und da haben wir, wie man so sagt, mit Gott gehadert, und man hat gesagt, es ist unmöglich, daß ein Gott im Himmel da ist und kann das alles, das ganze Unrecht hinnehmen und zusehen, was da geschieht. So daß ich seinerzeit hier die Gemeinde als eine Art Schicksalsgemeinschaft angesehen habe... die uns zusammengewürfelt hat nach den schrecklichen Jahren, daß man gesucht hat irgendwie einen Halt, denn ich hab doch niemanden gehabt. Und nun fragten Sie, wie ich zurückgefunden habe zu einer gewissen Religiosität. Dazu habe ich zurückgefunden in dem Moment, wie der Staat Israel gegründet wurde. Denn ich habe mir gesagt: Achtzig oder neunzig Generationen vor mir haben tagtäglich gebetet, dreimal am Tage, (um) die Rückkehr nach Zion, ins Heilige Land, und die haben das nicht erlebt. Und nun habe ich das erlebt, was vor mir achtzig oder neunzig Generationen nicht erlebt haben. Ich will damit sagen: hat zwar sechs Millionen Opfer gekostet, aber daß ich das erleben durfte, hat mich auch an meine Jugendjahre, meine Kinderjahre wieder erinnert. Und ich habe gesagt: gut, wir haben's teuer bezahlt, bezahlen müssen, aber wir haben einen eigenen Staat jetzt. Und wenn irgendwie in der Welt Unrecht an uns jüdischem Volk geschehen soll, ist ein Staat da, der seine Stimme erheben kann und erheben wird und nicht, wie es früher war, daß uns niemand haben wollte... Und das hat mich zurückgeführt zu einer gewissen, zu keiner übertriebenen Frömmigkeit oder Religiosität, sonst hätte ich ja nicht meine Frau heiraten können, ohne daß sie zum jüdischen Glauben überträte. Aber das war das ausschlagende Moment, daß ich wieder zur Religion zurückgefunden habe, nicht zur Orthodoxie, sondern zu einem gewissen Liberalismus. Und habe mir auch gesagt, damit nicht noch einmal solches Unrecht geschieht, muß auch hier etwas getan werden dagegen. Und daß wir uns nicht nur verlassen können auf die andern und sagen können, die anderen, gut, die haben das Unrecht getan, die sollen sehen, wie sie das Unrecht wieder ausbügeln, und die ganze Verantwortung den andern zuschieben, sondern daß man gemeinsam irgendwie was machen muß, um Vorurteile abzubauen. Denn Vorurteile sind das, was Haß hervorruft, und was Haß bewirkt, haben wir am eigenen Leib zu spüren bekommen.»

Wenig später gewann dieser in Erinnerung an die Kindheit wieder keimende Glaube Nahrung aus der Nachricht, daß nicht, wie er hatte glauben müssen, seine ganze Verwandtschaft ausgerottet worden war, sondern daß von diesen fast 70 Menschen außer ihm noch zwei seiner acht Geschwister Auschwitz überlebt hatten. Eine Schwester hatte nach der Befreiung in einem UNRRA-Lager einen Juden aus Prag geheiratet und war mit ihm nach Amerika ausgewandert, und ein Bruder war nach Palästina gelangt und lebte dort in einem orthodoxen Moschaw. Ein entscheidendes Erlebnis war der erste Briefwechsel mit diesem Bruder, denn durch ihn wurde klar, daß der Bruder ihn nicht wegen seiner Ehe mit einer deutschen Christin verstieß[1], er also wieder eine Familie hatte. Aber es wurde auch klar, daß er mit dieser Frau nicht, was er eigentlich gewollt hätte, zu diesem Bruder nach Palästina auswandern konnte. Nach Amerika auszuwandern hätte weniger Sinn gemacht; außerdem war seine Frau, die gerade eine Tochter geboren hatte, mit ihrer pflegebedürftigen Mutter zusammenlebte und keine Fremdsprache konnte, dagegen. Also blieben sie in Leipzig und bauten dort die ersten Sicherheiten, die sie aus dem Nachkriegschaos geborgen hatten, zu einer selbständigen Existenz aus. Als Getzel Taube 30 Jahre später zum erstenmal ein Besuchsvisum erhielt, um nach Israel zu fahren, war sein Bruder wenige Wochen vor seiner Ankunft verstorben.

In den fünfziger Jahren war Getzel Taube dem jüdischen Gemeindeleben in Leipzig nähergekommen, 1959 trat er, jetzt einer der erfolgreichsten Unternehmer der Stadt, in ihren Vorstand ein und übernahm 1967 dessen Vorsitz, als seinen Vorgänger, der die Zeit des Dritten Reiches in Palästina überlebt hatte, am ersten Tag des Sechstagekriegs der Schlag getroffen hatte. Und er blieb bis zu seinem Tod mehr als 20 Jahre lang Vorsitzender dieser Gemeinde, die derzeit noch ein Zehntel ihres Umfangs nach dem Krieg oder 0,2 Prozent ihres Mitgliederbestandes von 1935 umfaßt.

---

1 Taube hatte seinen Bruder brieflich an gemeinsame Talmud-Studien in ihrer Jugend erinnert: Dort stehe doch geschrieben, daß die Ehepartner sich schon vor ihrer Geburt im Himmel vorherbestimmt seien. Der Bruder brauchte aber offenbar solche Herleitungen, daß man für Schicksal und Liebe nicht verantwortlich sei, nicht, denn auch seine Orthodoxie war durch Shoah und Alijah existentiell relativiert worden; er antwortete einfach, ‹wir wollen Brüder bleiben›, wie mir Herr Taube unter Tränen berichtete.

Wir haben keine Angst

Ich lernte Getzel Taube Mitte 1987 kennen, als ich mich bei der Israelitischen Religionsgemeinde nach jüdischen Überlebenden in der DDR erkundigte. Nach der Prüfung meiner Legitimation nannte er mir bereitwillig eine Reihe von Personen, die ich um ein Interview bitten könne; sich selbst nannte er nicht. Als ich ihn fragte, ob auch er uns seine Lebensgeschichte, von der ich damals nichts wußte, erzählen könne, willigte er ohne Umstände ein. Bei mehreren Besuchen, das letzte Mal drei Wochen vor seinem plötzlichen Tod im Januar 1988, erzählte er vor dem Mikrophon über seine Erfahrungen. Er bat mich um eine Kopie der Tonbänder, weil er seine Erinnerungen niederschreiben wolle; dazu ist es nun nicht mehr gekommen. Aber ich vermute, sie wären dem Bericht, den er völlig frei aufs Tonband sprach, sehr ähnlich ausgefallen, denn seine Erzählung hatte in ihrer Auswahl, ihren Leitmotiven, ihren Sinnbezügen und ihrer Form bereits eine klare Gestalt gewonnen.[2] Das ist um so bemerkenswerter, als er zwar öfter in den letzten Jahren als Zeitzeuge seiner Auschwitz-Erfahrung in Schulen und Kirchen gesprochen, aber nach Auskunft seiner Frau noch nie so ausführlich die Geschichte seines Lebens berichtet hatte.

Die Gespräche mit Herrn Taube und sein plötzlicher Tod haben mich sehr bewegt. Der aus diesen Gesprächen entstandene Text hat mich länger als irgendein anderes Interview aus der DDR beschäftigt. Das liegt nicht etwa nur daran, daß es mit zusammen zehn Stunden die längste Tonbandaufzeichnung war, die ich machte. Es liegt auch nur teilweise daran, daß Herr Taube eine besonders leidvolle Geschichte zu berichten hatte, denn viele unserer Gesprächspartner haben uns von traurigen, erschreckenden oder empörenden Erlebnissen berichtet. Die besondere Anteilnahme und Achtung, die sein Bericht in mir auslöste, antwortete vielmehr auf die Menschlichkeit, die

2 Als ich ihn nach mehrmonatiger Unterbrechung noch einmal aufsuchte, setzte er mehrmals wieder an Etappen seiner Lebensgeschichte an, die er bereits berichtet hatte, und es geschah durchweg in denselben Ausschnitten und Leitmotiven und auf weite Strecken sogar in denselben Worten wie beim erstenmal.

Nüchternheit, die Besonnenheit und die Formkraft seiner Persönlichkeit und seines Berichts. Er schien mir der selbstbewußteste und freieste Mensch, dem ich auf unseren Reisen begegnet bin. Und an dieser Empfindung hat mich irritiert, daß er kein Deutscher war oder besser: sein wollte.

Bei unserer ersten Begegnung fiel mir ein kleines Detail auf: Da unser nächster Termin noch unsicher war, fragte ich ihn, wie ich ihn erreichen könne, und er gab mir seine Visitenkarte. Gewohnheitsmäßig fragte ich ihn, ob ich ihn ggf. auch ‹von drüben› anrufen könne, da ich damals viel hin und her pendelte, und nach mehreren Monaten in der DDR war ich gewohnt, darauf ein ‹Nicht so gern› oder eine einfache Verneinung zu hören – am Vortag etwa hatte mir ein Parteifunktionär auf die Bitte um seine Telefonnummer gesagt, ‹von drüben› brauchte ich es gar nicht zu versuchen, da die Telefonvermittlung der Bezirksleitung der SED, in der er arbeitete, kein Gespräch aus dem Westen durchstelle. Herr Taube antwortete: «Warum nicht? Wir haben keine Angst.» Der Zusatz war eine Dreingabe, die nicht der Landessitte entsprach, weil sie ein Tabu verletzte. Was wollte er damit sagen? Daß es hier Gründe zur Angst gäbe, die aber auf ihn nicht zuträfen? Oder daß hier viele Leute eine unbegründete Angst hätten? Oder daß er mutig sei? Daß er in Auschwitz gelernt habe, zwischen Gefahren und dem zu unterscheiden, was in der DDR allgemein «Schwierigkeiten» genannt wird?

Aus der kleinen Nebenbemerkung konnte man die Fragen, die sie aufwarf, nicht beantworten. Aber sie weckte meine Neugierde, wie sich die Erfahrung des extremsten Terrors auf die Erfahrung der DDR auswirken mochte. Wie sich ein Jude aus Polen, der aus Gründen, die ich damals nicht kannte, Auschwitz überlebt hatte und danach in die SBZ emigriert war, von den Deutschen, unter denen er dann lebte, unterschied. Was sein Blick an ihnen wahrnahm. Und wie mochte dies alles mit dem zusammenstimmen, was man in der Literatur über die «Extremtraumatisierung» der Häftlinge in KZs und Vernichtungslagern und über das Grundgefühl einer «Überlebensschuld» lesen kann, die offenbar nur jene quält, die mit knapper Not die Todesfabriken überlebt und ihre Angehörigen verloren haben, während die vielen, die die Epoche mit mehr oder weniger «Schwierigkeiten» durchlebten, eine «Ideologie des Überlebens» (Beatrix Hochstein) ausgebildet haben? Diesen Fragen möchte ich nun in dem Bericht Getzel Taubes nachspüren, auch dem Rätsel, warum die alptraumhafte Brückenszene in diesem Bericht nicht enthalten ist.

Das ist meine Art: das Ausreißen

Herr Taube begann seine Lebensgeschichte mit den Worten:

«Ich bin in Polen aufgewachsen, meine Eltern waren streng orthodox. Gegen meinen Willen mußte ich eine Rabbinerschule besuchen, habe aber bloß zwei Jahre dort gelernt und bin dann wieder nach Hause gekommen, und zwar nach Lodz, und habe im elterlichen Betrieb gearbeitet. Wir hatten eine Trikotagenfabrik. Natürlich muß man auch auf die Situation, die seinerzeit in Polen herrschte, aufmerksam machen: nämlich auf den Antisemitismus, der dort herrschte. Wir waren gezwungen, in Polen Selbstverteidigungsorganisationen zu gründen, weil wir überfallen wurden, und haben uns verteidigt, so gut wie wir konnten. Opfer fielen auf beiden Seiten, d. h. auf jüdischer wie auf polnischer Seite. 1936 habe ich mich freiwillig zur polnischen Armee gemeldet. Da ich von dem orthodoxen Milieu von zu Hause loskommen wollte, war das für mich die einzige Möglichkeit. Mit einem Freund, dem es genauso ging wie mir, haben wir uns bei der Militärbehörde gemeldet. Wir mußten auch die Gründe angeben, warum wir uns freiwillig meldeten. Mein Freund gab an, daß er nach Palästina möchte, und ich habe zu einer Notlüge gegriffen. Ich habe gesagt, daß ich zur Zeit arbeitslos bin und hätte die Aussicht, daß, wenn ich von der Armee zurückkäme, ich dann eine Stellung bekomme. Dabei habe ich in meinem elterlichen Betrieb gearbeitet. Noch im gleichen Jahr im November 1936 wurde ich eingezogen, mein Freund nicht.»

Schon in den ersten Worten skizziert der Erzähler ein spannungsvolles Gefüge von Belastungen durch seine Herkunft und durch die umgebende Gesellschaft, zu dem seine eigenen Wünsche im Widerspruch stehen. Sein Wille und seine Fähigkeit, sich diesen Belastungen zu entziehen, treten von Anfang an als individuelles Kennzeichen seiner Person hervor, und im weiteren Bericht wird er dies mehrmals in die Formulierung des Leitmotivs «Ich bin ein Ausreißer» verdichten. Die Flucht des einzelnen kann die umfassenden Widersprüche nicht beheben und erfordert, wenn überhaupt sie gelingen soll, daß er sich auf diese Widersprüche einläßt. Jedes in ihrer Reichweite erreichbare Exil erweist sich freilich als gefährdet oder als neue, gar noch schlimmere Gefangenschaft, aus der er erneut auszubrechen suchen muß.

Das lenkt den Blick auf das Gefüge der Belastungen zurück: Kann man sich ihm nur entziehen oder könnte man es auch ändern? Wäre das Standhalten eine Alternative? Die Bedingungen der Herkunft – und um die geht es zunächst – sind nicht zu ändern: eine Mehrheitsgesellschaft, in der man durch sein bloßes Dasein schon mit Feindschaft rechnen muß, und eine engere Gemeinschaft, deren Tradition nicht mehr zu halten, wohl aber noch zu binden vermag. Um das verständlich zu machen, muß ich nun die Zusammenhänge hereintragen, die man aus verstreuten Anspielungen und Hinweisen im übrigen Interview (wenn auch nicht mit letzter Sicherheit[3]) erschließen und durch die Literatur ergänzen kann.

Die Familie, in die er 1917 in Lodz hineingeboren wurde, war nicht einfach die eines beliebigen ostjüdischen Textilverlegers, der schon in der Moderne arbeitete und noch in der Tradition lebte, sondern – wenn ich die Andeutungen richtig lese – waren die in der Herkunft angelegten Widersprüche zugespitzt. Auf der einen Seite war ein in Weißrußland geborener Onkel bereits vor dem Ersten Weltkrieg nach Palästina ausgewandert und wurde dort einer der aktivsten zionistischen Führer, Mitbegründer der Arbeiterpartei und Vater der jüdischen Streitkräfte in Palästina, der Haganah. Im übrigen gehörte die Familie jedoch zu den Angehörigen der damals angesehensten chassidischen Dynastie in Polen, nämlich der sog. Gerer Rebbe[4], die Isaak Meier Alter Mitte des 19. Jahrhunderts begründet hatte, Sohn des Rabbiners eines Städtchens an der Weichsel südlich von Warschau, das auf jiddisch Ger abgekürzt wurde und dessen pol-

3 Das folgende verdankt sich z. B. der Nachforschung einer beiläufigen Bemerkung, daß er im Krieg in einer Notlage nicht mehr habe nach Gora Kalwarija gehen können, «wo meine Eltern und auch ich von den Gerer Chassidim abstammen».

4 In chassidischer Tradition definiert Taube: «Ein Rabbi und ein Rabbiner, das ist ein Unterschied. Ein Rabbiner ist ein Angestellter einer Gemeinde. Ein Rabbi ist ein weiser Mann, der Anhänger hat, und die pilgern zu dem Rabbi an den Feiertagen, oder wenn sie einen Rat brauchen, bekommen sie von dem Rabbi Rat.»

nischer Name Gora Kalwarija (Kalvarienberg, Schädelstätte) an den Berg Golgatha erinnert, auf dem Jesus gekreuzigt wurde. Als Hof der bedeutendsten chassidischen Rabbi-Dynastie Polens wurde der Ort mit seinen 5000 Einwohnern, davon die Hälfte Juden, volkstümlich als ‹Neu-Jerusalem› bezeichnet. In der Zwischenkriegszeit war ein Urenkel des «alten Gerer Rebbe» Itzig Meier (nach seinem Hauptwerk auch «Chiddusche RIM» genannt), Abraham Mordecai Alter, dort Rabbiner und hatte als Rabbi und Führer der orthodoxen ‹Agudat Israel›[5], die im Gegensatz zum politischen Zionismus mit der polnischen Regierung kooperierte, mehr als hunderttausend Anhänger in ganz Polen. Er galt als der führende Kopf des späten Chassidismus seiner Zeit.

Dem Chassidismus wurde in der Zeit der Kosakenaufstände in der Ukraine im 17. Jahrhundert der Boden bereitet, weil diese Aufstände gegen die russischen Oberherren sich in zahlreichen Pogromen an der unter deren Schutz lebenden jüdischen Bevölkerung entladen hatten. Die Verbliebenen sammelten sich um charismatische Führer der jüdischen Gemeinden, die dem formalisierten Schriftgelehrtentum der Rabbiner das Lebensideal und die Autorität des Gerechten (‹Zaddik›) und eine verinnerlichte jüdische Volksreligiosität entgegensetzten. Dem christlichen Pietismus im weitesten Sinn vergleichbar standen im Zentrum dieser im polnisch-russischen Raum beherrschenden Bewegung neue sinnliche Gemeinschaftsformen, welche die Tradition vor allem durch das Erzählen bedeutsamer Anekdoten vermittelten. Die Zentrierung der Gemeinden auf charismatische Rabbis begünstigte in der Folge magische und erbliche Ersatzlegitimationen dieser Funktion durch ebenso bewunderte wie verspottete ‹Wunderrabbis› und die Ausbildung rabbinischer Dynastien mit einer Art Hofhaltung. Itzig Meier hatte diese Tradition in der 2. Hälfte des 19. Jahrhunderts durch seine Talmudgelehrsamkeit und seine Novellen in Warschau erneuert, mittlerweile war aber auch hier eine Erbfolge (‹Gerer Rebbe›) in der Führung der Gemeinde eingetreten. Bei

5 Agudat (‹Union›) Israel war eine antizionistische politisch-kulturelle Bewegung unter orthodoxen Aschkenazim, die nach der Flucht ihrer Führer den Kern der religiösen Partei im späteren Israel stellte.

den Angehörigen war insofern ein Spannungsfeld angelegt zwischen der geistlich-sozialen Autorität des Rebbe bzw. Zaddik, professionellem Rabbinertum (ein Onkel Getzel Taubes z. B. war Rabbiner im nahen Wartha[6]), einem herausragenden zionistischen Aktivismus und der Verbindung zwischen einer ökonomischen Betätigung und einer orthodoxen Lebensführung, wie sie sein Vater in der Industriestadt Lodz pflegte. In dieses Spannungsgefüge sollte Getzel Taube im Alter zurückkehren, um es in neuer Weise in sich auszugleichen. Das Weiterwirken der in seiner Kindheit offenbar gegen seinen Willen aufgenommenen Traditionen ist auch an der Sprachform seines Berichts abzulesen, der sich aus einer Abfolge von Geschichten aufbaut, in denen die Erzählung eine Begebenheit mit einem Ausspruch verknüpft – eine verweltlichte Form der chassidischen «heiligen Anekdote»[7], für die z. B. das nächste Zitat ein deutlicheres Beispiel geben wird.

Ein zweites Spannungsgefüge kam hinzu. Als Taube 1917 in Lodz geboren wurde, waren mit der deutschen Besetzung Kongreßpolens im Ersten Weltkrieg und dem Zusammenbruch des Zarenreichs in der russischen Revolution die Voraussetzungen für eine nationalstaatliche Emanzipation Polens entstanden, zugleich aber die Voraussetzungen entfallen, um die Auseinandersetzung zwischen den Nationalitäten Ostmitteleuropas in Vielvölkerreichen in Schach zu halten. Lodz war damals die am schnellsten wachsende und mit einer halben Million Einwohner die zweitgrößte Stadt Polens und gehörte mit seiner Textilindustrie, die sich weitgehend in der Hand von Deut-

---

6 Daß die einmarschierenden deutschen Truppen ihn und seinen Sohn auf dem Marktplatz erhängt hatten, erfuhr Getzel Taube von einem Verwandten in Auschwitz-Birkenau.

7 Martin Buber, der sich am intensivsten der Sammlung und Weitergabe der chassidischen Tradition gewidmet hat, schreibt im Nachwort zu seinem «Gog und Magog», daß dieser Typus der heiligen Anekdote «in einer beispiellosen Fülle der chassidischen Literatur angelegt ist, aber zumeist zu keinem echten erzählerischen Stil ausgebildet wurde… Es geht hier fast durchweg um die Verknüpfung einer Begebenheit mit einem Ausspruch. Gerade in dieser Verknüpfung spricht sich der chassidische Sinn aus, der auf die Einheit von Außen und Innen, von Leben und Lehre gerichtet ist. Die Begebenheit muß mit der äußersten Konzentration erzählt sein, damit der Ausspruch rein aus ihr hervorsteige.»

schen und Juden befand, zu den dynamischsten Industrieregionen des russischen Reiches. Die sozialen Spannungen in dieser Immigrantenstadt, die in der 2. Hälfte des 19. Jahrhunderts um mehr als das Fünfzehnfache gewachsen und damit wohl die explosivste Stadt Europas war, machten das «Manchester Rußlands» auch zu einem Zentrum der Arbeiterbewegung und später der Kommunisten, bevor diese von der Regierung Pilsudzki verboten wurden. Aber diese Spannungen wurden jetzt, als Lodz das industrielle Herz der umgebenden polnischen Republik geworden war, vollends vom Gegensatz der Nationalitäten überlagert, da nur die Minderheit der Stadtbevölkerung polnisch-katholischer, die Mehrheit und insbesondere die der Ober- und Mittelschichten jedoch jüdischer und deutscher Herkunft war, während im Umland bäuerliche polnische Armut überwog. Mit anderen Worten: Nationale Minderheiten Polens stellten die Mehrheit der Stadt, davon die Juden allein über ein Drittel, und ihre dynamischsten Elemente. Den Jugendlichen, die hier heranwuchsen, boten sich mehrere mögliche Orientierungen, von denen die auf die Kultur des ‹Schtetls›, aus dem die Eltern gekommen waren, als die unwahrscheinlichste erscheinen muß, obwohl die orthodoxen Anhänger der Gerer Rebbe zahlreiche religiöse und kulturelle Einrichtungen in der Stadt geschaffen hatten. Näher lag die Teilnahme an der modernen Großstadtkultur und, wo das im neuen Polen an Nationalitätenschranken stieß, die Ausbildung eines modernen jüdischen Nationalismus mit der Perspektive der Auswanderung. Zwischenformen waren denkbar und gerade für die Jugend am attraktivsten, z. B. das Engagement in einer internationalistischen Bewegung, der Versuch des Aufstiegs in der Mehrheitsgesellschaft unter Zurückstellung der jüdischen Identität oder umgekehrt – und das wurde nun die politische Grundströmung jenseits der Agudat –, deren nationale Betonung und ihre Verschmelzung mit einer modernen, sozialistischen Komponente im Zionismus, der in den zwanziger Jahren die Mehrheit der jüdischen Sejim-Abgeordneten stellte.

Wer wie der junge Taube gegen seinen Willen auf eine Jeshiva geschickt worden war, aber doch mit seinen orthodoxen Eltern und einer bedeutenden jüdischen Herkunft nicht völlig brechen wollte, dem mußte der letzte Weg naheliegen. Solange man den familiären

Kontakt bewahren und also in Polen bleiben wollte, war die jüdische Identität fast unausweichlich, denn sie wurde den Juden von außen eingebleut: Der Antisemitismus war hier nicht der Fluchtpunkt religiöser oder politischer Heilslehren, dem man sich entschlagen konnte, solange ihre Anhänger nicht über die staatliche Macht verfügten, sondern eine alltägliche Realität wachsenden und durch administrative Diskriminierung geförderten Konkurrenzdrucks mit der aufsteigenden polnischen Bourgeoisie und Arbeiterschaft und angesichts der Sozialstruktur der polnischen Städte ein verführerisches Ventil des Klassenkampfs. Nachdem auch in der deutschen Minderheit nach 1933 der Antisemitismus politisiert worden war, gewann eine antisemitische Plattform mit dem Ziel, die Stadt von Juden zu ‹säubern›, 1934 die Gemeindewahlen, und in dieser Zeit gab es mehrere, auch tödliche Übergriffe auf die jüdische Bevölkerung. Zwar gewann ein Wahlbündnis der polnischen und jüdischen sozialistischen Parteien zwei Jahre später die Stadtverwaltung zurück, kam aber, innerlich stark fraktioniert, aus der politischen und sozialen Defensive nicht mehr heraus. Taube erwähnt die latente Pogromstimmung jener Jahre, aber auch die neue jüdische Militanz organisierter Selbstverteidigung. Für die jüdische Jugend, deren soziale Perspektiven schwanden, rückte das Ideal eines zionistischen Kampfes in den Mittelpunkt des Interesses. Zweimal versuchte er schon als Halbwüchsiger, zur Hachschara, zur zionistischen Jugend, die sich auf eine Auswanderung nach Palästina vorbereitete, auszuweichen, aber der orthodoxe Vater, für den es Sünde war, dem Messias vorzugreifen, holte ihn unter Androhung der Verstoßung zurück.

Du sollst Glück haben

Nach der Ehrlichkeit blieb als Ausweg die Schläue: sich der regierungstreuen Familie gegenüber der Macht des Staates zu versichern und die Behörden über die wahren Absichten im unklaren zu lassen, ermöglichte eine erfolgreiche Flucht ohne Bruch. Der Freund, der angab, daß er beim polnischen Militär den Kampf gegen den Antisemitismus und um eine Heimat in Palästina lernen wollte, blieb zurück. Beim Militär aber geriet Taube durch seine Begabung in den Apparat, und diesmal halfen weder Schläue noch Unlust; gegen seinen Willen wurde er auf eine Unteroffiziersschule geschickt. Offenbar ging es ihm aber nicht um Assimilation. Bei erster Gelegenheit quittierte er den Dienst und heiratete 1938, sobald er volljährig geworden war, eine Jüdin. Die Schwiegereltern hatten nur eine Tochter, aber drei Fahrradgeschäfte in umliegenden Landstädtchen. Das junge Paar bekam in Leczyca[8] eines davon und konnte sich selbständig machen. Diesmal schien das Ausreißen geglückt.

Aber schon im nächsten Frühjahr, als ein deutscher Angriff bevorzustehen schien, wurde er wieder zu den Waffen gerufen und vollends dann am 1. September 1939, ohne daß sich hier im grenznahen Bereich das Militär überhaupt noch formieren konnte. Die Kaserne in Kutno war schon bombardiert, bevor auch nur der Krieg erklärt war, der Rest war nur noch ein chaotischer Rückzug nach Osten, eingekeilt in bombardierte Flüchtlingstrecks, die mit Vieh und Habe den Deutschen zu entkommen versuchten. Kurz vor Warschau gab Taube – nach tagelangen Märschen erschöpft und von Chaos und Gewalt erschreckt – während eines Bombenangriffs auf, zog einem Toten die Zivilkleider aus und suchte im Betstübel des Gerer Rebbe in Warschau Unterschlupf, was zunächst verweigert wurde, weil auf der Beherbergung von Deserteuren die Todesstrafe stand. Aber irgend jemand stellte ihm dann doch ein Feldbett auf die Treppe, und dort schlief er 28 Stunden am Stück und merkte nicht einmal, daß im Nebenhaus eine Bombe einschlug. Als er aufwachte, war Rosh-ha-Schana, das jüdische Neujahrsfest.

---

8 Leczyca liegt 50 Kilometer nordwestlich von Lodz und wurde mit diesem nach der deutschen Besetzung im Rahmen des sog. Warthelands dem deutschen Reich eingegliedert. Lodz mit der einstmals nächst Warschau wohl größten jüdischen Gemeinde Europas wurde nach einem SA-Führer in Litzmannstadt umbenannt. In Leczyca wurde ein Getto eingerichtet, später in das größere von Lodz verlagert. Kaum 30 Kilometer weiter liegt Chelmno (Kulmhof), wo im Dezember 1941 das erste Vernichtungszentrum der SS (mit Gaswagen) eingerichtet wurde.

«Ich habe die Feiertage vorübergehen lassen, damit ich auch an den Gottesdiensten teilnehmen konnte, aber gleich nach Neujahr bin ich zum Kozíenícer Rabbi. Nach Gora Kalwarija, wo meine Eltern und auch ich zu Hause von den Gerer-Chassidim abstammen, da konnte ich nicht mehr hin, und da bin ich zu dem Kozíenícer Rabbi gegangen[9], und ich hab ihm meine Geschichte erzählt, und ich hab ihm gesagt, ich weiß nicht, was ich machen soll. Soll ich mich wieder freiwillig melden oder soll ich warten, bis der Spuk vorüber ist. Der Rabbi, der wollte nicht sagen, ich sollte mich wieder melden, und wollte auch nicht sagen was anderes; da hat er bloß gesagt: ‹Was du machen wirst, soll dir glücken.› Also er hat mir nicht abgeraten, er hat mir nicht zugeraten, sondern: Was du machen wirst, sollst du mazlir sein, also Glück haben. Nach dem Segensspruch – obwohl ich war nicht (orthodox), immerhin das Milieu vom Elternhaus, das steckte noch in mir, der Glauben usw., der feste Glauben noch – und da hab ich mir gesagt, gut, also ich habe einen Segen vom Rabbi. Und ich habe mich wieder gemeldet an der Stelle, wo man die Zerstreuten, die weggelaufen sind, die sich retten konnten vor dem Feind, wo die sich mußten melden, und da wurde ich wieder in die Zitadelle in Warschau geschickt, und dort wurden wir formiert.»

Die ‹heilige Anekdote› liest sich zunächst wie einer jener aufklärerischen Witze über die Wundergläubigkeit der Chassidim: Der überforderte Rabbi, der obendrein nicht der gesuchte ist, entwindet sich der Alternative zwischen Militärdienst und Gesetzwidrigkeit und wünscht ihm «Glück», damit er nicht als Deserteur erschossen werde. Aber der Glaube des Ungläubigen verwandelt die Ratlosigkeit in einen «Segen», der Zufälle in Zuwendungen verwandelt und Mut macht. Der Rebbe läßt ihn in der Arbeit des Überlebens allein, aber er stärkt sein Vertrauen, daß sie gelingen kann. Im Rückblick wird die Geschichte vom ratlosen Rabbi das zweite und korrespondierende Leitmotiv seines Lebens: der Mut, die Schläue und die Vitalität seines Ausreißens – und das wird nun heißen: seines Überlebens – ist nicht nur sein Verdienst (oder seine Schuld) und ist auch nicht nur eine Verkettung von Zufällen, die einem den Tod ersparten, um einen verrückt zu machen, sondern dieser Weg ist mit Glück gesegnet. Aber das ist eine Einsicht des Rückblicks. Das Erlebnis selbst

9 Die Rabbis von Kozíeníce, einem Vorort von Warschau, standen aus der Tradition Itzig Meiers den Gerer Rebbe nahe.

war, wie er eingangs gesagt hat, ganz anders: Je mehr ihn auf seinem Weg durch die Hölle von Auschwitz der Glaube seiner Kindheit vollends verlassen wird, desto weniger das Glück seiner Fluchtversuche.[10]

Daß die Ausflucht des Rebbes ein Segen ist, zeigt sich schnell: Die Weggelaufenen werden gebraucht und nicht als Deserteure erschossen. Den Einsatz gegen die Deutschen bei Garwolin überlebt er, obwohl die Stadt mehrmals die Besatzung wechselt und ihm ein Gegner im Nahkampf mit dem Bajonett die Lippe aufschlitzt. Und die Gefangennahme bei Lublin überlebt er auch. Glück im Unglück des Krieges, wie viele es hatten und andere nicht. Doch dann wird der Segen spezifischer auf die Probe gestellt:

Im Februar 1940 mußten sämtliche jüdischen Soldaten vortreten, das heißt die Gefangenen mußten vortreten, und die Nazis verlangten von der Gemeinde Lublin 150 Sloty für jeden jüdischen Kriegsgefangenen, und wenn nicht, dann wird jeder zehnte erschossen. Da die Gemeinden schon vorher Kontribution zahlen mußten und kein Geld hatten, da haben die Nazis wahrgemacht, d. h. das war die Wehrmacht, und haben jeden zehnten erschossen. Und zu uns sagen sie: jetzt macht, daß ihr fortkommt, und so, wie wir gelaufen sind in Richtung Wald, so haben sie nach uns geschossen, und wer noch gefallen ist, hat Pech gehabt. Jedenfalls ich hab's geschafft.

Vom Segen ist nicht mehr die Rede. Auch nicht mehr von Glück, nur noch von Pech und von der Leistung, das Pech womöglich zu vermeiden. Die bisher so vielfältig geschachtelte Welt wird dichotomisch: Auf der einen Seite stehen jetzt die Nazis oder die Deutschen – für einen Juden in Polen machte das damals keinen erkennbaren Unterschied – und auf der anderen die Juden, die ausgesondert werden, um als Freiwild für Erpressung, Mord und mordlustige Willkür zu die-

10 Sein Überleben, scheint die frühzeitige Plazierung dieser Geschichte in seinem Lebensbericht zu sagen, ist im Rückblick nicht auf jenen vereinsamten Alptraum an der Brücke zu reduzieren, in dem selbst auf die, die aus der Hölle entronnen sind, sogleich die nächste Überlebensprobe wartet. Sondern es gibt jenseits seiner individuellen Aktivität und Wahrnehmungen einen auch in der Katastrophe noch bewahrenden Zusammenhang – ähnlich der Rahmenhandlung des Hiob. Es ist jener Zusammenhang, von dem er im ersten Zitat sprach, nämlich zwischen der Kultur seiner Kindheit und Herkunft und dem Rückhalt, den die Gründung des Staates Israel allen Juden verspricht.

nen. Das vernichtet alle zwischenmenschliche Zuverlässigkeit und gefährdet die eigene Menschlichkeit. Ist das noch Glück, wenn einen die Kugel von hinten nicht trifft? Wer davonkommt, hat sich nicht als Mensch, sondern als Hase bewährt. Aber noch gibt es Glück:

«Ich bin nach Hause gekommen und habe das große Glück gehabt, meine Frau und mein Kind, welches am 12. Februar 1940 geboren wurde, in die Arme zu nehmen. Einen Jungen.»

Sein Geschäft haben sich zwar Volksdeutsche unter den Nagel gerissen. Die junge Familie muß zu den Schwiegereltern im Nachbardorf ausweichen. Er muß für die Besatzungsmacht Fahrräder reparieren. Aber nach der Gewalt des Krieges und nach der ersten Erfahrung der Deutschen ist die Bergung der Gefühle in der Familie das große Glück. Es dauert gerade zehn Wochen.

Die Spur der Vernichtung

Seither hat er von seiner Frau und dem Jungen nichts mehr gehört. Er wurde ins Arbeitslager gebracht. Auf den Gütern eines Junkers, der früh für die Nazis optiert hatte, mußten die Häftlinge – in wechselnden Kommandos um die hundert Mann – bei Leschno, an der Grenze zwischen dem neuen Reichsgau Wartheland und Schlesien, Entwässerungsgräben ausheben und Brücken bauen. Wer sich über das miserable Essen beschwerte, wurde ausgepeitscht. Aber noch hatten sie ihre eigenen Kleider. Und noch beschränkte sich die SS darauf, von Zeit zu Zeit ihren Terror als Spektakel («Kino»[11]) zu inszenieren. Die

11 «Kurze Zeit danach sind wir von Leszno nach Rethkinia (verlegt worden), auch einem Lager von Graf Piller. Und dort sind auch einige Häftlinge, die gebettelt hatten, zum Erhängen verurteilt worden. Aber da sind sie nicht von allen Lagern gekommen, sondern unser Lager mußte da auch in den Wald, eine Lichtung, wo auch der Galgen aufgestellt war, und wurden dort erhängt. Und da spielte sich folgendes ab: Da waren in dem Lager drei Brüder von dem gleichen Ort, Grabow, von dem aus auch ich ins Lager gekommen bin. Und da hat der SS-Mann, hat er – weil auch hier die Häftlinge die Schlingen umlegen mußten –, da hat er – und der jüngste Bruder war es, der ‹ge-

Häftlinge waren damals «noch nicht so abgestumpft». Sie lernten, daß Deutsche sich nicht durch die Berührung eines Juden die Finger «dreckig machen» wollen und daß es ihnen Freude bereitet, wenn sich Geschwister töten müssen, wenn Kinder hingerichtet werden und wenn die Angst vor körperlichem Schmerz gefügig macht.

Wahrscheinlich im Oktober 1941 hörten sie zum erstenmal den Namen Auschwitz, als die Arbeitskommandos in Außenlager umgewandelt wurden. Das neue Regiment kündigte sich durch den Erlaß von «Zehn Geboten» an: Jedes bedeutet den Tod, u. a. für Betteln, Kontaktaufnahme mit der Zivilbevölkerung oder eine Entfernung von über 50 Metern von der Arbeitsstelle. Aber es bedeutet sowieso den Tod, zum Reich von Auschwitz zu gehören, denn die Außenlager schieben die Vernichtung zur Ausbeutung der Arbeitskraft nur auf; aber das ahnen sie noch nicht. Im Juli 1943 wurden sie in Viehwagen – anfangs angeblich zur Arbeit in Deutschland – verladen und in einer dreitägigen Fahrt ohne Ernährung und Austreten, bei der fast ein Drittel der ausgezehrten Gestalten im Waggon stirbt, von Leschno durch Schlesien ins 300 Kilometer entfernte Auschwitz gebracht. Wenn die Insassen das Ziel dieser quälenden Reise wissen

fechtet› hatte und zum Tode verurteilt war – da hat er den ältesten Bruder herausgesucht, und der älteste Bruder mußte dem jüngsten, seinem eigenen Bruder, die Schlinge um den Hals legen und den Schemel wegziehen (Herr Taube kämpft mit den Tränen). Und ich weiß nicht aus welchem Grund, auf jeden Fall, die Schlinge löste sich, oben am Galgen löste sie sich, und er ist heruntergefallen. Und normalerweise dürfte er, gesetzmäßig dürfte er nicht mehr erhängt werden. Aber die Nazis kannten kein Gesetz und kein Recht, und der Bruder mußte ihm wieder die Schlinge um den Hals legen, als alles (wieder) festgemacht worden war. Und der jüngere Bruder sagte zum älteren Bruder, sagte: Schimon, mach es schnell, sonst erschlagen die dich. Ja, also können Sie sich vorstellen, wie uns allen zumute war. Und als alle drei nun schon gehangen haben und so ungefähr nach sieben, acht Minuten, war ein Arzt mit dabei, so ein SS-Arzt, der den Tod feststellen sollte. Und da sind wieder Häftlinge herausgesucht worden, denn der SS-Arzt wollte sich nicht die Hände dreckig machen an einem Juden, und sollten das frei machen, damit er abhören konnte, ob noch Herztöne vorhanden sind. Und da ist auch ein Häftling, der so schockiert war, daß er nicht richtig verstanden hatte, der wollte ihm das Jackett ausziehen, damit er das Hemd aufmachen kann, und da stand der SS daneben, und wie er das gesehen hat, hat er sich umgedreht, hat ihm einen auf den Kopf geschlagen, mit dem Gewehrkolben, daß er gleich tot hingefallen ist, und hat gesagt: Du verfluchter Jude, du wolltest ihn retten. So. Das war das sogenannte zweite Kino.»

wollten, feixten die Begleitmannschaften der SS: «Zum Schlachthof.»

Dort die Rampe, die Selektion – Taube mit seinen 26 Jahren erscheint arbeitsfähig – der Marsch nach Birkenau, das riesige Lager, die Numerierung, die sinnlose Sklavenarbeit, die Appelle, die Reduzierung auf den Körper, die überfüllten Baracken für je 800 Mann in mehreren Etagen, 6 Mann mit zwei Decken auf einer Pritsche, so daß man sich beim Schlafen nur auf Kommando umdrehen kann. Die Abortgruben neben den Baracken, wo russische Kapos mit langen Stöcken die Schlangen der Wartenden über die Donnerbalken treiben. Taube hat einen Platz auf der obersten Pritsche, wo man durch eine Reihe von Dachluken die Zuführung zu den Gaskammern beobachten kann. «Gaskammer haben wir nicht gesagt. Wir wußten ja wohin.» Der süßliche Geruch über dem Lager. Die zunehmenden Selbstmorde. Das Aussondern Erschöpfter (‹Muselmänner›) zur Vernichtung, die ständig drohende erneute Selektion. Der Verlust von Zeit und Perspektive: «Wir haben nicht mit dem Tag gelebt, sondern mit der Stunde.»

Das System der Auslieferung an Grausamkeit und Willkür im Vorhof der Todesfabrik frißt sich von der SS aus in die Struktur der Häftlinge ein, zerstört die Erwartung von Beistand und Zuspruch. Erstaunlicherweise bewahrt er in der Erinnerung dennoch Differenzierungsvermögen und ein ‹wir›. Eines Tages hört er z. B., daß in einem anderen Block ein Verwandter eingetroffen ist, läuft hin, um Fragmente niederschmetternder Nachrichten von der Ausrottung seiner Verwandten zu hören, und kommt verspätet für den Kapo, aber noch nicht zu spät für die SS zum Appell zurück. Zur Strafe hängt ihn der Blockälteste am Abend an den auf den Rücken gefesselten Armen am Kamin der Baracke vor versammelter Mannschaft für mehrere Stunden auf und läßt ihm am folgenden Tag beim Steinetragen die schwersten Quader in seine ausgekugelten Arme legen.

«War ein jüdischer Häftling aus Sosnowiec. (Pause) Es waren auch solche, die uns ganz schön zugesetzt haben, und das wollen wir auch nicht verschweigen. Da waren Blockälteste, da waren Stubenälteste, die alle, um ihren eigenen Vorteil zu erreichen, andere gequält haben auch. Aber natürlich waren's nicht alle, es waren Ausnahmen dabei, die grausam waren.»

Zweierlei Trauer

Je ausführlicher Getzel Taube die Bedingungen in Birkenau schildert, desto kürzer ist mein Stenogramm seiner Stichworte geworden, weil er in genauen Szenen die Bedingungen des Vernichtungslagers als jenen ‹psychotischen Kosmos› beschreibt, den vor ihm auch andere Überlebende bezeugt haben.[12] Er aber ist gewohnt, in der DDR auf junge Zuhörerschaften zu stoßen, denen der offizielle Antifaschismus suspekt ist und die nach seinem Eindruck kaum etwas von der Erfahrung der Masse der Opfer des NS wissen. Das Schicksal der Juden verschwindet hier leicht hinter ihrer Staatsangehörigkeit, und die inhaftierten Kommunisten werden stellvertretend für die Mehrheit der Opfer herausgestellt, die damals und später jedoch eine Vielfalt von meist anderen Erfahrungen gemacht haben. Nach verdienstvollen frühen Aufklärungsleistungen hat die Antifaschismus-Propaganda der DDR die Öffnung des deutschen Gedächtnisses für eine konkretere Wahrnehmung der NS-Vergangenheit seit den sechziger Jahren versäumt, weil sie immer schon politisch in Dienst nehmen wollte, was noch kaum wirklich wahrgenommen worden war. Im Westen hat das Schweigen über die Vergangenheit im Kalten Krieg damals viele, besonders in den nachlebenden Generationen, neugierig gemacht und nachforschen lassen, während im Osten die selektive Überfütterung viele Ohren und Herzen verschlossen hat.

Im Westen wurde damals in dem vielzitierten, aber zuwenig gelesenen Buch von A. u. M. Mitscherlich «Die Unfähigkeit zu trauern» (1967) diagnostiziert. Als Bezeichnung eines Mangels hat das aufgerüttelt, aber vom Kern der Diagnose wurde in der Öffentlichkeit we-

12 Neben Claude Lanzmann: Shoah, Düsseldorf 1988, vgl. unter vielen Berichten z. B. zusammenfassende wie Karl Fruchtmann: Zeugen. Aussagen zum Mord an einem Volk. Köln 1982; H. G. Adler u. a. (Hg.): Auschwitz. Zeugnisse und Berichte, 3. Aufl. Frankfurt/M. 1984; Hermann Langbein: Menschen in Auschwitz, Frankfurt/Berlin/Wien 1980, die naive Präzision der Zeichnungen in ‹Das Buch des Alfred Kantor›, Frankfurt 1987, Blatt 30 ff., oder durchgearbeitete literarische Zeugnisse wie Primo Levi: Ist das ein Mensch? Frankfurt 1961; Jean Amery: Jenseits von Schuld und Sühne, München 1966. Dazu den Versuch einer differenzierten Typologie bei Falk Pingel: Häftlinge unter SS-Herrschaft, Hamburg 1978.

nig gesprochen: nämlich daß für die Masse der Deutschen 1945 Trauer um den Verlust ihres Liebes- und Identifikationsobjekts Adolf Hitler angestanden habe, die aber aus Einsicht in die Verbrechen des Dritten Reiches oder aus Angst vor Bestrafung nicht habe zum Ausdruck gebracht werden können, weshalb sie von einer tiefen Melancholie bedroht gewesen seien. Um diese abzuwenden, hätten sie ihre Gefühle abgespalten oder auf die dinglichen Objekte des Wiederaufbaus und der Konsumgesellschaft übertragen. Der daraus resultierenden zwischenmenschlichen und soziokulturellen Verarmung könne nur durch «Trauerarbeit» begegnet werden, d. h. durch eine individuelle Wiedererinnerung der damaligen Gefühle und ihre historisch informierte Durcharbeitung, d. h. Kritik. Diese schwierige Botschaft ist von einzelnen aufgenommen worden; das Wort ‹Trauerarbeit› aber wurde zu einem Modewort der Kulturindustrie, wo es weithin eine emotionale Stimulierung bei der Vergegenwärtigung der Gegner und Opfer des Dritten Reiches meint und manch verdrängende oder anmaßende Idealisierung an die Stelle zynischer oder achtloser Verdrängung gesetzt hat. Ein vergleichbares Identifikationsangebot stand in der antifaschistischen Propaganda der DDR mit ihrer Heroisierung des (linken politischen) Widerstands und ihrer Anonymisierung der sonstigen (d. h. der meisten) Opfer von Anfang an bereit und hat auch dort die Möglichkeit zum Ersatz realistischer Selbstkritik durch geliehene Gefühle eröffnet.

Getzel Taubes Bericht bleibt demgegenüber nüchtern und konkret, und seine Erinnerung ist schwer. Der Handlungsgang seiner Biographie drängte bereits weiter, aber er hielt inne und zwang sich, die Grausamkeiten und Verhältnisse in Birkenau mit all der unentrinnbaren Vernichtung des Selbstgefühls anschaulich zu beschreiben, um der Opfer in ihrer schlimmsten Lage zu gedenken und das, was mit ihnen geschah, nicht in Vergessenheit geraten zu lassen.[13] Dieser auf-

13 Als Motiv seiner Anstrengung, sein Zeugnis gerade vor Deutschen und Christen mitzuteilen, nennt er später: «Vergessen heißt, die Lüge bestätigen, die jetzt von verschiedenen Stellen wissenschaftlich nachzuweisen versucht wird, daß es gar nicht stimmt, daß es KZs gegeben hat, daß sechs Millionen umgebracht wurden, daß es Gaskammern gegeben habe usw.... Ich pflege immer zu sagen, das deutsche Volk im großen und ganzen möchte nach 40 oder 42 Jahren nach der Nazizeit einen Strich

wühlenden und traurigen Pflicht der Erinnerung, der er sich unter zunehmendem Stöhnen unterzieht, hält sein Körper kaum stand. Zweimal hinkt er an seinen Krücken hinaus. Schließlich sagt er:

«Die Toten, die in der Nacht gestorben sind, die mußten früh beim Appell – es war dreimal am Tag Appell – früh mußten die beim Appell in Reih und Glied ausgelegt werden, damit die Zahl stimmt, und nachdem der Appell zu Ende war, wurden die in das Krematorium geschaffen. Entschuldigen Sie mein schlechtes Deutsch. Sie merken, daß meine Wiege nicht hier stand.
I: Sie sprechen sehr gut.
G. T.: Wissen Sie, wenn man so erregt ist, da (er zögert)
I: Ich verstehe das gut.
G. T.: Und hier die Erinnerungen wieder so wach werden (Pause, er hat Tränen in den Augen). Man glaubt schon, das alles hinter sich gebracht zu haben, ja, aber, man kann es nicht so abschütteln. Letzten Endes ist meine Frau, mein Junge, Eltern, sechs Geschwister und circa 70 der nächsten Angehörigen – wir waren eine sehr große Familie – umgebracht worden und umgekommen (er stöhnt). Ich muß ein bißchen Pause machen.
I: Soll ich das mal ausmachen?
G. T.: Ja.
(Herr Taube sitzt einige Minuten in aufrechter Haltung, blickt aus dem Fenster und weint. Dann trocknet er seine Tränen und bittet mich, das Tonbandgerät wieder anzustellen.)
Als wir nach Auschwitz gekommen sind, ins Mutterlager, da haben wir geglaubt, daß wir in ein Pensionat kommen, gegenüber dem, wie es in Birkenau, dem Quarantänelager, war. Erstens hat jeder seine eigene Pritsche gehabt, Strohsack, 400 Gramm Brot, glaube ich, war es, das kann ich nicht mehr genau sagen. Das Mittagessen war besser und mehr...»

Seine Trauer ist keine Arbeit, sie ist ein Gefühl, das zum Ausdruck drängt und das wieder gefaßt werden kann, weil an der Erfahrung gearbeitet worden ist, also an der Erinnerung und der Wahrnehmung ihrer Bedeutung. An Herrn Taubes Trauer um den Verlust seiner Familie kann ich teilnehmen, wenn ich ihn auch nicht ermessen kann. Seine sittlichen Schlußfolgerungen, Unrecht zu bekämpfen und den

---

unter die Vergangenheit ziehen. Uns Juden wirft man vor den Mord, der nicht begangen wurde, an *einer* Person, denn für uns ist Christus kein Gott, sondern ein Mensch gewesen, ein Gelehrter, ein Rabbi wie alle anderen. Und hier sind sechs Millionen Menschen umgebracht worden. Und da soll nach 40 oder 42 Jahren ein Schlußstrich gemacht werden? Wie kann man überhaupt daran zu denken wagen?»

Verdrehungen der Wahrheit, die den Haß stützen, entgegenzutreten, kann ich mir zu eigen machen. Aber sobald er an dieser tiefsten Stelle seiner Geschichtserfahrung die nationale Dimension berührt, seine Distanz von der Sprache der Täter, die auch meine Sprache ist, in der Form einer Entschuldigung andeutet und mich «merken» lassen will, daß er zwar unter uns Deutschen lebt und sich in den gemeinsamen öffentlichen Dingen engagiert, daß er aber auch ein anderer ist, versuche ich spontan, ihn zu beschwichtigen und ein Verständnis vorzugeben, das allenfalls eine Ahnung ist. Erst jenseits unseres Gesprächs, bei der erneuten Wahrnehmung des Textes habe ich ‹gemerkt›, daß ich nicht als anderer wahrgenommen werden, sondern die Unterschiede überdecken wollte. Denn die Nation der Opfer kann durch die Erfahrung der Überlebenden und durch den Sinn, den sie dem Opfer abgewinnt, in ihrer kulturellen Identität gestärkt, ja sogar auf riskante Weise überhöht werden. Die Kultur ihrer Täter wird hingegen durch eine unauslöschliche Schuld bleibend in Frage gestellt.[14] Hier dient die Erinnerung der Vermeidung von Fehlverarbeitungen, aber die Erfahrung erbringt keinen Sinn. Die Arbeit an der Erinnerung bleibt kritisch.

---

14 Deshalb ist in Deutschland immer wieder versucht worden, die NS-Täter als etwas Undeutsches darzustellen (‹braune Besatzung›, ‹asiatische Tat›), um die dauernde Entfremdung der deutschen Kultur zu vermeiden. Es kann aber nicht gelingen, die Schergen eines Regimes, das mit fast der Hälfte der Stimmen des Volkes ans Ruder kam und in der Folge weit darüber hinausgehende Zustimmung rekrutieren konnte, im nachhinein auszubürgern. Auch das Verlesen der deutschen Kultur in gute Traditionen und ein böses Erbe wird sich nicht in eine tragfähige Legitimation einer Teilnation umsetzen lassen, weil es keine in hinreichender Breite verankerte Teiltradition gibt, die sich zugleich, konsistent und bevorrechtigt der Politik des Dritten Reiches gegen Juden, Russen, Polen und Zigeuner widersetzt hätte, um nur die quantitativ am schlimmsten Betroffenen aus der Vielzahl der Opfergruppen zu erwähnen. Schließlich kann die in allen Schichten und Regionen des deutschen Volkes verbreitete und individuell auch oft zutreffende Abweisung einer Mitschuld wegen Nichtwahrnehmung der Verbrechen juristisch und teilweise auch moralisch von Belang sein, aber kulturell und politisch ist sie nichts wert, weil sich eine Kultur nicht durch ihre Blindheit legitimieren kann.

Die Spur der Befreiung

Die wenigen Minuten, in denen Getzel Taube im Gedenken an Auschwitz und an seine Familie still seine Trauer ausdrückt, sind zugleich eine Zäsur in seinem Lebensbericht. Seitdem er in deutsche Gefangenschaft gekommen ist, war kaum noch von einer individuellen Handlung die Rede und von ihm selbst nur insofern, als er die Verhältnisse bezeugen kann, denen die allermeisten, die ihnen unterworfen waren, zum Opfer fielen. Alle Erfahrung des Holocaust, von der wir wissen, aber ist zugleich eine andere Erfahrung, nämlich die von Überlebenden. Nachdem das Tonband wieder angestellt wurde, erzählt Herr Taube nun diese andere Geschichte, und nun treten allenthalben die früh angelegten Leitmotive des ‹Ausreißens› und des ‹Glücks› wieder auf, die auf dem Weg zur Vernichtung – in drei Jahren Arbeitslager und drei Monaten Vernichtungslager – verstummt waren.

Davon gibt es nur zwei zunächst unscheinbare Ausnahmen, die nun große Bedeutung erlangen: Er hat ein goldenes Dollarstück, das ihm seine Frau mitgab, als er sich stellen mußte, durch alle Lager und sogar durch die Eingangskontrolle und Entlausung in Auschwitz geschmuggelt, dort mit Leukoplast an die Fußsohle geklebt, weil er beim Warten beobachtet hatte, daß die Aufseher zwar alle Körperöffnungen, nicht aber die Füße kontrollierten. Die zweite Geschichte besagt, daß eines Tages beim Appell Mechaniker gesucht werden. Er ist zwar nur kaufmännisch und militärisch vorgebildet, aber da er in Grabow auch mit der Reparatur von Fahrrädern zurechtkam, geht er das Risiko ein, sich zu melden, denn schlechter, als hier steineschleppend auf den Tod zu warten, kann es nicht kommen.

Er wird ohne weitere Prüfung genommen und zunächst ins Stammlager (das KZ erscheint ihm nach der Erfahrung des Vernichtungslagers wie ein ‹Pensionat›) verlegt und von da nach einiger Zeit in ein Außenlager bei einer Kanonenfabrik, in der er einem volksdeutschen Arbeiter in der Montage von Flakgeschützen zugeteilt wird. Die Arbeit erweist sich als Glück, denn wer industrielle Leistung bringen soll, muß auch ein Minimum an Ernährung und Ruhe erhalten. Der Vorarbeiter ist kein SS-Mann und versteht sich aufs

Geschäft. Der Kontakt mit Zivilisten in der Werkstatt und das Pendeln zwischen Lager und Fabrik eröffnen kleine Handlungsspielräume, die all seine Gaben, die im unentrinnbaren Massenschicksal von Birkenau abgestumpft waren, zur Entfaltung bringen: seinen Lebenswillen, seinen praktischen Sinn, seine vorurteilslose Beobachtungsgabe und sein Goldstück.

Das wird nun zur Grundlage eines blühenden Schwarzhandels, durch den er sich bessere Ernährung (dadurch bessere Leistung, dadurch bessere Sicherheit) erwirtschaften kann. Er beklaut die Kapos und weiß zu organisieren, versorgt seinen Vorarbeiter und der ihn und kann schon bald selbst mit SS-Leuten «schachern». Sein Geschäftssinn läßt ihn – in Grenzen – in die Rolle eines Partners wachsen, den gewähren zu lassen mehr einbringt, als ihn zu berauben und zu erschießen. Schließlich ist er stark genug, einen Dreieckshandel aufzubauen, der für die SS Schnaps, für die Häftlinge im Krankenbau Medizin, für die Kameraden im Lager Tauschwaren und als Dreingabe seine Portion Essen und für sich eine zusätzliche und bessere Ernährung in der Fabrik erbringt. Dadurch stehen nicht mehr alle gegeneinander, und es keimen die Grundlagen gemeinsamer Aktion, vor allem das Bewußtsein, daß Handeln möglich ist, und das macht das Handeln erst möglich. Es geht ihnen nicht um eine politische Organisation, sondern sie organisieren sich, um zu Kräften zu kommen und arbeitsteilig einen gemeinsamen Ausbruch vorzubereiten. Als Gruppe von 15 Mann graben sie einen Stollen aus dem Lager, und der Ausbruch gelingt zehn; allerdings ist Getzel Taube nicht darunter, weil er zur verabredeten Stunde überraschend zur Nachtschicht eingeteilt worden war. Die restlichen fünf Verschwörer müssen bei der nun einsetzenden Untersuchung ihre Entdeckung fürchten, setzen alles auf eine Karte und bestechen mit im Schwarzhandel erwirtschaftetem Geld eine Wache, damit sie, angeblich um sich mit einer Frau zu treffen, in ein außenliegendes Nebengebäude dürfen, werden aber beim Übersteigen einer Mauer entdeckt. Drei haben Pech. Der Rest geht wie im Traum.

Bei den Partisanen[15], die den entflohenen Häftlingen zuerst eine

15 Es handelte sich um die aus Polen, Russen und Tschechen gebildete Gruppe

Mutprobe abverlangen, kommt ihm seine körperliche Wiederherstellung, seine militärische Ausbildung und sein Wunsch zugute, gegen die Deutschen und besonders gegen die SS zu kämpfen. Auf deren Lastwagen werfen sie Granaten, stören deren Aktionen, polnische Dörfer umzusiedeln – offenbar bewährt er sich. Als sie ein halbes Jahr später im Januar 1945 von der Roten Armee und der bei Lenino gebildeten 1. polnischen Armee bei Kattowitz befreit werden, wird er bei den Polen Oberleutnant und beteiligt sich in der Truppe am Kampf quer durch Schlesien.

«Aufgrund dessen, daß ich keine Angehörigen hatte – ich wußte nicht, ob noch jemand überlebt hatte –, und aufgrund dessen, was man erlebt hatte und nichts zu verlieren hatte wie das eigene Leben, und auch die Gefühle, die wir seinerzeit gehabt haben gegen das deutsche Volk, gegen die Nazis, da haben wir auch unseren Mut bewiesen.
I.: Wie?
Im Kampf, im Feld, gegen den Feind, ganz einfach.
I.: Und wo?
Bis zur Neiße hin.»

Kreuzwege in Schlesien

Nach dem Krieg befehligte er einen Abschnitt der Grenze zur ČSR an der Schneekoppe bei Hirschberg, das am Kriegsende eine der großen Schleusen der Flüchtlinge aus Schlesien hinüber ins Sudetenland geworden war. Jetzt war die Schleuse verstopft, und Polen aus den von der Sowjetunion annektierten polnischen Ostgebieten trafen ein, um hier angesiedelt zu werden. Es ging alles drüber und drunter. Taube war allein. Was verband ihn mit den Polen, jetzt da sein Volk nicht mehr unter ihnen wohnte? Oder gar mit den Deutschen?

«Der Antisemitismus in der polnischen Armee auch nach dem Krieg war sehr, sehr groß. Ich war in Landeshut, da hat mich der Regimentskommandeur rufen lassen und hat mir gesagt, es kommen jeden Tag Beschwerden vom Bürgermeister und von der örtlichen Bevölkerung, daß geplündert wird,

‹Kogut› (poln. Hahn), die sich zur Armia Ludowa rechnete und bei Bobrek (bei Kattowitz) operierte.

und Schlägereien usw., und daß der Offizier und die Soldaten mit der Zivilbevölkerung, der polnischen, die sich dort dann festgesetzt hat, nicht fertig werden, daß sie gemeinsame Sache machen beim Plündern, und da fragte mich der Regimentskommandeur, ob ich mir zutraue, Ordnung zu schaffen. Natürlich konnte ich das nicht versprechen. Ich hab gesagt, ich kann nicht mehr, als es versuchen. Dann bin ich dahingeschickt worden und habe mit dem Offizier gesprochen, der den Grenzabschnitt da geleitet hatte, und da hat er mir seine Not geklagt. Er war mit den Soldaten dort allen per Du, so daß er keine Gewalt über sie hatte. Die konnten machen, was sie wollten. Na ja, nun mußte ich sehen, wie ich zurechtkomme. Die Bevölkerung, die Polen, haben Schnaps gebraut, und die Soldaten haben Schnaps bekommen, und für Schnaps haben die alles gemacht... Als ich gesehen habe, es gibt keinen anderen Ausweg als wie einen Keil zwischen die Bevölkerung und die Soldaten (zu treiben), da habe ich meine Soldaten zusammen genommen und habe denen gesagt: ‹Hört mal, ich habe nichts dagegen, wenn ihr trinkt, aber ich sehe nicht ein, daß wir angewiesen sein sollen auf die Bevölkerung, auf die Polen, daß sie uns was zu Trinken geben. Wir können uns unseren Schnaps selbst brauen.› – ‹Das dauert aber so lange, usw., was machen wir bis dahin?› Da habe ich denen gesagt: ‹Ihr wißt ganz genau, daß Schnapsbrauen verboten ist. Wir machen eine Razzia, schlagartig, in allen drei Orten, in Kunzendorf, in Oppau und in Schmiedeberg, und beschlagnahmen den Schnaps und die Brennereien, und da werden wir Schnaps haben für Monate.› Als die Polen gehört haben, wir werden Schnaps haben, da waren sie schon einverstanden, und wir haben schlagartig die Razzia durchgeführt und Schnaps und die Brennereien beschlagnahmt und haben dann überall in den Wachstuben Brennereien aufgestellt, so daß wir auf die Polen (in der Bevölkerung) nicht mehr angewiesen waren. Und von dem Moment an ist zwischen den Soldaten und der Bevölkerung der Keil geschlagen gewesen. Der Regimentskommandeur gab Order, ich sollte hinkommen und einen Bericht abgeben, und er fragte, wie kam denn das, daß so schlagartig keine Beschwerden mehr da sind und daß alles so friedlich ist und die Bürgermeister sich nicht mehr beklagen. Da habe ich ihm erzählt, wie ich das gemacht habe, und da hat er mir bloß gesagt: ‹Ty masz zydowska glowe›, das heißt: ‹Du hast 'nen jiddischen Kopp.› Das waren seine Worte, nicht mehr.»

Solcher Erfolg machte erst recht einsam, besonders als die Soldaten merkten, daß jetzt die polnischen Mädchen nicht mehr mit ihnen tanzen gehen durften. Auch dafür fand der Oberleutnant einen Ausweg, nämlich einen Partnerschaftsvertrag mit dem tschechischen Grenzstädtchen auf der anderen Seite. Aber seine Lösungen entsprachen nicht dem, was die Polen sich vorstellten. Als die Truppe einige Zeit später verlegt werden sollte, wollten die Soldaten ‹ein Andenken im Dorf lassen›, d. h. die Deutschen noch einmal ausplündern. Aber Taube hatte hier Ordnung geschaffen, und so sollte es bleiben. Da versuchten seine beiden Unteroffiziere, ihn bei Nacht in seinem Quartier zu erschießen; wieder einmal hatte er Glück, die Kugeln gingen ins Plumeau, und er erwischte bei der Verfolgung einen der beiden mit einem Streifschuß. Aber nach ein paar Tagen waren die beiden schon wieder frei, weil seine polnischen Vorgesetzten nicht eingestehen wollten, daß so etwas in ihrer Truppe vorkomme.

Diese Erfahrung war noch frisch, als er im November 1945 nach Hirschberg kam. Für ihn war ein Privatquartier beschlagnahmt worden, das eine der beiden Zimmer eines Flüchtlingsehepaars aus Breslau mit einer achtzehnjährigen Tochter. Von ihrer Begegnung gibt es zwei Versionen. Herr Taube erzählt die romantische:

«Ehrlich gesagt, da hat mir nicht so sehr das Zimmer als das Mädchen gefallen. Ich sag's, wie es ist. Da ich Offizier war, brauchte ich nicht in der Kaserne zu wohnen, und da ich auch Verpflegungsoffizier war, hab ich auch Möglichkeiten gehabt, zu Lebensmitteln zu kommen, und dann hab ich die mitgebracht: ein bißchen Butter, ein bißchen Brot, weil ich gesehen habe, in welchen Verhältnissen die dort lebten. Und jedesmal, wenn ich weggegangen und zurückgekommen bin, da war die Butter, da war das Brot, da war das Fleisch noch da: ‹Wir lassen uns nicht kaufen› usw. Und der Vater sagte: ‹Lieber wollen wir im Rinnstein verrecken.› Also ich hab mich ganz einfach verliebt. Sie wissen, wie es damals war, da war doch die Möglichkeit, für Lebensmittel oder was anderes an jeden ranzukommen und seine Gelüste loszuwerden, aber die waren so, daß sie sich auf nichts einließen. Und das hat mir so imponiert, das hat mich so herangezogen, in dieser Zeit, in dieser Situation, daß da ein Mensch so standhaft ist, das hat mich fasziniert. Und hübsch war sie auch, so daß ich mich, wie gesagt, verliebt habe. Und das dauerte eine gewisse Zeit, bis sie merkte, daß es mir auch ernst ist, daß es nicht nur ein Abenteuer ist. Und sie wußte auch – und ich machte daraus auch keinen Hehl –, daß ich kein Kostverächter war. Nu gut, ich habe das, was ich wollte, von ihr nicht bekommen, und da bin ich woanders hingegangen; aber verliebt war ich in das Mädchen.»

Sie waren nicht deshalb so stolz, weil sie besonders national oder Nazis gewesen wären. Taube hatte sich in Breslau über seine Hausleute erkundigt: eine streng katholische Arbeiterfamilie, die sich im Dritten Reich mit nichts eingelassen hatte. Selbst als der Schlosser nach einem Arbeitsunfall bei der Post untergekommen war, hatte er trotz Pressionen den Parteieintritt trickreich umgangen, und die Tochter war nach der Schule wieder aus dem BDM ausgetreten, hatte sich vor dem Arbeitsdienst gedrückt und eine Bürolehre gemacht. Getzel Taube kam aus der Wolfsgesellschaft und stand jetzt allein in einer Welt, in der alles käuflich und korrupt war. Da faszinierten ihn Leute, die einfach selbstbewußt und anständig erschienen und nicht feindselig waren. Ihr Widerstand gegen seine Versuchungen richtete ein Stück des Menschlichen in ihm wieder auf. Besonders der Vater muß ihm gefallen haben; vermutlich hat er dazu beigetragen, daß dieser dann von den polnischen Behörden als deutscher Obmann während der Umsiedlung eingesetzt wurde – aber das ist ein heikles Thema, denn die Familie wurde dadurch getrennt, und die Frauen brauchten Taubes Hilfe, während der Vater nach Westdeutschland kam und eine andere Verbindung einging.

Was bei Herrn Taube als Liebe auf den ersten Blick geschildert wurde, erhält im Bericht von Frau Taube – denn sie war das Mädchen – noch einmal eine andere Grundierung. Sie hatte ihm damals die Tür aufgemacht, als er nachmittags gekommen war, und hatte gedacht: ‹Mein Gott, schon wieder ein Pole! Wir haben doch nichts mehr als unseren Rucksack.› Und dann habe sie sich vorsichtshalber unter einem Vorwand verdrückt. Aber als sie gegen Abend wiedergekommen sei, sei er immer noch dagewesen, und das bißchen Essen sei verkommen, weil sie nicht habe auftischen wollen, was noch nicht einmal für drei gereicht hätte. Aber der Offizier sei bis in den Abend geblieben und habe mit der Familie diskutiert und diskutiert. Worüber sie gesprochen haben, wissen wir nicht. Ich vermute, über Polen, Juden und Deutsche. Schließlich jedenfalls habe er seine Pistole auf den Tisch gelegt und gesagt: ‹Ich bin kein Pole, ich bin Jude! Jetzt könnt ihr mit mir machen, was ihr wollt.›

In Polen grassierte damals ein Antisemitismus, in dem sich vieles bündelte: Am wichtigsten war wohl der – schon in der Zwischenkriegszeit zunehmend von antisemitischen Kerngruppen der Nationaldemokraten geschürte – Nationalismus in einem Volk, das von den benachbarten Großmächten geknechtet, vor allem auch großer Teile seiner Führungsschicht beraubt wurde. Schließlich hat Polen in den Kriegsjahren ähnlich viele nichtjüdische wie jüdische Bürger verloren, je ungefähr drei Millionen. Nun wurde es erneut verschoben und ging aus den Händen des einen traditionellen Hauptgegners in die des andern über. Auf der Suche nach Ersatzgegnern traf die Wut neben den Deutschen die wenigen überlebenden Juden. Das hängt mit dem Rückhalt des Volksnationalismus in der katholischen Kirche und ihrem traditionellen Antijudaismus zusammen, mit der Rückkehr von Juden, die in die Sowjetunion geflohen waren und nun, obwohl selbst Flüchtlinge, als Agenten des Großen Bruders galten, wohl aber auch mit antisemitischen Gruppen innerhalb der volkspolnischen Armee und des sowjetischen Sicherheitsapparats, mit der Flucht der Deutschen aus dem polnischen Kernland, in dem sie z. T. seit Jahrhunderten, z. T. aber auch erst seit der Bildung des Reichsgaus Wartheland gesiedelt hatten und wo die Polen sich nun an allem verlassenen (deutschen und vormals häufig jüdischen) Gut entschädigen wollten, und schließlich auch mit der Verlagerung der Ostpolen, bei denen die Juden als beherrschende Zwischenschicht zwischen den Bauern und den zaristischen bzw. k.u.k-Oberherren galten, z.B. aus Galizien nach Schlesien. Wie immer diese Faktoren im einzelnen abzuwägen wären, jedenfalls geschah das Haarsträubende, daß nun die wenigen Juden, die dem administrativen Zugriff der deutschen Vernichtungsmaschinerie entkommen waren, von Übergriffen und Massakern umherziehender nationalistischer Banden, die über die Macht der Sowjets und die von ihnen gestützte neue Regierung frustriert waren, bedroht wurden. Schließlich kam es – und das betonte auch Herr Taube wiederholt als eine für ihn ausschlaggebende Erfahrung – am 4. Juli 1946 in Kielce zu einem Pogrom, bei dem 42 jüdische Frauen und Männer ermordet wurden.

Getzel Taube, Oberleutnant der polnischen Armee, verliebt sich in eine Deutsche. Fluchtpunkt ist eine Familie, ein Binnenraum verläßlicher Selbstverständlichkeiten, den der widerständige Anstand der Hausleute verspricht, in einer Welt äußerer Unsicherheit, in der man einem gemeinsamen Gegner ausgesetzt ist. Auch ist der Antisemitismus im alltäglichen Verhalten der Deutschen weniger spürbar als in dem der Polen, und jetzt, nach der Niederlage und nach dem Holocaust und ohne antisemitische Führung, werden die Deutschen vorsichtig, oft unterwürfig. Diese Familie nicht, denn sie sind keine Antisemiten und waren auch keine.

Schließlich könnte man Taubes Herkunft aus Lodz anführen, wo in seiner Kindheit das jüdische Bürgertum dem deutschen oft nähergestanden hatte als den Polen und wo er neben Jiddisch und Polnisch auch einiges an Deutsch zu sprechen gelernt hatte. Und doch: Wäre nach Auschwitz ein nationales Tabu nicht viel leichter verständlich als eine persönliche Bindung?

Aber Herr Taube ist nicht in Birkenau geblieben, sondern durch einen sozusagen erworbenen Zufall nach Schwientochlowitz und von dort zu den Partisanen gelangt. Das Überleben ist eine individuelle Sache, und es individualisiert die Welt, löst sie in Nahwelten auf, in denen er vielleicht, insofern er vorurteilslos genug ist, handeln kann. Das Schicksal als Ganzes dagegen lähmt; ihm kann er sich erst wieder widmen, wenn er entkommen, ja wenn er geborgen ist. Auf dem Pfad des Überlebens durfte es keine Tabus geben, wenn er die Risse im System entdecken und sie zu Spalten, durch die er entweichen könnte, erweitern wollte, sofern er Glück hatte. Insofern macht das Überleben auch die Liebe zu einer Deutschen möglich, wenn sie erwidert wird und jene Geborgenheit einer Nahwelt verspricht, in der gilt, was überhaupt hätte gelten sollen. Diesen Schutz braucht er bald; in Polen hat er ihn nicht gefunden, und eine alsbaldige Auswanderung, allein, vor der sich sowohl im Falle Palästinas als auch der USA langwierige bürokratische und politische Hemmnisse auftaten, signalisierte nur eine neue noch umfassendere Unsicherheit. Erst später, nachdem er diesen Schutz in der Nahwelt gefunden hat, die größeren Zusammenhänge wieder aufgreifen kann und familiäre Anknüpfungspunkte in den Zielländern aufgefunden hat, wird die Auswanderung ein konkretes Projekt werden, das aber zurücktreten muß, wenn er dafür die neue Familie, in der er geborgen ist, aufgeben müßte.

Zu den Selbstverständlichkeiten dieser Nahwelt, die ihn schützt, gehört auch, daß er sie schützt. Das patriarchalische Selbstverständnis ist ein Stück seiner kulturellen Identität. Das geliebte Mädchen ist widerständig geblieben und hat sich mit ihrer Mutter, als die Belästigungen der Polen zunahmen, Anfang 1946 vorzeitig aussiedeln lassen; seine Sachen hat sie nicht mitgenommen, weil sie ihm nur seine Verliebtheit, nicht aber seine Liebe glaubte. Er kämpft nun um seine Demobilisierung, denn die Vorgesetzten wollen ihn auf die Militärakademie schicken, und muß bis zum Kriegsminister vordringen, um sie Anfang 1947 zu erreichen. Dann arbeitet er im Textilhandel (vermutlich in Lodz), und er wird sich gewiß, daß er allein ist. Da kommt ein Hilferuf aus Sachsen, wo die Frauen in den Flüchtlingslagern unter die Räder zu kommen drohen, zumal der Vater nicht mehr zu ihnen stößt. Taube gibt seine neue Stellung auf und läßt sich im Rahmen der ‹Umsiedlung› (d. h. der Vertreibung der Deutschen) ausbürgern. Es wurde schon erwähnt, daß die Taubes, als sie sich nach etlichen Verwicklungen glücklich getroffen und in Leipzig eine Bleibe (im Haus eines ehem. SS-Arztes) gefunden haben, 1947 mit einem jüdischen Ehevertrag heiraten, der ihm die Außenwelt und ihr das Haus als Zuständigkeit zuweist. Im übrigen will er seine Frau nicht von ihrem Glauben abbringen, denn der war wichtig dafür, daß er sie lieben konnte, nämlich daß ihre Familie sich nicht mit den Nazis eingelassen hatte.

Vermittlung verschiedener Dienstleistungen

Von den Deutschen mochte Getzel Taube, wie er sich nun nennt, nichts geschenkt bekommen, sondern aus eigener Kraft selbständig werden – freilich kein ganz einfaches Ziel in einer Gesellschaft im Übergang zum Sozialismus. Aber er ist ein Ausreißer, und was er auch machen wird, er wird Glück haben. Nachdem er bei der VVN, wo ein Kamerad aus Schwientochlowitz den Totgeglaubten wiedererkannte, als «Opfer des Faschismus» (nicht als «Kämpfer gegen den Faschismus›) anerkannt worden war, lehnte er das Angebot eines Überbrückungsgeldes ab. Nur bei der Wohnungs- und Arbeitsvermittlung ließ er sich helfen. In die Trikotagenbranche, in der er sich auskannte, kehrte er nicht zurück, denn die lag im Erzgebirge. Großstadtkind, das er war, mochte er aber nicht aus Leipzig weg, zumal nur hier noch so etwas wie eine jüdische Gemeinschaft war – wenig über dreihundert Personen gegenüber ehemals über 18 000, und die meisten waren nicht von hier. Als religiöse Gemeinde war sie zersprengt, aber als Schicksalsgemeinschaft, in deren Schoß die alten Gebräuche wiederauflebten, bedeutete sie ihm viel.

Also fing er wieder ganz unten an, wieder (wie im KZ) als ‹Mechaniker› in einem Fahrradgeschäft. Die ‹Joint›[16]-Pakete aßen und rauchten die Taubes, die nie geraucht oder getrunken haben, nicht auf, sondern versilberten den Inhalt auf dem Schwarzmarkt, so gerne auch Frau Taube den Bohnenkaffee selbst getrunken hätte. Daraus entstand ein kleines Kapital, das er als stille Teilhaberschaft in einer Firma anlegte, die den Toilettenservice auf den sächsischen Bahnhöfen organisierte, denn – vorurteilslos wie er geworden war – sagte er sich: «Gepinkelt wird immer.» Als der Inhaber dieser Firma nach der Währungsreform jedoch einen betrügerischen Bankrott machte und sich nach Westen absetzte, ließ er sich noch einmal von der VVN helfen, damit ihm die Konzession übertragen wurde. Er brauchte aber Jahre, um die anderen stillen Teilhaber auszuzahlen. Immerhin war er nun Unternehmer, d. h. er hatte ein Fahrrad, um in Leipzig und Umgebung Handtücher und Seife auszufahren, und ein Büro, in dem ihm seine Frau die Buchführung machte, um das Personal zu organisieren.

Er nannte seinen Betrieb damals etwas euphemistisch «Getzel Taube – Personalvermittlung für verschiedene Dienstleistungen», aber bald schon sollte der Name ein Understatement sein, und er konzentrierte das Geschäft auf den Leipziger Raum. Die Messestadt war die kalte Pracht der DDR, dafür mußte man schon eine Ausnahme machen. Wenn da die Toiletten Spiegel haben und behalten, die Putzfrauen in der Nacht vor der Eröffnung der Messe tatsächlich arbeiten

16 Die Pakete des Vereinigten jüdischen Verteilungsausschusses in USA waren die jüdische Variante von CARE, aber die Pakete von dort kamen regelmäßiger und länger, bis die DDR Anfang der fünfziger Jahre die Unterstützung (‹amerikanisch-zionistische Agentur›) unterband.

und die Damen am Empfang ein Lächeln haben sollten und wenn obendrein die Heizung in der Nebensaison ohne Planstellen für den Rest des Jahres befeuert werden mußte, vertraute man lieber nicht auf den sozialistischen Gang, sondern auf einen, der organisieren konnte und aus den Nähten der Vollbeschäftigung bei Bedarf ein paar hundert Leute zauberte, die auch tatsächlich etwas taten. Getzel Taube organisierte die Heinzelmännchen fürs Schaufenster der Republik, ja des Sozialismus. Bald putzten seine Kolonnen auch die umliegenden Kasernen der NVA und auch noch feinere Adressen. Auch im neuen Stadion, wer hätte da termingerecht zur Spartakiade die Bierflaschen und Eistütchen weggeräumt, wo es überall doch an Leuten fehlte, auch für bessere und feste Jobs? Als der Klassenkampf den Kapitalismus in angestrengten Auseinandersetzungen Ende der fünfziger, Anfang der sechziger Jahre auf eine Obergrenze von 10 Beschäftigten herunterzwang und die Qualität der Dienstleistungen diesem Trend folgte, da hatte Getzel Taube 198,5 VBE im Jahresdurchschnitt – das war der Plafond der «Vollbeschäftigteneinheiten» für die Privaten, die in den sechziger Jahren meist nur mit ‹Staatsbeteiligung› überleben konnten, aber er hatte sie ohne. Er hatte sie auch noch nach der Vollverstaatlichung der Mittelbetriebe in den siebziger Jahren, und in seinem Saison- und Teilzeitgeschäft verbargen sich dahinter bis zu 500 Menschen. Darüber wurde er «der größte Steuerzahler im Osten», genauer gesagt im (proletarischen) Osten von Leipzig, wo er damals wohnte.

«Was ich verdient habe, werde ich mal anders erklären. Bis 50000 Mark versteuerten Reingewinn mußte ich 34000 Mark abführen und mir sind 16000 Mark geblieben. Und was ich über 50000 Mark gehabt habe, bis 250000 Mark – es ging nicht progressiv, sondern gleich von 50000 bis 250000 – 89 Prozent, was über 50000 Mark war. D. h. bei 1000 Mark Reingewinn sind mir 110 Mark geblieben. Und 890 Mark mußte ich an Steuern abführen. Die Masse brachte es. Ich war zufrieden.»

Das alles klingt wesentlich anders, als ich es von anderen Privatunternehmern von ihrem Weg über die Staatsbeteiligung in den Realsozialismus gehört habe. Liegt es da nicht nahe, daß man ihn hat machen lassen, weil er Jude war, Auschwitz überlebt und sogar bei den richtigen Partisanen mitgekämpft hatte? Das lehnen beide Taubes fast empört ab, nicht nur weil die wenigsten, bevor er Gemeindevorstand geworden sei, überhaupt gewußt hätten, daß er Jude sei.

I.: «Glauben Sie, daß es etwas damit zu tun hat, daß Sie Jude sind?
Beide: Nein!
Sie: Das Fingerspitzengefühl, das er hatte, schnell denken, schnell handeln, organisieren.
Er: Daß man mir seinerzeit das Gewerbe gegeben hat, das war deswegen, weil ich VdN war, als Verfolgter des Naziregimes... Da hab ichs bekommen. Aber dann war nur maßgebend das Leistungsprinzip. Nicht was andres... Weil sie angewiesen waren auf mich, weil niemand da war.»

Herr Taube hatte den Sozialismus an seiner wunden Seite erwischt, an der Leistung, aber er hat sie ihm gebracht. In seiner Lebensführung, auf der anderen Seite, hat er sich eingeordnet: Erst 1959 stieg er vom Fahrrad in einen Moskwitsch. Auch ihre zweite Wohnung bestand nur aus vier kleinen Räumen (für vier Personen inkl. Schwiegermutter), in einem Mehrfamilienhaus mit Kehrwoche. Die Datsche, die sie sich in den Sechzigern in einem Siedlungshäuschen auf dem Lande ausbauten, war für DDR-Verhältnisse geräumig, wäre aber in keiner westdeutschen Arbeitersiedlung der siebziger Jahre aufgefallen. Für DDR-Verhältnisse war er am Ende ein reicher Mann, aber der Prunk ihrer Wohnung bestand in einer Ziervase auf einem vollgestopften Bücherschrank, die ihm Erich Honecker zum 70. Geburtstag geschickt hatte, und in einer von einem Privatbildhauer gefertigten Hamletskulptur, die inmitten von Kakteen und Gummibäumen im Erker ihres guten Zimmers stand. Getzel Taube war erfolgreich, aber er spielte seine erworbenen Privilegien nicht aus.

Wahrnehmungen der deutschen Gesellschaft

Daß ihm als ehemaligem Auschwitz-Ausbrecher und Partisan – das sei ja in Polen gewesen, dafür sei man in der DDR nicht zuständig – die Qualifikation eines «Kämpfers gegen den Faschismus» verweigert worden war, obwohl manch ein ‹resistenter› Mitläufer mit ihr geschmückt worden sei, und er als ‹Opfer des Faschismus› eingruppiert blieb, hat ihn bis zuletzt tief verletzt. Es ging ihm dabei nicht um den Differenzbetrag in der Staatsrente für VdN-Anerkannte, deren Leistungen er wie alle, die sie erhalten, für äußerst großzügig hielt, sondern es störten ihn solche Unterschiede, in denen er eine weiterwirkende Zurücksetzung der Juden sah, und noch mehr ihre politische Instrumentalisierung.[17]

Da hatte er in der Frühzeit der DDR betrübliche Erfahrungen gemacht. Die wichtigste war 1953, als man ihm im Gegensatz zu anderen VdN-Mitgliedern im Zuge beschleunigter Sozialisierung die Lebensmittelkarten entzogen hatte. Auf meinen Vorhalt, das sei damals doch allen Unternehmern geschehen, antwortet er:

«Ich würde das ein bißchen anders sehen. Man hat mir gesagt, wenn ich in die Partei eintrete, werde ich mehr Bezugsscheine kriegen. Man hat's mir offen gesagt: Wenn du in die Partei eintrittst, kriegst du mehr Bezugsscheine. Ich wollte aber in keine Partei eintreten.[18] Es war soweit, daß man mir hier auf der VdN-Stelle gesagt hat: Du hast wohl Angst, wenn es anders kommt, daß du wieder drankommst. Das war seinerzeit der Vertrauensmann im Stadtbezirk, wo ich auch mal hingegangen bin, wo's mir noch dreckig ging, wegen Bezugsscheinen. Denn von der VdN hat man ja besondere Bezugsscheine bekommen, die hab ich aber nicht bekommen. Ich kann das nur darauf zurückführen, daß ich Jude war, denn sonst könnte er nicht zu mir sagen: Du hast wohl Angst, wenn es anders kommt. – Und da habe ich ja gesagt: ‹Wenn es anders kommt als du denkst, bin ich nicht in der Partei und komme eher dran wie du.› Und da hat er's noch nicht kapiert, was ich damit sagen wollte. Und da hat einer daneben gesessen und hat gesagt: ‹Das ist

---

17 Als er Ende der siebziger Jahre wegen seines Status als ‹Opfer› wieder einmal nachfragte, sei ihm gesagt worden: «Es kommt nicht darauf an, was du damals gemacht hast, sondern was du heute machst.»

18 Als er die Geschichte noch einmal erzählte, fügte er hinzu: «Denn, hab ich gesagt, wer wird denn hier geworben für die Partei, doch nur alle, die früher in der andern Partei waren, in der Nazi-Partei waren, mit denen will ich nichts zu tun haben.»
I.: «Hatten Sie denn den Eindruck, daß da viele Nazis drin waren?»
G. T.: «Aber selbstverständlich. Können Sie mir sagen, wie soll die Partei über 100000 Mitglieder haben hier in Leipzig anfangs der fünfziger Jahre, wer war denn das? Das war doch nicht die Jugend, das war doch die ehemalige Partei. Wir haben genug hier erlebt und gesehen: Fahnen, wo das Hakenkreuzemblem herausgeschnitten war und dann die schwarz-rot-goldene Farbe drüber. Und da wußte ich doch – da hab ich nie eine Fahne rausgehangen. Weil ich gesagt habe, ich identifiziere mich nicht mit diesen Leuten.»

doch ein Dschude, doch ’n Dschude› (ein Sachse, nicht?); aber ich habe trotzdem keine Bezugsscheine bekommen. Erst weil ich nicht in der Partei war und nicht reingehen wollte. Und dann weil ich mich erdreistet habe zu sagen: ‹Wenn man dich herausschmeißen wird, dann kann man zu mir kommen, vielleicht trete ich dann ein. Wenn man dich herausschmeißen wird.› Weil ich gesehen habe, das sind alles Menschen, die nur ihr eigenes Ich (kennen), nur Karrieristen, kleine Diktatoren, die bestimmten, wer was kriegen soll, nach eigenem Gutdünken. Wie es in der stalinistischen Zeit so im großen und ganzen war.»

Dieser merkwürdige Wortwechsel spielt Anfang der fünfziger Jahre: Ein SED-Antifaschist will einen anderen Antifaschisten für seine Partei werben und stellt ihm dafür Bezugsscheine in Aussicht, die dieser aufgrund seines Leidens im Dritten Reich verdient zu haben meint. Als der nicht in die Partei gehen will, nimmt der Sprecher an, daß sein Gesprächspartner zu denen gehöre, die die kaum gegründete DDR für nicht überlebensfähig hielten und die sich deshalb aus Angst vor der Zukunft nicht mit der Staatspartei identifizieren wollten. Der Gesprächspartner aber hält die SED für viel besser integriert in die postfaschistischen Massen als die Juden und glaubt, daß weniger antikommunistische als antisemitische Ausschreitungen zu befürchten seien. Nicht aus Angst also wolle er der SED nicht beitreten, sondern aus Abscheu vor dem unverhohlenen Ankauf politischer Gesinnung und der Herrschaft des Opportunismus. Angst hat er nicht: Dem politischen Schwarzhändler sagt er ins Gesicht, daß er allenfalls für diese Partei ansprechbar sei, wenn der Opportunismus aus ihr gesäubert werde.

Aber das Gegenteil war der Fall. Es war die Zeit nach den Rajk- und Slansky-Prozessen, der großen Runde stalinistischer Nachkriegs-‹Säuberungen›, denen in der Mehrzahl führende Kommunisten jüdischer Herkunft, die in der Westemigration gewesen waren, in mehreren osteuropäischen Ländern zum Opfer fielen. Taube hatte diese sog. Noel-Field-Affäre wie auch die dann durch Stalins Tod abgebrochene Vorbereitung eines Moskauer Prozesses gegen prominente Ärzte, die angeblich der Nomenklatura nach dem Leben trachteten, als Ausbruch des sowjetischen Antisemitismus in Erinnerung. Als Ende 1952 auch die SED in ihren eigenen Reihen eine (wenn auch vergleichsweise weniger rabiate) Hexenjagd auf angebliche zionistische und amerikanische Agenten zu veranstalten begann, wurde die Atmosphäre für viele Juden unerträglich. Der Grund dafür war nicht, daß es konkrete antisemitische Maßnahmen des Staates gegeben hätte, sondern daß die Juden befürchten mußten, daß die ‹antizionistischen› Stichworte in den unteren Rängen den unterschwelligen Antisemitismus der Mitläufer von einst und jetzt enthemmen könnten. Die Energie, die in der Partei auf antizionistische Wachsamkeit – der damals auch die westdeutsche Wiedergutmachung als Auswirkung der finanzkapitalistischen Raffgier der Wallstreet erschien – verwendet wurde, ist gerade auf unterer Ebene durch eindrucksvolle Berichte belegt,[19] während für die Führung hervorgehoben wird, daß sie die sowjetischen Säuberungszumutungen gegen Juden zurückgedämmt habe: Zumindest sei im Gegensatz zu den anderen osteuropäischen Ländern niemand hingerichtet worden.[20]

---

19 Das gilt besonders für Basisfunktionäre, die aus Palästina mit Aufbaubegeisterung zurückgekehrten Kommunisten unüberwindliche Erfahrungen bereiteten: vgl. Rosemarie Silbermann: Fragen an Deutschland, in: Dieter Bednarz u. Michael Lüders (Hg.): Blick zurück ohne Haß. Juden aus Israel erinnern sich an Deutschland, Köln 1981, S. 14ff., bes. S. 33ff., und den autobiographischen Roman von Carl-Jacob Danziger: ‹Die Partei hat immer recht›, Stuttgart 1976, der z. B. S. 74 anläßlich seines Ausschlusses aus der SED 1951 schreibt: «Es war mein letzter Versuch gewesen, irgendwohin zu passen.»

20 Aber einige wie Bruno Goldhammer oder Leo Bauer kamen erst nach Jahren schwer geschädigt aus Sibirien zurück. Etliche verloren nur bestimmte höhere, andere alle Funktionen; die meisten wurden zwischen 1954 und 58 rehabilitiert, meist ohne Funktionen des einstiges Rangs wiederzuerlangen, und einige gingen in den Westen; andere stiegen später noch weiter auf. Da bei den meisten dieser Kommunisten ihr Engagement gerade auch ein Abstreifen ihres Judentums – Norden z. B. war Sohn eines Rabbiners (er selbst sagt: «Akademikers») – gemeint hatte, konnte diese Erfahrung bei den Rehabilitierten nur selten realistisch integriert werden. Für drei Varianten vgl. Albert Norden: Ereignisse und Erlebtes, Berlin (DDR) 1981 (völlige Verdrängung); Alexander Abusch: Mit offenem Visier, Memoiren Bd. 2, Berlin (DDR) 1986, S. 264ff. (erwähnt sein Parteikontrollverfahren Ende 1949, aber nicht dessen Grund, und ab da erwähnt er auch alle seine damals inkriminierten Weggenossen nicht mehr. Vgl. aber seine Begegnung mit Auschwitz, S. 242f.); Jürgen Kuczynski: Dialog mit meinem Urenkel, Berlin u. Weimar 1983, S. 51f. (In dem Kapitel: ‹Urgroßvater, warum ist eigentlich aus dir nie etwas Rechtes geworden?› berichtet er, wie er und ein anderer Jude 1947 ohne Erklärung nicht wie vorgesehen Leiter der Wirtschaftskommission der SBZ wurden

Indessen erhielten jüdische Gemeindevorstände in der DDR einen Tip, daß auch hier Verhaftungen bevorstünden, und flohen im Januar 1953 über Nacht nach Westen, angefangen vom Vorsitzenden des Verbands der jüdischen Gemeinden in der DDR und Volkskammerabgeordneten Julius Meier, einem Auschwitz-Überlebenden. Die damals noch einheitliche jüdische Gemeinde in Berlin brach auseinander. Nach dem Tod Stalins hatte die SED aber auch auf vielen anderen Gebieten in völligem Gegensatz zu den Erwartungen in der Bevölkerung ihren stalinistischen Kurs durch symbolische Maßnahmen und faktische Diskriminierungen verschärft. Das war die Atmosphäre, als auch Getzel Taube nach dem Entzug der Lebensmittelkarten aus einem schwer entwirrbaren Gemisch von Befürchtungen vor ethnischer und ökonomischer Diskriminierung schon Anfang Juni seine Sachen nach West-Berlin geschafft hatte; persönlich wollte er aber erst nach der Auszahlung seiner Beschäftigten am Wochenende folgen, damit seine Leute, die ihn in dieser Zeit z. T. mit durchgefüttert hatten, nicht sagen sollten, «der Jude hat uns wieder um die Löhne beschissen».

In den wenigen Tagen dazwischen war aber – nach Umbesetzungen im sowjetischen Oberkommando in Deutschland – überraschend von der Regierung der DDR ein sog. neuer Kurs verkündet worden, der zahlreiche, wenn auch nicht alle der Übersteigerungen der letzten Monate und u. a. auch die Diskriminierung des Mittelstands bei den Lebensmittelmarken wieder zurücknahm. Getzel Taube blieb und holte seine Sachen zurück. Sein Geschäft war gerade schuldenfrei geworden, sie hatten eine Wohnung und ein kleines Kind – die Argumente seiner Frau, die einer Auswanderung nach Israel oder Amerika entgegengestanden hatten und denen er sich schließlich hatte «geschlagen geben» müssen, galten im Falle seiner Person erst recht für eine Übersiedlung ins andere Deutschland: Das wäre die Zumutung eines erneuten Anfangs ohne die Kompensation eines nationalen Sinns gewesen.

---

und wie er 1950 auf sowjetisches Drängen als Präsident der Gesellschaft für Deutsch-Sowjetische Freundschaft «plötzlich und ziemlich brutal» abgesetzt wurde – er nennt das «den einzigen, mich wirklich stark berührenden Schlag»).

Es war aber noch eine weitere Erfahrung hinzugekommen. Der Tag, an dem den Selbständigen wieder Lebensmittelkarten ab dem 1.7.1953 in Aussicht gestellt wurden, war der Vorabend des 17.Juni. Dessen Erfahrung hat Getzel Taube angst gemacht, nicht weil er um die Herrschaft der SED bangte oder weil er geglaubt hätte, die werktätigen Massen seien von amerikanischen oder faschistischen Drahtziehern gelenkt, sondern weil er einen anderen Blick auf die Deutschen nur acht Jahre nach dem Dritten Reich hatte.

I.: «Und wie war der 17.Juni hier, haben Sie daran eine Erinnerung? In Leipzig war ja viel los.
G. T.: War auch viel los. Ich kann mich erinnern, wie der Pavillon der Nationalen Front hier auf dem Markt in Brand war und diese ganzen Unruhen, und wie die ganzen Parteiabzeichen hier auf der Straße gelegen haben, wie Fahnen heruntergerissen wurden und die ganzen Spruchbänder. – Das kann ich mich noch wie heute erinnern. Aber wissen Sie, ich war damals mit meinen Problemen seinerzeit so beschäftigt, daß erstens einmal wollte ich mich an der ganzen Angelegenheit nicht beteiligen und zweitens habe ich auch beobachtet, daß verschiedene Elemente darauf gewartet haben, daß etwas kommt, und nicht das, was ich gutgeheißen habe, das will ich betonen. Die hätten ja am liebsten das, was gewesen ist, wieder (haben) wollen: das Dritte Reich, den Nationalsozialismus. Solche nazistischen Elemente sind hier wieder aus der Versenkung –
I.: Haben Sie das persönlich erlebt?
G. T.: Das habe ich persönlich erlebt.
I.: Können Sie das konkret schildern ...
G. T.: Ich habe nicht ‹alle› gesagt, ich habe ‹Elemente› gesagt, die dabei waren, konkret, daß sie geschrien haben, nieder mit dem Sozialismus, und wie sie angefangen haben, Leuten, die Parteizeichen getragen haben, wie sie die geschlagen haben, was ich selber gesehen habe. Das habe ich selber gesehen, und das muß man auch zugeben.
I.: Wenn aber jemand ‹nieder mit dem Sozialismus› ruft, dann ist das für mich noch kein zwingendes Indiz für –
G. T.: Aber wenn man Leute geschlagen hat – jede Sache beginnt ja nicht gleich mit Gaskammern. Das beginnt erst einmal mit solchen Sachen. Bis man wieder dran ist, und dann kann sich das wiederholen, was gewesen ist. Und wir wissen auch, daß auch verschiedene totgeschlagen wurden. Das habe ich selber nicht gesehen. Parteigenossen, vielleicht, daß sie zu rigoros vorgegangen sind, auch hier Leuten unschuldig Leid zugefügt haben, um eigener Vorteile willen, wie es so üblich war und wie es eventuell heute noch

üblich ist. Das waren auch Tatsachen, die auch nicht mein Geschmack (waren) und meiner politischen Überzeugung gerecht wurden. Mir hat ja die Politik seinerzeit nicht gefallen, das geb ich ehrlich zu. Aber doch nicht, daß sich das noch einmal wiederholt, was gewesen ist, eventuell. Jeder Anfang fängt immer klein an, entwickelt sich aber. Und nicht umsonst heißt es, wehret den Anfängen.»[21]

Getzel Taube ordnet seine Wahrnehmungen in ein anderes Muster ein, als man es unter Deutschen in Ost und West gewohnt ist, jedenfalls nicht in die Muster des Kalten Krieges, die nur die Alternativen Freiheit oder Sozialismus bzw. Sozialismus oder Faschismus (qua Agenten des Monopolkapitals) kennen. Die Opfer sind nicht so anpassungsfähig wie die Gesellschaft der Täter und nicht so vergeßlich. Noch leidet er an den Alpträumen eines Überlebenden und versucht sie durch die Konzentration auf seine Familie und sein Geschäft zu bannen. Mit dieser Unvergeßlichkeit sieht er auch die deutsche Politik und will mit ihr nichts zu tun haben: Wenn er bei der SED die vertuschten Insignien früherer Nazis und den Versuch, Gesinnungen zu erpressen, wahrnimmt, glaubt er nicht an die Macht der Umerziehung, sondern an die des fortdauernden Opportunismus. Und wenn die Leute gegen die Herrschaft der SED demonstrieren, frohlockt er nicht über den deutschen Freiheitsdurst, sondern es prägen sich ihm

21 Für Berichte damals noch kulturell besser integrierter Juden (beide kamen aus der Emigration) in Leipzig vgl. Karola Bloch: Aus meinem Leben, Pfullingen 1981, S. 209 ff; Hans Mayer: Ein Deutscher auf Widerruf, Bd. 2, Frankfurt 1984, S. 48 ff. Beide berichten auch aus dem Rückblick im Westen ambivalent: heben in Berlin Autos und in Leipzig Fahrräder aus dem Westen hervor, das Gewaltpotential, ihre Neigung, sich zurückzuziehen, aber am Ende ist Karola Bloch enttäuscht über die Konfrontation der Roten Armee mit den Arbeitern. Hans Mayer beschleicht hingegen ein Glücksgefühl, als alles vorbei ist. Es ist diese Art von Distanz, durchwirkt mit einem höheren Grad politischen Engagements, die Stefan Heym: 5 Tage im Juni, zuerst München 1974, antrieb und befähigte, die einzige lesenswerte literarische Verarbeitung des 17. Juni zu schreiben, die in der DDR geschrieben (wenn auch nicht gedruckt) wurde. Die Stichworte dazu gibt er in seiner Autobiographie: Am 17. Juni ist ihm «ähnlich zumute wie in der Ardennenschlacht, beim Durchbruch der Nazis», und sein «Haupt- und Zentralgefühl» stellt er überrascht fest: «Empörung. Empörung, jawohl, über sie alle – diese Arbeiter, diese Partei, diese Gewerkschaften, diesen (Schriftsteller-)Verband, überhaupt über die Deutschen.» Stefan Heym: Nachruf, München 1988, S. 568 f.

jene ein, die nicht aufstehen, um den aufrechten Gang zu proben, sondern um besser zuschlagen zu können – die Kontinuität des Duckmäusertums, dessen Wutstau im Schutz der Masse zum Ausbruch drängt. Wird es sich nicht die bekannten Opfer und Autoritäten suchen?

Als die sowjetischen Panzer auffahren und der Aufstand zerläuft, ist der Scherbenhaufen unter den Deutschen perfekt: Wer auf nationale Einheit gehofft hatte, kann die Demonstration der wirklichen Macht nur schwer übersehen. Wer zunächst gegen die ökonomischen Zumutungen und dann überhaupt gegen die Zuckungen des Spätstalinismus in seiner Agonie protestieren wollte, sieht ihn nun in milderen Formen restauriert. Und wer an die Heraufkunft einer sozialistischen Morgenröte im anderen Deutschland geglaubt und sich «die Klasse» als quasi naturwüchsige Basis der dünnen Schicht erprobter Antifaschisten in der Führung phantasiert hatte, sieht sich nun aller demokratischen Illusion beraubt und nur noch die graue Perspektive einer unabsehbaren Bürokratie. Herr Taube hatte solche Hoffnungen nicht gehabt, er hatte danach auch nicht diese Enttäuschungen.

Die Rückkehr zum bürokratischen Alltag nahm ihm vielmehr einen Teil seiner Ängste, zumal die Regierenden sich auch ihrerseits einen Reim auf das Debakel machten: Sie lockerten den Zugriff auf die Ökonomie und auf potentielle Bündnispartner. Beides erweiterte seine Spielräume, denn auch der Druck auf die Religionsgemeinschaften hatte Mitte 1953 für einige Jahre nachgelassen, und für die jüdischen Gemeinden kehrte er auch nicht wieder; hatten die jüdischen Emigranten in der politischen Führung das Slansky-Fieber unter ihren ‹arischen› Genossen angesichts wichtigerer Fragen eindämmen können? Man weiß es nicht, denn all dies wird aus der Öffentlichkeit verdrängt.[22] Zudem erhalten die Tatkräftigen unter den Selbständigen nun für eine Zeit neue Spielräume, und wenn ihre Dienstleistungen auch höheren Orts gebraucht werden, überstehen einige wie Taube

22 So wie die Durchführung des Stalinismus in der DDR vergleichweise gebremst ablief, so wurde auch die Entstalinisierung gebremst. Unerfindbar der Satz, in den Ulbricht die Botschaft des XX. Parteikongresses der KPdSU 1956 zusammenfaßte: «Der Genosse Stalin ist nicht mehr als Klassiker zu betrachten.» (Heym, Nachruf, S. 600, nennt das «das großartigste Understatement der neueren Geschichte».)

auch die nächste Runde der Verstaatlichung Ende der fünfziger, Anfang der sechziger Jahre. Nach der Krise sieht sein nüchterner Blick die Chancen der Lage zum endlichen Aufbau einer unbehelligten Existenz. Dazu gehört auch, daß die antifaschistischen Autoritäten nunmehr auf verschwiegene Weise Schutz vor jenem Antisemitismus, der so schnell aus der Gesellschaft nicht weicht, versprechen. Als in Leipzig noch in der Ära Ulbricht gegenüber der Thomaskirche ein Gedenkstein an jener Stelle errichtet wird, wo 1938 die Synagoge abgebrannt wurde, geschieht dieses Zeremoniell zwar vor einer riesigen Losung der Nationalen Front, die Namen und Schicksal der Juden mit keiner Silbe erwähnt, sondern alle Deutschen zur Einheit und zur friedlichen Entwicklung ihrer (übrigens ausdrücklich auch militärischen) Möglichkeiten auffordert, aber immerhin.

Zweierlei Alibi

Warum Getzel Taube 1959 die Wahl in den Vorstand der jüdischen Gemeinde angenommen hat, hat er mir nicht gesagt; hätte es dafür einen besonderen Anlaß gegeben, hätte er ihn sicher erwähnt. So müssen wir annehmen, daß die Zeit reif dafür war: Er war jetzt 41 Jahre alt, und fast die Spanne einer Generation trennte ihn von Auschwitz. Er hatte eine Planlucke gefunden und darin ein einträgliches Geschäft entwickelt, in dem er gebraucht wurde und das ein stabiles Privatleben ermöglichte. Der Traum von einer Auswanderung war ausgeträumt, und die Verhältnisse schienen sie auch nicht mehr zu erzwingen. Er hatte einen Rückhalt und Distanz gewonnen und fühlte sich jetzt offenbar in der Lage, über die Familie hinaus eine öffentliche Verantwortung mitzutragen und sich auf jene Verhältnisse einzulassen, in die ihn seine Flucht und seine Liebe geführt hatten. Er wollte aber nicht deutsche Politik machen, denn für ihn «war es keine Ehre, deutscher Staatsbürger zu sein» [23], sondern er übernahm eine Funktion für sein Volk in der Diaspora, eine sehr klein und alt gewordene jüdi-

---

23 Er war in der Nachkriegszeit staatenlos geworden, weil er nicht nach Polen zurückgeschickt werden wollte. Die DDR-Staatsbürgerschaft hat er erst angenommen,

sche Gemeinde unter den Deutschen, weil für ihn nun «Religion und Nation eins ist».[24]

Was das in der Praxis bedeuten könnte, hat sich wohl erst mit den Jahren herausgestellt: nämlich in der Begegnung seiner Auschwitz-Erfahrung und der Folgerungen, die er daraus zog, mit der Wirklichkeit der DDR. Zunächst scheint sein Engagement eher eine Erweiterung seiner Identität über die Individualität, die Familie und den Beruf hinaus auf jene kleine Gemeinschaft gewesen zu sein, die kaum durch ein spezielles Programm oder Bekenntnis zusammengehalten wurde, vielmehr durch eine vielgestaltige Tradition, die Erfahrung als Opfer des Rassismus und bei einigen auch durch eine zionistische Perspektive, an der sie zwar aus diesem oder jenem Grund nicht teilhaben konnten, aus der aber für die sinnlosen Schrecken, die sie je selbst erfahren hatten, ein Sinn und ein Zusammenhang abgeleitet werden konnten. Diese Gemeinschaft war zunächst einmal für alle ein soziokultureller Schutz, und Taube ging in den ersten zwei Jahrzehnten auch nur über sie in den öffentlichen Raum hinaus, um sie zu schützen.[25] Diese Gemeinde war sehr klein geworden, meist zu klein, um noch einen regulären Gottesdienst zu veranstalten, längst zu klein, um einen Rabbiner zu tragen, und schon die Pflege der Traditionen an den Feiertagen machte viele alltägliche Probleme. Angesichts der Mischehen, in denen die meisten Gemeindemitglieder lebten (und das war meist auch der Grund, daß sie überhaupt hier lebten), angesichts von Überalterung, Auswanderung mancher Junger

---

als er vor das Ultimatum gestellt wurde, entweder diese oder die polnische Staatsbürgerschaft anzunehmen.

24 Dieses Bewußtsein hat ihn in einer zugespitzten Diaspora-Situation öffentlich handlungsfähig gemacht, aber es war schwer, damit zu leben, und mag auch private Kosten gehabt haben. Seit der Aufnahme seiner öffentlichen Tätigkeit, von der ich annehme, daß sie mit einem Abschwellen seiner seelischen Traumatisierung Hand in Hand ging, wurde er von einer nicht abreißenden Kette schwerer und anfänglich aus unscheinbaren Anlässen entstandenen Krankheiten heimgesucht.

25 Er erwähnt, es habe z. B. seinerzeit nicht etwa nur auf kirchlicher, sondern auch auf ihrer Seite Zurückhaltung gegenüber einer christlich-jüdischen Zusammenarbeit gegeben, die er dann im Alter aber aus der Einsicht vorantrieb, daß man denen, die das Unrecht getan haben, nicht die Verantwortung für die Zukunft und für den Abbau von Haß und Vorurteilen allein überlassen könne.

und keiner Zuwanderung sah Herr Taube sich als Verwalter einer sterbenden Gemeinde. Für das praktische Gemeindeleben fand er Unterstützung bei den Stellen des Staates, denn der Staat habe ein Interesse an der Fortexistenz der Gemeinden, weil sie für ihn ein «Alibi» geworden seien – nämlich daß die DDR nicht «eher judenfrei» werde als die Bundesrepublik.

«Meine persönliche Meinung ist die: Die paar Überlebenden sind das Alibi für den Staat.»

Getzel Taube leitete aus dieser Konstellation für sich die Möglichkeit und die Pflicht ab, auszusprechen, was ist – «Narrenfreiheit» ist das bittere letzte Wort seiner Gespräche mit mir. In der Praxis ging das so weit, daß er bei Gesprächen mit dem Kirchenminister der DDR, der sich Sorgen um die Zukunft der Gemeinden machte, provokativ vorschlug, Juden zu importieren.

«Natürlich leben hier in der DDR genügend Antisemiten in sämtlichen Schichten der Bevölkerung. Aber das ist für mich kein Antisemitismus, weil es nicht von oben gesteuert ist. Es wäre ein Wunder, wenn es nicht der Fall wäre.
I.: Ist das in Polen anders?
G. T.: In Polen kann ich es anders sehen, weil sie dort sog. patriotische (Funktionäre haben), die offiziell antisemitisch sind, und das ist dann vom Staat aus, das sind Abgeordnete usw., hohe Funktionäre. Das ist doch anders hier. Wenn zum Beispiel, was ich als Antisemitismus bezeichnen würde, wie zum Beispiel Graf Spee in Korschenbroich oder die Äußerungen von Fellner von der CSU, sehen Sie, wenn solche Leute solche Sachen äußern, ‹da müssen wir ein paar Juden totschlagen, damit wir unsere Stadt sanieren können›, oder wie der Fellner gesagt hat: ‹Wenn die Juden hören, daß Geld im Beutel klingelt, dann sind sie da›, sehen Sie, das ist für mich Antisemitismus. Weil das Vertreter des Staates sind, und wenn sie so etwas in der Öffentlichkeit sagen können, das ist für mich Antisemitismus. Ich will deshalb nicht sagen, daß die Bundesrepublik ein Staat sei, der den Antisemitismus fördert. Das würde ich in keinem Fall sagen. Denn das ist nicht der Fall. Aber genauso kann ich auch nicht sagen, wenn hier irgendwelche Antisemiten vorhanden sind, die auch in der Partei da sind – ohne hier irgendwas zu vertuschen, kann ich doch nicht sagen, daß die DDR antisemitisch ist.
Da hat man seinerzeit gesagt, man macht sich Sorgen, wie man das jüdische Leben in der DDR erhalten kann. Mehr Juden. Und da habe ich dem Staats-

sekretär gesagt: Da kann man nur welche importieren. Von wo? Ja, von der Sowjetunion. Sag ich: Bloß wenn die da ausreisen, wollen die nicht nach der DDR her, sondern nach dem Westen oder nach Israel. Ich habe es gesagt, so wie ich es gedacht habe, denn ich nehme auch bei den hohen Funktionären kein Blatt vor den Mund. Ich bin in dieser Hinsicht hier bekannt, daß ich offen spreche, was vielen nicht gefällt. Aber ich halt es für meine Pflicht, das, was mir auch hier nicht gefällt, zu sagen. Es wäre wahrscheinlich für die DDR sehr peinlich, wenn es heißen würde, die DDR ist eher judenfrei als die Bundesrepublik. Denn wenn man die Bevölkerungszahlen der jüdischen Gemeinde in der DDR anguckt, da sind wir eine Gemeinde in Liquidation und in Auflösung.»

Der Schutz des Staates war in der Praxis nötiger, als es nach außen den Anschein hatte. Obwohl er selbst es in der DDR nie hatte erfahren müssen, daß er antisemitisch angepöbelt wurde, hatte er Beispiele aus seiner Gemeinde parat, daß die Synagoge mit Hakenkreuzen beschmiert, Grabsteine auf dem jüdischen Friedhof (angeblich ‹vom Wind›) umgeworfen worden waren, jüdischen Schülern (die dann nach einigem Warten nach Israel auswandern konnten) in der Schule von Mitschülern gesagt worden war, daß Hitler doch recht gehabt habe – in all solchen Fällen ist es in der DDR nicht anders als in der Bundesrepublik: Es gibt Menschen, die das zum Ausdruck bringen, was in ihrer Kultur an Antisemitismus und an schamlosen Verdrängungsversuchen steckt. Dafür gibt es lange Traditionen: die Wut der Christen über den Alten Bund, die Konkurrenz und der gesellschaftliche Bedarf an Sündenböcken. Diese Traditionen waren im modernen Rassismus von jeder konkreten Bearbeitungsmöglichkeit abgelöst und verallgemeinert worden und hatten dadurch bürokratisch exekutionsfähige Gestalt angenommen. Dieser Umschlag weitverbreiteter Angebote des Antisemitismus in eine staatliche Ideologie, zu deren Exekution das Gewaltmonopol des modernen Staates eingesetzt werden konnte, war für Getzel Taube jedoch der springende Punkt. In Polen, wo der alte, religiös und ökonomisch verankerte Antisemitismus viel stärker als in Deutschland zu spüren war, hatte man sich noch zur Wehr setzen oder entziehen können, gegen den Rassenantisemitismus des NS-Staates nicht mehr oder nur in einer Verkettung von Glücksfällen.

Diese Unterscheidung bezeichnet auch die spezifische Differenz, die ihm das Leben in der DDR ermöglichte und ihm konkrete Aufgaben gab, denn er glaubte, daß es hier zwar viele Antisemiten gebe, aber nicht den spezifisch modernen und gefährlichen Antisemitismus, insofern der Staat – jedenfalls seit der Mitte der fünfziger Jahre – den Umschlag der traditionellen Potentiale in der Bevölkerung in ein politisches Programm unterbinde. Daß es keine antisemitischen Äußerungen von Politikern der DDR gäbe, hat er mehrfach betont und insofern gerade den nicht-repräsentativen Charakter der DDR als einen Schutz im wesentlichen verstanden: Die Hakenkreuze waren nicht in den Medien gezeigt, die Grabsteine alsbald (mit Ausreden, aber doch) aufgestellt, die Schüler, die Judenwitze erzählten, relegiert worden. Für die Verdrängung des deutschen Nachkriegsantisemitismus durch die antifaschistisch sich legitimierende Erziehungsdiktatur der DDR war er zunächst einmal dankbar, ebenso wie für die Hilfe, welche die hier lebenden Juden als Opfer des Faschismus erfuhren.

Aber diese Verdrängung schien ihm nicht verläßlich. Solange die Vorurteile in der Bevölkerung nicht bearbeitet, sondern nur im öffentlichen Ausdruck beschnitten wurden, konnten sie ein politisch berücksichtigenswerter Faktor bleiben, vor dessen Benutzung auch Kommunisten, wie die Slansky-Affäre und später Gomulka 1968 gezeigt hatten, nicht gefeit waren; außerdem waren auch unter ihnen je länger, desto mehr die erprobten Antifaschisten dünn gesät und angesichts der Leistungsschwäche des real existierenden Sozialismus die Zukunft offen. Deshalb engagierte sich Taube, der in seiner Jugend den katholischen Anti-Judaismus in Polen als wesentlichen ideologischen Rückhalt des Antisemitismus erfahren hatte, im Alter in der ersten Arbeitsgemeinschaft «Kirche und Judentum» in der DDR (1977) und war stolz und glücklich, daß sie außerhalb der Medien in der lokalen Semi-Öffentlichkeit eine große Resonanz fand und auch die Widerstände in der Hierarchie, die zuweilen die Arbeitskraft der Pfarrer nicht auf eine so kleine Randgruppe verschwendet sehen wollte, in Schach gehalten werden konnten.

Er glaubte aber auch, daß in der staatlichen Propaganda der DDR der Antisemitismus nicht verschwunden sei, sondern in merkwürdigen Formen Kontakt zu den Massen suche: Das eine und vielleicht weniger wichtige war die Aufklärung über die Verfolgungspolitik des Dritten Reiches – ihre forcierte Orientierung auf einen überzeichneten kommunistischen Widerstand empfand er als unwahrhaftig, weil in der Repression des Dritten Reiches Rasse vor Klasse gekommen war, und als einen Frevel an den Opfern der Vernichtungspolitik. Den größten Teil seiner politischen Energie und seines Mutes aber investierte er in den Kampf gegen die antiisraelische Politik der DDR. Sowohl 1967 als auch 1973 wollte die Regierung der DDR die Vorsitzenden der jüdischen Gemeinden zu einer Erklärung gegen Israel veranlassen; in beiden Fällen rechnete es sich Herr Taube zu, daß er – im Gegensatz zu seinen oft schwankenden Kollegen – vermocht habe, dem Staat diese ihm tief unmoralisch erscheinende Zumutung abzulehnen.

«1967 nach dem Krieg wurden wir Vorsitzenden der Gemeinden auch ins Staatssekretariat geladen. Man hat sie aufgefordert, sie sollten eine Resolution abgeben, und man hat einen gegen den andern ausgespielt und gesagt, der und der hat schon unterschrieben, also warum unterschreibst du nicht. Und nun hat sich herausgestellt, daß es nicht wahr war, daß sie unterschrieben hatten. Es gab einige, die Resolutionen von sich aus (abgegeben hatten), aber auch welche, die keine Unterschrift und keine Resolution von der Gemeinde aus gefaßt und abgeschickt haben. Und da waren wir auch aufgefordert worden vom Staatssekretariat aus, zu dem Nahostkrieg eine Resolution (zu verabschieden). Ich war dagegen, und ich habe meine Meinung offen dem Staatssekretär gesagt. Und als wir heruntergegangen sind, da sagte der Herr Aris, der Präsident des Verbandes[26], ich anstelle des Staatssekretärs hätte mir nicht gefallen lassen, was du ihm alles gesagt hast. Da habe ich gesagt: Gott sei Dank, daß du nicht an der Stelle des Staatssekretärs sitzt. Nach dem Krieg 73 wurden wir wieder aufgefordert, eine Resolution abzugeben. Da war der Staatssekretär im Ausland, und da hat es sein Stellvertretender gemacht und wollte eine Resolution haben. Da habe ich gesagt: Sie werden keine Resolution bekommen, bevor noch Aris das Wort genommen hat, bevor noch die anderen (sprechen konnten), ich habe gleich die Richtung gegeben. Sie werden so eine Resolution nicht bekommen. Da hat er

26 Helmut Aris (1908–1987), Kaufmann und Verwaltungsdirektor in Dresden, seit 1948 im Vorstand der dortigen jüdischen Gemeinde, seit 1962 Präsident des Verbands der jüdischen Gemeinden in der DDR, war Mitglied der SED.

gesagt: ‹Zerbrecht euch eure Köpfe. Ich muß so eine Resolution bekommen.› Da habe ich gesagt: ‹Sie werden sie nicht bekommen.› Und er hat sie auch nicht bekommen. Der hat mich ein paar Jahre nicht angesehen, ist vorbeigegangen, und ich bin an ihm vorbeigegangen. Das hat mich nicht interessiert, es störte mich nicht, ob er mich ansieht oder nicht, ob er mir die Hand gibt oder nicht. Und wie er dann gesehen hatte, wie der Staatssekretär mich begrüßt hatte, trotz allem, daß ich dagegen war, und daß er mich freundlicher begrüßt hatte als den Präsidenten, da wurde er ganz anders... Der Staatssekretär hat wörtlich gesagt: ‹Wenn man nicht reden will, soll man schweigen.›»[27]

In den achtziger Jahren hat er als einer der wenigen Auschwitz-Überlebenden unter den Vorsitzenden – und ich vermute, es wäre ebensowichtig auf seinen zugleich chassidischen und zionistischen Hintergrund hinzuweisen – erneut die Vorhut übernommen, und zwar in einer Leserbriefkampagne gegen die ‹antizionistische› Presse der DDR. Herr Taube fühlte sich vor allem durch die dauernde Ineinssetzung der israelischen Politik mit Faschismus in den Medien der DDR provoziert, weil er darin eine Vorlage für die Entlastung der Deutschen durch die Gleichsetzung der Täter und der Opfer des Holocaust vermutete.

«Man wird das Gefühl nicht los, daß das ein verkappter Antisemitismus ist. Ich will ja nicht sagen, ein verkappter Antisemitismus von oben, von den Regierungsstellen; aber die Menschen sind anfällig, und die Deutschen suchen sowieso ein Alibi für das, was geschehen ist. Wenn man da tagtäglich in

27 Auf dieser Grundlage ist dann in den achtziger Jahren ein Arrangement zwischen dem Staat und den Gemeinden zustande gekommen, daß diese sich zum Nahostkonflikt nicht äußern (müssen). Mit den Staatssekretären für Kirchenfragen Seigewasser und Gysi verband Taube ein Verhältnis gegenseitigen Respekts: Der erste war im Dritten Reich jahrelang im Zuchthaus, der zweite war jüdischer Herkunft und verfolgt. Ihm schickte Taube auch Kopien seiner unten berichteten Leserbriefkampagne. Ich fragte, ob Gysi geantwortet habe: «Nein, noch mehr wie geantwortet. Denn ich habe ihn vorige Woche bei der Beerdigung von Herrn Aris gesprochen. Es war nicht viel Zeit, aber er hat sich von allen anderen verabschiedet mit Handschlag, und mich hat er am Kopf gepackt und hat mir einen Kuß auf die Wange gegeben. Und das war für mich mehr wie 'ne Antwort, weil das mir bedeutet hat, ich weiß, du hast recht; ich aber auf meiner Position kann nicht anders als die offizielle Meinung vertreten. Meine Frau, die hat Angst. Meine Frau sagt, dich holen sie sowieso noch mal ab. Ich hab ihr gesagt, das können sie nicht machen. Ich habe keinen Grund, irgendwelche Angst hier zu zeigen.»

den Zeitungen zu lesen bekommt, was die bösen Israelis alles mit den Palästinensern machen, und nur die Wirkungen nennt und nicht die Ursachen, dann ist es so, daß die, die ein gewisses Schuldgefühl haben und das rechtfertigen wollen, oder die jüngere Generation, die mit der Angelegenheit nichts zu tun haben, die die Eltern oder die Großeltern gemacht haben, aber doch ein gewisses Mitverantwortungsgefühl für das, was geschehen ist, haben, zwar nicht einverstanden sind, aber die Radikalen sind geneigt zu sagen, was sind denn die Juden besser als die Nazis, wenn sie mit den Palästinensern das gleiche machen. Man hört hier doch nur von palästinensischen KZs. Man vergleicht alles mit dem Nazismus, mit dem Faschismus. Man will den israelischen Staat als faschistischen Staat hinstellen. So stellt man ihn hier hin, ohne Zweifel. Und das geht den Antisemiten ein wie Öl, so daß man... einen unbeabsichtigten Antisemitismus hier hervorrufen kann. Obwohl die paar Juden, die da (in der DDR) leben, brauchen keine Angst haben, daß ihnen was geschieht. Aber die Menschen, sie wachsen auf, es wird ein Feindbild geschaffen, es werden Vorurteile geschaffen, die rechtfertigen das, was die Nazis gemacht haben, was ihre Eltern oder Großeltern gemacht haben, mit dem, was die Israelis in den besetzten Gebieten (tun), jedenfalls wie man's hier darstellt.

I.: Und Sie haben den Eindruck, daß diese Propaganda hier in der Bevölkerung auch bei jüngeren Leuten populär ist? Denn vieles an der hiesigen Propaganda ist doch gar nicht populär.

G. T.: Ja, stimmt schon. Aber die Propaganda, die den einzelnen persönlich betrifft, ist doch etwas ganz anderes. Goebbels hat einmal gesagt: Jede Lüge wird geglaubt, man muß sie nur genügend häufig wiederholen. Und das ist Taktik. Wenn man tagtäglich das zu hören bekommt, fangen auch die Zweifler schon an zu glauben. Wie gesagt, in diesem Punkt sind sie dazu geneigt, weil sie doch ein gewisses Schuldgefühl haben, ein Alibi für sich zu suchen... Und wenn sie etwas anderes nicht glauben, aber hier sind sie geneigt zu glauben. Und das ist die Gefahr hier. Nicht die Gefahr, daß jemand irgend etwas zustößt, sondern die Gefahr der Vergiftung der Menschen mit dieser Propaganda.»

Er kämpfte für eine andere Berichterstattung durch Leserbriefe, die nie abgedruckt wurden, weil sie mit deutlich prozionistischem Akzent auf eine komplexere Berichterstattung über den Nahostkonflikt in der DDR-Presse drangen. Er wollte die Redakteure in ihre individuelle Verantwortung hineinschocken, und einmal scheint es ihm auch gelungen zu sein – der Vorgang hat hinreichend DDR-Kolorit, um berichtet zu werden. Anfang der achtziger Jahre schrieb er einen solchen Leserbrief an das ‹Neue Deutschland›, und die Redakteure dort, im Gegensatz zu manchen weniger zentralen Redakteuren[28], die ihn mit ausweichenden Antworten abspeisten, luden ihn zu einem Gespräch ein. Die Redakteure, die seinen Leserbrief nicht abdrucken durften, waren offenbar von der Kämpfernatur dieses kleinen Mannes an seinen Krücken stark beeindruckt und hörten ihn vier Stunden lang an, baten ihn, wiederzukommen, und boten ihm das Du an. Bei dieser Gelegenheit stellte sich aber auch heraus, daß der Autor des Artikels, auf den er reagiert hatte, selbst Jude war. Als Taube auf ihn einredete, er schüre das Feuer unter dem Rost, «auf dem unsere Kinder gebraten werden», sei dieser Autor in Tränen ausgebrochen.

Im Alter investierte Getzel Taube seinen Mut und seine Kraft, um die Nicht-Öffentlichkeit der Gesellschaft, in die er zu leben gekommen war, in zweifacher Hinsicht aufklärerisch zu durchbrechen: einerseits durch die Verteidigung des Staates Israel als dem unerreichbaren Fluchtpunkt seiner Jugend und seiner Auschwitz-Erfahrung. Dabei wandte er sich gegen die moralisch drapierte Ausflucht der Meinungsmacher der DDR aus der Verstrickung in den deutschen Verantwortungszusammenhang, indem sie die Opfer mit den Tätern gleichstellten und sich lauthals mit den Opfern der Opfer zu identifizieren versuchten. Andererseits durch die kommunikative Aufklärung des kirchlichen Anti-Judaismus, den er in Polen als den wichtigsten geistigen Rückhalt des alltäglichen Antisemitismus erfahren hatte und in dem er auch eine der wesentlichen kulturellen Vorbedingungen des Rassenantisemitismus in Deutschland sah. Mitten in diesen selbstgestellten Aufgaben ist er an einem Herzschlag gestorben.

---

28 Mir liegt z. B. ein entsprechender Briefwechsel mit der Zs. Eulenspiegel vom Herbst 1987 vor: Die Ablehnung des Abdrucks erfolgte auf alle Leserbriefschreiber per Rundbrief.

Das Diesseits jenseits des Hades

Die Übermacht der Verhältnisse, unter denen er leben mußte, hat Getzel Taube umhergeworfen: Deshalb reiht sich seine Lebensgeschichte aus einer Abfolge existentieller Szenen auf, die zwei Strukturbeschreibungen verknüpfen: die Bedingungen seiner Herkunft und die Herausforderungen, denen er sich im Alter stellte. Herkunft und Aufgabe verweisen aufeinander, die Versöhnung des Zionismus mit der für ihn auch nach 1948 fortdauernden Diaspora und der Kampf gegen den Antisemitismus durch eine Mitverantwortung seiner Opfer für die Zukunft. Dazwischen lag die Arbeit des Überlebens, die ihm ein Bewußtsein seiner Kraft («Das ist meine Art, das Ausreißen») gegeben hat, aber auch ein Gefühl des Behütetseins («Du sollst Glück haben») inmitten der Todesmaschinerien, die alles um ihn verschlangen. Beides hielt er in einem Schwebezustand, der ihm das Weiterleben mit dem Überleben ermöglichte, zunächst in einer langen Phase des Aufbaus und der Sicherung einer privaten Existenz, aus der er die Kraft bezog, schließlich seiner Erfahrung einen öffentlich tätigen Sinn zu geben. Aus der zweiten Generation der in Europa überlebenden Juden sind solche Sinngebungen angezweifelt worden: Die Überfrachtung Israels mit heilsgeschichtlichem Sinn mache es unsensibel für die regionalen Bedingungen seiner Existenz und verstricke es als Staat in die friedensunfähigen Strukturen konkurrierender politischer Theologie. Sie seien auch Auschwitz nicht angemessen, ja die Strukturierung solcher Erfahrung in herkömmlichen Begriffen des Antisemitismus (Religion und Konkurrenz) sei gerade eine Deckerinnerung für die fabrikmäßige Vernichtung von Millionen Menschen, die alle vernünftige Erklärung sprenge. Herr Taube erklärt aber Auschwitz nicht. Angesichts der Vernichtung selbst – und das erscheint mir als das Zentrum seines Berichts – bezeugt er, was er gesehen hat, und trauert.

Durch Zufälle, die er zu nutzen verstand, ist er zwar dann mit dem nackten Leben und seinem Lebenswillen davongekommen, und diese Erfahrung hat seine Handlungsfähigkeit erhalten, ja sogar seine Fähigkeit zu sozialem Handeln erhöht. Aber dieses hartnäckige Handeln war zugleich ständig in Frage gestellt: durch seine Einsamkeit, sein Bedürfnis nach Wärme, nach alltäglichen Bezügen, die Sicherheit, Zuverlässigkeit und Anstand versprachen, und nach einer größeren Hoffnung, die sich dem existentiellen und nationalen Untergang entgegenstellte. Seine Schritte in die Welt des Danach sind nur so scheinbar sicher, wie sie ihm in dem eingangs berichteten Alptraum von der Brücke abverlangt werden, wie er sie dort wagt: Nach Auschwitz scheinen die Überlebensproben nicht aufhören zu wollen. Die Welt des Danach bleibt ohne gesicherte Nähe und geglaubte Zusammenhänge existentiell zutiefst gefährdet.

Wie gesagt, Herr Taube hat mir die Geschichte von der Brücke nicht erzählt. Nahtlos ging sein Bericht von seiner Flucht aus dem Lager über in die Geschichten, wie sie von einer polnischen Familie Zivilkleider erwarben und zu den Partisanen stießen. Nichts deutet in der äußeren Welt seiner Geschichte darauf hin, daß er auf der Flucht aus der Unterwelt diesen Fluß überschreiten mußte. Aber im Traum hat ihn diese Szene immer wieder gequält, und wenn er, aufgeschreckt, sie seiner Frau erzählte, war sie von den anderen Überlebensproben, die er erwähnt hatte, nicht zu unterscheiden. Aber die Alpträume gingen in den fünfziger Jahren mit dem Wiedergewinn menschlicher Sicherheit und einer Sinnperspektive zurück. Jetzt, am Ende seines Lebens, als sich seine Geschichte ausgeformt hatte und in ein sinnhaftes (und zugleich noch immer aus den Konventionen ausbrechendes und von begünstigenden Umständen ermöglichtes) Handeln für sein Volk mündete, gehörten sie jedenfalls nicht mehr zu seiner Geschichte. Diese Geschichte aber ist seine, und in ihr – und an seinem Ort einer sterbenden Gemeinde in der Diaspora – macht der immanente Messianismus, den die Gründung des Staates Israel für ihn darstellte, einen Sinn, den er (und nicht nur er) brauchte, der sich mit seinen frühen Erfahrungen zusammenschloß und ihm Erinnerung und damit auch die Übermittlung seines Zeugnisses ermöglichte. Diese Verschmelzung kann – so scheint mir – nur als ein Beispiel angenommen, aber nicht zerlegt werden, weder im Sinne einer Ideologiekritik der Erfahrungsverarbeitung noch im Sinne eines nationalen Ideologietransfers. Getzel Taube hat offenbar lange gebraucht, bis er zu dieser Geschichte seiner selbst kam. Als sie erzählbar geworden war, war sein Leben zu Ende.

Niemandszeit

Familienfluchten

Ehepaar Barbara und Burghardt Apel, Hausfrau und Maurerbrigadier, 67 und 72 Jahre

Das arme Ostpreußen und weibliche Umsiedlungserfahrungen

Frau Apel: Und '44 im Oktober mußten wir erst mal von zu Hause raus, evakuiert nach dem Erzgebirge. Und dann vom Erzgebirge mußten wir dann nach Thüringen. Und ich bin, Gott sei Dank, froh, daß ich da rausgekommen bin. Ich habe nachher welche gesprochen aus der Heimat, die meinten, sie haben ihre Kinder verloren, weil es da so schlecht Essen gab. Es war schlecht da mit dem Essen.
I.: Im Erzgebirge?
Sie: Im Erzgebirge. Viel Steine und wenig Brot, so war das Sprichwort da oben. Na ja, in Thüringen bin ich weiter in die Landwirtschaft gegangen, bei den Bauern.

Wie Frau Apel haben viele Flüchtlinge oder Vertriebene bzw. Umsiedler[1], besonders Frauen, mehrere Male fliehen müssen. Und wie

---

1 Die Verwendung der Begriffe «Vertriebene», «Umsiedler» oder «Flüchtlinge» ist nicht unproblematisch; sie wurden zumeist unpräzise angewandt und waren stark ideologisch belastet (die DDR-Offiziösen bevorzugten den Begriff «Umsiedler», während ihre westdeutschen Widerparte aus entsprechenden Gründen für «Vertriebene» waren). Und in der Literatur wird der Begriff «Flüchtling» zumeist als der Oberbegriff für alle benutzt, die flohen, vertrieben oder umgesiedelt wurden bzw. in die BRD «Re-

viele floh Frau Apel ohne ihren Mann, mußte die Flucht allein mit Mutter, Kind und Schwestern organisieren.

Sie gehört zu den ca. 4,5 Millionen Menschen, die aus Gebieten östlich der Neiße in die Sowjetische Besatzungszone (SBZ) kamen bzw. in das Gebiet, das als sowjetische Zone in Aussicht genommen war. Daß es Millionen von Flüchtlingen oder Vertriebenen gab, die in den Westen Deutschlands gegangen waren, ist allgemein bekannt, und ihre «Integration» wird als eine der großen Nachkriegsleistungen der Bundesrepublik gepriesen; aber daß die SBZ/DDR mehr Menschen als jede andere Besatzungszone aufnehmen mußte – das ist in Westdeutschland nahezu unbekannt:

Nach der Volks- und Berufszählung vom Oktober 1946 sollen sich 40,2 Prozent (!) aller Umsiedler in Deutschland auf dem Gebiet der SBZ befunden haben. Ende 1947 waren 4312700 Umsiedler in die SBZ gekommen – 53 Prozent von ihnen schon bis zum Ende 1945, also ca. 2,3 Mio.[2] 1948 hatte die SBZ 40,9 Prozent aller Umsiedler (= 4,38 Mio.) aufgenommen, die 24,3 Prozent ihrer Bevölkerung ausmachten.[3]

---

publikflucht» begingen. Unter den Begriff «Flüchtlinge» fallen daher Menschen mit sehr unterschiedlichen Erfahrungen und Schicksalen: sowohl diejenigen, die unmittelbar vor der Roten Armee zumeist auf Befehl der Behörden des «Dritten Reiches» flohen, als auch jene, die nach Vereinbarungen mit Polen und der UdSSR oder nach dem Artikel 13 des Potsdamer Abkommens 1945/46 ausgesiedelt wurden, und schließlich ausschließlich jene, die überwiegend in den endvierziger und in den fünfziger Jahren aus der SBZ/DDR «republikflüchtig» wurden. (Vgl. Falk Wiesemann: Flüchtlingspolitik und Flüchtlingsintegration in Westdeutschland, in: Aus Politik und Zeitgeschichte. Beilage zur Wochenzeitung «Das Parlament», 223/85 vom 8. Juni 1985, S. 35–44, hier S. 35.) Ich werde in dem hier geschilderten Zusammenhang als Flüchtlinge diejenigen bezeichnen, die vor der drohenden Besetzung durch die Rote Armee vor Kriegsende oder unmittelbar vor der heranrückenden Front ihre Heimat verließen; und als «Vertriebene» bzw. «Umsiedler» die, die 1945/46 «ausgesiedelt» wurden; dabei werde ich den Usus der offiziellen östlichen oder westlichen Sprache im Prinzip beibehalten.

2 Wolfgang Meinicke: Zur Integration der Umsiedler in die Gesellschaft 1945–1952, in: Zeitschrift für Geschichtswissenschaft (der DDR), 26. Jahrgang 1988, Heft 10, 867–878, S. 868.

3 Die Zahlen stammen vom Umsiedleramt in Sachsen aus dem Jahre 1948, das sich seinerseits auf eine Statistik der sowjetischen Militäradministration stützte. Zitiert nach dem Aufsatz der DDR-Historikerin Regine Just: Zur Lösung des Umsiedlerpro-

Barbara Apel bezeichnet ihre Flucht immer wieder als «Evakuierung», was ich zunächst mißverstand. War sie gar nicht geflohen und ist nur per definitionem Umsiedlerin? Verwunderlich wäre es nicht, denn bereits im Februar/März 1944 gab es 825 000 Personen, die aus dem Westen, genauer aus den bombengefährdeten Städten, in Gebiete östlich der Oder und Neiße evakuiert worden waren, und bald müssen es erheblich mehr gewesen sein. Insgesamt waren von den 22,5 Mio. Großstadtbewohnern des Deutschen Reiches ca. 7,5 Mio. evakuiert worden – also eine nicht unerhebliche Zahl.[4]

Aber beide Apels stammen aus Ostpreußen, und zwar vom Lande, konnten also aus keiner bedrohten Stadt evakuiert worden sein; sie sind Landarbeiterkinder aus ärmlichsten Verhältnissen und dürften zur eigentlichen Klientel der SED gehört haben, zumindest zu der von ihr reklamierten. Barbara ist Jahrgang 1920, hatte vier Geschwister, besuchte die Volksschule, war kurz und ungern im BDM. Sie wirkt eher phlegmatisch bewegungsarm, ist klein und drall und durchaus dominant in der erzählerischen Durchsetzungskraft gegenüber ihrem Mann.

Frau Apel: Na, ich komme von Ostpreußen her, und gelernt habe ich auch nichts. Sie wissen ja, wie es da draußen in Ostpreußen war. War alles nur Landwirtschaft, Fabriken nicht, gerade die Geschäfte. So ging das Leben da draußen. Da bin ich in Stellung gegangen (als Dienstmagd) und habe Geld verdient. Wenn es auch nicht viel war, aber man ist zufrieden, und man ist zurechtgekommen. Denn so, wie heute die Jugend mit so einem Haufen Geld, das haben wir nicht kennengelernt, wie wir jung waren. Wenn wir viel verdient haben, haben wir so 15, 20 Mark im Monat gehabt und natür-

---

blems auf dem Gebiet der DDR 1945 bis Anfang der fünfziger Jahre, in: Zeitschrift für Geschichtswissenschaft, 35. Jahrgang 1987, Heft 11, S. 971–984. Regine Just schrieb auch ihre Dissertation zu diesem Thema: Die Lösung der Umsiedlerfrage auf dem Gebiet der Deutschen Demokratischen Republik, dargestellt am Beispiel des Landes Sachsen (1945–1952), Dissertation A, Magdeburg 1985.

4 Dokumentation der Vertreibung der Deutschen aus Ost-Mitteleuropa, in Verbindung mit Adolf Distelkamp, Rudolf Laun, Peter Rassow und Hans Rothfels, bearbeitet von Thomas Schieder, herausgegeben vom Bundesministerium für Vertriebene, fünf Bde. 1954 bis 1961, Reprint 1984 in neun Bänden im Deutschen Taschenbuch-Verlag, München 1984, S. 2E und 4Ef.

lich unser Essen und Übernachtung; das hatten wir nebenbei. Und wie ich jung war, da haben wir '43 geheiratet.

Frau Apel macht sich und mir nichts vor: In Ostpreußen war es kein Zuckerschlecken gewesen, besonders nicht für Kinder aus ihren Verhältnissen. In gewisser Weise ist sie heute ganz froh, rechtzeitig von zu Hause weggekommen zu sein, rechtzeitig vor der heranrückenden Front, aber auch, obwohl sie ihre alte Heimat immer wieder mal «zu Hause» nennt, in eine erträglichere Zukunft, wo es ihnen, ihren Kindern und der heutigen Jugend insgesamt besser geht als damals in Ostpreußen. Außerdem sind ihre beiden Schwestern in den Kriegsendwirren Ostpreußens umgekommen; wie das geschah, weiß sie nicht.

Selbst in den lustigen Jugenderinnerungen von Tanzböden und frechen Jungs, denen man die Pfennige nachschmiß, die sie für den Ablehnungs-Korb höhnisch auf den Tisch geworfen hatten («Danke für den Korb, die Rosen kannst du dir selber kaufen»), werden Trennlinien zwischen den Ständen erkennbar mit ihren kokett verdeckten Demütigungen für eine junge Frau:

Herr Apel: Da war ein Verkäufer. Er hat so ein bißchen Kaufmann gelernt. Und wir sind von der Volksschule rausgekommen.
Frau Apel: Der war ein bißchen eingebildet. Ich habe ihm dann gesagt: ‹Du hol dir mal deinesgleichen zum Tanzen. Laß uns mal in Ruhe. Was kommst du zu uns? Wir sind von dir nicht abhängig.› Wir waren bloß kleine Dienstmädchen, und das war ein gelernter Kaufmann. Der hatte doch ganz andere, eigene Absichten. Die habe ich mir, auch die Bauernjungs (im Gegensatz zu den Knechten – d. Verf.), gleich vom Halse gehalten. Da wollte ich nichts mit zu tun haben. Na, wir sind doch nicht dazu da, daß sich die anderen mit uns amüsieren können. Das war nicht meine Masche.
I.: Und was war Ihre Masche?
Sie: Na, ich sag doch: Ich wollte von alles in Ruhe gelassen werden. Ich wollte tanzen, mich amüsieren – nicht von wegen rausgehen und abknutschen und solche Zicken. Darauf gingen die Kerle ja bloß aus.
I. (auf ihren Mann nickend): Er auch?
Sie: Ach, er war ja auch nicht besser. (Alle lachen.)
I.: Und wie ist es dann gekommen, daß Sie ihn sich nicht vom Halse gehalten haben?
Sie: Na ja, dann wurde man älter und vernünftiger. Da konnte ich doch mit den jungen (Mädchen) nicht mehr mittoben. Da habe ich mich bald wie eine

Oma gefühlt, wie ich auf den Ball gegangen bin. Jetzt sind ja manche noch älter.

Kennengelernt hatten sich die Apels schon 1936, geheiratet wurde 1943, als man vernünftiger wurde, d. h. Angst vor dem Zu-alt-Werden hatte und der erste Sohn unterwegs war.

Standesunterschiede wie in Ostpreußen hat es für Frau Apel in der SBZ bzw. der DDR nicht gegeben, eher in der Bundesrepublik:

Frau Apel: Ich denke aber, die Bauernsitten, die haben Sie ganz schön drüben mit übernommen.
Herr Apel: Weiß ich nicht.
I.: Was meinen Sie damit?
Sie: Da sehe ich: Die haben da auch Dienstmädchen gehabt, die haben auch gedacht, Wunder wer weiß, wer sie nicht sind… Immer mit ‹Gnädige Frau› angeredet. Ja, auch jetzt noch drüben.
I.: Drüben – meinen Sie jetzt Westdeutschland?
Sie: In Westdeutschland ist es noch, wie es früher zu Hause war mit den Bauern. Vielleicht hat sich das jetzt geändert.
I.: Ja, das glaube ich schon.
Sie: Nicht, da haben wir auch immer zu Hause gesagt, wenn die Sau im Stall geferkelt hat: ‹Gnädige Frau, die gnädige Sau hat sieben gnädige Ferkel.› – ‹Verfluchtes Luder›, hat sie dann gesagt, ‹die Sau ist doch nicht gnädig. Ich bin gnädig.› Das waren nun die Witze von zu Hause. Ach, man hat das ja alles so vergessen. (Lacht)
Er (lacht ebenfalls, jedoch etwas gequälter): Sie kriegen uns heute aber noch auf Touren.

Vielleicht ist es auch und besonders die Erfahrung der DDR als relativ egalitärem Land gegenüber Ostpreußen und dem Bild von Westdeutschland, weshalb Frau Apel mit der weiteren Nachkriegszeit relativ zufrieden scheint, obwohl sie lieber in der Bundesrepublik gelebt hätte.

Die negativen Assoziationen an Ostpreußen lassen ihr sogar später, als sie mit ihrem Mann in den fünfziger Jahren zu seinen Verwandten in den Westen in die Nähe von Schleswig fuhr, die ganze dortige Landschaft in so tristem Licht erscheinen, daß sie nicht bleiben mochte.

Frau Apel: Das war genauso wie zu Hause.
I.: Aber es hätte ja auch ebenso schön sein können wie zu Hause?
Herr Apel: Ja nein, es könnte schön werden. Ich meine, ich hatte ja schon –
Sie: – Aber für die Dauer da unten – nein. Aber am liebsten wäre ich ja in Hamburg ausgestiegen und dort geblieben.
I.: Also Hamburg gefiel Ihnen?
Sie: Ja, beim Zurückfahren. Die Hamburger Ecke da, das Alte Land da, hat mir zugesagt.
Er: Hast du mir noch gar nicht erzählt.
Sie: Ich habe dir das auch gar nicht erzählt. Ich habe mich mit dem Gedanken herumgetragen, aber ich habe mich nicht getraut, es zu sagen.
Er (zu mir): Ihre Mutter lebte damals noch.
Sie: Die war noch hier in Eisenhüttenstadt.
Er: Hier ist sie auch (gestorben) – im Altersheim war sie die letzten Jahre.

Nein, mit Ostpreußen und dem ähnlichen Schleswig-Holstein hatte Frau Apel nichts im Sinn; und wenn schon nicht Hamburg, dann wenigstens Eisenhüttenstadt, wo man gerade eine neue Wohnung bekommen hatte, beide arbeiteten und die Mutter ebenfalls lebte. In jedem Fall trauert sie Ostpreußen nicht hinterher; vielleicht spricht sie deshalb immer von ‹Evakuierung›. Dafür gibt es natürlich noch den naheliegenden Grund: Die Gemeinde unter nationalsozialistischer Verwaltung hatte ihr die Flucht befohlen, ehe es zum Schlimmsten, das heißt zur Besetzung durch die Rote Armee, kam. Die traumatischen Erlebnisse, von denen ihr andere berichteten, blieben Frau Apel also erspart. Das «Schlimme» hätte sie nicht dort, sondern später im Erzgebirge in der «Evakuierung» erlebt.

Frau Apel: Praktisch gesagt, der Russe hat nicht viel bombardiert, aber dafür die Engländer und Amerikaner. Die waren ja bis Tilsit gewesen. Die haben sehr viel Schaden gemacht. Sehr viel. Auch noch da oben im Erzgebirge. Dresden, das habe ich alles mitgemacht. Den Angriff in Dresden... Wie die Bomben geflogen sind, sind wir aus den Betten rausgefallen. Wir haben bloß alles übergestreift, das Kind geschnappt, und dann bin ich noch in den Keller... Da haben wir ganz schön was mitgemacht. Und hinterher auch noch. Das war auch noch im Erzgebirge, das war ein oder zwei Tage, bevor der Krieg zu Ende war. Mein Junge fing gerade an zu laufen, und da waren doch diese Moskitos, die Engländer, wissen Sie. Die sind ja so im Tiefflug geflogen, nicht... Aber die haben ganz schön (geschossen). Auf die habe ich vielleicht mehr Wut wie auf unseren großen Bruder. Die waren nicht angenehm. Da können der Amerikaner und der Russe, die können sich die Hand geben. Die sind nicht einen Pfifferling besser, einer wie der andere. Bloß, daß sie nun Westdeutschland mit Lebensmitteln versorgt haben, haben die mehr Sympathie mit die, und wir haben hier davon nichts gehabt. Das habe ich nun mitgemacht. Ich wollte auch rüber nach Westdeutschland.

Im Oktober 1944 war sie «evakuiert» worden, im November kehrte sie dann noch einmal heimlich und «leichtsinnig» nach Ostpreußen zurück, um noch etwas zu retten.

Frau Apel: Wenn ich genau überlege, würde ich das nie mehr machen. Die Mutter hätte da sagen müssen: «Mensch, Barbara, du bleibst zu Hause, du hast den Jungen hier. Dir braucht bloß was zuzustoßen.» Ach, so weit waren meine Bedenken nicht. Praktisch gesagt: Man ging damals über Leichen; abgebrüht waren wir gewesen.

Glücklicherweise kam sie heil wieder aus Ostpreußen heraus, im Gegensatz zu ihren Schwestern, die umkamen. Ein halbes Jahr nach Kriegsende ging es vom Erzgebirge nach Thüringen. Ich frage sie:

I.: Und warum sind Sie vom Erzgebirge nach Thüringen gegangen?
Frau Apel: Na, da im Erzgebirge wußten die mit den Leuten nicht wohin. Da kamen doch zu viele aus der Tschechei rüber. Was glauben Sie, was da für eine Völkerwanderung war, was du da alles gesehen hast. Also das habe ich in meinem Leben nicht gesehen, was ich da alles so erlebt und gesehen habe.
Herr Apel: Das ist alles bestimmt worden von den Alliierten.
Sie: Die Verstümmelung von Menschen und alles, o nee.
I.: Verstümmelung?
Sie: Oh, die kamen da rüber von der Tschechei. Die Augen, die waren – ich weiß nicht, ob Sie den Glöckner von Notre-Dame kennen, so ähnliche Leute habe ich da laufen sehen. Verbrannt und vertan. Auf dem Handwagen haben die Männer draufgesessen, meistenteils Männer. Ob die nun von Kriegseinwirkungen so geworden sind, daß die entlassen worden sind, daß sie wieder mit ihren Frauen rausgekommen sind...

Zwei Episoden – mehr nicht – erzählt Frau Apel von ihrem Kontakt mit Russen, die sie ausschließlich in Thüringen, also nachdem sie mit ihrer Mutter und dem Kind das Erzgebirge verlassen hatte, erlebte; da hatte sie allerdings schon Geschichten über die Russen bei der Besetzung Ostpreußens gehört und dementsprechende Angst. Hier also die beiden Geschichten, die heute mit dem neckischen Augenzwinkern eines Schwanks vorgetragen werden können:

Frau Apel: Ja ich komme den Berg da runter, und da war so ein Straßenwärterhäuschen noch. Auf einmal kommt mir einer hinterhergelaufen, meint er, er will einen Kuß haben. Ich habe geschrien.
I.: Was für einer?
Sie: Ein Russe. Und ich habe geschrien, da habe ich eine gescheuert gekriegt, daß mir alle Farben aus den Augen geflogen sind. Das ist alles, was ich mit denen zu tun gehabt habe: auf die Schnauze gekriegt.
Er: Ja, damals, in G. ja auch, da beim Kartoffelschälen.
Sie: Ach so, da meinte ein Russe: Wo mein Mann ist. – Da sage ich: «Der ist in Gefangenschaft.» – «Der wird mit russischer Manenka ins Kino gehen.» – Ich sag: «Du bist doof.» Und das hat er verstanden, da mußte ich auch flüchten.
I.: Wieso, was wollte er denn?
Frau Apel (laut): Na, der wollte mich greifen irgendwie. Damals, wie alt waren wir? 25, nicht. Und da bin ich geflüchtet und bin in die Wohnung rein gesaust (lacht laut) bei meiner Mutter und beim Jungen. Und die haben sich amüsiert. Haben die sich amüsiert, wie schnell ich durchs Fenster gesprungen bin! Ja, das ist alles so, was man so mit denen zu tun gehabt hat. Und da waren da nämlich, da waren nämlich Frauen von Berlin, und die haben sich mit denen abgegeben, und wir jungen Weiber, wir hatten nun Ruhe vor denen.
I.: Berlinerinnen haben sich mit denen abgegeben?
Sie: Abgegeben, ja, so eine.
I.: Warum die gerade?
Sie: Na ja, die sind doch temperamentvoller wie wir.

Obwohl sie die Russen nicht viel anders als die anderen Siegermächte beurteilt, wäre sie schon 1945 gerne in den Westen gegangen:

Frau Apel: Wissen Sie, wie Westberlin zu Westdeutschland kam und zur BRD, das war im Sommer 1945. Und Thüringen, das die Amerikaner besetzt hatten. Das haben wir hier nicht mitgekriegt, sonst wären wir damals gleich mitgemacht mit den Amerikanern.

Nach all ihren Geschichten zieht Frau Apel folgende Bilanz, wobei sie die eigenen Erfahrungen anhand jener furchtbaren Geschichten relativiert, die sie von anderen über die Besetzung Ostpreußens gehört hatte und die sie auch für ihre toten Schwestern vermutet:

Frau Apel: Im Erzgebirge habe ich mehr erlebt als zu Hause. Zu Hause habe ich so nichts erlebt, da haben wir damit nichts zu tun gehabt. Wir sind so, praktisch zu sagen, mit dem Schrecken davongekommen.

Nach der Rückkehr ihres Mannes bekam Frau Apel einen zweiten Sohn. Sie arbeitete ungelernt in Schulküchen. 1973 hört sie aus gesundheitlichen Gründen mit der Arbeit auf, und 1980 wird sie Rentnerin.

Gefangennahme und männliche Umsiedlungserfahrungen

Der Satz vom «blanken Hintern», mit dem «wir von zu Hause» aus Ostpreußen weggefahren sind, ist eigentlich aus dem Munde von Herrn Apel verwunderlich, denn er hat die Flucht gar nicht mitgemacht. Er ist Jahrgang 1915, ein schlanker, fast magerer Mann, ständig auf der Hut, politisch vorsichtig ganz im Gegensatz zu seiner Frau. Wie sie stammt er aus der Nähe von Tilsit; sein Vater war ein Analphabet «mit goldenen Händen», Landarbeiter, Kutscher, Handwerker, Korbflechter, Saisonarbeiter; die Mutter war eine Dienstmagd, die immerhin die Zwergschule besuchen konnte. Herr Apel wuchs mit sieben Geschwistern auf – die gesamte Familie in einem Raum. Alle wurden Knechte oder Mägde, erst nach dem Krieg Handwerker. Auch er ging im Anschluß an die Zwergschule zu einem Bauern.

Herr Apel: Da bist du losgegangen von zu Hause mit dem, was du auf dem Arsch hattest. Mehr hast du ja nicht gehabt – ein oder zwei Hemden. Bist losgegangen und kamst dann beim Bauern hin. Manches Mal hast du einen ganzen Verschlag gehabt, manchmal auch bloß so oben – (...) im Pferdestall oder Kuhstall haben sie dann so einen Raum abgeteilt gehabt.

1936 kam Herr Apel dann als Landarbeiter und Kutscher zu einem Speditionsunternehmen, das die «Chefin» führte, während deren Mann die dazugehörige Gaststätte leitete. Es war eine ländliche Gegend, ganz in der Nähe von Herrn Apels Heimat, eine Region, in der die Mehrheit der Bauern für Hitler war, weil sie entschuldet worden war. Im gleichen Jahr trat Herr Apel in die SA ein, wo man «nichts Böses», sondern Sport machte, Tanzen ging und manchmal marschierte. Ein Jahr später ging's richtig ans Marschieren: Er kam zur Wehrmacht, freiwillig «zur Ausbildung», denn für den normalen Dienst war er zu alt. Und dann kam der Krieg:

Herr Apel: Ich bin '39 direkt eingezogen. In Polen, Feldzug erst mal mitgemacht. Wir sind ja gar nicht erst groß zum Einsatz, zu Kämpfen oder so was gekommen.
Frau Apel: In 14 Tagen war das doch zu Ende...
Er: Wir sind ja bloß gewalzt. Wissen Sie, die Infanterie, bis die ankam, waren die ja mit den Panzern überall schon. Polen ging doch ruck zuck, hatten sie doch schon eingenommen. Da war die Sache erledigt, bis wir da ankamen. Wir hörten bloß immer von ferne Donnern, nicht wahr, und was nicht alles, und da war schon unsere Artillerie und Panzer und alles, die waren schon da. So ging das genau in Frankreich. Ich habe da nicht einen Schuß abgegeben, in Polen keinen Schuß abgegeben, in Frankreich keinen Schuß abgegeben. Bis wir arme Infanterie, die Fußlatscher, wie man sagt, bis wir ankamen, war schon alles vorbei. Wenn wir hinkamen, ... war schon die Butter, die Sahne vom Brot weg.
I.: Wieso?
Er: Na, die Creme, wenn wir so hinkamen in die Städte, auch in Frankreich.
I.: Was heißt die Butter?
Er: Na, die Butter ist doch das Beste auf dem Brot.
I.: Ja, aber was hieß das im Krieg?
Er: Das ist bei uns ein Ausdruck, hat weiter nichts – na, die (von den Panzern) haben doch so gesehen, was los war. Wenn wir kamen, lagen doch unsere Soldaten schon überall drin.

Es scheint ein wenig Stolz über die deutschen Blitzkriegserfolge mitzuklingen.

Herr Apel: Ach, wir waren nicht stolz, wir waren...
Sie: Wir haben überhaupt keinen Begriff gehabt, was das alles zu bedeuten hat, nicht. Das ist erst nach '45 in unseren Schädel reingegangen, nicht...
Er: Das ist alles erst doch später gekommen. Du bist als junger Mensch, da bist du mitgewandert, du bist mitgelatscht.

Auch in Rußland war es nicht anders:

Herr Apel: Wenn wir an der Front waren, da bist du wochenlang liegen geblieben. Dann gab's doch gleich ein paar Angriffe.
Sie: Ich sage, die schlimmste Zeit war, wie der Ami seine Christbäume überall abgesetzt hat und die ganze Umgebung taghell wurde. Da wurde uns ein bißchen mulmig.
I.: Vorher nicht so?
Sie: Vorher nicht so.
I.: Na ja, aber für Ihren Mann wahrscheinlich an der Front schon vorher?
Sie: Na ja, da sah es wieder anders aus.
Er: Da ist so manches Mal, wenn die Artillerie oder so was eingesetzt hat, und sie haben die Stellung beschossen, verstehst du, dann ist dir da so manches Mal die Mippe gegangen, wie man sagt. Oder... wie der Russe dann vorgedrungen ist und dann die Panzer über die Soße. Da hast du im Graben drin gelegen, im Schützengraben, und oben drüber rollten die Panzer. Die haben ja gewußt, daß du unten bist. Da haben sie mit seiner Raupe umgedreht, und dann ist der halbe Graben zugeschüttet gewesen. Bist du froh gewesen, daß du wieder raus kamst. Ich meine... du bist hinmarschiert, verstehst du, aber gelaufen zurück bist du wie ein Osterhase um dein bißchen Leben.

Anfang 1945 war Herr Apel Feldwebel, hatte viele Orden und Auszeichnungen und war siebenmal verwundet worden. Das Kriegsende erlebte er anders als seine Frau.

I.: Wie war denn das, als Sie in Gefangenschaft gerieten?
Herr Apel: Na ja, Angst und Manschetten... Ja, also unsere Truppen, unsere Front haben sie durchbrochen, die Russen. Der hat sich um uns nicht mehr geschert..., so daß wir praktisch eingekesselt waren. Waren eben alles lauter Kessel, nicht. Na ja, und dann waren wir da auch drin. Und da sind wir dann stiften gegangen... Und waren in polnischen Gebieten. Da waren wir dann in einem großen Strohschober drin, und da hatten wir uns Löcher gemacht und haben dann da drin gepennt. Und mit einemmal sind immer welche drüber gelaufen, über uns. Da haben wir rausgeguckt: Aha, der Towaritsch ist da.
I.: Russen.
Er: Und, na, dann haben sie uns aufgefordert rauszukommen, und sie haben den Strohschober angesteckt. Da mußten wir ja raus; da hat der Strohschober gebrannt. Und dann kamen jede Menge da raus. Und dann haben sie uns da weggeführt... Und dann haben sie uns, wie man gesagt hat, gefilzt. Da

haben sie uns alles weggenommen. Und ich hatte da noch einen Fotoapparat. Meinen Ring haben sie mir weggenommen, den kriegte ich nicht schnell genug vom Finger – wer nicht schnell genug war, war ein Knall, nicht. Pistole! Wenn nicht schnell genug der Ring runter war, dann war der Finger weg. Dann wurde er weggeschnitten. Da hast du dann aber geruckt und getan! Genauso, wer die Stiefel nicht schnell genug runterkriegte, da haben sie die Stiefel ausgezogen. Wir mußten in Socken laufen da, nicht.
I.: Und wenn Sie sie nicht schnell genug auskriegten?
Er: Na, dann haben sie dir das Bein abgeschnitten. Das war da brutal.
I.: Haben Sie so etwas gesehen?
Er: Ja, freilich. War brutal. Ich habe gesehen, wie meine Kumpels, wie sie das bei denen gemacht haben.

Bei dieser Schilderung scheint Herr Apel zunächst ungerührt; aber ich bemerke an seinen unruhigen, zitternden Fingern, wie sehr ihn die Erinnerung bewegt. Bei der deutschen Truppe habe er selbst solche Brutalitäten nicht gesehen – man sei Soldat gewesen und habe «nur seine Pflicht gemacht».

I.: Auch nicht nachher mit der Zivilbevölkerung?
Er: Auch nicht, auch nicht. Nein, ich kann das nicht sagen. Jedenfalls, wenn ich das sagen täte heute, dann würde ich lügen. Ja, und das mache ich grundsätzlich nicht. Ich sage es so, wie die Sache ist. Ich schwindel nicht. Ich sage aber auch das, was ich so tatsächlich erlebt habe, ich sage auch das, was ich mit meinen Augen gesehen habe. Und das ist manches Mal furchtbar.

Nach dieser Erklärung, die für ihn, der weiß, was man in der DDR über den Krieg mit der UdSSR und über die «Freunde»[5] zu sagen hat, von ernsterer Bedeutung ist als für einen Westdeutschen, fährt Herr Apel in der Geschichte seiner Gefangennahme fort.

Herr Apel: Jedenfalls wurden wir dann abgeführt. Erst mal die ganzen Kleider weggenommen, die Jacke weggenommen. Ich bin bloß im Hemde geblieben.
Frau Apel: Und im Januar, wenn die größte Kälte...
Er: Und dann hatte ich hier so einen Kopfschützer um, den hatte ich mir so runtergezogen, und den habe ich dann weiter behalten. Und dann hatte ich die Hose an, Militärhose, die Stiefel ausgezogen, die kriegte ich runter. Ich

5 «Freunde» – das waren im allgemeinen Sprachgebrauch der DDR die Sowjets.

habe sie immer ein bißchen größer gehabt, die kriegte ich gut aus, das ging auch schnell alles. Dann haben wir uns gegenseitig, wo es ein bißchen schwerer war, haben wir uns gegenseitig schnell ausgeholfen, die Stiefel ausziehen. Ich habe noch von einem einen Arschtritt gekriegt. Da haben wir uns dann angefaßt, verstehst du, dann bin ich übergestolpert, da mußt du aber auch vorsichtig sein, waren gleich mit – Peng, weg warst du.
I.: Wie – wenn man hinfiel? Peng heißt: mit der Pistole?
Er: Ja. Dann gleich einen Genickschuß. Weg warst du.
I.: Das haben Sie auch selber gesehen?
Er: Das habe ich alles –
Sie: Das hat er miterlebt.

Ohne Schuhe im Schnee wurden sie verhört, wobei weitere seiner Kameraden erschossen wurden.

Herr Apel: Und dann ist uns, wie gesagt, die Mippe gegangen, eins zu hunderttausend. Na, und denn sind wir da aufgestellt worden, so in zwei Reihen, so standen wir dann. Und... ich stand vorne in der ersten Reihe als erster.
(Herr Apel springt auf und spielt die Szene vor.) Ja, und dann haben wir da gestanden, mit einmal hörte ich dann hinter uns: rrrt, rrrt, also das heißt Durchladen der MPs, wir haben nur MPs gehabt. Na ja, und jetzt werde ich Ihnen sagen, wenn Sie das verfolgen können, dann sehen Sie es noch heute, und ich spreche die Wahrheit.
(Er beginnt sich zu drehen.) Ja, da habe ich mich zum Beispiel jetzt so gedreht, und so nach hinten geguckt. Und in dem Moment ist das meine Rettung, daß ich noch heute leben tue. Dieser Schuß, den Sie jetzt hier sehen.
I.: Am linken Handgelenk.
Er: Und hier habe ich einen Durchschuß.
I.: Oberschenkel.
Er: Der geht hier rein und ganz nahe am Gemächt vorbei, also hier rein und hier raus, das sind die beiden Schüsse, die ich bekommen habe. Das tue ich nun eben Gott verdanken, daß ich mich da gedreht habe, das war meine Rettung. Dann sind wir gelaufen.
I.: Wie – Sie sind jetzt mit dem Durchschuß im Bein und im Arm –
Er: Da bin ich gelaufen. Habe geblutet wie so ein Schwein. Ich bin gelaufen wie so ein Verrückter, da sind wir gelaufen. Also es hat sich keiner abgesprochen gehabt, das möchte ich vorher noch sagen, es hat keiner einen Ton abgegeben. Und dann sind wir gelaufen... Dann war der eine Gefreite von uns, der hat nun noch mehr abgekriegt, der konnte nicht mehr. Da haben wir gesagt, Menschenskind. Wir haben ihn noch ein Stück geschleppt, bis zum

Wald rein, aber dann haben wir ihn im Stich gelassen. Es hat ja jeder selbst zu tun gehabt. Und dann sind wir gelaufen, und dann sind wir in so einen... Schacht, ob da irgendwie die Luftwehr mal früher drin gewesen ist, da waren direkt so, mit Holzpfählen und alles oben überdeckt, da sind wir dann erst mal rein und haben abgewartet, bis es dunkel war.

Herr Apel konnte nicht mehr, war vollständig «mutlos», ausgeblutet, wollte liegen bleiben. Aber die anderen – vier waren es nur noch – schleppten ihn mit zu einem polnischen Gehöft, wo er dank der Pflege der dortigen Frau überlebte.

Herr Apel: Dann kam denn die polnische Miliz, die war da schon gebildet. Kamen sie an mit Gewehren. Der eine hat wunderbar Deutsch gesprochen. Da haben wir gesagt: «Kommt rein, wir haben keine Waffen, wir sind waffenlos.» Dann sind sie reingekommen. Und dann bin ich bei den Polen in Gefangenschaft gekommen. Dann wurde ich später nach den Russen wieder ausgeliefert.

Aber zuvor mußten seine Kameraden – er als Verwundeter nicht – noch die Leichen wegräumen, auch die Leichen, die auf dem Sturzakker von sowjetischen Soldaten niedergeschossen worden waren. Dazu Frau Apel: «Und die Frauen warten heute noch auf ihre Männer...»

Bis 1949 blieb Herr Apel in sowjetischer Kriegsgefangenschaft. Bei der Schilderung hält er sich – nach diesem Ausbruch über seine Gefangennahme – in seiner gewöhnlichen Manier bedeckt. Die Gefangenschaft sei wie eben eine Gefangenschaft gewesen. Arbeiten von früh bis spät; ab und zu ein bißchen Prügel; es habe gute und schlechte russische Soldaten gegeben; Schieber und andere, Deutschfreundliche und Deutschenhasser; er habe da das Maurern gelernt, als er in verschiedenen Lagern bzw. Bauhöfen im westlichen Teil der UdSSR zu Aufräumarbeiten eingesetzt wurde. Das habe ihm Spaß gemacht.

Herr Apel sieht das alles im Gegensatz zu anderen weder als eine Sühne für die Taten der Wehrmacht oder der SS in der Sowjetunion (im Gegenteil: solche Schlüsse lehnt er ab, da man von nichts gewußt habe und viel zu jung war) noch als besondere Ungerechtigkeit der Russen. Es ist eben so gekommen, wie es gekommen ist. Und in der

Gefangenschaft habe er auch keine Berührung mit dem «Nationalkomitee Freies Deutschland», keine Schulungen im allgemeinen oder über den Nationalsozialismus und seine Verbrechen im besonderen erlebt.

An einer späteren Stelle des Gesprächs frage ich ihn, ob er in der Deutsch-Sowjetischen Freundschaftsgesellschaft (DSF) war. Ja, einen Monat habe er mal Mitgliedsbeiträge bezahlt, um eine Auszeichnung für seine Baubrigade, bei der er nach seiner Heimkehr Brigadier (Polier) geworden war, nicht zu «vermasseln». Aber dann nie wieder, und er habe auch nie wieder etwas von denen gehört. Als ich nachbohre, antwortet er unwirsch:

Herr Apel: Ich wollte nirgends, ich will nirgends. Ich hab genug von dem, was ich hab, nicht? Und was ich bin, das reicht mir vollkommen... Und da brauch ich nicht jetzt, um mich irgendwie besonders hervorzutun, irgendwo da hingehen, nicht? Verstehen Sie, was ich jetzt meine? Nicht, daß ich jetzt groß in der Partei da glänzen möchte, ich glänz auch so als einfacher Arbeiter, nicht? Es kann mir keiner was nachsagen. Im Gegenteil, wenn da irgendwie welche, auch selbst Parteigenossen, die da einen Fehler gemacht haben..., die sollte ich geradebiegen, hab ich abgelehnt. Wollten sie schon öfter machen.
I.: Ja, es sind aber doch eine ganze Masse in der deutsch-sowjetischen Freundschaft?
Er: Ja, können sie doch drin sein.
I.: Hat das etwas mit Ihrer Gefangenschaftserfahrung zu tun, oder weshalb?
Er: Na ja, vielleicht ein bißchen auch noch. Wissen Sie, es ist doch so, wenn man so kurz vor dem Aussteigen ist im Zug, und du siehst, es kriegen noch welche Prügel, die unschuldig sind, wegen nichts und gar nichts, weil der sich jetzt irgendwie wie ein Aas ausläßt, wenn doch schon der Krieg fünf Jahre vorbei ist, nicht? Dann geht das an einem nicht so schnell vorbei.
I.: Das haben Sie erlebt?
Er: Das habe ich hier in Frankfurt an der Oder erlebt.
I.: Also, kurz vor dem Aussteigen gab es noch mal...
Er: Ja, haben noch welche Prügel gekriegt von einem. Den haben wir schon in unserem Lager gekannt, da war der schon als... Verrufener verschrien. Und hier kurz vor Frankfurt/Oder hat der sich auch noch die Wut an einigen ausgelassen.

Nach diesem Umweg kommt Herr Apel wieder zurück zu seiner kurzen DSF-Mitgliedschaft[6]:

Herr Apel: Ich habe also einen Monat (für die DSF) bezahlt, weil ich wegen der Auszeichnung das brauchte, und dann war die Sache für mich gelaufen. Wenn sie jetzt wären hergekommen …
Sie: Die Welt, die will betrogen sein.
Er: Wenn die jetzt wären weiter gekommen und hätten jetzt eventuell weiter gefragt: ‹Apel, wie sieht es aus, bezahlst du oder nicht?› Ich hätte nicht nein gesagt. Aber es kam doch keiner. Wer nicht zu mir kommt – ich gehe nicht zu anderen so schnell. Nur dann, wenn ich selbst was brauchen tue.
I.: Dann gehen Sie?
Er: Gehe nie zu deinem Fürst, wenn du nicht gerufen wirst – das ist ein Sprichwort von zu Hause.

Das scheint eine der Hauptlehren für die Apels gewesen zu sein: sich möglichst zurückhalten, ein guter Arbeiter sein, dem Staate geben, was des Staates ist, in keiner Partei oder Organisation (mehr) Mitglied sein, wenn es nicht unbedingt nötig ist, und vor allem – mit Politik nichts zu tun haben.

Frau Apel: Wir haben uns damals um nichts gekümmert groß. Wir haben das gemacht, was sie wollten. Und wir halten das heute genauso. Wir sind keine Politiker, von jeher gewesen. Zu Hause nicht und heute auch nicht. Und sehen Sie, meine Schwester war damals gelb (damit meint sie in diesem Fall: nationalsozialistisch) gewesen, und heute ganz rot. Die hätten mich am liebsten ins Gefängnis gebracht. Da habe ich noch letztens gesagt: ‹Also, so sieht es nämlich aus. Wer früher Politiker war, der ist (es) auch heute, und das sind doch die Gehässigen.›

Nach seiner Heimkehr, 1949, fand Herr Apel seine Frau und seinen Jungen in Thüringen und arbeitete wie in der Gefangenschaft als Maurer. 1952 ging er nach Eisenhüttenstadt, wo er noch im gleichen Jahr Brigadier wurde. Mit seiner Brigade baute er den Ort mit auf – immer wieder zeigte er mir während eines Rundgangs durch Eisenhüttenstadt «seine» Häuser oder «seine» Kaufhalle. Er war mehrfach republikweit eingesetzt und verdiente für DDR-Verhältnisse extrem gut: nämlich bis zu 1300 Mark. 1980, nach einem Herzkollaps, ging er in Rente. Heute bearbeitet er mit seiner Frau den Schrebergar-

6 DSF = Deutsch-Sowjetische Freundschaftsgesellschaft.

ten, nachdem er eine Hühnerzucht aufgegeben hat. Er war nie in der Partei, aber hat seine «Arbeit wie jeder anständige Staatsbürger gemacht». Man soll ihm nichts nachsagen können.

Trotzdem hat ihn der SED-Staat in seiner Familiennische getroffen.

Zerstörte Familiennische und deutsche Frage

Ob in der Familiengeschichte, ob in den Konsumwünschen, in den Fernsehgewohnheiten oder bei Witzen – die Bundesrepublik ist in den Erzählungen der Apels immer präsent.

Frau Apel: Ich spreche so wie mir der Schnabel gewachsen ist.
Herr Apel: Das ist das Ostpreußische – nee, echt...
Sie: Im Fernsehen erzählen sie uns: ‹Leckt uns am Arsch› und alles. Genau wie der Schimanski und alle.
Er: Sie meint: Im Fernsehen bringen sie diese Sprüche.
Sie: Arschlöcher und was weiß ich nicht alles. Warum soll ich mich dann schämen, wenn die das alles so öffentlich...
Er: Sie werden von uns das richtige Bild kriegen.
Sie: Sehen Sie, ich habe ja drüben den Witz erzählt.
Er: Deswegen wissen wir doch, was wir zu tun und zu lassen haben.
Sie: Da waren wir doch zur Einsegnung. Und da haben sie sich amüsiert. Ich habe gesagt: ‹Früher wurden die Schweine gestochen und abgesägt (lacht laut), heute werden sie gesprengt, und dann fliegt das gute Fleisch nach Westdeutschland und die Knochen beim Polen und die Scheiße bleibt in der DDR.› (Allgemeines Gelächter)
Er: Du bist mir eine...

Auf den ersten Blick ist der Westen deshalb ständig gegenwärtig, weil fast alle früheren Nachbarn und die gesamte Familie von Herrn Apel – im Gegensatz zu ihrer – im Westen sind: Von seinen sieben damals lebenden Geschwistern sind fünf nach der Umsiedlung im Westen gelandet, er selbst und ein Bruder blieben zunächst in der DDR; die Familie dieses Bruders ist aber auch bald in die Bundesrepublik weitergezogen (wie vermutlich 2 Mio. andere). So ist Herr Apel der einzige aus der Familie, der noch in der DDR lebt.

Fast alle Flüchtlinge zogen möglichst dorthin, wo schon ein Teil der Familie war oder wo sich die Familie verabredet hatte; für Herrn Apel hieß das, daß er sich nach der Gefangenschaft in die SBZ/DDR zu seiner Frau und seinem Sohn nach Thüringen entlassen ließ.

Die Frage, warum dann die Apels nicht auch in den Westen gingen, wird auf eine merkwürdig verkürzte Weise beantwortet:

Frau Apel: Ich wollte auch rüber nach Westdeutschland. Wir haben ja die erste Zeit auch das Alliierten-Geld gekriegt hier. Unser altes Geld haben sie uns ja weggenommen, die haben sich ja damit den Hintern gewischt, überall die Banken ausgeplündert. Und da wollte ich auch rüber, aber da hieß es, da ist es ja noch schlechter wie bei uns. Ja, aber nachdem wurde es besser. Und da war es zu spät. Wie die Grenzen zu waren, war es schlechter, rüberzumachen.

Das soll wohl heißen, daß es nach der Währungsreform zunächst so schien, als wenn es im Westen eher schlechter ginge. Die Währungsreform wurde, wie wir auch in anderen Interviews feststellen konnten, sowohl in der Bundesrepublik wie in der DDR als Einschnitt und als Betrug an den kleinen Leuten begriffen, von dem man allerdings im Westen hinterher merken konnte, daß er so schlimm nicht war, sondern im Gegenteil, daß es danach aufwärtsging.[7] In der SBZ/DDR war es umgekehrt: Danach wurde die Spaltung Deutschlands perfekt, und man selbst saß in dem Teil, der ökonomisch nun nicht mehr mit dem anderen Schritt halten konnte. Der falsche erste Schein nach der Währungsreform hielt also Frau Apel in der DDR – aber wann war es «zu spät», um in den Westen zu gehen? Ab wann waren die «Grenzen zu»? Doch erst nach dem 13. August 1961, also nach dem Mauerbau.

I.: Wann wollten Sie denn gehen?
Sie: Na ich wollte schon – wann war das?
Er: Das war noch, bevor ich hierhin kam (also vor 1952).
Sie: Bevor du hierhin kamst. Ich hatte doch vorher die Anschrift gekriegt von Thüringen, von meinem Mann seine Schwester. Na ja, und dann war es halt ein bißchen zu spät.

---

7 Von dieser geläuterten Betrugserfahrung nach der Währungsreform rührte auch der Titel des zweiten, von Lutz Niethammer herausgegebenen Bandes der vorher geführten Ruhrgebietsuntersuchung, nämlich: «Hinterher merkt man, daß es richtig war, daß es schiefgegangen ist.» Nachkriegserfahrungen im Ruhrgebiet, Berlin/Bonn 1985.

Bei dieser unklaren Botschaft – «dann war es ein bißchen zu spät» – bleibt es auch beim Mittagessen, als bei abgestelltem Tonband sogar der vorsichtige Herr Apel erklärte, daß sie kurz vor dem Mauerbau schon alles gepackt hatten, als dieses Bollwerk ihre Umzugshoffnungen zunichte machte. Dann war es endgültig mit dem «Wegmachen vorbei».

Es war wohl vor allem deshalb zu spät, weil es immer gerade Gründe für das Bleiben gab: die Arbeit und der gute Verdienst, den Herr Apel in Eisenhüttenstadt in der Aufbauzeit hatte, die solide Neubauwohnung dort, die Mutter, die in Eisenhüttenstadt lebte.

Und andererseits war der Westen als attraktives Bild vom Schlaraffenland mit Marshallplan, Lastenausgleich für Flüchtlinge, eigenem Haus und Volkswagen zwar immer im Kopf, aber konkret gab es doch Gründe dagegen, wie die «abstoßenden» Ähnlichkeiten zwischen Schleswig-Holstein und Ostpreußen oder:

Frau Apel: Und 1957 waren wir ja drüben gewesen. Aber ich habe da auch keinen Anklang gefunden (das heißt bei seiner Familie). Ich weiß nicht. Da hatte ich hier die Wohnung neu gekriegt, und da sollte ich vielleicht in so einem Loch oder sonstwas hausen. Und das war nun nicht meine Art.

Diese Sätze sind um so erstaunlicher, als sie im Rahmen einer langen Geschichte über den Lastenausgleich des Apel-Bruders im Westen fielen, der davon ein Haus baute, in dem die Apels sogar das Dachgeschoß hätten bekommen können.

Herr Apel: Der hat ja nun auch gebaut da unten, hat ja alles entschädigt gekriegt, alles vom Staat, was er auch zu Hause gehabt hat. Der hat so Lastenausgleich (bekommen), und da hat er sich ein schönes Haus gebaut gehabt.
I.: Wo war das jetzt?
Sie: In O.
Er: Ja, und da hat er sich ein schönes Häuschen aufgebaut. Und dann hat er noch so ein paar Kühe, und dann – hat er von einem Amerikaner eine Kuh geschenkt gehabt.
Sie: Wie wir da waren, hatte er schon eine Kuh, aber als Halbgeschenk.
Er: Jedenfalls, irgendwie hat er die geschenkt bekommen vom Amerikaner. Eine braune, hornlos. Das sah ganz putzig aus, das Tier.

Vom dunklen Loch, das man im Westen zu erwarten hatte, ist hier eigentlich nichts zu spüren. Im Gegenteil, man gelangt in der Erzählung mehr und mehr und ohne Zwischenstück zu den geradezu mythisch verklärten, sinnlich-verlockenden Angeboten, zu dem schönen Häuschen und der «putzigen Kuh», die auch noch als «Halbgeschenk» vom Amerikaner stammte. Und die Amerikaner waren in den Augen besonders von Frau Apel diejenigen, die den Westlern die Gelder des Marshallplans in den Hintern gesteckt hatten, von denen man hier, d. h. in der SBZ/DDR, nichts hatte.

Also gibt es keine wirklich befriedigende Antwort auf die Frage, warum es irgendwann zu spät für den Westen war? Es drängt sich der Eindruck auf, daß es neben den vielen möglichen Gründen vor allem die Angst vor dem Unbekannten, vor einer Entscheidung war, die mangelnde Initiative, ja sogar eine gewisse Passivität, die es immer gerade zu spät werden ließ.

Und man hatte besonders als Flüchtling zu arbeiten in der Nachkriegszeit, und sogar mit viel Schwarzarbeit:

Er: Wenn Sie meinen Bruder da sprechen, der wird Ihnen genau das sagen: Wir sind solche Menschen, wir haben keine Ruhe. Also bloß irgendwie was wühlen. Was glauben Sie, was ich hier schon ‹Schwarbeiten› hatte.
I.: Arbeiten?
Sie: Schwarzarbeit. Das ist bei euch Schwarzarbeit.

Viel Zeit zum Denken blieb da nicht, betont Frau Apel immer wieder. Vielleicht hatte man immer gerade noch so viel Hoffnung, die einen hielt, und in aller «Wühlerei» so wenig Initiative, die den entscheidenden Schritt nicht gehen ließ.

Möglicherweise wird hier auch ein gesellschaftliches Sieb sichtbar, durch das in den Bewegungen der Nachkriegszeit jene in die DDR fielen, die sich entweder mit dem neuen Staat identifizierten oder die – sofern sie mehr oder minder halbherzige Gegner waren – gerade diesen aktiven «Kick» nicht hatten, den man brauchte, um weiterzuziehen…

Die Apels jedenfalls schafften es gerade nicht und begannen sich in der DDR, diesem Staat ohne Lastenausgleich, einzurichten. Und in Eisenhüttenstadt alias Stalinstadt, dieser Megabaustelle mit dem abenteuerlichen, etwas wild-pionierhaften Flair, ging es auch immer besser. 1952 war Herr Apel als Maurer dorthin gegangen, zunächst allein, ein Jahr später kamen seine Frau und der Sohn bereits nach, und zusammen konnte man eine Neubauwohnung beziehen. Frau Apel fand sofort ebenfalls eine Stelle als Küchenhilfe und «verdiente dazu»; er wurde Brigadier. Es ging den Apels also gemessen an dem allgemeinen Lebensstandard der Arbeiter der DDR, und erst recht im Vergleich zu Ostpreußen, schnell recht gut.

Folgerichtig wurde ein Jahr später, nämlich 1954, der zweite Sohn geboren. Beide Söhne wurden getauft. Daß Eisenhüttenstadt die «erste sozialistische Stadt» genannt wurde oder – wie Ulbricht meinte – eine «Stadt ohne Türme», also ohne Kirchen, bleiben sollte, störte die Apels wenig, obwohl sie durchaus regelmäßige Kirchgänger waren. Nachdem allerdings der Pfarrer Herrn Apel einmal persönlich von der Kanzel aus kritisiert hatte, ist Herr Apel nur noch zu «großen Anlässen» in die Kirche gegangen. Beide zahlen ihre Kirchensteuer.

Um Politik kümmerten sich beide Apels – wie wir gesehen haben – wenig. Man war fleißig, gut im Beruf, gesellig, familiär, und damit basta.

Und so lebten sie einige Jahre glücklich und zufrieden – bis ausgerechnet in diese Familienidylle der unpolitischen Apels, die immer dem Staate gaben, was des Staates war, und zu dem Fürsten nur gehen wollten, wenn sie gerufen würden, die Politik einbrach.

Eingeleitet wird dieses Kapitel über die «schwere» Last der Politik durch Frau Apel, als sie ganz am Anfang unseres Gesprächs über ihren Sohn andeutet:

Frau Apel: Der Junge hat Stahlschiffbauer mal gelernt und (ging) dann zur Armee. Und heute ist er beim Zoll. Das ist für uns schwer, nicht, es ist schwer für uns.

In diesem Moment winkt Herr Apel sehr energisch ab: Seine Frau soll aufhören, darüber zu sprechen. Obwohl ich normalerweise in dieser ersten Phase unseres Gesprächs keine Bemerkungen mache, frage ich nach Herrn Apels deutlichen Zeichen:

I. (zum Mann): Was winken Sie ab?
Frau Apel: Na ja, schon, wir sind ja weiter nichts. Das ist schwer für uns, wenn die solche große Funktionen haben, nicht.
I.: Ihr Sohn hat eine große Funktion? Was macht er denn, das kann man doch sagen?
Herr Apel: Er ist Offizier beim Zoll.
I.: Und warum ist das schwer?
Sie: Na ja, weil wir doch unsere meiste Verwandtschaft drüben haben und möchten da mal hinfahren, nicht, und das ist ein bißchen mit Schwierigkeiten verbunden.
I.: Ach so. Ich muß vielleicht dazu sagen, weil Sie so abwinken und so ein bißchen Sorge haben...
Er (unterbricht): Wir möchten keine Schwierigkeiten haben, verstehen Sie, was ich meine? Ich möchte auch zu meinem Bruder halten, zu meiner Schwester ihre Kinder, nicht, und der Sohn darf es nicht –
Sie (unterbricht): Der darf es nicht wissen, nicht, so sieht das aus.

Herr Apel holte in dieser Situation Fotografien von den inzwischen erwachsenen Söhnen. Ich versuche noch einmal die Apels zu beruhigen, indem ich von den Vereinbarungen mit der Honecker-Kanzlei und der Akademie berichte, die uns die unkontrollierte Ausfuhr der Tonbandkassetten zusicherten, und von unseren Anonymisierungen.

Er: Nein, ich möchte auch nicht, daß mein Sohn da – Wir sind jetzt sowieso schon ein bißchen getrennt, nicht, der kommt nie hierher.
I.: Und warum, hat er Angst? Weil er dadurch Schwierigkeiten –
Er (unterbricht): Er hat keine Angst, er hat keine Angst, er hat keine Angst.
Sie: Das ist für sie verboten, nicht.
Er: Ob nun verboten, oder. Er hat jedenfalls keine Angst, er ist eben fortschrittlich, nicht. Und ich bin im Westen gewesen, er mußte sich verpflichten, ich sollte mich auch verpflichten. Da habe ich gedacht, nein, ich habe meine Geschwister jahrelang nicht gesehen, und ich bin froh, wenn ich mal rüberfahren kann. Da ist meine Schwägerin 1982 gestorben, vom Bruder hier die Frau. (Herr Apel zeigt auf Bilder.) Vielleicht sehen Sie hier ja schon, daß der gelähmt ist, hier vollkommen. Hier im Rollstuhl sitzt er. Na ja, und da möchte ich keine Schwierigkeiten. Er (der Sohn) kommt auch bei uns nicht her. Wir sind getrennt.
I.: Also deshalb, weil Sie Westkontakte haben?
Er (wird sehr traurig): Es ist schwer für uns, nicht wahr, es war mein Liebling.

I.: Ja, das ist wirklich schwer. Und würde er denn auch gerne kommen?
Er: Es kommen keine dementsprechenden Gespräche zusammen, nicht.
I. (da Herr Apel immer trauriger wird): Ich frage Sie vielleicht nachher noch mal.
Sie: Na ja, vor allen Dingen, der hat studiert fünf Jahre, da kommen wir sowieso nicht mit.
Er: Ja, er macht Parteisekretär und –
Sie: – Ja, da kommen wir sowieso nicht mit, und da sind wir sowieso kleine Lichter, praktisch gesagt. Es ist nicht schön, davon abgesehen.
Er: Es ist nicht einfach, und ich möchte nicht, daß ich Schwierigkeiten kriege, und ich möchte auch für ihn keine. Er ist mein Sohn, und – verstehen Sie uns richtig, ich meine –
I.: Ja. Ja, dann können wir es ja auch erst mal lassen.

Dies sind die beiden Probleme, die in der DDR sowohl in Gesprächen mit Einheimischen als auch mit Umsiedlern immer wieder eine Rolle spielten -- auch und besonders für das Familienleben: Der verbotene Westkontakt für Personen aus sensiblen Arbeitsbereichen (Armee, Zoll, Staatssicherheit, Volksbildung usw.) und die Entfremdungen durch die politischen bzw. sozialen Aufstiege und Umwälzungen. Diese Aufstiege von Arbeitern oder Angestellten in «höhere» Schichten wären ohne die Westabwanderung großer Teile der «bürgerlichen Eliten» in diesem Umfang kaum möglich gewesen, aber führten zugleich zu Entfremdungen von Familienangehörigen oder Freunden, die solche Aufstiege nicht (mehr) machen konnten.

Das tragische Epos vom verlorenen Sohn wird von den Apels an verschiedenen Stellen wiederholt, vor allem bei abgestelltem Tonband, bei Autofahrten oder bei einem Besuch in ihrem Schrebergarten: Die Entfremdung des Sohnes, seines «Lieblings», ist offensichtlich die bitterste Erfahrung ihres Lebens bzw. ihrer Familiengeschichte; denn «man» hat ihnen nicht nur den Sohn «genommen», sondern der Sohn selbst ist es, der das Gespräch mit den Eltern vermeidet, seitdem der Vater die Westkontakte trotz seines Verbots, so wird es schließlich erzählt, fortgesetzt hat.

Gerade diese Tatsache, daß der Sohn nicht zu ihnen hält, sondern selbst zum Agenten der abgelehnten Politik in der und gegen die Familie wird, macht die ganze Geschichte für die Eltern so bitter.

Auf der anderen Seite bleibt der Vater stur: Er kann nicht einsehen, warum der Besuch bei Verwandten im Westen verboten sein soll; er will nur seinen gelähmten Bruder sehen, seine erwachsen gewordenen Nichten begutachten und seine Schwägerin zu Grabe tragen – mehr nicht. Und da hat ihm niemand reinzureden. Der Staat nicht und auch sonst niemand. Er fährt also regelmäßig als Rentner – meistens allein. Seine Frau begleitet ihn nur selten. Man erfährt nicht, ob es an ihrem Verhältnis zu der Schwägerfamilie liegt oder an den Verboten des Sohnes.

Diese Anmaßungen, ob vom verlorenen Sohn oder vom Staat, sind es, die Herr Apel ablehnt und die ihn dickköpfig werden lassen. Ich kann mich in diesen Gesprächen, die mit allen Fahrten und Gartenbesichtigungen inklusive eines Schrebergarten- und Kneipenbesuchs (im DDR-Jargon: «Sparten-Umtrunk») mehr als einen Tag dauern, des Eindrucks nicht erwehren, daß die SED-«Experten»[8] wenig von den Wirkungsmechanismen der nationalen Frage begriffen haben: Gerade deshalb, weil die Kontaktverbote so weitgehend in die Familien einschlugen und Spannungen schufen, die unmittelbar das «alltägliche Familienleben» betrafen, blieb die «nationale Frage» so hautnah-bedeutsam und in der Mischung mit den Konsumwünschen, den D-Mark- und Kaffeegeschenken in einer schwachen DDR-Wirtschaft so virulent. Und die Kontrollmechanismen taten ein übriges, um die Verbote so absurd, die Kontakte selbst so wünschenswert und die Einhaltung der Verbote wie ihre heimliche Überschreitung so demütigend zu empfinden.

Die Auswirkungen auf die Eltern Apel sind deutlich. Sie sehen vor allem die Unterdrückung durch «die» Politik in jeder Gestalt: Ob die Apels über die SA, die HJ, die FDJ oder die SED sprechen – häufig stehen die Ähnlichkeiten zwischen dem NS- und dem SED-Staat oder die autoritäre Kontinuität beider Regime im Vordergrund:

Herr Apel: Genau wie wir jetzt hier in der DDR leben. Und so bist du auch damals in die Scheiß-SA reingekommen und hast – ich hab mir da gar keine Gedanken gemacht. Als junger Bengel warst du bei der SA, da hat sich doch keiner Gedanken gemacht. Und ich grundsätzlich nicht.
Sie: Das haben wir auch gedacht. Das zählt bei uns gar nicht: SA und BDM

---

8 Der einschlägige Begriff für die Ideologen der Partei.

und FDJ. In der FDJ, da sind sie noch ein bißchen verrückter gewesen, nicht? Oder die Pimpfe, die es damals gab.
I.: Was meinen Sie jetzt?
Er: Nicht FDJ – HJ.

Nur wenige Minuten später frage ich:

I.: Und denken Sie manchmal, daß Sie sich früher mehr Gedanken hätten machen sollen?
Er: Wir können nicht gegen den Wind oder gegen den Strom schwimmen. Das wäre ja unmöglich gewesen. Da hätten sie uns ins KZ gebracht, umgebracht. Davon ist ja auch keiner gebessert und (keinem) geholfen, nicht? Wenn sie jetzt vielleicht, die damals im KZ gewesen sind, damals ruhig gewesen wären? Und wenn der Krieg zu Ende gegangen wäre (und die) dann aufgemuckt hätten, das hätte noch einen Sinn gehabt. Aber was hat das damals für einen Sinn gehabt, wie der an der Regierung war, der hätte uns doch gleich um die Ecke gebracht.

So sprechen die Apels, die immer unpolitisch waren und von KZs und dem Holocaust erst – so ihre Aussage – nach dem Krieg hörten. Ihr Fazit:

Frau Apel: Die ganze Politik ist Quatsch. (Herr Apel lacht.) Ist doch Quatsch... Ich habe auf der Arbeit schon gesagt: ‹Ihr sprecht immer vom Sozialismus, hier vom Sozialismus.› Ich sag: ‹Sagt mir doch mal, was der Sozialismus zu bedeuten hat.› Ja, mir konnte das keiner sagen. Da habe ich nachher gesagt: ‹Der Sozialismus und (!) die Politik ist wie eine alte Kuh. Jeder braucht sie zum Melken. Oder wie ein Gummiband – wie jeder es braucht, so trägt er ihn, zu seinem Vorteil. Das sind doch alles Vorteilssachen.
I.: Noch mal. Mit der Kuh – wie war das?
Sie: Die kann doch jeder melken, die läßt sich doch von jedem melken.
Er: Die Politik meint sie.
Sie: Ja. Ist wie eine alte Kuh, die läßt sich von jedem melken.
Er: Jeder zieht nach seiner Richtung hin.
Sie: Genau wie ein Gummiband, das können Sie doch auch nach da und nach da ziehen.

Das waren also die Lehren der Apels aus der Geschichte. Gerade weil es die autoritäre Kontinuitätslinie gab, können und wollen die Apels auch nicht die offiziell verbreitete andere Lehre aus der Geschichte ziehen: Man müsse sich mehr in der Politik engagieren, um die Hitlers unmöglich zu machen, sondern sie wollen mit Politik möglichst wenig zu tun haben und sei es auf Kosten der Karriere. Im Gegensatz dazu will der Sohn die Zwänge des SED-Staates akzeptieren und wird Offizier. Und hier beginnt das Familienverhängnis: Der Sohn[9] melkt nun auch die «alte Kuh» und zieht zu seinem Vorteil am Gummiband der Politik – aber zu Lasten der Familie, die die Bindung an den Westen nicht verlieren möchte. So verbindet sich für die Apels die Lehre aus kontinuierlicher autoritärer Politikerfahrung in den verschiedenen Deutschlands mit ihrer ganz persönlichen Familientragik.[10]

Und diese Tragik wurde für sie, wenn man Dauer und Intensität dieser Geschichte nimmt, bitterer sogar als die Fluchterfahrung. Auch bei anderen Flüchtlingen und Umsiedlern bekam die allgemeine Fremdheit der Nachkriegszeit in der SBZ/DDR eine langfristig mindestens so große Bedeutung wie die Flucht – und damit treffen sich ihre Erfahrungen mit denen jener Einheimischen, die sich ähnlich fremd in der Nachkriegszeit fühlten und wie sie die Veränderungen durch den Nationalsozialismus mit seinen Orientierungen und seinen klassenübergreifenden Organisationen verarbeiten mußten; auch die Einbrüche durch den Krieg, der Verlust von Verwandten und Freunden, die Zerstörung von Nachbarschaften – und schließlich die Durchmischung der Nachkriegsgesellschaft durch die Vertriebenen und Umsiedler wirkten zusammen mit den neuen Fremdheiten des SED-Staates so stark sowohl bei Einheimischen wie bei Flüchtlingen, daß diese Erfahrungen die Besonderheiten der Flucht und des Heimatverlustes überwuchern ließen. In diesen ähn-

---

9 Der hier beschriebene Generationenkonflikt taucht in unseren Interviews auch in umgekehrter Gestalt auf: Kinder werfen Eltern vor, sich heuchlerisch und opportunistisch mit dem SED-Regime eingelassen zu haben. Daß beide Formen dieses Konflikts bestehen, zeigt nur seine Virulenz, so daß er je nach Politik der Eltern seine Richtung gewinnt.

10 Dieser Totalitarismus «von unten», den man auch im Westen Deutschlands beobachten konnte, scheint mir auch in der DDR eine häufigere Lehre aus der Geschichte, als der offizielle zu Tode gerittene Antifaschismus wahrhaben will. Dieser offizielle Antifaschismus ließ gerade die realen Geschichtserfahrungen unberücksichtigt, mit der kurzschlüssigen Begründung, der Sozialismus und die kommunistischen Parteien und die Sowjetunion usw. seien nun einmal Gegner des Faschismus gewesen.

lichen Verarbeitungszwängen könnte ein Schlüssel zur Erklärung der relativ raschen Verschmelzung von Einheimischen und Umsiedlern in der SBZ/DDR (und der Bundesrepublik) liegen: Flüchtlinge mußten sich zwar nach Heimatverlust anders als die Einheimischen in einen neuen Ort einfügen, aber beide – Eingesessene wie Vertriebene – mußten sich in die großen Fremdheiten, Orientierungen und Anforderungen einer neuen Zeit hineinfinden.[11]

11 Vgl. hierzu Alexander v. Plato und Wolfgang Meinicke: Die Last des Schweigens. Flüchtlinge, Vertriebene und Umgesiedelte in der SBZ und DDR, Berlin 1991 (im Druck). Siehe auch meinen Aufsatz: Fremde Heimat. Zur Integration von Flüchtlingen und Einheimischen in die Neue Zeit, in: Lutz Niethammer und Alexander v. Plato: «Wir kriegen jetzt andere Zeiten.» Auf der Suche nach der Erfahrung des Volkes in nachfaschistischen Ländern, Berlin/Bonn 1985, S. 172–219.

Trostpreis erster Klasse

Anna Immermann, Grünflächenbrigadierin,
69 Jahre
Selma Igel, Textilfacharbeiterin,
64 Jahre

Ich kann mich nicht erinnern, daß uns jemand in der DDR begegnet ist, der in der volkseigenen Industrie beschäftigt gewesen und nicht zumindest als «Aktivist» oder als Mitglied eines aktivistischen Kollektivs ausgezeichnet worden ist. Die Auszeichnungen im sog. sozialistischen Wettbewerb, mit denen die Akkordkomponente des Lohnsystems mit Prestige überhöht wird, sind als eine breit gelagerte Pyramide angelegt, so daß nicht nur jeder an seine jährliche Prämie kommt, sondern über die Jahre auch an ein- oder mehrmalige Auszeichnungen. Dafür wird man aufgrund eines komplizierten, von eigenen hauptamtlichen FDGB-Abteilungen im Betrieb verwalteten Indikatorensystems, mit dem eine fast regelmäßige Planübererfüllung gemessen wird, vom Arbeitskollektiv und von den vorgesetzten Leitungen vorgeschlagen. Von oben wird ein verteilbares Kontingent an Auszeichnungen, die mittlerweile meist mit zusätzlichen Prämien verbunden sind, zur Verfügung gestellt. Das erzeugt nach viel Plan- und Verpflichtungsdiskussionen einen gemächlichen Breitensport, bei dem in einem guten Kollektiv jeder mal drankommt. Deshalb erwähnt man solche Auszeichnungen in der DDR gewöhnlich auch eher beiläufig und gelegentlich etwas ironisch, aber meistens doch mit einem sichtlichen Stolz. Die Verleihung solcher Titel und Nadeln z. B. bei einer Betriebsversammlung ergänzt die organisatorische Erfassung durch eine Anerkennung der persönlichen Pflichttreue vor den Kollegen.

Diese Stimulierung eines – wie es bei Marx noch hieß – «Wetteifers» im Sozialismus (durch Übersetzung ins Russische und Rückübersetzung ist daraus der «Sozialistische Wettbewerb» geworden) durch Prämien und Preise ist in den siebziger Jahren inflationiert worden. Während 1960 noch knapp 97000 Aktivisten und 1220 Kollektive ausgezeichnet wurden, waren es 1980 über 300000 einzelne und fast 185000 Kollektive.[1] Rechnet man allein diese Kollektive in Beschäftigte um, so handelt es sich um mehr als die Hälfte aller Arbeitnehmer der DDR. Hinzu kommen noch zahllose speziellere und viele höhere Auszeichnungen.

In einem einzelnen Unternehmen mit 19000 Beschäftigten sieht die Integrationsbilanz dann z. B. so aus: Organisatorisch erfaßt sind 97 Prozent im FDGB, 84 Prozent in der Gesellschaft für Deutsch-Sowjetische Freundschaft, 24 Prozent in der SED und 71 Prozent der Jugendlichen in der FDJ. Die meisten haben in diesen Organisationen auch einen Posten und viele mehrere. Allein der FDGB hat hier an seine 18400 Mitglieder rund 11000 Funktionen zu vergeben, darunter fast zwei Drittel Mitgliedschaften in den verschiedensten gewerkschaftlichen Kommissionen, aber immerhin auch 336 Mitglieder der Betriebsgewerkschaftsleitung und 904 der Abteilungsgewerkschaftsleitungen.[2] Dieser umfassenden Inpflichtnahme steht das

1 Vgl. DDR-Handbuch, Köln 1985, S. 131 ff. mit einer detaillierten Aufzählung des verzweigten Ehren- und Prämiensystems der DDR.

2 Bilanz der Erfolge. Der VEB Chemiekombinat Bitterfeld und seine Entwicklung, hg. von der Kreisleitung der SED des VEB CKB, o. O. u. J. (Bitterfeld 1979), S. 15. Die Broschüre muß wohl von einem boshaften Mann zusammengestellt worden sein, denn bei der Statistik der Frauenquoten S. 24 ff. findet sich der Satz: «Jede 3. AGL-Vorsitzende ist eine Frau.» Nach dieser Zusammenstellung werden die beruflich benachteiligten Frauen durch eine verstärkte Beteiligung an basisnahen und entscheidungsarmen politischen Funktionen entschädigt. Der Anteil der Frauen an allen Beschäftigten beträgt 38 Prozent, an den Facharbeitern 41 Prozent, an den Meistern 6 Prozent, an mittleren beruflichen Funktionen 10 Prozent und an leitenden 5 Prozent (obwohl sie 27 Prozent der Fach- und 20 Prozent der Hochschulkader stellen). Der notwendig

Füllhorn der Belobigungen und Belohnungen im Rahmen des sozialistischen Wettbewerbs nicht nach, in dem bereits die Beteiligung eine Anerkennung und häufig auch eine Prämie zum Jahreslohn erbringt. In der Summe waren 1977 (in Klammern Vergleichszahlen um 1970) 46870 (8874) Personen im Rahmen von Kollektiven und 24846 (14600) als Einzelpersonen an jeweils fünf verschiedenen Wettbewerbsformen[3] in diesem Kombinat beteiligt. Die darf man natürlich nicht zu einer Gesamtzahl von Personen addieren, aber wenn die Summe der Beteiligungen um 1970 rund 75 Prozent und 1977 über 370 Prozent der Beschäftigtenzahl ausmachte, so kann man leicht ermessen, daß sich die Anerkennung des Leistungsstrebens, die in den fünfziger Jahren einzelne herausstellte und in den sechziger Jahren zunehmend kollektiviert worden war, in den siebziger Jahren zügig zum Alltag, zu einem allgemeinen und komplizierten Akkordsystem nach z. T. komplex definierten Leistungszielen wurde. Den Schmuck der einfachsten Auszeichnung als ‹Aktivist› bzw. als Mitglied eines ‹Kollektivs der sozialistischen Arbeit› dürften sich – nach den Durchschnittszahlen der DDR zu urteilen – damals darüber hinaus etwa 27 Prozent der Beschäftigten pro Jahr angesteckt haben.

Im Gegensatz dazu sind die höheren Preise, die etwa der Verdienstnadel einer Landesregierung oder dem Bundesverdienstkreuz im Westen entsprechen, aber mit einer erheblichen materiellen Zuwendung von mehreren tausend Mark und z. T. auch mit anderen geldwerten Leistungen wie der bevorrechtigten Zuteilung eines Autos etc. verbunden sind, selten und bleiben auch meist den höheren politischen und technischen Eliten vorbehalten. Die Selbstauszeichnung der Eliten mit Orden, Schenkungen und Privilegien im sog. demokratischen

---

höchste Anteil, nämlich an den An- und Ungelernten, ist nicht ausgewiesen. Dafür sind die Frauen mit je ca. 40 Prozent in der SED-Kreisleitung, der BGL und den AGLen leicht überrepräsentiert.

3 Bei den Kollektiven handelte es sich um die Titel: ‹Koll. der sozialistischen Arbeit›, ‹Koll. der vorbildlichen Energiewirtschaft›, Kollektiv-schöpferischer Plan, ‹Koll. der ausgezeichneten Qualitätsarbeit›, ‹Koll. der vorbildlichen Ordnung, Sauberkeit, Sicherheit und Disziplin›; bei den individuellen Formen um Persönlich-schöpferische Pläne, Notizen zum Plan, Paß des Ingenieurs, Auszeichnung im System der fehlerfreien Arbeit sowie um sog. Neuerer (d. h. betriebliche Verbesserungsvorschläge, 1977 allein 47 Prozent der Beschäftigten).

Zentralismus kommunistischer Regime erinnert an die Beschaffung politischer Loyalität im Feudalismus, wo Elitebildung im politischen Bereich einer Vergabe von Lehen und einer Klientelbildung durch eine weitgehend unkontrollierbare und nur im Wege der Nachfolgekür oder des Putsches durch die Fürsten erneuerbare Zentralgewalt entspricht. Sie wird auch – wie in den absolutistischen und konstitutionellen Monarchien – durch die Kooptation eines Verdienstadels aus der Intelligenz und den anderen Funktionseliten, die auch aus anderen Klassen und Gesinnungen als der Uradel der ‹Kämpfer› kommen können und mit verlierbaren Privilegien gebunden werden sollen, abgestützt. So war z. B. unter unseren Gesprächspartnern der Leiter der Forschungsabteilung eines großen Kombinats, der aus verarmtem liberalem Großbürgertum stammte und seine technischen Kenntnisse zuvor der Rüstungsindustrie des Dritten Reiches und danach der Sowjetunion geliehen hatte. Ihm war nicht nur der Professorentitel verliehen worden, sondern er hatte auch eine Flut von Auszeichnungen erhalten, bis hin zum 100000 Mark schweren Nationalpreis.

Wie zur Entlastung verirren sich aber auch immer einige dieser sozialistischen Preziosen, besonders wenn sie durch ihre Titel wie Karl-Marx-Orden oder Clara-Zetkin-Medaille an die kommunistische Tradition erinnern, auf märchenhafte Weise aus der Gesellschaft des Hofes ins Volk. Unter unseren Gesprächspartnern hatte es zwei Frauen getroffen, und daß darin eine gewisse Huld, um nicht zu sagen Willkür geargwöhnt wurde, die Neid und Abwehr hervorrief, lernten wir schnell in unseren Vorstellungsrunden daran, daß bei der Erwähnung solcher höchster Ehren der Chor der Anwesenden keinen Beifall spendete, sondern eher murrte. Freilich war es nicht in beiden Fällen gleich.

Die Trägerin des Karl-Marx-Ordens, der ehrenvollsten politischen Auszeichnung der DDR und mit 20000 Mark eine der gewichtigsten, war Anna Immermann, eine Brigadierin der Abteilung Grünanlagen des regionalen Tiefbaukombinats, wir würden sagen: eine Vorarbeiterin in der Stadtgärtnerei. Sie war uns als höchste Ordensträgerin des Ortes vorgestellt worden und hatte entsprechend unsere Neugierde geweckt. Als sie, die Unverheiratete, während eines Veteranentreffs eines Stahlwerks die Liste ihrer Auszeichnungen über (mehrmals) Aktivist, die Verdienstmedaille der DDR, die Clara-Zetkin-Medaille bis zu dieser Krönung aufzählte wie die anderen Frauen die Berufe ihrer immerdar aufgestiegenen und also wohlgeratenen Kinder, begann ein Tuscheln, das artikulierter wurde, als sie die Sitzung vorzeitig verlassen mußte. Aus der Stadtgärtnerei war niemand da; die Anwesenden urteilten nicht aus Kenntnis der Person, sondern äußerten einen volkstümlichen Reflex. Am deutlichsten sagte es eine Mutter von vier Kindern, eine aufsässige und in ihrer Verbitterung besonders mitteilsame Alt-Linke, die schon vor 1933 zum kommunistischen Jugendverband gehört hatte und im Dritten Reich verhaftet worden war, aber deren Bestrebungen um eine Aufnahme in die SED in der Nachkriegszeit auf rätselhafte Weise stets gescheitert waren: So spreche man nicht von solchem Lametta, sagte sie, und schließlich hätten die anderen Frauen auch geschuftet, um ihre Familien durch die schweren Zeiten zu bringen.

Bei der anderen Trägerin der Clara-Zetkin-Medaille für besondere Verdienste um die Frauenemanzipation, die nur mit 2500 Mark bewertet werden, einer Warenausgeberin in einer Textilfabrik, war es in der Runde ihrer Betriebskolleginnen noch etwas zugespitzter zugegangen, aber nicht, weil sie ihre Auszeichnung erwähnt hätte. Sie war vielmehr überhaupt die einzige unserer Interviewten, die mit ziemlicher Aggressivität und ohne daß wir den Grund verstanden hätten, gleich zu Beginn ihrer Vorstellung gesagt hatte, sie werde sich zwar interviewen lassen, aber uns ihren Namen nicht nennen. So geschah es dann auch, aber nach der Sitzung kamen ihre Kolleginnen, die auf ihr Verhalten bei der Vorstellung mit einem Gemisch von Staunen und Lachen reagiert hatten, zu uns und sagten, wir sollten das nicht weiter ernst nehmen. Die Selma Igel sei schon in Ordnung, nur ein bißchen verrückt.

Wir lernten: Kleine Auszeichnungen gehören in der DDR zum kollegialen Ansehen, während große es eher nehmen. Wer waren diese Frauen, die so hohe und an der Basis seltene Auszeichnungen erhalten hatten? Warum hatten sie sie bekommen, und was bedeuteten sie ihnen? Gemeinsam war den beiden anscheinend wenig, außer daß sie um 1920 geboren waren, sich im erwachsenen Alter mit einem Lehrabschluß nachqualifiziert hatten, Mitglieder der SED waren und einen Frauen-Orden erhalten hatten. Aber die eine, die darüber hinaus auch noch zu allgemein-politischen Ehren gekommen war, war eine vertriebene Bauerntochter aus eher konservativem Hause und unverheiratet geblieben, der Typ eines mütterlichen Fräuleins, während die andere, die auch während des Interviews ihre Scheinanonymität nicht abstreifte, aus der Gegend stammte, wo ihr Vater kommunistischer Betriebsrat gewesen war, 1945 einen Angestellten geheiratet und vier Kinder geboren hatte.

Mit dem Beruf verheiratet

Anna Immermann ist auf einem von Frauen bewirtschafteten Hof am Ostufer der Oder aufgewachsen. Sie war die jüngste von drei Töchtern eines Bauern, der kurz nach seiner Heimkehr aus dem Ersten Weltkrieg starb, als sie noch nicht einmal zwei Jahre alt war. Ihre Mutter bewirtschaftete dann den Hof mit einem polnischen Knecht alleine. Mit fünfzehn ging sie 1933 in eine Fabrik in der nahen Kreisstadt, lernte Näherin und blieb dort auch als Gesellin, als die älteren Schwestern – die älteste brachte einen Bauern auf den Hof, wo auch Anna noch wohnte – schon geheiratet hatten. Die Stadt an der Oder war eine Garnisonstadt, und Anna lernte dort 1942 beim Tanz einen bayerischen Bauernsohn kennen, der dort seine Grundausbildung als Soldat machte. Er sollte aber nicht Bauer werden wie die jungen Männer, die sie bisher kennengelernt hatte, sondern war von Beruf Kraftfahrer. Das reizte sie, denn sie wollte raus aus dem Dorf und sich nicht ihr ganzes Leben auf einem Hof schinden. Er war nicht ihre erste, aber ihre letzte Liebe. Kaum hatten sie sich noch im selben Jahr zu Hause bei seinen Eltern im Allgäu verlobt, kam er an die Front und kehrte nicht zurück. Anna hat alles über die Suchdienste versucht, um den Verbleib ihres vermißten Verlobten zu ermitteln, und das Angebot seiner Eltern, ins fette Allgäu zu kommen, trotz allen Hungers abgelehnt («Alles kreuzkatholisch!»). Fünf Jahre hat sie nach Kriegsende auf ihn gewartet; dann beschloß sie, ihr eigener Herr zu bleiben. Deshalb, sagt sie im Rückblick, habe sie «gesellschaftlich tätig werden» können. Aber das ging nicht so schnell.

Mehr habe ich aus Frau Immermann über ihre Jugend nicht herausfragen können. Sie erinnerte sich nicht, wo ihr Verlobter im Krieg gewesen war, und auch nicht, welcher Waffengattung er angehört oder welchen Rang er innehatte, obwohl sie das für die Suchdienste gewiß alles sorgsam zusammengetragen hatte. Sie erzählte nichts von zu Hause, vom Hof, von den Schwestern, nichts aus dem Betrieb, in dem sie zwölf Jahre Näherin gewesen war. Mit Bestimmtheit sagte sie nur, daß sie nicht im BDM gewesen sei, aber als sie hinzufügte, sie sei auch in zwölf Arbeitsjahren im Dritten Reich nicht in der DAF, einer Pflichtorganisation, gewesen, wurde mir auch diese Auskunft wieder undeutlich. Ihre Jugend jenseits der Oder liegt wie in einem Nebel.

Schon ein Jahr vor Kriegsende floh sie auf Geheiß der Obrigkeit mit ihrer Mutter und vielen anderen Frauen über die Oder in die Lausitz, und nachdem die Russen einmarschiert waren, gingen sie wieder zurück. Der Hof war noch intakt. Aber wenige Wochen später kamen die Polen, und sie wurden auf die andere Seite der Oderstadt ‹umgesiedelt›, d. h. sie saßen nun in einer Notunterkunft in einem Dorf westlich der Stadt und hatten nichts mehr. Die Mutter, die den Hof fünfundzwanzig Jahre lang alleine durchgebracht hatte, konnte die Vertreibung nicht verwinden, wurde schwermütig und starb wenig später. Die Schwestern waren auch mittellos, die eine hatte mit dem Hof, die andere mit dem Mann, der gefallen war, ihre erhoffte Zukunft verloren. Anna selbst machte nun eine Lehre als Gärtnerin, vielleicht war das eine Vermittlung mit dem Verlust des Hofs, von dem sie, als es ihn noch gab, doch weggewollt hatte.

Mit 29 Jahren machte sie ihre zweite Gesellenprüfung, obwohl es in der Gärtnerei, in der sie damals arbeitete, gar keinen Meister gab. Dann übernahm sie in einem Schulungsheim des FDGB, das man in einem Schloß einquartiert hatte, die Gärtnerei, als der dortige Gärtner krank geworden war. Sie hatte sich sofort zugetraut, mit zwölf Frauen in Teilzeitarbeit den Laden zu schmeißen. Das hat sie gern gemacht, und offenbar war sie erfolgreich, denn als das Gelände des Schlosses 1953 im Zuge einer Bodenreform aufgeteilt wurde und die Gärtnerei an einen Privatbesitzer kam, wollte er sie als Leiterin im Angestelltenverhältnis übernehmen. Sie wollte aber nicht, weil sie dachte:

«Beim Privaten verdienste nicht viel.»

Die Privaten durften nämlich nur wesentlich weniger Lohn zahlen als die volkseigenen und auch die gewerkschaftlichen Betriebe, und als Angestellte hätte sie obendrein höhere Abzüge denn als Arbeiterin gehabt; einer sozialistischen Einstellung bedurfte diese Entscheidung nicht. Sie war auch damals nicht in der Partei, sondern nur in den ‹unpolitischen› Organisationen FDGB, DSF und DFD und hatte auch dort keine Funktion.

Das sollte nun anders werden. Sie ging in die Stadtgärtnerei der nächsten Stadt und zog nach drei Pendlerjahren auch dorthin, obwohl sie als Tante am engen Kontakt mit den Kindern ihrer Schwestern hing. Als sie endlich eine Wohnung bekommen hatte, leitete sie bereits eine der vier Brigaden des volkseigenen Grünflächenbetriebs, und über ihr gab es nur noch zwei Meister. Der eine der beiden war ein sechs Jahre älterer Witwer und: «Ich hab immer Mitleid» – wie Männer eben sind, er kam alleine mit dem Haushalt, vor allem mit der Wäsche, nicht zurecht und zog nun zu ihr in ihre neue Zwei-Zimmer-Wohnung. Immerhin lebten sie dann bis zu seinem Tod 23 Jahre lang zusammen, und auch heute noch, fast zehn Jahre danach, stehen ihre ‹Ehebetten› in einem ihrer beiden Zimmer. Aber heiraten wollte sie ihn nicht. Sie wollte immer ihr «freier Herr» bleiben. Zu Hause versieht sie zwar den Haushalt für beide, aber im Betrieb und in der Öffentlichkeit schafft sie sich eigene Räume. Obwohl ihr Meister nicht in der Partei ist, tritt sie 1962 ein. Als einzigen Grund gibt sie an: «Gehört sich doch.»

Die ungesagten Gründe müssen wir erschließen. Auf die Inhalte der großen Politik kam es offenbar nicht so sehr an. Die DDR-Gründung? «Hat mich weniger beschäftigt.» Vom 17. Juni hat sie erst hinterher gehört. Und über die Mauer kann ich ihr nur diesen Kommentar entlocken: «Was soll ich sagen? Isse richtig oder nicht richtig? (Lacht.) Der Ansturm nach drüben ist ja gewaltig.» Und dann erwähnt sie noch die Arbeitslosigkeit in der Bundesrepublik: «Was suchen die denn da?» Sie selbst hat keine Verwandten drüben. «Mir war die Grenze gleichgültig.» Jedenfalls die nach Westen. Die nach Osten, die ihre Familie um ihre Heimat und ihre Mutter um den Verstand gebracht hatte, war ihr nicht gleichgültig, besonders als sie mit ihrer Schwester – dieser Ausflug war übrigens außer einer Auszeichnungsreise in die Sowjetunion die einzige ‹Auslandsreise› ihres Lebens – in den sechziger Jahren einmal bei ihrem alten Hof war, ein paar Kilometer jenseits der Oder.

«Sind wir mal rübergefahren, mit meiner Nichte mit'n Auto, hab'n noch nach unserem Gehöft geguckt. Da konnte man ja rüberfahren, damals noch.[4] Da haben wir uns das noch mal angesehen.
I.: Wie sah's denn aus?
Na ja. Kaputt.
I.: Kaputt?
Kaputt alles, ja. Nischt erneuert so. Gehöfte. Gehöfte.
I.: Steht noch, aber nicht mehr bewirtschaftet?
Ohne Bewirtschaftung. Ich nehm an – wir war'n ja nicht drinne, das traut man sich ja nicht –, ich nehm an, daß das gar nicht bewohnt war. Ich habe gar nichts gesehen, daß das irgendwie bewohnt war. Das stand bestimmt noch leer...
I.: Was war das für ein Gefühl?
Na ja (lacht gequält), das könn Se ja denken, was das fürs Gefühl war. Meine Schwester, die hat geweint, geweint hat die. Wenn man denkt, das Gehöft, das lebt noch. Und jetzt alles verloren ist. Die hat nur geweint, ja, wenn man das so sieht. Klar. Ja.»

Hat Frau Immermann beim Anblick ihres verkommenen Elternhauses nicht geweint? Ist auch das im Nebel ihrer Jugend verschwunden, oder kann sie es in ihrer praktischen Art nur nicht sagen? Jedenfalls ist das etwas, was mit ihrer Politik nichts zu tun hat. An einer anderen Stelle habe ich sie gefragt, ob es für sie als Vertriebene nicht schwer gewesen sei, in die ‹Gesellschaft für Deutsch-Sowjetische Freundschaft› zu gehen, und sie hatte wieder mit jenem stoßhaften Lachen geantwortet:

«Wenn Se 'ne Funktion haben, dann kommt das von selber... trittste da ein, trittste da ein, wie soll ich das mal sagen? Biste besser (an)gesehen im Betrieb.»

---

4 Nach der Entwicklung der Solidarnosć-Bewegung wurde der visafreie Verkehr mit Polen in der DDR gesperrt.

So wird es wohl auch mit ihrem Parteibeitritt wie mit ihren anderen Mitgliedschaften gewesen sein: «Das kam so, war so üblich.» Sie nennt ihn «eigentlich ja freiwillig»: eine Zugabe für etwas im Betrieb, was sie mehr interessierte und was ihr Leben eigentlich ausmachte. Eigentlich wollte sie sich nämlich noch zum Meister weiterqualifizieren, aber hat es dann nach einer Weile wieder aufgegeben, weil sie sich für die Schulbank zu alt fühlte. Und wohl auch, weil sie merkte, daß sie als Brigadierin ganz ähnliche Aufgaben wie ihr Meister haben konnte, besonders wenn sie diese im Rahmen des ‹sozialistischen Wettbewerbs› erweiterte. Als hier der Titelkampf um das beste ‹Kollektiv der sozialistischen Arbeit› für 1963 ausgelobt wurde, hat sie sich an der Leitung ihres Kollektivs engagiert und entdeckt, daß sie «im Organisieren ein Fuchs» war.

Wie sie im schönsten Parteichinesisch erzählt, daß sie sich für ihr Kollektiv nunmehr eine «Kampfzielstellung zur vorfristigen Planerfüllung» aufgebaut habe, klingt das für mich anfangs etwa so erheiternd wie jene meterhohen Lettern «Es lebe die Hauptaufgabe!», die ich auf dem Dach einer Schokoladenfabrik in Thüringen gelesen hatte – obwohl auch das für den Insider seinen tieferen Sinn hat, denn die Formulierung der sog. Hauptaufgabe durch den VIII. Parteitag der SED 1971 war das Kürzel eines Schwenks zu einer mehr konsumorientierten Wachstumspolitik, und die konnte eine Schokoladenfabrik schon einmal hochleben lassen. Oder so erbitternd wie jene größte Propagandatafel der Stadt, über die ich mich jeden Tag beim Blick aus dem Hotelfenster ärgerte: «Mein Arbeitsplatz – mein Kampfplatz für den Frieden!» – als müßte man den Menschen, was die Klassenkampftradition schon der alten Sozialdemokratie vom preußischen Barras gelernt zu haben scheint, zutiefst als ‹zoon polemicon›, als Kriegslebewesen, begreifen und könnte ihm friedliche Arbeit nur als ein Ersatzschlachtfeld attraktiv machen. Aber bei Frau Immermann liege ich mit meiner Phantasie einer vorfristig blühenden Stiefmütterchenrabatte als paramilitärischer Kampfzielstellung der Stadtgärtnerei falsch. Die Gärtnerin, die durch und durch zivil und auch politisch wahrlich wenig kämpferisch wirkt, spricht nicht von Blumen, sondern vom Geld.

Wenn man nämlich ein nach Zeitvorgaben berechnetes «Objekt»

vor der errechneten Zeit fertigstellt, bekommt das Kollektiv einen Teil der eingesparten Löhne als Prämie. Durch ihr Vorbild in der Arbeitsmoral, ihre Umsicht in der Arbeitsorganisation (für die sie überall herumgerannt ist, um Verbesserungsvorschläge aufzugreifen) und durch ihr «gutes Abrechnen» und ihr Ansehen im Betrieb wird die Leiterin zur Anführerin des Kollektivs in der Jagd nach einem zusätzlichen Gedingelohn. Als die Ideologen den Gruppenakkord zum Wettkampf um den Titel eines ‹Kollektivs der sozialistischen Arbeit› hochstilisieren und neben dem Arbeitsertrag auch den Grad sozialistischen Gemeinschaftslebens der Kollektive in- und außerhalb des Betriebs bewertet sehen wollen, erweist sich die Brigadierin wieder als ein organisatorischer Fuchs. Denn während man das «Sozialistisch arbeiten» der neuen Parole, also die Vorfristigkeit der Planerfüllung, in Stunden und Tagen messen und also in Lohnsummen übersetzen kann, gibt es für den zweiten Teil der Parole «Sozialistisch leben» keine ähnlich sicheren Kriterien. Manche Kollektive hängen sich ein Gemälde in die Pausenbude, andere weisen einen monatlichen Kultur- oder auch Bierabend nach. Frau Immermann scheint gegenüber solch verbreiteter Unsicherheit, wie man das Ungreifbare aktenkundig machen könne, klar erkannt zu haben, daß man die Beweislast umkehren muß: einem von einer verbrieften Sozialistin geleiteten Kollektiv mit einem Mindestmaß parteimäßiger Organisiertheit soll einer erst einmal zeigen, daß es nicht sozialistisch lebt.

«Ich bin dann eingetreten '62, als wir das erste Mal um den Titel ‹sozialistische Arbeit› kämpften, ja? Da bin ich denn eingetreten und noch 'ne Kollegin, zweie, ja, und da ham wir uns beide bereit erklärt, in die Partei zu gehen, in die SED.
I.: Inwiefern hängt das miteinander zusammen?
Na ja, das is ja – wie soll ick dat sagen? – eigentlich ist es ja freiwillig gewesen. Aber wir ham gedacht, nu jo, wir müßten da was machen, daß wir das erreichen, und was können wir noch tun? Und da ham wir gesagt, wir werden dann doch den Weg gehen und haben uns denn bereit erklärt.
I.: Waren Sie dann zuerst zwei Jahre Kandidat?
Ja. Kandidatenschule gemacht, wöchentlich einmal.
I.: War das denn für Sie was Neues, was Sie da gelernt haben?
Och, na ja. Klar. Wolln wer mal sagen, man hatte sich ja weniger befaßt, so

politischerweise, ja? Klar, war das schon ein anderer Weg. Ja. Aber man bereut's nicht.
I.: Sie sind danach auch Sekretär gewesen?
Ja, 'ne Weile hab ich Parteisekretär gemacht im Betrieb. Wir waren ja nun nicht viel Genossen in der Abteilung, wir waren ja nur zehn, zwölfe, manchmal auch weniger, und da konnte man sich das ja schon erlauben. Bissel.
I.: Was hat man denn da zu tun?
Nu ja, die neusten politischen Aufgaben, die an uns herankommen, zu erweitern und zu erklären den Genossen. Und, na ja, muß man eben viel das ‹Neue Deutschland›, die Zeitung lesen, nicht? Damit man auch weiß, was in der Welt ist, damit man die auch lehren kann. Trotzdem, bei uns war das nicht so besonders strenge, daß wir da haben hier sonstwat aufgestellt oder so, nicht? Waren meistens Frauen, waren bloß drei Männer dabei.
I.: Jede Woche 'ne Sitzung?
Im Monat einmal. Im Monat einmal. Und ich muß ehrlich sagen, unter Genossen und so, wissen Se, wenn heute noch die Diskussion kommt, die Frauen und so kommt gar nischt groß dabei raus, da kommt gar nicht viel. Ham wir so 'ne Parteiversammlung – und Diskussion? Ja, is ja nischt, is nischt. Es kommt nichts.»

Wenn ich Frau Immermann richtig verstehe, schien ihr das alles ein unschädliches Ritual, bei dem man ab und zu sogar etwas lernen konnte und das man mitnehmen mußte, wenn man im Betrieb Erfolg haben wollte. Und den hatte sie. Sie bekamen den Titel nicht nur dieses Mal, als er noch rar war, sie haben ihn dann viele Male verteidigt. Und sie, die mit zuletzt gegen 700 Mark kaum 150 Mark mehr bekam als die weniger einsatzbereiten Mitglieder ihres Kollektivs, aber als offiziell Unverheiratete keine Ausrede hatte, erhielt nun einen Posten nach dem anderen angetragen: Bald war sie nicht nur die Leiterin ihres Kollektivs und der Parteisekretär der ganzen Abteilung, sondern auch noch Leiterin der Abteilungsgewerkschaft, und später vertrat sie die Gärtner in der BGL des Tiefbaukombinats. Das hat ihr mehr Spaß gemacht als ihre Parteiversammlungen, weil sie durch die regionale Verstreutheit des Kombinats viel unterwegs war, in Berührung mit anderen Basisaktiven kam und wieder etwas für ihre Arbeit als Brigadierin lernen konnte.

Aber dabei blieb es nicht – und alles nebenbei und ehrenamtlich, versteht sich. Sie wurde auch noch zu Hause Hausvertrauensmann, organisierte als Blockwalter der Nationalen Front die «Subbotniks», jene mehr oder minder freiwilligen Arbeitseinsätze der Nachbarn, um den Mietsblock und die Grünflächen drumherum in Schuß zu halten. Der ‹Demokratische Frauenbund› wählte sie, nachdem ihr praktisches Organisationstalent und ihre Einsatzbereitschaft, die politische Notwendigkeiten auf sich nahm, ohne daraus politische Anforderungen an andere abzuleiten, erst einmal bekannt geworden waren, zur Vorsitzenden des Ortsverbands, obwohl sie als Berufsmensch dem dort meist organisierten Hausfrauentyp allenfalls äußerlich entsprach. Auch die Volksfürsorge ließ sich die nimmermüde Funktionärin nicht entgehen, machte sie zur Vorsitzenden und ließ sie die Pfennigbeiträge kassieren, die fast jeder beisteuert, um im Alter auf ihre Dienste zurückgreifen zu können. Das macht sie übrigens auch jetzt als Rentnerin noch gern, weil das Von-Tür-zu-Tür-Gehen ihre Kontakte erhält. Als im Rentnerclub des nahe gelegenen Stahlwerks niemand mehr zum Putzen da war, hat sie das nach dem Tod ihres Lebensgefährten auch noch übernommen. Dafür hat sie jetzt den DFD-Vorsitz abgegeben.

So einem Fräuleinwunder, denke ich, gehörte in jedem System ein Orden. Auszeichnungen hat Frau Immermann viele bekommen, «alles, was es so gab». Aber warum gerade den Karl-Marx-Orden[5]? Sie deutet an, das sei wohl etwas zufällig. Ihr Betrieb habe sie 1973, fünf Jahre vor der Rente, zum «Held der Arbeit»[6] vorgeschlagen, ein Titel, der mir wesentlich besser auf sie zu passen scheint, aber weniger

---

5 Der Karl-Marx-Orden ist die ehrenvollste staatliche Auszeichnung der DDR. Er wird verliehen «für hervorragende Verdienste a) in der Arbeiterbewegung, b) bei der schöpferischen Anwendung des Marxismus-Leninismus, c) bei der Gestaltung des entwickelten gesellschaftlichen Systems des Sozialismus mit seinem Kernstück, dem ökonomischen System des Sozialismus, d) auf den Gebieten der Wissenschaft und Technik, e) auf den Gebieten der Kunst und Kultur, Bildung und Erziehung, f) im Kampf um die Sicherung des Friedens, g) in der Pflege und Förderung echter freundschaftlicher Beziehungen zur Sowjetunion, zu den anderen sozialistischen Staaten und allen friedliebenden Völkern der Welt sowie solcher Beziehungen von Angehörigen und Organisationen dieser Völker zur DDR».

6 Der mit einem Preis von bis zu 10000 Mark verbundene Ehrentitel «Held der Arbeit» wird jährlich an 50 Personen verliehen, «die durch die besonders hervorragende, bahnbrechende Tätigkeit, insbesondere in der Industrie, der Landwirtschaft, dem Verkehr oder dem Handel oder durch wissenschaftliche Entdeckungen oder technische Erfindungen sich besondere Verdienste um den Aufbau und den Sieg des Sozialismus

bringt. Die Kreisleitung der SED, über die der Dienstweg nach oben geht, hatte den Vorschlag aufgestockt. Offenbar wollte man ein Vorbild schaffen. Freilich macht der Orden noch kein Vorbild, jedenfalls nicht in dem Sinne, daß ihm viele nachgeeifert hätten. Er bezeichnet eher eine auffällige Ausnahme. Was hat sie mit dem Preis gemacht?

«Was soll ich denn damit machen? Auf mein Konto hab ich's überwiesen. Das war ein Scheck, und das konnte man aufs Konto überweisen.
I.: 20000 Mark, das ist doch eine große Stange Geld?
Ja. Da saß ich hier mit. Das konnt ich nicht fassen.
I.: Haben Sie es einfach gespart, oder haben Sie's mittlerweile ausgegeben?
Nö. Gespart. Gespart! Hab ein schönes Konto heute. (Lacht.) Dadurch. Hab ja auch viel ausgegeben. Wir haben ja auch gefeiert, mit meinen Meistern und so, auch einer von der Zentrale, ganz schön, ja. Denn das ist ja ganz schön, so 20000 Mark haben und nicht haben, nich. (Lacht.)
I.: Wollten Sie nicht 'ne Datsche kaufen oder 'nen Garten?
Nee, wollt ich eigentlich nicht, aber hinterher hab ick mir geärgert. Man hätte dadurch gleich was haben können. War ja auch nicht mehr allzu jung, und noch Fahrerlaubnis machen! Aber man hätte es (ein Auto) gleich haben können, es wurde uns angeboten, ohne Wartezeit. Ja, aber ich hab mir das nicht getraut. Danach hab ick mir geärgert. (Lacht.) Na ja, is egal. Hat man wenigstens heute noch 'nen schönen Groschen. Aber ich komm mit meiner Rente aus. Ich hab 457 Mark, 30 Mark Miete ist nicht viel. Mir reicht die Rente zu, spare noch davon, verbrauche das nicht.»

Frau Immermann war gerade im Aufbruch «in den Urlaub», eine Woche mit einer Rentnergruppe in einem billigen Gewerkschaftsheim an einem 12 km entfernten See! An sich würde sie sich gerne ihre Wohnung noch einmal neu einrichten, aber da sie vor fünfzehn Jahren in eine kleinere gezogen ist, um im Haus nicht so viel putzen zu müssen, findet sie jetzt keine neuen Möbel mehr – die heutigen Anbauwände sind zu groß für ihre beiden Zimmerchen. Aber in diesem Haus – ein Ehepaar und zwölf alleinstehende Frauen, meist Witwen – fühlt sie sich wohl und will dableiben, weil einer dem anderen helfe und jeder mit allem einverstanden sei. Die Männer seien alle gestorben oder hätten sich scheiden lassen, die Zeitungen seien voller

---

erworben haben und durch die Tätigkeit die Volkswirtschaft und damit das Wachstum und das Ansehen der DDR förderten».

Partneranzeigen von Frauen. Aber Frauen kämen alleine eher zurecht als Männer.

Der Schluß unseres Gesprächs wird wehmütig, aber sie setzt ihr Lachen und ihren Pragmatismus gegen die Gefühle. Zuerst, als wir noch einmal über ihre Ehelosigkeit und ihren «Lebenskameraden» sprechen, frotzelt sie noch:

Hab ich 'nen Fehler gemacht. Verpaßt! Verpaßt! Hätt ich jetzt noch 50 Mark Witwenrente dazugekriegt.

Aber als ich sie nach den guten und den schlechten Jahren in ihrem Leben frage, kommen die Jahre ihrer Aktivität und Anerkennung gar nicht vor. Sie spricht nur über den schweren Anfang nach 1945, ohne jeden Besitz, und greift dann unvermutet in den Nebel ihrer Jugend:

Nu gute Jahre, werd ich mal sagen, hat man früher gehabt zu Hause. Im Elternhaus hat man ja auch gute Jahre gehabt.

Ich frage sie, ob ihre Aktivität auch bei Jüngeren vorstellbar sei, oder ob es an der Kriegsgeneration hänge.

Ja, die Kriegsgeneration... Es liegt am Bewußtsein der Menschen. Manche haben nicht so das Bewußtsein.
I.: Was heißt das: Es liegt am Bewußtsein?
Ich meine jetzt das Bewußtsein, na (wie) will ich sagen dazu? Ich mache dat, und ich muß das machen, ja? Und das gefällt mir, der Weg, als wenn ich nu gar nischt mache, am gesellschaftlichen Leben teilzunehmen. Und das ist viel wert, gerade so für'n älteren Menschen, da kommt man mal dahin und da hat man mal da was. Und so sitzt du in deinen vier Wänden, sitzte alleene und grübelst leicht rum. Aber so biste mal da, dann gehste da hin und nimmst am gesellschaftlichen Leben teil, und das ist bei uns viel wert, gerade für uns Ältere. Die Jüngeren, die wollen heut schon gar nicht mehr so wissen davon, wenn man sagt, du kannst mal 'ne Funktion übernehmen oder wir brauchen mal jemand, ooh: ‹Wir müssen ja die Arbeit machen›, sagen se. Ist doch so. Ja.
I.: Haben Sie's eigentlich mal bereut, daß Sie keine Kinder haben?
Eigentlich ja. Schon bereut, ja. Wenn ich so denke, mein Gott, wer wird bei mir mal was erben? (Lacht.) Keene Kinder nicht. Ist doch so, wir haben schon bereut. Und wenn man älter wird, man braucht doch mal jemand.
I.: Aber im Augenblick wirken Sie doch noch quicklebendig.
Kann mal schnell gehn. Kann mal schnell gehn.

Zwischenbemerkung nach dem Herbst 1989

Manchmal denke ich in diesem Winter an Anna Immermann. Sie ist erst 71, und ich hoffe, es ist nicht schnell gegangen. Wie muß sich ein Mensch wie sie jetzt fühlen, wo all die Strukturen explodiert sind, die ihr Leben ihr im Alter vergelten sollten? Da geht es nicht um entwertete Sinnstrukturen, deren angelogener Sinn zerstoben ist und ihr ohnehin nicht viel bedeutet haben. Es geht um den Halt von Gemeinschaften, in deren Organisationsgeflecht Fräulein Immermann hineingewachsen war, nachdem sie alles verloren und sich mit ihrem Pragmatismus tapfer gehalten hatte. Sie hatte ihre verpaßte Mütterlichkeit ihren Kollektiven zugewandt und Organisationen zur sozialen Betreuung betreut. Gewiß waren das manchmal formale Gemeinschaften, die ihr mehr bedeuten mochten als den andern, aber sie hat sie lange Zeit mit viel praktischer Mühe und unideologischer Munterkeit gehalten, so daß andere auf sie zurückfallen konnten. Ihr selbst verbleibt keine Alternative zu ihrem Halt, und der ist nun weg. Wer wird jetzt noch wenigstens neidisch sein, daß sie einen Karl-Marx-Orden erhalten hat?

Verheiratet und Beruf

Bei Selma Igel, die zusammen mit «120 Mann» von Willi Stoph in Berlin mit einem Handschlag und der Clara-Zetkin-Medaille[7] ausgezeichnet worden war, ist alles ganz anders gewesen. Waren bei Frau Immermann die Rückbezüge auf die Jugend in unausgelebten Gefühlen gestaut, aber im Gedächtnis verschattet, so war dieser Hintergrund bei Frau Igel noch sehr lebendig und alles weitere nur von ihm her zu verstehen. Sie hatte nämlich eine schlechte Jugend und erinnert sich noch genau ihrer Begrenzungen und Demütigungen. 1923

7 Die Clara-Zetkin-Medaille wird verliehen «für hervorragende Verdienste a) beim Aufbau des Sozialismus in der DDR, b) um die Erhaltung des Friedens, c) in der Frauenarbeit bei der Entwicklung des sozialistischen Bewußtseins der Frauen und bei der Verwirklichung der Gleichberechtigung der Frau».

wurde sie in einem Erzgebirgsstädtchen geboren, wo ihr Vater als kommunistischer Betriebsrat die schlecht bezahlten Textilarbeiter in der Fabrik vertrat. Ihre beiden älteren Brüder sind schon als kleine Kinder an Krankheiten gestorben, die auf Unterernährung hinweisen; Selma weiß nur aus den Erzählungen ihrer Mutter von ihren Geschwistern. Sonst erwähnt sie die Mutter kaum, die auch in die Textilfabrik arbeiten ging und unpolitisch war. Daß ihre Mutter offenbar die Lebensfähigkeit der Familie aufrechterhielt, erinnert sie weniger als ihren Vater, dessen politische Gesinnung ihr Geschick bestimmte. Als Selma zehn Jahre alt war, wurde er 1933 entlassen und blieb als Politischer arbeitslos, bis er 1939 eingezogen wurde. 1948 kam er unterernährt und mit einer gebrochenen Wirbelsäule aus der französischen Kriegsgefangenschaft wieder. Er mußte lange liegen und kannte nur noch ein Ziel: ‹Nie wieder Krieg!›

Mit ihm wurde sie schon als Kind identifiziert und lernte deshalb früh ein «hartes Leben» kennen. In der Schule wurde sie vom Rektor und vom Hausmeister als ‹Kommunistenkind› beschimpft und tyrannisiert. Trotz guter Leistungen durfte sie nicht auf die höhere Schule und bekam auch keinen Lehrvertrag, der mit einem Handwerksmeister am Ort schon problemlos ausgehandelt war; das Arbeitsamt verweigerte seine Zustimmung und schickte sie mit 15 Jahren in die Fabrik. Sie hatte schon mit zwölf Jahren das Arbeiten gelernt, als sie für 2 Mark 50 die Woche beim Bäcker Kindermädchen spielte und dort Essen bekam. 1937 kam sie als Angelernte in eine Textilfabrik, die Unterhosen für die Wehrmacht herstellte, und mußte die Fehlstücke ausbessern. Der Besitzer war Jude und floh «nach dem Rummel mit der Judenverfolgung» wohl 1938; danach wurde der Betrieb ‹arisiert›. Sie hatte aber Glück, denn sie bekamen einen ‹sehr humanen› Geschäftsführer.[8] Nach dem Arbeitsdienst, den sie bei Bauern an der Waterkant und in einer Pulverfabrik in Hamburg absolvierte, entzog sie sich der Anwerbung als Marinehel-

8 Mit der Arisierung, über die Frau Igel ohne Teilnahme berichtet, verbindet sie merkwürdige Fehlcodierungen: Der jüdische Besitzer habe eine Frau in Brasilien gehabt und habe dann «weggemacht». Das ist in der DDR der volkstümliche Ausdruck für das, was die Staatsorgane als ‹Republikflucht› bezeichnen. Die Arisierung des Betriebs bezeichnet sie als «Umwandlung in einen Privatbetrieb».

ferin oder als Wachpersonal in SS-Lagern und wurde 1942 im Erzgebirge kriegsdienstverpflichtet. Wieder arbeitete sie in einem Textilbetrieb, offenbar einem kleineren, den sie unter Hinweis auf die Pflicht zur strikten Einhaltung der Arbeitszeiten «Privatbetrieb» nennt und sich ihrer Angst vor dem barschen Chef erinnert, wenn er durch den Raum ging, die Arbeit beaufsichtigte und hinter ihr stehen blieb.

Zwei Jahre später lernte sie bei einer der seltenen Gelegenheiten zum Tanzen einen Soldaten auf Heimaturlaub kennen. Er war nicht jener Mann ihrer Träume, der «attraktiv aussehen und Bildung für Gespräche» haben sollte; aber er hat ihr schon gefallen. Jedenfalls war sie gleich schwanger, aber dreimal mußte der Hochzeitstermin verschoben werden, weil er keinen Fronturlaub bekam. Aber noch 1944 hat es dann doch geklappt, ob vor oder nach der Geburt ihrer Tochter, ist nicht ganz klargeworden.

Da in der Nähe ein neues Automobilwerk lag, haben sie und ihre Mutter viele Nächte bei Fliegeralarm im Keller zugebracht, und als sie selber ein Kind hatte, kam sie gar nicht mehr aus den Kleidern heraus. Der Betrieb hat die britischen Bomber heil überstanden und wurde dann von den Sowjets demontiert. Den Angriff auf Dresden im Februar 1945 hat sie mit dem Baby auf dem Arm aus 40 km Entfernung miterlebt, der feuerrote Himmel in der Nacht hat ihr einen lebenslangen Schrecken versetzt. In den letzten Kriegswochen konnte man wegen der Tiefflieger kaum noch aus dem Haus. Später hat sie gehört, daß ihr Vater damals nur wenige Kilometer entfernt bei den deutschen Truppen stand, die sich aus Rußland zurückgezogen hatten. Als die Russen dann einmarschierten, ein Trupp Reiter vorweg, und die meisten deutschen Frauen Reißaus nahmen, hatte sie keine Angst und stand an der Straße, denn sie habe ein gutes Gewissen gehabt. Es sei auch nichts passiert, auch nicht mit den nachfolgenden Besatzungstruppen, die nur mit den Behörden und nicht mit der Bevölkerung Kontakt gehabt hätten. Ihr Mann kam schon im September 1945 aus dem Krieg zurück, allerdings mit erfrorenen Beinen, die ihm anfangs abgenommen werden sollten. Angesichts seiner Jugend habe man aber versucht, ihn so durchzubringen. Er mußte lange liegen und konnte dann jahrelang nur humpelnd gehen; auch die Herzbeschwerden sind geblieben. Anfangs fand er keine Arbeit und war kaum berufsfähig, aber dann bekam er doch eine Anstellung im Büro für 200 Mark im Monat. Sie wohnten jetzt in einem Zimmer bei den Schwiegereltern im Vogtland, waren froh, den Krieg überwunden zu haben, und wollten ein neues Leben aufbauen. 1946 kam das zweite Kind, wieder eine Tochter.

Selma Igel machte Blusen in Heimarbeit, jeden Morgen, solange die Kinder noch ruhig waren, schaffte sie eine. Das brachte die Miete von 30 Mark, als sie 1947 endlich eine kleine Wohnung gefunden hatten und von den Schwiegereltern loskamen. Der Mann wollte unbedingt einen ‹Stammhalter›, also kam 1949 das dritte Kind und wurde tatsächlich ein Junge. Als der in den Kindergarten gehen konnte – die Töchter waren schon in der Schule –, begann Frau Igel als Verkäuferin sechs Stunden am Tag in Wechselschicht in einem Lebensmittelgeschäft der HO zu arbeiten, weil sie wieder unter Leute wollte und man Geld für die Anschaffungen brauchte. Sie selbst achtete besonders auf die schulische Ausbildung der Kinder, die sie in ihrer Jugend hatte abbrechen müssen. Die älteste Tochter – sie war damals neun – habe viel im Haushalt und bei der Beaufsichtigung der Kleinen geholfen. Als 1959 noch ein ungeplantes Kind kam, wieder ein Sohn, sei er praktisch von seiner ältesten Schwester aufgezogen worden. Sie ging in die 10-Klassen-Schule und machte dann eine kaufmännische Lehre; heute ist sie Ingenieur. Die zweite wurde zuerst Friseuse und später Buchhalterin in einem Kombinat. Und die Jungen haben beide studiert und gute Stellungen als Physiker in der Forschung und als Jurist in der Verwaltung. Wo, sagt sie nicht, aber sie spricht ausführlich darüber, was ihr ihre Erziehungsarbeit bedeutet.

Du hast ja immer versucht, daß aus deinen Kindern mal was wird. Nicht, daß du gesagt hast, ach die Kinder gehen mich nichts an, erst komm ich einmal dran. Da hab ich immer versucht, daß ich mit meinen Kindern immer schön Schularbeiten gemacht hab. Das hat mir auch Spaß gemacht. Das hab ich eigentlich bis zum Schluß gemacht, solang ich noch konnte. Ich hab auch noch meinen jüngsten Sohn, wie der das Abitur gemacht hat, abgehört. Ich hab zwar nischt verstanden.

I.in: Sie hatten selber die normale 8-Klassen-Schule?

Ich hab mich mit allem – ob das nun ‹Klammer auf, Klammer zu, Pi› oder was war – ich hab alles versucht, mir das ein bissel mit anzulernen, wenn's auch manchmal nicht so ging, wie ich das gewollt hab. Ich hab immer ge-

dacht, es ist gut, wenn du dich ein bisserl mit rein versetzt, damit du deinen Kindern gut helfen kannst. Und das ist auch immer zum Vorteil gewesen. Zu meinem Vorteil und zu meinen Kindern der Vorteil. Ich hab mich auch dann, als meine Mädchen größer wurden, viel unterhalten und wollte für sie immer sein wie eine Mutter, aber auch gleichzeitig eine Freundin, die ihre Probleme mit begreift.[9] ...Ich hab auch immer gesagt: seid fleißig in der Schule. Wenn ihr das nicht seid, das bereut ihr eines Tages mal. ...Ich hätte gerne was gelernt und ich konnt's nicht lernen. Und ihr habt die Möglichkeit, macht aus eurem Leben was. Das war immer wichtig. Das sagen sie heute noch: Du hast immer gesagt: Lernt, lernt, lernt und lernt noch mal. Man kann nicht genug lernen. Das, was mir nicht geboten wurde, habe ich immer versucht (ihnen zu geben). Ich konnt ja nicht noch einmal sagen, ich fang an zu studieren. Da hatt ich doch drei Kinder, da konnt ich das nicht mehr machen. Ich hab zwar versucht, hier und da noch ein bissel was dazuzulernen; aber nicht mit drei Kinder. ...Ich hab auch nicht zu meinen Söhnen gesagt, ihr müßt studieren. Sie haben's gewollt. Und ich mein, wir helfen euch dazu. Schulgeld mußten wir nicht zu bezahlen, und das Studium ist frei gewesen. Und unterstützt haben wir sie jederzeit. Wenn ich weiß, daß mein Sohn studiert, muß ich auch meine Kinder unterstützen, damit meine Kinder auch sagen: 's Lernen macht mir Spaß. Das hat jeder gemacht, und heute sind sie uns dankbar. Und es hat also jeder aus seinem Leben etwas gemacht.
I.in: Und das ist ja auch Ihr Verdienst.
Das ist mein Verdienst die ganzen Jahre gewesen. Und das wissen'se auch zu schätzen. Das wissen sie ganz genau. Sie sagen immer: Mutti, wenn du nicht gewesen wärst. Du hast soviel entbehrt. ...Also ich hab sehr dankbare Kinder. Und jeder, der meine, der unsere Kinder kennt, sagt, also du kannst wirklich stolz auf deine Kinder sein. Aus jedem ist etwas geworden. Und ich hab sie auch gut erzogen, auch die Achtung vor dem Alter, also von früh an. Also das hab ich immer gemacht. Ich mein, es ist auch keiner frech geworden und keiner mir übern Mund gefahren. Das traut sich heut noch keiner.
I.in: (lacht)
Wirklich keiner. Also das gibt's nicht. Ich bin immer noch die Mutti, na? Immer noch die Mutti und die Mutti. Und das ist eigentlich eine schöne Entwicklung. Das, was mir verlorengegangen ist, haben unsere Kinder. Ja, was woll'n Sie denn mehr im Leben?

---

9 Auf Nachfrage betont sie später, daß das Verhältnis zu ihrer Mutter ganz anders, distanzierter war, und daß sie sich als junges Mädchen mit ihren Sorgen an andere Personen habe wenden müssen.

Der Stolz, den Frau Igel hier so ausführlich und plastisch artikuliert, ist in meist schlichteren Andeutungen der Stolz einer Generation von Arbeiterkindern des Kaiserreichs und der Zwischenkriegszeit. Daß Wissen Macht bedeute, hatten schon die politischeren unter ihren Eltern gewußt, aber deren Kinder konnten es nur selten im ersten Anlauf erwerben; die Klassen-Schule, in der man nur mit Geld über die Schulpflicht hinaus aufrücken konnte, und der familiäre Zwang zum frühzeitigen Mitverdienen der Kinder hatten das verhindert. Wenn das Wissen um die Macht des Wissens mit den Gründen seiner Verweigerung zusammenfiel, wie bei Selmas Sippenhaft für ihren kommunistischen Vater, waren der Widerspruch und der Antrieb, ihn unter veränderten Bedingungen zu überwinden, besonders groß. Die Übertragung der Hoffnungen auf die Kinder war in dieser Generation fast allgemein, aber der Einsatz dafür war unterschiedlich. Bei Frau Igel, die unter ihren eigenen Schranken litt, war er offenbar sehr bewußt und groß. Daß dabei alle mithelfen und auch die Kinder bereits ‹Haus- und Beziehungsarbeit› leisten mußten, entspricht den Zwängen und dem Pragmatismus ihrer Herkunft. Ebenso daß die Mutter dabei autoritär vorging und mit Genugtuung feststellt, daß niemand von denen, die sie mit ihrer eigenen Hilfe überholt haben, undankbar und aufmüpfig geworden sei. Daß sie zugleich alle Bezugspersonen der Kinder in die Familie holen und um sich als Zentralinstanz versammeln und auch die «Freundin» ihrer Kinder werden wollte, entspricht dem Umbruch zu jugendgemäßen Erziehungsstilen in ihrer Generation und der Durchsetzung der Kleinfamilie in der Arbeiterschaft in den vierziger und fünfziger Jahren quer durch die politischen Lager. Daß sie den Instanzen dankbar ist, die in eben diesen Jahren durch eine frühe Bildungsreform den Zugang ihrer Kinder zum Wissenserwerb frei gemacht haben, kann man erwarten. Aber wo ist der Vater? Und wo bleibt sie, nachdem diese Erziehungsinvestitionen getätigt sind? Hat sie nur an Weihnachten dankbare Kinder?

Die erste Frage ist schwer zu beantworten. In der Tat wird der Vater in dieser ganzen Operation zur Transformation einer Arbeiter- in eine Akademikerfamilie nicht erwähnt. Nur an einer summierenden Stelle im zitierten Text wird der Vater wenigstens im zweiten

Anlauf in das Recht einbezogen, auf das Fortkommen der Kinder stolz sein zu können. Das Rätsel des ausgeblendeten Vaters könnte unterschiedliche Auflösungen haben. Zunächst müssen wir in Rechnung stellen, warum uns Selma Igel als einzige unserer Interviewten ihren Namen nicht nennen wollte. Im Interview hat sie kurz erwähnt, das sei wegen ihres Manns und seiner Stellung geschehen. Er war ursprünglich kaufmännischer Angestellter und ist später in die Bezirksstadt aufgestiegen. Wohin, hat sie uns nicht verraten. Ein besonders hohes Tier dürfte er schwerlich geworden sein, sonst würde seine Frau kaum als Warenausgeberin in einer Fabrik arbeiten oder so ungeschickt sein, sich unter den Kolleginnen mit besonderer Geheimnistuerei bloßzustellen. Besondere Geheimnistuerei deutet nach unserer Erfahrung in der DDR stets entweder auf die Partei oder auf die sog. bewaffneten Organe. Nehmen wir also einmal an, ihr Mann sei ein mittlerer Bürokrat im Parteiapparat oder bei der Stasi oder so etwas ähnliches geworden. Dann hätte sein Einfluß möglicherweise hinreichen können, den Aufstieg seiner Kinder zu erleichtern, aber schwerlich über sein eigenes Niveau hinaus. Aber schon die Berufsbereiche der Kinder – Technik, Buchhaltung, Physik und Jura – sprechen dagegen, daß das viel erklären könnte, denn sie gehören, vielleicht mit der Ausnahme des letzten, alle nicht zu den politisch begehrtesten oder durch Patronage wesentlich verkürzbaren Laufbahnen. Auch spricht gegen eine wichtigere Rolle des Vaters in der Erziehung und Förderung der Kinder, daß es Frau Igel, einer einfachen Frau, in einer stundenlangen Schilderung gelingt, das Bild einer perfekt mutterzentrierten Familie zu entwerfen und ihren Mann dabei auch nicht ein einziges Mal zu erwähnen. Doch, einmal, weil die Familie nämlich 1966 in die Bezirksstadt umzog, wo ihr Mann eine bessere Stelle bekommen hatte. Ich denke, unsere Annahmen werden nur dann schlüssig, wenn wir unterstellen, daß Herr Igel ein mittlerer Bürokrat wurde, die Stammhalter bei der Entscheidung für eine höhere Bildung unterstützte und sich ansonsten aus der Familie heraushielt; politische Geheimaufgaben sind dabei immer ein besonders guter Grund, besonders, wenn die Frau sie für so wichtig und schützenswert hält wie Frau Igel.

Wir können also den Mann beiseite lassen, außer vielleicht in einem Punkt, wo es um die Erklärung der in einigen Äußerungen etwas forcierten Partei- und Staatstreue von Frau Igel geht. Sie ist 1948 in die SED eingetreten und seither immer ohne Funktion geblieben. Das könnte aus Treue zu dem im selben Jahr aus der Kriegsgefangenschaft heimgekehrten Vater geschehen sein. Sie erwähnt das allerdings nicht, berichtet jedoch von ihren damaligen Erwägungen:

Wenn ich kann, tu ich mich wieder so organisieren, wie ich als Kind erzogen bin.

An anderer Stelle hatte sie jedoch erwähnt, daß der Kommunismus ihres Vaters ihre Kindheit zwar als Diskriminierungsschicksal überschattet, aber als Erziehungsinhalt weniger erreicht habe.

Und so direkt beschäftigt hab ich mich mit meinem Vater, seinem ganzen Zeug gar nicht so als Kind. Ich hab das zwar mitbekommen, aber das ist am Rande immer so vorbeigelaufen. Gell. War nicht so in dem Maße. Vielleicht.

Sie selbst gibt an, sie sei damals als Heimarbeiterin und Hausfrau von «einer älteren Frau» für die Partei geworben worden, die gleich mit den entsprechenden Stellen gesprochen habe, und sie habe sich dann gesagt:

Warum nicht? Warum soll ich nicht helfen beim Aufbau unseres Staates?

Man kann sich überzeugendere Überlegungen für den Eintritt in die Partei denken, vor allem zu einem Zeitpunkt, an dem die SED noch gar nicht vom Aufbau eines eigenen Staates sprach. Man könnte sich auch denken, daß sie wie viele mit in die Partei ging, als es der berufliche Weg des Mannes angeraten sein ließ, zumal von ihrer häuslichen Erziehung her nichts dagegensprach. Wie dem auch sei, eine Parteiaktivistin wurde Frau Igel nicht, aber sie identifiziert sich überdurchschnittlich mit der DDR. So hatte sie z. B. ihre erste Vorstellung mit den Worten beschlossen:

Ich muß sagen, ich bin *sehr* zufrieden mit der Entwicklung meiner Kinder. Und ich selbst habe mich auch entwickelt und habe mit 50 Jahren dann noch einmal den Facharbeiter gemacht, als Textiltechniker, und hatte dann die Möglichkeit, mich zu qualifizieren, vom Fabrikarbeiter zu 'ner – ich mein, es ist keine hohe Funktion – aber zu 'ner lei- (sie wollte sagen: leitenden Stellung, aber stockt), daß ich sagen kann, ich bin jetzt Warenausgeberin und hab dort eine gewisse Stellung, wo ich eben auch ein paar Leute so unter mir habe, was mich sehr befriedigt und was mir Freude macht. Das bin ich heute noch. Ich bin seit drei Jahren Rentnerin. Und ich muß Ihnen ganz ehrlich sagen, ich arbeite nicht um des Geldes willen, sondern mir macht meine Arbeit Spaß. Und ich fühle mich noch wohl, gesundheitlich bin ich noch auf der Höhe. Das ist heute maßgebend. Und deshalb habe ich noch gearbeitet und hab gesagt, solange ich meine Kraft unserem Staat zur Verfügung stellen kann, mach ich das. Und da wir alle Möglichkeiten in unserem Staate haben, bin ich sehr dankbar, daß ich alles das, was ich jetzt so bin, geworden bin, durch unseren Staat – da freut mich das. Und das werde ich auch weiterführen.

Nach ihrer ohne eigenes Zutun politisch diskriminierten Arbeiterjugend und ihren Erziehungsbemühungen um die Kinder, die gesellschaftlich über sie hinauswachsen sollten, schlägt Frau Igel mit diesen Worten das dritte Kapitel ihres Lebens auf: ihr Selbstbewußtsein in einer Berufsgesellschaft. Dort galt sie, als sie mit ihrem Mann in die Bezirksstadt kommt, nämlich nichts. Weil sie keine Stelle als Verkäuferin bekommt, versucht sie es wieder in der Textilindustrie. Sie wird an eine Maschine gestellt und soll die herauskommende Strickware abtrennen und auf Fehler prüfen. Mit 45 Jahren ist sie wieder da, wo sie mit 15 Jahren angefangen hatte. Als sie am ersten Tag nach Hause kommt, sagt sie:

In dem Betrieb bleib ich nicht.

Aber als wir sie sprachen, war sie schon über 20 Jahre dort. Sie erzählt, daß sie ehrgeizig war und ihrem Mann, der gerade aufgestiegen war, nicht nachstehen wollte. Deshalb nimmt sie das Angebot für ältere Textilarbeiterinnen wahr, die Gesellenprüfung in einem einjährigen Schnellkurs nachzumachen. Als Fünfzigjährige hatte sie vor den Prüfungen Angst, aber alles ging glatt, und dann hat sie sogar über die Jahre eine Position bekommen, in der sie eine kleine Unterabteilung, in der die Ware für den Versand vorbereitet wird, leiten konnte.

Ich hab jetzt was, wo ich sagen kann, ich bin Facharbeiter. Wenn ich was auszufüllen und einzutragen hab, muß ich nicht schreiben: ohne Beruf. Und das war mein Ehrgeiz.

Zwei Jahre vor der Rente hat ihr Kollektiv sie ohne ihr Wissen für die Medaille vorgeschlagen. Sie legt Wert darauf, daß das mit der Partei nichts zu tun gehabt habe, denn mehrere, die mit ihr ausgezeichnet wurden, waren parteilos. Daß sie dahin gekommen ist, verknüpft die Mühen ihres Lebens mit dem Staat, in dem sie dieses Selbstbewußtsein doch noch gewinnen und dafür eine Anerkennung von unten und von oben erhalten konnte. Aber sie geht bescheiden mit dieser Auszeichnung um und hatte sie weder bei der ersten Vorstellung noch im Interview bis ganz zuletzt erwähnt, obwohl das doch für sie das Ereignis ihres Lebens war. Als die Interviewerin sie im Rahmen eines abschließenden politischen Gesprächs nach wichtigen nationalen und internationalen Ereignissen fragt, weiß sie dazu nichts zu sagen, außer daß sie – wie alle DDR-Bürger – den Frieden als höchstes Ziel und als Grundlage ihres Einverständnisses mit der Politik der Staatsführung unterstreicht. Aber plötzlich rückt sie damit heraus:

Also für mich war wichtig, ich habe eine sehr hohe Auszeichnung bekommen. Ich bin Trägerin der Clara-Zetkin-Medaille.

Als sie das gehört habe, habe sie weiche Knie bekommen. Für sie war das wie ein Traum. Reise nach Berlin, Empfang im Staatsrat, Vortreten, ein Handschlag des Ministerpräsidenten, der ihr – wenig erfindungsreich – sagte, sie solle so weitermachen. Aber für sie war es ein Auftrag, auch über die Rente hinaus.

Was hat sie, außer das Kollektiv zum Feiern einzuladen, mit den 2500 Mark des Preises gemacht?

Ich will ehrlich sagen: ich hab das Geld genommen, um mir einen Fernseher noch mit zu kaufen. So einen japanischen Fernseher.[10] Und da haben wir uns das dann zusammengetan und hab'n gesagt, wenn wir's nicht hätten, könnten wir uns das auch nicht leisten, und so ham wer's. Da hab ich immer meine Freude dran. Da sag ich: und das kleine Stückchen da dran ist meines.
I.in: Und das ist nun die Clara-Zetkin-Medaille.
Und die kleine Ecke, die gehört mir.

---

10 Japanische Fernseher sind in der DDR zwar sehr teuer, aber wegen der besseren Bildqualität besonders begehrt, und auch weil man sie ohne Zusatzeinrichtung von Ost- auf Westempfang umschalten kann.

Vereinigung der Einsamkeit

Ehepaar Norma und Norbert Hölscher, Fürsorgerin und Techniker, 64 und 73 Jahre

Dies ist eine Liebesgeschichte, auch wenn man es nicht gleich merkt.

Er, Norbert, ist klein, fast schmächtig, dürr mit eingefallenem Gesicht und schütterem Haar, das aber immer noch dunkel ist. Trotz manchmal wieder aufflackernder Lungenkrankheit und Herzasthmas läßt er sich das Rauchen von mindestens 30 Zigaretten echten DDR-Krauts täglich nicht verbieten.

Sie, Norma, ist etwas größer, etwas schwerer und raucht etwas weniger als er, was heißen soll: Sie ist auch eher klein und raucht mindestens 20 Zigaretten pro Tag. Ihr Gesicht ist voll, ihre Stimme ist äußerst einnehmend. Sie ist der aktivere Teil der Ehe nicht nur im Haushalt.

Ihre Adresse bekamen wir über die evangelische Kirche, obwohl sich herausstellte, daß sie dort nicht sehr aktiv sind. Nach meinem ersten Versuch, zu einem Interview mit ihnen zu kommen, erbat sie sich für beide Bedenkzeit. Nach einer Woche hatte sie sich inzwischen nicht nur beim Superintendenten über uns erkundigt, sondern sich auch weitgehend in unsere Veröffentlichungen eingelesen, die sie sich von ihm hatte geben lassen. Nach der Lektüre hielt sie unsere Methode und das Ziel dieser Untersuchungen gerade für ihre Generation, die sowohl den Nationalsozialismus wie die DDR erlebt hatte, für unbedingt erforderlich und beschloß für beide, sich uns mit Ehrlichkeit und Engagement «zu stellen». Schon diese Vorarbeit ist nahezu einmalig in unseren Untersuchungen gewesen. Und in dem Interview hielt sie ihre Vorsätze auch mit seltener Offenheit durch.

Bis auf die ersten 20 Minuten seiner frei erzählten Lebensgeschichte haben sich beide – bewußt – jeweils allein interviewen lassen.

Soweit zur Vorgeschichte. Nun zu ihren Biographien, die zunächst mit Trockenheit und Distanziertheit erzählt werden.

Norbert Hölscher wurde 1914 als viertes und jüngstes Kind eines Stadtkassierers und seiner Frau geboren, die gelernte Blumenbinderin und nach der Hochzeit ausschließlich Hausfrau war. Er war gerade drei Jahre alt, als der Vater starb – nicht, wie man annehmen könnte, «im Felde» des Ersten Weltkriegs, sondern an einem Herzschlag zu Hause. Seine Mutter mußte sich dann mit den vier Kindern durchschlagen, ausschließlich von der Pension und dem Kindergeld lebend, das damals nur bis zum 16. Lebensjahr gezahlt wurde. Deshalb mußten die älteren Schwestern früh nach der Volksschule aus dem Haus, um die Mutter zu entlasten und Kostgeld abliefern zu können.

Ebenso wie sein Bruder konnte Norbert Hölscher demgegenüber nach der Volksschule die Oberrealschule besuchen, von der er aber 1928 in der Untertertia nach acht Schuljahren abgehen mußte. Seine beiden Schwestern machten eine Lehre als Schneiderin bzw. als «Kaufmann»; der ältere Bruder absolvierte die Untersekunda mit der Mittleren Reife, wurde Bauingenieur und bekam eine Stelle bei der Reichsbahn.

Norbert lernte «als Maschinenzeichner» bei einer großen Firma und schloß diese Lehre 1932 erfolgreich ab. Danach war er ein halbes Jahr arbeitslos, lag auf der Tasche der sowieso am Existenzminimum lebenden Mutter und der zwölf Jahre älteren berufstätigen Schwester, stieg deshalb beruflich um und arbeitete in verschiedenen Tätigkeiten bei einer Beleuchtungsfirma oder als Dreher in einigen Firmen oder auf Montage, ehe er 1935 – dank der aufblühenden Rüstungsindustrie – wieder Arbeit in seinem erlernten Beruf bei einem Waffenkonstruktionsbüro fand.

1937 trat Norbert Hölscher in die NSDAP ein, was er allerdings bis zum Zeitpunkt unseres Interviews in der DDR verschwiegen und deshalb dort keine Schwierigkeiten hatte, ganz im Gegensatz zu seinem Bruder, der als Bauingenieur bei der Reichsbahn in die NSDAP gegangen war und 1945 sofort entlassen und zur Schwerarbeit in die Wismut (der sowjetischen Uran-Bergbau-AG in der SBZ) geschickt wurde; dort brauchte man jedoch qualifizierte Fachkräfte, so daß er bald wieder in seinem Beruf als Bauingenieur eingesetzt wurde, ehe man ihn 1961 beim Mauerbau als unzuverlässig einstufte und er für eine kurze Zeit seine Stelle verlor.

Zum Militärdienst mußte Norbert Hölscher zunächst nicht; er führt das nicht nur auf sein Alter zurück, sondern auf die Folgen eines Arbeitsunfalls. 1940 wurde er dann doch eingezogen und war sowohl an der West- wie an der Ostfront und kam bis 25 Kilometer vor Moskau, bis genau an jene Stelle, an der heute bei der letzten U-Bahn-Station das Kriegsdenkmal aus Panzersperren steht; allerdings hatte er «Glück gehabt», er wurde nämlich nahezu ausschließlich als Stabszeichner und Kartenauswerter eingesetzt. 1945 geriet er in sowjetische Kriegsgefangenschaft, wo er in einer großen Fabrik zusammen mit 3000 anderen deutschen Kriegsgefangenen arbeitete, schwarz handelte und manch «Inhumanes» erlebte. Sein Chef dort war ein Jude, der streng, aber gerecht war, ihn auch über die Verbrechen der Nazis an den Juden aufklärte. Dessen Berichten habe er aber damals noch nicht glauben wollen; das kam erst sehr viel später mit den Fernsehbildern sowohl über die Juden wie über die deutsche Militärpolitik der verbrannten Erde in der Sowjetunion. Hätte er schon während der Gefangenschaft solche Berichte ernst genommen, hätte er ein schlechteres Gewissen gehabt. Den jüdischen Chef habe er sehr geschätzt:

Dessen Frau haben sie aufgehangen in Charkov, und sein Bruder ist im Krieg gefallen. Aber einen humaneren Menschen als diesen kann ich mir überhaupt nicht vorstellen. Der hat immer zu uns gesagt: «Ihr armen Landser, ihr konntet ja nichts dafür, ihr mußtet ja auch.» Hat sich sehr für uns eingesetzt, war vielleicht ein bißchen unkameradschaftlich, aber er habe sie immer vor gefährlicher Arbeit bewahrt. Für diese Haltung war ihm Norbert Hölscher offensichtlich dankbar. Aus der Gefangenschaft kehrte er erst 1948 durch die Hilfe einer russischen Ärztin, die den kränkelnden jungen Mann betreute, zurück.

Im Krieg beginnt auch das *erste Kapitel* seiner beiden Ehen:

1942 habe ich mich verlobt, 1943 geheiratet. Ich muß dazu sagen, daß zwischen der Verlobung und der Heirat meine Schwiegermutter starb, und das hat die Familie ein bißchen (durcheinandergebracht). Und meine Mutter ist einen Monat, nachdem ich Soldat war, gestorben. Da hat dann meine Schwester die Drei-Zimmer-Wohnung genommen; und ich konnte da immer während meines (Front-)Urlaubs unterkommen. Aber mit der Heirat habe ich bei meiner Frau im Brauereiviertel gewohnt.

In diesem Haus wohnten außer seiner Frau nach dem Tod der Schwiegermutter der nun alleinstehende Schwiegervater und eine weitere Familie, die nach ihrer Ausbombung dort in das Dachgeschoß aufgenommen worden war. Diese Familie bestand aus einer Mutter und einem Sohn mit Ehefrau.

Und das war eine Dachwohnung, und da war nie viel Platz. Aus dem Grunde ist der Ehemann, also der Sohn von der ausgebombten Mutter, ins erste Geschoß zu meiner Frau gezogen. Der hat dort gelebt. Und das hat sich dann so ausgewirkt, daß der dann bei meiner Frau mit abends – gegessen hat und so weiter. Und mein Schwiegervater ist dann abends oben raufgegangen, weil die Frau wieder fünf Jahre älter war wie ihr richtiger Mann. Verstehen Sie?
I.: (lacht) Also, ich glaube, ich komme jetzt langsam durcheinander.
Er: Also, der Schwiegervater ist abends zu der Frau, wo der Mann abends bei meiner Frau schlief, nicht.
I.: Ihr Schwiegervater?
Er: Ja.
I.: Es gab sozusagen einen Männertausch?
Er: Ja.
I.: Also: Ihr Schwiegervater ging zu der Frau rauf, und deren Mann kam runter zu Ihrer Frau?
Er: Ja.
I.: Das war aber auch allen klar, ja? Das wußten alle?
Er: Das wußten alle bis auf mich. Ich habe es ja erst nach dem Krieg erfahren.

Die Geschichte war für mich deshalb zunächst so unverständlich, weil Herr Hölscher, ohne von seiner Frau, der Verlobung, der Hochzeit und ihren Verhältnissen im Krieg berichtet zu haben, als erstes von den gefährlichen Liebschaften in seinem Haus in jener Zeit erzählte, in der er selbst noch in Gefangenschaft war.

Mein Unverständnis bringt ihn aber nicht durcheinander. Er geht nicht zurück in der Chronologie dieser Ehe, sondern bleibt weiter in der Logik seiner begonnenen Heimkehrer-Episode.

Wie ich dann 1948 zu Ostern wieder zurückkam, da ging mir schon ein bißchen ein Licht auf. So recht mißtrauisch war ich nicht, aber ich kam hier am Bahnhof an und kam erst in D. in Quarantäne. Dadurch hat sich das verzögert, und ich kam also einen Tag später an als angemeldet. (Erwartungsvolle kleine Pause) Nun, normalerweise, wenn da eine Ehefrau Nachricht von ihrem Mann kriegte, daß er aus der Gefangenschaft kommt, dann ist sie auf dem Bahnhof. Aber bei mir war niemand da. Es war aber einen Tag später.
I.: Ja eben, es war ja einen Tag später. Das ist ja noch erklärbar.
Er: Ja, das ist noch erklärbar. Na, da habe ich vom Bahnhof beim Roten Kreuz angerufen, wo sie arbeitete. Dazu muß ich sagen, sie hat bei ihrem Onkel gearbeitet, hat mir aber auch am Telefon gleich gesagt, daß sie heute abend etwas anderes hätte: «Das verstehst du nicht, da kriegt man auch nicht so ohne weiteres frei.» Hat mir aber ausdrücklich noch am Telefon gesagt: «Hol mich ja nicht von der Arbeit ab, geh heim und geh rauf zu der Frau, die hat einen Schlüssel.» Und die kam mit hoch und hat mir Kaffee gekocht, und was anzuziehen war da. Und dann habe ich gewartet, bis die Frau kam. Na ja, das ist, wenn man sich nun jahrelang nicht gesehen hatte, das erste Wiedersehen mit Glatzkopf und so, ist nicht gerade überwältigend. Sie sagte: «Das kommt ein bißchen plötzlich. Du mußt mir Zeit lassen. Ich muß mich erst mit der Tatsache abfinden.» Das war ja nun vor Ostern. Also Gründonnerstag bin ich gekommen, dann kamen die Osterfeiertage. Den ersten Feiertag waren wir mit meiner Schwester zusammen... Den zweiten sind wir mit dem Freund, wenn ich das mal so sagen soll, in ein Kabarett gegangen... Und der dritte Feiertag, der brachte nun die Lösung, indem wir denn abends beim Abendbrot saßen, der hat ja unten mitgegessen. Mein Schwiegervater war oben. Hatten wir gewartet, bis der runter kam. Und jetzt muß ich dazu sagen, daß der Mann hier in der Gießerei tätig war und als Former dort gut verdient hat und hat, wie das in der sowjetischen Zone war, besondere Verpflegung gehabt. Kriegte zusätzlich Brot und brachte jeden Tag eine Aktentasche voller Briketts mit. Nun, nach dem Abendbrot sagte er

zu mir: «Nun, Herr Hölscher, Sie werden wohl gemerkt haben, daß zwischen Ihrer Frau und mir ein gutes Einvernehmen besteht. Und wir sind uns einig, wir wollen uns heiraten. Ich fordere Sie auf, in die Ehescheidung einzuwilligen. Wenn Sie das nicht machen, dann werden wir Sie hintergehen, wo wir nur können.» Das waren wirklich seine Worte. «Ist aber alles eingeleitet. Sie brauchen nur zu Ihrem Rechtsanwalt zu gehen, bezahlt habe ich das alles schon. Sie brauchen bloß einzuwilligen und die Scheidung zu beantragen.»

Herr Hölscher willigte dann ein, nur wegen ehewidrigen Verhaltens und nicht wegen Ehebruchs zu klagen.

Bei Ehebruch mußten sie, so war das wenigstens früher, ein Jahr warten, bis sie wieder heiraten durften, bei ehewidrigem Verhalten konnten sie sofort heiraten. Dem habe ich stattgegeben. Ich habe dann noch drei Wochen dort bei meiner Frau gewohnt.

Danach zog er wieder zu seiner Schwester, nachdem – «da hatte ich Glück» – eine Frau, die dort als Zwangseingewiesene wohnte, gestorben war.

Nun, das hat jetzt wieder nichts mit der Sache zu tun, aber meine erste Frau hat insofern Pech gehabt, daß vier Monate nach ihrer Heirat der Mann starb.
I.: Ah ja, und warum?
Er: Der hatte durch die Formerei auch eine TBC, eine Lungenkrankheit.
I.: Und hat sich denn Ihre Frau noch einmal an Sie gewandt?
Er: Nie, wir haben uns nie wieder getroffen oder gesehen.
I.: Hat denn Ihre Frau nicht mit Ihnen selbst darüber geredet?
Er: Wegen der Scheidung?
I.: Ja.
Er: Nein, das hat alles er übernommen. Freilich hat sie denn mal so getan: «Also, wollen wir es noch einmal versuchen?» – «Es hat gar keinen Zweck», sag ich, «du hast ja deinen neuen Mann, einen neuen Partner, mit dem du praktisch schon drei Jahre zusammenlebst, der wohnt in der Wohnstube, und der bringt dir auch alle zwei Tage drei Pfund Brot und jeden Tag zwölf Briketts. Ich habe noch nicht einmal Arbeit. Das Ding kann gar nicht laufen.»
I.: Ihre Frau wollte noch einmal mit Ihnen anfangen?
Er: Ehe ich zu dem Rechtsanwalt ging, da sagte sie: «Wie denkst du denn darüber und so?» Der war das auch ein bißchen hart, wie der das auf den Tisch gelegt hatte. Aber was sollte mir übrigbleiben? Ich konnte doch gar

nichts dagegensetzen. Wenn ich überlege: Ich habe 1943 geheiratet, dann hatte ich noch einmal Urlaub, dann war ich drei Jahre als Kriegsgefangener, und die haben schon drei Jahr lang zusammengelebt. War kein Versuch wert.

Nach dieser distanziert und nahezu unbewegt vorgetragenen traurigen Heimkehr-Geschichte frage ich noch einmal:

I.: Aber Ihre Frau wollte dann doch noch mal überlegen, ob man es versuchen sollte.
Er: Ja, da habe ich aber nicht gesagt: Versuchen wir es noch mal.
I.: Hat Sie das so stark getroffen oder weshalb?
Er: Das erstens, und dann die Zeiten nach dem Krieg waren so – betrogen, so betrogen. Zum Beispiel, die (die Schwester und ihre Familie), die sind immer zusammen hamstern gefahren. Ich bin einmal mit hamstern gefahren und nie wieder.
I.: Warum nicht?
Er: Weil ich kein Geschick dazu hatte.

Und schon ist Herr Hölscher bezeichnenderweise vom «Ehebetrug» zu den allgemeinen *«betrogenen Zeiten»* mit Hamstern, Organisieren und Kompensieren übergegangen; denn auch beim Hamstern hätte er betrügen müssen, wie dies alle getan hätten, und das konnte er nicht. «Also dachte ich: Lieber esse ich nichts.»

Ich habe auch nicht gebettelt, ich war nicht der Typ dazu. Meine große Schwester hat für unsere Familie gehamstert. Ich habe dazu beigetragen mit dem, was man eventuell versetzen könnte. Aber ich habe meinen Teil mitgekriegt. Die waren ja auch schon vier Personen, zwei Kinder und zwei Erwachsene, daß ich dann nicht als purer Bettler dastand.

Nach dieser Geschichte von der Heimkehr in eine Nachkriegszeit, in der sich Herr Hölscher kaum zurechtfand und sich dem Geschick der patenten älteren Schwester überließ, gehe ich zu den Anfängen seiner Ehe zurück und frage, wie er eigentlich seine erste Frau kennengelernt hatte.

Na, da muß ich sagen, das war eine ausgesprochene Kriegsheirat. Durch einen Soldatenbrief. Ich war ja beim Regimentsstab in Blois in Frankreich. Das ist eine schöne Stadt überdies, und da kam eben so ein Brief an einen Soldaten und der Absender(ort) war A. Und da sagt mein Oberfeldwebel:

«Ja, Hölscher, da schreibt eine aus A. (dem Heimatort von Herrn Hölscher). Willst du den haben?» Ja, und da habe ich mir den genommen, und dann haben wir uns durch Briefwechsel angenähert. Das erste Mal haben wir uns – also 1940 bin ich Soldat geworden, '41 war ich in Frankreich, dann kam ich von Frankreich urplötzlich weg nach Polen, nach Pommern, das war ein Ort Straußberg, Straußburg hieß er sogar. Von dort war ich das erste Mal auf Urlaub, und da habe ich sie das erste Mal getroffen, der Urlaub war im März 1941.
I.: Da haben Sie sie das erste Mal gesehen.
Er: Da habe ich sie das erste Mal gesehen. Und das zweite Mal dann '42, im Dezember. So lange hatte man da keinen Urlaub. Das war ja 18 Monate wegen dem Rußlandfeldzug nicht drin. Da habe ich sie das zweite Mal gesehen. Da haben wir uns verlobt, nach anderthalb Jahren Briefwechsel hin und her...
I.: So schnell haben Sie sich verlobt.
Er: Na ja, was heißt schnell? Das waren 18 Monate.
I.: Na ja –
Er: Bloß einmal gesehen, meinen Sie?
I.: Ja.

Sie seien nicht gleich beim erstenmal zärtlich geworden, was er danach für einen großen Fehler hielt; denn seine Frau hätte das erwartet, wie sie ihm «später auswies». Aber beim zweiten Urlaub?

Na freilich, wo wir uns dann verloben wollten oder verlobt haben. Und zwischen dem zweiten und dem dritten Urlaub starb die Schwiegermutter.
I.: Und wann haben Sie sich das nächste Mal gesehen?
Er: Na, 1943 im September. Da haben wir geheiratet.
I.: Also, Sie haben sich faktisch beim dritten Treffen verheiratet.
Er: Ja, das klingt ein bißchen absurd, aber – Nun, es ist, möchte ich mal so sagen, etwas unterstutzt – wenn ich meine Mutter oder gar Eltern gehabt hätte, dann hätte ich vielleicht nicht geheiratet, aber ich war doch allein, nicht wahr. Und da habe ich gesagt: «Deine Briefe werden zensiert. Deine Mutter ist nicht mehr da.» Ich sag: «Ich habe keine Eltern. In diesem Sinne wollen wir das nächste Mal heiraten.»

Und dann habe er seine Frau dreieinhalb Jahre nicht gesehen, bis zu seiner Heimkehr. Herr Hölscher kennt einige Fälle, die ähnlich gelaufen sind, besonders nach dem Kriege, als so viele Ehen kaputtgingen oder die Männer gefallen und Frauen bei Bombenangriffen umgekommen waren.

Und die wenigen Männer, da wurde sich beinahe draufgestützt. So hatte ich wenigstens den Eindruck gehabt.

Norma Hölscher, seine jetzige Frau, war in der gleichen Stadt wie Norbert Hölscher geboren worden, aber sie kannten sich nicht; außerdem war sie acht Jahre jünger, also Jahrgang 1922. Ihr Vater war städtischer Beamter an einem Krankenhaus, in dem ihre Mutter als Krankenschwester bis zur Geburt der Tochter gearbeitet hatte. Sie ging zur Volksschule, dann zur Mittelschule, die sie 1938 mit der Mittleren Reife verließ. Im gleichen Jahr «stieg» sie aus dem BDM «aus», in dem sie nicht gerne gewesen war, weil ihr dort immer alles vorgeschrieben wurde. Dann begann sie eine Handlungsgehilfen-Lehre bei einer großen Tageszeitung, nach deren Abschluß sie zum Arbeits- und als eine der ersten zum Kriegshilfsdienst mußte, wo sie in einer tschechischen Porzellanfabrik Isolatoren drehte. Bis 1945 blieb sie dann bei der Zeitung bzw. bei der Druckerei, bei der sie auch gelernt hatte. Diese Zeitung wurde zwar, wenn auch erst 1944, verboten bzw. der NSDAP-Zeitung angeschlossen; trotzdem wurde sie von der sowjetischen Besatzungsmacht und der neuen deutschen Regierung als «Kriegsverbrecherorgan» eingestuft und ihre Druckerei aufgelöst.

Von ihrer «großen Liebe» zu ihrem ersten Mann – sie ist heute in zweiter Ehe mit Norbert Hölscher verheiratet – erzählt sie im Zusammenhang ihrer Ausbildung:

Ich hätte ja gerne studiert, entweder Journalistik oder Medizin. Da meine Eltern doch schon verhältnismäßig alt waren und ich zum Zeitpunkt meiner Schulentlassung 1938 schon meinen Mann kannte, da hat mein Vater gesagt: «Also, mein liebes Kind, du mußt dich entscheiden. Entweder du heiratest oder machst das Abitur und studierst, dann wollen wir dir das auch in Gang bringen.» Denn es war ja so, daß ein Beamter mit Gütern nicht so reich gesegnet war. «Und du sagst in zwei Jahren nicht: Jetzt will ich heiraten, denn dann müssen wir für dich ja noch eine Aussteuer haben.» Das war ja alles anders als heute. Und da ich viel lieber geheiratet habe damals in meinen jungen Jahren und das Erstrebenswerte war, den Mann zu heiraten, da habe ich eben dann wenigstens in der Zeitung gelernt.

Heute, nach all ihren Erfahrungen in der Nachkriegszeit, bereut sie diese Entscheidung, aber damals kam sie ihr überhaupt nicht hart vor – im Gegenteil, sie hat sie ihren Eltern gegenüber durchgesetzt.

Ich würde grundsätzlich sagen, daß doch erst mal, vor allem beim Mann, der Beruf abgeschlossen sein muß.

Sie mußte bis zu ihrer Großjährigkeit, damals 21 Jahre, mit der Hochzeit warten, weil die Eltern dagegen waren: «Ohne Beruf nicht und im Krieg schon gar nicht.» Aber Norma wollte ihren Freund unbedingt heiraten.

Na ja, es spielen noch andere Sachen mit, die heute sicherlich überhaupt nicht mehr verständlich sind. Ich hätte mit meinem Mann nie unverheiratet zusammenleben können als Ehepaar – das, was heute gang und gäbe ist. Das wäre für uns beide unvorstellbar gewesen. Das war sicherlich einer der Gründe, weshalb wir gesagt haben, wir wollen heiraten und wir möchten verheiratet sein.
I.: Also unverheiratet zusammenleben heißt ja wahrscheinlich, daß Sie sich auch nicht hätten vorstellen können, in einem unverheirateten Verhältnis zusammenleben zu können?
Sie: Nein, nein.
I.: Also, das ist ja ein ziemlicher Widerspruch: einerseits der Berufswunsch, dann der Liebeswunsch –
Sie: – der (Berufswunsch) war begraben in dem Moment, wo mein Vater sagte: «Zwei Sachen gehen nicht. Du kannst nicht ein Studium kriegen und eine Aussteuer. Das geht nicht.»
I.: Heute hätte man wahrscheinlich gesagt: Na, dann lieben wir uns eben unverheiratet und studieren.
Sie: Das wäre nie in Frage gekommen. Das wäre nie in Frage gekommen.

Es sei zwar eine problematische Entscheidung gewesen, aber sie hätte eben unbedingt heiraten wollen. Sie habe gerne gelernt, sei gut in der Schule gewesen und habe gehofft mit ihren 16 Jahren, daß das nun immer weiter so ginge.

Auf der anderen Seite war der Mann, der für mich alles war. Und da war das Aufgeben für mich nicht so schwierig. Und ich habe das auch von der Seite meiner Eltern her eingesehen. Die hatten erstensmal noch einen Sohn (*der hier im Interview zum erstenmal eingeführt wird*) – und es war ja seinerzeit auch so, daß der Sohn, das Weiterkommen des Sohnes als wichtiger angesehen wurde als das des Mädchens. Und dann wußte ich genau, daß das ein schweres Opfer für meine Eltern gewesen wäre: Es war ja früher so, Heiraten ohne Aussteuer war unmöglich, zumal mein erster Mann auch aus solchen Verhältnissen stammte, wo das erwartet wurde.

Ihren ersten Mann kannte sie bereits von Kindesbeinen an; seine Familie wohnte gegenüber. Als er das Abitur machte und mit dem Studium der Wirtschaftswissenschaften begann, war sie mit der Schule fertig und fing ihre Handlungsgehilfenlehre an. In der gemeinsamen Tanzstunde ergab sich dann das, was «eigentlich unterschwellig schon längst fällig war».

Sofort mit Kriegsbeginn wurde er als Student im zweiten Semester eingezogen. Sie hat ihn selbst zum Bahnhof gebracht.

Furchtbar, furchtbar war das. Also wenn ich, auch heute noch, wenn ich auf dem Bahnhof bin, steht das immer wieder vor mir. Als ob Sie ein Stück von sich abschneiden würden und als ob das Leben gar nicht mehr weitergehen sollte.

Ihr Mann wurde in Frankreich eingesetzt, danach auf dem Balkan und schließlich in der Sowjetunion, wo er 1945 auch in Gefangenschaft geriet.

1945 sind wir ausgebombt worden. Und da ist auch seine Mutter ums Leben gekommen; deren Haus ist verschüttet. Wir haben da gegenüber gewohnt. Das Haus, in dem meine Eltern gewohnt haben, ist zur Hälfte weggerissen worden. Meine Mutter hat sich übers Dach retten können. Das Haus meiner Schwiegereltern, das gehörte denen selbst, hat einen Volltreffer gekriegt. Da waren sechs Tote drin; die habe ich dann ausgegraben nach acht Tagen. Mein Mann war bei einer Heeresgruppe, wo ich ihn telefonisch erreichen konnte. Nach vielen Hindernissen habe ich ihn erreicht; da hat er Urlaub bekommen. Da wußte er nicht, wo er uns findet, weil die Stadt kaputt war. Da habe ich mit meinen Eltern in einem Zimmer gewohnt. Und dort haben wir dann den zweiten Angriff erlebt, und da ist das Haus wieder abgebrannt.

Bei diesem Sonderurlaub sah sie ihren Mann zum letztenmal. Schon zur Beerdigung seiner Eltern mußte er wieder weg, bekam keinen Urlaub mehr und geriet in sowjetische Kriegsgefangenschaft. Norma hörte bis zum November 1945 nichts von ihm.

Im November 1945 habe ich das erste Mal was gehört von ihm und dann nichts mehr bis zum Herbst 1946. Da schrieb mir dann ein Kamerad von ihm, daß er gestorben wäre. Er hätte die schwere Arbeit nicht durchhalten können. Er war ein großer, kräftiger Mann, als ich ihn das letzte Mal gesehen hatte; dann wäre er wohl auf 76 Pfund abgemagert und wäre eben an Entkräftung gestorben. Und dann habe ich nie wieder etwas gehört.

Nach dem Krieg war Norma Hölscher «sehr allein»; es «war alles weg»: Der Mann vermißt in sowjetischer Gefangenschaft und wahrscheinlich tot; die Häuser der Eltern wie der Schwiegereltern zerbombt; der Vater krank und frühinvalidisiert; sie selbst ohne Beruf, da die Besitzer der Druckerei zu Kriegsverbrechern erklärt worden waren.

Norma wechselte den Beruf und wurde Krankenschwester in einem Ambulatorium für Haut- und Geschlechtskrankheiten.

Da hatte ich allerdings eine sehr nette Truppe. Da waren drei Frauen, zwei Frauen waren Kriegerwitwen und ich als dritte dabei. Wir haben uns dann dort zusammengefunden und haben auch die schrecklichen Hungerjahre und was alles war gemeinsam überstanden.

Es wurde gehamstert, kompensiert und organisiert; die Mütter, bei denen diese Frauen lebten, während die Väter entweder tot oder nach dem Volkssturm in der Gefangenschaft waren, nähten und trugen so zum Kompensationsgeschäft bei. Norma, die am wenigsten zu tauschen hatte, war dafür am meisten unterwegs:

Wir waren alle drei eben jung und ohne Männer. Das war eigentlich 1945/46 das übliche.
I.: Wie haben Sie denn, wie Sie sagten, diese schwere Zeit zusammen überlebt?
Sie: Wunderbar (lacht)!
I.: Ja? Erzählen Sie mal.
Sie: Wir sind hamstern gegangen.
Herr Hölscher (*der inzwischen zurückgekehrt ist und darauf wartet, daß er interviewt wird, wirft ein:*) Jeder für sich.
Sie (dagegen): Abwechselnd – jeder für jeden. Ich hatte am allerwenigsten, weil ich nichts zu tauschen hatte. Wir waren ja total ausgebombt, und außer meiner Aussteuerwäsche hatte ich nichts gerettet. Wir sind zusammen in den Wald gegangen und haben Bäume gefällt (lacht), haben auf diese Weise

Feuerholz geholt. Dann wußten wir, daß ein Transport mit Kohle gekommen war; da sind wir abends auf die Güterbahnhöfe gegangen und haben die runtergefallene Kohle, wobei ein bißchen nachgeholfen wurde, gesammelt. Also die Jahre hatten wir alle drei keine Kinder. Das machte es natürlich aus. Aber die Jahre sind uns gar nicht als so schreckliche Jahre in Erinnerung, weil wir wunderbar zusammengehalten und uns gegenseitig geholfen haben.

Die Aussteuerwäsche, ihr einziges Hab und Gut neben dem Fahrrad, hat sie nie vertauscht.

Das Fahrrad habe ich gehütet wie einen Augapfel. Überall mit hingeschleppt, selbst hier ins Rathaus mit in den vierten Stock aus Angst, es könnte geklaut werden. Das waren ja nun so wilde Jahre; jeder nahm das, was ihm eben gerade im Weg stand.

Aber diese wunderbaren, wilden Jahre waren bald vorbei, denn die aus dem Krieg zurückkehrenden Männer brachen in diese Frauenwelt ein, nur Norma blieb weiterhin allein; sie fühlte sich an ihren verschollenen Mann gebunden, dessen Tod ihr nie amtlich bestätigt wurde und an den sie lange nicht glauben wollte.

Aber die fanden dann alle ihren Partner. Und ich war dann doch sehr allein. Und da ergab es sich dann, daß mein Bruder, der zwischenzeitlich aus der Kriegsgefangenschaft gekommen war, geheiratet hatte. Und meine Schwägerin kannte meinen jetzigen Mann, die arbeiteten zusammen. Und die hat uns dann praktisch verkuppelt.

Und von da an blieben die Hölschers zusammen bis auf den heutigen Tag...

Während des Gesprächs mit ihnen frage ich mich, ob die beiden seit dem Krieg ein Leben – privat wie beruflich – zu leben versuchten, das einem Bild von «Normalität» entsprach, das gerade aus den allgemeinen Kriegs- und Nachkriegswirren entsprang. Beide litten nach dem Krieg unter dem Verlust ihrer Ehepartner; und beide waren sich gegenseitig dankbar: er dafür, daß seine Frau ihn in der ihm fremden Nachkriegszeit «an die Hand nahm», wobei ihm trotzdem bewußt war, daß er als Mann in jenen Tagen ein begehrtes Objekt war, auf das sich die Frauen geradezu «stürzten», was seine Stellung trotz seiner Schwierigkeiten, sich in die Zeit einzufinden, durchaus stärkte. Sie war ihm vor allem deshalb dankbar, weil er als Vater ihrer

Tochter den langgehegten Kinderwunsch und das entsprechende Familienleben erfüllte.

Das kam vor allem zum Vorschein, als ich Norma nach den guten und den schlechten Jahren ihres Lebens fragte. Die «allerschönsten Jahre» waren 1938/1939 die der jungen Liebe mit ihrem späteren ersten Mann.

Dann waren es nur schreckliche Jahre. Es war ja nur Briefwechsel und Abschiednehmen. Sosehr der Urlaub erwünscht war, so schrecklich stand vom ersten Tag die letzte Stunde schon wieder vor Augen. Und dann die Nachkriegsjahre, die waren sehr schlimm... (Sie unterbricht sich:) Meinen Sie jetzt rein ideell oder materiell?
I.: Einfach, wie Sie es empfinden.
Sie: Also materiell sehr schlechte Jahre waren es bis Ausgang der fünfziger Jahre. Und ansonsten waren es gute Jahre, nachdem meine Tochter geboren war. Da hatte ich die ganze Kriegs- und Nachkriegszeit überwunden, auch den Verlust meines ersten Mannes und die Umstände dazu, diese Todeserklärung und alles. Und ich hatte das Kind...
I.: Noch so eine allgemeine Frage: Welches waren die hauptsächlichen Wendepunkte in Ihrem Leben, die Weichenstellungen?
Sie: Das ist sehr schwer zu sagen. (Überlegt) Ein Wendepunkt war der Tod meines ersten Mannes, also das Nichtwiederkommen meines ersten Mannes. Und dann muß ich wieder sagen, die Geburt meiner Tochter. Und noch ein Wendepunkt war, daß meine Tochter nach dem Studium nicht hier in der Stadt angefangen hat (zu arbeiten), praktisch nach dem Studium nicht wieder nach Hause gekommen ist.
I.: Hmhm. (Kleine Pause) Die zweite Ehe erwähnen Sie jetzt eigentlich nur in Gestalt Ihrer Tochter.
Sie (überlegt, dann leise): Vielleicht ist sie das auch wirklich nur in Gestalt meiner Tochter gewesen. (Und sie fügt hinzu:) Damals.

Auch wenn das nach wenig klingt, so war es für Frau Hölscher und auch für ihn sehr viel: Sie sicherten sich gegenseitig das, was sie sich gerade nach ihren Verlusten, ihren Einsamkeits- und Fremdheitsgefühlen, als er sich neu einfinden mußte und sie ihre «Frauengemeinschaft» verloren hatte, erträumten. Aber ihr Wunsch nach einem normalen Leben stieß immer wieder auf Hürden, auf private, auf berufliche und auf politische. Diese Hürden deuten sich in den dürren Daten ihres weiteren Lebens nur an: Sie mußten auf Wunsch ihrer «konservativen Eltern» 1951 heiraten, als sie ein Kind von ihrem zweiten Mann erwartete, und sie mußte dafür ihren ersten Mann «für tot erklären lassen». Die folgende Geschichte markiert den Übergang vom ersten zum zweiten Kapitel dieser Liebesgeschichte, ein Übergang, der nicht einmal 24 Stunden dauert:

Als ich wieder heiraten wollte, habe ich meinen Mann für tot erklären lassen müssen... Da ist ja das Kuriose (passiert). Ich weiß nicht, ob Ihnen das mein Mann erzählt hat: Unsere Tochter ist an unserem Hochzeitstag geboren. Na ja, aus dem ganzen bisher Gesagten geht hervor, daß meine Familie sehr konservativ gewesen ist. Und meine Eltern waren sehr entsetzt, daß ich ein Kind erwartete, ohne verheiratet zu sein, beziehungsweise mit meinem (späteren) Mann zusammenlebte, ohne verheiratet zu sein. Das ergab sich ja aus der ganzen Situation. Mein (heutiger) Mann hatte ja praktisch auch kein Zuhause mehr. Ich hatte die Wohnung und war allein. Und das ergab sich so. Jetzt erwartete ich das Kind. Da haben meine Eltern natürlich gesagt: «Na ja, dann mußt du heiraten und deinen ersten Mann für tot erklären lassen. Das ist ja selbstverständlich.» Und da waren auch schon ziemliche Auseinandersetzungen gewesen, vornehmlich mit meiner Mutter (die damals schwer krank war). Die Tochter sollte eigentlich erst im Februar geboren werden. Mich hat das alles ganz entsetzlich mitgenommen. Ich konnte vom fünften Schwangerschaftsmonat an nicht mehr sprechen. Durch diese ganze psychische Belastung war meine Stimme weg. Und dann hat mein jetziger Mann gesagt: «Also, der erstmögliche Termin, der sich ergibt, an dem wird geheiratet. Damit wenigstens eins in Ordnung kommt.» Dann haben wir geheiratet. Und in dem Moment, wo ich aus dem Standesamt raustrat, platzte die Fruchtblase, und am Abend war die Geburt unserer Tochter. Das Auto, das uns zum Standesamt gefahren hat, hat mich am Abend zur Klinik gefahren. Und der Fahrer hat gesagt, das wäre ihm noch nie passiert.
I.: Das glaube ich.
Sie: Und in der Klinik waren die auch verwundert. Sie fragten, was nun bei der Personalaufnahme gefragt wird, unter anderem auch, seit wann man verheiratet ist, und da habe ich gesagt: Praktisch seit gestern. Das war ja nach Mitternacht. Da hat die Ärztin gesagt: «Sie sind ein bißchen durcheinander. Sie haben sich jetzt vertan. Das kann nicht sein, daß Sie gestern geheiratet haben.»

Die Tochter sei sechs Wochen zu früh gekommen, wahrscheinlich wegen der Aufregung um die Todeserklärung ihres ersten Mannes.

Das war eine sehr, sehr harte Zeit. Das muß ich schon sagen, und war danach weiter sehr hart. Weil man doch nicht damit fertig wird, selbst wenn man sich sagt: Das ist ja nicht anders, der Mann ist tot. Aber das sagen zu müssen, offiziell, du hast ihn für tot erklären lassen, das ist eine sehr große Belastung.
I.: Als ob man selber daran mitbeteiligt ist?
Sie: Ja, ja, wirklich. Das kommt mir heute noch im Traum, als ob das großes Unrecht war.
I.: Ihr Unrecht?
Sie: Ja, ja.

Was sie besonders erstaunt: Sie selbst habe sich gegen die konservativen Eltern behaupten und sich aus ihren Verklemmtheiten, die aus der konservativen Erziehung kamen, lösen können; diese Entwicklung, die immer wieder zu Konflikten mit den Eltern führte, besonders in Fragen der Erotik, beschreibt sie als eine der wenigen Interviewten sehr offen: Mit ihrem ersten Mann, ihrer «großen Liebe», war sie zu einer «erfüllten Sexualität» noch nicht in der Lage, was ihr «furchtbar leid tut, furchtbar leid». Ganz anders war es mit ihrem zweiten Mann. Sie führt das selbst einerseits darauf zurück, daß sie durch ihren Beruf als Fürsorgerin im Bereich von Geschlechtskrankheiten toleranter geworden sei, andererseits auf die Kriegs- und Nachkriegswirren, ihre Freundschaften mit den anderen alleinstehenden Frauen nach dem Kriege und auf ihr Alleinsein ohne Mann, währenddessen sie sich Gedanken über ihre Verklemmtheiten und ihre Unfähigkeit, andere Männer zu finden, gemacht habe.

Beruflich hatte Frau Hölscher politische Probleme, als es um ihre Übernahme in das städtische Ambulatorium ging. Nach der Heirat 1951 machte sie ein Studium als Fürsorgerin, das sie 1953 abschloß, wurde danach trotz der erwähnten Probleme Leiterin des städtischen Ambulatoriums für Haut- und Geschlechtskrankheiten, bis sie 1972 wiederum aus politischen Gründen diese Stelle verließ und – trotz schlechterer Bezahlung – Sprechstundenschwester bei einer befreundeten Ärztin wurde, die eine Praxis von ihrem Vater erbte. 1986 ging sie «in Rente», hilft jedoch nach wie vor in der Praxis aus.

Herr Hölscher, der schon 1948 kurz nach seiner Heimkehr als Techniker in einer Maschinenfabrik Arbeit bekam, wurde später in der Investitionsabteilung eines anderen Werkes beschäftigt. Seit

1952 laboriert er an einer immer wieder aufbrechenden offenen Tuberkulose, die ihn mehrfach zu Arbeitsunterbrechungen zwang. 1957 wechselte er den Betrieb und verbesserte dabei leicht seine Stellung; 1979 wurde er berentet, arbeitete aber ebenfalls noch bis 1981 – wie offensichtlich viele unserer Gesprächspartner in der DDR – weiter, um sich zusätzlich Geld zu verdienen.

Beide erkämpften sich in Ausnutzung des DDR-Feudalismus 1963 eine Dreizimmerwohnung in einem zentral gelegenen Neubauviertel: Sie machten mehrere Eingaben beim *Ersten Fürsten* des Staates, damals Walter Ulbricht, und beschwerten sich über ihre miserable Wohnungslage. Nach einigem Hin und Her waren sie erfolgreich.

Einige der Probleme, die sich hier andeuten, versuchte ich genauer zu erfragen und bekam die meisten Antworten nur nach ihrer Bitte, das Tonband abzustellen: Zunächst einmal wurde das Ambulatorium, in dem sie in einem Vorort gearbeitet hatte, mit dem zentralen städtischen zusammengelegt; Frau Hölscher wurde jedoch nicht übernommen: «aus politischen Gründen», denn ihr wurde vorgeworfen, mit «Kriegsverbrechern», nämlich der Tochter ihres ehemaligen Chefs, befreundet zu sein. Das widersprach ihrem Gerechtigkeitsgefühl und schuf eine Disposition gegen «die Politik»: «Was hatte das mit meiner Freundschaft zu tun?» fragt sich Norma Hölscher noch heute. Das Beste an der Geschichte sei, daß diejenige, die sie denunziert habe, wenige Wochen später in den Westen gegangen sei. Und dann wurde das Krankenhaus, in dem sie arbeitete, von der Wismut übernommen. Sie kam mit der nur Russisch sprechenden Stationsschwester nicht aus, die kein Deutsch lernen wollte, während umgekehrt Norma meinte, wer hier arbeite, solle gefälligst Deutsch lernen – Sieger oder nicht. Schließlich wurde sie doch in das zentrale Ambulatorium für Haut und Geschlechtskrankheiten übernommen. Dort hatte sie dann mehrfach wieder politische Probleme, die ich nach ihrer Bitte, das Tonband nicht zu benutzen, nur nach meinen Aufzeichnungen wiedergeben kann:

Unter ihren Fürsorgerinnen habe eine Frau gearbeitet, die charakterlich verlogen und intrigant gewesen sei, trank und ständig unter den verrücktesten Ausreden gefehlt habe. Außerdem habe sie neben ihrer Arbeit in einem verrufenen Lokal bedient und wohl auch als

Prostituierte gearbeitet. Das wäre – so Norma – mit ihrer Arbeit an einer Dienststelle für Geschlechtskrankheiten unvereinbar. Ein reguläres Bordell sei dieses Lokal nicht gewesen, da so etwas ja in der DDR verboten sei. Und deren Mann habe für die Staatssicherheit gearbeitet.

Das ist nur der eine Teil der Geschichte. Der andere Teil, den ich ebenfalls nur nach meinem Protokoll zitieren kann, wird im Zusammenhang mit dieser Geschichte erzählt:

Norma Hölscher berichtet, daß sie niemals in die SED eingetreten sei, obwohl man ihr in ihrer Leitungsposition einen Parteieintritt nahegelegt habe. Immer wieder seien Parteigenossen zu ihr gekommen und hätten mit ihr in einer Weise geredet, als ob sie Mitglied der SED sei. Wenn sie auf deren Irrtum aufmerksam gemacht habe, sei sie auf Erstaunen oder sogar Erschrecken gestoßen. Man habe von ihr z. B. Berichte über das sexuelle Verhalten von Personen haben wollen. Schließlich habe man ihr gesteckt, daß sie als Nichtgenossin in dieser Stellung untragbar sei. Sie habe außerdem gewußt, daß man in solchen Arbeitsstellen wie der ihren Spitzel einsetzte. Und der erwähnte Mann ihrer Mitarbeiterin sei nicht nur Spitzel gewesen, sondern habe auch «ganz krumme Touren» gemacht und sei später sogar selbst ins Gefängnis gekommen. Norma habe immer das Gefühl gehabt, daß ihr noch jemand im Nacken säße. Deshalb habe sie darauf geachtet, fachlich unangreifbar zu sein. Aber sie habe zunehmend Angst davor gehabt, daß man ihr einen Strick aus irgend etwas anderem drehen würde. Das alles zusammen habe sie dazu gebracht, 1972 bei der Privatärztin und Freundin trotz geringeren Verdienstes zu arbeiten.

Norbert Hölscher hatte auf seinem Weg in die gewünschte Normalität weniger Hürden im Beruf zu nehmen als seine Frau; trotz seiner früheren NSDAP-Mitgliedschaft weist seine berufliche Karriere keine großen Brüche auf; er rückt sogar bald in die mittlere Kaderebene auf. Und auch mit den politischen Verhältnissen schien er sich dank seiner Schweigsamkeit über seine nationalsozialistische Vergangenheit arrangieren zu können. Er erzählt nur von *einem* Konflikt, obwohl man aus vielen Spitzen gegen den SED-Staat und aus der Tatsache, daß er es tunlichst vermied, sich öffentlich-politisch zu engagieren, auf mehr Konfliktpotential schließen möchte:

I.: Wir wollten ja klären, warum Sie nach der Gefangenschaft in die Deutsch-Sowjetische Freundschaftsgesellschaft (DSF) gegangen sind. Sie waren sonst nur im FDGB und in keiner anderen Organisation.
Er: Ja. Das hat sich so ergeben, da ich in einem Privatbetrieb war, der schon von der DSF kassiert wurde, wie man sagte. Ein Kassierer sprach mich eines Tages an, ob ich nicht (in die DSF) reingehen wollte. Jetzt muß ich offen sagen: Auf Grund der Gefangenschaft in der Sowjetunion und wie es mir dort ergangen ist, habe ich gesagt: Das ist eigentlich deine Pflicht, daß du hier mitmachst und daß du den Leuten erzählst, so ist es nicht. Also die russische Bevölkerung hat sich höchst nobel uns gegenüber betragen. *(Und Herr Hölscher erzählt, wie ihn beispielsweise russische Frauen mit Lebensmitteln versorgt hätten, als er einmal drei Stunden vor einem Haus warten mußte, in dem sich ein Offizier mit seiner Freundin vergnügte.)* Hinzu kommt ja noch, daß ich den Rückzug aus Moskau erlebt habe. Es ist unvorstellbar, wenn rechts und links Häuser brennen, das kann ein anderer gar nicht nachfühlen. Vor Hitze konnten wir beinahe nicht auf der Straße marschieren. Da wurde doch alles vernichtet und rigoros... Wie Reichsfeldmarschall Göring gesagt hat, wir hätten denen die Städte zertrümmert. Das waren doch keine Städte, das waren Gartenlauben, das war denen ihre Heimat, denen ihr Heim und so primitiv, freilich. Wir haben es später in Moskau gesehen und ich habe es auch meiner Frau gezeigt. (Beiden schien es unvorstellbar, wie man dort noch lebte, «ohne Kultur und Kanalisation».) Das ist einfach nicht vorstellbar. Die waren ja für uns Vieh.

Sein Spieß habe einmal zehn gefangene Russen «wirklich mistig» behandelt. «Da habe ich mir sogar den Schnabel verbrannt, da habe ich beinahe ein Dienstverfahren gekriegt.»

Sind es diese Erinnerungen, die ihn zur Deutsch-Sowjetischen Freundschaftsgesellschaft treiben? Oder werden diese Erinnerungen herangezogen, damit er – der eigentlich Deutschnationale – seinen Beitritt in die DSF besser legitimieren kann? Oder beides? Dann könnte oder müßte es jene Konflikte zwischen nationaler Grundorientierung und der Blockbindung beider deutschen Teilstaaten in zwei feindliche Militärbündnisse geben, die wir auch aus Biographien im Westen kennen. Hören wir weiter: In der DSF-Betriebsgruppe, in die Herr Hölscher nach seiner Heimkehr eintrat, wählte man ihn zum Vorsitzenden, unter anderem weil er ein Telefon besaß.

Die (von der Parteibezirksleitung) haben mich ins BGL (Betriebsgewerkschafts-)Zimmer geholt, und da habe ich gesagt: «Ich mache ja den Vorstand, aber das hat nichts mit Politik zu tun. Ich will, daß die Verständigung der Völker untereinander (wächst). Aber was die Russen so machen, damit bin ich noch lange nicht (einverstanden).» – «Nein, das brauchst du auch nicht.» Den ersten Zusammenstoß hatte ich dann, wie der Warschauer Vertrag zustande kam... Da wurde uns von der Partei erläutert, welche Vorteile der Vertrag für uns hat. Da war ich der einzige, der gesagt hat: «Ich bin gegen den Vertrag, den will ich nicht.» – «Warum denn nicht?» Denn damals waren bei uns in der Zeitung große Kampagnen, daß angeblich die Bundesrepublik mal einmarschieren will. Da habe ich bloß gesagt: «Ich bin gegen den Warschauer Vertrag, weil ich dann dafür bin, daß unter Umständen passieren könnte, daß Deutsche gegen Deutsche kämpfen.» (...) Na, da waren auch noch ein paar Frauen da und sagten: «Der Kollege liegt da ganz schief. Das ist kein Kriegsvertrag, das ist ein Friedensvertrag.» Ich sage: «Hören Sie auf. Sie waren nicht im Krieg. Sie waren nicht in Gefangenschaft.» Wenn ich das von einer Frau höre, die ist zwar gleichberechtigt, aber das stinkt mir schon.

Hier ist er also, der Konflikt eines Mannes zwischen nationaler Orientierung und Blockbindung, den Frauen, die weder im Krieg noch während der Gefangenschaft in der Sowjetunion waren, gar nicht beurteilen könnten. Herr Hölscher versuchte diesen Konflikt zu lösen, indem er zwischen der Freundschaft der Völker und der Staaten zu unterscheiden versucht, was allerdings nur funktionieren dürfte, wenn man auch die Dominanz der SED-Politik in der DSF reduzieren und sich in der DSF-Aktivität auf die Elemente der Völkerfreundschaft beschränken könnte. Aber gerade hier gerät seine Erzählung in Schwierigkeiten: Herr Hölscher berichtet von den riesigen Tafeln («Zwei mal drei Meter»), die er bauen ließ, auf die er die Titelseiten von Zeitungen klebte und mit großen, selbstgeschriebenen Überschriften versah. Und er faßt zusammen:

«Die Wahrheit über die Sowjetunion.» Das waren alles Propagandaschriften, die ich dann jeden Monat neu gemacht habe und im Betrieb aufgehangen habe.

Es dürfte ihm, um seine Worte zu benutzen, «schon gestunken haben», daß er, der in Umwidmung seiner nationalen Haltung die Freundschaft zum sowjetischen Volk betonen wollte, nun bei Propagandaschriften über die UdSSR gelandet war. Aber thematisieren kann er diese Spannung kaum. Und seine Erfahrungen in der sowjetischen Kriegsgefangenschaft werden, wie man sich erinnert, auch erst durch die Kenntnisse, die er sich später erwarb, als relativ «nobel» bezeichnet. Das heißt: Nur dann, wenn man die Leiden des sowjetischen Volkes in Rechnung stellt, ist er als Deutscher relativ anständig behandelt worden. Aber seine Gefangenschaftserzählungen machen deutlich, daß er an die Verbrechen der deutschen Wehrmacht damals noch nicht glaubte («sonst hätte ich ein viel schlechteres Gewissen gehabt»). Auch der jüdische Chef in der Gefangenschaft wird nur im Vergleich mit späteren Kenntnissen als «der humanste Mensch, den man sich denken kann» erinnert; aber in der Gefangenschaft habe Herr Hölscher die Berichte über den Holocaust an den europäischen Juden nicht glauben wollen, «das kam erst sehr viel später» mit dem Fernsehen...

Erst als die Motive des DSF-Eintritts erläutert werden müssen, wird die «noble» Haltung der sowjetischen Menschen erwähnt. Deutet dies auf ein Lernen im Sinne der SED hin? Oder auf Anpassung? Wie auch immer – sogar innerhalb dieser Spannung läßt Herr Hölscher in der Zeit der beiden Nachkriegsdeutschlands nicht an seiner Vorstellung von der einen deutschen Nation rütteln. Man habe ihn von dem friedlichen, keineswegs antinationalen Charakter des Warschauer Paktes zu überzeugen versucht, jedoch vergeblich. Merkwürdig bleibt, daß Herr Hölscher in diesem Zusammenhang nicht die NATO als ein Bündnis erwähnt, das ebenfalls dazu beitragen konnte, daß «Deutsche auf Deutsche» schießen. Das scheint mir ein Indiz dafür zu sein, daß er seine nationale Haltung besser im Westen als «an der Seite der Sowjetunion» aufgehoben sah und daß der Konflikt zwischen seiner nationalen Auffassung und der deutsch-sowjetischen Freundschaft weiterschwelte, also nur an der Oberfläche ausgeräumt war. Trotz dieser Spannung sei er Vorsitzender der DSF-Betriebsgruppe bis zu seinem «Abgang» aus der Firma im Jahre 1957 geblieben und genoß die Vorteile, die ihm diese Stellung verschaffte, wie z. B. die relativ freie Verfügung über seine Zeit. Er brauchte nicht seinen Chef zu fragen, wenn er während der Arbeitszeit wegen der DSF unterwegs war.

Heute leben die Hölschers – so scheint es, wenn man ihrer bei laufendem Tonband erzählten Geschichte lauscht – in der Normalität eines zufriedenen Rentnerdaseins: Ihre Ehe hat alle Schwierigkeiten der Nachkriegszeit überdauert; sie haben immer noch ihre Neubauwohnung von Ulbrichts Gnaden im Zentrum einer Großstadt; ihre Renten liegen dank einer Zusatzversicherung über dem Durchschnitt; ihre Tochter hat studiert, geheiratet, eine Tochter bekommen und arbeitet fest in einem akademischen Beruf der Volksbildung (allerdings an einem anderen Ort, woher eine tiefe Melancholie Normas, ein Gefühl des Verlassen-worden-Seins rührt, fast wie ein Liebeskummer in dieser Nachkriegsliebe). Und die Hölschers hätten, so heißt es in der Tonbandaufnahme, in ihrer Zufriedenheit auch keine Ambitionen eines Westabganges gehabt.

Diese Normalität schlägt einem bereits entgegen, wenn man die Wohnung der Hölschers betritt. Und schon in meinen ersten Protokollnotizen steht die Vermutung, daß sie diese Normalität wie einen Schutzwall um sich herum aufgebaut haben, und ich frage mich seitdem, ob diese fast spießige Gewöhnlichkeit einer Dreizimmerwohnung mit Couchgarnitur, dem Bild der Tochter und der Enkelin und dem Nippes auf dem Vertiko wirklich zu diesen nachdenklichen und versteckt kritischen Leuten paßt. Denn diese Normalität ist offensichtlich auch äußerer Schein, den die Hölschers um sich herum inszeniert haben: Ihre Idylle weist Risse auf, die auch zu Ambivalenzen in ihren Haltungen führten. Dafür gibt es viele Beispiele, die immer wieder zu der Bitte führten, das Tonband «mal eben» abzustellen.

Ein erstes Beispiel – die nichtgelungene Flucht:
So erklären die Hölschers eben nur für die äußere Wahrnehmung, daß sie niemals in den Westen wollten; aber es stellt sich bald eine andere, eine «innere Wahrheit» heraus.

I.: Haben Sie eigentlich jemals mit dem Gedanken gespielt, nicht hierzubleiben?
Sie: Nein. Ich kann Ihnen aber auch nicht sagen, warum.
I.: Ah ja. Aber es sind doch viele –
Sie: Meine Freundinnen alle…
I.: Verwandte haben Sie gar nicht in Westdeutschland?
Sie: Nein (was sich als nur fast richtig herausstellt – ihre Verwandten leben in Westberlin).
I.: Und Sie hatten nie mit dem Gedanken gespielt? (Pause) Oder soll ich das Tonband abstellen?
Sie: Wenn Sie das Tonband abstellen – ja. (Lacht)

Norma erzählt dann folgende Geschichte: Sie seien nur wegen ihrer Mutter und ihres Bruders, der eine selbständige Schlosserei in der DDR besitzt, nicht in den Westen gegangen. Schließlich hätten sie ihre Mutter aber doch «soweit gehabt», zu ihrer Schwester nach West-Berlin zu gehen, während die Hölschers selbst nach München wollten. 1961, als die Mauer gebaut wurde, hätten sie alles für eine Republikflucht vorbereitet. Die Mauer habe dann einen Strich durch ihre Pläne gemacht.

Ich erwähnte, daß ich bereits mehrere Interviews geführt hätte, in denen Interviewpartner schon «fast» nach drüben geflohen wären, aber in «allerletzter Sekunde» durch die Mauer gestoppt wurden. Aber Frau Hölscher betonte, daß dies kein nachträglicher Mythos sei, denn sogar die Wäsche sei schon an jemanden gegeben worden, der sie nachgeschickt hätte. Man habe ihr auch schon eine Stelle in München besorgt. Allerdings habe sie mit der Flucht gezögert, weil sie einen TBC-kranken Mann gehabt hätte und für solche Fälle die Verhältnisse in der DDR besser als in der BRD seien. Ihr Mann hätte im Westen nie Fuß gefaßt.

Ein zweites Beispiel – der 17. Juni:
Am 17. Juni 1953 waren die Hölschers allein; denn ihre Tochter sei in Westberlin bei besagter Tante gewesen. Sie hätten furchtbare Angst ausgestanden, als die Panzer kamen, bevor ihre Tochter zurückgekehrt wäre, und hätten ständig in Westberlin anzurufen versucht, und zwar vom Telefon eines anderen aus, der sich aber schließlich als

SED-Mitglied weigerte. Endlich hätten sie telegraphische Verbindung erhalten: Es sei alles in Ordnung, telegraphierte die Tante; sie bräuchten sich keine Sorgen zu machen.

Die politische Seite hätte sie in dieser Situation überhaupt nicht interessiert, nur die Sicherheit und Rückkehr ihrer Tochter. Anders bei dem Mauerbau, für den die Hölschers – trotz ihrer geplanten Flucht – Verständnis äußern; denn das Land wäre sonst «ausgeblutet».

Ein dritter Fall – die Staatssicherheit:
Bei einer langen Diskussion um ihre Angst vor der Staatssicherheit und um die staatlichen Kontrollmechanismen bei der Eindämmung von Geschlechtskrankheiten zeigt sich, daß Frau Hölscher für eine staatliche Kontrolle von Menschen mit HWG (häufig wechselndem Geschlechtsverkehr) ist, weil man diejenigen, die durch ihre Krankheit andere schädigen, daran hindern müsse. Das Erstaunliche an dieser Debatte ist, daß die gleiche Frau Hölscher, die gerade bei abgestelltem Tonband erzählt hatte, wie sie Berichte über das Sexualverhalten von Klienten für die Stasi hätte schreiben sollen, und die allgemein ihre Angst vor der Staatssicherheit demonstriert hatte, mir nun nahezulegen versucht, daß die staatliche Kontrolle der Promiskuität nur die Ausbreitung einer Krankheit verhindern solle. Hier scheint ihr staatlicher Ordnungsstandpunkt (Ordnungsstaat minus Staatssicherheit) durchzuschlagen; aber dieser Standpunkt ist bereits verunsichert: schon in Diskussionen mit ihrer Ärztin, die sich gegen diese Überkontrolle des Staates ausgesprochen habe, sei sie unsicher geworden.

Ein viertes Beispiel – das gespaltene Verhältnis zur Politik:
Auf meine Frage nach ihrem Verhältnis zur Politik beginnt Frau Hölscher «zu drucksen»: Sie sei nie in die SED eingetreten, weil sie nicht eine weiße Tür zu einer schwarzen erklären wollte; sie habe immer eine eigene Meinung gehabt, könne Vorgesetztes nicht einfach annehmen. Und sie könne die Politik ihres Staates auch ohne Mitgliedschaft in der SED jederzeit vertreten: «Keinen Krieg – für den Frieden und so weiter.» Aber all das, was «niedrige Funktionäre» so veranstaltet hätten, das habe ihr oftmals nicht gefallen.

I.: Können Sie dafür Beispiele geben?
Sie: Nein. Nein.
I.: Möchten Sie nicht?
Sie: Nein. Das möchte ich nicht.

Sie wolle sich auch nicht durch «irgendwelche Zugehörigkeiten» Vorteile verschaffen. Außerdem sei sie zu Hause eben nicht zu einem politischen Engagement erzogen worden, obwohl sie nicht unpolitisch sei. Aber auch die Politiker unterlägen Irrtümern, und manches erscheine widersinnig. Deshalb möchte sie sich «nie parteilich irgendwie festlegen». Aber das heiße nicht, daß sie «gegen die Staatsform oder gegen die Regierung» sei.

Auf meine nachfragenden Angebote zu einer konkreteren Kritik beispielsweise in bezug auf Reisen oder die Pressefreiheit erklärt sie: «Reisen wäre sehr schön, aber ich habe die Erfahrung gemacht…, daß man immer das haben will, was man nicht hat, und wenn es dann wirklich so ist, dann würde man gar nicht reisen.» Und die Presse, das wäre auch so eine der Sachen in der DDR, die sie nicht so gerne sieht. «Aber wenn ich Ihre Presse höre, kann ich damit auch nicht einverstanden sein.» Das «Aufgebausche», das «Hinausposaunen» von Dingen in die Öffentlichkeit, die noch gar nicht «spruchreif» sind, gefielen ihr nicht. Sie sei für einen «gesunden Mittelweg». Gerade beim Fernsehen denke sie häufig, «da leben wir tatsächlich in einem besseren Staat». Das betreffe auch die Armut in der BRD oder die «Drogengeschichten».

Hinter diesem «Einerseits – andererseits» steckt meiner Ansicht nach mehr als bemühte Zustimmung zu dem DDR-Staat oder gar allein die Angst vor der Staatsgewalt oder vor einer exponierten Meinung, die eventuell gefährliche Konsequenzen haben könnte. Tiefer und erklärungskräftiger als eine solch vordergründige Erklärung scheint mir die folgende Interpretation: Die Hölschers stammen beide aus sehr konservativen Elternhäusern mit deutschnationaler bis nationalsozialistischer Orientierung; diese Seite ihres Denkens, das solcher Erziehung entstammt, konnte sich zu einem Teil durchaus in dem Ordnungsstaat DDR wiederfinden. Zugleich hat die Nachkriegszeit sie aber nachdenklicher werden lassen und von einigen konservativen Grundmustern gelöst; auch solche Seiten ihres

Selbst können sich zumindest mit einigen Ideologemen der SED zusammenfinden. Aber beide dieser Seiten gerieten in Konflikt mit jener Dimension der Politik der SED, die die Hölschers als «antinational» begreifen mußten, wie ich überhaupt nach den Interviews vermute, daß durch diese «antinationalen» Elemente ihrer Politik die SED eine Klientel verlor, die sie gewonnen oder versöhnt hatte, als sie noch «gegen den Spalter Adenauer» die nationale Einheit vertrat.

Innerhalb dieses widersprüchlichen Abstoßungs- und Attraktionsprozesses haben sich die Hölschers zwar redlich um ein normales Leben bemüht, das sich aber – wie man sehen konnte – immer wieder als Fiktion erwies. Dennoch hat sich diese Fiktion in gewisser Weise verselbständigt und zu einer neuen Ebene der Widersprüche geführt: Man wollte und konnte sich nicht in einen Staat einleben, den man nur ablehnte, und er schien ja auch einiges zu bieten zu haben. Frau Hölscher fragte sich sogar grundlegend, ob es nicht einen dritten Weg zwischen Kapitalismus und Sozialismus gebe; denn am Sozialismus gefielen ihr das vermutete bessere Sozialwesen, die größere Solidarität untereinander und die Friedenspolitik. Die BRD habe zwar eine wesentlich bessere Versorgung, breiter gefächerte Konsummöglichkeiten und sei schneller in der Lage, Neues zu entwickeln; aber gleichzeitig sei die Bundesrepublik zu laut, zu hektisch, geschlagen mit hoher Kriminalität und «Drogenverseuchung», mit einer Presse, die alles an die Öffentlichkeit zerre, mit einem Reichtum, der zwar durchaus gewünschten Konsum ermögliche, aber auch zugleich Armut und Ellenbogigkeit brächte, Kriminalität und Drogensucht. Da liebe man in der DDR doch eher das Gemächliche, um nicht zu sagen: die konservativen Seiten dieses SED-Staates. Ihr Bild von der BRD trägt aber seinerseits ebenfalls durchaus fiktive Züge, weil es wegen der lange fehlenden Westkontakte vor allem auf Fernsehberichten und Erzählungen aus zweiter Hand fußt.

Diese Verselbständigung der Fiktion scheint mir bei den Hölschers in Werten aus der Vergangenheit zu gründen und führte zugleich zu Werten, in denen gerade der mit Zwang verbundene realsozialistische «Ruhe- und Ordnungs-Staat» bei aller Kritik auch positiv gesehen werden konnte. Und entsprechend dieser Mixtur aus Vergangenheit und Gegenwart sind die Vergleichsfolien für ihre Beurteilung der DDR das «Früher», also ihre Erfahrungen aus dem «Dritten Reich», und die BRD.

Diese Mischung von Kritik und Akzeptanz kommt in sehr vielen Interviews zum Vorschein. Den Hölschers ist das durchaus bewußt:

Sie: Ich würde sagen, es gibt viele Dinge, die mir hier nicht gefallen, die Unsauberkeit und das schlechte Warenangebot, muß ich ganz ehrlich sagen. Das sind Dinge, die wirklich wahr sind, und darüber braucht man nicht zu reden. Das würde ich auch jederzeit hier vertreten. Aber es sind auch so viele Dinge, die mich ganz gerne hier leben lassen. 40 Jahre gehen auch nicht spurlos an einem vorbei... Mir wäre die Hektik bei Ihnen auch zu groß. Das habe ich nun voriges Jahr, als wir drüben gewesen sind, gemerkt – ich würde mich wahrscheinlich doch nicht einleben.
I.: Während hier offensichtlich viele Westdeutsche die Ruhe als Langeweile empfinden.
Sie: Sicher, sicher. Das habe ich im vergangenen Jahr gemerkt. Das waren ja nun alles sehr alte Herrschaften. Wir waren die jüngsten, aber die waren viel aktiver als wir. Wir lieben doch mehr unsere Betulichkeit.

Mit diesem ständigen Vergleich der DDR mit der Bundesrepublik stehen die Hölschers nicht allein. Wie andere Interviewpartner auch waren sie schon vor der Wende für die Wiedervereinigung und vertraten in diesem Zusammenhang Thesen, die von der gemeinsamen deutschen Verantwortung für den Nationalsozialismus, die Judenvernichtung (an die sie aber erst nach dem Kriege glaubten) und den Krieg ausgehen: Die Westdeutschen hätten jedoch mit den Amerikanern und dem Marshallplan «Glück gehabt», während die DDR-Bürger «doppelt für den Krieg hätten bezahlen müssen», nämlich durch die Kriegszerstörungen selbst und dann durch die sowjetische Besatzung mit ihrer Demontagepolitik und ihrem SED-Regime. Insofern hätten die DDRler auch mehr als die anderen Deutschen für den Nationalsozialismus «gebüßt». Und das wollten die Westdeutschen vergessen...

Ihr Wunsch nach einen ruhigen Leben ist gerade nach so vielen privaten, beruflichen und politischen Hürden der Kriegs- und Nachkriegszeit überstark geworden und zugleich nicht wirklich in Erfüllung gegangen. Daher ist es nur zu verständlich, wenn beide Hölschers am Ende des Interviews erklären: Normale Zeiten gebe es im Jahre 1987 immer noch nicht.[1]

Drei Elemente scheinen mir die Ursachen zu sein sowohl für die Akzeptanzen des SED-Staates als auch für die verdeckte Kritik an ihm und für die verdeckte politische Wachheit, die bei den Hölschers immer wieder zu beobachten ist: Die nationalen und konservativen Teile ihres Denkens einerseits, die «wilde» Nachkriegszeit mit ihrer Durchbrechung einiger konservativer Werte und neuen Orientierungen und schließlich ihre immer wieder erbrachten, aber wenig erfolgreichen Versuche, sich ein Leben nach ihrer Vorstellung von Normalität aufzubauen. Diese Versuche gelangen nur begrenzt bzw. nur als durchaus wirkungsmächtige Fiktion oder scheiterten sogar an ihren konservativen Eltern und vor allem an der SED-Politik, die bis hinein in ihre beruflichen oder privaten Sphären wirkte. Als die scheinbar so starren politischen Verhältnisse aufbrachen, sollte diese verdeckte kritische Wachheit im Zusammenspiel mit ihrem nationalen Denken Konsequenzen zeitigen: Denn beide Hölschers haben sich in jenen Tagen der Wende im Oktober und November 1989, wie sie mir bei mehreren Besuchen – wir hatten uns inzwischen befreundet – stolz berichteten, an jeder Demonstration in ihrer Stadt beteiligt, er mit Krückstock und sie geschwächt nach einem Herzinfarkt. Zu dieser Zeit erklärten sie auch offen, daß die vergangenen 40 Jahre DDR «verlorene Jahre» ihres Lebens bedeuteten; und jetzt – im Vereinigungsprozeß – empfinden sie sich sogar das dritte Mal als diejenigen, die die «deutsche Suppe auszulöffeln» hätten.

1 Auf die Frage, wann für sie wieder normale Zeiten eingekehrt seien, antwortet Herr Hölscher wörtlich: «Na, also, nicht grotesk gesehen oder so: Bis jetzt noch nicht.» Und sie antwortet, ohne seine Aussage gehört zu haben: «Ich würde es immer noch nicht ganz als normal ansehen.»

Die Geheimnisse des roten Hochöfners

Rudolf Ohlsen, Erster Schmelzer, 67 Jahre

In der Legende von Stalinstadt spielen die ‹roten Hochöfner› eine große Rolle. Sie waren die Vorzeigearbeiter des Vorzeigebetriebs der Ära Ulbricht. Zu ihrem Namen kamen sie, weil sie angeblich am 17. Juni 1953 auf den Gerüsten ihrer Schmelzöfen geblieben und nicht heruntergekommen waren, um sich dem Zug der Bauarbeiter durch die Stadt und das Werk anzuschließen. Immer auf der Suche, in den gelebten Kern der Ideologie des ‹Arbeiter- und Bauernstaates› vorzudringen, waren wir erpicht, einige der alten ‹roten Hochöfner› zu sprechen, jene Stahlkocher der ersten Jahre, die das Werk im märkischen Sand miterrichtet hatten und doch Arbeiter geblieben waren. Ein halbes Dutzend haben wir noch getroffen, und Rudi Ohlsen war der erste.

Als eine Kerngruppe der DDR-Legende haben sie uns erstaunt: Nur die Hälfte war in der Partei, die andere nicht, und zwar aus speziellen Gründen. Alle waren Arbeiter geblieben, wenn auch zu Vorarbeitern (den sog. Brigadieren) oder zu Meistern aufgerückt, bis auf einen tüchtigen Schlesier, der sogar zum Schichtleiter aufgestiegen war. Dieser war auch der einzige, der gleichzeitig Parteifunktionen übernommen hatte und uns gegenüber bei aller Gastfreundschaft Parteipositionen vertrat, die wir trotz unserer ethnologischen Verhaltenheit offensichtlich ablehnten: Die Frage des Einmarschs in

Prag 1968 war da immer eine gute Nagelprobe. Nicht in der Partei war ein früherer Sozialdemokrat, der aufs Klo ging, als wir nach dem 17. Juni fragten – nach allen Daten und leidvollen Erfahrungen gehörte seine Familie zu den Urtypen einer Geschichte der deutschen Arbeiterklasse, aber inmitten ihres Aufstiegs zur herrschenden Klasse in der DDR war er still geworden.

Außerdem waren da zwei, die offensichtlich gerne in der SED Mitverantwortung übernommen hätten, aber bereits im Vorhof abgeblockt worden waren. Der eine war ein besonnener und abwägender Meister, dessen Vater als spezialisierter Fremdarbeiter in diese Gegend gekommen war. Nach der Lehre wollte er als naturalisierter Ausländer 1939 der Wehrmacht ausweichen und meldete sich zur Polizei, um sich alsbald in der SS-Polizeidivision, die an den Krisenpunkten der Ostfront und auch beim Warschauer Aufstand eingesetzt werden sollte, wiederzufinden. Als ehemaliges SS-Mitglied galt er nach der Kriegsgefangenschaft als Kriegsverbrecher und mußte sich über ein Jahr jede Woche bei der sowjetischen Militärkommandantur melden. Aber sein schnell wachsendes Ansehen im Betrieb und seine Bereitschaft zur Mitverantwortung konnte er auch in den kommenden Jahrzehnten nur auf unterster Ebene als gewerkschaftlicher Friedensrichter ausleben, denn kaum war er für eine Funktion vorgeschlagen worden und hatte, wie in solchen Fällen in der DDR üblich, seinen Lebenslauf eingereicht, war der Vorgang auch schon vergessen. Die andere war eine temperamentvolle Sächsin, die in ihrer Jugend im kommunistischen Jugendverband aktiven Widerstand gegen den Nationalsozialismus geleistet hatte und dafür einige Monate ins Gefängnis gekommen war. Nach dem Krieg war sie aber aus letztlich nicht zu klärenden Gründen politisch nicht wieder auf die Füße gekommen: ob ihr unterstellt worden war, sie hätte bei der Gestapo gesungen, oder ob ihr nachgetragen worden war, daß sie den Laden, den sie zum Unterhalt ihrer Familie im Krieg aufgemacht hatte, nach 1945 zuerst nicht aufgeben und also als Selbständige Klassenfeindin bleiben wollte, oder ob es ein unverzeihlicher taktischer Fehler war, daß sie ihre Eigenschaft als Widerständlerin über einen Sozialdemokraten statt über einen Kommunisten einzuklagen versucht hatte – wer wird dies im nachhinein noch ermitteln können?

Und obwohl sie sich Anfang der fünfziger Jahre auf eine der Baustellen der Republik gemeldet hatte und sosehr sie sich in diesen und in den kommenden Jahren auch als Laienspielerin in den Agitprop-Theatergruppen im Vorhof der Partei verdient zu machen suchte, durfte sie nicht mehr in die Partei. Immerhin hatte sie Spaß an ihren Aktivitäten.

Da war'n es nur noch zwei: der eine war in der Partei, weil er, ein Vertriebener und Berufsfremder aus Pommern, nach der Rückkehr aus der Gefangenschaft in einer Braunkohlenklitsche von den Kollegen zum Betriebsrat gewählt wurde und später, nachdem man ihn zum Betriebsleiter gemacht hatte, entsprechend der SED beigetreten war. Als er nach der Stillegung der Grube dann in die herrschende Klasse wieder abgestürzt war und dafür im Renommierprojekt der jungen Republik, erneut Berufsfremder, den doppelten Lohn bezog, traute er sich nicht wieder auszutreten, obwohl ihn wenig band. Verbleibt Rudi Ohlsen. Er war – aber das erzählte er uns erst, nachdem wir das Tonband ausgestellt hatten – 1948 bei einer Betriebsfeier im Suff in die Partei eingetreten und hatte sich hernach wenigstens daran erinnern müssen. Die Herleitung seiner Politik gewann für uns insofern an Glaubwürdigkeit, als er sich auch im Vorfeld unseres Interviews schon mindestens einen genehmigt hatte, weshalb wir auch gleich geduzt wurden und vielleicht mehr von der abgewandten Seite des Mondes zu hören bekamen, als das des Landes Brauch ist.

Immerhin war er noch fit genug, daß es ihn nervös machte, als Alexander sein großes Buch herausholte und sich wie üblich Notizen machte – daß außerdem ein Tonband lief, war ihm dabei wohl weniger gegenwärtig. Allerdings erinnerte er sich am Schluß daran, als es sich um die prekäre Geschichte seiner Parteimitgliedschaft handelte. Von der Partei war zuvor nicht allzuviel zu hören. Und wenn Rudi Ohlsen von der ‹Regierung› sprach, meinte er seine Frau.[1]

Auf der anderen Seite war Rudi Ohlsen nach diesem Gespräch in

1 Als sie mitten in unser Gespräch hineinplatzte und so tituliert wurde (allerdings auch: ‹lustiger Käfer›), schien sie das gar nicht zu irritieren. Sie war nur traurig, daß wir zwei Wochen zu früh gekommen seien, weil dann nämlich ihr im Westen lebender Bruder zu Besuch käme.

seiner Wohnung nicht mehr aufzufinden. Wir wollten noch einiges wissen und klingelten morgens und abends an seiner Wohnungstür, ich fuhr zu seiner stattlichen Datsche an einem idyllischen See, wo ich mir auf der Zufahrt durch die märkischen Wälder fast die Achse gebrochen hätte – aber wir haben ihn nie mehr erreicht. Wie sollen wir nun wissen, ob ihm der Griff zur Flasche davor die Zunge gelockert oder ob er uns einen Bären aufgebunden hatte und uns nicht wieder mit nüchternen Augen anblicken wollte? Das kann man nicht sicher wissen, denn was er uns erzählte, hat uns ziemlich erstaunt, nachdem er uns von einem sonst sensiblen SED-Intellektuellen als proletarisches Urgestein empfohlen worden war. Als der ihn gekannt hatte, war Rudi Ohlsen freilich auch noch ein Hüne von Mann, der 28 Jahre am Hochofen gestanden und auch sonst angepackt hatte, wo Not am Mann war. Jetzt saß uns im Wohnzimmer seiner Dreizimmerwohnung ein etwas schmaler, ausgezehrter Mann gegenüber, der nur noch in seinen Umgangsformen ahnen ließ, daß er einmal ein Kraftmensch gewesen sein mußte. Vor zwei Jahren hatte er so starke Herzbeschwerden bekommen, daß er seine 30 Jahre am Ofen nicht mehr vollmachen konnte, sondern der Arzt ihn für die restlichen zwei Jahre bis zur Rente in einen geruhsamen Job im Materiallager verbannt hatte – bei gleichem Lohn, versteht sich. Pflichtgemäß schicke ich diese quellenkritischen Bemerkungen zur Warnung voraus und erzähle die Geschichte, die unser Tonband aufgezeichnet hat.

Spur der Gewalt

Rudi Ohlsen wurde 1922 an der Oder geboren. Er war der Älteste: Danach kamen noch eine Schwester, die einen Bahnarbeiter geheiratet hat und mit ihm 1945 aus Polen nach dem Westen gegangen ist, und ein Bruder, der Major der Nationalen Volksarmee wurde, aber auch er ist in gewisser Weise bei der Bahn geblieben, denn er managt nun den Transport der Russen in einem nahe gelegenen sowjetischen Garnisonstandort und ist ein Hardliner. Sein Bruder habe ihm gesagt, wenn er einmal über die Mauer zu springen versuche, werde er auf ihn schießen, und zwar bis das ganze Magazin leer sei.

Zu diesem «Fanatiker», der am selben Ort lebe, habe er keine persönlichen Beziehungen mehr; er kenne ihn nur noch als «Parteigenosse». Außerdem gab es noch einen dritten Bruder, von dem Herr Ohlsen nicht spricht. Auf unser Drängen sagt er nur, der sei nach «drüben», und es gebe keine Verbindung mehr.

Auf unsere erste Frage nach seinen Eltern erfahren wir DDR-typisch: «Arbeiter, einfache Arbeiter». Und auch nach dem, was wir dann hören, kommt Rudi Ohlsen aus proletarischem Milieu: Sie lebten in seiner Kindheit in einer Bergarbeiterkolonie auf dem Land, und seine Mutter hatte das Sagen. Er machte eine Lehre, dann kam der Krieg, dann der Bergbau, und seit Gründung des Stahlwerks war er danach hier im Betrieb, nachdem er noch eine zweite Berufsausbildung mit ‹Eins› abgeschlossen hatte. Auffällig ist nur, daß er sein ganzes Leben Arbeiter geblieben ist, was in seiner Generation in der DDR nicht so häufig vorkommt. Aber was er von seinen Kindern erzählt, paßt wieder ins Bild der zweiten Generation und signalisiert ein rotes Idyll: Seine Tochter ist Kaderleiterin in einem Industriebetrieb, und ihr Mann organisiert die vormilitärische Ausbildung der Jungen im Bezirk; sein Sohn ist Meister in der Druckerei einer Parteizeitung. Und doch auch nicht: im Dritten Reich avancierte sein Vater zum Bahnhofsvorstand des nächsten Städtchens und konnte sich seit 1934 ein kleines Eigenheim leisten. Im Krieg wurde der ehemalige Bahnarbeiter ins Generalgouvernement als Leiter eines großstädtischen Bahnhofs versetzt. 1945 ist dann alles aus, Zeichen dafür, daß es 1933 angefangen hatte.

Mein Vater war in der Bahn, und meine Mutter hat nie gearbeitet. Mein Vater hat sich denn erschossen.
I.: Warum?
Na, er war Parteigenosse. Damals, bei den Adolfen. Und er wurde versetzt nach Polen hier drüben, und wir hatten hier 'n eignes Haus. Aber nur verpachtet. Also, meine Eltern hatten das verpachtet, und mein Vater hat dann die Mutter mit den zwei Kindern noch hierher gebracht, und dann hat er sich erschossen. Jetzt weiß ich, wo er ist, ja. Also jetzt mal unter uns gesagt: ich weiß, wo er ist: Und damals hätt ich vielleicht nicht gewußt, wo er ist. Verstehn Se, wie ich meine. (Leise) Damals der Russe da, der hat doch alles eingekloppt. Und da hat er gesagt, er macht Schluß. Und da hat er sich erschossen.

I.: In Polen drüben?
Nein, hier. Der hat seine Familie noch bis hierher gebracht. Das Haus – in unser Haus.
I.: Mitte 45?
Ja. 45. Dann hat er Schluß gemacht. Da hat er bloß noch gesagt, wie ich es (gehört habe), ich hab ihn nicht mehr getroffen, ich hab ihn auch nicht mehr gesehen nach dem... Wo ich bin nach Hause gekommen, da war das alles schon erledigt und da hat er bloß sagen lassen, durch fremde Leute, die solln es mir sagen: Er hat Schluß gemacht, er hatt ja die Familie hierher gebracht. Und war Feierabend für ihn. Er war Parteigenosse.
I.: War er was Höheres?
Ja.
I.: Was hat er denn gemacht?
Er war hier Chef von unserem Bahnhof hier, war er der Chef.
I.: Und dann ist er ja in Polen auch irgendwo Chef von 'nem Bahnhof?
Ja, ja, ja. Und jetzt weiß ich wenigstens, wo er ist. Leicht war's nicht.

Das gibt mehrere Rätsel auf. Was hat sein Vater damals gemacht, daß er sich 1945 erschießen mußte, und wo ist er heute? Rudi Ohlsen sagt uns nur, er wisse, wo der Vater sei, aber er sagt uns nicht wo. Er sagt uns nicht, welche Tätigkeiten auf polnischen Bahnhöfen einen deutschen Aufsteiger veranlaßten, seinem Leben von sich aus ein Ende zu setzen, nachdem er seine Familie in Sicherheit gebracht hatte. Wir ahnen, mit welchen Transporten er zu tun hatte. Wir ahnen eine Angst vor Vergeltung, die seine Todesangst übertraf.[2] Wir hören von seiner Fürsorge für seine Familie und daß er vor Frau und Kindern seinen Selbstmord verbarg, von dem er nur seinen kriegserfahrenen Ältesten in Kenntnis setzen ließ, falls der zurückkehrte. Und doch bleiben Herrn Ohlsens Wiederholungen, er wisse «jetzt» wenigstens,

2 Auffällig ist der Hinweis, daß der Vater sich umgebracht habe, weil «der Russe» damals alles «eingekloppt» habe, aus zwei Gründen: Rudi Ohlsen war damals nicht da und kennt das nur vom Hörensagen, wie das oft für derart pauschale Qualifizierungen der Roten Armee bei Kriegsende gilt. Und er nennt die Sowjets, die sonst in der DDR-Umgangssprache meist «die Freunde» genannt werden, im Landserjargon «der Russe», und das bei ihrer ersten Erwähnung im Gespräch mit uns. Später wird er sie «den großen Bruder» nennen, und zwar auch wenn er ihnen in seinen Kriegsgeschichten als Feind gegenübersteht – nur einmal nennt er diesen Feind wie versehentlich «der Freund».

«wo» sein Vater sei, undeutlich. Vielleicht meint er das Jenseits, aber wenig später betont er, daß er im Gegensatz zu seiner strengen Mutter nicht religiös sei. Ähnlich undeutlich bleibt das Schicksal des im Westen verschollenen Bruders. Er sagt nur, daß es damals schwer war, als er 1947 aus dem Krieg nach Hause kam, von der letzten Kugel seines Vaters zu hören. Denn von seiner Familie war nur seine Mutter geblieben, die er haßte, und jener Bruder, der nun in der anderen Partei ein ‹Fanatischer› werden und aufsteigen sollte.

Der Vater war nämlich eine wichtige, wenn auch nur relativierende Instanz in seiner Jugend gewesen. Mehrfach schildert er die nicht endenden Prügelorgien seiner Mutter mit dem gleich hinter der Haustür aufgehängten ‹Siebenstriemer›, wann immer eins der Kinder nicht gehorcht hatte, wenn ihm beim Viehhüten eine Ziege entlaufen war oder es eine Hose beim Spielen im Wald zerrissen hatte, und immer erwähnt er, daß der Vater, wenn er überhaupt dagewesen sei, so lange in den Garten – sie hatten einen schönen und besonders großen Garten – gegangen sei. Der Vater habe ihn nie geschlagen. Sobald der aber, wenn's «zu brutal» geworden sei, aus dem Garten zurückgekehrt sei, habe die Mutter endlich Ruhe gegeben.[3] Und in der Schule? Nein, gar nicht, da habe er einen alten Kolonialoffizier als Lehrer gehabt, der habe von Lettow-Vorbeck geschwärmt und sie mit Geschichten aus Afrika unterhalten, und Prügel habe es da gar nicht gegeben. Langsam schwant mir, daß das Ödipussyndrom fürs Proletariat und selbst für untere Beamtenschichten noch einmal neu durchdacht werden müßte. Die fromme Mutter Ohlsen gehörte zu einem Typ, von dem uns gar nicht so wenige Söhne der Arbeiterklasse erzählten: Solche Mütter agieren für die Gesellschaft und geben deren Druckverhältnisse nach unten weiter, indem sie ihren Söhnen ein

3 Die Beziehung zur Mutter wird auch noch einmal in einer späteren Wohnungsgeschichte reflektiert. Im Alter habe ihm nämlich seine Mutter angeboten, das schöne Einfamilienhaus seiner Kindheit zu übernehmen, allerdings unter der Bedingung, daß sie bis zu ihrem Tod darin mitwohnen könne. Er habe das abgelehnt und später bereut, denn seine Mutter habe das Haus dann verkauft und sei schon ein Jahr später gestorben. «Wenn man das gewußt hätte...» sinniert Rudi Ohlsen und ergeht sich in Schilderungen, wie schön der neue Eigentümer das Haus erweitert habe, genau so, wie er das auch im Sinne gehabt hätte.

Über-Du einbleuen; selten bleiben hier wie im bürgerlichen Rollenspiel verworrene Liebesgefühle der Söhne an ihnen hängen. Vater Ohlsen ist eine passive höhere Instanz, die letztlich die Quälereien abbrechen kann; aber nicht diese, sondern ihr Abbruch werden ihm zugerechnet.

Rudi ist klein geblieben unter diesem Regiment, einen Kopf kleiner als seine Kameraden. Um diesem Regiment zu entrinnen, meldet er sich nach der Lehre in der einzigen größeren Fabrik des Ortes – eigentlich wollte er Förster werden – und nach dem Arbeitsdienst gleich bei Kriegsbeginn mit 17 Jahren bei einer Elitetruppe der Luftwaffe. Schon im ersten Vierteljahr beim Barras ist er noch um 20 Zentimeter gewachsen: damals sei «ein Knoten geplatzt». Das neue Gardemaß war auch deshalb für ihn wichtig, weil seine Schulfreundin, die er dann 1943 auf einem Heimaturlaub geheiratet hat und die auch heute noch seine ‹Regierung› ist, dem kurzgeratenen Lehrling seinerzeit mit den Worten den Laufpaß gegeben habe, daß sie ja Freunde bleiben könnten, aber mit Heiraten sei ‹nischt›, denn sie wünsche sich einen Mann, zu dem sie hinaufsehen könne.

Von Politik haben wir noch nicht viel gehört. Da der Vater ein aufstrebender Parteigenosse war, erübrigt sich eine Erwähnung der HJ, aber daß Rudi dort war, dürfen wir unterstellen, denn das Gegenteil wäre erwähnenswert gewesen. Auch in Zukunft wird von derlei politischen Organisationen und ihrer Ideologie wenig die Rede sein. Die Erfahrung, die ihn jetzt als Heranwachsenden schockt und dann abstumpft, ist eine ganz andere. Nach der Ausbildung, die nur ein Vierteljahr dauerte, kommt er nach Frankreich in die Schlacht von Arras, und zum erstenmal sieht er, was der Krieg produziert: Tote. Er selbst schrammt zwar als Panzerschütze hart am Tod vorbei – ihr Panzer wird in dieser ersten Schlacht abgeschossen, aber die Mannschaft kommt noch heraus – als junger Mensch jedoch glaube man ja, es könne einem nichts passieren. Erst der Anblick anderer lehrt, was passieren kann.

Arras ja. Da war das Schlimmste, was ich zu Anfang mitgemacht habe. Da war mein erster, mein erster Angriff.

Das hatte er schon beim ersten Überblick erzählt, und später kam er im Nachdenken über eine ‹lustige› Kriegsgeschichte, in der sie im Suff einen Panzer des ‹großen Bruders› abgeknallt hatten, noch einmal darauf zurück:

Ach, nee. (Pause) Ja, als junger Bengel haste doch nie gedacht, daß dat passiern kann. Aber ich werd dir ganz ehrlich sagen, wo wir die ersten Toten gesehn haben, da ist das doch 'n bißchen anders geworden. In Frankreich. Da ist dir doch 'n bißchen komisch geworden. Nachher wirste ja abgebrüht wie 'n altes Schwein, wollt ich beinah sagen.

Abgebrüht wird er seit dem Winterkrieg in Finnland, wo sie zuerst den Sowjets den einzigen eisfreien Hafen abschneiden, dann Leningrad belagern sollen und beide Operationen am Widerstand der Roten Armee scheitern.[4] So lange bleiben seine Erzählungen konkret; von 1940/41 an bis zum Schluß berichtet er nichts mehr, außer daß sie am Nordkap stationiert gewesen seien und in Lappland operiert hätten. Die Ereignislosigkeit des größeren Teils seiner Kriegsgeschichte, auf die er gleichwohl sogleich zusteuerte, sticht ab vom Schuldgefühl, mit dem sie ihn belastet. Einerseits will er uns seine Kriegsauszeichnungen zeigen, denn er hat das EK 1 und EK 2 bekommen, «und die hab ich mir verdient». Wobei er sie verdient hat, können wir ihm nicht konkret entlocken – angeblich hat er 1944 auf einen Sitz drei Panzer vom Typ T 34 abgeschossen. Andererseits beschwört er uns, ja nicht das Regiment, bei dem er es zum Feldwebel gebracht hat, zu verraten, denn das sei eine berüchtigte Eliteeinheit gewesen, die in Krisensituationen immer in die vorderste Front geworfen worden sei.

Die ist schlimmer wie die SS gewesen.
I.: Warum?
Weil wir ooch Kahlschlag gemacht haben.
I.: Wo meinen Sie jetzt?
Mit die Russen haben wir auch kurzen Prozeß gemacht.

---

4 «Wenn wir Murmansk genommen hätten, wär der große Bruder auch baden gegangen.»

Mehr war davon nicht zu erfahren, und ich weiß, wenn ich jetzt den Text wieder und wieder anblicke, auch nicht mehr, wo er eigentlich im Krieg war. Gewiß, er rühmt sich seiner Frauenerfolge, die er damals, kaum zwanzig, bei Blitzmädels und zugänglichen Norwegerinnen gehabt haben will. Er erzählt Anekdoten vom Nordkap, er berichtet von der Zerstörung Hammerfests durch britische Bombardierung («War'n wir aber nicht!»), aber aus vier Jahren Krieg blitzt nur ein weiteres Mal in ganz anderem Zusammenhang ein kurzes Schlaglicht auf, als Alexander wieder nach den Gründen seines Vaters, sich bei Kriegsende umzubringen, forscht:

I.: Hatte er da irgendwas erlebt, hat er da noch mal mit irgendwem drüber gesprochen?
Nein. Sie wissen, wir wolln uns nischt vormachen, wenn wir sind als Deutsche in besetztes Gebiet gekommen und die sind nicht von Bürgersteige gegangen, ham wir sie och mal... 'n Ellbogen genommen. Wir warn ja die Leute, ne! Verstehn Sie mir jetzt richtig?

Sein Gedächtnis hat er fast in der Gewalt, aber sein Gewissen nicht. Es macht sich bemerkbar, aber es wird nicht erlöst. Sein Gewissen erwachte erst nach der Geschichte der Gewalt, in der er zum Mann wurde, und hat sie zensiert. Offenbar sind andere Verarbeitungsformen nach dem Krieg nicht an ihn gedrungen. Der Druck, sie zu erzählen, ist geblieben, aber sie bleibt unsäglich, verbirgt ihr Drama in wenigen Andeutungen und entgleitet hinter den Anekdoten seiner Erfolge im Bett und seines Glücks früher Heimkehr.

Die letzte Kugel

Einmal sind wir den Andeutungen schon in diesem ersten Gespräch, dessen vereinbarter Fortsetzung Herr Ohlsen dann ausgewichen ist, beharrlich gefolgt. Zweimal hatte er bereits im Zusammenhang des Berichts über seine Kriegsgefangenschaft eine Kugel erwähnt, die ihm bei Kriegsende gefehlt habe, und war über unsere Nachfragen mit dem lapidaren Hinweis hinweggegangen, die habe er privat gebraucht. Der Zusammenhang ist etwa folgender: In Norwegen blieb ihr Trupp auch in Gefangenschaft in militärischer Formation und durfte offenbar auch die Handfeuerwaffen behalten. Ein jüdischer Offizier bei den Briten hat Ohlsen gern und holt ihn von dem Schiff herunter, das ihn angeblich in Richtung Heimat bringen soll, in Wirklichkeit die Gefangenen aber in den französischen Bergbau bringt. Er nimmt ihn mit einem anderen Schiff in einen holsteinischen Hafen mit, nachdem Ohlsen sich geweigert hatte, wegen seiner Herkunft aus der SBZ an die Sowjets überstellt zu werden. Als er entlassen werden soll und endlich 1946 seine Waffe abgeben muß, gibt es Aufregung, weil in seinem Revolvermagazin eine Kugel fehlt.

Als wir das dritte Mal auf diesen Zusammenhang kommen, beginnt er von selbst die Geschichte von dieser letzten Kugel zu erzählen:

In Eckernförde hab ich den Schuß verpulvert. Da mußt ich ihn...
I.: An wen?
An 'n Deutschen.
I.: Was hatte der gemacht?
Der wollte uns... entweder er oder wir. Der wollte uns provoziern, und hat uns schon provoziert und... na ja, und dann kam die Schlägerei, und ich hatte schon 'n dickes Auge, konnte schon nicht mehr gucken, und da hab ich denn die Pistole gezogen, und da hab ich geschossen.
I.: Und worum ging's dabei?
Um Frauen (leise).
I.: Um Frauen?
Ja... Der wollt sie, ich wollt sie und denn... ins Handgemenge gekommen, und dann ist 'n Schuß losgegangen.
I.: Und der war tot?
Ja. Wenn schon, denn schon.
I.: Im Suff?
Nee, nee. Ganz im Normalen. Mir hat's da ja auch leid getan, aber...
I.: Und ist das rausgekommen?
Nee, wir sind ja gleich abgehauen von da.
I.: Und was war mit der Frau?
Na, die hat sich dann och verdünnisiert. Die wollte och damit nischt mehr zu tun haben. Sie wissen ja, wie das ist, wenn 'n Schuß losgeht, dann...
I.: Ist 'ne andere Qualität.
Ja.
I.: Denken Sie denn noch heute manchmal dran; weil Sie das (mehrfach erwähnt haben)?
Ja, ja.

I.: Ist 'ne blöde Erfahrung.
Das war der letzte (Schuß). (Pause) Also sonst hätt's uns erwischt. Der hatt ja och seine Kanone in der Hand.

Die Geschichte vom Showdown unter deutschen Heimkehrern hat für Rudi Ohlsens Lebenszusammenhang eine zentrale Bedeutung, denn sie weist nach vorn und zurück. Zurück weist sie nicht nur insofern, als sie etwas von der Schule des Krieges berichtet, nämlich von Rudis Verwandlung vom Prügelknaben seiner Mutter zum Möchtegern-Frauenheld, der sich beim ersten Schritt auf den Heimatboden um die Gunst einer wildfremden Frau prügelt und aus Angst seinen Kontrahenten erschießt. Sie weist auch zurück auf die Gewöhnung an den Machtzuwachs durch die Waffe, durch die jeder Affekt und jede Überhebung besinnungslos zur Katastrophe werden kann – wie beim kurzen Prozeß, den man mit den Kriegsgegnern macht, die einem in die Hände fallen. Schließlich weist die Geschichte insofern auf die Kriegserfahrung zurück, als es die einzige Geschichte ist, die Rudi Ohlsen zugleich erzählt und bedauert. Davor müssen viele Geschichten liegen, die er nur abstrakt bedauern, aber nicht konkret erzählen kann. Deshalb kehrt er immer wieder zu seiner Sprachlosigkeit zurück oder erzählt Geschichten, die vom Effekt scheinbaren Zweikampfs leben und jede Reflexion ausgrenzen. So z. B. die folgende, die wieder einmal vom Suff handelt und aus der alle Hinweise aufs Wo und Wann verbannt sind:

Das is 'n Erlebnis. Da schob der Russe, der kam an mit 'm Panzer und wir saßen im Keller und ham da geguckt nach was Eßbarem. Und da standen noch Flaschen da, Zivilisten warn keine mehr drin in dem Ort, und da unten im Keller warn noch Flaschen: eene uffgemacht (gluckert) und das schmeckt nach Sprit. Gekostet. Tatsächlich. Ne andere gekostet: Mensch Schnaps! Tja, und da oben gibt's ja bloß Schnaps auf Rezept. Ja, nein, ist Schnaps. Na ja, 'ne Flasche uffgeköppt, getrunken, noch eene uffgemacht, noch getrunken und denn uff eenmal fiel der Putz immer vonne Wände. Verflucht, dacht ich, was ist denn hier los? Na ja, und mein Fahrer, das war bloß so 'n kleenes Kerlchen, der als Fahrer war, der klettert vorne raus und sagt: ‹Rudi, ich werd nicht wieder. Unser Rohr guckt 'n halben Meter um die Hausecke rum und da hinten steht der große Bruder, der schießt immer nach dem Rohr. Wat machen wir nu?› Na ja, wat machen wir nu? Na ja, da hatten wir och schon einen getütert, da sagt der eene zu mir: ‹Rudi, weeßte, was wir machen? Wenn der geschossen hat, fahrn wir vor, drehen den Turm und verplatzen dem eene.› Na ja, Gott, im Suff, weeßt ja, wat man im Suff alles fertigbringt. Nja, gemacht, so getan, rin in die Kiste, angeschmissen dat Ding, und der schoß wieder nach unserm Rohr, Rohr vorgefahrn, rum, und dat Ding ist auseinandergeflogen, der große Bruder. Na, wir hatten 'n ja getroffen. Untern Turm. Alles im Suff. Kannste mal vorstellen. So 'n Blödsinn macht man.

Nach vorn weist die Geschichte von der letzten Kugel deshalb, weil Rudi Ohlsen angesichts der drohenden Verfolgung wegen Totschlags in der britischen Zone seine Scheu vor dem ‹großen Bruder›, von dem er fürchtete, wegen des Verhaltens seiner Einheit im Krieg verfolgt zu werden, überwand und in die Heimat floh. In der Geschichte von der letzten Kugel wurden die Weichen für sein nachmaliges Leben in der DDR gestellt. Er wurde zwar auf dem Heimweg von der Roten Armee aufgegriffen, aber die ließen ihn ohne alle Untersuchung wieder laufen, und auch zu Hause ist ihm nichts geschehen. Und da dort seine junge Frau auf ihn wartete[5], die keinen Grund hatte, weg zu wollen, und ihm zunächst einmal auf der Grube, in der auch ihr Vater arbeitete, eine Arbeit verschaffte, blieb er in der Heimat. Noch im selben Jahr kam das erste Kind.

Daß er sich damals im Osten, in der Heimat, festgesetzt hatte, hat ihn offenbar noch lange beschäftigt. Die Versuchung, in den fünfziger Jahren wegzugehen, war groß, aber offenbar gab es auch Gewichte, die ihn hielten. Und dann waren plötzlich die Wege nicht mehr offen.

Wenn ich nicht so 'ne Frau gehabt hätte, vielleicht wär ich ooch abgehaun. Bin ich doch ganz ehrlich. Gucke mal, wir hatten in Spandau, hatte meine Frau Bekannte. Wir sind den Tag – da war die Mauer noch nicht, da konnten

---

5 Rudi Ohlsen ist, soweit ich sehe, der einzige unserer Interviewten, der seine Rückkehr aus dem Krieg als Bettgeschichte inszeniert. Er findet seine Frau im Dorf zuerst nicht und denkt dann: «‹Gehst du zu 'n Schwiegereltern, die müssen ja wissen, wo sie ist, ne.› Na ja, und Schwiegermutter hat grade draußen so die Treppe gefegt. Dann sag ich: ‹Sag mal, ist Susy hier?› ‹Ja.› Und das hat die schon gehört, wo wir uns draußen unterhalten haben. Dann kam sie raus mit Flatterhemde. Sie wissen ja, ‹Hach, du bist da, du bist da›. Na ich sag: ‹Bleib mal liegen, ich komm ooch gleich rin›, (lacht) das war dann die Begrüßung.»

wir ja noch laufen, wie wir wollten – da sind wir uff der Heerstraße langgegangen und unten rief 'ne Familie, wir solln mal runterkommen. Ick guck die an, und die Bekannten gucken uns an: ‹Wer is'n das?› ‹Kenn ich nicht. Na, komm, wir gehn mal runter.› Da sind wir runter, da sagt der Herr zu mir: ‹Sag mal, du kennst mir wohl nicht mehr?› ‹Hm›, sag ich, ‹nee. Kenn ick auch nicht.› Da meent er: ‹Nu werd ich verrückt.› Nu, ich sag: ‹Sagen Sie mal, wer sind Sie denn?› Ach, lacht der gute Mann. Da meent er: ‹Kennst du nicht mal deinen technischen Direktor von anne dazumal, als du Lehrling warst?› Och, dacht ich, ja, das stimmt. Da sagt er: ‹Rudi, bleibt hier. Kriegste auch deine Wohnung, deine Frau kriegt Arbeit bei mir, du, äh, ich kriege Arbeit, und die Wohnung kannst dir gleich angucken.› Na ja, und wir immer zu Hause, wat machen wir denn nu, wat machen wir denn nu, ach, warten wir noch, warten wir noch. Uff eenmal, warn wir uns beide einig, und die Mauer war da. Sonst wärn wir och 'n technischer Direktor bei Siemens.
I.: Und weshalb ham Sie das so rausgezögert?
Keen Mumm inne Hosen. Kein Arsch inne Hosen. Heute ärgert man sich manchmal. So weit wie hier wärn wir vielleicht da drüben och. (Pause) Trotzdem, wolln mal sagen, uns geht's ja och nicht schlecht. Aber verschiedene Sachen kotzen een an.

Wahrlich, Rudi Ohlsen betont es ein ums andere Mal: Die Zeiten waren schwer, und sie sind es geblieben. Damals arbeitete man nur für die Kinder, und heute gibt es «nischt zu koofen» [6]. Im letzten Jahr hat er sich mit seiner Frau eine Westreise ertrotzt, zu seinem Schwager in Hamburg. Zuerst wurde sie nicht nur abgelehnt, nein, es gab sogar «Ärger». Nach vier Wochen hat seine Frau gesagt: ‹Ist doch egal, schreib noch einen Antrag raus.› Diesmal wurde er genehmigt: Genau für zehn Tage, und sie haben alle Attraktionen mitgenommen,

6 «Bei jeden Dreck mußte anstehn, wenn de was haben willst, mußte anstehn. Siehste, gestern renn wir nach'm Wohnzimmerschrank rum. Ham wir nicht! Bestellung. Willste Auto kaufen: Bestellung. Willste das kaufen: Ham wir nicht. Also manchmal kotzt een das an. Siehste, und da haste Geld und wirst das Geld doch nicht los. Ja, manches läßt zu wünschen übrig. Und siehste, uns kommt det so vor, wenn so 'n Negerstaat da unten ‹DDR› sagt, dann kriegt er alles an'n Hals geschmissen. Ne ganze Fabrik und so wat. Und wir, siehste ja jetzt zu Ostern, jetzt wird's vielleicht mal wieder 'n paar Appelsinen geben oder oder wat. Nee, also, denn mußte gleich kaufen, kaufen, kaufen, gleich kiloweise, ne, des ist nicht in Ordnung. Oder Bananen oder... man ist ja als Älterer gar nicht mehr erpicht uff det Zeug. Nicht, guck dir bloß unsern Kaffee an! Ich weeß nicht, habt ihr schon mal unsern Kaffe getrunken? Nee.»

inklusive Begrüßungsgeld und Reeperbahn. Sie wären gern länger geblieben, aber nach einem Tag über die Zeit bekamen sie Angst und erschwindelten sich ein ärztliches Attest für die Frau, um die Überziehung ihres Urlaubs an der Grenze zu rechtfertigen. Die Grenzer haben auch «geblubbert», und sie hatten Angst – wir fragen verständnislos: Wovor? Die wollten Sie doch wiederhaben? – aber dann haben sie das Attest anerkannt. Herr Ohlsen erzählt das als eine widernatürliche Erfahrung der Erniedrigung für ihn, der seit 26 Jahren nicht im Westen war und 28 Jahre am Hochofen gestanden hatte. Und sogar die ganze Zeit in der Partei war.

Das zweite Leben

Damals, in den fünfziger Jahren, lagen alle Dinge näher. Als die Grube 1950 geschlossen wurde, ließ er sich für das «Eisenhüttenkombinat Ost» anwerben, das wenige Kilometer weiter errichtet werden sollte. Mit der ideologischen Seite des Projekts hatte er nicht viel am Hut. Noch heute ist er wütend über den Industrieschwulst der stalinistischen Propaganda, als hätten sich hier an der Oder, bevor 1951 das EKO entstand, nur Fuchs und Has gute Nacht gesagt, und er zählt die Werft, zwei Industriebetriebe und sogar die Korbmacherinnung des Städtchens auf, die schon damals bestanden hätten, gar nicht zu reden von dem Schiffsverkehr auf der Oder vor dem Krieg, auf der doch heute ‹nischt mehr los› sei. Lokalpatriotismus allein hat ihn nicht gehalten, sonst hätte es nicht seiner letzten Kugel bedurft, um ihn nach Hause zu treiben, und sonst wäre auch das Spiel mit dem Gedanken ans ‹Rübermachen› nicht auf dem Tisch des Hauses geblieben. Vielmehr begann ihn bald, nachdem er dort wie ein arbeitsloser Gelegenheitsarbeiter angefangen hatte, das Projekt selbst zu faszinieren, aus dem Nichts eine Art Laienstahlwerk zu bauen, und vor allem die Atmosphäre eines industriellen Wild-Ost. Vier Wochen nur wurde der gelernte Glasbläser, der in der Braunkohle gearbeitet hatte, in die Max-Hütte nach Thüringen geschickt, um sich mit dem neuen Beruf vertraut zu machen. Und dann wurde alles on the job gelernt, und schon nach anderthalb Jahren war er mit

30 Jahren Erster Schmelzer am Hochofen und bekam mit 800 Mark den besten Verdienst, den ein Facharbeiter hier, ja vielleicht 1952 überhaupt in der DDR, haben konnte. Die Verwunderung, daß sie das geschafft haben, und die Erinnerung an die Aufbau-Gemeinschaft versetzen Rudi Ohlsen noch heute in einen Ton, in dem sein sonstiger Sarkasmus über die jetzigen Zustände in der DDR kaum noch vorkommt, und wenn, dann eher als ob er sich vor der Rührung durch seine Erinnerungen schützen wollte.

Na, da ham wir die ersten Fichten hier geschlagen, hier warn ja bloß Knüppelfichten hier, die geschlagen, und da warn noch Feldbahngleise. Da ging das denn mit de Kipploren, kenn Sie die? So dreieckige. Da wurde hier gefahrn, da gemacht. Und der erste Ofen, der ist denn ein Jahr... ja, nach einem Jahr Bauzeit ist der in Betrieb gegangen. Und dann kam der zweite, dritte, vierte, fünfte, sechste.
I.: Was war das für 'ne Atmosphäre?
Gut. Aber hier gloobte das keener, dat det Ding mal hier steht. Nee, bin ich och ehrlich. Begreif det heut noch nicht, dat det auf Sand so... Trotzdem, die Lage ist ja günstig, ne. Wasser und und, Gleise, Arbeitertransport. Nu stell dir vor, das Eisen kommt von Rußland. Wat dat kosten tut. Dann brauchste dir gar nicht zu wundern, wenn der Kochtopp immer teurer wird.
I.: Die Kohle kommt von Oberschlesien.
Ja, (lachend) aber och nicht mehr so, wie wir sie brauchen. Euern Koks, euern Koks brauchten wir. Das Zeug könnten wir gebrauchen.
I.: Der ist höherprozentig, nicht?
Merkste gleich. Euern Koks könnten wir gebrauchen. Und von Schweden det Erz, nicht so 'ne scheiß 18, 19 Prozent Eisen. Is doch nischt.
I.: Mit wem haben Sie denn damals zusammen hier in der Baukolonne gearbeitet?
Och, die leben, ein Teil lebt noch. Wenn wir durch die Stadt gehen sollten, wenn Sie mal wiederkommen, dann werden Sie mal sehen, wie viele uns grüßen. Und das ist schön. Das ist schön, aber nur die älteren, unsere Kragenweite. Die Jugend kennt man ja nicht mehr.
I.: Woher kamen denn Ihre Kollegen?
Von überall. Von Mecklenburg, von Sachsen, Thüringen. Bäcker, Schuster, Schneider, alles war hier, und keiner hatte so 'n Ding auch nur gesehen! Nun können Sie sich vorstellen, was hier die erste Zeit los war. Wenn Sie sich bildlich mal vorstellen, 'n Bäcker kommt jetzt an die Kochmaschinen hier ran! Also, (Stille) heute lacht man drüber, aber schön war's doch.
I.: War aufregend, wenn keiner weiß, was so richtig daraus wird?

Ja, Sie wissen, dat flüssige Eisen fließt bergruff. Das läuft bergrauf. Aber was meinen Sie, als wir die ersten Abstiche gemacht haben, hier im EKO, damals hieß es ja noch Stalinstadt hier und, und na, doch, da war was los, da war was los! (erregt) Det Eisen läuft! Det Eisen läuft! Na gut, wieviel haben wir denn heut? 50 Tonnen! Mußt du dir mal vorstellen, 50 Tonnen Eisen! Das war damals, und dann kamen auf eenmal 100 Tonnen! (immer leiser und andächtiger) Dann kamen 200 Tonnen! Dann kamen 500 Tonnen pro Schicht.
I.: Pro Schicht?
Pro Schicht (betont). Und denn kamen 1000 Tonnen. Und dann war Schluß.
I.: Also stolz sind Sie darauf doch.
Ja, bin ick och, daß ich die Schei..., daß ich dat mitgemacht hab. (I. lacht) Ist doch was, ist doch was! Sie hätten sich genauso gefreut. Meinen Sie, wenn Sie vor die Klamotte stehen, und das erste flüssige Eisen kommt da raus, det ist ja – sagenhaft!
I.: Und ging da viel schief am Anfang, wenn sie da so alle aus verschiedenen Berufen kamen?
Ja, dann kamen die ja aus der SU, kamen dann und denn wir von der Max-Hütte. Also ist ein Unterschied zwischen da und hier, aber im Prinzip wußte man schon, was hinten und vorne ist, nich, daß oben was reinkommen muß, um unten was rauszuholen, nich? Das wußten wir ja nun schon.
I.: (Lachen)
Ja, fragen Sie meine Frau, wissen Sie, was meine Frau mir gesagt hat? Ich bin nach Hause gekommen und hab gesagt, Mensch, also wieder so eine Scheiß Schicht. Nischt hat man. Kein Koks hat man, kein Erz hat man. Da hab ich denn gesagt, am besten ist, wir fahren die Dieloer Alpen – das sind die Berge hier unten, nur Sand und so – da oben rin.
I.: Was war das denn für jemanden wie Sie, der kurz vorher in der Wehrmacht gewesen war und mit dem ‹großen Bruder› gefochten hatte, für 'n Gefühl, als das hier Stalinstadt genannt wurde?
Na, wir hatten ja zwei russische Experten hier, also Kanonen, das waren Kanonen!
I.: Die waren gut?
Ja, also die haben uns toi, toi, toi, die haben uns tatsächlich aus den Kinderschuhen rausgeholfen. Ich hab sie selbst gekannt, die sind beede schon tot, aber die haben uns wertvolle Dienste und Hilfe geleistet. Solange, bis wir auf eigenen Füßen stehen konnten. Feine Kerls, also das warn, kannste sagen: Menschen, haben och mal geschimpft und gebläht, ne, Krach gemacht haben sie och mal, det muß auch mal sein, nich, haste dich wieder am Riemen gerissen und ja... (lacht)
I.: Und wie war das mit Stalinstadt?
Och, das war mir scheißegal, wie det Dorf hieß hier, nich, Hauptsache wir

hatten eine Wohnung hier. Ich hatte eine Wohnung aufm Dorf gehabt, billig, gut, und dann kamen sie hin: ‹Rudi, du kannst nach Stalinstadt ziehen!› – ‹Was soll ich denn da? Zieh ich nicht hin.› Da ham sie 'n Trecker vorgeschickt, Klamotten raufgepackt. Du kommst nach Hause, wo ist denn die Frau? Die ist nach Stalinstadt gezogen. Ich sag: ‹Ich hab doch nichts gesagt!› Aber so ging es damals mit der Wohnung.
I.: Ihre Frau hat das nicht gewollt?
Ach nee, ich och nicht, ich wollte auch nicht hierher.
I.: Wer hat es denn nun gewollt?
Die sind einfach vorgefahren, haben die Klamotten aufgeladen. Da hab ich meine Frau noch müssen suchen, überhaupt wo die wohnt, weil, ich war auf Schicht, und die haben dann in der Zeit die Klamotten hergefahren.
I.: Wer war's denn?
Unser Chef. Der hat sone Dinger auf Lager gehabt. War aber gut gemeint, nich. Erst hatte ich hier unten gewohnt, wo die Notenbank ist. Und da hab ich dann meine Frau gefunden. Da war noch keen Bürgersteig, da war noch keen Baum, da war nichts. Nischt. Der einfache Block. Ja, interessant war es hier!

Das Renommierprojekt aus dem Gründungsjahr der DDR für eine neue internationale Zusammenarbeit – Erz aus Rußland, Kohle aus Polen und deutsche Wertarbeit für den Aufbau – verdankt sich gescheiterten Randbedingungen, nämlich den stalinistischen Dogmen von der Blockautarkie im Kalten Krieg[7], vom Primat der Schwerindustrie, von der Bemessung der Produktionserfolge in Tonnen statt in Werten. Nach Stalins Tod wurde die ursprüngliche Perspektive des Projekts abgebrochen, seine Expansion verlangsamt, schließlich nach 30 Jahren das Walzwerk, das erst das eigentliche Produkt des Kombinats am Ort herstellen sollte, in kleinerem Maßstab von einem österreichischen Konzern nachgeliefert. Auf den Namen Stalins wurde die größte Baustelle der frühen Republik von Ulbricht erst nach dem Tod des Namengebers getauft, als den Einsichtsvollen bereits klar war, daß das Projekt, auch wenn es im Zuge seiner Reduzie-

7 In der DDR wird das auf die westliche Embargopolitik zurückgeführt, aber das ist nur die halbe Wahrheit. Die SBZ wurde ja nicht etwa allein durch westliche Ausgrenzung in den Stalinismus getrieben, sondern Abgrenzung und Sowjetisierung wurden den ost- und mitteleuropäischen Ländern 1947/48 von Moskau verordnet, nachdem Polen und die CSR dazu geneigt hatten, sich am Marshallplan zu beteiligen.

rung professionalisiert wurde, ein ewiger Zuschußbetrieb bleiben würde, weil er auf internationalen Fiktionen beruhte.

Zu einer politisch-historischen oder auch nur ökonomischen Einordnung des Projekts fehlen den Arbeitern, deren Leben durch das EKO geprägt wurde, die Informationen. Aber die praktischen Probleme sind ihnen vertraut: Sie bräuchten Rohstoffe aus Regionen außerhalb des Blocks. Mitten in der Expansion – bei 1000 Tonnen war Schluß, sagt Herr Ohlsen – wurde die Produktion eingefroren, weil man den Rohstahl dann lieber quer durch die Republik zu alten Werken karrte, als ohne Fachleute immer weitere Investitionen in den Sand zu setzen. Und der byzantinistische Zynismus, die größte Vertriebenenstadt der DDR auch noch nach Stalins Tod auf dessen Namen zu taufen, war Rudi Ohlsen «scheißegal», wenn die Leute Wohnungen bekamen. Immerhin nennt er an anderer Stelle den «Platz der deutsch-sowjetischen Freundschaft», auf dem dies geschah und auf dem einst ein Stalindenkmal stand, immer noch trotzig den «Russenplatz».

Und doch haben diese Randbedingungen nicht verhindert, daß Herr Ohlsen hier ein zweites Leben beginnen konnte, ein industrielles Abenteuer zur Bewährung in Gemeinschaft, dessen Erfolge man anstaunen konnte und das einen stolz machte, während seine Mißerfolge abstrakt blieben und sich nur als eine Komponente der gedrückten Lebensbedingungen langfristig begreifen ließen. Kaum einer von diesen jungen Bäckern und Schneidern, die sonst nicht mehr gebraucht wurden und hier auf das Versprechen hoher Löhne und neuer Wohnungen hin zusammenströmten und die keiner nach ihren Vorerfahrungen fragte,[8] mochte im Anfang glauben, daß sie, die Unqualifizierten, Hochöfen errichten und bedienen und daß diese

8 Deshalb scheint es auch keine Statistik darüber zu geben, wie viele der ersten Generation der EKO-Arbeiter Umsiedler (Vertriebene) waren. Nach Schätzungen dürfte der Anteil aber nicht unter 2/5 gelegen haben. Fast alle, die wir in Eisenhüttenstadt befragt haben, kamen ohne einschlägige Berufsausbildung hier an und hatten entweder als Vertriebene zuvor beruflich noch nicht Fuß gefaßt, oder sie kamen aus stillgelegten Betrieben vorzugsweise der Lausitz oder des Oderraums. Der Vergleich mit Einwanderern im amerikanischen mittleren Westen oder in Australien im 19. Jahrhundert liegt nahe, nur daß diese sich selten etwas so Kompliziertes vorgenommen haben dürften, wie einen Stahlkonzern zu errichten.

Hochöfen im märkischen Sand gegründet werden könnten. Arbeitsteilung bildete sich erst langsam aus, das schaffte Gemeinschaft: man war Bauarbeiter, Transportarbeiter, Montagearbeiter zugleich, und schließlich hieß man Schmelzer, obwohl man erst einmal im Leben kurz in einem veralteten Betrieb geschmolzenes Eisenerz gesehen hatte. Die technischen Probleme des Aufbaus und der Produktion erlebte jeder Schritt für Schritt mit. Und schließlich kam wider alle Erwartung tatsächlich «das erste flüssige Eisen da raus» – Rudi Ohlsen stehen heute noch die Tränen in den Augen, wenn er davon berichtet.

Dieses kollektive Erfolgserlebnis ist – erst sieben Jahre nach dem Krieg – eine Art sozialer Wiedergeburt für eine Armee der militärisch Besiegten und zivil Gestrandeten. Es erfüllt mit Stolz und einer gemeinschaftlichen Identität, die Distanz schafft zum Krieg und sich für die Beteiligten als strapazierfähig erweist. Den politischen Zumutungen (‹Stalinstadt›) setzen sie einen fröhlichen Materialismus des privaten Fortkommens entgegen. Daß man gegen seinen Willen aus dem alten Dorf, in dem man von Kindheit an gelebt hat, in die noch kahle Zukunftsstadt gezwungen wird, wird im Gedächtnis nicht zum Takt im Trauermarsch der Verstaatlichung des Privatlebens, sondern zur Musicalszene von der fürsorglichen Willkür eines Chefs, den man kennt, und diese Szene endet auch schon, nachdem man die Frau und die Möbel wiedergefunden hat. Die Tragodie, daß das gemeinsam erkämpfte Werk keine geeigneten Rohstoffe bekommt und am Krebsübel der Wirtschaftsordnung, der Zwischenproduktversorgung, stagniert, verschafft einem zwar «Scheißschichten» sinnloser Arbeit, aber sie entlädt sich im Witz, daß man doch gleich statt des geringwertigen Erzes aus der Sowjetunion den Sand der Uferhügel der Oder («Diehloer Alpen›) verkochen solle.

Und schließlich sind da noch die beiden russischen Ingenieure, die als professionelle Retter in den Nöten der kritischen Anfangszeit auftauchen. Sie werden von allen erinnert und sie sind auch ein fester Bestandteil in der offiziellen Legende des Werks. Rudi Ohlsen fällt nur an dieser Stelle in deren gehobene Sprache. Er zitiert das kollektive Gedächtnis mit den Worten, sie hätten «uns wertvolle Hilfe und Dienste geleistet», aber er verbindet dieses Zitat mit seiner persönlichen Erinnerung, denn er spricht nicht von entrückten Helden der Vorstandsetage, sondern von kompetenten Ingenieuren, die vor Ort eingegriffen haben und die sich trotz ihrer rauhen Schale mehr als nur Sachautorität («Kanonen») erworben haben. Er nennt sie «feine Kerle» und gibt ihnen damit das höchste Lob, das er vermutlich überhaupt zu vergeben hat, und dann nennt er sie – er sucht nach Worten – «Menschen».

Die Russen, die hier helfen, sind nicht mehr «der Russe», von dem wir gerade noch aus Ohlsens erstem Leben gehört haben, vulgo der Iwan oder im Rückblick harmonisierend «der große Bruder», von dem man sich erhoffte, daß er baden ging. Und es sind auch nicht die Russen, die einem im Krieg in die Hände gefallen waren und in denen man keine Menschen sah, sondern mit denen man kurzen Prozeß machte und in ihren Städten und Dörfern «Kahlschlag». In seinem zweiten Leben hat Rudi Ohlsen in einer konkreten gemeinschaftlichen Leistung einen Stolz gewonnen, der auch im Rückblick bestehen kann. Er gründet in konkreten Erfahrungen eines ganz unwahrscheinlichen Gemeinschaftswerks, die durch die Dauermisere seiner weiteren Geschichte nicht zunichte gemacht werden. Zu diesen konkreten Erfahrungen gehören auch die beiden russischen Ingenieure, die sein zweites Leben mit einem sprachlosen Begriff des Menschen verbunden haben, der seinem ersten Leben fehlte und im Rückblick dort nur mit der zensorischen Macht des schlechten Gewissens waltet, aber die einst versäumten konkreten Wahrnehmungen nicht mehr ersetzen kann. Dieses abgespaltene Schattenreich treibt ihn weiter um, läßt ihn Stilisierungen versuchen, denn sein erstes Leben ist durch das zweite weder ausgelöscht noch aufgenommen.

Nach vorne aber wirkt die Kraft konkreter Erfahrungen weiter, und zwar als Widerstand gegen die offizielle Legendenbildung und als Ausbau einer Nische, zu der seine Ausdauer und sein Ansehen im Werk ebenso gehören wie die Datsche draußen am See in den Wäldern seiner Kindheit und die zwei, drei Familien, mit denen sie dort werkeln und feiern.

Das gibt ihm Rückhalt, daß er sich nicht die Butter vom Brot nehmen läßt und einen kühlen Blick behält. Daß er damals, Anfang der fünfziger Jahre, eine Arbeitserfahrung machte, die das Bild des Menschen und die Selbstachtung in ihm neu aufrichtete, kann ihn keineswegs bewegen, nun das Arbeitsleben zu verklären. Im Gegenteil, mit Bitterkeit geißelt er, daß sich diese Anfangserfahrung nicht entwikkeln ließ, auch wenn er dafür mitunter irritierende Kontrastbeispiele heranzieht.

«Also, wenn ihr so arbeiten würdet wie wir! Oder (wenn ich uns vergleich mit dem,) wie ich früher gearbeitet hab beim Kapitalisten, die hätten die Hälfte entlassen. Weil die Hälfte nischt tut. Nur Beamte, Beamte, Beamte und noch mehr Beamte und noch mehr Ingenieure und und, die bringen ooch nischt, die nehmen ooch bloß Geld. Und die schämen sich och gar nicht, dat Geld zu nehmen. Manch eener würde rot werden, wenn der sagt, hier haste deine 1200 Mark oder 1300 Mark. Die nehm dat freiweg und (sagen) noch, (es sei) zu wenig. Guck dir an unser EKO, wie's da drinne aussieht. Man darf es ja nicht sagen, aber... es läßt viel zu wünschen übrig. Und dreckig (betont), und dreckig der Betrieb. Wir warn, wie heißt dat Kraftwerk da oben?, das Atomkraftwerk, in Brunsbüttel. Ja, Mensch... Du, das sieht so sauber aus (betont), Mensch, und bei uns hier wie im Schweinestall.
I.: Nun ist ein Stahlwerk ja auch was anderes.
Ach! Trotzdem. Trotzdem. Wo wir ja umgeschult haben, warn wir unten auf der Maxhütte, des ist 'n alter Betrieb, der ist schon über 100 Jahre alt. Da war sauberer. Ja. Und eure Straßen. Ist alles ganz... Du merkst, fahr mit 'm Zug. Du merkst sofort, wo die DDR aufhört und die Bundesrepublik anfängt. Merkst du sofort an die Häuser.
I.: Und mit der Arbeit meinen Sie, es sind nicht nur viele Ingenieure, sondern es wird auch weniger getan?
Ja, ja.
I.: Ist doch eigentlich ganz gut, oder nicht?
Ja, nee, ich bin ehrlich. Ich könnte für mein Geld och mehr machen.
I.: Aber Sie haben sich doch schon halb kaputt gemacht.
Na ja, aber willst du bloß so untätig rumstehen und und? Das wird so hingewurschtelt. Guck dir bloß unsere Firma an hier, die steht jeden Tag, möcht ich sagen, drei, vier Stunden. Das kannst du dir als Kapitalist nicht erlauben. Oder du machst die Bude zu.
I.: Ich denke mir immer, das hat sowohl die Seite, daß viel nicht läuft, als auch, daß es ganz angenehm ist, daß man nicht so getrieben ist in der Arbeit.
Getrieben wirst du nicht. Nee, nee, das kann ich nicht sagen.
I.: Und warn da noch mehrere so wie Sie, die sagten, hier müßte mal 'n bißchen mehr los sein?
Ja, ja, ja. Also 90 Prozent.»

Wer aus dieser hilflosen Klage über die Beleidigungen seines Arbeitsstolzes durch die real existierende staatseigene Industrie in der DDR schließen möchte, Herr Ohlsen sehne sich nach dem Kapitalismus und nach der Ästhetik des Atomstaats und habe Vorurteile gegen die Verwissenschaftlichung der Produktion, den könnte man anhand seiner Worte nicht bündig widerlegen. Und doch erscheint mir diese Sicht nicht sehr wahrscheinlich, eher verweist sie auf einen Mangel an anderen Angeboten zur Nutzung und Aufrechterhaltung der Arbeitsbereitschaft. Denn wenn er zum Hauptthema der älteren Generation im Betrieb kommt und über den Verfall der Arbeitsdisziplin spricht, greift er nicht auf die kapitalistische Alternative zurück, sondern auf seine Erfahrung mit der Sozialkontrolle im Kollektiv der Gründerjahre:

«Du hast mal een gefeiert und kommst morgen nicht uff Arbeit. Da wurde das bei uns schon, damals am Ofen, gesagt: ‹Also horche zu, du bist gestern nicht uff Arbeit gekommen, du bezahlst fuffzehn Mark.› Und der hat bloß eenmal fuffzehn Mark bezahlt oder zweimal. Dann nicht mehr. Dann ist er pünktlich zur Arbeit gekommen. Oder bei der Ablösung. Wir ham det so gehabt am Ofen, in meinem Kollektiv, was ich hatte: eine Minute (betont) zu spät kommen: 12 Mark fuffzig. Dat war immer 'ne Flasche. Der ist bloß een Tag oder zwee Tage zu spät gekommen.»

Das könnte man volkseigene Disziplin nennen, vielleicht noch etwas geschärft vom Barras: Wer die anderen bei der Arbeit behindert, muß eine Flasche Schnaps bezahlen, und das kostete ihn damals mehrere Stundenlöhne. Das wirkt und dient der Gemeinschaft.

Im übrigen darf man sich jedoch das Abenteuer des Aufbruchs nicht allzu diszipliniert vorstellen. Im Anfang gab es im Werk drei Kneipen, und da wurden beileibe nicht nur die Flaschen geleert, die die Saumseligen hatten spenden müssen. Genau gesagt hat Rudi Ohlsen hier seine ersten beiden Monatslöhne total in der Gemeinschaft seiner Allround-Kollegen versoffen, bis die Regierung in beiderlei Gestalt einschritt: die zu Hause, die den Lohn anmahnte, nachdem sie anfangs gedacht hatte, in dem neuen Werk sei eine bargeldlose Lohnauszahlung eingeführt worden, weil ihr nichts auf den Tisch gelegt worden war. Und die andere, indem sie die Kneipen im Werk dichtmachte.

Rudi Ohlsen am 17. Juni

Wie gesagt, die ‹roten Hochöfner› haben ihren Namen davon, daß sie am 17. Juni 1953 auf den Gerüsten der Hochöfen blieben und sie dadurch verteidigt haben sollen. Gegen wen? Der Name erweckt Ideologieverdacht. Wollten denn die Arbeiter ihr Werk, ihre Lebensgrundlage vernichten, oder hatte der allmächtige Kapitalismus zu Hunderten und Tausenden seine Agenten in die märkische Wüste geschickt, um sie dort ein Werk aufbauen und dann in einem antisozialistischen Happening wieder abbrennen zu lassen? Rudi Ohlsen nennt sich nicht einen roten Hochöfner – von sich selbst sagte dies unter unseren Befragten ohnehin nur jene einstige Jungkommunistin aus Sachsen, der der Eintritt in die SED verwehrt worden war. Der Mann mit den zwei Leben war auf beiden Seiten dabei, das macht ihn zu einem Zeugen auch der jeweils anderen Seite. Sein Bericht beginnt mit einem seltenen Bekenntnis:

Ja, wir sind ooch mitmarschiert. (lacht) Die kamen hier alle anmarschiert aus dem, was jetzt der 5. Wohnkomplex ist, das waren früher alles Baracken. Justlager hieß das früher, und denn hier hinter dem Sportplatz, die Barackenstadt heißt das, da kamen denn die Arbeiter alle zusammen. Und da: ‹Was ist denn nu da los?› Nischt gewußt, nischt gewußt davon vom 17. (Juni). ‹Na, die marschieren alle!› Hab ich gesagt: ‹Frau, komm, wir marschieren mit.› Na denn, unten Bekannten gefragt: ‹Was ist denn los hier?› Der sagt: ‹Wir streiken.› Ich sag: ‹Ihr seid ja verrückt, ne.› Ich frag: ‹Wegen was denn?› – ‹Ja, wir wollen mehr Geld haben.› Dann sind die Streikenden alle nach Fürstenberg gefahren, gelaufen und haben das Rathaus demoliert, und die Polizei haben sie denn aufgemöbelt. Und die Russen sind denn gleich, sind die Russen ringsrum ums EKO gefahren, mit die Panzer. Ringsrum.
I.: Gleich am ersten Tag?
Ja, ja, also nachmittags, so späten Abend. Die haben das Werk abgesperrt.
I.: Und wie ging das weiter?
Na ja, denn mußten wir Doppelschichten fahren, weil sie an die (Hoch-)Öfen wollten, und der Ofen 6 war in Bau, und der ist abgebrannt denn.
I.: Wodurch?
Das ist gar nicht so richtig rausgekommen. Sie haben gesagt, die Provokateure hätten die ganze Verschalung angebrannt, dann ist alles in die Brüche gegangen.

I.: Und nach Ihrer Einschätzung, was war da passiert? Einfach nicht aufgepaßt oder?
Nee, ich glaube doch, daß das Brandstiftung war. Meine Meinung.
I.: Haben da im Werk auch noch welche mitgemacht?
Nee. Nur die Fremdfirmen, was hier ringsrum war. EKO nicht.
I.: Wie erklärt man sich das?
(zögert) Wie soll ich sagen? Angst. Nich, und wo wir gehört haben, daß die Russen hier ringsrum um die Öfen standen, schon mit de Panzer, du weeßt ja, wie dat ist. Det ist 'n ganz schönes Loch, wenn du so in das Rohr vom Panzer gucken tust. (I. lacht) Und schon mit 'ner Pistole. Guck mal in die Pistole rein, das ist ein ganz schönes Loch.
I.: Aber Sie waren dabei gewesen.
Ja, ich bin auch marschiert.
I.: Und sonst noch ein paar?
Nee.
I.: Sie waren der einzige, der...
Nee, nee, nee, so nicht, das waren etliche. Weil wir ja im ersten Moment nicht wußten, warum die marschieren. Und dann hieß es, dann kam der Dispatcher hier, dann kamen Nachrichten: Du mußt sofort ins EKO kommen, sofort ins EKO: ‹Was ist denn da los?› Da sind wir wieder an 'n Ofen gekommen und sollten aufpassen, daß keener die Treppen hochkommt.
I.: Und, kamen denn welche ins Werk?
Nee, nein. Bei uns am Ofen nicht.
I.: Aber am anderen Ofen war so was?
Nee, nee. Das nehm ich dem nicht ab. Das einzige ist, daß die Verschalung am Ofen 6 abgebrannt ist.
I.: Wie lange hat das denn dann gedauert hier in der Stadt?
Der ganze Spuk: vielleicht zwee oder drei Tage, dann war das vorbei. Denn war alles wieder o. k.
I.: Hat's denn hinterher Remmidemmi gegeben?
Nee, Auszeichnungen.
I.: Auszeichnungen?
Ja, für die Experten, die haben große Orden gekriegt.
I.: Haben Sie auch Orden gekriegt?
Nee, das nicht. Das doch nicht. Vaterländischen Verdienstorden und so, wo was (er meint: Geld) dranhängt, so was haben wir nie gekriegt.
I.: Aha. Also für diejenigen, die das stabilisiert haben.
Ja, ja. Angeblich.

Eine größere Demonstration von Arbeitern ging am Haus vorbei, und Rudi Ohlsen wollte sich mit seiner Frau anschließen. In der frühen DDR wurde viel demonstriert, meist für gute, harmlose Sachen. Das gehörte zur politischen Kultur, da mitzugehen. Als er hörte, daß es um Streik für höhere Löhne (bzw. niedrigere Normen) von seiten der bei auswärtigen Firmen beschäftigten Bauleute ging, wurde er zurückhaltend. Das versehentliche Mitlaufen wurde hernach ein verbreiteter Topos in der Erinnerung an den 17. Juni in der DDR, aber meist verbindet man mit ihm auch viel weitergehende Ziele als einen Streik über Löhne. Daß Herr Ohlsen sich schon bei einem solchen Streik ausklinkte, wäre in seinem Fall allerdings nachvollziehbar: Er gehörte zu den bestbezahlten Arbeitern der Republik und beim letzten Streik in Deutschland war er 10 Jahre alt, und sein Vater war offenbar ein aktiver Nazi. Dann wird er vom Dienstleiter ins Werk gerufen, das von sowjetischen Panzern umstellt ist, um die Hochöfen zu schützen, weil die Bauverschalung des neuesten vermutlich angezündet wurde. Daß dies für ihn, der bei der Errichtung dieser Öfen die wichtigste Erfahrung seines zweiten Lebens gemacht hatte, an sich eine sinnvolle Aufgabe war, leuchtet mir ebenfalls ein. Dennoch sagt er, er habe das aus «Angst» getan, und er läßt keinen Zweifel, daß es in der Hauptsache nicht Angst ums Werk war, sondern Angst vor den Mitbeschützern. Muß er begründen, warum er etwas Überflüssiges tat, oder war er mit dem Herzen doch bei der Demo? Jedenfalls, Besuch von den Demonstranten bekamen sie nicht. Nach kurzer Zeit ist schon wieder alles «o. k.», und die Honoratioren bekommen Orden, an denen was dranhängt.

Cooler hätte er über den 17. Juni im EKO nicht berichten können. Die Zeitabfolge läßt erkennen, daß er keineswegs spontan ins Werk geeilt ist, denn der Zug der Bauarbeiter führte tatsächlich durchs Werk und auch an den Hochöfen vorbei; die russischen Panzer kamen erst gegen Abend. Erst dann, als alles vorbei war, wurde er zu seiner doppelten Wachschicht gerufen. Sein Bericht entdramatisiert die Lage nach beiden Seiten, sowohl derjenigen, die im Arbeiterprotest den Keim eines Volksaufstandes sah, als auch jener, die dahinter einen imperialistischen Putsch wähnte. Diese Wahnfronten des Danach, die seinen konkreten Wahrnehmungen widersprachen, standen für ihn nicht zur Debatte. Er ging deshalb erst einmal nach Hause und dann pflichtgemäß an seinen Ofen. Das macht verständlich, warum er im nachhinein zu den sog. ‹roten Hochöfnern› gezählt werden konnte, aber sich nicht zu ihnen zählte. Denn den Namen prägten die Bauarbeiter, als sie bei den Öfen vorbeizogen und die Hochöfner, die nicht herunterkamen, damit verspotten wollten.

Zerreißproben

Sieglinde Erger, kaufmännische Angestellte, 67 Jahre

Die meisten unserer Befragten hatten die Rohdaten ihres Lebenslaufs nicht nur im Kopf, sondern sie erzählten sie auch in einer spezifischen Form, nämlich nach Lebensbereichen gesondert in mehreren Kolumnen hintereinander.[1] Bei Sieglinde Erger ist das anders. Sie beginnt mit dem Tod ihres Ehemanns in ihrem 24. Lebensjahr und mit der Geburt ihrer Tochter, erwähnt ihren Schwiegersohn und ihre Enkel; sie weist dann auf die drei Wohnungen, in denen sie in ihrem Leben gewohnt hat – in der ersten, elterlichen, 41 Jahre –, und auf ihre jetzigen beschränkten, aber für sie angenehmen Lebensumstände hin und sagt dann, daß sie siebenmal in der Nervenklinik gewesen sei, «Schizophrenie hatte ich».[2] Das bringt sie zu ihrer Ausbildung zum Industriekaufmann mit 48 Jahren, was für sie schwer war, aber sich finanziell gelohnt hat. Und sie endet mit ihrer vorzeitigen Verrentung mit 59 Jahren, als zu ihrer Nervenkrankheit noch Herz-Kreislauf-Störungen und Rheuma hinzugekommen waren. Dann erzählt sie noch von einem Besuch bei ihrem Bruder im Westen und stellt abschließend fest, daß sie gern in der DDR lebe, weil der Westen ihr zu ungewiß, zu

---

1 Vgl. die exemplarische Darstellung im Kapitel ‹Der Prügelknabe›, S. 450 ff.

2 Quer durch unsere Interviews erhielten wir den Eindruck, daß man in der DDR in der Öffentlichkeit unbefangener mit eigenen gesundheitlichen Beeinträchtigungen umgeht als in der Bundesrepublik.

gefährlich und zu teuer sei. Dann fragt sie, «was soll ich noch erzählen?»

Ich habe viele Fragen, und in einem längeren Gespräch ergibt sich, daß auch Frau Erger die Daten ihres Lebenslaufs, ihrer Verwandtschaft und viele Erinnerungen im Kopf hat, aber viel wichtiger als deren konventionelle Aneinanderreihung sind in ihrem Gedächtnis traumatische Ereigniszusammenhänge, in denen ihre individuellen Lebensperspektiven von äußeren Faktoren in den Griff genommen, umgelenkt und verengt werden. Am zugespitzten Fall verknoten sich in den Szenen diese Wendepunkte und verweisen auf Voraussetzungen, die sie verständlich machen. Mit anderen Worten: ihre Lebensgeschichte verknüpft sich mit der allgemeinen Geschichte und schärft den Blick für die Individualisierung der Kriegsfolgen. Die Kriegerwitwe kann ihr Trauma in den Haltestrukturen des Alltags in der Familie und im Kollegenkreis zurückdämmen, aber nicht überwinden, und in Krisenzeiten bricht es wieder hervor, verfestigt sich zu schubartigen Umnachtungen und macht sie einsam und klinikabhängig. Dazu mag auch eine Veranlagung[3] kommen, aber Anlagen entwickeln sich ja keineswegs immer; im folgenden geht es um den gesellschaftlichen Anteil an ihren Krisen.

In der Weltwirtschaftskrise verlor ihre auf Anstand und Ansehen bedachte Familie ihre Stabilität. Der Vater, ein Fuhrwerker aus sozialdemokratischem Milieu, verliert seine Arbeit und kann bis 1938 keine neue finden. Die Mutter, streng und religiös, versucht, die fünfköpfige Familie mit Heimarbeit durchzuziehen. Bei einem Bruder reicht es noch für eine Lehre, der andere geht ohne Ausbildung zur SS, und Sieglinde muß direkt von der Schule in die Fabrik, findet aber zunächst nur kurzzeitige Stellen und ist mehrfach arbeitslos. Kurz vor dem Krieg stabilisiert sich die Perspektive wieder: Der Vater erhält Arbeit, der Bruder kann von der SS zur Wehrmacht überwechseln, und sie kommt in einem großen Werk aufs Büro, wo sie Steno und Schreibmaschine lernt und sich in einen elf Jahre älteren, vom Schlosser zum Ingenieur aufgestiegenen Konstrukteur verliebt, der bis 1943 vom Militärdienst verschont bleibt. Er ist ein Sportsmensch, tüchtig

3 Frau Erger weist selbst auf die Schwermut ihres Vaters hin.

und aus linkem Milieu, wie ihr Vater; sie paddeln und zelten zusammen.

Ich war schwanger und wir wollten eben heiraten an Weihnachten 1943. Aber da kam eben nun der Brief, daß er nicht kommen kann, weil er an die Front muß... Die Heiratspapiere, die hat er schon alle in Händen gehabt, zu Weihnachten. Und am 9. Januar 1944 schrieb eben der Kompaniechef, daß er infolge Autounfalls tödlich in Italien verunglückt ist. Und dann habe ich den Bescheid eben bekommen und die Heiratspapiere waren auch da, und dann am 18. Mai 1944 habe ich mich dann trauen lassen hier im Rathaus, mit Säbel und Stahlhelm... Das lag auf dem Schreibtisch bei dem Beamten... Damit meine Tochter ehelich zur Welt kommt. Daß ich eben auch eine Witwenrente bekam... Das können Sie sich gar nicht vorstellen. Da wurden wir eben bestellt. Wir waren alle schwarz gekleidet. Ich war in anderen Umständen, ich war im achten Monat, ...und direkt eben wie eine gewöhnliche Trauung. Wir waren dann nur zu Hause bei mir. Von Feier kann man ja da gar nicht sprechen. War ja so traurig. Ich hatte eine gesunde, glückliche Geburt. Meine Tochter war gesund angekommen und war der Liebling von den Schwestern in der Frauenklinik. Da mußte ich gleich am nächsten Tag wieder in den Keller runter, da waren die Sirenen. Und den übernächsten Tag, da wurden wir nach A. verfrachtet, wir Wöchnerinnen alle, um vor den Fliegern eben (auszuweichen). Und dort kriegte ich eben die Wochenbettpsychose.

Das Kind bleibt bei ihrer Mutter; sie selbst kommt in die Klinik und wird mit Elektroschocks traktiert. Das hat sie in die Gesundheit zurückgeschreckt.

Davor hatte ich immer so'ne unheimliche Angst. Ich hab immer gedacht, es wird alle mit mir. Da nimmt's einem die Luft, dann dreht's einem im Kopf, es elektrisiert einen alles, und dann stecken sie einem einen Gummikeil in den Mund. Und dann schläft man ungefähr zwei, drei Stunden, und dann fühlt man sich wohl. Und doch hat man vorher eine so unheimliche Angst. Und das zwölf Mal. Das möchte ich nicht mehr erleben.

Als sie sich aus der Erstarrung, in die sie aus dem Zusammenbruch ihrer Gefühle und Hoffnungen gefallen war, zu lösen beginnt, findet sie sich in jener Nachkriegsgesellschaft in den Großstädten der SBZ, in der zwei Männer drei Frauen gegenüberstehen. Aber eine neue Verbindung wird auch von innen verhindert.

Ich hatte nur Pech mit Männern. Ich konnte einfach nicht mehr. Meinen Mann sah ich immer wieder vor mir. Ich kam einfach nicht drüber weg. Ich kam einfach nicht drüber weg. Mir kam auch, als ich die Todesnachricht las – da konnte ich keine Träne vergießen, weil ich's gar nicht fassen konnte, daß der Mann nicht wiederkommt. Das kam ja alles so mit der Zeit, daß ich alleine bin. Und nun hab ich mich eben an das Alleinsein gewöhnt. Nun möchte ich auch nicht wieder – zwar schon so Verehrer gehabt, aber die haben mich eben alle ein bißchen enttäuscht. Ich weiß auch nicht. Entweder waren sie geschieden oder verheiratet oder hatten sie nicht einen besonders schönen Charakter, und da hab ich eben immer Vergleiche gezogen.

Mit ihrer Tochter lebte sie seit dem Krieg in der 2½-Zimmer-Wohnung ihrer Eltern, und da sie zunächst eine Witwenrente bekam, konnte sie sich ihrem Kind widmen. Die Männer verschwanden. Der Vater war nach Kriegsende gestorben, die Brüder kamen aus der Gefangenschaft nach Hause, jobbten und heirateten: Der eine zog ans andere Ende der Stadt, der andere konnte sich aus einer übereilten Ehe nicht lösen und ging allein in den Westen, Scheidung auf deutsch. Und das ist eine Reise ohne Wiederkehr, denn SS-Mitgliedschaft, Unterhaltsverletzung und Republikflucht addieren sich für den Fall eines Besuchs in der Heimat zu einem unkalkulierbaren Risiko.

Der verbliebene Frauenhaushalt kommt unter Druck, als die DDR 1950 die Unterstützung der Umsiedler und Kriegerwitwen einstellt, um den Arbeitsmarkt für den Aufbau des Sozialismus zu mobilisieren. Sie fängt wieder an zu arbeiten, und anfangs kann ihre Mutter das Kind versorgen. Aber als auch deren Pensum in der Heimarbeit wächst, muß sie sich eine Tagesmutter suchen und eine neue Stelle, die mehr in der Nähe gelegen ist. Sie kommt ins Büro einer Schraubenfabrik und hat gute Erinnerungen an das menschliche Klima dort. Aber die Arbeit selbst und deren Bedingungen waren die Hölle.

In der Schraubenfabrik hat mir's gut gefallen, bloß der Lärm! Das war in der Halle oben, unten drunter dröhnten die Maschinen, und ich mußte schreiben von früh bis abends, die Zahlen. Keine frische Luft hatten wir… Zehn Jahre lang nur… Rechnungen geschrieben, Zahlen von früh bis abends. Zahlen, Zahlen, Zahlen. … Mir hat's sehr gut gefallen, bloß ich konnt's nervenmäßig nicht mehr. Da bin ich in die Nervenklinik gekommen.

Nach zwanzig Jahren hat sie ihren zweiten Blackout. Außer dem Lärm und den Zahlen war auch sonst einiges zusammengekommen: Im selben Jahr war ihre Tochter aus dem Haus gegangen und hatte geheiratet, und ihre Mutter war gestorben. Mitten in den Wechseljahren war sie nun völlig allein, da wurde das Zahlenwerk unaushaltbar, und sie begann, sich zu qualifizieren, um eine bessere Arbeit zu bekommen. Für die Gesellenprüfung als Industriekaufmann mußte sie jeden Abend Kurse besuchen.

Von diesem Zusammenbruch hat sie sich nie mehr ganz erholt. Zwar erfährt sie in der Klinik Ruhe, Zuspruch und erhält Psychopharmaka, zwar sucht sie sich eine neue Wohnung, um Distanz zu ihren Erinnerungen zu gewinnen, schafft, wiederhergestellt, den Lehrabschluß und bekommt in der Finanzabteilung einer anderen Firma eine bessere Arbeit. Aber an ihrer Situation hat sich nichts geändert, und die neue Wohnung ist laut und ihr Aufstieg führt sie in ein schreckliches Betriebsklima.

Ganz scheußliche Chefs, ganz häßliche Vorgesetzte, die waren nicht gut. Die 14 Jahre hat's mir überhaupt nicht gefallen... Das waren eben alles richtige Finanzkaufmänner, wissen Sie, die waren eben eigenartig. Befehlerisch. Und eben so richtige herrschsüchtige Menschen waren das eben. Und davon hatte ich dreie als Vorgesetzte. Das war furchtbar. Das hat mich auch Nerven gekostet.

Alle paar Jahre bekommt sie jetzt einen Anfall und muß dann eine Weile in die Klinik, wo sie sich gut aufgehoben fühlt. Ansonsten hat sie Kontakt zur Familie ihrer Tochter und macht jetzt auch Reisen, um ihrer Einsamkeit zu entflichen. Die schönste war in die Sowjetunion, ihre einzige Flugreise. Sie erinnert sich an Sehenswürdigkeiten, an Einkäufe und an «die Menschen, die sind dort so freundlich, so zuvorkommend. Da waren wir einmal erstaunt.» Das bringt sie zurück zur Alltagserfahrung in ihrer Stadt.

So vermuckt, ...so verhetzt im Gesicht, nur die Arbeit, Arbeit, Arbeit und Geld, Geld, Geld. Ein Hamstern, daß sie alles anschaffen. ...Mal der Jahrmarkt, das Pressefest, aber ansonsten ist es ganz ruhig in unserer Stadt. Abends sind die Straßen menschenleer. Sind sie alle zu Hause, sitzen vor der Röhre. Kein Mensch.

Nach der Rente durfte sie auch in den Westen fahren, um nach 25 Jahren ihren Lieblingsbruder zu besuchen. Aus dem Traum wurde erneut ein Trauma. Das Tempo, die Unsicherheit, der Materialismus des Westens haben sie völlig überfordert, und die Aufregung über das Wiedersehen tat noch ein übriges, daß sie gleich nach dem Tag ihrer Ankunft einen Schub bekam. Der Bruder bringt sie in die Klinik, alles ist fremd, sie vermißt einen Zuspruch der Krankenschwestern und wird nachts mit Lederriemen ans Bett gefesselt. Diese Erfahrungen wiegen die Verlockungen des Konsums nicht auf. Ihren Bruder würde sie zwar gerne wiedersehen, aber nunmehr erscheint ihr die Bahnfahrt zu lang. «Ich hab ihm geschrieben, wir müssen uns eben damit abfinden, daß wir uns nie wiedersehen.»

Die Bedingungsfaktoren, die in den Lebenskrisen von Frau Erger zusammenkommen, waren je für sich genommen für die Kriegerwitwen nicht selten; wie sie in ihrem Fall sich verknüpften, erwies sich als unaushaltbar: Die Hochzeit mit dem Tod, um Ansehen und Versorgungsansprüche zu wahren; eine Vereinsamungskrise an einem unzumutbaren Arbeitsplatz, den man nur durch den Aufwand einer zusätzlichen Qualifizierung im höheren Lebensalter verlassen kann. Für die praktische Bewältigung der Kriegsfolgen haben die familiären Netze gehalten, für die seelischen haben sie nicht ausgereicht. Gesellschaftliche Auffangeinrichtungen haben ihr geholfen, sowohl in den Kliniken als auch im Rentnerclub mit seinem billigen Mittagessen. Darüber hinausgehende Perspektiven, die ihre Fixierungen hätten aufbrechen können, haben sie jedoch nicht erreicht: dazu waren weder die Geschlechterproportion in ihren Altersgruppen noch die Politik geeignet.

Ich hab mich da nicht so dafür interessiert. Ich dachte, das wird nicht und wird keine Einigkeit, und immer wieder, und da hat man manchmal gar kein Interesse mehr gehabt, irgendwas davon zu hören, weil bloß egalweg vom Frieden gesprochen wird und vom Frieden geredet und daß sie wollen Frieden schaffen. Und kommt nichts zustande.

In ihrem Fall hätte die Kirche nähergelegen, denn wie ihre Mutter ist sie streng religiös. Sie liest die Bibel, sie betet um Frieden und Gesundheit, sie sieht Andachten im Fernsehen. Aber mit der sozialen

Gemeinschaft der Kirche hat sie gebrochen, als mitten in der Hungerzeit der Kirchensteuereintreiber ein Brötchen auf ihrem Küchentisch sah und sagte, für Weißbrot hätten sie Geld, aber für Gott nicht. Da haben die beiden Frauen ihn zur Tür hinausgeworfen und sind aus der Kirche ausgetreten.

Von der revolutionären Kraft

Siegfried Homann, Produktionsleiter, 67 Jahre

In seinem Industriedorf verkörpert Siegfried Homann das menschliche Angesicht des real existierenden Sozialismus. Ein vitaler Sachse, untersetzt, lebhaft, freundlich und tüchtig, Sohn des in der Weimarer Republik führenden sozialdemokatischen Funktionärs am Ort, Produktionsleiter des ortsbeherrschenden Betriebs vom ersten Tag der «Volkseigenwerdung» bis zum letzten Tag seiner Arbeitsfähigkeit, dreißig Jahre lang. Jeder am Ort kennt ihn, die meisten duzen den Homann Siegfried. Er wohnt noch immer in einer Drei-Zimmer-Wohnung in der zum Werk gehörenden Arbeitersiedlung von der Jahrhundertwende, und auch seine Kinder sind im Dorf geblieben. Aus den ersten 30 Jahren seines Lebens sind drei Stationen wichtig, von denen er zwei zu Anfang stark betont und die dritte auf Nachfrage nachträgt. Alle haben mit Politik zu tun.

Praktische Lehren

Da ist zunächst seine Jugend als Sohn eines sozialdemokratischen Funktionärs. Das hat sich insofern eingeprägt, als Siegfrieds erste politische Erfahrung in seiner Pubertät die Diskriminierung der Familie durch die Nazis war. Sein Vater, ein Metallarbeiter, war der

Vorsitzende der SPD-Fraktion im Gemeinderat, die in diesem stattlichen Industriedorf schon lange die stärkste Partei war. Der örtliche Parteivorsitzende – wie auch der parteilose Bürgermeister[1] – arrangierte sich 1933 mit der neuen Macht, wurde Pg und erhielt einen Posten in der Stadtverwaltung. Siegfrieds Vater repräsentierte die Gegenseite; die Nazis warfen den Facharbeiter aus dem Betrieb, und er blieb längere Zeit arbeitslos, bis sich die dreiköpfige Familie auch die schöne Wohnung in der Arbeiterwohnungsgenossenschaft nicht mehr leisten konnte. Aber die Bilder von Bebel und Ebert wurden wieder aufgehängt, als man in Stube und Küche zusammenrücken mußte. Damals ernährte die Mutter die Familie mit ihrer Heimarbeit für die größte Textilfabrik am Ort, die Siegfried Homann später leiten wird und bei der er 1934–37 seine Lehre als Textilarbeiter absolvierte und dann arbeitete. Außer dieser frühen politischen Diskriminierung, die sich in die Lebensverhältnisse der Familie in seiner Jugend als die Armut der Heimarbeit in der Textilindustrie eingeschrieben hat, erwähnt er aber keine positive Tradition, die sich etwa vom Vater auf ihn übertragen hätte. Er lebt seine Kraft im Neutralen aus, wird aktiver Fußballer, kickt sich bis zur Gauliga hoch und kommt dadurch vor dem Krieg schon etwas herum.

Daß Hitler Krieg bedeutete, hat er dem Vater nicht geglaubt, aber den Reichsarbeitsdienst absolvierte er bereits 1940 bei Warschau. Nach kurzer Grundausbildung in der Heimat kam er anschließend in schneller Folge als Soldat nach Nordfrankreich, dann nach Ostpreußen. Wieder hat er dem Vater nicht geglaubt, als sie «mit Blasmusik» in den Rußlandfeldzug zogen, daß der Krieg nicht zu

---

1 Er war seit 1920 im Amt gewesen und galt als starker Mann und unpolitischer Modernisierer, dem noch heute die Entwicklung des seit dem Zweiten Weltkrieg wieder erstorbenen Fremdenverkehrs als zweiter Erwerbsquelle neben der Heimarbeit und – von der Kanalisierung und Pflasterung der Straßen über die Einrichtung einer höheren Schule bis zur Einrichtung einer Sparkasse – die Infrastruktur der ca. 5000 Einwohner starken Gemeinde angerechnet wird. 1945 zunächst im Rahmen des ‹Automatischen Arrests› von Amtsträgern durch die US-Truppen in Haft genommen, war er – ohne daß konkrete Schuldvorwürfe bekanntgeworden wären – mehrere Jahre in sowjetischem Gewahrsam und starb bald, nachdem er seelisch und körperlich gebrochen ins Dorf zurückgekommen war. Homanns Vater verdankte der Intervention dieses Bürgermeisters, daß er Mitte der dreißiger Jahre wieder Arbeit fand.

gewinnen sei: die vielen Fronten, die Größe Rußlands – wie soll man das alles besetzen? Erst seine Verletzungen haben ihn nachdenklicher gemacht, ein Handdurchschuß im Winter 1941 vor Moskau, ein zweiter im folgenden Jahr im Südabschnitt der Ostfront, schließlich ein Granatsplitter im Fuß Mitte 1943 in Italien. Aber Siegfried Homann erzählt davon nicht nach der Melodie des Umlernens, sondern derjenigen vom «Glück im Unglück».[2] Im ersten Fall kam er zur Genesung nach Polen und dann nach Prag und hatte deshalb eine Chance zu Sonderurlaub, um Silvester 1941 zu Hause, gerade volljährig, sein Mädchen, eine Heimarbeiterin, zu heiraten, die gerade ihrer ersten Tochter das Leben geschenkt hatte. Die zweite Verletzung hat ihm mehr zu denken gegeben, weil er dafür ein Kriegsgerichtsverfahren bekam, weil seine Hand von hinten durchschossen war; aber das Verfahren wurde niedergeschlagen, und er kam zur Genesung sogar in die Heimat. Die dritte Verletzung nach Einsätzen an der West- und der Südfront war schon beinahe ein Heimatschuß, denn ihre Kur zog sich über ein Jahr hin, das er immerhin in Venedig und Meran verbringen konnte, weshalb er beim Herannahen des Kriegsendes günstig stationiert war, um über den Brenner nach Böhmen zu kommen, wo die tschechische Polizei die deutsche Truppe vor der Zivilbevölkerung schützt, so daß sie ins Waldviertel entkommen und sich den Amerikanern ergeben kann. Seine Kriegsgefangenschaft dauerte nur drei Wochen, weil er als Heimatanschrift die Adresse eines Kameraden aus der US-Zone angab; er hatte nämlich gemerkt, daß die Kameraden aus der SBZ nicht entlassen, sondern den Franzosen überstellt wurden, und aus deren Gefangenschaft sollten sie in der Tat oft erst nach jahrelangem Arbeitseinsatz nach Hause kom-

2 Seine Militärzeit hat in der DDR ein Nachspiel: 1955 wird er gerufen, beim Aufbau der Nationalen Volksarmee den Offiziersmangel zu ersetzen. Sein Posten im Werk wird ihm so lange offengehalten. Er bringt es vom Unterleutnant bei der Bereitschaftspolizei mit Schulungen zum Kompaniechef der NVA, aber stößt auch auf seine Grenzen. Einmal weil er die Rekruten so schleift, wie sie einst geschliffen worden sind («wie früher hatte ich es in den Knochen»), bis er (von der Partei) ins Gebet genommen wird, daß das nicht mehr in die sozialistischen Streitkräfte passe. Zweitens fällt er nach zwei Jahren bei einer Parade vor versammelter Mannschaft um, und es wird Angina pectoris festgestellt. Damit ist er wieder reif für die Umwälzung der Produktivkräfte in der volkseigenen Industrie.

men. Im Oktober 1945 ging er dann «mit gemischten Gefühlen» über die Demarkationslinie, teils wegen der Roten Armee, die jedoch seine Entlassungspapiere anerkannte, teils wegen der Nachrichten über die Bombardierung seiner Heimatstadt kurz vor Kriegsende, aber hier außen in der Arbeitervorstadt war nur ein einziges Haus getroffen worden und seine Familie, die ihn vermißt geglaubt hatte, ohne Schaden durchgekommen – die zweite Tochter, die während seiner Genesung in Italien geboren worden war, lernte er erst jetzt kennen. Sie wohnen bei den Schwiegereltern, und der Alltag ist von der Sorge ums Essen geprägt: jeder Streifen Land wird jetzt unter den Spaten genommen, und seine Hamsterzüge führen ihn bis in den Harz und auch schon gelegentlich über die Zonengrenze.

Beruflich ist er wieder in der Fabrik, einer der wenigen gelernten Männer unter den vielen ungelernten Frauen, und richtet Maschinen ein. Das ist nicht ganz selbstverständlich, denn noch im Herbst 1945 ist er in die KPD eingetreten, und junge Kader aus unbelasteter Familie sind gesucht. In die KPD einzutreten hat ihm sein sozialdemokratischer Vater geraten, denn – so erinnert er sich jedenfalls – angesichts der Fehler der SPD in den Endjahren der Weimarer Republik sei er in der KPD bei der sich abzeichnenden Vereinigung der Parteien gleich auf dem richtigen Dampfer. Aber entgegen dieser richtigen Analyse hat der Vater ihm etwas anderes vorgelebt, nämlich die Abstinenz von der praktischen Politik. Der alte Homann wurde 1945 bedrängt, als ranghöchster Unbelasteter der alten Genossen die SPD wieder aufzubauen, aber er war es müde, wurde zwar Mitglied, auch der SED, deren sozialdemokratische Tradition dann kurzzeitig ein auswärtiger ehemaliger SPD-Funktionär, der in der sowjetischen Kriegsgefangenschaft zum Nationalkomitee Freies Deutschland gestoßen war, repräsentierte, aber er zog es vor, in seinem letzten Lebensjahrzehnt als Gärtner im Krankenhaus zu arbeiten – bei einem Arbeitsunfall an der Maschine in seinem jetzt demontierten Werk hatte er die Finger einer Hand verloren. Siegfried Homann hat beide Lehren des Vaters beherzigt: er ging auf den richtigen Dampfer, aber er blieb bei den Mannschaften – nie hat er eine Funktion in der SED übernommen, und es ist auch nicht die Rede davon, daß ihm eine angeboten wurde. Sozialdemokratische Herkunft prädestinierte eben in der DDR eher für technische und soziale als für politische Verantwortung. Er ist darum auch nicht böse. Im Rückblick nennt er die Funktion eines Betriebsparteisekretärs einen «Abstreicherposten», bei dem alle Sorgen anlanden, aber nur selten die Mittel, ihnen abzuhelfen: «Da gehört viel Liebe dazu, das zu machen... Also ich sag Ihnen ehrlich, ich möcht einen solchen Posten nie machen. Ich möcht so 'nen Posten nicht für 5000 Mark.» Wozu man noch wissen muß, daß der Parteisekretär in seinem Betrieb, eine Frau, nicht einmal ein Fünftel dessen bekam.

Herr Homann machte nicht Karriere in der Politik, aber eine politische Karriere machte er doch. 1948 wurde er nämlich als Gewerkschaftsvertreter in mehreren der kleinen Textilverlage am Ort und darunter auch in seinem Betrieb als BGLer eingesetzt. Die Belegschaften, die weitgehend aus Heimarbeiterinnen bestanden, waren traditionell kaum organisiert, so daß hier keine Betriebsräte aufgelöst wurden, sondern die Einrichtung einer BGL als sozialer Fortschritt angesehen werden konnte. Siegfried ist jetzt 28 Jahre alt, und bald wird er auch in den Kreisvorstand der Gewerkschaft aufrücken, was er Mitte der fünfziger Jahre wieder aufgibt. Der Schwerpunkt seiner Tätigkeit liegt jedoch im Betrieb, einem Privatunternehmen, das er als «eine große Familie» erinnert, und nicht nur, weil es einer großen Familie gehörte, sondern auch weil seine ganze eigene Verwandtschaft dort beschäftigt war: «Es war ein herrliches Arbeiten.» Geleitet wurde der Betrieb, der an die 500 Heimarbeiter unter Vertrag hatte und mit 50 regulären Arbeitskräften am Ort auskam, von einem tüchtigen Unternehmer, der im Dritten Reich für die Wehrmacht gearbeitet hatte und Pg geworden war, aber in seinem Schreibtisch «Das Kapital» von Karl Marx aufbewahrte, um sich für die Zukunft vorzubereiten. In den schlechten Zeiten nach 1945 arbeitete er mit dem kommunistischen Ortsbürgermeister zusammen und half mit allerlei Kompensationsgeschäften bei der Versorgung der Gemeinde; der Betrieb lief weiter, in der Hauptsache mit aus der Rüstungszeit in verschiedenen Scheunen gehorteten Garnbeständen. Die Betriebsgewerkschaft arbeitete mit dem Unternehmer bei der Organisierung eines Mittagstischs zusammen, d.h. das Hamstern wurde arbeitsteilig kollektiviert, und der Unternehmer trug dazu nicht nur sein Scherflein bei, sondern stellte seinem BGLer auch hie und da einen Lastwagen zur Verfügung, damit er über Land fahren konnte. Die Textilverleger, sagt Herr Homann, seien alle ‹in der Partei› gewesen und meint damit die NSDAP, aber daraus sei keinem ein Strick gedreht worden. 1949 wird dem kooperativen Unternehmer jedoch aus den Tauschgeschäften plötzlich ein Strick gedreht, und er wandert wegen Schieberei ins Gefängnis; kaum ist er wieder freigekommen, geht er mit der Familie und dem Wichtigsten auf einem LKW über Nacht in den Westen.

Die verausgabte Kraft

Siegfried Homann übernimmt die Leitung der Produktion unter der Aufsicht eines Treuhänders. Und er bleibt Produktionsleiter durch alle Stufen der Erweiterung, der «Volkseigenwerdung», der Angliederung anderer kleiner Textilfabriken, als deren Inhaber pensioniert wurden oder in den Westen gegangen waren, auch durch die Umstellung der Heimarbeit in industrielle Produktion und deren Automatisierung bis hin zur Bildung eines Kombinates, das auf diesem Gebiet eine Monopolstellung in der DDR hat. Mit sechzig Jahren wird er krank, muß sich auf einen kleineren Posten zurückziehen, vier Jahre später wird er invalidisiert.

Das wollen wir ganz ehrlich sagen. Das mußten wir eben sehr mit Kraft machen. ... Jetzt sind ja alles Hochschulkader, die Betriebe leiten und so, sind ja alles Hochschulkader. Wir haben ja praktisch bloß den Grundstock gelegt. Aber es war sehr interessant. Aber es hat eben viel Kraft gekostet, das hat mir eben weh getan. Da mußte man eben viel mit Kraft machen, es ist einfach ein Lohn der Praxis, ich habe ja gelernt in diesem Betrieb. ... Na ja, die geistigen Voraussetzungen hab ich ja nicht, die hab ich ganz normal. Die Kader, die oben, bei denen ich rechenschaftspflichtig war, das waren alles schon Hochschulkader. Die oberen, die waren alle ja schon. Bloß die unten, ja, da waren wir dran, die Alten da. Nun wollen wir ganz ehrlich sprechen: Das hat uns eben mehr Kraft gekostet, weil wir die geistigen Voraussetzungen nicht hatten. ... Und wenn man jeden Tag so zehn, zwölf Stunden arbeitet, wenn man dann gleich gar nicht heimkommt, weil man im Erzgebirge oben festgesessen hat im Winter, neue Maschinen – ich habe es praktisch von der Hand-

maschine in die Motormaschine übergeleitet, alles handgemacht, und ich habe halt Motormaschinen mit entwickelt, die stehen jetzt noch drüben (im Werk). Das ist der erste Weg gewesen, der hat die ganze Revolution (gebracht) – wollen wir es mal so bezeichnen. Ich habe auch die ersten japanischen Maschinen noch gekriegt. Und da haben wir, das ist 'ne Revolution, die wir eben. Das kostet Kraft und Zeit.
I.: Was war denn das, womit Sie sich am meisten überfordert gefühlt haben?
S. H.: Na, das ist: die Zeit. Die Zeit und die Kraft, neue Technik durchzusetzen. Das ist schwer. Das ist ganz schwer. Ich sag's auch immer wieder, als ich den Betrieb 49 übernommen habe – ja, ich hatte zwar damals vom Rat der Stadt auch Leute bekommen, gute Leute, die direkt als Leiter eingesetzt wurden, aber ich hatte den ganzen Produktionsteil in der Hand. Das ist schwer zu sagen: Du jetzt, wir machen also jetzt das Schild weg vom alten Inhaber und machen dann «VEB». *Die* Arbeit ist eine Stunde. *Die* Arbeit ist eine Stunde. Aber dann mit den Menschen da drinne klarzukommen und das zu verstehen und das Gefühl, «volkseigen», jetzt können wir alles nehmen, was wir brauchen, das ist ja volkseigen! Da mußte man erst mal sagen: Wart mal, Freund! Es geht genauso weiter, es kann gar nicht anders sein wie es vorher war, ob der Name Müller oder Meier dranhing, wir haben jetzt bloß einen anderen Leiter da, und der ist genauso angestellt, bloß, der muß am selben Strang ziehen. Und dann die neue Technik und alles. Das waren alles alte Menschen, die in dem Betrieb gearbeitet haben, teils in meinem Alter, mit mir, alles Schulfreundinnen usw. Dann mußte erst mal sagen: Paß uff, Freund, es geht nimmer so, es geht nimmer so, ich bringe jetzt neue Maschinen hinzu. Und das hat alles Kraft gekostet. Ich habe da alles eingerichtet, von der Handmaschine auf die Motormaschine, ganze Motormaschinenkomplexe gekauft, neue Maschinen, die man jetzt zum Teil noch einsetzt, die hab ich in Rumänien gekauft. Das war eigentümlich. Die Maschinenfabrik da unten (im Nachbarort), die brachten es nicht fertig, die Maschine zu bringen. Der Rumäne bringt die Maschine heraus. Das haben wir gehört: Runter nach Rumänien und eingekauft. Sehen Sie, das ist alles Kraft, was das kostet. Und in der Öffentlichkeit stehen und – alles das hat Kraft gekostet. Ich hatte das eben nervlich nicht mehr durchgestanden. So ist mein Weg gewesen. Und ich sage aber: Es war eine schöne Zeit. Das ist 'ne schöne Zeit, das sage ich ganz ehrlich, man hatte Verantwortung zu tragen, das hab ich meinen Kindern allen gesagt, und die sind auch alle, wenn sie auch keine Werkleiter sind, aber ihre Verantwortung haben sie zu tragen. Das ist ein schönes Gefühl, ich rate es allen. Na ja, mein Kleiner, der hat keine Lust, *mehr* zu machen.

Der Kleine, das ist der nachgeborene Sohn, der noch nicht dreißig ist, der die Kosten der Aufbaugeneration vor Augen hat und ihren Weg und Sinn nicht mehr realisieren kann. Für Herrn Homann war dieser Weg eine verzehrende Erfüllung. Dieser Weg war ihm nicht vorgezeichnet, er wurde vielmehr in ihn hineingestoßen als einer der wenigen jungen Männer in diesem großen Betrieb, als sein Inhaber keine Perspektive mehr sah und ihn stehenließ. Plötzlich muß er, der Gewerkschafter, die Fabrikdisziplin gegen das Mißverständnis, das volkseigene Eigentum sei jedermanns Sache, verteidigen. Er muß die technische und einen Teil der unternehmerischen Verantwortung in einem wachsenden Unternehmen übernehmen. Daß er in diese Verantwortung kommt, das ist die erste Revolution, aber von der spricht er nicht («genauso weiter» – «bloß ein anderer Leiter»). Er spricht von der zweiten, der industriellen Revolution, mit der er schrittweise die Heimarbeit in eine industrielle Produktion überleitet. Das ist ein technisch-organisatorisches Abenteuer, für das er alle seine Fassungskräfte entwickeln muß; das ist aber auch ein neues Verhältnis zu seinen ehemaligen Schulkameradinnen, deren gewohnte Welt häuslicher Armut er mit seinen Maschinen zerstört und die er für eine bessere industrielle Lebensweise gewinnen will.

Mit allen ist er und bleibt er per du, und er wohnt unter ihnen, und er kann und er will sich dieser Spannungen nicht durch Distanz entziehen. Sein Einsatz für die Revolution fordert und entfaltet seine Kraft und frißt sie zugleich auf. Man braucht nur auf die Wiederholungen dieses Leitthemas in dieser exemplarischen Summe der Erfahrung der ersten, der improvisierenden Aufbaugeneration zu achten, um das Ausmaß dieser verausgabten Kraft zu ermessen. Als persönliche Erfahrung, die gleichwohl ein «schönes Gefühl» gemacht hat, ist sie nicht zu wiederholen. Jetzt sind die Funktionen zentralisiert, spezialisiert, professionalisiert, und die Erfahrbarkeit der Verantwortung schwindet, wie auch der Abstand zwischen der Herkunft und der Funktion. Die Jungen ahnen schon, daß sie dieses «schöne Gefühl» der Aufbaugeneration so nie mehr werden erleben können und fürchten den Aufwand einer Kraft wie die Väter. Deshalb kann man die alten Kämpen, denen der Fortschritt noch selbstverständlich ist und die mit den Arbeitern an der Maschine noch reden können, weil sie mit ihnen die Erfahrung teilen, nicht ziehen lassen.

Ich wollte schon lange aufhören. Ach Siegfried, komm noch, da kriegste noch 'n Mann dazu, und bleib noch da, dich brauchen wir als Fachkraft, so war's doch. Es hat schon sehr viel Kraft gekostet. Das hat mich so – daß ich 64 schon den ersten blauen Fleck hatte.

Der verlorene Sinn

Derselbe Herr Homann, der mir das Hohe Lied von der für die Revolutionierung der Verhältnisse verausgabten Kraft und von der Schönheit der Verantwortung gesungen hatte, hat mir auch mit am ausführlichsten die Perspektivlosigkeit der Gegenwart dargetan. Immer wieder kam er auf die Unverständlichkeit der chronischen Versorgungskrise zurück und schilderte, wie die Infrastruktur seiner Industriegemeinde verkommt, wie alle nach Westgeld gieren, die meisten (er meint: seiner Altersgruppe) schon ‹drüben› waren, wie die Gesellschaft gespalten ist zwischen denen, die mit Westgeld einkaufen oder die höheren Preise der Delikat-Läden mit dem Angebot aus dem Westen bezahlen können, und der Masse der Bevölkerung – und das nach vierzig anstrengenden Jahren, um Produktion und Versorgung zu rationalisieren!

Um nur ein Beispiel zu geben: Ich fragte ihn, wie eine Parteiversammlung ablaufe, in der konkrete Mißstände angeprangert werden. Daraus ergab sich folgender Dialog:

S. H.: Das geht automatisch. Der Parteisekretär ist verpflichtet, bei der nächsten Versammlung das vorzutragen, das Problem hier ist besonders schwierig mit der Versorgung, Neubaugebiet, und jede Gaststätte ist zu. Auf einen Schlag haben sie alle zugemacht, und Wiedereröffnung in drei Jahren, als Beispiel.
I.: Warum braucht man drei Jahre, um eine Gaststätte zu renovieren?
S. H.: Das fragen wir uns ja auch...
I.: Lassen Sie uns das noch mal durchspielen. Dann kommt Ihr Parteisekretär in der nächsten Sitzung zurück...
S. H.: Und dann kriegen wir Termine gesagt: Daß der Goldene Löwe am 1. Mai 1988 aufgemacht wird und das Kurhotel ein Jahr später. Das isses.
I.: Das ist es?
S. H.: Das isses... Und die Pelzmühle wird nun abgerissen. Nur der Saal bleibt stehen. Das Hauptgebäude ist auf einem Schlammoorboden gebaut

worden, und das ist im Lauf der Jahre nun alles, alles weg. Nichts gemacht worden, nur rausgeholt worden, so isses. Ganz klar gesagt (erzählt weitere Beispiele aus Karl-Marx-Stadt von Gaststätten und Veranstaltungsplätzen, die geschlossen werden mußten). Sie haben eben lauter Neubauten gemacht, und seither kommen sie nicht mehr nach. Durch die Neubaugebiete sind die Arbeitskräfte weg. Und dadurch, warum die Arbeitsproduktivität bei uns so niedrig ist, na um Gottes willen... Die Frage, daß hier überhaupt nichts passiert mit meinem Arbeitsplatz, daß ich nie, wenn ich schon einmal gerügt werde, etwas von der Prämie abgezogen kriegte, oder wenn ich ein paar Tage gefehlt habe – der Arbeitsplatz geht nicht weg, die Sicherheit ist voll da...

I.: Und wie kann man das ändern?

S. H.: Geht nicht. Da kann man keinen. Ich bin froh, daß ich nicht mehr unterschreiben muß. Ich bin froh, weil ich's einfach nicht mehr konnte. Wenn ich die Maurerkolonnen sehe. Bei mir hinten bauen sie eine große Garage, seit fünfzehn Jahren, die ist jetzt noch nicht fertig. Die machen nichts. Die spielen schon um neun Uhr Skat, und die verdienen nicht schlecht, so fünf – sechs Mark die Stunde, nicht schlecht für uns. Für unsere Verhältnisse ist das gut. Denen passiert nichts...

I.: Aber ich meine, das ist doch kein neues Problem.

S. H.: Kein neues Problem. Das hängt damit zusammen, wie ich Ihnen schon sagte: weil keiner dahintersteht, der selber etwas damit verdienen könnte. Das hat seinen Nachteil, deshalb zieht es ja Gott sei Dank langsam wieder an, daß man Handwerksberufe auch privat vergibt. Es gibt sehr viele, ob's nun Bäcker oder Fleischer sind, die suchen ja, die bauen jetzt Bäckereien oder Fleischereien aus und geben's einem Privatmann, damit da der Anreiz da ist. In den Unternehmen muß auf alle Fälle die Privatinitiative wieder verstärkt werden.

I.: Aber wenn die nun beim Skatspielen dasselbe Geld verdienen...

S. H.: Verdienen die ja auch, und der Meister spielt doch mit! Der spielt doch mit (er lacht gezwungen). Nein, das ist restlos versaut. Aber im Betrieb ist es nicht der Fall, an der Maschine. Solange ich im Betrieb war, die dreißig – vierzig Jahre, mußte man den Leuten sagen, hör mal, jetzt gehst du mal nach Hause. Sie werden lachen, die, die alleine an der Maschine stehen, da mußte man immer sagen «komm, jetzt machen wir Frühstück, jetzt machen wir Mittagessen». Frauen, da gab es welche, die wollten immer weitermachen... In allen Betrieben wird hart gearbeitet. Aber da, wo die Aufsicht fehlt, ist Schluß. Gucken Sie doch nur den Straßenbau an hier im Ort, nicht ein einziger Gully ist in Ordnung. Wir sagen nur noch ‹der Flick-Konzern›, bei uns. Das sind alles die Dinge, wie die das mal nachziehen wollen, das ist mir ein Rätsel. Und die Versorgung, was die für 'ne Ruhe haben.

(I. fragt nach umsatzabhängigem Leistungslohn)

S. H.: Sie haben pausenlos finanzielle Errungenschaften. Enorm, wenn ich die Vergleiche sehe, wie wir in den letzten zehn Jahren die Löhne nach oben gebracht haben, die schwanken bis zu einer Mark – einer Mark fünfzig die Stunde, so haben wir die Löhne nach oben geschafft, überall. So, die Anforderungen bleiben dieselben. Nun nehmen Sie denen doch was weg. Nun nehmen Sie denen mal was weg.
I.: Was ist dann?
S. H.: Das ist schwer. Das bringen'se gar nicht. Das bringen Sie nicht weg. Die sagen Ihnen doch glatt: Das ist jetzt deine Aufgabe... Als zum Beispiel die Leistungsprämien für leitende Angestellte eingeführt wurden. Nu, der Direktor hat vielleicht dreitausend Mark. Was sind dreitausend Mark bei zweitausend Arbeitern und *dem* Wert. Die haben sich kaputtgemacht alle, bis es alle war. Herzversagen und so weiter, und wenn Sie in die Betriebe hineingucken, alle zwischen fünfzig und sechzig Jahren, das waren alles Leitende, die sich zu Tod gemacht haben. Da hat mir mein Vater gesagt: Paß auf Kleiner, bleib bei deiner Strickmaschine. Du mußte dir immer vorstellen, stell dir mal vor einen Trichter. Der ganze staatliche Überbau, der ist oben drinne, und in dem Röhrchen, da steckt die Industrie, die's Geld bringen muß. Na, wir wollen ja nicht alles schlecht machen. Aber die Versorgung, die wird immer schlechter, und das Problem wird für die DDR immer schlechter, und ich weiß nicht, wo soll das hingehen. Der Parteisekretär zum Beispiel, der war früher Stricker bei mir, der dann vor zehn Jahren mal eingestiegen ist, Schule besucht hat, erst die Wirtschaftsschule, der ist Ingenieur, das sind alles Ingenieure, die parteilich in den Großbetrieben übers Studium kommen und Parteischulen. Aber das reibt sich irgendwann mal fest. Wenn du es ein Jahr machst, na gut, dann macht er's zwei Jahre, und der ganze Lohn, der reibt sich dann mit ab. (Er verweist auf Walter Ulbricht, der früher bei Mißständen alle «hinausgehauen» habe.) Das ist bekannt, daß der Ulbricht Walter sich mal immer ganz schnell einen Besuch herausnahm, wenn von der Stadt einmal Meldungen nach oben kamen, und dauernd Eingaben. Ist doch Tatsache, die Staatsratseingaben kommen doch in Masse, die werden nicht weniger, eben mehr. Eben Mangel an der Versorgung und das und das und das. Und der Walter, das hat er bei sich in Leipzig gemacht, und das hat er in Chemnitz gemacht, da hat er so etwas mitgekriegt, und dann ist er plötzlich mal aufgetaucht, also wo es nicht klappen tat, wie es jetzt der Gorbatschow macht. Hat er alles hinausgefeuert, ne, da mußten neue Kader her. Na das ging dann 'ne Weile, aber die kommen ja alle nicht aus dem Rahmen raus. Das Geld fehlt, und so weiter. Das sind doch keine Kaufhallen für einen solchen Ort hier. Unsere Kaufhalle, das wäre bei Ihnen drüben ein Tante-Emma-Laden, na, es ist doch so.
I.: Ich bin vorige Tage auch drin gewesen, und das hat mich auch etwas erschreckt. Ich habe die Gemüseabteilung angeguckt.

S. H.: Das ist doch erschreckend. (Er schreit auf) Oh, ein paar Zwiebeln und ein paar Möhren, die jetzt kommen. Und jetzt sagen sie schon: Jetzt brauchen sie keine mehr einzukaufen, die kommen ja jetzt in den Kleingärten heraus. Da sind wir ja nun schon ganz groß jetzt, na? Mit den Kleingärten. Alle Freiflächen, die kriegen alle Technik, so schnell ist es noch nie gegangen, damit neue Kleingärten entstehen, die kriegen eine Grabe-Maschinen, damit sie Wasser und Strom reinlegen können, die Melioration ist gleich da, das klappt alles. Mit denen will er versuchen, den Gemüseeinkauf (zu verbessern). Das Gefühl haben wir alle. Aber nur solche Dinge, mal ein paar Kohlrabi und solche Dinge, mehr gibt es hier nicht.
I.: Eine neue Komponente der allseitig entfalteten Persönlichkeit.
S. H.: Ja (er lacht laut auf), ja, es ist nicht mehr zu schaffen.

Seine Zukunft liegt in der Vergangenheit, die Zeiten überkreuzen sich, und der Sinn ist nicht mehr hervorzuholen. Ich frage ihn nach dem Polizeistaat in den fünfziger Jahren, und er antwortet:

Der Ulbricht Walter sagt: die Diktatur des Proletariats. So steht die Frage, die steht bei unserer Partei. Die Diktatur des Proletariats, das ging eben, bis es keinen Privatladen mehr gab. Obwohl die Zeit, ... die war gut. Wir hatten hier, wie schon gesagt, hier war der Käseladen, hier war der Fischladen, die sind alle (weg).

Verzweifelt sucht er, der keine Verwandten im Westen hat und nicht bei Freunden betteln gehen will, nach Gegengewichten, beschwört, daß es zahlreiche Rückwanderer unter den Aussiedlern gebe:

Gibt's, ne. Es sind mehrere da, es sind mehr. Das hört man von vielen. Aber natürlich kommt keiner wieder, abgesehen davon, die haben zur Zeit (keine Arbeit). Aber es ist schwer. Vor allen Dingen, die sagen: von der menschlichen Seite, das ist ja ganz klar. Wir haben in der DDR einen guten Kontakt mit Nachbarn, einen sehr guten Kontakt, also mit der Volkssolidarität im Betrieb, wenn man ein älterer Mensch ist, meine Frau macht selber ein bissel Betreuung, Geburtstag und so weiter. Ich sage und drüben redet keiner mit dir, die sind alle für sich. Ab abends siebene ist zu, die Bude zugeschlossen. Ist dicht, traut sich keiner mehr naus manchmal auf deutsch gesagt, in manchen Ecken, und, also sie sind alleinegestellt. Diese Zusammengehörigkeit, wie es sie bei uns gibt hier – das beginnt in Brigaden im Betrieb, mit den Ausflügen, mit Zusammenkünften und so weiter, das Leben, das hat schon was für sich, ohne Flax, ich kenne es ja auch nicht anders. Wir waren eingeladen, obwohl wir schon längst nicht mehr im Betrieb (sind), wir haben Rentner-Zusammenkünfte. Da gibt's Rentnerkommissionen, die machen Ausfahrten und so weiter, also das Zusammengehörigkeitsgefühl fehlt drüben. Da mußten viele erst mal gucken. Hilfe war da nicht drinne. Von Staats wegen haben sie schon was dazu getan, aber von Nachbarn, jeder hat für sich zu tun, sagen die drüben. Jeder braucht sein Geld. Die Unterhaltungskosten und all das. Schaffen schaffen, schaffen, und da tut jeder für sich rappeln. Das hört man auch viel, diese Seite. Es ist schwer, erst mal menschlich überhaupt Kontakt zu finden. Das ist oft ganz ohne Erfolg. Das ist schwer für die, die ganz fremd sind, da. Wenn man einen Anlaufpunkt hat, na, die Schwester oder sonstwas, für die ist es vorne nicht so ein Problem. Aber die anderen, die haben's schwer, die fremd sind, ich könnte mir das vorstellen. Für mich wäre es nichts, in dem Alter sowieso, das wäre reiner Wahnsinn. Also, leg ich gar keinen Wert darauf.

Die Quittung

Johanna Maczek, Abteilungsleiterin, 64 Jahre

Unter den insgesamt sieben weiblichen «Leitungskadern», die uns von der Bitterfelder Parteileitung als Gesprächspartnerinnen vermittelt wurden, war Frau Maczek die einzige Parteilose. Nachdem sie uns zunächst in der schriftlichen Liste als Anlagenfahrerin angekündigt worden war und damit die einzige Arbeiterin in der Runde zu sein schien, stellte sich in einem Vorgespräch heraus, daß sie Abteilungsleiterin war und damit zum Typus derjenigen gehörte, die ich verallgemeinernd «Kolln. Direktor» nannte.[1]

Sie lebte seit dem Tod ihrer Mutter allein in einer AWG-Wohnung[2] in fußläufiger Entfernung von ihrem ehemaligen Betrieb, zu dem diese Reihenhaussiedlung gehörte. 1985 war sie, 62jährig, in Rente gegangen. Während des gesamten Gesprächs blieb sie ernst und zurückhaltend, eine eher dunkle, kräftige und herbe Frau, der ich trotz gegenseitiger Sympathie nicht wirklich nahekam – so daß ich glaube, das Wesentliche von ihr nicht erfahren zu haben und nur hinter ihrer

---

1 Kollegin Direktor. In der DDR bezeichnete ein unscheinbares End-N das weibliche Geschlecht des sonst männlich bezeichneten «Koll(egen).», und als ich einmal im Betrieb nach einer anderen Interviewpartnerin die Chefetage absuchte und schließlich einen Angestellten nach Frau S. fragte, kam die empörte Gegenfrage: Meinen Sie den Fachdirektor für Sozialwesen?

2 Arbeiterwohnungsgenossenschaft

leichten Melancholie zu ahnen, was sie mir an zentralen Gefühlen verbarg. Dabei war sie offener als ihre Kolleginnen aus der SED und zeigte sowohl Pragmatismus als auch Wärme. Die stärksten Momente unseres Einverständnisses lagen außerhalb der Interviewsituation, als wir über unsere gemeinsame Vorliebe für die Schriftstellerinnen Charlotte, Anne und Emily Brontë sprachen.

Das Interview begann mit Frau Maczeks Bitte, den Rahmen der Erzählung für sie abzustecken.

M.: Müssen Sie noch sagen, wie Sie's wünschen.
I.: Ne.
M.: Soll ich chronologisch erzählen, oder –
I.: Sie erzählen jetzt, Sie fangen jetzt einfach an zu erzählen, Frau Maczek.
M.: Das müssen Sie mir sagen, ne?
I.: Sie fangen einfach an zu erzählen, ... erzählen Sie jetzt einfach mal so, wie Sie es...
M.: Weil wir dadrauf gekommen sind, wenn ich an meine Jugendzeit denke, auch an die Umstände in meiner Heimat, da gab es nie Probleme, eh, bei so vielen Weltanschauungen oder, es waren eben in der Masse römisch-katholische, wenn ich so an die (Schul-)Klassen denke, es waren konfessionslose, es gab wenige, hm, Protestanten, und es gab Juden. Aber das war, das war nie Gesprächsthema, und das war nie ein Problem.

Als ich mich weigere, Erzählrichtlinien auszugeben, schließt Frau Maczek überraschend mit «weil» an, es habe in ihrer Jugend nie Probleme mit den verschiedenen Weltanschauungen gegeben. Es scheint, daß sie aus zwei Gründen unsicher ist: einmal ist es die ungewohnte Situation, mit der jüngeren Westlerin zu sprechen, deren «Weltanschauung» sie nicht kennt. Diese aktuelle Unsicherheit verknüpft sie mit ihrer Kindheitserfahrung im «Grenzland», wie sie es am Ende des Interviews einmal bezeichnen wird. Denn Frau Maczek ist in einem kleinen Ort im deutschsprachigen Teil der Tschechoslowakei geboren und aufgewachsen. Und dort ging es eben nicht nur um Weltanschauungen wie Konfessionen, sondern auch um nationale Gegensätze, ja, um Rassismus. Die Gegensätze der verschiedenen Bevölkerungsteile, der «Anschluß» Sudetendeutschlands und der ein Jahr später folgende Krieg, die Vertreibung aus der Heimat und die Zerschlagung des Nationalsozialismus haben sie direkt persönlich getroffen. Frau Maczek hat also gleich zu Beginn auf den ungelösten Knoten in ihrer Geschichte hingewiesen – daß etwas, was sie für so unproblematisch hielt, was nie «Gesprächsthema» war, doch zum entscheidenden Bruch in ihrem Leben führte und zum zentralen Thema ihrer Lebensgeschichte wurde.

Die Zeit vom Winter 1944/45 und August 1946 ist «das Furchtbare», das sie erleben mußte, und darin wiederum «das Schlimmste» das Verlassen des eigenen Wohnhauses im Mai 1946. In diesem Haus war sie aufgewachsen als einzige Tochter, «weil meine Eltern gesagt haben, *einem* Kind können sie alles bieten oder auf jeden Fall das Maximale, und bei mehreren Kindern wäre das schon schlechter gewesen.» Mit dem Vater, einem Maschinenschlosser, und der nicht erwerbstätigen Mutter verlebte sie eine «völlig unbelastete» Kindheit. In unmittelbarer Nähe bzw. im Haus lebten die beiden Großelternpaare, der sozialdemokratisch gesinnte Vater der Mutter, der schon früh dafür sorgte, daß aus seinen Kindern etwas Besseres wurde, und vor allem die Mutter des Vaters, «das Glanzstück» der Familie, eine tüchtige Hebamme.

Und, obwohl ich die einzige eigentlich war zu Hause, ich wurde aber nie – gegängelt oder wie ich's bezeichnen soll, also ich durfte jedenfalls rumräubern und – es wurde auch kein Wort verloren, wenn ich dreckig oder mit zerrissener Schürze oder so nach Hause kam oder so. … Wurde eben wieder gewaschen. … Und, wissen Sie, irgendwie gibt einem das doch 'ne Sicherheit, und ich hatte es auch nie nötig, zu lügen.

In diesem sozialen Milieu wuchs Frau Maczek auf, verständnisvoll geliebt, liberal gefördert, zum sozialen Aufstieg hin orientiert. Das Jahr 1938 erinnert die damals Fünfzehnjährige als eines, in dem von außen und künstlich die Gegensätze zwischen Deutschen und Tschechen geschürt, ja, erfunden wurden. Die Tschechen versuchten, durch Ansiedlung die deutsche Mehrheit zu verringern, die Deutschen versuchten, sich durch Kleidung von den Tschechen abzusetzen. Der scheinbar sinnlose Konflikt führte allerdings zum «Anschluß», der in der Familie begrüßt wurde – von Johanna auch deshalb, weil die Nazis die von ihr gehaßten strengen katholischen Nonnen der privaten Handelsschule absetzten, die sie seit dem Abschluß der Mittelschule besuchte. Nach bestandener Prüfung («ich hatte schon immer was für Zahlen übrig») erhielt sie 1940 eine Stelle ausgerechnet in jener Sparkasse, die sie wegen ihrer feierlichen neogotischen Bögen schon immer bewundert hatte. Anderthalb Jahre später mußte sie dann – gemeinsam mit einer früheren Klassenkameradin – fort zum Arbeitsdienst, wo sie «gleich untendurch (waren), weil wir gewagt hatten, uns das Leben zu erleichtern», als sie sich bei der Ankunft im erzgebirgischen Landlager einen Wagen für ihr Gepäck besorgten. Frau Maczek ließ sich von ihrem Heimweh nicht ganz ergreifen und versuchte weiter, dem Lagerdrill durch kleine Listen zu entgehen. So besorgte sie sich gegen den wöchentlichen Stubenappell «einen Kamm zum Vorzeigen», der immer schön sauber war, weil er nie benutzt wurde. Die Landarbeit aber machte sie «todunglücklich», und als das Schönste dieser Zeit erinnert sie den Heimaturlaub zur goldenen Hochzeit ihrer Hebammengroßmutter, die «extra» gefeiert wurde, «damit wir (d. h. ihre Cousine und sie, D. W.) Sonderurlaub bekommen im Arbeitsdienst». Die zweite Hälfte der RAD-Zeit verbrachte sie als Schaffnerin bei der Leipziger Straßenbahn, wo sie im Berufsverkehr eingesetzt wurde und einmal eine ganze Schicht in der Bahn verschlief, während die Passagiere für sie die Fahrkarten ausgaben und die Haltestellen ansagten. Frau Maczek erinnert diese ganze Zeit als eine unangenehme Unterbrechung, bis zu dem Zeitpunkt ihrer Rückkehr in die Sparkasse, wo sie dann doch noch vom Krieg profitierte, als sie mit anderen Frauen die von Männern verlassenen Posten übernahm, «die ham's den Mädels zwar nicht zugetraut, aber das lief ganz gut, ne.» Allerdings

das währte nicht lang, denn, hm, 1945 war's dann ja so, daß praktisch schon kurz nach dem Umsturz wurden ja dann schon die ersten ausgewiesen, und das ist eben, das war das Furchtbare, und daß sie alles miterlebt hatten und so Mütter so halt eben in 20 Minuten wegmußten und dann auch mit den Kindern auf der Straße standen. Da hat man so herzzerreißende – ich glaub, ich kann's mein Leben lang nicht vergessen.

Hatte man sich vorher mit weißen Kniestrümpfen «hochgedeutscht», so wurden die weißen Armbinden nun zum Erkennungszeichen der Diskriminierten. Zum Vater, Mitglied der NSDAP,

Blockwart und zuletzt stellvertretender Bürgermeister des Ortes, kam der neu eingesetzte Bürgermeister: «Karl, du sollst mal nach'm Gemeindeamt kommen.» Sie sah ihn nie wieder. Erst Jahre später erfuhr die Familie, daß der Vater ein halbes Jahr später schon tot war. Frau Maczek selbst erhielt eine Bescheinigung, die sie zur weiteren Arbeit in der Sparkasse berechtigte. Die 22jährige wurde jetzt zur Ernährerin, Beschützerin und Autorität in der Familie. «Also ich war eigentlich diejenige so ab 46, die dann gesagt hat, was wa machen.» Die zierliche Mutter und die kräftige Tochter hatte der Vater zärtlich «mein kleines und mein großes Mädel» genannt. Jetzt bestimmte das große Mädel den Zeitpunkt der Abreise, als sie es «nicht mehr aushielt», hob rechtzeitig Silbergeld ab, das dann doch nicht mitgenommen werden durfte, und besorgte Zugplätze für sich, die Mutter und die beiden Großelternpaare. Man kam nach Mitteldeutschland, bis Wolfen, wo sie «an der Filmbahn[3] ausgeladen wurden.» Mit ihr behielt die resolute Hebammengroßmutter die Übersicht. Deren Mann, ohnehin «eine Niete», verlor bei der Flucht den Verstand. Ständig mußte er abgehalten werden, vom fahrenden Zug zu springen, und in Deutschland floh er aus dem Krankenhaus, in das man ihn gebracht hatte. Man fand ihn tot an der Eisenbahnstrecke liegend, gestorben vor Schwäche und Kummer, wie Frau Maczek meint. Auch der andere Großvater wurde «kindisch»: Er streunte durch die neue, unbekannte Umgebung, vergaß die Zeit, verlief sich im Dunkeln und weckte seine Tochter, Frau Maczeks Mutter, wenn diese nach der anstrengenden Nachtschicht schlief, damit sie ihm Essen koche.

Das zweite Interviewgespräch beginne ich wieder mit einer Frage nach ihrer «Fluchtgeschichte». Frau Maczek widerspricht:

Na, Flucht war's ja nicht, ne.
I.: Die Vertreibung, bei uns heißt das immer Flucht.
M.: War keine Flucht.
I.: Das ist für uns mittlerweile im Westen so'n allgemeiner Begriff.
M.: Begriff, ja.
I.: Genau, Sie wollten ja gar nicht weg, Sie wären ja dageblieben, genau.

---

3 d.h. an dem betriebseigenen Haltepunkt der zum IG-Farben-Konzern gehörigen Filmfabrik AGFA, später ORWO.

M.: Na, wir wären da nicht mehr geblieben, als alle wegmußten, so.
I.: Ja klar, aber wenn jetzt nicht…
M.: Denn ohne Menschen ist es auch keine Heimat mehr.
I.: Ja genau. Die Vertreibungsgeschichte. Wie nennt man die eigentlich in der DDR? Ich merke immer, (statt) von Vertriebenen wird immer (von) Umsiedlern gesprochen.
M.: Umsiedler.
I.: Die Umsiedlung, ja gut.
M.: Also ich meine, bei uns war's ja auch schon 'ne Art Umsiedlung.
I.: Na, es war aber auch 'ne Vertreibung.
M.: Ja sicher, weil's en Jahr später war, nich, aber die, aber das, was man so in dem Jahr erlebt hat, das war schon schlimm. Also eigentlich hat mehr Mut zum Weiterleben gehört, als zu was anderm, nich.

Frau Maczek kann es sich nicht leisten, so oberflächlich wie ich mit den Begriffen umzugehen, denn für sie handelt es sich um mehr, um die Definition dessen, was sie an anderer Stelle als «das Furchtbare» in ihrem Leben bezeichnet. Einerseits unterliegt sie einer strengen DDR-Sprachregelung, die ihr den Begriff «Umsiedlung» aufzwingt. Andererseits ist sie ja wirklich nicht im engen Sinne geflohen oder vertrieben worden, sondern hat den Zeitpunkt des Weggehens selbst bestimmt. Dennoch ist es kein selbstbestimmtes Weggehen, weil ihr die Lebensgrundlagen systematisch entzogen wurden, «als alle wegmußten», also nicht näher bezeichnete Menschen, die ihr nahestanden, und sei es nur, weil sie Deutsche waren wie sie (trotz ihres tschechisch klingenden Namens). Gewaltsam wurden sie aus dem Familienhaus vertrieben und bekamen ein Zimmer am Marktplatz zugewiesen. Andere wurden gezwungen, in den ehemaligen Ghettohäusern der deportierten Juden Quartier zu nehmen – Frau Maczek glaubt, ihre Familie sei wegen des sozialdemokratischen Großvaters davon verschont worden. Ansonsten wird die Beschreibung der Zustände dieses für sie so unerträglichen Jahres bis zum Weggang selten plastisch, erwähnt wird öfters, daß man Schreckliches beobachtet habe, daß man ständig mit der tatsächlichen, plötzlichen Vertreibung rechnete, aber ein Bild davon kann ich mir nicht machen.

Frau Maczek versuchte, noch unter dem Schock der «Umsiedlung», mit ihrer Familie «Fuß zu fassen». Das hieß, nach der provisorischen Unterbringung in einem ehemaligen Ostarbeiterlager der

IG-Farben eine Wohnung zu finden, sich und der Mutter eine Arbeitsstelle zu verschaffen, die Konsolidierung am neuen Ort vorzubereiten. Das hieß auch: den eigenen Lebensentwurf, der durch den furchtbaren Absturz der Jahre 44–46 verloren schien, über einen Umweg wieder aufzunehmen. Zwei Monate, nachdem sie ihre ersten nervtötenden Erfahrungen als ungelernte Arbeiterin gemacht hatte (in der ersten Stelle mußte sie die Reißfestigkeit von Wattefädchen testen, in der zweiten das falsche Aufwickeln von Garnen verhindern), lernte sie bei einem Stenokurs an der Volkshochschule jemanden aus der Kaderabteilung ihres späteren Betriebs kennen, wurde bei ihm 1947 Stenotypistin und Fakturistin und «krabbelte» sich von da hoch – 1953 zur Sachbearbeiterin und 1960 zur Gruppenleiterin, von wo aus sie 1964 zum Studium delegiert wurde – einem Direktstudium zum Ingenieurökonom, das sie 1965 nach einem Vorbereitungskurs begann. Die gute Schul- und Berufsausbildung ihrer Jugend kam ihr zugute, ihr Alter dagegen empfand sie als nachteilig, aber die technischen Fächer fielen ihr leicht, ja, sie vermerkt kritisch die Oberflächlichkeit der Unterweisung: «Da wurde überall nur Staub gewischt» und fürchtete sich am meisten vor dem «Schwerpunkt» der ökonomischen Fächer, die sie in Sozialismus schulen sollten. Während «eins und eins eben zwei (ist)», konnte sie in Ökonomie «schon mal schiefliegen». Wie beim Reichsarbeitsdienst mit ihrem Vorzeigekamm wußte sie sich auch jetzt zu helfen:

Ich hatte bloß einen großen Vorteil, daß ich stenografieren konnte, hab ich natürlich die Vorlesungen mitgeschrieben und hab das gelernt, was ich aufgeschrieben habe. ... Und vor allem hab ich ja dann gewußt, was die Lehrer selbst gesagt haben, und das ist ja immer günstiger, ja?

Der Aufstieg gelingt zu ihrem Erstaunen trotz ihres «Mangels», d. h. ihrer fehlenden SED-Mitgliedschaft. Dieser Mangel aber entsprang einem «Vorsatz», den sie «aus dem Erleben dieses einen Jahres» faßte, als nämlich der Vater, den sie mehrfach als freundlich und gut beschreibt, als einen harmlosen Blockwart, der als Parteikassierer erst gegen Kriegsende zu dem Posten kam, der ihm dann zum Verhängnis wurde – als dieser Vater so schuldlos, unnötig und zufällig starb, während andere Verhaftete schon nach kurzer Zeit entlassen oder von nachlässigen Soldaten erst gar nicht ins Lager geführt, sondern unterwegs sich selbst überlassen worden waren. Die Unberechenbarkeit und Undurchschaubarkeit der Ereignisse, die zum Tod des Vaters, zum Verlust der Heimat führten, machten die Politik zu einem widerlichen Bereich, dem auszuweichen Frau Maczek entschlossen bleibt, bereit, dafür auch «ein Risiko» zu tragen,

was heißt Risiko, ich meine, manchmal war es natürlich auch 'ne große Belastung, wo man sich gesagt hat, du könntest dein Leben auch einfacher haben, weil ich ja wirklich viel Überstunden gemacht habe, ja.

Ihre eigene Andeutung eines Risikos im Zusammenhang mit der Nichtmitgliedschaft in der SED nimmt sie zwar selbst wieder zurück und betont nun demgegenüber die Belastung durch den Leitungsposten überhaupt. Doch ihr Leben wäre sicher in manchem leichter gewesen, hätte sie in einem der wohl zahlreichen Gespräche, in denen sie zur SED-Mitgliedschaft gedrängt wurde und über die zu berichten sie entschieden ablehnt, nachgegeben.[4] Leichter wäre es allerdings auch gewesen, wenn sie 1953 auf ihrem Sachbearbeiterposten geblieben wäre, der mit weniger Risiko und Verantwortung, allerdings wohl auch mit weniger Gehalt verbunden war. Was trieb Frau Maczek zu dieser Karriere, die sie so nicht nennen will («Ja, wenn ich Direktor geworden wäre!»)?

Wenn sie über das zentrale Ereignis ihrer Lebensgeschichte, die Jahre 44–46, spricht, thematisiert sie über einen Umweg den eigenen Verlust über den der älteren Generation.

Aber, wie gesagt, dadurch waren ja die älteren Leute viel schlimmer dran, weil die sich ja alles aufgebaut haben, nich? Die haben ja dafür ihr Leben lang gearbeitet. Hm, eigentlich auch gearbeitet, damit's die Kinder einmal besser haben sollten. Und dabei war ich ja ärmer als alles, was je zuvor war, nich?

---

4 Auch eine ganz andere mögliche Interpretation möchte ich hier erwähnen: daß Frau Maczek nämlich sehr wohl bereit war, der SED beizutreten, ihr dies aber als Tochter eines bei Kriegsende von den Russen verhafteten Nationalsozialisten nicht angetragen bzw. verweigert wurde. Diese Deutung ist zwar nicht auszuschließen, wird aber durch das vorliegende Interview selbst nicht nahegelegt und bleibt deshalb Spekulation.

So wird der eigene Erfolg und Aufstieg zu einer Art Verpflichtung gegenüber der Familie, zu einer Schuld, die gegenüber den früheren Generationen besteht und eingelöst werden muß. Weit ausholend hat Frau Maczek das zuvor thematisiert: Wie schon der Vater der Mutter auf Bildung und Ausbildung seiner Kinder geachtet habe, daß die Eltern sie selbst auf ein Gymnasium geschickt hätten, wenn nur eines in der Nähe gewesen wäre. Als Einzelkind, für das die Eltern «das Maximale» wünschten, nahm sie nach dem Tod des Vaters und angesichts der Hilflosigkeit der Mutter die Erfüllung dieses familiären Auftrages, ihre berufliche und menschliche Qualifizierung, selbst in die Hand. Angesprochen auf den bissigen Kommentar eines jungen DDR-Bürgers, mit dem ich im Zug nach Wolfen ins Gespräch gekommen war, Karriere mache man in der DDR entweder durch ein vierjähriges Studium oder durch ein Jahr Parteischule, antwortet sie ernst: «Na, meint er? Aber die haben's verdammt schwer. Er muß dann aber sehr gute Mitarbeiter haben. Das Eine (die SED-Mitgliedschaft, D. W.) ersetzt nicht Alles.» Sie verfügte zwar nicht über das «Eine», aber über genug anderes: Sie kannte die Abteilung, das Sortiment, die Kollegen, im Gegensatz zu ihrer Vorgängerin, die «von außerhalb» kam. «Am schlimmsten» war es ihr, in Arbeitsbesprechungen nun plötzlich die Vorgesetzte von Männern zu sein, obwohl sie eindeutig die bessere Qualifikation hatte. Daß ihre Tüchtigkeit und Einsatzbereitschaft schließlich anerkannt wurden, dafür fühlt sie sich «geehrt und verpflichtet». Daß man ihr die SED-Mitgliedschaft erließ bzw. auch ohne diese eine begrenzte Karriere ermöglichte, scheint ihre Leistungsbereitschaft und Loyalität noch erhöht zu haben.

Ich frage mich, ob es von Anfang an neben der familiären Logik auch einen Beweis gab, den Frau Maczek der neuen *Gesellschaft* schuldig zu sein glaubte. Die Antwort suche ich noch einmal in jenem «Furchtbaren» der Jahre 44–46, das sie bis heute nicht verarbeitet hat. Von mir auf den Zusammenhang zwischen ihrer Vertreibung und dem verbrecherischen Krieg der Nazis verwiesen, bleibt sie reserviert: Zwar bedauert sie ihre jugendliche Gedankenlosigkeit und Unwissenheit, mit der sie (50 km von Theresienstadt entfernt, wie ich später auf der Landkarte entdecke) die NS-Zeit durchlebte, sie akzeptiert auch den von mir vorgeschlagenen Zusammenhang, aber nur als einen abstrakten, in der eigenen Not nicht fühlbaren, und charakterisiert ihn so, daß man ausgebadet habe, «was andere eingerührt haben».

I.: Wann haben Sie eigentlich so von den Kriegsverbrechen der Nazis gehört?
M.: Also eigentlich erst hier. Eigentlich erst hier.
I.: Können Sie sich noch daran erinnern, was Sie da gehört haben, was so die ersten Nachrichten darüber waren? Wie sich das... ausgewirkt hat?
M.: Ja, daß eben, daß eben sehr viele umgekommen sind und umgebracht wurden, ne? Und...
I.: Haben Sie das eigentlich sofort geglaubt?
M.: Geglaubt? Na ja doch!
I.: Ja?
M.: Ja. Denn ich meine, das andere alles, das war ja eigentlich 'ne Quittung dafür, nich? Das, das war ja praktisch auch 'ne Folge von dem allem, das, ich mein, das summierte sich ja alles, was passiert war. Na ja, und daß die, die irgendwo in 'nem Grenzland wohnen, dran sind, das war ja schon, eh, ich mein, oder Schlesien, ich mein, denen is es ja öfter mal so gegangen, nich? Aber wir hätten das eben (lacht) nicht für möglich gehalten.
I.: Ja.
M.: Aber es ist wirklich so, man kann nur bis zum bestimmten Maße das intensiv aufnehmen, daß es einen drückt und bedrückt und niederdrückt und, und ab 'nem bestimmten Punkt ist das, weiß nicht, läuft das irgendwie weg. Da schieben Se das irgendwie von sich, ich weiß es nicht. Wahrscheinlich könnte man dann auch nicht, nicht leben.

Frau Maczek hat an die Berichte von Verbrechen glauben können, glauben müssen, weil allein durch sie erklärt werden konnte, warum mit der Vertreibung etwas wirklich geschah, was sie nie für möglich gehalten hätte. Da ihr eine reale «Quittung» präsentiert wurde über eine «Summe» von Verbrechen, müssen diese wohl ebenso real sein. Aber Frau Maczek will dies nicht im Sinne einer Strafe, im Sinne einer Schuld annehmen. Vielmehr war ihre Familie «dran», weil sie «dort» war, im «Grenzland», wo zwischen Schuldigen und Unschuldigen nicht unterschieden wird. Während all dies sie «drückt und bedrückt und niederdrückt», entschließt sie sich, zu leben und durch ihr Leben zu zeigen, daß sie beruflichen Erfolg, soziale Anerkennung und Ehre beanspruchen kann – als wäre damit ein Teil der «Quittung» als auch dessen, wofür sie ausgestellt wurde, aufgehoben.

Dieses Leben scheint seit den späten vierziger Jahren fast vollständig ausgefüllt vom Beruf und der damit verbundenen «Erfüllung» durch Erfolg. Erst spät entdecke ich selbst im Interviewtext den kurzen Teil, in dem es auch um das andere Leben ging, oder das, was davon zustande gekommen ist. Ausgehend von der Erwähnung des Todes der Mutter 1975 frage ich am Ende der ersten Interviewphase:

I.: Und Sie haben die ganze Zeit zusammen gewohnt?
M.: Ja. Ja, und meine Großmutter, ... die war eben auch diejenige, die mir immer gesagt hat, Kind, sei wachsam beim Heiraten. Das große Los ist ganz selten. Aber ich meine, das war nicht ausschlaggebend, war bloß durch die ganzen Umstände, und, und, sind ja viele gefallen von meinen Freunden oder durch 'n Umsturz sind wir ja dann in alle Welt – oder zumindest in ganz Deutschland verstreut worden, nich? Und na ja, da hat sich das eben so ergeben. Aber ich muß sagen, ich hab das auch nie irgendwie als nachteilig empfunden. Also ich hab nie mein ganzes Herz daran gehängt, um unbedingt verheiratet sein zu müssen.
I.: Ich verstehe.
M.: Ich hätte geheiratet, wenn –, und ich wär auch bestimmt verheiratet, wenn, eh, der Krieg nicht dazwischengekommen wäre und – als einzige Tochter und Hausbesitzer und so ...

Die Position der Ernährerin, in die Frau Maczek nach dem Krieg gedrängt wurde, hatte in dem kleinen Frauenhaushalt klassische Rollenteilungen zur Folge gehabt, bei denen sie teils den Ehemann, teils das zu beschützende Kind, teils die schützende Mutter repräsentierte. Die Anstrengungen der Qualifizierung und Überstunden konnte sie sich nur leisten, weil die Mutter, der sie Wirtschaftsgeld gab, ihr den Haushalt führte, nachdem es Frau Maczek möglich geworden war, ihr zunächst eine leichtere Angestelltentätigkeit zu verschaffen und sie schließlich von ihrem eigenen Gehalt mitzufinanzieren. In den Zeiten der Normalisierung in den fünfziger Jahren traten sie in die Wohnungsgenossenschaft ein und machten ihre erste gemeinsame Urlaubsreise. 1970 machte Frau Maczek den Führerschein und kaufte sich ein kleines Auto – gegen den Willen der Mutter, die das für Verschwendung hielt. Diese bescheidene Zweisamkeit, aufgebaut nach der endgültigen Sicherheit über den Tod des Vaters, läßt Frau Maczek wohl sagen, sie habe nie ihr *ganzes* Herz daran gehängt, verheiratet zu sein. Das läßt mir einen Rest für die Interpretation, daß zumindest ein Teil ihres Herzens mit verlorenen Lieben und verpaßten Chancen beschäftigt war, die sie vage in die Zeit des Krieges und der Vertreibung einordnet – und damit in ihre Trauer um die verlorene Heimat. Von hier geht Frau Maczek unmittelbar über zum unbedeutenden Ehemann ihrer geliebten Hebammengroßmutter und der Tatsache, daß «die immer getrennte Schlafzimmer hatten». Ohne besondere Ermunterung fährt sie fort, «ich würde das auch ideal finden für mich», weil man zusammenkommen könne, wenn man wolle, und sich sonst bloß störe:

Ich hatte 'ne Freundin, und die fühlte sich bemüßigt, weil ich von der schon mal eingeladen bin, sagt se, und du, daß du dich nicht wunderst, wir haben getrennte Schlafzimmer. Ich sag, ich wundere mich überhaupt nicht, ich kenn das von meinem Großvater und Eltern nicht anders, und wenn ich die Möglichkeit hätte, ich würde das auch machen.

In ihrem verdeckten Sprechen über Sexualität will Frau Maczek ihr «Ideal» erläutern, wozu ihr aber die «Möglichkeit» fehlt: ein Zusammenleben, bei dem ihr vor zuviel Nähe und Sexualität der eigene Raum bleibt. Der zunächst erzwungene Verzicht auf solche Intimität hat schließlich zu einer Eigenständigkeit geführt, hinter die sie nicht mehr zurückkann. Dennoch bleibt das Problem der Einsamkeit und der Trauer. Als sie ihre vormittägliche Gartenarbeit erwähnt, frage ich:

I.: Ach, Sie haben einen Garten?
M.: Ja. Das hält mich eben auch, nich? Das sind alles so Sachen.
I.: Die Sachen, das hält sie auch?
M.: Hier.

Die Schwestern Brontë, deren Romane sie so liebt, lebten an der Wende zum 19. Jahrhundert in der Abgeschlossenheit der rauhen englischen Provinz, gegen die sie ihre phantasievollen Geschichten ausdachten, die allesamt Liebesgeschichten waren.

Ein dauernder Zwiespalt

Ehepaar Irmgard und Max Karrer, Textilarbeiterin und Technischer Direktor, 66 und 64 Jahre

«Können Sie nicht was Leichteres fragen?» sagen die Karrers, als ich mich darüber wundere, daß sie ausgerechnet im Februar 1945 geheiratet haben. Beide kommen aus sächsischen Arbeiterfamilien und haben sich beim Militär kennengelernt, wo die damals 22jährige Marinehelferin bereits einen Offiziersrang bekleidet, während der drei Jahre Jüngere noch Obergefreiter bei der Flak ist. Am ersten Abend, als sie sich kennenlernen, ist es, als wären sie schon immer zusammen. Und diesen innigen Einklang setzen sie auch heute noch gegen die Spannungen der Außenwelt, die etwas Wirkliches und etwas Fiktives zugleich haben. Frau Karrer kommt aus einem kommunistischen Elternhaus. 1933 kauft ihr Vater, Werkmeister in einer Papierfabrik, seiner 12jährigen Tochter eigenhändig die BDM-Uniform; sie findet das Wandern und Singen dort schön, der Vater hofft, daß dieser Tribut seine kommunistische Zelle deckt. Wegen eines Flugblatts wird der Vater später dennoch verhaftet, nach einiger Zeit aber wieder freigelassen und nach dem Frankreichfeldzug, als er zum Militär eingezogen wurde und sie in derselben Fabrik wie er im Büro arbeitete, kommt ein Tauschgeschäft zustande: Wenn die Tochter zu den Marinehelferinnen geht, wird der Vater vom Betrieb reklamiert und vom Militär freigestellt. Beide sind auf ihre Art tüchtig. Das Mäd-

chen steigt schnell zur Vorgesetzten auf, der Vater rettet alle wichtigen Maschinen seines Betriebs durch den Krieg und die Besetzung. Daß sie dann von den Sowjets demontiert werden, ist für ihn ein schwerer Schock. Auch sonst kommt er politisch mit den neuen Verhältnissen nicht zu Rande. Der Altkommunist von 1921 soll einmal Direktor und ein andermal Bürgermeister in Mecklenburg werden; das alles lehnt er ab und bleibt in seiner Fabrik, er tritt nicht einmal in die SED ein. So wie es jetzt sei, hätten sie sich das nicht vorgestellt, sondern anders als im Dritten Reich, vor allem freier. Als private Nöte hinzukommen, wirft er in den fünfziger Jahren einen Hammer in die Maschine und begeht, als er wegen Sabotage drankommen soll, Selbstmord. Der Bericht der Tochter hat zu viele Lücken, um ein wirkliches Profil des Vaters entstehen zu lassen. Er genügt aber, um zu erklären, warum die entstehenden sozialistischen Verhältnisse für sie etwas Selbstverständliches haben und sie sich doch nicht an ihnen engagiert.

Auch Max Karrers Vater ist auf eine undeutlich politische Weise ums Leben gekommen. Er kommt aus einer sozialdemokratischen Familie und ist als einziger in der Verwandtschaft sogar schon vor dem Dritten Reich für Hitler. Der Maurer ist nämlich ein Opfer des Ersten Weltkrieges, aus dem er – nach einer Verschüttung bei Verdun – mit einem schweren Nervenleiden zurückkam, das ihn in den nächsten Jahren schrittweise arbeitsunfähig und von einer Schwerbeschädigtenrente abhängig macht. Niemand tritt aber für die Renten der Kriegsversehrten so ein wie der Nazi-Führer. Und die Renten werden dann, nach Arbeitermaßstäben, in der Tat so gut, daß sie sich sogar ein Haus bauen können, damit der Vater, zunehmend bewegungsunfähig, wenigstens ins Grüne blicken kann. Für den einzigen Sohn ist die Atmosphäre beklemmend. Nachdem er als Kind einen Unfall beim Radfahren hatte, fürchtet die Mutter, auch den Sohn noch zu verlieren, und läßt ihn nicht mehr aus den Augen. Kaum hat er einen guten Grund, dieser fürsorglichen Belagerung zu entweichen, bricht der Junge aus: der gute Grund ist die HJ. Von der ist er rundum begeistert, «weil ich da aus der Enge von meiner Mutter rauskam und dort Freiheit hatte». Und er bleibt auch – für Arbeiterjungen eher untypisch – dort aktiv, als er nach der Schule die damals beste Mechanikerlehrwerkstatt der dortigen Industrie besucht. Als er zum Arbeitsdienst muß, ist das für ihn, «wie wenn man einen Vogel aus dem Käfig läßt», und auch beim Militär fühlt er sich wohl. Er ist begeistert vom Dritten Reich, obwohl es ihn stutzig macht, daß sein persönliches Vorbild in der Familie, sein Großvater, aus seiner sozialdemokratischen Reserve gegenüber den Nazis kein Hehl macht, und später wird er auch noch hören, daß eine Schwester seines Vaters die ganzen Jahre einen kommunistischen Lehrer in ihrem Haus verborgen hat. Er ist schon beim Militär, als der Vater plötzlich in eine Klinik abgeholt wird und die Mutter nur noch einen Bescheid bekommt, er sei plötzlich verstorben. Beweisbar ist es nicht, aber alle glauben, daß er im Rahmen der Euthanasie-Aktion umgebracht worden sei.

Im letzten Kriegsjahr bricht der Glaube der Verlobten an Sieg und Reich zusammen. Sie muß den Mädchen, die sie zu befehligen hat, zugeben, daß sie nicht mehr weiß, wofür der Wahnsinn sein soll. Er verteidigt mit der Flak einen Hafen gegen die Bomber, in dem längst alle Schiffe versenkt und die Stadt dem Erdboden gleichgemacht ist. Nach einem solchen Angriff fahren sie zusammen ein Stück mit der Bahn, und plötzlich, aus einer Eingebung heraus und ohne Begründung, beschließen sie zu heiraten. Sie bekommen sogar noch Urlaub, um zu Hause beim kommunistischen Vater die Heirat zu feiern, und kommen gerade rechtzeitig zur Gefangennahme zurück.

Aber die ist hier oben in Schleswig-Holstein nur kurz, und ein Vertreter der Firma, bei der er gelernt hat und der jetzt britischer Offizier im Lager ist, bietet ihm sogar die Auswanderung nach England und eine Technikerstelle an. Aber Frau Karrer hat Heimweh und trotzt ihm schließlich eine zweiwöchige Heimatreise auf Kohlenzügen ab. Als er auf dem Bahnhof in Gotha die ersten Russen sieht, die angetrunken Radau machen, weil sie mit einer Dampflok fahren müssen, obwohl sie im fortgeschrittenen Deutschland eine Elektrolok sehen wollen, will er wieder umdrehen. Aber ihre Tränen erweichen ihn, und schließlich «wie das so ist: drüben war alles kaputt, bei uns war alles kaputt, und es ist die Heimat, also bleiben wir da».

Auch jetzt bewährt sich wieder der alte Betriebskontakt: Obwohl der ehemalige HJ-Aktivist und Obergefreite auf dem Rathaus von einem Übereifrigen als «Kriegsverbrecher» angemacht wird, bewahrt ihn ein Meister aus seinem früheren Betrieb, der jetzt als Antifaschist im Arbeitsamt sitzt, vor der Verpflichtung in den Uranbergbau und schickt ihn in eine Nische, einen kleinen Privatbetrieb mit einem Dutzend Leuten, in dem er bald mit seiner Gesellenprüfung so etwas wie Werkmeister sein kann und 24 Jahre bleibt. Er wird zwar gleich 45 von Sozialdemokraten und Kommunisten zum Parteieintritt aufgefordert, aber mit Politik will er nichts mehr zu tun haben. Und die dortige mag er sowieso nicht, besonders die der Neubekehrten oder der «Auch-Antifaschisten», wie er sie im Gegensatz zu den aus den KZs heimgekehrten Kommunisten, die eine völlig andere, konstruktive Gesinnung gehabt hätten, nennt.

Frau Karrer erkennt jetzt nach dem Krieg, daß ihre jugendliche Begeisterung nur als Attrappe gedient hatte und daß der Vater, der doch eigentlich auf der siegreichen Seite stehen müßte, mit den neuen Zuständen hadert, weil sie ihn zu sehr an die alten erinnern. Sie bekommt zwei Kinder und konzentriert sich zunächst auf die Familie und das Durchkommen, etwas Heimarbeit inbegriffen. In den fünfziger Jahren kaufen sie sich ein Motorrad mit Beiwagen, machen die ersten Touren, gewinnen Freunde beim Campen. Die fünfziger und sechziger Jahre – Frau Karrer qualifiziert sich jetzt zum Kaufmann und übernimmt bald eine Verkaufsstelle des Konsum – haben sie im Rückblick in guter Erinnerung: «Es ging aufwärts.» Die Versorgung sei im Verhältnis (zu den Ansprüchen) besser und erschwinglicher als heute gewesen, die Arbeitskräfte seien damals dagewesen, es sei nicht so viel exportiert worden. Am wichtigsten aber erscheint Herrn Karrer, daß die alten entnazifizierten Fachkräfte noch dagewesen seien, die die Wirtschaft «aus dem Effeff» kannten, und es sei politisch noch durchgegriffen worden: Ulbricht erinnert ihn an Gorbatschow, als er damals in den fünfziger Jahren zu unangekündigten Besuchen in die Industrieprovinz kam und den korrupten Kadern die Stuhlbeine absägte.

Auf der kleinen Insel des Privatbetriebs finden sie Lücken im Markt und im bürokratischen Regelwerk und werden nicht behelligt, weil sie tüchtig und still sind. Sie produzieren Feuerzeuge, und Max Karrer erfindet ein neues, erfolgreiches Modell, das aussieht «wie West». Sie können sich leisten, den Gewerkschaftskassierer zu hänseln und wieder nach Hause zu schicken. Aber das Vorwärtskommen bringt sogar Karrer in Versuchung, als ihnen die Partei einmal einen fähigeren Propagandisten in ihre Nische schickt.

«Das war ein Agitator und der hatte eine Art, der konnte das erklären, was also der Sozialismus wirklich will und wie das alles langläuft. Und da hat man gesagt: ‹Na gut, das klingt ja gar nicht schlecht.› Und eben, weil wir in dem Kleinbetrieb, wir wurden ja überhaupt nicht behelligt; wir haben unsere Sachen dort verkauft. Da hat man das dann zum Schluß selber geglaubt, daß das doch was Gutes sein könnte. Bis ich dann gesagt habe: ‹Jetzt habe ich es satt, hier rutsch ich in das Fahrwasser rein, und das will ich nicht.› Ich war contra vom ersten Tag.»

Diese Verweigerung ist eine Art von Treue zu seiner Erfahrung, wie Politik begeistern und desillusionieren kann. Sie gründet nicht in einer anderen Überzeugung, sondern in einer passiven Abwehr, die vieles wie aus Gewohnheit hinnimmt, solange man ihm persönlich ausweichen kann. «Den Polizeistaat hatten wir. Und den haben wir insofern respektiert, daß praktisch keiner mehr ein Wort gegen die Sache gesagt hat, offiziell.» Und an einer anderen Stelle fügt er noch hinzu, ihre Generation habe ja eine Demokratie nie kennengelernt, damals seien sie ja noch Kinder gewesen.

Am Ende unseres Gesprächs sprechen wir über die Medien, den sozialen Fortschritt und die Kluft zwischen den Generationen. Im Gegensatz zu seiner Frau, die etwas wissen und sich ärgern will, liest er keine Zeitungen, nur die Todesanzeigen. Aber jeden Abend sehen sie zusammen im Westfernsehen die Nachrichten. «Wir leben in einem dauernden Zwiespalt.» Bei oberflächlichem Hinhören klingt das für westliche Ohren, als säßen die Karrers im Osten und ihr Kopf sei im Westen. Aber das träfe ihren Zwiespalt nicht genau. Das Schlimme an der Öffentlichkeit der DDR finden sie, daß sie ständig beschummelt werden; würden die tatsächlichen Mißstände angesprochen, könnte man sich ja daran engagieren. Dem Westfernsehen glaubt er mehr, aber er fühlt sich da unmittelbar daran erinnert, wie er, der damalige Nazi, auf seiner Flakstation im Krieg den britischen Feindsender abhörte. «Der eine sagt hü und der andere sagt hott, und die Deichsel ist in der Mitte.» Das Wort Zwiespalt fällt noch einmal: Jetzt, wo sie Rentner sind, erwägen sie natürlich, den Westen mit eigenen Augen zu sehen, und sie sind sicher, daß sie zurückkämen, aber Herr Karrer zögert, denn er will durch die Reise nicht «in Zwiespalt kommen», will sagen: das Zwiespältige der Bilder in seinem Kopf ist ihm schon spannungsreich genug. Dabei mag er befürchten, daß er die Deichsel in der Mitte verlieren könne. Beide hängen noch immer am Ziel der Wiedervereinigung, aber daß sie sie noch erleben werden, das glauben sie schon lange nicht mehr. Sie meinen einfach, es sei «unnatürlich: wir sind doch alle Deutsche, wir sprechen dieselbe Sprache, wir haben dieselben Empfindungen». Wirklich?

Neben den die reale Existenz des Sozialismus verschleiernden Sprechblasen kritisiert Herr Karrer den Schlendrian, den Verfall der Arbeitsmoral an der Basis und daß die Chefs kein Format mehr haben und keine praktische Erfahrung und sich nicht durchsetzen. So etwas könne es in der Privatwirtschaft doch gar nicht geben. Aber auch das hat ja seine zwei Seiten, und über nichts haben die harmonischen Karrers so viele Auseinandersetzungen gehabt wie darüber. Er steht auf dem Standpunkt der Leitungen, daß die Jugend kein Arbeitsethos mehr habe und daß die Sozialpolitik zu weit gehe und die Leistungsfähigkeit der Betriebe einschränke. Und während er mir ausführlich die Sorgen der Betriebsleitungen auseinandersetzt, schaltet sich Frau Karrer immer wieder ein und sagt, wie angenehm es sei, daß man sich als Arbeiter die Zeit einteilen könne, daß die Chefs auf einen hören müßten und daß die Frauen ihr Babyjahr bräuchten. Mit einem Wort: sie singen mir das Duett der Sozialpartnerschaft in der volkseigenen Industrie. Und das hat nun wieder eine Vorgeschichte.

Im Jahre 1971, als die Ära Ulbricht endet und die Periode der sozialpolitischen Verbesserungen beginnt, ist auch bei den Karrers eine große Krise, die alles verändert. Herr Karrer hat sich nämlich in seiner Nische kaputtgearbeitet. Zuletzt hatte er versucht, aus technischer Begeisterung und praktisch ohne alles in der Klitsche einen Automaten zur Feuerzeugherstellung zu entwickeln. Tagsüber leitete er in dem Hinterhausbetrieb die Produktion, und nachts kämpfte er sich durch technische Spezialliteratur, machte Patente und konstruierte den Apparat. Es endet mit einem größeren Nervenzusammenbruch, er muß für ein halbes Jahr in die Klinik, und die Ärzte wollen ihn nur in eine Arbeit entlassen, bei der man nicht denken müsse. Das ist der Tiefpunkt seines Lebens, dessen Fluchtpunkt die Arbeit und die Technik gewesen waren. In seiner Abwesenheit gelingt es Frau Karrer endlich, das unterteilte Einfamilienhaus seiner Eltern zu verkaufen, weil sie sich die Reparaturforderungen der einquartierten Familie nicht mehr leisten konnten. Vom Erlös können sie sich gerade einen neuen Trabi kaufen und sind in einer neuen Hochhauswohnung die ökonomischen Belastungen los. Als Herr Karrer aus der Klinik kommt, raten ihm alle, in die volkseigene Industrie zu gehen. Er wird wieder einfacher Arbeiter, hat aber um die Hälfte mehr Lohn als vorher, und seine Frau geht mit ihm in die Fabrik, um auf ihn aufzupassen, daß er sich nicht wieder übernimmt; dafür gibt sie ihre Leiterinnenstelle im Verkauf auf.

Natürlich kommt alles anders, denn ihn macht nur die Arbeit gesund. Im Werk haben sie neue japanische Automaten, von denen keiner was versteht; das reizt ihn. Neben der Schichtarbeit qualifiziert er sich als Textiltechniker nach, binnen drei Jahren wird er in die Werkleitung als Gruppenleiter berufen, und nach weiteren fünf ist er technischer Leiter des Betriebs. Frau Karrer bleibt in der Schichtarbeit an der Maschine. Nervlich ist er jetzt auf Draht, aber jetzt macht das Herz nicht mehr mit; in Stufen muß er die Arbeit reduzieren, kurz vor der Rente – aber er wollte natürlich noch weiter arbeiten – kommt das Aus, der Arzt erzwingt vollends die Invalidisierung. Auch Frau Karrer hat zunächst über die Rente hinaus noch etwas weitergearbeitet, man kann es sich eben einteilen. Sie hört jetzt auch auf, und sie findet das ganz angenehm; aber Herr Karrer hat die Entbindung von seinen Pflichten wie ein Urteil erfahren: «Das muß ich jetzt verkraften.»

Neben dem vielen, was Herr Karrer an der volkseigenen Industrie zu kritisieren hat – die Parteiwirtschaft, die stockende Zwischenproduktversorgung, die Schwerfälligkeit des Kombinats, die schlechte Alltagsversorgung –, versteht er vor allem die junge Generation nicht, die keine Einstellung zur Arbeit mehr habe, nämlich «als moralische Pflicht dem Staat gegenüber: wir leben, um zu arbeiten». Dabei werde sie mit Sozialleistungen überschüttet, und das sei im Verhältnis zu dem niedrigen Niveau der Renten ungerecht, «denn wir haben ja schließlich den Karren aus dem Dreck gezogen». Ich habe wieder einmal Verständnisschwierigkeiten und frage ihn: Wie geht denn dieses «man arbeitet für den Staat», wenn man den Staat gar nicht mag? Und er antwortet:

Na, das ist ganz einfach das Pflichtgefühl, also der Antrieb. Wir müssen doch arbeiten; wenn keiner arbeitet, wird doch nischt. Ich muß mir hier jetzt das nehmen, was hier immer gesagt wird: So wie wir heute arbeiten, so werden wir morgen leben. Und mir ist die Arbeit ein Bedürfnis gewesen. Wir mußten doch wieder hochkommen. Wir mußten ja raus. Was hätte es uns denn genützt, die Hände in den Schoß zu legen und nichts zu tun, ich hätte das bei jedem System getan.
I.: Hat es denn überhaupt etwas mit dem System zu tun, oder hat es nur etwas mit Ihnen zu tun, nämlich, daß Sie gerne arbeiten?
Ich arbeite gerne. Ich arbeite gerne. Und es war so, wenn man das wirklich gesehen hat: das gab es nicht und das gab es nicht und das war schlecht und das war schlecht. Es hat mir einfach Freude gemacht, eben gleich ein Feuerzeug zu bringen, das haltbar war und das von den Leuten gut aufgenommen wurde. Das war eine Befriedigung. Daß es vorwärtsging. Und ich sage es ja, es ging vorwärts.

Aufbau und Stillstand

Der Prügelknabe

Wolfgang Jeschke, Technischer Abteilungsleiter, 62 Jahre

Wolfgang Jeschke leitet eine technische Abteilung in einem Exportbetrieb des sächsischen Maschinenbaus. Zwei Jahre vor dem Rentenalter hofft er auf die Pension; schon zweimal hat ihn der Arzt zur Zurückstufung im Beruf gezwungen. Im Kreis der älteren Kollegen und Pensionäre, die uns die BGL benannt hatte, hätte ich nach seinem Aussehen und seiner Sprechweise nicht entscheiden können, ob er zu den Arbeitern oder zu den Kadern gehört. Aber er gehört zu den Kadern, technisch sogar zu den höheren, politisch zu den mittleren; von Haus aus ist er Arbeiter. Er spricht klar, zugleich selbstbewußt und bescheiden und geht freundlich auf alle Fragen ein, als wir uns am Nachmittag auf seinen Wunsch hin in einer Villa, die als ‹Club International› firmiert, von der SED-Bezirksleitung beschickt werden kann und in der wir untergebracht worden sind, zum Interview treffen. Dabei spricht er überwiegend Gemeinsprache. Auf meine Bitte, mir sein Leben zu erzählen, beginnt er dies hingegen so, als wollte er mir etwas auf hochdeutsch diktieren; nur gelegentlich mischt sich sein gemütliches Sächsisch ein:

«Mein Name ist Jeschke, Wolfgang. Ich bin am 13.6.1925 in Siegmar-Schönau geboren. Siegmar ist jetzt einverleibt zu Karl-Marx-Stadt, das war früher ein selbständiger Ort. Wir waren zu Hause vier Kinder. Uns ist es an und für sich in der Jugend nun gerade so gegangen, da mein Vater bis 1932 arbeitslos war, und meine Mutter nur bei Herrschaften saubergemacht hat. Mein Vater hat dann im Wanderer-Werk, im damaligen, im Lager Arbeit bekommen. Er hatte aufgrund dessen, daß bei meinem Vater zwölf Kinder zu Hause waren, nichts lernen können. Er hat also immer verhältnismäßig wenig Geld verdient. Und so sind wir Kinder, vier, zwei Jungs und zwei Mädchen, aufgewachsen. In bin 32 in Siegmar in die Schule gekommen und habe dort mit der 8. Klasse 1940 abgeschlossen. Meine Lehre begann am 1.4.1940 bei Elite, und ich erlernte dort den Beruf des Werkzeugmachers. Auf Grund des Krieges haben wir vorzeitig ausgelernt, d. h. meine Lehrzeit ging an sich dreieinhalb Jahre, aber wir haben nach zwo'ahalb Jahrn die Lehrabschlußprüfung machen müssen, da wir dann eingezogen wurden. Im Mai 1943 bin ich dann zum Reichsarbeitsdienst eingezogen worden, und zwar nach Gradlitz im Sudetengau. Das war ein Vierteljahr. Ich kam also Anfang August vom Arbeitsdienst zurück. Bekam auch ein paar Tage später sofort die Einberufung zur Wehrmacht und bin dann nach Bremen. Dort bei den Nebelwerfern in der Hindenburgkaserne habe ich gedient. Nach unserer Ausbildung sind wir dann nach Munsterlager auf den Truppenübungsplatz versetzt worden. Dort haben wir in Baracken die weitere Ausbildung durchgeführt, da war der Gasübungsplatz, dort wurde mit Kampfstoffen gearbeitet. Und wir sind dann, als die Invasion 1944 in Frankreich begann, nach Frankreich versetzt worden, und ich war oben bis am Kanal in Caen. Ab da ging es dann rückwärts, und ich bin dann in Frankreich im September 1944 in amerikanische Kriegsgefangenschaft gekommen, und zwar war das etwa 40 km südlich von Amiens. Sind dann als Gefangene nach Chartes, das war ein sehr großes Gefangenenlager, dort ging's gar nicht so gut her, da da mindestens 20000 Mann in diesem Lager waren, und da war es schlecht mit der Verpflegung und mit den sanitären Einrichtungen usw. usf. Da war ich zwei Monate. Und dann wurd'n wir versetzt nach – wie hieß der Ort? – nach Cherbourg, und da ging's mir verhältnismäßig gut, da ich das Glück hatte, im Verpflegungslager zu arbeiten, und wir haben da wirklich ein Dreivierteljahr nur Nachtschicht gemacht. Und na, da konnte man sich eben mal selbst bedienen – wenn da so 'ne Kiste aufgegangen war, konnte man sich speisenmäßig eben doch amol selbst bedienen. Dort oben das Lager wurde aufgelöst, und wir sind dann nach Charleroi in Belgien. Das war an sich dann das letzte Arbeitslager in der Gefangenschaft, und als das zu Ende war, sind wir dann in Hof in Bayern entlassen worden.

1946 bin ich dann nach Hause gekommen, im Juni. Habe mir dann Arbeit gesucht, versucht Arbeit zu bekommen, weil ja die Wirtschaft bei uns noch nicht so angelaufen war nach dem Jahr 1945. Ich bin wieder in meinen alten Betrieb zurückgegangen und hab dort gefragt, da war keine Möglichkeit 1946. Und dann habe ich durch einen Bekannten von mir im Maschineninstandsetzungsbetrieb Arbeit bekommen. D. h. dort wurden die Maschinen, die durch die Bomben ausgebrannt waren, wieder in Ordnung gebracht, so daß die wieder zum Einsatz kommen konnten. Dort war ich ein Jahr. Im Laufe dieses Jahres hatte ich dann einmal meinen Ausbildungsmeister gesprochen, und er hat gesagt: ‹So, du kommst wieder zu mir.› Und so habe ich dann am 1. September 1947 wieder bei Elite angefangen, und zwar als Lehrausbilder. Hab dann durch Lehrgänge – pädagogische Lehrgänge usw. – den Lehrmeisterabschluß gemacht und war dann ab 1959 bis Anfang 1962 Ausbildungsleiter im Betrieb. Wir hatten damals immerhin 120 Lehrlinge, d. h. in jedem Jahrgang 40, da war ja noch dreijährige Lehrzeit damals, so daß wir eine ganze Anzahl Lehrlinge in unserem Betrieb ausgebildet haben. In dieser Zeit, ab 1959 bis 1962, habe ich aber auch in Zwickau meinen Abschluß gemacht als Ingenieur – ein Gemischtstudium, ein halbes Jahr direkt und ein halbes Jahr Fernstudium. Dieses Studium habe ich 1962 abgeschlossen und bin dann nicht wieder zurückgegangen in die Berufsausbildung, sondern hatte mich dann bereit erklärt, im Betrieb den Bereich Strickmaschinenbau zu übernehmen als Bereichsleiter. Das habe ich durchgeführt bis 1966, mußte dann auf Anraten des Arztes diese Funktion abgeben und habe dann zehn Jahre in der Technologie gearbeitet, erst als Technologe und dann als Abteilungsleiter für technologische Entwicklung. Ab 1977, im Januar, habe ich wiederum für drei Jahre die Funktion des Bereichsleiters im Strickmaschinenbau übernommen, da ein früherer Kollege von mir, der war da Fertigungsdirektor, der hatte mich zurückgeholt und hat gesagt: ‹Du wirst das wieder machen!› Ich hab das auch versucht, aber es war doch nicht ganz richtig, von meinem Gesundheitszustand her gesehen. Da war ich nämlich nach drei Jahren wieder soweit, wie es bereits war beim erstenmal. Und deshalb hab ich dann den Antrag gestellt, meine Funktion gekündigt – die Funktion gekündigt, ja? –, und ich hab dann, was ich jetzt noch mache, den Abteilungsleiter in der Fertigungsvorbereitung und -planung übernommen. Das bin ich jetzt noch.

Das war erst einmal mein persönlicher Lebenslauf. So möchte ich dann mal sagen.

Ich habe 1947 geheiratet. Meine Frau stammt von Breslau. Die ist 1946 mit ihren Eltern und mit ihrer Schwester hier nach Karl-Marx-Stadt gekommen, damals noch Chemnitz. Und meine Frau und ich, wir haben zusammen praktisch in einem Haus gewohnt, weil sie dort als Untermieterin in die Nachbarwohnung kam. 46 kam meine Frau, und 47 haben wir geheiratet. 1948 wurde uns dann unser Sohn geboren. Nach drei Jahren wurde uns dann ein Mädchen geboren, aber das Mädchen ist bei der Geburt gestorben, so daß wir bei einem Kind geblieben sind, ja? Mein Sohn hat die 10-Klassen-Schule besucht, hat Autoschlosser gelernt, weil das mehr oder weniger sein

Hobby war, ja? So isses bei der Jugend: fahrn, fahrn, fahrn, und der ist auch dabeigeblieben und ist jetzt Kraftfahrer. Er fährt einen PKW.
I.: Fährt er Taxi, oder ist er Chauffeur?
Er ist Chauffeur. Er ist ebenfalls verheiratet, hat zwei Töchter. Die eine Tochter ist nun mittlerweile 20 Jahre geworden – mein Sohn, der hat ein bisserl früh geheiratet, aber hatte ausgelernt, 19 Jahre, ja? –
I.: Da sind Sie ja schon lange Großvater. So seh'n Sie aber noch nicht aus!
Da bin ich schon 20 Jahre Großvater. Und die Kleine, die sind eben ein bisserl weit auseinander, die zwei Mädchen, die Kleene, die ist neun Jahre, und die Große, die ist 20, die sind also elf Jahre auseinander.
So, meine politische Entwicklung: Ich bin 1946, als ich angefangen hab, in die Gewerkschaft eingetreten. Früher als Lehrling, da war's ja die Deutsche Arbeitsfront, aber die ganze Zeit bei uns als Lehrling damals, die wird ja nicht gezählt, sondern es wird nur das gezählt, wer vor 1933 gewerkschaftlich verankert war: da wird die gesamte Zeit gezählt, also die gesamte Nazizeit dazwischen. Aber bei uns, da wird diese Zeit net gezählt, erst nachdem wir nach dem Krieg wieder angefangen haben zu arbeiten. Und 1948 bin ich dann in die Partei eingetreten. Es ist an sich so, daß ich als junger Mensch mich nicht so sehr politisch interessiert habe, aber diese politische Interessiertheit, die ging an sich schon in der Gefangenschaft los. Ich hatte ja betont, daß ich ja in amerikanischer Gefangenschaft war, und dort wurden an sich uns gegenüber die alten Nazi-Offiziere sehr gefördert, und sie hatten auch noch Befehlsgewalt über uns. Ich bin aufgrund dessen in der Gefangenschaft in Auseinandersetzung mit so 'nem Ofifzier dann in'n Strafzug versetzt worden, da wir vielleicht doch als junge Menschen a bissel zuviel gesagt hatten. Ich hab in der Gefangenschaft vier Monate Strafzug weg, aufgrund dieser Angelegenheit, und hab damals schon in Gefangenschaft gesagt: na, wo das nausläuft, das wissen wir noch nicht. Warum? Weil eben diese Offiziere, die waren genauso Gefangene wie wir, aber hatten die Befehlsgewalt über uns. Das war an sich der erste Grund, warum. Ich hab mich dann weiterhin politisch interessiert, auch wie in Westdeutschland die Entwicklung vor sich ging, denn die Teilung Deutschlands, die hat ja praktisch der Adenauer zustande gebracht, indem in Westdeutschland zuerst die Währungsreform eingeführt wurde, also andere Währung als bei uns. Und so sind wir an sich nu politisch auseinandergegangen statt zusammen, ne wahr? Und das waren praktisch alles Gründe, warum ich mich dann ooch parteipolitisch, in die Sozialistische Einheitspartei eingetreten bin und habe auch dort eine aktive Arbeit durchgeführt. Ich war von 1952 bis 1960 Stadtverordneter, also Nachfolgekandidat der Stadtverordnetenversammlung von Karl-Marx-Stadt, also zwei Legislaturperioden, und war dort aufgrund meiner Tätigkeit in der Kommission

Volksbildung tätig, aufgrund meiner beruflichen Tätigkeit im Betrieb: Lehrausbildung und Volksbildung.

(Auf Zwischenfrage erläutert er ausführlich, daß auch die Nachfolgekandidaten an allen Sitzungen und auch an Kommissionen der Stadtverordnetenversammlung – aber ohne Stimmrecht – teilnehmen, damit sie im Falle des Ausscheidens eines ordentlichen Fraktionsmitglieds – in seinem Fall: der FDGB-Fraktion – bereits eingearbeitet sind.)

So, die Entwicklung meiner Frau war so, daß sie 1946, wie ich schon sagte, von Breslau gekommen ist. Meine Frau hatte auch keinen Beruf. Die hat in Breslau nur Dienstmädchen gemacht, hat dann hier bei uns in Siegmar in der Küche des VEB 8. Mai angefangen als Küchenhilfe und war dort, bis wir unseren Jungen bekamen 1948. Und hat dann als Hausfrau weitergelebt bis 1956. 1956 hat sie dann als Küchenhilfe bei VEB Elite Diamant angefangen, hat sich dort qualifiziert, ist aber dann von Elite Diamant weggegangen und war in einer Oberschule die Küchenchefin. Ja? Die hatte sich zur Köchin qualifiziert und war dort Chefin in der Küche ab 1960. Aufgrund einer Auseinandersetzung mit dem Schulleiter hatte sie dann gekündigt und ist dann zu VEB Molitex, hat sie angefangen als Näherin und ist auch dort ausgeschieden als invalid vor sieben Jahren, 1980, und seitdem ist sie als Rentnerin zu Hause. Gesundheitlich geht's meiner Frau nicht gut, sie ist eine ganz starke Diabetikerin, hat oft Kreislaufstörungen und hohen Blutdruck, so daß ich mit meiner Frau gar nicht mehr so viel anfangen kann. Das war auch einer der Gründe, warum ich heute morgen gesagt habe, das Gespräch geht nicht bei mir zu Hause, weil meine Frau schon uffgeregt ist, wenn die Verwandtschaft kommt. Und wenn ich dann noch fremde Leute bring, dann is' es ganz aus. Das kann ich meiner Frau nicht antun. Ja.

Wir sprechen dann kurz über den Konflikt, weshalb seine Frau als Küchenchefin kündigte – es ging damals darum, daß sie einen Mehrverbrauch von Schülerlandheimfahrten durch ihren Küchenetat auffangen sollte, was sie ablehnte – und um ihre Arbeit als Näherin – da war sie in der Exportverpackung für ‹Quelle› –, und ich frage ihn dann, ob er noch kurz etwas zu seiner finanziellen Entwicklung sagen könne.

Ach so. Mein Einkommen war im Maschineninstandsetzungsbetrieb 1946 die Stunde 65 Pfennige. Ich habe dann als Lehrausbilder mit 95 Pfennige die Stunde angefangen, 1947, habe dann ungefähr nach einem Jahr 1 Mark und 5 Pfennige erhalten, und Anfang der fünfziger Jahre kam dann für die Lehrausbilder eine feste Lohnform, also eine Gehaltsform, nicht mehr nach Stunden, da hatt ich dann im Monat 600 Mark verdient. Dazu kam aber, daß eine Prämienordnung eingeführt wurde, und da gab es pro Lehrausbilder im halben Jahr mindestens 600 Mark. Als ich den Strickmaschinenbau als Leiter übernahm, da hab ich im Monat 800 Mark verdient, beim erstenmal 1960. In der Technologie habe ich dann 900 Mark verdient, und wie ich dann noch mal (als Bereichsleiter) in die Produktion ging, da hab ich dann 1450 Mark verdient, und die hab ich dann praktisch behalten, trotzdem mein Aufgabengebiet nicht mehr so groß ist. Ich hab eine Wohnung, die kostet 41 Mark 20 im Monat für über 65 qm am Stadtrand, einen Kilometer vom Betrieb. 1954 bin ich in die Arbeiterwohnungsbaugenossenschaft eingetreten, und wir hatten dann innerhalb einem Jahr die Wohnung. Dafür war notwendig 400 Arbeitsstunden zu leisten... Ich bin Mitglied der Kleingartensparte und hab einen Garten von 200 qm, das ist an sich zu klein, aber man fühlt sich wohl und hat eine grüne Oase, wo man sich sonnabends und sonntags aufhalten kann. Ich persönlich besitze kein Fahrzeug, weil ich kein Interesse dranne hab. Nicht daß es heißt, ich hätte mir keins kaufen können, so isses net. Das ist bei meinem Sohn das gerade Gegenteil.
I.: Sagen Sie auch noch etwas über die Verdienstentwicklung bei Ihrer Frau? Meine Frau hat zuletzt nicht über 600 Mark verdient. Da die Zusatzrente bei uns erst bei 600 Mark beginnt, ist sie praktisch nicht in den Genuß gekommen, auch nur eine Mark für eine Zusatzrente einzuzahlen. Sie hat jetzt die Grundrente, das sind 360 Mark, als Diabetikerin noch 13 Mark dazu. Bei mir wird das höchstwahrscheinlich mal anders sein, da ich eine andere Zusatzrente – ich zahl ja über 60 Mark Zusatzrente, so daß ich wenigstens mal mit 750 bis 800 Mark Rente rechnen kann, wenn ich in drei Jahren ausscheide. Und ich habe auch wirklich vor, mit 65 Jahren auszuscheiden und nicht wie der eine Kollege bei mir, der ist im 80. Lebensjahr, arbeitet zwar verkürzt, nur 52 Stunden im Monat, aber der kann's nicht lassen.

Von da aus entwickelt sich dann das Interviewgespräch und erbringt zunächst, daß der 80jährige Kollege einer von Jeschkes Vorgängern als Bereichsleiter sei und einfach nicht aus dem Betrieb herauskönne, da er nichts mit sich anzufangen wisse, obwohl er zu Hause noch seine Frau habe. Andererseits habe er keine schwere Arbeit, er kassiere nur die Mitgliedsbeiträge für die DSF[1]. Daß das eine Betriebsaufgabe ist, um einem verrenteten technischen Leiter über 15 Jahre auf einer Drittel-Stelle sein arbeitszentriertes Sozialnetz zu erhalten, könnte nun schon unsere Neugier wecken. Aber das soll für diesmal dahinstehen. Zuerst soll uns der Text interessieren, mit dem Herr Jeschke sein Leben vorgestellt hat.

Das zerlegte Leben

Wolfgang Jeschke will seine Lebensgeschichte in eine Form gießen, die ich in der DDR immer wieder gehört habe, besonders bei SED-Funktionären der Nachkriegsgeneration, aber nicht nur bei ihnen. Das ist vielleicht kein Wunder, da andere Gesprächspartner erwähnt haben, daß es zumindest in den fünfziger Jahren u. a. zu den Schulungsinhalten der Partei und der FDJ gehört habe zu erlernen, wie man sein Leben erzählt. Man erzählt nämlich sein Leben nicht als eine integrierte Zeitabfolge von Ereignissen und Erfahrungen, sondern man zerlegt die Lebensgeschichte in mehrere Dimensionen, deren Ablauf je gesondert im Stil eines Bereichslebenslaufs nachgezeichnet wird: erst den Beruf, von dem sich meist der Krieg nicht trennen läßt, dann die Familie und schließlich die sog. gesellschaftlichen Aktivitäten, also die Politik – aber das kann auch die Mitgliedschaft im Anglerverein beinhalten. Da fast jedermann und jedefrau in der DDR irgendwo organisiert sind, haben sie auch alle etwas zur Karriere ihrer Organisiertheit zu berichten, und zwar ganz genau mit Eintrittsdaten und Antrittsdaten etwaiger Funktionen; Austrittsdaten fehlen hingegen so gut wie ganz. Fehlanzeige in der Sparte ‹gesellschaftliche Aktivität› kommt bei Älteren kaum vor, und wenn sie vorkäme, machte sie verdächtig, denn ein Leben lang in der DDR unorganisiert zu bleiben, dazu gehört eine seltene Widerstandskraft. Während die Karriere immer an erster Stelle steht, können Familie und Politik auch die Plätze wechseln. Das ist nicht so wichtig; wich-

---

1 Gesellschaft für Deutsch-Sowjetische Freundschaft, wohl die größte Vereinigung passiver Mitglieder in der DDR.

tig ist nur, daß die Kolumnen nicht vermischt werden. Z. B. gehörte es sich nicht, daß eine Frau sagte: Als mein Mann Betriebsleiter werden wollte, bin ich halt auch in die Partei gegangen. Oder: Als ich mich zum wiederholten Male weigerte, in die DSF einzutreten, habe ich meinen Job verloren. Das gehört sich nicht; alles schön der Reihe nach.

Die Dimensionen, in die das Leben derart formgerecht zerfallen soll, werden in der selbsterzählten Lebensgeschichte nicht aufeinander bezogen, und meist werden erst durch die Fragen des Interviewers Querverbindungen deutlich. Davon gibt es in Wolfgang Jeschkes Bericht nur eine Ausnahme, aber auch darin weicht er nicht von der Regel ab: Das politische Engagement versteht sich nicht von selbst, es bedarf der Schilderung seiner Vorbereitung. In aller Regel wird es im Rückbezug auf die Kolumne Arbeit begründet, die bei Herrn Jeschke wie auch bei vielen anderen auch die Kriegserfahrung umfaßt, die er wiederum mit Codewörtern der Arbeitswelt («Ausbildung durchgeführt», «mit Kampfstoffen gearbeitet», «versetzt», «Nachtschicht») strukturiert. Eine Möglichkeit des Engagements für die Arbeiterbewegung – proletarische Herkunft, die stets an den Anfang gehört und auch hier unter «Karriere», nicht unter «Familie» auftaucht – bleibt bei Herrn Jeschke ungenutzt; vom Klassenschicksal der Geschwister hören wir hier ebenfalls nichts. Auch seine Mitgliedschaft als Lehrling in der DAF des Dritten Reiches schlägt nicht zu Buche, wo sie doch die gewerkschaftlichen Dienstjahre der Älteren zur methusalemhaften Klassentreue streckt. Wolfgang Jeschkes politisches Interesse erwacht erst nach dem Faschismus, nämlich als dieser sich in Gestalt von kriegsgefangenen Wehrmachtsoffizieren mit dem Gegner im Kalten Krieg verschwistert, und er bei den Amis drei Monate in einen Strafzug kommt – der Grund bleibt merkwürdig undeutlich wie die ganze Geschichte, aber ihre Bedeutung ist klar: Der Urgrund seines politischen Engagements entspringt der späten Einsicht in den feindlichen, autoritären Klassencharakter des Faschismus und der ersten Begegnung mit dem US-Imperialismus, dessen Versorgungslage(r) sich nach einiger Zeit freilich als recht hilfreich erweisen. Hinzu kommt dann noch das Leiden an der deutschen Teilung als politischer Grund des Engagements in der SED, das konsequent auch nur in der Kolumne Politik erscheint. Aber auch dieser zweiten Begründung fehlt die letzte Überzeugungskraft, insofern sich über Adenauer als Spalter ja noch diskutieren ließe, über seine Autorschaft für die Währungsreform aber schwerlich – und nur dies würde den Zeitpunkt des Parteieintritts 1948 plausibel machen. Offenbar zieht Herr Jeschke hier im Rückblick einiges zusammen, was damals noch auseinanderlag.

Auf der anderen Seite trennt die Kolumnenerzählung einiges, was wohl früher zusammengehört haben dürfte. Er kommt aus dem Krieg, findet keine Arbeit in seinem Betrieb und muß sich mit einer traurigen Beschäftigung abfinden. Da trifft er seinen alten Meister aus dem Dritten Reich, und der hat jetzt die Macht, ihm einen Arbeitsplatz bei sich zu verschaffen. Offenbar ist der Meister selbst aufgestiegen, denn er vergibt jetzt quasi Meisterpositionen: Der zweiundzwanzigjährige Kriegsheimkehrer mit der kriegsbedingten Kurzausbildung ohne weitere Berufstätigkeit, der gerade geheiratet hat und im nächsten Jahr Vater werden soll, wird im Herbst 1947 Lehrausbilder, also fast Meister, und soll sich on the job nachqualifizieren – u. a. durch eine pädagogische Schulung, was die engere Berührung mit der Partei fast unumgänglich macht. Später erzählt er mir, daß er im selben Monat in die SED gegangen ist, in dem er – nach noch nicht einmal einem Jahr – seinen Lehrmeisterabschluß machte. Schon zwei Jahre später ist er als Hinterbänkler und pädagogischer Spezialist im Stadtrat und verläßt ihn erst wieder, als er durch die nächsten Karrieresprossen überlastet wird: Er bekommt die gesamte Ausbildung im Betrieb mit 120 Lehrlingen in die Hand und kann in einem über drei Jahre verteilten einjährigen Kurzstudium den Ingenieurgrad erwerben. Danach geht es erneut steil aufwärts im Betrieb, aber jetzt nur noch über die technische Legitimation – von Politik ist nicht mehr die Rede.

Wolfgang Jeschke wandelt das gebräuchliche Dreikolumnenschema an einer Stelle in auffälliger Weise ab, indem er eine vierte Kolumne über seine Frau hinzufügt, und auf meine Nachfrage macht er sogar noch eine fünfte über den Nervus rerum auf, die seine Zufriedenheit belegt: Kosten hat er kaum, aber eine ausreichende Wohnung und einen Garten, beides fast zum Nulltarif. Dafür stieg sein

Einkommen in zwei Sprüngen: Als Pädagoge an der Werkbank wird er quasi Angestellter und bekommt das Doppelte, und der Ingenieurtitel und der betriebliche Mangel an technisch qualifizierten Kadern bringt dann in zwei Stufen noch einmal das Doppelte, das er auch nicht verliert, als er sich den Anforderungen der neuen Funktion nicht gewachsen zeigt und sich wieder zurückstufen lassen muß. Herr Jeschke ist nach Qualifikation und Einkommen, nicht aber nach seinem Lebensstil ein Aufsteiger, der sein soziales Netz nach oben mitnehmen konnte. Das geht nicht immer so weit, aber ist ein Grundtrend in den Lebensgeschichten der Arbeitersöhne in der DDR und ein wesentlicher Quell ihrer Zufriedenheit und ihres Stolzes. Zwar würde ein westdeutscher Arbeiter, der nicht aufgestiegen ist, vermutlich fast das Doppelte verdienen wie Herr Jeschke, nachdem er aufgestiegen ist, aber seine Grundkosten wären auch mindestens zehnmal so hoch und das Risiko eines Absturzes in ein soziales Netz, das deutlich tiefer aufgehängt ist, wäre größer.

In der DDR gibt es unter den Älteren, die aus der Arbeiterschaft stammen, keine Inflationsmentalität. Man denkt in absoluten Beträgen, die ja für Grundnahrungsmittel und Wohnungen auch seit dem Krieg im wesentlichen stabil geblieben sind, und vergleicht sie im zeitlichen Längsschnitt. Insofern ist eine Einkommenssteigerung um ca. das Zehnfache eine Menge. Und insofern ist die fünfte Kolumne in der Geschichte von Herrn Jeschke allenfalls in der Form, aber nicht in der Sache ungewöhnlich. Die vierte Kolumne jedoch fällt aus dem Rahmen.

Fiktion über Jeschke im Westen

Die Geschichte des Lebens schreibt nicht das Leben selbst. Ob ein Mensch eine Biographie hat und was er in sie aufnimmt, wie er sie gliedert und wem er sie präsentiert, gehorcht nicht nur der individuellen Erfahrung, sondern auch jeweils gültigen kulturellen Mustern. Die Muster unterscheiden sich nach Form und Rigidität, und in ihnen spiegeln sich weitverbreitete Erfahrungsverläufe wider, deren einzelne Ausprägung die Biographie wissenswert macht, aber auch

Zensuren und Tabuisierungen, in denen gesellschaftliche Autorität dadurch anerkannt wird, daß bestimmte Informationen ausgegrenzt oder nur in konformen Zusammenhängen erwähnt werden. Das kann man sich am besten klarmachen, indem man sich eine biographische Erzählung in eine andere Kultur versetzt vorstellt.

Ich gebe zu, es ist schwer, sich die Biographie Wolfang Jeschkes in Westdeutschland vorzustellen, jedenfalls was mit ihm seit 1948 geschehen ist: sein Aufstieg, die beruflichen Kurzqualifizierungen, das Dazwischentreten der Politik, als er 23 Jahre alt ist, und ihr Zurücktreten, seitdem er Ende 30 ist. Mindestens ebenso schwer ist aber die Vorstellung, daß er in der Bundesrepublik so über seine Biographie berichtete. Hier wäre es für einen Aufsteiger im mittleren technischen Management am wahrscheinlichsten, daß er nur den ersten Teil (den Konventionen eines Bewerbungslebenslaufs gehorchend) einem Fremden vorstellte, allenfalls ergänzt um die Information, daß er verheiratet sei und einen Sohn habe; vielleicht – aber das ist eher unwahrscheinlich – würde er noch seine Parteizugehörigkeit erwähnen, aber dann gewiß keine Erwägungen über seine verkürzten Dienstjahre in der Gewerkschaft und über die Gründe seines parteipolitischen Engagements anstellen. Daß er einen Überblick über das berufliche Scheitern seiner Frau beifügte, kann man ausschließen, und daß er sich entlocken ließe, auf Heller und Pfennig über die disparaten Einkommensverhältnisse der Familie öffentlich Auskunft zu geben, wäre höchst ungewöhnlich.

Die westdeutsche Kultur, obschon auch sie eine Massenkultur mit zahlreichen sozialen Aufsteigern ist und das Problem der deutschen Diskontinuität biografisch reflektieren muß, ist nicht von einer Hierarchie politischer Organisationen geprägt, sondern von der Erweiterung bürgerlicher Kulturtraditionen, und die unterscheiden zuallererst zwischen öffentlich und privat. Berufliche Positionen werden der Öffentlichkeit zugerechnet, das Einkommen nicht; die Familie und der Lebensweg des Geschlechtspartners wäre privat und würde nur in den gröbsten faktischen Umrissen erwähnt, wahrscheinlich erschiene – außer bei Politikern – auch Politik als Privatsache und deshalb kaum in einem ersten Lebensabriß. Da man nicht mit Sicherheit mit Sympathie für Armut rechnen kann, würde das arme und beruflich unqualifizierte Elternhaus vermutlich nicht zum thematisierenden Einstieg gewählt. Auf der anderen Seite ist die öffentliche Thematisierung des Nationalsozialismus in Westdeutschland so weit in die Richtung einer persönlichen moralischen Herausforderung fortgeschritten, daß Herr Jeschke hier vermutlich irgend etwas – gewöhnlich Entlastendes – zu seiner Erfahrung im Dritten Reich sagen würde, und nicht erst zu seinem Umdenken danach wie im zitierten Text. In der DDR zählt weniger, wie man sich damals, als wie man sich danach zur herrschenden Politik stellte.

Ließe es Herr Jeschke nicht bei einer ersten Darstellung nach dem etwas erweiterten Muster einer Bewerbung oder des ‹who-is-who› bewenden, sondern wollte dem Zuhörer ein plastischeres Bild vermitteln, so würde er sich in Westdeutschland mit großer Wahrscheinlichkeit am Muster des Bildungs- und Entwicklungsromans orientieren, wie dies viele proletarische Autobiographen, die sich in Arbeiterbildungsvereinen geschult hatten, in der bürgerlichen Gesellschaft getan haben. Dieses Muster schlösse aber gerade die Segmentierung der Lebensdimensionen im Stile der Kolumnenerzählung aus und erforderte ein zeitliches Grundraster, an Hand dessen die wesentlichen persönlichkeitsbildenden Erfahrungen, ob es sich nun um Ausbildung, Beruf, Familie, Liebe, Kunst, Gesellschaft oder Politik handelte, in ihrem Aufbau und in ihren wechselseitigen Bedingungen in der Form von Geschichten und Reflexionen aufgereiht werden könnten.

Herr Jeschke aber sagt am Schluß seiner ersten Kolumne über Herkunft, Krieg und Beruf, daß dies sein «persönlicher Lebenslauf» gewesen sei, und erst danach wendet er sich seiner Familie, dann der Politik und dann seiner Frau als der Trägerin eines gesonderten Lebenslaufs zu. Gewiß wäre es zu weitgehend, daraus schließen zu wollen, daß diese nicht zu seinem persönlichen Leben gehörten. Wohl aber darf man diesen auch in der DDR ungewöhnlichen Zusatz als Hinweis werten, daß sein persönliches Leben im Beruf zentriert war und daß danach die Familie kam, jedenfalls soweit es die Liebe, den Sohn und die Enkel betrifft, dann die Partei und dann noch einmal die Frau. Herr Jeschke macht von der Segmentierung des Lebens in den kulturellen Vorgaben der DDR einen persönlichen Gebrauch, in dem sich seine berufliche Erfüllung von den stagnierenden Berufsverläufen seiner Frau und seines Sohnes deutlich unterscheidet, und er geht auf Distanz zu seiner Frau.

Intime Indizien

Ungefragt einen gesonderten Arbeitslebenslauf der Frau beizufügen ist auch in der DDR ungewöhnlich, denn das ressortiert sonst unter Familie. Da hatte Wolfgang Jeschke seiner Frau nur als Liebesbegegnung gedacht und die Geburt des Sohnes berichtet. Was er in der vierten Kolumne zu berichten hat, ist traurig. Er schildert eine Karriere aus dem Nichts ins Nichts, die vom Dienstmädchen über die Vertreibung und eine Hausfrauentätigkeit (samt Erziehung eines Sohnes und einer Totgeburt) zu 17 Dienstjahren samt Qualifizierung in der volkseigenen Industrie und im öffentlichen Dienst reicht und in der vorzeitigen Invalidisierung endet mit 360 Mark Mindestrente plus Diabetikerzuschlag von 13 Mark und einer weitgehenden sozialen Isolierung infolge ihrer Alterskrankheiten. Diese Geschichte kontrastiert stark mit seiner eigenen. Die Grenzen seiner Gesundheit waren sozial unschädlich: Wo er funktional zurücktreten mußte, hat es dem steilen Anstieg seines Ansehens und Einkommens nicht geschadet. Und die Spalte ‹Familie› hatte er für deren Erfolg und seine Patriarchenrolle reserviert. Warum gliedert er die Geschichte seiner Frau aus? Und warum sagt er zum Schluß zu einem Fremden jenen lieblos klingenden Satz, daß er mit seiner Frau nun in ihrer Krankheit ‹nicht mehr so viel anfangen› könne? Plötzlich wähnt man Abgründe hinter seiner sonst so freundlichen Gefaßtheit und seinem bei aller Überforderung noch jungen Aussehen, das mich in Erstaunen versetzt, als ich höre, daß er schon seit 20 Jahren Großvater ist.

Wolfgang Jeschke sagt eingangs, als er den Bericht über seine Frau ausgliedert, sie habe «auch» keinen Beruf gehabt. Auch? Er hatte doch einen, und zuletzt hatte er nur von sich gesprochen. Offenbar geht ihm ein Bezug durch den Kopf, den der Zuhörer erst beim Wiederlesen des Textes entdecken kann: Seine eigenen Eltern hatten auch keinen Beruf, genauer: Seine Mutter war Putzfrau gewesen. Diese kleinen Indizien eines privaten Dramas kann man dem Text, mit dem er seine Lebensgeschichte vorstellt, kaum entnehmen. Erst im weiteren Gespräch, in dem meine Fragen, die spontan mit Geschichten und meist im Dialekt beantwortet werden, den vorgegebenen Formraster aufbrechen, stoßen wir immer wieder auf diesen Bezug: Wie seine Mutter, so ist auch seine Frau einige Jahre älter als ihr Partner in die Ehe gegangen – und bei seiner Schwiegertochter waren es sogar viereinhalb Jahre mehr, als sie seinen 19jährigen Sohn heiratete, dem er (des Altersunterschieds wegen) vergeblich abriet. Wie sein Vater vor seiner Frau in den Gesangverein und in den Schrebergarten floh, was Wolfgang Jeschkes Mutter immer wieder wütend gemacht habe, so ähnlich habe auch seine Frau auf seine abendlichen Verpflichtungen für die Partei in den fünfziger Jahren reagiert, und er sei da oft auch mehr weggewesen als nötig. An die einsamen Stunden mit dem Vater im Garten hat er versonnene Kindheitserinnerungen; auch als Heranwachsender hat er nur einmal Prügel von ihm bekommen, und das waren verdiente. Wie sein Vater, den er als «unpolitisch» bezeichnet, sei er «nicht streitig» veranlagt. Und überhaupt sein Vater: Obwohl der fast eine Glatze hatte und ein Haarschnitt beim Friseur 50 Pfennig kostete, habe der sich von ihm, als er ausgelernt hatte und in den Krieg mußte, seine verbliebenen Haare schneiden lassen und ihm 8 Mark dafür gegeben, damit er noch «ein bissel was erleben» konnte. Das ist die letzte Erinnerung an den Vater, denn vier Wochen, bevor der Sohn drei Jahre später aus der Kriegsgefangenschaft nach Hause kam, war der Vater gestorben.

«Ich hab also meinen Vater gar nicht wieder gesehen und meine Mutter, die hat's bis 89 Jahre erfolgreich durchgeführt, das Leben.»

Wolfgang Jeschke hat, wie wir gehört haben, auch viel «durchgeführt» in seinem Leben, aber das Leben nicht, und seine Mutter hat er kalt gehaßt. Als er damals nach Hause kam, war seine Mutter bereits 60 und hatte noch weitere 29 Jahre vor sich; Wolfgang entwich ihr alsbald durch Eheschluß mit der älteren Zugezogenen nebenan. Vielleicht war das übereilt, aber es erscheint mir verständlich, wenn man von seinem Empfang in der Heimat hört:

«Das sind so kleine Menschenschicksale, die man so nehmen muß. ...Sie (das sind seine Mutter und seine beiden 5 und 15 Jahre älteren Schwestern) haben behauptet, als ich nach Hause kam, sie hätten geschrieben. Ich konnt's nicht nachweisen, ich konnte das nicht nachweisen. Und dann wie das damals so war, weil ich gesagt hatte, ihr Lieblingssohn. Sie hatte eher damit gerechnet, daß ihr Großer aus dem Krieg zurückkehrt als der Kleine. Ich hatte nämlich, wie man so ist, einen Konfirmandenanzug, mehr hatten wir ja nicht. Wenn man jetzt auslernt und weiß genau, daß man jetzt hinterher in den Krieg ziehen muß, da schafft man sich ja nicht so viel an bzw. hat man auch nicht so viel Geld. Da hatt ich einen Konfirmandenanzug und als ich nach Hause kam, da war der Konfirmandenanzug nicht mehr da. Da hatte sich meine Schwester ein Kostüm schneidern lassen aus diesem Anzug. Und deshalb, und deshalb hatte ich mir gedacht: Na, mit dir hatten sie gar nicht mehr gerechnet. Dem Großen sein Zeug war alles da. Vom Großen die Anzüge, das war alles da. Bloß von dem Kleinen, da war nichts mehr da. Und da hatte ich natürlich – ‹na, mußte praktisch von Deinem Bruder was anziehen›. Ich hatt ja nichts.»

Der ‹Lieblingssohn› der Mutter, der zehn Jahre ältere Bruder, hatte sich 1938 freiwillig zur Luftwaffe gemeldet. 1943 sei er bei den Fliegern krank geworden und als gelähmt nach Hause entlassen worden. Kaum habe er wieder gehen können, habe er sich wieder freiwillig zur Front gemeldet, sei Kradmelder geworden und in Ostpreußen gefallen. Wolfgang hatte jeden Monat nach Hause geschrieben und keine Antwort bekommen; erst in Belgien, der letzten Etappe seiner Gefangenschaft, habe er überhaupt gehört, daß sein heimatliches Viertel in Chemnitz von den Bomben verschont geblieben sei. Und dann kam er nach Hause, und sein einziger Anzug war weg und die Garderobe des Gefallenen erhalten. Was er da in sich hineinfraß, hatte seine ganze Kindheit und Jugend verdüstert: «Mit dir hatten sie gar nicht mehr gerechnet.» Er war nämlich ein ungeplanter Nachzügler gewesen, als seine Mutter 39 Jahre alt war. Als ich Wolfgang Jeschke nach seinen ersten Kindheitserinnerungen frage, erzählt er ein doppeltes Unglück, das die Schleusen seines Gedächtnisses öffnet: Als kleiner Junge wäre er fast im Dorfteich am Rathaus ertrunken, wenn ihn nicht ein Spielkamerad – jetzt ein Kollege im Betrieb, dem er das nie vergesse – rausgezogen hätte. Aber nach überwundener Todesangst kann der Kleine nicht zu Muttern:

«Und hab auch nicht vergessen, daß dem seine Mutter mir meine Sachen getrocknet hat, weil ich zu Hause durch meine Mutter, da gab's immer tüchtig...

I: (sagt fürs Tonband) den Hintern voll.

Ja, ja. Ich konnt mir nichts erlauben als Kind. Ich hatte an sich eine sehr harte Jugend. Ich möcht ein Beispiel erzählen. Ich hatte Weihnachten Schlittschuhe bekommen, zum Anschrauben, wie das früher war, und bin dann auch rausgefahren auf den Teich, und nach Hause zu mir ist der Schlittschuh abgegangen. Ich hab den Schlittschuhschlüssel rausgenommen, das war ein Vierkant... und hab dort, wo ich die angezogen hatte, den Schlüssel verloren oder liegen lassen, spielt keine Rolle. Nun da hab ich von meiner Mutter, weil die Schlittschuhe neu waren, die hat kontrolliert, und ich hab gesagt: Den Schlüssel hab ich verloren. Der kam damals fünf Pfennige, fünf Pfennige, so'n Schlüssel. Da hab ich drei Tage Stubenarrest bekommen von meiner Mutter und vorneweg – wir hatten den Ochsenziemer genannt, das war ein Holz, mit mindestens sieben dünnen Riemchen dran. Und dort hab ich erst mal den Abend mein Sätzchen bekommen und dann hatt ich drei Tage Stubenarrest wegen fünf Pfennigen. Das hab ich an sich meiner Mutter nie vergessen. Ich meine, ich hab nichts gesagt, aber das hätt ich mit meinem Jungen net gemacht. Wegen fünf Pfennigen. Das sind solche Episoden.

I: Und Sie haben oft Strafen bekommen?

Ja, ja.

I: Immer von der Mutter?

Damals war's ja so, daß man als Kind lange Strümpfe trug. Heute haben die Kinder alles lange Hose, und wir hatten ja damals sommers wie winters die kurze Hose an und die langen Strümpfe. Und wie man als Junge so ist, da geht auch mal so ein Strumpf kaputt, am Knie vor allen Dingen. Da war ich noch gar nicht zur Wohnungstür hinein, da hatt's schon gefunkt. ...Ich konnt mir nicht viel erlauben als Kind.

I: Offenbar war's Ihre Mutter, die das Sagen hatte in Ihrer Familie?

Ja, ja. Ich war praktisch ein bissel ein Nachzügler. ...Ich war auf deutsch gesagt ungewollt. Und ich habe wirklich das alles, die ganze Wut von meiner Mutter, daß sie noch ein Kind gebären mußte, hab ich mitgekriegt.

Mit den anderen Kindern war Mutter Jeschke nicht so streng. Verstehen kann man sie schon: vier Kinder, kein Einkommen, der passive Mann und dazu putzen bei Herrschaften, aber daß sie sich dafür den Kleinsten als Prügelknaben aussucht, als könnte der etwas für sein Leben, das das ihre beschwert, macht sie nicht sympathisch. Wolfgang Jeschke bleibt auch ein damals gar nicht so selten beschrittener

Fluchtweg aus der Familie versperrt, der in die HJ, auch da ist er im Nu ‹at the receiving end›, denn der Scharführer duldet keine Widerrede:

«Als ich gegen ihn was gesagt hatte, da sind ja immerhin dreißig Mann in so einem Zug, und da hat mich einer so mit dem Kopf zwischen die Beine genommen, und die anderen achtundzwanzig haben mit ihren Turnschuhen meinen Hintern, ja? Das hab ich an sich in sehr schlechter Erinnerung... Ich bin dann einfach nicht mehr hingegangen.»

Bei soviel Dresche in der Jugend fragt man sich natürlich, wie solche Erfahrungen weitergegeben werden. Die Erziehung des Sohns habe er der Frau überlassen, weil er durch seine politische Tätigkeit ja meist erst spät nach Hause gekommen sei. Ich frage, ob seine Frau auch streng gewesen sei, und bekomme eine überraschende Antwort:

Ja, ja. (Unter Lachen:) Und ich möchte sagen, die war auch mit mir streng. In dieser Weise (wir lachen). Ich möchte da ein Beispiel sagen, 'ne Episode. Meine Frau hatte Spätschicht bei Elite Diamant in der Küche. Ich bin später nach Hause gekommen, und mein Sohnemann, der lag schon im Bett. Ich mach die Bettdecke hoch, da warn die Füße ganz dreckig. Da war der barfuß gelaufen, und mit den Füßen lag der im Bett. Ich hab mir gedacht, den weckste nicht, der schlief ja schon. Weckste net. Soll er sich morgen früh die Füße waschen. Jetzt kommt meine Frau aus der Schicht, so null Uhr dreißig oder nachts um eins. Sie guckt noch einmal, klar, macht 'ne Mutter, guckt noch mal nach ihrem Sohnemann, macht hoch, der hat schmutzige Füße. Aber da hab ich was eingesteckt noch (lacht), ja? Ich mußte lachen. Ich sag, Mensch, ich kann doch den Kleenen nicht wecken, wenn der mit dreckigen Füßen ins Bett ist. (Macht sie nach:) ‹Nu, da biste wieder nicht nach Hause gekommen.› Und klar, die hatte ja recht. Ich war ja wirklich net da und wenn ich dagewesen wär, dann hätt sich der Sohnemann auch die Füße waschen müssen.»

Gewiß, diesmal ist alles in Dur gestimmt, aber es ist dieselbe Melodie. Zu Hause herrschen strenge, überlastete Frauen, und was für den Vater der wöchentliche Gesangverein ist, das war für Wolfgang Jeschke die Partei. Die tagte sogar noch öfter und war noch eine viel bessere Ausrede. Auf meine Frage, ob die Politik für ihn wichtig gewesen sei, sagt er nach einigem Zögern wägend: «Ja und nein.» Einen Grund für das «Ja» kennen wir nun schon; aber wenn er sich an Inhalte erinnern will, kommt wenig, obwohl er nun schon seit fast vierzig Jahren jeden Monat an einer Kurzschulung (dem sog. Parteilehrgang) teilnimmt und immerhin im Stadtrat war. Früher sei es mehr um Politik gegangen, jetzt mehr um die Ökonomie. Die Frage des Friedens sei für seine Generation damals die wichtigste gewesen – aus seiner Schulklasse sei nur die Hälfte aus dem Krieg wiedergekommen. Aber wenig später rechtfertigt er den Einmarsch in Prag 1968 damit, daß Dubček doppelzüngig gewesen sei: «Wir sind doch befreundete Länder», war «wie bei einem Manöver». Den Betriebskampftruppen ist er gleich bei ihrer Gründung nach dem 17. Juni 53 beigetreten, weil das eben «eine parteiliche Sache» gewesen sei, und mit seinem Friedenswunsch sei er dabei nicht in Konflikt gekommen, weil die ja nur «Kräfte für den inneren Schutz» gewesen seien und der Polizei unterstanden hätten. Die Wiedervereinigungsparolen aus dem Westen habe er schon in den fünfziger Jahren nicht geglaubt und die nationalen seiner eigenen Partei auch nicht. Auf dieser Ebene ist also nicht viel Eigenes zu greifen.

Es überrascht nicht, daß die Zunahme seiner beruflichen Verantwortung seit 1959 die Politik in den Hintergrund drängt. Die Partei scheint für ihn ein anderes Medium gewesen zu sein, ein Schutz vor der Familie, eine soziale Beziehung unter Männern, eine Hilfe im Beruf und keine Dresche für einen, der nicht streitsam war. Er beteuert, daß er nicht um der Karricre willen eingetreten sei, und warum soll ich ihm das nicht glauben? War ein solcher Aufstieg damals überhaupt abzusehen? Ohne Partei hätte er ihn schwerlich gemacht, aber seinetwegen ist er seinerzeit nicht eingetreten.

Was ist Aufstieg?

Wolfgang Jeschkes Karriere ist in seiner Generation in der DDR überhaupt nichts Spektakuläres. Überall wurden Arbeitersöhne gesucht, die sich an die Einheitspartei banden und bereit waren, durch Nachqualifizierung in jene Lücken der technischen Leitungen zu treten, die durch die Überalterung oder den Weggang der nach dem Krieg übernommenen bürgerlichen Leitungen der Betriebe gerissen worden waren. Die Qualifikationen der ‹Männer der ersten Stunde›, meist alte Basisfunktionäre der Arbeiterbewegung, reichten im Technischen und Kaufmännischen eben allenfalls für diese erste Stunde und dann vielleicht noch für eine Politik, in der die Effektivitätskontrollen durch Einheitswahlen außer Kraft gesetzt waren. Von außen gesehen folgte Wolfgang Jeschkes Karriere also objektiven Zwängen, und es hat viele Zehntausende seinesgleichen gegeben. Wäre er zwei, drei Jahre jünger und hätte nicht mehr in den Krieg gemußt, dann wäre auch er nach der HJ in der FDJ gewesen und hätte zu jener legendären FDJ-Generation von Arbeiterkindern gehört, die seit den sechziger Jahren zunehmend die Masse der Kaderfunktionen in den Betrieben und Verwaltungen einnahm und, da sie noch jung war und vor ihr der Generationssprung von den Greisen der ersten Stunde lag, über zwei Jahrzehnte in ihnen verharrte: eine Generation des Aufbruchs und der Stagnation. Ein Massenaufstieg sondergleichen, dessen Abenteuer und Stolz seit den sechziger Jahren zur wichtigsten Stütze der neuen Ordnung der DDR wurde und dessen Erstarrung sie erstarren ließ.

Aber was bedeutete ‹Aufstieg› in der DDR, zumal auf der betrieblichen Ebene? Und wie sieht er sich von innen an? Wolfgang Jeschkes Herkunft hat ihn sozial für die DDR prädestiniert, aber politisch nicht geadelt. Wenn seine Eltern auch nur die geringsten linken Neigungen gehabt hätten, wäre es uns im Interview gewiß nicht verborgen geblieben. Ein ungelernter Arbeiter, der lange arbeitslos war, und eine Putzfrau, die die Familie über Wasser hält und beherrscht, bekommen ein Kind, das sie nicht mehr wollen und sich nicht mehr leisten können. Den letzten beißen die Hunde – das ist in diesem Fall der Haushaltsvorstand, die Mutter, die keine Liebe mehr hat und ungerecht mit drakonischer Gewalt herrscht. Der Vater ist im «off» und ersetzt dem Jungen die Mutter, soweit das mit freundlichen Gesten und gelegentlicher Innigkeit geht.

Die kaum vorhandenen Elemente von Öffentlichkeit in der Familie weisen eher nach rechts: Der Lieblingssohn der Mutter meldet sich zweimal freiwillig zum Militär des Dritten Reiches, und ihm gehört die Andacht der Restfamilie. Der nachgekommene Prügelknabe schlägt insofern nicht aus der Art, als auch ihm politische Gedanken erst im Rückblick kommen; in die HJ ist er brav gegangen, nachdem er gleich 1933 ins Jungvolk geschickt worden war, und ist erst dann weggeblieben, als er auch in der HJ zum Prügelknaben geworden war. Im Bericht über seine Militärzeit ist viel von ‹Durchführen› die Rede – die Armee als Schule der Exekutive. Das Umdenken kommt ihm erst im Rückblick. Ein proletarischer Widerstandskämpfer, wie ihn die DDR-Traditionssuche gerne gehabt hätte, blickt uns da nicht an.

Wolfgang Jeschke hat eine Lehre als Werkzeugmacher gemacht, wenn auch verkürzt durch den Krieg. Der Betrieb war vor und nach 1945 ein vom jeweiligen Regime politisch ausgezeichneter Musterbetrieb: Vermutlich hat er eine gute Lehre bekommen. Gegenüber den 12 Kindern seiner Großeltern, die Geld verdienen mußten und nichts lernen konnten, ist das ein Fortschritt. Aus dem Krieg zurück – was konnte er erwarten? – verschafft ihm der örtliche SPD-Chef, mit dem er weitläufig verwandt ist und der nun für eine Zeit der Mitvorsitzende der lokalen SED geworden ist, einen Aushilfsjob, und von da holt ihn sein alter Meister zurück: vermutlich war es nicht nur eine gute Lehre gewesen, sondern er auch ein guter Lehrling. Von da an ging's bergauf.

Wolfgang Jeschke befreit sich von seiner lieblosen Mutter durch eine mittellose, aber – wie er betont – gut gekleidete und charaktervolle Vertriebene, und sie beide befreien sich in zähen Auseinandersetzungen um eine eigene Wohnung von deren Eltern. Dann entdeckt er die Politik als ein Gegengewicht gegen die Verstrickungen des Privaten. Geworben wird er nicht vom sozialdemokratischen Verwandten, der 1948 schon im Abwind ist, sondern – sprichwörtlich – von alten kommunistischen Genossen – nur daß er im Gegensatz zu manchen anderen Befragten, die dasselbe behaupten, deren Namen noch erinnern kann. Wen sollte es wundern, daß deren Erfahrungen ihn mehr faszinieren als sein privates und politisches Vakuum? Daß sie ihm ein Modell einer älteren Generation mit Zukunft geben, an dem er sich ausrichten kann und dem er sich unterordnen wird, da er selbst keine vergleichbaren Bewährungsproben bestanden hat oder künftig bestehen könnte, es sei denn gegen sie.

Nach einem Jahr ist der frischgebackene Geselle ohne weitere Berufserfahrung, der aber durch die Schule des Krieges gegangen ist,

Lehrmeister, nach zwei Jahren Stadtrat in Reserve und kann über die Schulpolitik der Stadt mitberaten. Was ihm an beruflicher Qualifikation fehlt, ersetzt er durch den autoritativen Zusammenhang der Partei. Dann erwähnt er lange nichts – angemerkt werden darf, daß er Ende 20, Anfang 30 ist; die junge Familie hat einen kleinen Sohn und erwartet eine Tochter, die stirbt. Er bildet Lehrlinge aus. Er tritt einer Arbeiterwohnungsgenossenschaft bei und schachtet aus, damit sie eine Drei-Zimmer-Wohnung bekommen, dann auch einen Garten, wie ihn schon sein Vater liebte, an sich zu klein, aber dafür eine «grüne Oase» ohne Streß. Die Einrichtung der Wohnung wird zuerst improvisiert und dann eine neue gekauft, dafür muß man sparen. Die Schwiegereltern, die in Breslau alles verloren haben, klammern sich an, und der Schwiegervater kann kaum aus der Wohnung vertrieben werden, weil er im Enkel seinen «kleinen König» sieht, die Transzendenz eines verlorenen Lebens.

1959 kommt die nächste Schwelle. Der Chef der Lehrausbildung im Betrieb ist abgetreten, und Wolfgang Jeschke, 34 Jahre alt, übernimmt sie. Im selben Jahr sterben die Schwiegereltern auf denkwürdige Weise. Als die alte Frau nach langer Krankheit auf dem Sterbelager liegt, legt sich auch ihr Mann nieder. Es fehlt ihm nichts, was die Ärzte erkennen könnten, aber er verweigert die Nahrungsaufnahme und erwirkt so seinen Tod noch eine Woche vor dem ihren. Nach dem Tod ihrer Eltern, deren Pflege bisher einen Teil ihrer Kraft gebunden hat, begann Frau Jeschke sich zur Köchin zu qualifizieren, um aus ihrem Hilfsjob im Betrieb herauszukommen. Auch war der Junge jetzt aus dem Grundschulalter heraus. Und Wolfgang Jeschke will nun, Mitte 30, Ingenieur werden.

Nach drei Jahren hat er's geschafft. Von der Partei ist nicht mehr die Rede, aber ohne sie ginge natürlich nichts. Durch seine zweite Schnellbleiche wird er, weil die Kaderrekrutierung stockt, auf die Ebene des Bereichsleiters katapultiert. Er ist damit für eine der beiden Produktionen des Unternehmens verantwortlich, steht auf der dritten Leitungsebene unter dem Generaldirektor und den Direktoren und hat dreihundert Mitarbeiter unter sich. An seinen äußeren Lebensumständen ändert das nichts. Gewiß, er bekommt ein wenig mehr Gehalt – etwa soviel wie ein Schichtarbeiter in dramatischeren

Branchen wie der Stahlkocherei –, aber er wohnt weiter in seiner AWG[2], bebaut seinen Schrebergarten und hat kein Auto, weil ihn das nicht interessiert. Daran ändert sich auch nichts, als er später mehr Geld bekommt, nur daß er dann einmal eine größere Reise mit seiner Frau ans Schwarze Meer macht. Im Ausland war er davor zu Friedenszeiten noch nie.

Und doch hat er bei aller Bescheidenheit den Plafond seiner Möglichkeiten erreicht. Denn die neue Aufgabe macht ihn krank, mit noch nicht 40 Jahren fühlt er sich am Ende. Auch das ist keine Seltenheit, wie mir sein späterer technischer Direktor – auch er ein Facharbeiter und Kriegsteilnehmer, aber aus einer sozialdemokratischen Facharbeiterfamilie und mit einem richtigen Studium nachqualifiziert und ruhiger – gelassen sagen wird: «Manager ham w'r ja nich, aber de Krankheit ham w'r wohl.» Die Unlösbarkeit seiner Aufgaben raubt Wolfgang Jeschke den Schlaf:

«Das merkt man nicht im ersten Jahr, sondern das merkt man so – immer, man sagt man so, immer auf die gleiche Stelle mit dem Hämmerchen, immer auf die gleiche Stelle. Und das macht einen dann mit der Zeit – meine Frau, die hat direkt Angst vor mir gehabt in der Zeit: ich hab manchmal nachts im Bett gekniet und da konnt man nicht schlafen und da hat man sich 'n Zettel dahingelegt auf den Nachttisch, (damit man) das, was man sich nachts überlegt hatte, daß man (das) früh nicht wieder vergessen hatte usw. Meine Frau, die war furios, die sagte: Mann! Du machst mich hier... Das waren praktisch die Probleme.»

Eigentlich waren das nur die Symptome, aber was waren die Probleme, was war das Hämmerchen, das enervierend immer auf denselben wunden Punkt einschlug?

«Ich möchte sagen, das ist die Planerfüllung. Die Kollegen net. Die Kollegen, die wollen eine Arbeit haben. Die Kollegen wollen Geld verdienen, ja? Und für die Kollegen hat man zu sorgen, daß die Geld verdienen, dann sind die ganz ruhig. Da sagt keener was. Die sagen immer: bring an, bring an, wir machen schon, wir wollen Geld verdienen. Und das sind dann immer die Probleme, wenn man für den Kollegen nichts hat. Dann muß man den Kolle-

2 Gebräuchliche Bezeichnung für die mit Eigenbeteiligung an Geld und Arbeitsleistung errichteten Blocks der Arbeiterwohnungsbaugenossenschaften.

gen 'ne andere Arbeit geben. Und wenn ich dem Kollegen 'ne andere Arbeit gebe, dann muß ich ihm seinen Lohn garantieren... Angenommen, ich muß einen Kollegen abgeben vom Strickmaschinenbau in den Fahrradbau, dann muß ich dem den Lohn garantieren, den er hier hatte. Ob der dann da drüben sofort soviel bringt, daß er auf seinen Lohn kommt, das spielt keine Rolle. Ich muß ihm seinen Lohn garantieren. Ja?»

Alle Räder stehen still, obwohl kein starker Arm es will. Der Bereichsleiter kommt von der Werkbank und sieht in den Arbeitern die Kollegen, mit denen er in einem Haus wohnt, mit denen er in einer Sparte im Garten werkelt und für die bis vor kurzem seine Frau in der Kantine die Kartoffeln geschält hat. Herr Jeschke fühlt sich als Puffer der Planwirtschaft. Nun ist er der Prügelknabe vom Dienst, und wieder frißt er die Strukturprobleme, die auf ihm abgeladen werden, in sich hinein. Er steht zwischen der Zulieferung, die nicht klappt, und den Kollegen an der Werkbank, die ihren Plan erfüllen wollen, weil daran ihr Verdienst hängt, zumindest ihre Prämie, auf die sie Anspruch erheben wie auf ein dreizehntes und manchmal auch ein vierzehntes Monatsgehalt. Und dieser Konflikt wiederholt sich immer und immer wieder, denn die Zulieferbetriebe haben dieselben Probleme wie er. Als er es nicht mehr aushalten kann, sieht er keine Möglichkeit zum Aufbegehren, sondern nur noch zum Rückzug.

Die Wiederholung

Alles kommt wieder: Wolfgang Jeschke wird nicht erwartet. Er ist ein Prügelknabe, auf dem Konflikte, die er nicht verschuldet hat, abreagiert werden. Er wählt eine Frau, vor der er sich schon immer gefürchtet hat. Er sucht einen Vater, der die Konflikte seiner Kindheit gelindert hatte und von dessen Lebenszusammenhang er sich auch lange nach dessen Tod nicht löst, und findet eine Partei mit väterlicher Autorität, die ihm die Wege ebnet, solang und weil er nicht aufbegehrt.

Daß sich früh erlernte Kindheitsmuster in einer Lebensgeschichte wiederholen, ist nichts Besonderes. Im Gegenteil, man könnte sagen, daß man noch wenig vom Bericht eines Lebens begriffen hat, wenn man nicht Spuren früher Muster der Selbsterfahrung und ihrer sozialen Beziehungen in späteren Konstellationen und Konflikten wieder aufscheinen sieht. Denn diese Muster, die man früh in der Familie gelernt hat und die in der Pubertät auf die Gesellschaft erweitert und dabei meist auch verändert, zuweilen gebrochen werden, wirken wie eine Matrix der Wahrnehmungen und steuern die Aufmerksamkeit so, daß sie – meist ungewollt und in ganz verschiedenen Situationen und in bezug auf unterschiedliche Inhalte – vergleichbare Konstellationen des Selbst in Gesellschaft reproduziert. Oft ist das unauffällig, weil der Bann dieser Muster durch Selbsterfahrung und Reife gebrochen, ihre Wirkungsweise erfaßt und in Rechnung gestellt und dadurch ein Stück Freiheit im Umgang mit ihnen erworben werden kann. Oder es ist unauffällig, weil die Muster gesellschaftskonform waren und von der durchschnittlichen Erwartung wenig abwichen – da könnte erst ein sehr fremdes und feines Ohr die Leitthemen der Person aus dem Konzert der Gesellschaft heraushören. Bei Herrn Jeschke ist das anders, denn es gehört kein feines Ohr dazu, die Grundmelodien seines gesellschaftlichen Leidens zu vernehmen, jedenfalls dann, wenn die Kulturmuster, mit denen er sein Leben für die Öffentlichkeit zerlegt und ihm eine scheinbare Konformität gibt, erst einmal aufgebrochen sind. Denn dann spricht er selbst von dem, was er vorher im Gebrauch der offiziellen Biographiemuster nur an versteckten Stellen und vermutlich unwillkürlich angedeutet hat, und dann vermischen sich in der Kontinuität seiner Lebensgeschichte die zuvor säuberlich geschiedenen Dimensionen seines Lebens.

Zuweilen schändet Armut nicht, aber meist erzwingt sie eine Härte des Lebenskampfes, die sich früh – z. B. durch die Überanstrengung oder Resignation der Eltern – in die Welterfahrung armer Kinder einschreibt. Wenn die Eltern nie Spielräume zur Bremsung ihrer impulsiven Reaktionen und keinen Zugang zu einer Wertegemeinschaft fanden, in der die Armut nicht die Armen, sondern die Gesellschaft schändet, hatten die Kinder wenig zu lachen. Wolfgang Jeschkes traumatische Mutterbeziehung symbolisiert die Verlorenheit eines Kindes, für das kein Platz und kein Gefühl geblieben war und auf das die Härte einer überforderten Frau, die von einem in seiner Ernährerrolle entwerteten Vater allenfalls noch relativiert werden konnte, durchschlug. In dieser Familie gab es keinen Ansatzpunkt, Armut als

Klassenerfahrung zu sehen und dadurch ihren entwürdigenden Druck zu mildern; Vater Jeschke verdrückte sich in den Männergesangverein, Mutter Jeschke wischte auf Knien bei den Herrschaften, und der Stolz der Familie konzentrierte sich auf den ältesten Jungen, der das Angebot der Nazis annahm, auch Proletarier in die Elitetruppen des Dritten Reiches aufzunehmen, die scheinbar ihre Herkunft hinter sich lassen konnten, bis sie für diesen Wahn starben.

In der Pubertät, in der sich der soziale Mikrokosmos der Familie zur großen Welt öffnet, hatte Wolfgang Jeschke kaum eine Chance, seine Kindheitsmuster zu verändern. Im politischen Raum wiederholte sich alsbald die autoritäre Gewalt seiner Mutter in jugendeigener Regie: Das Schinkenklopfen in der HJ ist für ihn kein läßlicher Gemeinschaftsulk, sondern ein entwürdigendes Spießrutenlaufen, das ihm das Erwachsenwerden verweigert und ihn in die Einsamkeit verstößt. Die Einsamkeit unter den Jungen verweist auf einen Bereich, in dem Eigenleistung anerkannt wird, auf den Betrieb, in dem die Ausbildung durchgeführt und Anerkennung erworben wird. Nachdem die Ausbildung mehr abgebrochen als abgeschlossen ist, wird das Thema des Betriebs beim Arbeitsdienst und beim Militär variiert: er gliedert sich ein in exekutive Anforderungen, und zum Lohn gibt es keine besonderen Vorkommnisse.

Von ersten selbständigen Regungen des 19jährigen hören wir erst aus der Gefangenschaft: «Selbstbedienung» aus den Verpflegungskartons, die er auf der wenig beaufsichtigten Nachtschicht zu verladen hat, und später auch Fluchthilfe in Hohlräumen, die inmitten der Verpflegungskartons in den nach Deutschland bestimmten Güterwaggons von den Mitgefangenen gebaut wurden. Und sogleich vernehmen wir auch wieder den Kontrabaß seiner Kindheit. Da hatte er nämlich einen deutschen Offizier als Vorarbeiter, und als er diesem Widerworte gegeben habe, habe der ihn «Sie Würstchen» tituliert, und die ganze Gruppe habe «Haut ihn» geschrien. Ein amerikanischer Offizier trat dazwischen und bestätigte, daß der deutsche Offizier die Befehle in seinem Namen gegeben habe, worauf Jeschke für vier Monate in einen Strafzug kommt, mit Quälereien[3], sinnloser

---

3 Vor allem ist ihm eine Art Konsumsadismus in Erinnerung: Wenn sie z. B. aus den

Schwerarbeit (Bahnschwellen müssen von einer Seite des Hofs auf die andere getragen werden und dann wieder zurück) und einem Quartier in nassen Kellern. Kein Wunder, daß er – wie viele Kriegsgefangene aus der SBZ – bei seiner Rückkehr 1946 der neuen, nun schon disziplinierten Schutzmacht mit weniger Vorurteilen gegenübertrat als ihren westlichen Konkurrenten.

In der Gefangenschaft hatte er Heimweh, aber als einzige Post bekam er Briefe von einem Mädchen, mit dem er sich in der Militärzeit zu schreiben begonnen hatte. Erst nach der Rückkehr lernte er sie kennen, aber es wurde keine Freundschaft draus. Sein Vater ist gestorben; die Restfamilie hat ihn nicht erwartet und sich offenbar auch nicht um sein Schicksal gekümmert; in seinem Betrieb gibt es keine Arbeit. Heimkehr in die Kälte. Der Dresche ist er nun entwachsen, aber daß er – wie einst, nachdem er in den Dorfteich gefallen war – woanders als zu Hause warm werden muß, ist klar.

Nach einer Weile eröffnen sich Möglichkeiten: Der alte Betrieb öffnet sich, eine Frau nebenan, die mit nichts aus dem Osten gekommen ist, will aus der Einraumwohnung ihrer Eltern ebenso herauskommen wie er aus dem Zugriff seiner Mutter, und im Betrieb bekommt er Aufstieg und einen neuen Zusammenhang angeboten. Die Angebote kommen von Ersatzvätern, dem alten Meister und zwei alten Kollegen, die in der KP waren, die junge Menschen auf ihren Weg bringen wollen und die ihm «Vorbilder» werden. Sie bauen ihm keine politischen Hürden, sondern packen ihn an der Ehre: Er solle «Mitstreiter» werden, da er doch auch ein «guter, wissender Mensch» sei. Er wird bei der Hand genommen und mit Verantwortung belohnt – wer hätte sich träumen lassen, daß er, der immer nur Prügel und schlimmere Schicksalsschläge erwarten mußte, binnen zwei Jahren Vater, Lehrausbilder und Stadtrat sein würde?

Der Bann scheint gebrochen. In den fünfziger Jahren geht es aufwärts. Er tritt in die Fußstapfen des Vaters und bleibt in seinem Milieu, aber auf andere Weise kommt er weit darüber hinaus: Die neue

massenhaften Vorräten eine Dose Kondensmilch geklaut hatten und erwischt worden waren, wurden sie zur Strafe von den Amis gezwungen, die ganze Kiste mit Kondensmilchdosen auszutrinken oder große Eimer mit Ice-Cream auszulöffeln, bis sie sich erbrechen mußten.

Ordnung erlaubt ihm, den seinen eine neue Wohnung zu bauen. Statt eines legitimationsbedürftigen Männerchors hat er ein politisches Amt, das ihm neue Welten und Verpflichtungen erschließt. Und im Beruf ist er nicht als Arbeitsloser und Tagelöhner überflüssig, sondern als junger Vater seiner Lehrlinge und Zögling der alten politischen Kollegen, deren Erfahrung er nichts entgegenzusetzen hat, eingegliedert in die Männersippe des Betriebs und wird gebraucht. Die vielen Konflikte der Bürgerlichen, der Gebildeten, der Politischen in Ulbrichts Spätstalinismus kommen in seinem Lebensbericht nicht vor, und es erscheint mir sogar wahrscheinlich, daß sie damals auch in seinem Leben nicht vorkamen. Wie viele seinesgleichen haben mir die Fünfziger als die «goldenen Jahre» der DDR beschrieben!

Das ändert sich in den sechziger Jahren. Er gehört nach seiner Herkunft und seiner politischen Bewährung zur Kaderreserve der DDR und soll nun im Geschwindschritt die ersetzen, die im Betrieb bisher Leitungsverantwortung getragen haben. Unterqualifiziert und überfordert wird er auf einen Posten gesetzt, der ihn plötzlich aus dem innerbetrieblichen Geschehen heraushebt und mit den Problemen der neuen wirtschaftlichen Ordnung, insbesondere mit der fortschreitenden Verdrängung der privaten Kleinunternehmen konfrontiert. Jetzt geht es nicht mehr um den flexiblen Bereich der Erziehung, sondern um die ehernen Gehäuse der Planerfüllung. Wenn die Zwischenproduktversorgung stockt, läuft nichts mehr, und da die Zulieferbetriebe zunehmend nicht mehr von kleinen Unternehmen, die immer noch das Unmögliche möglich gemacht hatten, sondern von der Planbürokratie beherrscht werden, deren Effektivitätskontrolle buchstäblich auf dem Papier steht, stockt sie regelmäßig. Dagegen kann man wenig tun, denn die Vertragsstrafen, die man den säumigen Zulieferern androhen könnte, stehen ebenfalls auf dem Papier. Der Plan monopolisiert die Lieferstrukturen, so daß man den Lieferbetrieb nicht wechseln kann und ein Lieferant, dem man eine Vertragsstrafe («rechtlich problemlos») aufgebrummt hat, sich das nächste Mal nur besser absichert, so daß es keine Kulanzen mehr gibt. Also wird «ein Auge zugedrückt und gebettelt». Das zerrt schon an den Nerven, und wenn's nicht hilft, verlagern sich die Probleme auf die Beziehungen im Betrieb, zwischen den Abteilungen, mit dem

Direktor und mit den Kollegen, denen die fehlenden Teile den Akkord versauen. «Eh' sich der Kreis schließt, da gibt's mitunter schwere Probleme.» Der Verantwortliche für die Produktion steht dazwischen, und wenn er, wie Wolfgang Jeschke, technisch wenig gerüstet, den Kollegen an der Werkbank verpflichtet und an der neuen Ordnung engagiert ist, hat er keine Entlastungsmöglichkeiten und bezieht seine Prügel hilflos.

An sich ist das nicht sein Problem, aber auf seinem Rücken wird es ausgetragen. Das erste Mal hat er vier Jahre auf dem Posten ausgehalten. Seinen Nachfolgern ging es nicht besser. In den elf Jahren, in denen er aus der Produktionsfront ins zweite Glied eines Entwicklungsjobs genommen worden war, wurden drei Kollegen auf seinem alten Posten verheizt, und nur einer hat es länger als jene drei Jahre ausgehalten, nach denen Jeschke das zweite Mal Ende der siebziger Jahre wieder krankenhausreif war. Sein Nachfolger diesmal war sein bisheriger Stellvertreter. Der hat nur noch Kette geraucht und nichts mehr gegessen und hatte bereits nach einem Vierteljahr einen Herzinfarkt. So einen Aufstieg ersehnt sich keiner, schon gar nicht beim zweitenmal. Da mußte er mit dem «Zugmittel» eines Gehaltssprungs um mehr als 50 Prozent geködert werden. Und obendrein versprach man ihm mehr Ruhe, da nun die ewig säumigen Teile, ohne die seine Maschinen nicht montiert werden konnten, in einer eigenen Betriebsabteilung gefertigt werden sollten. Aber das klappte auch nur in den ersten Monaten. Dann begann das Hämmerchen wieder zuzuschlagen, immer auf den wunden Punkt.

Die älteste Schwester

Bertha Uhlig, Direktorin für Soziales, 59 Jahre

Bertha Uhlig, Jahrgang 1928, spricht zu Beginn des Interviews fast eine Dreiviertelstunde ohne Unterbrechung über die 59 Jahre ihres Lebens. Am Transkript dieses Teils läßt sich ablesen, daß dabei die 16 Jahre ihrer Kindheit und Kriegsjugend 25 Prozent, die anderthalb Jahre zwischen der Flucht aus Breslau und der vorläufigen Etablierung in Gera aber 65 Prozent ihrer Erzählung bestimmen, während die 17 Jahre ihrer Zeit als FDJ-Funktionärin und die 24 Jahre in der Leitung eines großen Industriebetriebs nur je 5 Prozent der Erzählzeit ausmachen. Das Interview beginnt:

Also ich bin geboren im Januar 1928 in Breslau, und zwar als uneheliches Kind. Meine Mutter war Arbeiterin. Ich besuchte die Volksschule, vielleicht muß ich zwischendurch noch einfügen, da meine Mutter sehr viel berufstätig war, bin ich, was für die damalige Zeit vielleicht schon en bissel ungewöhnlich ist, bereits in'n Kindergarten gegangen. Ich wurde 1934 wie gesagt in der Volksschule eingeschult und habe die acht Klassen der Volksschule in Breslau besucht. Während meiner Kindheit und Schulzeit bekam ich dann also noch mehrere Geschwister. Meine Mutter hat später dann auch geheiratet, so daß ich dann die Älteste von sieben Kindern war. Und da können Sie sich natürlich vorstellen, unter den damaligen Verhältnissen, meine Eltern waren also wirklich nur auf das angewiesen, was se durch ihre Hände Arbeit verdienten, war meine Kindheit natürlich sehr entbehrungsreich, obwohl ich sagen muß, daß ich auch viele schöne unvergeßliche Kindheitserlebnisse hatte, aber von sozialen Bedingungen her, gehörten wir also doch zu den ärmsten Schichten. Hinzu kam noch, daß ich viele Jahre meiner Kindheit in einer Barackenunterkunft verbracht habe, weil unser Haus, in dem wir vorher gewohnt hatten, unsere Wohnung durch Feuer vernichtet worden war und es natürlich unter den damaligen Verhältnissen kaum möglich war, eine Wohnung zu anständigem Mietpreis zu bekommen, so daß wir damals in Breslau in die sogenannten Notunterkünfte eingewiesen wurden, unter der Maßgabe, daß das also 'ne Übergangsperiode war, aber wenn ich mich richtig erinnere, haben wir wohl von 1936 bis 1944, also acht Jahre in diesen Baracken gelebt. Und wir hatten am Anfang nur einen kleinen Raum, später dann aufgrund der Kinderzahl zwei Räume. Da spielte sich also alles ab, und es war ganz klar, daß natürlich ooch, wir, die größeren Kindern, dann helfen mußten, irgendwie die Familienlage zu verbessern. Ich selber bin sehr oft Zeitungen austragen gegangen, habe dadurch auch viele Menschen kennengelernt. Ich bin, habe, das gehörte zu meinen täglichen Pflichten, meine jüngeren Geschwister besorgt, ich bin also früh beizeiten mit immer dem jüngsten Geschwisterkind los, um sie in die Krippe zu bringen, weil ja unser Mutter gearbeitet hat, und wenn ich dann von der Schule nach Hause kam, na, dann standen häusliche Pflichten an, so daß ich also sehr frühzeitig doch auch sozusagen die ernsten Seiten des Lebens kennenlernte als Kind, nicht bloß freie Zeit hatte zum Spielen, obwohl die auch da war. Ich, muß aber sagen, daß hm, ich darüber eigentlich, wenn ich das heute betrachte, nicht traurig bin, denn dadurch habe ich sehr vieles gelernt, und, habe vor allen Dingen eben ooch frühzeitig kennengelernt, daß man in erster Linie selber was tun muß, wenn man seine Lage verbessern will.

In der Skizzierung ihrer Jugendgeschichte verschränkt Frau Uhlig die gegenläufigen Tendenzen, durch die diese Phase bestimmt war: Da sind einerseits die Makel ihrer Herkunft und Existenz: Unehelichkeit, Ledigenstatus der Mutter, die Armut, das Leben in der Notunterkunft. Andererseits gibt es die teilweise erfolgreichen Bemühungen, eine ordentliche Arbeiterexistenz aufzubauen: regelmäßige Erwerbsarbeit und schließliche Heirat der Mutter, die eigene Pflichterfüllung und zuverlässige Besorgung des Haushalts und der jüngeren Geschwister. Unverkennbar sind auch die Andeutungen, daß in dieser Kindheit der Keim zum Ungewöhnlichen, zum Hinaufstreben lag: der Kindergartenbesuch konterkariert das häusliche Chaos, und am Ende der Kindheit steht die feste Überzeugung, daß nur die individuelle Anstrengung zum Aufstieg führt.

Dazu dient später der erfolgreiche Versuch, trotz Volksschulabschluß eine kaufmännische Lehrstelle zu erhalten, die dann allerdings abgebrochen werden muß, als Anfang 1945 Breslau zur Festung erklärt wird. Der zähe Kampf um ein respektables Leben und eine bessere Zukunft scheint zunächst verloren. Die Familie wird getrennt. Der Stiefvater ist noch nicht aus dem Krieg zurück, sondern irgendwo in einem Lazarett, wo er wegen offener Tuberkulose behandelt wird. Die Mutter wird mit den kleinen Geschwistern aus Breslau evakuiert, Frau Uhlig selbst, ihr 15 Jahre alter Bruder und die Tochter des Stiefvaters bleiben zurück, um «die Festung» zu verteidigen. Da gelingt es dem Stiefvater, den durch die Stadt fahrenden Lazarettzug zu verlassen und sich mit den Großen gemeinsam aus Breslau zu stehlen, um die Restfamilie zu finden. Es kommt zum Streit zwischen Frau Uhlig und dem Stiefvater, da dieser seine Frau in Cottbus vermutet, während Bertha als Ziel des Trecks Frankenstein gehört hat. Nach langer und dramatischer Suche finden sie eher zufällig die Mutter tatsächlich in Frankenstein (Schlesien) wieder und erleben «das Glück, daß wir dann von Anfang an sowohl das Kriegsende als auch die schwere Zeit gemeinsam dann begehen konnten». Begehen, wie ein feierliches Ereignis.

Nach der Familienfindung mußte ein neues Zuhause gesucht werden. Dafür sorgten die Frauen im Treck, indem sie bei einem Zwischenstopp in Gera den Zug verließen, ausluden und sich weigerten, wieder einzusteigen. Schließlich blieb dem Geraer Bürgermeister nichts anderes übrig, als die Flüchtlinge im Ort und in der Umgebung unterzubringen, und so zog Frau Uhligs Familie zunächst in ein Zimmer auf einem «Dominium»[1], von wo aus die Mutter sich später um eine kleine Wohnung in Gera bemühte.

Der nächste Schritt war der berufliche Neuanfang. Sie «waren dort kaum acht Tage in Bad K. (bei Gera, D. W.), da hatten wir wieder unsere Lehrverträge und gingen nach einer Woche bereits wieder täglich nach Gera zur Arbeit». In dem kleinen Betrieb, einer Chemiegroßhandlung, erlebte sie auch noch den Krieg am eigenen Leib, als sie bei einem Bombenangriff verschüttet wurde: im Keller der kleinen Firma hofften sie, verschont zu bleiben, aber dann begann es:

---

1 großer Gutshof

das Rauschen der Bomben... die Einschläge... auf einmal blieb uns das Licht weg... ich merkte nur, wie irgendwas an mir runterrieselte... und da ging der Putz von den Wänden ab... Die Luft war genommen... Benzinfässer... die Wasserleitung war beschädigt... Klopfzeichen...

Das sind die Stichworte ihrer Todesangst. Nach fünf Stunden waren sie endlich freigeschaufelt. «Und für mich war es überwältigend, als ich da nu rauskrabbelte aus meinem Loch, daß mein Bruder davorstand.»

Mit dem Ende des Krieges aber beginnt die mehrfache Überwindung des «Nullpunkts». Die Mutter sorgt für die Beschaffung des nötigsten Hausrats, war man doch mit nichts als einem Federbett für die Großfamilie geflüchtet, wohl auch eine symbolische Wahl, denn das Federbett, sommers im Pfandhaus beleihbar, war der «Notgroschen» der Familie gewesen. Bertha arbeitete in einer Firma, wo der Chef und der früh gegründete Betriebsrat gut kooperierten und sie bald zum Gewerkschaftsbeitritt ermuntert wurde. Bertha Uhlig beschreibt den Beginn der neuen Zeit so:

...wir waren nun 'ne ganze Reihe Jugendliche, also Einheimische und dann vor allem wir Umsiedlerkinder, die ooch den Wunsch hatten, nun ist der Krieg zu Ende, sich ooch en bißchen nach – nicht bloß Arbeit, sondern auch mal en bißchen Geselligkeit, nach mal en bißchen Tanzfreude, und das hat dazu geführt, daß wa uns dann so als Jugendgruppe bildeten und bei uns wurde im November im Ort da die Antifa-Jugendgruppe gebildet, da gehörte ich natürlich mit dazu, und als dann im März 46 es zur Gründung der FDJ kam, da wurden wir ooch Mitglieder in der FDJ. Und ich muß sagen, eine der stärksten Erinnerungen, die ich habe, das klingt vielleicht ooch en bißchen eigenartig, aber an das Kriegsende, ist die erste Nacht, die (ich) durchgeschlafen habe, ohne daß Bombenangriffe oder eben Fliegeralarm war. Also es war so'n Glücksgefühl eigentlich, als ich da aufwachte und die erste Nacht, (das) hatte ich dann später (wieder), als meine Kinder geboren wurden, aber, ich weiß nicht, wer's nicht miterlebt hat, kann's vielleicht nicht so nachfühlen, aber für uns war das wirklich dann 'ne andere Welt.

Diese Erfahrung des Glücks, das sie in der Erinnerung an die Erfahrung des Selbst-Gebärens knüpft, ließe erwarten, daß die bessere «andere Welt», in die sie nun eintritt, auch ihre spontane erste Erzählung ausfüllt. Aber das geschieht nicht. Statt dessen verweilt sie noch bei den letzten schrecklichen Kriegsbildern, den Flüchtlingstrecks, dem Zug der Buchenwaldhäftlinge durch den Ort, und erwähnt dann die ersten Begegnungen mit älteren Kommunisten. Der Rest der Erzählung ist nur eine karge Kette äußerer Daten: Seminarleiterin an der FDJ-Landesschule in Thüringen von 1946–1949, Pionierheimleiterin bis 1952, Heirat eines FDJ-Funktionärs 1954, Arbeit in der Bezirksleitung Thüringen der FDJ, dann Dozentin an der Jugendhochschule in Berlin bis 1963, und ein Jahr später «in die Industrie», als Vorsitzende des Frauenausschusses in der Kaderabteilung, dann als Direktorin der betriebseigenen Kaderleiterschule und schließlich als Direktor für Sozialwesen bis 1978 – «drei ordentliche Kinder», die sie zur Welt gebracht hat, werden nebenbei erwähnt. Dann beginnt wegen ihrer Überbelastung die allmähliche Zurückstufung bis zur Mitarbeiterin in der Abteilung Betriebsorganisation, eine Teilzeitarbeit nach überwundener Herzkrankheit.

Frau Uhlig konstruiert also ihre Lebensgeschichte um jene Neu-Geburt bei Kriegsende. Wir erfahren einiges über das Leben, das damit zu Ende ging, fast nichts über dasjenige, das damit begann. Wichtig ist ihr der Zeitraum des Übergangs, der beschrieben werden kann als der Wechsel von einer nur mühsam begrenzten Unordnung der Verhältnisse zu solchen der Ordnung, vom Milieu des Lumpenproletariats zu demjenigen der Leitungskader, von der fluktuierenden Großfamilie zur stabilen Kleinfamilie. Eine Geschichte, deren glückliches Ende merkwürdig blaß wirkt.

Eine Mutter und drei Väter

Ich muß immer sagen, also, vor allen Dingen Mutter war's ja, die immer auf uns Kinder vorwiegend Einfluß genommen hat. ... Sie war selbst eine gute Schülerin, meine Mutter konnte, die war also, hatte 16 Geschwister. Mein Großvater war Gerber, und viele ihrer Geschwister sind zwar verstorben, aber sie hat ihre Mutter sehr früh verloren, so daß meine Mutter drei jüngere Geschwister und... meinen Großvater,... mitbetreute. Das war übrigens auch der Grund, warum es nicht zu der Heirat mit meinem Vater kam...

Die Mutter ist die stabilste, die dominante Figur in Frau Uhligs Kindheit. Bis zu ihrer Heirat 1940 bestimmten verschiedene Lebenspartner und weitere Geschwister die diffuse Familiengemeinschaft, danach der Stiefvater, Stiefgeschwister und eine weitere Geschwisterfolge. Die Mutter war zwar einerseits die Verursacherin dieser Unübersichtlichkeit, zugleich aber selbst immer präsent, trotz Erwerbsarbeit und Familienpflichten, zuverlässig, sich sorgend und fordernd, vor allem im schulischen Bereich: «Lernen müssen die Kinder und Pflichten müssen se erfüllen, sie müssen wissen, daß ohne Arbeit es nischt gibt», faßt Frau Uhlig die Maximen der Mutter zustimmend zusammen. Dabei lebte diese vor, daß Pflicht und Hilfe auch über den familiären Rahmen hinaus gefordert waren: Der Nachbarin schrieb sie Behördenbriefe, für eine Jüdin ging sie zum Einkaufen, den Fremdarbeitern gab sie Brot und wurde in Gera Sprecherin der Umsiedlerfrauen. Sie läßt sich jedoch nicht reduzieren auf die tüchtige und solidarische Arbeiterfrau, sondern sorgte auch für sich selbst: bis zuletzt modisch gekleidet und geschminkt, Raucherin und so temperamentvoll, daß sie noch mit 40 Jahren Handstand machte auf dem Tisch, mit ihrem Enkelsohn auf die Überschlagschaukel ging, eine Frau, die gern tanzte und sang. Energisch und streng, wie sie war, bat sie doch reuevoll die Tochter, als diese nach einem Sportunfall im Krankenhaus lag, um Verzeihung für die Schläge, die sie ihr am Tag zuvor verabreicht hatte, weil Bertha sich dem Verbot, ins Kino zu gehen, nicht widerspruchslos gefügt hatte. Die Episode dieser letzten «Dresche», als einzige im Interview mit exaktem Datum erinnert – 1. Mai 1943 –, beendet in der Erzählung das rein kindliche Verhältnis zur Mutter. Sie beginnt, über sich selbst zu sprechen: Wie ernst sie für ihr Alter war, wieviel Verantwortung sie schon tragen mußte. Sie war 17 Jahre alt, als der jüngste Bruder geboren wurde, und ihre Stimme galt in der Familie als fast erwachsen. «Wenn die Große was gesagt hat, na, dann ham die Eltern das doch ooch en bissel anders betrachtet.»

So sehr Frau Uhligs Lebenskonstellation derjenigen der Mutter ähnelt – die verantwortliche Position in der kinderreichen Familie, die Orientierung an guten Schulleistungen – in vielem hat sie «en paar andere Ansichten gehabt» als die Mutter. Wo diese temperamentvoll und lebenslustig bis zur Leichtsinnigkeit und zum Übermut war, verhielt sich die älteste Tochter ruhig, zurückhaltend, ernst, mochte weder rauchen noch sich schminken, vermied sexuelle Erfahrungen, bis sie ihren späteren Mann kennenlernte, und befand sich dadurch gegenüber der starken Mutter in einem seltsam verkehrten Erziehungsverhältnis.

Den leiblichen Vater hat Frau Uhlig während ihrer Kindheit selten gesehen, zuletzt bevor er 1941 zur Front ging, von wo er nicht zurückkehrte. «Vater» nannte sie dagegen den Stiefvater, den sie ein Jahr zuvor bekam.

...Ich bin da eigentlich nicht mit tiefer Gefühlsregung da diesem Vater entgegengetreten, aber eigentlich auch schon en bißchen aus Vernunftsgründen. Ich habe gesehen, die verstehen sich und nun gut, das war alles, also wir bildeten dann ooch ne ordentliche Familie, ...und wir haben auch bis zu seinem Tod, er ist 1969 verstorben, eigentlich immer en gutes Verhältnis gehabt, nicht ein überaus inniges Verhältnis, aber ein Verhältnis, das auf gegenseitiger Achtung aufgebaut war.

«Gegenseitige Achtung» drückt neben allem Positiven auch deutlich Vorsicht, Distanz und wechselseitige Wachsamkeit aus. «Dieser Vater» stellte sich allerdings im Gegensatz zum leiblichen als zuverlässig und verantwortungsbewußt heraus, und ihm verdankte Frau Uhlig die Zugehörigkeit zu einer «ordentlichen» Familie und die Befreiung von einem bedrückenden Kindheitsmakel:

Für mich war das natürlich in mancher Hinsicht ooch en bißchen en Problem in der Schule, wenn ich nach'm Vater gefragt wurde, und mußte sagen, ich hab keinen Vater... ich muß sagen, ich hatte aber ooch einen sehr guten Lehrer. Ich hatte das Glück eigentlich, sechs Jahre einen Klassenlehrer zu haben, ... der auch sehr viel Verständnis hatte für die Belange seiner Kinder. Wir waren ja vorwiegend dann Arbeiterkinder... und ich kann mich z. B. entsinnen, daß der Vater meines Lehrers en kleinen Friseurladen hatte in Breslau, zwar in nem ganz anderen Stadtviertel von uns, aber daß mein Lehrer eben mit seinem Vater vereinbart hatte, daß ich regelmäßig zum Haareschneiden gegangen bin, ohne daß meine Mutter was bezahlen mußte. Da bin ich zwar dann lange gelaufen, weil ich das Geld für de Straßenbahn ooch nicht hatte, aber spielt keene Rolle, ich bin ordentlich immer geschnitten worden.

Diesen Lehrer hat Frau Uhlig sehr gemocht. Und wie in Klammern erwähnt sie seine NSDAP-Mitgliedschaft, von der sie erst nach dem Krieg erfahren habe, als dieser Lehrer nämlich, inzwischen entlassen, sie und die Mutter um ein günstiges Zeugnis in seinem Entnazifizierungsverfahren bat. Nominelles Mitglied sei er gewesen, unter Druck als Junglehrer Parteigenosse geworden, «um seinen Beruf ausüben zu können». Demgegenüber hat Frau Uhlig

eine Erinnerung, die für mich eigentlich für seine politische Haltung auch typisch war... Wir hatten en Mädchen bei uns in der Klasse, die war Halbjüdin, das heißt, der Vater war Jude, die Mutter Arierin nach der damaligen Terminologie und, eh, die Eltern, sie war aber auch unehelich –

Durch Denunziation und Gerede «kam auf einmal die Diskussion auf, Vera müßte –, das Judenabzeichen tragen.» Das Tragen des «Judenabzeichens» – eine sprachliche Vermischung mit dem ihre gute Erinnerung so irritierenden Parteiabzeichen des Lehrers – verhinderte dieser, «indem er eine ganz klare Position in der Klasse bezogen hat». Die uneheliche Bertha aus der «Asozialen»-Siedlung fühlte sich wohl ähnlich verletzbar wie die Halbjüdin Vera. Neben der energischen Mutter war ihr vor allem der Klassenlehrer ein wichtiger Beschützer und Förderer. Vermutlich war es auch sein Vorschlag, Bertha solle nach dem Schulabschluß die nationalsozialistische Lehrerbildungsanstalt besuchen. Doch darauf wollten sich Berthas Eltern nicht einlassen. Die spontane Hilfsbereitschaft und der Gerechtigkeitssinn der Mutter brachten sie wie selbstverständlich in Gegensatz zum NS-Regime, ohne daß sie in engerem Sinn Widerstand geleistet hätte. Auch Bertha Uhlig hatte ein distanziertes Verhältnis zu den Nazis. Im BDM war sie zwar Mitglied, konnte sich aber keine Uniform leisten und fühlte sich in der Gruppe unwohl. Statt dessen besuchte sie eine Jugendgruppe der evangelischen Kirche, wo ihre angedeuteten Fragen nach der Judenverfolgung und dem Krieg zwar nicht beantwortet wurden, sie aber im Zögern und Schweigen der Erwachsenen deren Distanz und Kritik erahnen konnte. «Ich habe vieles mitgehört oder mitgesehen oder, wovon ich mit niemandem gesprochen habe.» Erst nach dem Krieg stellte sie ihre Fragen laut, informierte sich im Radio über das Potsdamer Abkommen und den Nürnberger

Prozeß, legte über letzteren ein Schulheft an und hörte den Erwachsenen bei ihren politischen Gesprächen zu. Der Stiefvater, vor 33 Kommunist, und die Mutter, vor 33 gewerkschaftlich aktiv, traten 1945 der KPD bei. Der familiäre und betriebliche Einfluß verstärkten und politisierten ihren eigenen «Hunger (nicht nur) nach Brot und Fleisch,... Hunger eigentlich auch nach Lebensfreude,... Hunger nach Wissen,... Hunger nach Kultur». Frau Uhlig ließ sich bewegen und zitierte ein Lied aus jener Zeit:

‹Das neue Leben muß anders werden
als dieses Leben, als diese Zeit.
Es darf keinen Hunger, kein Elend geben,
packt alle an, dann ist es bald soweit.
Komm mit, Kamerad,
steh nicht abseits, Kamerad,
halte mit.›
Ja.

Die gelehrige Erzieherin

Seit einem Monat war sie FDJ-Mitglied, «da habe ich einen dieser ersten Lehrgänge mitbesucht, im 46 im April». In Gera war die Landesjugendschule der FDJ Thüringen aufgebaut worden.

Und da war ich Schülerin des ersten Lehrgangs und dort hat man mich dann gefragt, ob ich nicht gleich bleiben möchte, weil sie eben junge Leute brauchten mit, um Lehrgänge überhaupt weiter durchführen zu können und so bin ich praktisch Lehrende geworden und war Lernende gleichzeitig.

Bertha Uhlig wurde mit 18 Jahren hauptamtliche FDJ-Seminarleiterin. «Wesentlich» war, daß sie im Internat ein eigenes Zimmer bekam, wodurch die Eltern «entlastet» wurden. Jeder Lehrgang umfaßte 60 Teilnehmer, die auf drei Seminargruppen aufgeteilt wurden. Am Morgen wurde in der Regel eine Vorlesung gehalten, die in den nachmittäglichen Seminargruppen diskutiert werden sollte. Diese Diskussionen hatte Frau Uhlig in ihrer Gruppe zu leiten und zu verantworten.

Es gab viele Auseinandersetzungen ... Für mich war das manchmal gar nicht einfach ... es ist nicht immer konfliktlos abgegangen.

Vor ihr saßen in den ersten Jahren ab 1946 noch FDJler, die offen bis aggressiv ausdrückten, was sie dachten: Oberschüler, junge Männer, die an der Front und in Gefangenschaft gewesen waren. Sie sollte «auf der einen Seite der Freund sein, weil man ja ooch gleichaltrig war, auf der anderen Seite aber ne gewisse Distanz ja trotzdem wahrnehmen.» Die inhaltlichen Konflikte begreift sie heute als «faschistisches Gedankengut ausräumen»: gekämpft wurde um die «Rassentheorie», um das Problem der Demontage und um moralische Sauberkeit. Nun mußte die 18jährige «Vorstellungen, die ja teilweise mir ooch selbst noch während meiner Schulzeit, die uns eben als Wahrheiten eingebleut waren, mit konkreten Fakten widerlegen».

Die «Rassentheorie» scheint dabei vor allem eine durch den Nationalsozialismus rassistisch gefärbte «Russentheorie» über die Minderwertigkeit und Kulturlosigkeit der Besatzungsmacht gewesen zu sein, eine Einstellung, die zusammen mit der harschen Kritik an der Demontage, zu der die Jugendlichen wohl auch aktiv eingesetzt waren, eine starke antisowjetische Haltung bildete. Im jugenderzieherischen Bestreben, «das Nützliche mit dem Angenehmen zu verbinden», wurde in der FDJ musiziert, getanzt und wurden Filme vorgeführt, unter anderem auch Filme aus der Sowjetunion.

Das waren Filme, die ja die Situation, eben die Lage im alten Rußland zeigten, und da waren natürlich auch viel ideologische Diskussionen dann mit verbunden, weil ja, manche Leute das auch wieder übertrugen auf die Verhältnisse in der Sowjetunion und dann nicht so die historischen Zusammenhänge richtig erfaßten.

Dagegen schien es Frau Uhlig fast zwingend, daß die Erfahrungen mit der Besatzungsmacht zu der Erkenntnis führen würden,

daß also die Arbeiter an und für sich doch eigentlich Freunde sein mußten von den Arbeitern in der Sowjetunion.

Aber eben nicht wirklich waren, vor allem nicht, wenn sie in der Uniform der Roten Armee das Land beherrschten.

Im Bereich der Internatsbeziehungen und Verhältnisse hatte sie auf «Sauberkeit» zu achten. Zwar gab es «Gemeinschaftsschlafräume», aber

ich meine, wir hatten einen schönen Park. Und im Sommer so, wer also, wer das wollte, hatte auch andere Möglichkeiten gefunden. Wir haben immer versucht, von Anfang an so einzuwirken, daß es gar nicht erst zu diesen Intimkontakten gekommen ist.

Da das nicht immer gelingen konnte, mußte entschieden werden, inwieweit «echte Sympathien, Übereinstimmungen vorhanden» waren, und solche Pärchen «haben sich dann ja auch ordentlich eingefügt. Und... dort, wo sich ernstere Bindungen entwickelt haben, das waren auch nicht diejenigen, die ihr Liebesleben so zusammen zur Schau gestellt haben.» Wieviel Freundschaft, wieviel Distanz, wieviel Gleichaltrigkeit, wieviel Autorität konnte man von ihr verlangen, verlangte sie von sich selbst? Für Spontaneität war kein Platz, jedes Verhalten und vor allem das eigene mußte auf seine mögliche erzieherische Wirkung hin kontrolliert werden.

Die Anfangsjahre der FDJ-Arbeit waren aber vor allem geprägt von jenen inhaltlichen Auseinandersetzungen, die ihr in den nachmittäglichen Seminaren so schwer zu schaffen machten. Die gegnerischen Argumente waren konkret, entstanden aus den materiellen Nöten des praktischen Lebens. Sie wollten mehr «fressen», bevor sie mehr arbeiteten, wollten nicht Neulehrer werden, weil die Stipendien zu niedrig und die Lebensmittelkarten zu schlecht waren, und kritisierten, daß die Demontage den Aufbau unmöglich mache. Was Frau Uhlig in der Auseinandersetzung als überlegene Argumente ansah, war gerade nicht konkret, sondern abstrakt, nicht materialistisch, sondern idealistisch, und nicht objektiv, sondern nur subjektfern. Sie verwies auf die Potsdamer Beschlüsse zu Reparationen, erklärte die Notwendigkeit, durch erhöhte Arbeitsleistungen das bessere Leben vorzubereiten, appellierte an die Bereitschaft zu antifaschistischem Engagement. Damit konnte sie ihre jugendlichen Kontrahenten nicht schlagen, solange diese angstfrei waren. Während aber im Zuge der

Stalinisierung das Problem kontroverser Diskussionen FDJ-intern durch Gleichschaltung und Repression erledigt wurde, drohten neue Bewährungen bei solchen Einsätzen, mit denen FDJler dem unwilligen Volk den gesellschaftlichen Fortschritt aufzudrängen hatten. Die deutlichste und für sie erschreckendste Konfrontation waren die Ereignisse des 17. Juni 1953, die Frau Uhlig als Funktionärin in der Bezirksleitung Halle miterlebte.

Für mich war das so 'n Stück Klassenkampf, den ich ooch am eigenen Leib noch mal miterlebt habe.

Im Familienbetrieb ihrer Lehrjahre hatte sie diesen Klassenkampf gerade nicht erfahren, sondern mit dem Kleinkapitalisten gemeinsam vor den feindlichen Bombern gezittert. Und am 17. Juni kam der Klassenfeind maskiert als Klassengenosse daher. Selbst diesen Kampf hat sie sich eher vom Leib gehalten. Im Büro teilte sie morgens «unsere jungen Menschen, die noch im Gebäude waren», zum Diskussionseinsatz in der Demonstration ein, entschloß sich dann aber auch selbst, mal zu gucken,

was los ist. Dann bin ich ins Auto und kam aber nicht allzuweit, weil ich schon die ersten Demonstrationszüge sah. Na ich denke doch, da ist doch Demonstration, da machst du dich mal wieder zurück, falls mal wieder en Anruf kommt oder was.

Als sie auf dem Rückweg zum Dienstgebäude war, empfahl ihr ein Alter, fürsorglich oder spöttisch, die Uniform auszuziehen. Sie antwortete forsch: «Na Opa, so schnell ziehen wir die Bluse nicht aus.» Der Rest der Erzählung besteht nur aus Hörensagen. Frau Uhlig hat aus all dem aber geschlossen, daß die Regierungsmaßnahmen «ideologisch nicht genug vorbereitet» waren und «der Aufbau der antifaschistisch-demokratischen Ordnung, daß das in erster Linie erfolgen muß durch Überzeugung der Menschen.» Diesen Kampf ums Überzeugen hat sie *allerdings* am eigenen Leibe erlebt, oft voller Angst vor dem Einsatzort und den Gerüchten, die über ihn erzählt wurden. Überall mußte sie «aktiv mitwirken und jetzt natürlich, als die Zeit da war, (bei) der Bildung der LPGen». Auf die Frage nach dem Wie dieses Mitwirkens, das sie an anderer Stelle auch «Einwirken» nennt, erzählt sie, man sei auf die Dörfer gegangen, um den Bauern «en paar Zusammenhänge darzustellen». Aber nur «die einsichtsvollsten Bauern» waren solchen Darstellungen zugänglich. Dafür kam die FDJ nach vollzogener LPG-Bildung zurück, um «Freundschaftseinsätze zur Unkrautbekämpfung» durchzuführen, da das genossenschaftliche Eigentum nicht ausreichend gejätet wurde. Immer dienten solche Einsätze auch den «Umdenkungserziehungen». So versuchte Frau Uhlig auch, das Westfernsehen mit dem «Argument», «also das bringt uns, das bringt euch doch gar nischt ein, wenn ihr nach drüben hört». «Uns», Frau Uhligs FDJ, brachte das falsche Hören tatsächlich nichts ein. Ihre Korrektur im Satz verweist deutlich auf jene Funktionärsmentalität, mit der das «Wir» die Objekte der Politik vereinnahmen soll. Wenn Frau Uhlig ein solches Wir benutzte, dann folgten Verben wie: durchführen, organisieren, aufbauen, kümmern, leiten, Einsätze machen, enttrümmern, gezielt auf Dörfer fahren. Über die Jugend, deren Teil sie doch ist, spricht sie dagegen distanziert als die Jugend, die junge Generation, unsere jungen Menschen.

Als sie aus dem Elternhaus in das FDJ-Internat gewechselt war, hatte sie ihre Rolle als älteste Schwester mitgenommen: Zögling und Erzieherin zugleich, betrachtete sie sogar die Erwachsenen und auch sich selbst als Objekt ihrer erzieherischen Kontrolle. 1945, in der Antifajugend, hatte sie noch von ihrem eigenen vielfachen «Hunger» gesprochen, hatte dann bei FDJ-Eintritt «auf kulturellem Gebiet zuerst mich betätigt, weil ich da besonderes Interesse hatte». Was war aus ihren Bedürfnissen geworden? Welche Erfahrungen machte sie selbst, wie stillte sie ihren «Hunger nach Lebensfreude»?

Russen-Auftritte

Als Frau Uhlig von den schwierigen Diskussionen über die Russen erzählte, hatte ich sie gefragt, ob sie persönliche Begegnungen mit Angehörigen der Besatzungsmacht hatte. Sie erwähnt als erstes den Auftritt des Alexander-Ensembles in Erfurt 1948, einer Armeekapelle, die das Vorurteil der Bevölkerung, «daß die Russen nischt konnten und keene Kultur hatten» abgebaut hätte. War es denn auch ihr Vorurteil gewesen? Sie ruft sich die einprägsame Vorstellung in Erinnerung, die «Ältere» in ihr erweckt hatten:

wenn die Russen sich uns gegenüber so verhalten, wie wir das in Rußland gemacht haben, dann laufen wir alle mit nem Stern in der Stirne rum.

Statt den Deutschen den roten Stern in die Stirn «einzubrennen», wie sie später noch einmal wiederholt, führten die Russen in der SBZ das Betriebsessen ein. Aber persönliche Freundschaften entstehen daraus noch nicht. Von den ganz frühen Begegnungen, als Antifagruppenmitglied mit den sowjetischen Abendpatrouillen, die gelegentlich in den Gruppenraum «reinschauten», und der vagen Erinnerung an die sowjetische Einquartierung bei der Nachbarin abgesehen, ist ihre Perspektive distanziert, bleiben die Russen eine Abstraktion. Und sie kommt ihnen auch räumlich nicht nah, auch nicht, wenn

für Jugendfunktionäre mal ein großes Treffen (stattfand), wo eben sowjetische Soldaten dann für uns zum Tanz aufspielten, immer in dem Bemühen, miteinander also in Kontakt zu kommen.

Dieses Bemühen blieb ohne Erfolg. In den Erzählungen von Frau Uhlig bleiben die Russen Helden der Leinwand, Figuren der Bühne. Was sie als Begegnungen berichten will, gerät zu Auftritten. Dies galt auch, als sie jenem Helden nahekam, der die Sowjetmacht als Vater aller Sowjetvölker an der Spitze repräsentierte.

I.: Wie haben Sie denn eigentlich damals über Stalin gedacht? War das jemand, den Sie mochten?
U.: An und für sich ja.
I.: Ja?
U.: Ja.
I.: Was mochten Sie – an ihm?
U.: Was ich an ihm mochte war ein – oder ich muß sagen, ich, wie gesagt, ich hatte ja 1951 ja Stalin ja selbst gesehen. Ich stand auf dem Roten Platz.
I.: Ach so.
U.: Auf der Tribüne zum 1. Mai. Und als dann der offizielle...
I.: Ach, Sie waren am 1. Mai da?
U.: Wir waren am 1. Mai da, ja, also um diese Zeit, nicht? Und, wir standen also auf der Haupttribüne mit und –

I.: Also das heißt auf derselben Tribüne, auf der Stalin stand.
U.: Also, na, Stalin, die Führung steht ja meistens überm Mausoleum.
I.: Ach so.
U.: Ja, aber wir standen also, wenn man vorm Mausoleum steht auf der linken Seite... Und, eh, als dann der Vorbeimarsch sich so dem Ende näherte, da habe ich gesagt, jetzt laufe ich mal so 'n Stückel weiter vor, und das hab ich ooch gemacht, um mir Stalin mal aus der Nähe anzugucken.
I.: Hm. Und wie nah war das?
U.: Na, wie nah war das? Das war so nah, ich stand unten praktisch am Mausoleum und, also ich hab ihn ziemlich genau gesehen... Eh, Frau Wierling, das ist natürlich ooch jetzt 'ne Frage, wie soll man sagen, die ist gar nicht vielleicht so in 'n paar Worten zu beantworten.

Imponierend sei Stalins «Haltung während des Krieges» gewesen, «seine feste Überzeugung, daß die Nazis den Krieg nicht gewinnen werden», seine Unterscheidung zwischen Faschisten und Deutschen – «Und vor allen Dingen, er hatte ja Recht behalten.» Mit diesem Sieg konnte Bertha Uhlig sich identifizieren, und für sie ist Stalin deshalb «eine Persönlichkeit, die ich im Sinne der Geschichte eben als Persönlichkeit auch geachtet habe».

Fein unterscheidet sie damit sprachlich die Achtung der Persönlichkeit vom Kult um die Person, als der der Stalinismus parteioffiziell 1987 ja noch definiert war. Und als nach dem 20. Parteitag der KPdSU auch in den eigenen Reihen eine vorsichtige Diskussion begann, wehrte sie sich «im Kreis von Freunden und Genossen» dagegen, «ihn völlig zu verurteilen». Frau Uhlig versucht im folgenden, den Vorgang der kritischen Diskussion aus Stalins verantwortlicher Funktion in der Gesellschaft zu erklären:

Man muß immer sehen, Menschen, die im Mittelpunkt stehen, der Öffentlichkeit – das sieht man auch – da braucht man nicht so hoch gehen zu führenden Staatspolitikern. Das kann man auch sehen, die Rolle, die der Vater oder die Mutter in der Familie spielt, wird von Kindern ooch unterschiedlich betrachtet, je nachdem. (Irgend)Wen müssen sie mal zur Ordnung rufen. So ist das im Betrieb, ein Leiter, ein Meister oder was, der versucht, seine Linie durchzuziehen, und wenn der einen Standpunkt hat, dieser Mann oder diese Frau als Leiter, dann kann er nie allen gerecht werden. Denn man muß (sich) ja immer mal mit jemandem anlegen und in anderen Dimensionen wird das auch sichtbar. Nur muß man eben dann sehen, daß natürlich Leute, die in solchen Funktionen stehen, eine besondere Verantwortung tragen.

Frau Uhlig benutzt die Bilder vom Vater und der Mutter, die die verschiedenen Interessen ihrer zahlreichen Kinder nicht gleichmäßig berücksichtigen können, weshalb sie sich deren Zorn zugezogen haben. Der gleichen Lehre dient das Bild vom Leiter. Stalin wird zum Vater-Leiter, den die Rache seiner Kinder-Untertanen trifft, die sich von ihm vernachlässigt oder ungerecht behandelt fühlten. Er wird zum Tyrann wider Willen, Opfer der verschiedenen Interessen seiner Schutzbefohlenen, denen die Einsicht in seine schwierige Position fehlt. Diese Einsicht ist aber bei Frau Uhlig, eingewöhnt in die Rolle der ältesten Schwester, vorhanden, weshalb sie den Familienkonflikt auch «objektiv betrachten» kann, da sie ja als Älteste ein Stück an der elterlichen Macht teilhatte. Im Betriebsgleichnis rückt sie noch näher an die Perspektive des Machthabers, ist sie doch im wirklichen Leben Leiterin gewesen, dazu noch Direktor für Sozialwesen, wo sie im Auftrage des Generaldirektors, aber ohne dessen volle Macht, die Menschen «von der Wiege bis zur Bahre» betreute, wie sie später selbstironisch bemerkt, und sicher auch selbst «nicht allen gerecht werden» konnte. So geht ihre vermittelnde Position im Stalinkonflikt von einer halben Identifikation mit dem Vater-Leiter aus, mit ihm blickt sie erzieherisch auf seine anderen, unbotmäßigen Kinder. Wir sprechen weiter über Stalin, seine Verdrängung aus dem öffentlichen Bewußtsein in den sechziger Jahren, bis Frau Uhlig die Diskussion beschließt:

Man macht als Mensch natürlich ooch den Fehler, daß man nicht immer daran denkt, ob man es erst richtig erkennt, eh man über jemanden en Urteil spricht oder jemanden einschätzt oder was, daß man sich ooch mal überlegt oder die Frage stellt, was sind denn die Beweggründe, warum handelt der in dem Moment so. Das ist ja im persönlichen Umgang genauso, wenn man nur den Fakt sieht und, sagen wir mal, en Kind bestraft, weil es jetzt vielleicht etwas getan hat, was nicht Vater oder Mutter gefällt, ohne zu überlegen, warum hat es das getan, dann erstaunt man nämlich manchmal, welche Beweggründe, welche Vorstellungen das Kind hatte. Das empfindet das gar nicht als Unrecht. Und so ist es auch manchmal mit dem Umgang bei Erwachsenen.
I.: Auch in der Politik?
U.: Und in der Politik ooch. Natürlich.

Aus der unverstandenen Vaterfigur Stalin ist das unverstandene Kind Stalin geworden, das nun vor dem falschen Urteil der erziehenden Erwachsenen geschützt werden muß. Unverändert befindet sie sich in der familiären Vermittlungsposition. Freilich kann auch sie nicht klären, «welche Beweggründe, welche Vorstellungen das Kind hatte». Ebensowenig wie sie beschreiben kann, nach welcher Logik Vater Stalin handelte. In ihrer Verweigerung, die von ihr idealisierte «Persönlichkeit» einer schonungslosen Kritik zu unterziehen, weiß sie sich zwar nicht mit der Partei einig, aber doch nicht allein.

Bub und Mädel in der Gemeinschaft

Frau Uhlig, als 18jährige Seminarleiterin im FDJ-Internat, vermied es erfolgreich, sich in einen der zahlreichen Lehrgangsteilnehmer zu verlieben. Sie habe sich nicht binden wollen, ohne solche Bindung aber schien es ihr notwendig, alle Kontakte mit dem anderen Geschlecht auf der freundschaftlichen Ebene zu halten und sich gegen sexuelle Annäherungsversuche mit ihrer «spitzen Zunge» zu wehren. Konsequent hielt sie sich an die Schlußfolgerungen des Standardvortrags in jedem Lehrgang, der die Jugendlichen unter dem Titel «Bub und Mädel in der Gemeinschaft» zu asexuellem Gruppenleben aufforderte, und hätte sie sich verknallt oder verführen lassen, dann hätte das bedeutet, «meiner Auffassung selber» zu widersprechen. «Da hätte ich ja anders gehandelt als ich sonst der Auffassung war.» Sonst – das hieß in ihren Erziehungsmaximen als Seminarleiterin gegenüber den Lehrgangsteilnehmerinnen. Die junge Frau hatte sich dort um so leichter unter Kontrolle, als «die Lehrgänge selber waren da für mich weniger die Gefahrenpunkte… Das war mehr unser Kollektiv selbst, in dem ich steckte.» Wie weit ließ sie sich auf diese Gefahr ein?

Een Kuß als Freundschaft usw., den hab ich ooch nicht verachtet. Also das ergab sich mal. Das ergab sich manchmal auch aus der Situation heraus. Sagen wir mal beim Volkstanz, wenn uns een Tanz besonders gut gelungen war. Oder 'ne Veranstaltung, wenn wir merkten, die Menschen unten im Saal waren mitgegangen, daß man sich dann mal um den Hals gefallen ist und hat sich abgedrückt und so. Aber das möcht ich sagen, das waren bei der Mehrheit von uns waren das echt Freund-, Freudesausbrüche, freundschaftliche Gefühle, die nicht verbunden waren mit sexuellen Wünschen.

Die sexuellen Wünsche waren in der FDJ-Gemeinschaft von Bub und Mädel so weit verdrängt, daß das gemeinsame Schlafen im Pfingstlagerzelt und das Nacktbaden «als ganz natürlich empfunden» wurden, «da gab's keine Hintergedanken». Statt dessen herrschte eine «bewußte», «saubere Haltung», die nicht einfach repressiv und intolerant war, sondern bestrebt, Sexualität als natürlich zu versachlichen, zu verkameradschaftlichen und zu verharmlosen. Da sexuelle Beziehungen nicht gänzlich verboten, «ernstere Bindungen» sogar erlaubt waren, kommt das Fremde und Erschreckende der Sexualität nur vor in ihren abweichenden Varianten, z. B. weiblicher und männlicher Homosexualität. Nach letzterer befragt, erzählt Frau Uhlig:

Ich war selbst Teilnehmer an einem Lehrgang, und dort war auch u. a. ein FDJler, muß ich aber sagen vom Äußeren her nicht ein typischer Jungentyp, sondern blond und so en bißchen, naja, wir würden sagen vielleicht en bißel en weichlicher Typ so... und eines Tages mal in der Mittagspause – wir sind da so spazieren gegangen – da sagt er, ob ich mal Zeit für ihn hätte, er möchte mich, er muß mir mal was sagen. Und wir kannten uns aber vorher schon von der FDJ aus und sind dort beide bei einem Lehrgang gewesen. Und da erzählt er mir, daß een älterer Kollege aus seinem Seminar, der immer an ihn so Forderung und Wünsche stellt, und er das gar nicht will usw., und was er machen soll. Und er traut sich aber auch nicht, dem Älteren nischt zu sagen. Und zu mir hatte er irgendwie das Vertrauen gehabt, also mir hat er das erzählt. Und da hab ich gesagt, is gut, ich berate mich mal mit jemandem.

Der Genosse, der sie berät, klärt sie auf über die «Krankheit» Homosexualität, und sie ist deshalb gewappnet, als jener Mann, den sie wegen seiner Funktion im Krieg den «Sanitäter» nennt, in einem der Lehrgänge auftaucht, die sie zu leiten hat. Sie spricht mit ihm, und er verhält sich entsprechend «sauber». Später wurde dafür gesorgt, «daß er aus der Jugendarbeit ausschied», aber er wurde nicht angeklagt. Heute ist Frau Uhlig einverstanden mit der «ordentlichen Haltung» ihres Staates zur Homosexualität und versucht selbst, «eine normale Haltung» dazu zu zeigen. Ihren eigenen ersten sexuellen

Kontakt hatte sie mit dem Mann, den sie später heiratete und über den wir nicht mehr erfahren, als daß er Maurer, Parteisekretär und ein «real im Leben stehender Mann» war, der ab und zu zuviel trank. Sie hatte ihn während ihrer Funktionärszeit in Halle Ende 1952 kennengelernt und zwei Jahre später geheiratet. Sie betont, daß ihr persönliches Leben von dem der Organisation nicht zu trennen sei, und im Interview existiert das «Private» auch nur als vom Gesellschaftlichen abhängiger Bereich, über den wenig gesprochen wird. Und so erscheint die Funktionärsehe in der Erzählung auch als die bloße Fortsetzung und erwachsene Spielart von «Bub und Mädel in der Gemeinschaft».

Der Gegensatz zur Mutter ist überdeutlich. Die lebenslustige Frau, die den Männern, die ihr gefielen, nicht widerstehen konnte, die zur Empfängnisverhütung zu sorglos oder zu undiszipliniert war, muß der Tochter als negatives Bild vor Augen gestanden haben. Am Ende ihrer Zeit als FDJ-Funktionärin hat sie sich ein Leben eingerichtet, das zu dem der Mutter in völligem Gegensatz steht: monogam, begrenzte Kinderzahl, geregelt, sauber, ordentlich, vernünftig (die Trinklust des Mannes bleibt die einzige Andeutung eines Aspekts, der sich der totalen Kontrolle entzogen haben mag) – zugleich aber ist Frau Uhlig gänzlich unterworfen, wenn auch einer Disziplin, um die sie sich selbst bemüht hatte.

Wünsche

Die Übernahme einer Leitungsposition in einem Großbetrieb der sächsischen Chemieindustrie 1963/64 hatte Frau Uhlig schon im ersten Interviewteil damit eingeführt, daß es ihr «Wunsch» gewesen sei, «in die Industrie zu gehen». Am Ende bitte ich sie um eine Erläuterung dieses Wunsches.

Ja, also, wir wollten mal das innere Gefüge eines Großbetriebes –
I.: Wer ist wir?
U.: Mein Mann und ich. Als Mitarbeiter kennenlernen. Weil wir ja, die Mehrheit unserer jungen Jahre doch eben als politische Funktionäre verbracht hatten und da vieles kennengelernt haben, unsere Republik, usw. die

unterschiedlichsten Aufgaben kennengelernt, aber direkt in einem Großbetrieb, wie sich das tagtäglich dort abspielt, das hatten wir eben nicht kennengelernt. Und darum interessierte uns das mal, auch unter dem Gesichtspunkt, die Arbeiterklasse ist nun mal die entscheidende Kraft der Entwicklung bei uns in der Republik, und wir wollten eben mal da an die Basis sozusagen, weil wir gesagt haben...
I.: Aber Sie sind doch dann Direktor geworden gleich!
U.: Nee, bin ich nicht gleich geworden.

Es stimmt, ihre Karriere verlief in Schritten, aber sie war von Anfang an als Vorsitzende des Frauenausschusses Mitglied der Betriebsleitung. Warum betont sie so sehr den *Wunsch* zu diesem Schritt, den sie dann so schlecht begründen kann? Folgte sie ihrem Mann, der im selben Betrieb als Parteisekretär eingesetzt wurde? Folgte dieser ihr? Wurden beide delegiert, ihre Wünsche also gar nicht erfragt? Was sie als Reise in ein unbekanntes Land, in das der Industrie, der Basis und der Arbeiterklasse beschreibt, was in Etappen zum Direktorposten führte, beendete sie schließlich auf «*eigenen*» Wunsch, weil ihr Mann und sie selbst krank geworden waren.

Ich bin so'n Typ, der vieles ernst nimmt, aber ich bin nicht einer, der das nach außen so abreagieren kann. Und ich hab da sehr unter Magengeschwüren gelitten, die sich regelmäßig einstellten und wo die Ärzte eben der Meinung waren, das ist 'ne Auswirkung der nervlichen Belastung.

Die Direktorin für Sozialwesen hatte die Maßnahmen der Ökonomen und der Parteileitung des Betriebes aufzufangen und durch betriebliche Sozialpolitik zu kompensieren: Kindergarten, Essensversorgung, Verkaufsstellen gehörten zu ihrem Verantwortungsbereich, in dem sie wenig Macht oder Gestaltungsmöglichkeiten hatte, aber gleichwohl zur Zielscheibe der allgemeinen Unzufriedenheit wurde. Die autoritär-ideologische Zurichtung, die sie in den fünfziger Jahren in der FDJ erfahren hatte, half ihr da wenig. Die Basis hielt sich nicht an die in der Organisation durchsetzbare Gemeinschaftsdisziplin. Dieser letzten Variante der Rolle einer ältesten Schwester war Frau Uhlig schließlich nicht mehr gewachsen.

Politik als Durchsetzung der Gesetze

Gustav Gebhardt, Sicherheitsinspektor, 60 Jahre

Gustav Gebhardt, ein fast 60jähriger Hauptabteilungsleiter eines chemischen Konzerns und von Hause aus Schlosser, ist nach einem Ingenieurstudium Ende der fünfziger Jahre aufgestiegen. Bei der ersten Vorstellung erzählt er eine Bilderbuchbiographie der DDR: Antifaschistische Jugendprägung, liebevolle Versorgung in der Kriegsgefangenschaft durch eine russische Ärztin, SED von Anfang an, in den fünfziger Jahren hat er sich für seinen Staat qualifiziert und steht jetzt an einem verantwortlichen Posten. Im weiteren berichtet er mir u. a. von seiner politischen Führungsaufgabe in seinem Kollektiv, in dem Mitglieder unterschiedlicher Parteien seien, in dem es aber nur eine gemeinsame Linie gebe. Ich frage ihn, worin das Politische in seiner alltäglichen Arbeit zum Ausdruck komme, und er antwortet:

Für mich ist eine politische Arbeit, wenn ich dafür sorge, daß die Gesetze – vom Grundgesetz angefangen oder von unserer Verfassung angefangen – bis hinunter in die kleinste Vorschrift, so versuche durchzusetzen, daß es der Menschheit, den Werktätigen, dem Betrieb zum Nutzen gereicht. Das bezeichne ich als Wirkung unserer politischen Arbeit.
I.: In Westdeutschland nennt man das Verwaltung.

Ich war zuerst nicht unzufrieden, daß er mit meiner Antwort nicht zufrieden war. Dachte ich doch, ich hätte einen Bürokraten, für den die Politik nur noch exekutive Funktionen hat, im etwas geschwollenen O-Ton seines Selbstverständnisses erwischt. Und doch war ich irritiert, denn Herr Gebhardt war mir sympathisch, was mir bei Bürokraten und gar bei geschwollenen Funktionären selten passiert: Er sprach bedachtsam und präzise, auch von seiner Familie und seinen Hobbies, war offen für politische Fragen und für die Probleme seiner Arbeit. Einerseits wirkte er praktisch, sachlich, freundlich und stolz, andererseits irgendwie gedrückt, fast leidend. Ich habe diese Mischung aus Stolz und Leiden auch an einigen anderen leitenden technischen Angestellten aus der Aufbaugeneration beobachtet. Ab seinem 60. Geburtstag möchte Herr Gebhardt seinen Job abgeben und auf eine weniger verantwortliche Tätigkeit zurückgestuft werden, denn er fühlt sich überfordert. Daß er das so empfindet, und daß er einem Fremden darüber erzählt, wäre bei einem westdeutschen Manager dieser Größenordnung wohl schwer vorstellbar, auch daß er und seinesgleichen in einer Drei- oder Vierzimmerwohnung in einer Werkssiedlung wohnen und in dieser Altersphase oft dafür eine kleine Zweizimmerwohnung in der Nähe ihres Schrebergartens eintauschen.

Die Irritation wird beim Wiederlesen durch den Text des Zitats verstärkt. Hat Herr Gebhardt nicht zunächst in einem Versprecher das Grundgesetz mit der Verfassung der DDR verwechselt? Wo ist die Partei in diesem zögernd und bedachtsam formulierten politischen Selbstverständnis? Und dessen Grundlage sind nicht die Gesetze der berühmten gesetzmäßigen Entwicklung der Geschichte, sondern diejenigen, die der Westler gern für den Zierat eines Unrechtsstaates hält. Der Interpret wittert Abweichung, Verwirrung oder Täuschung; sein Spürsinn ist geweckt. Denn daß Herr Gebhardt ohne Funktionen «in der Partei» ist – wie man in der DDR, in der es fünf Parteien gibt, sagt – was will das schon besagen, wenn 18,5 Prozent der Erwachsenen in der SED und noch einmal 3 Prozent in den anderen vier Parteien sind?

Immerhin, Herr Gebhardt kommt aus einer sozialdemokratischen Familie. Sein Vater, ein Fabrikarbeiter, war vor 1933 Gewerkschaftsfunktionär und am Ort hinreichend prominent, so daß der Sohn in der Schule von seinem Nazi-Lehrer als «Bolschewist» tituliert wurde und sein Traum, eine höhere Schule zu besuchen, deshalb ausgeträumt war. Als er im zweiten Lehrjahr dabei erwischt wurde, wie er Fremdarbeiterkindern in der Fabrik Essen zusteckte, wurde er 1944 zum Arbeits- und Flak-Dienst eingezogen – mit noch nicht einmal 16 Jahren ist er dort der jüngste. Aus den Endkämpfen um Berlin kam er mit einer Kopfwunde in sowjetische Kriegsgefangenschaft, wo ihm eine russische Ärztin bei vollem Bewußtsein einen Splitter aus dem Kopf operierte, ihn danach umsorgte und seine baldige Entlassung bewirkte. Als er im Sommer 1945 wieder nach Hause kam, war er gerade 17 Jahre alt. Nun engagiert er sich in der Antifa-Jugend (dem Vorläufer der FDJ), wird Mitglied in deren Stadtausschuß, um die Jugend für den neuen Anfang zu «begeistern», wie er sagt, und bei Aufräum- und Aufbauarbeiten «anzuleiten». Die kleine Fabrikstadt wird von zwei Werken der IG-Farben beherrscht und die Gegner und die Aufgaben sind klar: Unten in einem neuen Werksteil war das Zyklon B «für die Vernichtung der Menschen in den KZs» hergestellt worden und daß dieser Werksteil nun von den Russen demontiert wird, nachdem die Amerikaner, die zuerst im Ort waren, alle Konstruktionszeichnungen und Patente sowie etliche Manager und Wissenschaftler mitgenommen hatten, versteht man. Und zwischen Werk und Ort klafft am Bahnhof ein riesiger Krater, wo in den letzten Kriegstagen ein mit hier gefertigtem Sprengstoff beladener Güterzug explodiert war und seine Botschaft für Frieden und Aufbau dem Ort eingeprägt hatte.

Gustav tritt – zusammen mit seinem Vater und seiner Schwester – am 1. 12. 1945 der SPD bei, wohl wissend, daß in der SBZ in wenigen Monaten deren Vereinigung mit der KPD ansteht, aber er bejaht die Einheit der Arbeiterklasse, wie es ja in der Tat 1945 der größte Teil der Basis tat, wenn sie nicht zuerst von der kommunistischen Führung im Osten und dann durch die sozialdemokratische im Westen davor zurückgehalten wurde. War dieser Eintritt in die SPD eine Demonstration der Treue, der Versuch zu einer Gewichtsverlagerung in der künftigen Einheitspartei oder eine Fehleinschätzung? Auch sein Vater und Vorbild war damals für die Einheit, und daß einige Sozialdemokraten – die Herr Gebhardt in der Erinnerung als Ingenieure und Doktoren bezeichnet und damit quasi aus der Arbeiterklasse ausgrenzt (obwohl er doch mittlerweile selbst Ingenieur und seine Tochter Doktorin ist) – sie nicht wollten und austraten, hat ihn sicher auch damals wenig gestört.

So ein eingefleischter Sozialdemokrat war ich ja noch nicht.

In der Tat, mit seinen kaum 18 Jahren beschäftigte ihn anderes: Schon bevor er in den Krieg mußte, hatte er sich in ein Mädchen aus kommunistischem Elternhaus in der Nachbarschaft verliebt, die jetzt in einem schnellen «Volkslehrerkurs» zur Unterrichtung oft gleichaltriger oder älterer Kriegsheimkehrer ausgebildet wird und schon in die KPD eingetreten ist. Kein Wunder, daß er von Begeisterung für die Einheit spricht und daß auch die Kommunisten ihn mit zum Jugendvertreter in der neuen Ortsparteileitung der SED bestimmen.

Schon 1947, als er ausgelernt hat, heiraten sie. Er ist 20 und sie 19, und sie brauchen einen Ehedispens, den ihm die Mutter geben muß, nachdem sein Vater, der ihm bisher in allem Ratgeber gewesen war, ein paar Monate vorher an einer Operation gestorben war. Sie bauen sich in einer Ruine eine kleine Zweizimmerwohnung unterm Dach aus, und das erste ihrer vier Kinder wird gezeugt.

Bis dahin klingt alles wie ein Drehbuch zu einem sozialistischen Heimatfilm. Und seine Botschaft, daß Aufbau und Einheit zusammengehören, ist Herrn Gebhardt über das Happy-End hinaus in Fleisch und Blut übergegangen und macht sich auch noch am unvermuteten Ort bemerkbar. Ich habe schon erwähnt, daß es ihm als Leiter seines Kollektivs, in dem auch ein CDU-Stadtverordneter und ein LDP-Kreistagsmitglied arbeiten, wichtig ist, sagen zu können: «Da gibt's keine Gegensätze, da gibt's eine Linie, einen Strang!» Die Einheit hat für ihn offenbar eine ausbreitende Eigenschaft und vereinnahmt auch, was strenggenommen mit der Einheit der Arbeiterklasse wenig zu tun hat. Wenn wir über die SPD im Westen diskutieren, über die er sich als «politischer Mensch» laufend (im West-Fernsehen) informiert – insofern kommt ihm auch das Grundgesetz leicht von der Zunge –, dann geht es ihm weniger um die Linie als um deren Verbindlichkeit.

Teilweise die Querelen, die's dort gibt, das ist nicht mein Stil... Eine Partei muß komplett stehen, da darf es keine Abweichungen geben. (Und zum Schluß sagt er noch einmal:) Es fehlt die Einheitlichkeit.

Aber nicht etwa zwischen der SPD und der SED, deren entkrampfte Beziehungen er begrüßt, sondern in der Frage, ob die SPD nun in den Ländern mit den Grünen koalieren soll; für beides könne man argumentieren. Aber was ihm fehlt, ist die einheitliche Linie. Der Einheitsüberschuß, der über die historische Vereinigung der Arbeiterparteien und über den Parteizentralismus der kommunistischen Tradition hinausdrängt und als Norm auch politisch Diverses übergreift, verdankt sich der Kultur autoritärer Einheit, die für die Leute in der DDR nun schon über ein halbes Jahrhundert durch den tiefsten politischen Kontinuitätsbruch der deutschen Geschichte hindurch besteht und als selbstverständliches Element die politische wie die alltägliche Kultur durchwebt. Die gesellschaftliche Verneinung des Pluralismus verlagert die gleichwohl vorhandenen Konflikte ins Innere der Personen, wenn diese nicht ausgegrenzt werden wollen, und besonders ins Innere jener Verantwortlichen, die Konsens erzielen müssen, wenn sie nicht ausgrenzen wollen.

Ab 1948 ist von Begeisterung bei Herrn Gebhardt nicht mehr die Rede. Der Schwung des Aufbruchs kommt ins Stocken. Warum, sagt er mir nicht, aber die Daten werden mager. Er gibt die Jugendarbeit auf, mit gerade 21. Das klingt vernünftig für den Familienvater, aber für Jugendfunktionäre der DDR ist das überhaupt kein Alter. Und die FDJ, die er im Ort mitbegründet hat, geht jetzt zum System der hauptamtlichen Funktionäre über, aber die Wahl fällt, obwohl er die Jugendschule besucht hat, offenbar nicht auf ihn. Auch aus der Ortsparteileitung scheidet der ehemalige Sozialdemokrat aus, jetzt wo in der «Partei neuen Typs» Sozialdemokratismus ein Schimpfwort wird und das System der paritätischen Vorsitzenden aus beiden Parteitraditionen auf allen Ebenen dem stalinistischen Prinzip des Generalsekretärs und seiner untergebenen Leiter weichen muß. Die sozialdemokratische Herkunft von Funktionären treibt sie nun oft ins Abseits oder in die Überanpassung. Herr Gebhardt ist der sozialdemokratischen Tradition durch den Tod seines Vaters und seine Heirat mit einer Kommunistin entrückt und wählt einen Mittelweg, sozusagen das konstruktive Abseits.

In seiner Biographie sind keine Narben zu erkennen, ob gut verheilt oder nie entstanden, kann man nicht sagen; wahrscheinlich war es in seinem Fall eine als fast natürlich erfahrene Gewichtsverlagerung. In der «Parteiüberprüfung» der frühen fünfziger Jahre, als ein Zehntel der Parteimitglieder (wohl meist Nazis und Sozialdemokraten) ausgeschlossen wurden, scheint er keine Probleme gehabt zu haben. Jedenfalls verlagert sich der Schwerpunkt seines Lebens aus der Politik in die Bereiche der Familie und des Berufs. Und wie einsichtig das ist: 1952 kommt das zweite, 1954 das dritte Kind, und erst da können sie aus den zwei Dachzimmern in eine 4-Zimmer-Wohnung umziehen, um dort noch ein Kind zu bekommen. Während all dieser Schwangerschaften und Kleinkindphasen arbeitet seine Frau, die sich mittlerweile qualifiziert hat, als Lehrerin immer durch; das bringt auch für den Mann einiges an Pflichten, obwohl eine Schwägerin, die nicht erwerbstätig ist, als Tagesmutter einspringt.

Im Betrieb wird er anerkannt, seine Werkstatt mit fast hundert Mann wählt den jungen Schlosser als Gewerkschaftsgruppenorganisator – «damals wurden sie noch gewählt», merkt er stolz und nostalgisch an – und er bleibt das sechs Jahre, später wieder unter dem alten Namen Vertrauensmann, während als Vorsitzender der Betriebsgewerkschaftsleitung, die den Betriebsrat ersetzen soll, ein süddeutscher Luftwaffentechniker ohne Vorerfahrungen in der Arbeiterbewegung eingesetzt wird, der vier Jahre gegen die Sowjetunion im Einsatz gewesen und in Mitteldeutschland hängengeblieben war. Vertrauensmann, das ist die unterste, basisnächste Funktion, die man – ehrenamtlich, versteht sich – in der Gewerkschaft haben kann, obwohl sich Gebhardt in einer Gewerkschaftsschule weitergebildet hatte. Er verweilt also im äußersten Vorhof der Politik, ganz unten in einer Gewerkschaft, in der heute jeder ist und auch damals schon mehr als jeder zweite war. Das alles sagt er nicht. Er sagt nur:

Uns wurde nichts geschenkt, obwohl wir Funktionäre waren.

Die Entscheidungssituation am 17. Juni 1953 bleibt ihm erspart, weil er nach einem Arbeitsunfall mit einer Augenverletzung zu Hause im Bett liegt. Als Brigadier beginnt er sich im selben Jahr zu qualifizieren, macht bis 1956 in Leipzig einen Meisterkurs, was in der DDR als Studium gilt, und kommt in die Arbeitsvorbereitung, sozusagen als Praktikum für ein Studium. 1959 bezieht er auf Kosten des Betriebs eine Fachhochschule, 30 km entfernt, wo der Vater von vier Kindern für zwei Jahre internatsmäßig untergebracht wird. Das war hart, denn Chemie lag dem 32jährigen Schlosser mit Volksschulbildung gar nicht, aber er beißt sich durch und schließt den Ingenieur der chemischen Verfahrenstechnik mit Bravour ab.

Zurück im Betrieb, wird er sofort Gruppenleiter für Arbeitsschutz. Hier kann er seine neuen technischen Kenntnisse mit seinem gewerkschaftlichen Engagement verbinden. Im Jahr der Mauer hat die Republik große Not, die teils weg-, teils ausgelaufenen akademischen Qualifikationen zu ersetzen. Nach acht Jahren, als das Werk in ein Kombinat eingegliedert wird, steigt er zum Gruppenleiter für Sicherheitstechnik in der Konzernleitung auf, drei Jahre später wird er dessen Sicherheitsinspektor, eine umfassende Verantwortung für Arbeitsschutz, Sicherheit und Umweltfragen als staatliches Kontrollorgan, das vom Werk im Range eines Abteilungsleiters mit ungefähr dem doppelten des DDR-Durchschnittslohns besoldet wird. Die Sicherheitsverantwortung für eine der größten Giftküchen der Republik, das ist ein Himmelfahrtskommando, auf dem er nun schon 27 Jahre aushält. Obwohl er noch eine Kreisparteischule besuchte – die unterste Form der politischen Weiterbildung, mit der man nicht viel werden kann, die er aber für seine Aufgabe als Leiter eines Kollektivs von technischen Spezialisten zu brauchen meint –, ist an eine selbständige politische Tätigkeit z. B. als Parteisekretär gar nicht mehr zu denken.

Das erfordert meine ganze Kraft. Und deshalb kann ich nicht nur Funktionär sein. Ich bin für den Betrieb Tag und Nacht bereit, meine Aufgaben zu lösen. Tag und Nacht. Und da ist eben die partei- und gewerkschaftspolitische Tätigkeit in die Arbeit integriert. Man kann nur eines 100prozentig machen. (Und wenig später noch einmal:) Für meinen Staat und meinen Betrieb gebe ich meine ganze Kraft.

Die Spur der Politik gibt also nur einen Hintergrund für das politische Selbstverständnis, das in unserem Ausgangszitat zum Ausdruck kam. Nun ist klar, daß er weder täuscht noch irre ist, und auch die Abweichung ist allenfalls eine erfahrene. Das war damals 1948, als er – vielleicht für ihn selbst kaum merklich – aufs Nebengleis der gestaltenden Politik gedrückt wurde, aber bei den Losungen von Einheit und Aufbau blieb und seine berufliche Kraft, die gebraucht wurde, für eine besonders schwierige Funktion, für die technisch qualifizierte Austarierung der Interessen der Kollegen und der ökonomischen des Betriebs und des Ganzen, zur Verfügung stellte. Der politische Raum, der ihm dort verblieb, ist in der Tat ein exekutiver, aber er beharrt, daß es ein politischer sei. Wollen wir verstehen, warum Politik in der Durchsetzung der Gesetze besteht (mit den regulativen Größen der Menschheit, der Werktätigen und des Betriebs), müssen wir uns also näher um die Arbeit von Gustav Gebhardt bemühen. Einen ersten Fingerzeig hat er gleich im Anschluß an unser Ausgangszitat gegeben.

Herr Gebhardt widersprach meiner kecken Übersetzung seiner Definition von Politik als Verwaltung nicht frontal, sie ist ja auch nicht ganz falsch. Wo alles Staat ist, ist irgendwie auch alles Verwaltung. Er war eher enttäuscht, daß ich ihn mit dem, was er für bürokratische Herrschaft hält, gleichsetzte, seine Probleme nicht sah. Er sagte: «Na ja, gut. Ja.» Und er gab ein Stichwort, das er zwar kaum näher behandelte, das ich mir aber aus den Sorgen anderer Vorgesetzter in der Industrie enträtseln kann: «wegen des Wettbewerbs» sei dies hier etwas anders zu sehen.

Der geht an uns nicht vorüber, ja? Das ist ja ooch 'ne politische Arbeit: Durchsetzung Wettbewerb, Neuererwesen usw. Da ist also bei uns jeder Leiter verpflichtet, da politisch zu wirken, daß das auch wirksam wird.

Der Wettbewerb ist in der Produktion der DDR der Euphemismus für den Akkordlohn, der die Planwirtschaft mit Leistung erfüllen soll und bei übererfülltem Plan zu übertariflicher Entlohnung führt, zu den sog. Prämien. Das ist gewiß kein kommunistischer Traum, aber ein denkbares Modell einer sozialistischen Leistungsgesellschaft. In der Praxis führt es zu aufreibenden Führungsproblemen: Die Prämien sind nämlich längst ein angestammter Lohnbestandteil, und sie werden verlangt, egal ob der Plan erfüllt ist oder nicht. Wenn er nicht erfüllt ist und sie ausbleiben müßten, gibt es Krach. Und die Kollegen an der Maschine sind mit ihren Chefs per Du, kommen aus denselben Familien, wohnen in denselben Häusern, beackern in derselben «Sparte» ihren Schrebergarten, sitzen in den Gewerkschafts- und etliche vor allem der Älteren auch in den Parteiversammlungen mit ihnen zusammen und können ihnen hier die Hammelbeine langziehen. Wo die Sozialkontrolle nicht hinlangt, mag obendrein die institutionelle Kontrolle wirksam werden, nämlich im sog. Dreierkopf, in dem der für die Produktion verantwortliche Manager mit dem Partei- und dem Gewerkschaftssekretär verbunden ist. Meist wirken die Funktionäre hier zwar zusammen, um das betriebliche Geschehen unter dem Ziel ökonomischer Pflichterfüllung zu harmonisieren, aber idealtypisch spielen sie unterschiedliche Rollen: Der Manager – oder wie es in der DDR heißt: «die staatliche Seite» – hat die Leistung zu bringen, d. h. die technischen, organisatorischen und disziplinären Probleme zu lösen, die Partei kontrolliert die Planerfüllung, und die Gewerkschaft sieht darauf, daß sich die Arbeitsbedingungen verbessern und daß die Kollegen zu ihren Prämien und einer Lohnsteigerung kommen. Das Doppelsystem der institutionellen und sozialen Kontrolle ist wirksamer als die Handlungsmöglichkeiten des Managers. Denn wenn der Plan nicht erfüllt und mögliche Produktivitätsfortschritte nicht realisiert werden, liegt es meist an externen Faktoren, vor allem an stockender Zwischenproduktversorgung zwischen unterschiedlichen Industrien und an der Devisenknappheit des Staates, die den Kauf von Rohstoffen, Energie, spezialisiertem Gerät und fortgeschrittener Technologie behindert. Selbst wenn es möglich wäre, solche Standardprobleme durch Überarbeit zu kompensieren, sind die Belegschaften dazu nur noch selten bereit, und die Gewerkschaft, zur Not auch das Arbeitsgericht, verhilft ihnen zu ihrem Recht – «im Zweifel immer für die Werktätigen», wie manch ein Vorgesetzter stöhnt, offenbar auch wenn sie im Werk weniger tätig waren.

In dieser Klemme wachsen die Magengeschwüre, gerade bei den unmittelbaren Vorgesetzten der Aufbaugeneration, die selbst Arbeiter waren, nur schnelle Ausbildungspressen absolvieren konnten, sich für den Weg zum Sozialismus mit verantwortlich und den wachsenden Problemen nicht gewachsen fühlen. Diese krankmachende und resignative Verinnerlichung der Probleme bestand für frühere, aus dem Kapitalismus übernommene Vorgesetzte viel weniger, weniger auch für die jüngere Generation, die von der Hochschule kommt, die Verhältnisse vorfindet und in spezialisierter Zuständigkeit am Problemstau arbeitet. Die mittlere, die Aufbaugeneration jedoch ist oft enttäuscht, wird krank oder sucht nach phantastischen Befreiungsschlägen: Allgemein schimpft sie auf die faule Jugend, das Devisenproblem ist für viele ein nicht weiter erklärungsbedürftiges Passepartout. Einige versuchen es mit Grobheit, Unnahbarkeit oder Drohungen, und manche wie Herr Gebhardt, die es sich nicht so leicht machen, meinen, wenn alle Vorschriften eingehalten würden, dann müßte sich auch das Gute der Politik der Menschheit und den Werktätigen mitteilen – während wieder andere fürchten, daß dann der ganze Betrieb zum Stillstand käme.

Im Falle von Herrn Gebhardts technischer Entwicklungs- und Überwachungs-Abteilung liegt das Problem des Wettbewerbs noch etwas komplexer: Die Planwirtschaft hat bei solchen Tätigkeiten ohnehin etwas Fiktives. Da betriebsdienliche Innovationen von Betriebsangehörigen in der DDR als Neuerervorschläge willkommen sind und – als weiterer Teil des Wettbewerbs – mit weiteren Prämien honoriert werden, ist das Führungsproblem vielleicht nicht so hart, aber noch diffiziler. Denn welche Kreativität und Wachsamkeit der Mitarbeiter ist nun planmäßig und welche über Plan? Darüber muß der Vorgesetzte entscheiden, und er entscheidet damit über Einkommen und Ansehen seiner Mitarbeiter im Konflikt mit der planmäßigen Leistung und dem Kollektivgeist seiner Abteilung.

Außerdem muß die Abteilung die auf Arbeits- und Umweltschutz zielenden Neuerervorschläge, die aus der Produktion kommen, auf Machbarkeit, Effekt und Wert prüfen und muß damit diesem Innovationspotential Anreize bieten, die aber oft in Konkurrenz zu eigenen Problemlösungen wie auch zu verfügbaren Ressourcen stehen und insofern viel konflikthaltiger sind als die meist erfolgreichen Rationalisierungs- und Materialersparnisvorschläge der Basis. Das ist ein komplexer und keineswegs unpolitischer Austarierungsprozeß inmitten einer Schar von Mitarbeitern, die meist jünger und d. h. häufig besser ausgebildet sind als der Chef und sich durch Mitgliedschaften in den Blockparteien politisch unangreifbar gemacht haben. Der Chef aber ist umstellt von mehreren Agenten institutioneller Kontrolle, die alle nur das Beste für die Werktätigen wollen, aber die einen en gros und die anderen en detail.

Das Stichwort Wettbewerb hat mir Herr Gebhardt aber nur gegeben, um meine Verkürzung seiner Definition des Politischen zu differenzieren; diese selbst erklärt es noch nicht. Bisher hat die Betrachtung der politischen Vorerfahrungen seinen technisch-exekutiven Beruf als politisches Residual erklärt und die seiner Leitungstätigkeit das politische Spannungsgefüge zwischen dem Nutzen der Werktätigen und des Betriebs, sowohl dieses einzelnen Werks als auch des Gesamtbetriebs DDR, in den Blick gebracht. Es gab aber in unserem Ausgangszitat noch zwei andere überraschende regulative Größen, nämlich auf der einen Seite Gesetze und Vorschriften, die sich aus der «Verfassung» herleiten, und andererseits der Nutzen der «Menschheit», und zwar ohne Qualifikation durch in der DDR häufige Zusatzbestimmungen wie Klasse, Lager oder auch Staatsangehörigkeit. Von der Verfassung wurde von unseren Gesprächspartnern in der DDR sonst so gut wie nie gesprochen, von der Menschheit selten und dann fast regelmäßig im Zusammenhang mit dem in der DDR jenseits aller politischen Unterschiede völlig konsensualen und intensiven Interesse an Frieden und Abrüstung. Das teilt auch Herr Gebhardt, aber das kann er hier nicht meinen. Es muß also mit seiner ganz spezifischen Funktion zu tun haben, wenn der Auftrag der Verfassung und der Nutzen der Menschheit den Spannungsbogen seiner politischen Alltagspraxis ausmachen.

Wie gesagt, Herr Gebhardt ist Sicherheitsinspektor eines der größten und wohl auch im Bestand ältesten Chemiekombinate der DDR. Es ist aus dem Zusammenschluß von zwei Werken der IG-Farben entstanden, von denen das eine aus der Jahrhundertwende, das andere aus den zwanziger Jahren stammt. Ihre Anlagen sind in ihrem Kernbestand veraltet, aber ihre Produktion hat im Rahmen der sozialistischen Länder eine technologische Spitzenposition und wird zu einem Drittel exportiert und davon wieder ca. ein Viertel nach Westen. D. h. es gibt eine erhebliche volkswirtschaftliche Erwartung an dieses Unternehmen, die im Grunde seine technischen und ökonomischen Möglichkeiten überfordert. In derselben kleinstädtischen Agglomeration liegen noch ein weiteres, mit 18 000 Beschäftigten rund halb so großes ehemaliges IG-Farben-Werk und ein größeres Braunkohlenkombinat. Sie bilden ein ökologisches Ensemble, so als ob man sich das Bottrop und Leverkusen der sechziger Jahre vereinigt dächte: die Giftküche der Republik. Der Volksmund spricht vom «Luftgeld», das die Ärzte hier bekommen sollen, damit sie sich nicht in gesündere Gegenden verdrücken, angeblich eine Prämie von 200 Mark im Monat (das ist etwa die Hälfte der Durchschnittsrente und ein knappes Fünftel des Durchschnittsverdiensts in der DDR, also ein erheblicher Betrag). Wo die Durchgangsstraßen der beiden alten, mittlerweile durch eine gigantische Chemielandschaft zusammengewachsenen Ortskerne sich treffen, liegt die «Säurekreuzung», markiert durch eine gelbe Abgasfahne aus der Salpeterproduktion. Als vor einigen Jahren die Ost-Berliner Autorin Monika Maron einen Roman über die Versuche zur Stillegung des alten Hauptkraftwerks der Chemiefabrik, aus dem der Ruß über die ganze Agglomeration rieselte und über die daraus sich entwickelnden Konflikte zwischen Ökonomie und Ökologie schrieb, durfte das Buch in der DDR nicht erscheinen, obwohl sie die Tochter des ehem. Innenministers der DDR ist.[1] Das mag als Stichworte genügen, daß wir uns mit Herrn Gebhardts Definition in einem Brennpunkt zwischen humanen und produktiven Interessen in der DDR befinden. Die sind so brisant, daß sie in der Öffentlichkeit der DDR nicht ausgetragen werden durften; dafür beherrschte ihre Spannung den Alltag und das Innenleben von Herrn Gebhardt.

Wissen Sie, (sagt er) das, was hier an Umwelt- und ökologischen Problemen ist, das gefällt uns allen nicht, auch mir nicht, unseren Funktionären, den politischen Funktionären nicht. Wir haben also damit zu kämpfen, daß die Bevölkerung das ooch nicht mehr so hinnimmt.

---

1 Monika Maron: Flugasche, Frankfurt/M. 1981.

Es gehe vor allem um die Integration der Abluft- und Abfallproblematik in die Forschungs-, Entwicklungs- und Produktionsplanung. Und es gehe darum, daß die Produktionsarbeiter die Anlagen nicht nur unter Akkordgesichtspunkten fahren, damit nicht in der Nachtschicht, wenn die Vorgesetzten nicht da sind, die ohnehin nicht schöne gelbe Fahne über der Salpeterproduktion zum braunen, dikken Qualm wird.

Die Disziplin kann das Bewußtsein unter komplexer gewordenen Bedingungen nicht mehr ersetzen. Der quantitativen Produktionssteigerung, mit der sich der staatliche Manager profilieren kann, muß ein menschliches Regulativ entgegengesetzt werden. Und das hat nun wieder zwei Seiten, eine ökonomische und eine politische, die beide auf strukturelle Schwachpunkte verweisen, die Herr Gebhardt politisch überwinden muß. Für das erste gibt er Beispiele, denn über den Zwang des Ökonomischen kann man im Realsozialismus immer reden, weniger über jenes Politische, das das Erscheinungsbild der Einheit störte.

Grundstoffe hat die DDR wenig; nach den Nachkriegsdemontagen mußte man auch hier die «unmodernsten Anlagen übernehmen»; zuerst habe der Staat in die Schwerindustrie, später in die Sozialpolitik investiert. Da sei kein Raum für die Entwicklungen eines ökologischen Bewußtseins bei der Modernisierung der Anlagen seit den sechziger Jahren geblieben. Die Forschung auf diesem Gebiet hinkt nach, selbst die ČSSR, deren Industrie das Erzgebirge zu entwalden droht, ist bei der Entwicklung von Filteranlagen weiter. Immerhin könne man das jetzt nachkonstruieren, denn die Übernahme der fortgeschrittenen Technologie aus dem Westen, wie er es mit einem umweltfreundlichen japanischen Verfahren als Ersatz für die überalterte Düngemittelproduktion hier versucht hat, ist aus Devisenknappheit selten praktikabel und hat auch hier nicht geklappt.

Deshalb müssen seine Ingenieure in den Projektentwicklungsgruppen häufig auf «Ersatzmaßnahmen», also Behelfe und Kompromisse ausweichen, wenn sie den Produktionsauftrag des Werkes nicht gefährden wollen. Gewiß, rein rechtlich hätten der Sicherheitsinspektor und seine Beauftragten Veto-Power, als staatliches Kontrollorgan könnten sie die Inbetriebnahme unzureichender Anlagen blockieren.

Aber erstens sind die unzureichenden Anlagen ja längst und allzulange in Betrieb, und dann ist es in der Praxis auch schwer, den ökonomischen Argumenten etwas entgegenzusetzen – vor allem greifen bei diesen Abwägungen in den technisch-ökonomischen Entwicklungsteams unmittelbar einleuchtende Argumente betrieblicher Sicherheit, viel weniger die der allgemeinen und indirekten Umweltbelastung. Das könne man am Beispiel der Kernkraft erkennen. Ohne sie gehe es künftig bei der Braunkohlebasis der DDR und der Endlichkeit fossiler Brennstoffe überhaupt nicht – eine Reduktion der Produktion sei angesichts der Mangelwirtschaft in der DDR hier weithin undenkbar, und die Erwägung anderer Energiearten, die nur kostenaufwendig und langfristig erschlossen werden könnten, liegt außerhalb seines praktischen Denkens. Nach Tschernobyl reduziert sich die Frage auf die sicherheitstechnische Beherrschung, und die hat wieder pragmatische Maßstäbe. Einen ähnlichen Reaktor in einem benachbarten Chemiestandort hat man nach Tschernobyl abgeschaltet und überprüft, jetzt läuft er wieder.

«Aber sicherheitstechnisch muß er in Ordnung sein, und man muß die Wahrheit sagen, wenn mal wo 'ne undichte Stelle ist, das darf man nicht verschweigen.»

Damit sind wir beim politischen Problem. Denn die Frage ist, wem man die Wahrheit sagen muß. Herr Gebhardt hat angeführt, daß die Bevölkerung die ökologische Belastung durch die Industrie nicht mehr hinnehme. Der auswärtige Beobachter kann das kaum feststellen, denn in der Bevölkerung wird zwar geklagt, aber daraus entsteht keine Kraft, die als Gegengewicht gegen die ökonomische Rationalität fühlbar würde und die den Handlungsspielraum des Sicherheitsinspektors erweitern könnte. Die Presse berichtet fast nur über die gelösten Probleme, und gelegentlich auch, wenn sie gar nicht gelöst sind. Die Befragten betonen meistens, daß es schon viel besser geworden sei mit dem Dreck. Und in der Tat, in der Chemiefabrik ist ein neues Kraftwerk mit geringeren Emissionswerten gebaut worden als das alte, das Monika Maron in ihrem Roman aufs Korn genommen hatte. Dieses ist freilich nicht stillgelegt worden, sondern man deckt jetzt den Energieverbrauch der Bevölkerung in der Stadt aus ihm;

damit ist das Kombinat zunächst einmal aus dem Schneider, und die Bevölkerung kann sich bei sich selbst beschweren. Es sollen jetzt aber nach und nach Filter eingebaut werden, und die Kapazität ist ja erheblich herabgefahren worden.

Obwohl das Problem in der Öffentlichkeit nicht diskutiert und ausgefochten wird, wissen die Funktionäre – und insbesondere die politischen –, daß es existiert; sie wissen es aus Berichten und Versammlungen, und sie bringen es ins Spiel. Nicht aus der höheren wissenschaftlichen Einsicht, derer sich der Sozialismus so gerne rühmt, sondern weil es einen Widerstand gibt, den es andererseits aber auch wieder nicht gibt – es gibt ihn als geahntes Berücksichtigungspotential, nicht als organisierte Kraft. Das vermindert sein spezifisches Gewicht, wenn es zu Abwägungen kommt. Deshalb formuliert Gustav Gebhardt bündig, als ich ihn im Zusammenhang unserer Ökologiediskussion nach der größten Schwierigkeit in seinem Bereich frage:

Die Durchsetzung der Gesetze, das ist das Schwierigste.

Auf der anderen Seite stehen die ökonomischen Widerstände, gut organisiert und mit absehbaren Argumenten; auch gibt es «materialtechnische Fragen», z. B. daß die Anlagen nicht so ausgelegt sind, daß sie den arbeits- oder umweltschützerischen Vorschriften entsprechend umgerüstet werden könnten, also stillgelegt werden müßten. Oder daß man bei Neuinvestitionen «nicht absolut notwendige Dinge wegstreicht, die zu einer anständigen Anlage gehören». (Als Beispiele aus dem Arbeitsschutz führt er die Streichung der Sozialräume oder der Löschbrausen für den Brandfall an, was auch auf die Nichtbeteiligung oder Nachgiebigkeit der Betriebsgewerkschaftsleitung schließen läßt.)

Was hat er als «politischer Mensch» als Waffe, wenn die Gefahr droht, daß der Arbeitsschutz oder Umweltschutz in den Abwägungen untergebuttert oder dem Devisenmangel und den Produktionszwängen geopfert werden könnte? Er hat nur das Gesetz im Rücken, und wenn es hoch kommt, kann er die DDR-Verfassung beschwören, in der im Gegensatz zum Grundgesetz der Umweltschutz Verfassungsrang besitzt. Aber das ist in diesen Drucksystemen, in denen nicht zwischen unterschiedlichen Akteuren entschieden werden muß, sondern alle in der Partei und im großen Aufbauwerk zusammenwirken, eben keine Schranke, sondern nur ein Faktor, der in die Abwägungen eingeht. Verweigert er seine Zustimmung, so steht er allein gegen den weiteren Aufbau und das Einkommen der Kollegen. Und diese Verantwortung kann er auch nicht mit einer Institution außerhalb dieses Drucksystems teilen, denn Verwaltungsgerichte gibt es in der DDR nicht. Nur wenn etwas passiert, dann zeigt das Gesetz seine Zähne, denn Strafgerichte gibt es wohl, und der Sicherheitsinspektor ist strafrechtlich für die Sicherheit der Menschen, der Werktätigen und des Betriebs verantwortlich. Herr Gebhardt kennt Kollegen aus anderen Werken, die deshalb im Gefängnis sitzen. Mit 60 Jahren kann er diese Verantwortung, diese Spannungen nicht mehr ertragen und möchte auf einen einfacheren Job zurück.

Aufbau und Einheit, jene Formeln, die seine politische Perspektive im Ansatz geprägt, die sich auch in sein privates Leben eingeschrieben haben und über die er insofern nicht hinausdenken kann, ohne seine ganze Lebenserfahrung in Frage zu stellen – sie erweisen sich als das Medium seiner Handlungen und zugleich als sein objektiver Gegner, gegen den ihm nur der Beistand des Gesetzes bleibt. Aber ist es ein Beistand, oder ist es nicht vielmehr ein immer nur in Kompromissen erfüllbarer Auftrag und obendrein eine Drohung, die sich gegen ihn selber wendet? Quasi als eine Art Ein-Mann-Öffentlichkeit und Stellvertreter der allgemeinsten Interessen der Menschheit muß er das Gesetz durch Überzeugungsarbeit bei Managern und Werktätigen zur Geltung bringen, obwohl ihn kein Druck von außen unterstützt, sondern alles nach innen abgeglichen werden muß. Das ist das Politische an seiner Arbeit und zugleich das Schwierigste.

Ein deutsches Familiendrama oder wie politisch ist das Private?

Susanne Murowski, Stadträtin, 58 Jahre

Susanne Murowski gehört zu einer alten CDU-Familie: Ihr Vater hatte die Christlich-Demokratische Union 1945 in einer Kleinstadt des Nordens der sowjetischen Besatzungszone mitgegründet; sie selbst war schon 1946 eingetreten und später Bürgermeisterin bzw. Kreisrätin für ihre Partei geworden. Und ihr Sohn setzt diese Tradition in dritter Generation fort: Er ist ebenfalls CDU-Bürgermeister einer Kleinstadt der nördlichen DDR.

Das Interview mit ihr schien also vorprogrammiert: Was lag näher, als mit ihr zusätzlich zu den immer gestellten, ausführlichen Fragen zu ihrer Lebensgeschichte vor allem über ihr persönliches Verhältnis zur Politik im allgemeinen, über ihre Beziehung zur SED im besonderen oder über die Akzeptanz der «führenden Rolle der Arbeiterklasse» durch die CDU zu sprechen. Aber es kam – wie häufig – anders...

Frau Murowski war uns vom VKSK (dem Verband der Kleingärtner, Siedler und Kleintierzüchter) offiziell als Gesprächspartnerin genannt worden. Das hatte folgende Vorgeschichte: Nachdem uns der FDGB und die SED-Kreisleitung die Interviewpersonen präsentiert hatten, unter denen zu viele SED-Mitglieder, zu viele relativ junge Männer mit Bilderbuchkarriere waren, ging Dorothee Wierling zum DFD (Demokratischer Frauenbund) und ich zum VKSK, um Gesprächspartner mit anderen Charakteristika zu suchen. Dort versprach man auch mit freundlicher Vehemenz Hilfe, aber wir waren noch nicht wieder in unseren Hotels, als ein pikierter Kreisleiter der SED anrief mit der Rüge: Wir hätten uns doch gleich an ihn wenden sollen.

Frau Murowski, die uns dann vom VKSK unter Billigung der SED zusammen mit einigen anderen Imkern, Züchtern und Vorsitzenden der örtlichen Schrebergarten-«Sparten» im Hotel besuchte, war jedoch keine Schrebergärtnerin, sondern «Siedler», und dies nicht einmal selbst; denn ihr Vater hatte 1935 ein Haus bezogen, das «kollektiv» und mit einer Eigenbeteiligung von 2000 Arbeitsstunden gebaut worden war. Offensichtlich hatte sie mit dem Erbe des Hauses auch die Mitgliedschaft im VKSK übernommen – oder sie war uns aus anderen Gründen geschickt worden, wie nach der Vorgeschichte und unserem gewachsenen Mißtrauen erwartet werden konnte.

Für ein Interview schien sie auch sonst ein schwerer Brocken: stämmig, bärbeißig, laut; und in der ersten allgemeinen Vorstellungsrunde berichtete sie vom Widerstand ihres Vaters im Nationalsozialismus und demonstrierte deutlich «gesellschaftliche Aktivität» und die richtige Gesinnung, wohl deshalb, so schien es, weil sie eben für die CDU und nicht für die SED Bürgermeisterin in einem Nest nahe einer größeren Stadt im Norden gewesen war.

Das waren die ersten Eindrücke. Ganz anders Frau Murowski später im Gespräch bzw. auf dem Tonband: Jedesmal, wenn ich das Interview anhöre, bin ich überrascht, wie sanft und liebenswürdig ihre Stimme klingt und mit welcher Nachdenklichkeit, Offenheit und Differenziertheit sie ihr Leben schilderte. Und dieses Leben entpuppte sich mehr und mehr als ein Drama, in dem die Protagonisten in sehr privat erscheinenden Tableaus gegeneinander agierten und ausschließlich persönliche Motive ins Feld führten, obwohl oder weil sie in schwer durchschaubaren und in ihrer Wirkung kaum abschätzbaren politischen Zusammenhängen lebten. Bei der CDU-Aktivistin Frau Murowski gewannen immer deutlicher die «rein persönlichen Geschichten» wie das Ehedrama, die Scheidung von ihrem Mann und die Flucht ihrer Tochter zu ihrem Geliebten und späteren Ehemann in den Westen an Bedeutung gegenüber der «rein politischen» Seite ihrer Biographie.

Wie komplex sich dieses Verhältnis von «öffentlich-politischen» und «privaten» Elementen in ihrer Selbstdarstellung auffaltet, zeigen schon die «Eckdaten» ihrer Lebensgeschichte:

Sie wurde 1928 in einem Dorf, das inzwischen den Schaufeln der Braunkohlebagger zum Opfer gefallen ist, geboren: Ihre Mutter war «in Stellung gegangen», also Dienstmädchen geworden, ehe sie nach der Hochzeit ihre Erwerbstätigkeit aufgab. Der Vater, ein Kino-Geiger, wurde mit dem Tonfilm 1929 arbeitslos und blieb dies bis 1937, als er erneut als Musiker Arbeit fand – dank der wachsenden Bedeutung der Marschmusik.

Susanne besuchte die Volksschule und die Handelsschule, schloß als «Kaufmann» ab, wurde zunächst in den Versand und 1944 in eine Werksküche dienstverpflichtet. Seit 1945 arbeitete sie als Kontoristin in mehreren Betrieben ganz unterschiedlicher Art, sowohl mehrfach in einem großen Kombinat als auch in «privaten» Firmen.

Ihr Vater spielt eine große Rolle in ihrer Lebensgeschichte, ebenso wie ihre Mutter, die bis zu ihrem 90. Lebensjahr bei ihr wohnte. Der Vater schoß sich 1939 in den Oberschenkel, um als gläubiger Katholik nicht zu einem Erschießungspeloton herangezogen zu werden. Siebenmal stand er deshalb vor dem Kriegsgericht. 1945 schauspielerte er den Geistesgestörten, um nicht noch am Ende mit den Nazis wegen einer Zwangsarbeiterhilfe ernster in Konflikt zu geraten. Diese Geschichten sind sehr beeindruckend und werden routiniert vorgetragen. Der Vater allerdings hatte der jungen Susanne erst nach dem Krieg von seinen Schwierigkeiten im Nationalsozialismus erzählt, vermutlich weil sie als Kind ganz gern im BDM war (wovon sie aber erst auf Nachfrage berichtete, während sie anfänglich ihre Probleme als Katholikin im Nationalsozialismus betont hatte). Ihr Vater begrüßte 1945 die Befreiung und begriff auch die Sowjets und die dort zunächst einziehenden Amerikaner als Befreier; dennoch war er vorsichtig genug, seine Tochter Susanne – gerade 18 Jahre alt – nach Halle zu einer Säuglingsschwesterausbildung zu schicken, damit sie dem erwarteten Einmarsch bzw. dem Einzug der sowjetischen Besatzungsmacht entgehe. Dies allerdings erzählt Susanne Murowski mit großer Besorgnis, in diesem Fall sogar bei abgestelltem Tonband – wie überhaupt das abgestellte Tonband ein wichtiges Element dieses Gesprächs war.

Schon bald nach der Befreiung gründete ihr Vater zusammen mit anderen die CDU am Ort; sie selbst trat 1946 dieser Partei bei. Im gleichen Jahr heiratete sie einen Flüchtling, mit dem sie drei Kinder, zwei Töchter und einen Sohn, bekam. Sie hörte mit ihrer Kontoristinnentätigkeit bis 1950 auf. Danach arbeitete sie bis 1965 wieder in verschiedenen Büros in ihrem Beruf. Dann ging sie in die Politik:

1965 bin ich das erste Mal delegiert worden. Berufen durch meine Partei, durch die Christlich-Demokratische Union, der ich seit 1946 schon angehöre und deren Mitbegründer der Ortsgruppe D. mein Vater war. Durch diese Partei wurde ich nominiert und erhielt das Mandat des stellvertretenden Bürgermeisters in D.
I.: 1965?
M.: 1965. (Pause) Die Kommunalpolitik hat mich sehr beschäftigt. Und hat mich sehr beflügelt zu allen möglichen Initiativen. Es ist ja so, daß bei der Arbeit, bei der täglichen Arbeit nicht in erster Linie gefragt wird, wo kommst du her und welcher Fraktion gehörst du an, sondern da ist wichtig, wer hat gute Ideen, wer ist nun imstande, die zu verwirklichen, wer hat Durchsetzungsvermögen und, und. Das hat eigentlich gezählt in dieser Arbeit.

Hier wird eher implizit deutlich, warum Frau Murowski die Kommunalpolitik so schätzte; bei abgestelltem Tonband und nach dem Gespräch sagt sie es auch explizit: In der örtlichen Politik kam es nicht so sehr darauf an, ob man der SED angehörte, sondern persönliche Fähigkeiten waren entscheidend, Hilfsbereitschaft, Phantasie und Ideen, die Beliebtheit vor Ort und die Kenntnisse der unmittelbaren Probleme. Darum ging es ihr jedoch, die immer schon «vorneweg» aktiv war und eine «freche Schnauze» hatte und den Menschen helfen wollte, entsprechend ihrer christlichen Grundauffassung. In den anderen, höheren Sphären der Politik waren offensichtlich ihrer Ansicht nach andere Qualifikationen entscheidend – die Zugehörigkeit zur «richtigen» Fraktion, die entsprechenden Seilschaften und Beziehungen, die sozialistischen Strategien. Von sozialistischer Politik ist aber in ihren Aussagen nicht die Rede. Voller Stolz berichtet sie demgegenüber von der Arbeit im Ort, die wirklich zur Verbesserung des Lebens der Menschen beigetragen habe.

Ich hab von 1965 bis Ende '70 dort (im Magistrat) gearbeitet. Weil der Bürgermeister zum Studium war, habe ich zwei Jahre amtiert als Bürgermeister. Wir haben in der Zeit sehr viel geschaffen in unserem Ort. Und ich bin ein Kind des Ortes, mich kannte jeder. Ich war auch in der Lage, die Menschen anzusprechen, mitzuhelfen an dieser oder jener Stelle. (Pause) Wir haben aus einem Tagebaurestloch noch ein Strandbad gestaltet. Die Entwicklung ging allerdings schon von 1956 an, aber offiziell im ganz großen Stil wurde das 1970, nein 1967 in den Jahren so umgestaltet. Das existiert heute noch. Es ist ein Erholungszentrum für Tausende und Abertausende Menschen. Großer Zeltplatz dabei, zwei Versorgungseinrichtungen, Ruderboote und Bootssteg dazu, Umkleidekabinen und alles, was zu so einem großen Freibad gehört. Das wurde alles teils durch Firmen und Betriebe, die beauftragt wurden, aber unter großer Mitwirkung der Menschen unseres Ortes, auch der Betriebe, gestaltet. Ich bin 1970 aus persönlichen Gründen von dieser Tätigkeit ausgeschieden.

An dieser Stelle werden also, ziemlich abrupt, im Zusammenhang mit ihrem ersten Ausscheiden aus der Politik im Jahre 1970 das erste Mal die «persönlichen Gründe» angesprochen, die in der Beschreibung der Wechselfälle ihrer politischen Karriere immer wieder eine Rolle spielten. Nach diesen anfangs eher dürftigen Andeutungen erläutert sie diese Gründe später etwas ausführlicher:

Meine Ehe ging in dieser Zeit kaputt. Vier Monate vor der Silberhochzeit aus dem Grund, weil meine Sekretärin die Ehe zerstört hat. Und es ging kein Weg daran vorbei, daß diese Frau dort entfernt wurde. Wir waren insgesamt im Gemeindeamt zwölf Personen, die dort arbeiteten, und man konnte sich auch nicht aus dem Weg gehen. Und ich habe das nervlich nicht mehr verkraftet und habe mein Mandat – habe um Abberufung gebeten, bin ordnungsgemäß abberufen worden und bin danach in dieses Kombinat zurückgegangen.

Nach ihrem Abgang aus der Kommunalpolitik kehrte sie wieder zurück in ihren Beruf, bis sie 1974 ein erneutes Mandat, dieses Mal als Stadträtin in ihrem Kreis, erhielt; auch dort schied sie 1979 aus – wiederum aus «persönlichen Gründen», die aber nun, nach vollzogener Scheidung, nichts mehr mit dem Seitensprung ihres Mannes in ihre Arbeitssphäre zu tun haben konnten. Wieder ging sie in ihren Beruf zurück und wurde sogar in der «Direktion Kultur- und Sozialwesen als Gruppenleiter für Arbeiterversorgung» tätig, bis sie 1986 frühberentet wurde, da – wie sie meint – ihre Gesundheit gelitten hatte, vor allem durch die privaten Aufregungen. Trotz dieser Bitternisse in ihrem politischen Leben arbeitet sie nun als Rentnerin im örtlichen Büro der CDU.

Und das macht mir wieder Freude. Und dann treffe ich wieder alte Freunde und auch sehr viele junge, mit denen man in der früheren Zeit als Funktionär der CDU schon zu tun hatte. Es ist eigentlich sehr schön. Und da lebt man auch wieder ein bißchen auf.

An diesen melancholischen Rückblicken merkt man, wie tief ihre Trauer um ihre Abgänge aus der Politik sitzt.

Als Frau Murowski von ihrem zweiten Ausscheiden aus der Politik im Jahre 1979 berichtet, bittet sie plötzlich:

Können wir das Tonband mal einen Moment abschalten?
I.: Ja, sicher.
M.: Ich möchte nicht, daß das auf Band kommt, was ich jetzt dazu sage, warum ich dort ausgeschieden bin. Ich habe eine Tochter in der BRD.
I.: Ich schreib mir mal Stichworte –
M.: – Aber bloß so'n bißchen. Ich möchte nicht, daß das irgendwie in die falsche Kehle kommt.

Frau Murowski erzählt dann folgende Geschichte:

Sie hätte eine Tochter seit 1970 drüben in der BRD. Diese Tochter habe von ihrem Ferienort in Ungarn aus «weggemacht». Auf meine Nachfrage erklärt sie, daß sie – die Mutter – davon vorher nichts gewußt habe. Die Tatsache der Flucht der Tochter habe «man hier gewußt», sie habe das nie verschwiegen, das hätte sie auch gar nicht gekonnt. Und 1979 sei hier in der DDR eine, «vielleicht so eine Epoche» gewesen, wo man das mit der Abgrenzung gegenüber der BRD etwas ernster genommen habe. Und sie sei dann aufgefordert worden, sich von ihrer Tochter loszusagen. Sie sollte ihr nicht mehr schreiben und keine Post mehr von ihr empfangen.
Obwohl ihre Tochter schon 1970 geflohen war, sei all dies erst 1979 während ihrer Tätigkeit als Stadträtin von ihr verlangt worden. Jedenfalls habe sie die Unterschrift unter eine Erklärung, die den Kontaktabbruch besiegeln sollte, abgelehnt: Sie könnte das nicht tun, solange ihre Tochter lebe; sie könne sie doch nicht für tot erklären. «Das kriege ich als Mutter nicht fertig. Und da mußte ich gehen.»
Sie sei dann sehr krank geworden, habe erst einmal ein paar Monate mit den

Ärzten zu tun gehabt und «war seelisch vollkommen am Boden». Sie habe das nicht begreifen können. Vielleicht seien da einige Leute «hier auf der unteren Ebene» gewesen, die «das alles ein bißchen enge» genommen hätten. Später habe sie dann erfahren, daß es einen anderen Weg gegeben hätte, weil «ich ein alter Funktionär war». Aber dann sei es zu spät gewesen.

Das waren also die sogenannten persönlichen Ursachen für ihren zweiten und endgültigen Abgang aus der Politik: Die Flucht der Tochter und die Ablehnung des Kontaktabbruchs, der von der Mutter nach der herrschenden politischen Räson gefordert worden war, angeblich um das Sicherheitsrisiko in den sensiblen Bereichen der Politik, der Sicherheit, der Volksbildung usw. zu vermindern.

Hier wird noch klarer als in ihren bisherigen Andeutungen, wie verbittert Frau Murowski über dieses Ansinnen an eine Mutter ist, wie sehr sie sich von diesen Leuten, «die das alles ein bißchen enge gesehen» hatten, gekränkt fühlte und wie unverständlich ihr die Begründungen für ihren Rausschmiß auch heute noch sind. Denn ihre Tochter sei zwar in den Westen gegangen, aber doch nur aus privaten Motiven (die mir allerdings noch nicht erläutert worden waren). Und sie selbst – die Mutter – sei doch ein «alter verdienter Funktionär» gewesen, will heißen keine politische Gegnerin dieses Staates, sie habe sich im Gegenteil an ihrem Ort mit ihren Fähigkeiten eingesetzt für ihre Mitbürger. Und dann gab man ihr, einer verdienten Kommunalpolitikerin, einfach den Laufpaß: Während sie beim erstenmal, im Jahre 1970, selbst aus einem privaten Motiv um ihren Abschied gebeten hatte, war es nun ein politischer Grund, der sie zum «staatlichen Sicherheitsrisiko» gemacht hatte – aber was heißt hier schon «politisch», wenn es um die Flucht ihrer Tochter in den Westen zum Bräutigam ging? Bereits in dieser Geschichte zeigt sich, daß die säuberliche Trennung der politischen von den persönlichen Motiven in der lebensgeschichtlichen Konstruktion von Frau Murowski kaum möglich ist; denn der SED-Staat verwischte selbst diese Grenze und verschärfte oder schuf damit sogar erst die Bitternisse, die Abwehr und die Kritik an seiner Politik sogar bei Menschen, die sich – wie Frau Murowski – mit diesem Staat arrangiert und in ihm eingerichtet hatten. Denn erst durch diesen Einbruch des Politischen in die Privatsphäre wurde das Bedrohliche und Ungerechte an dieser Politik hautnah spürbar. Damit wurde auch diese angebliche Sicherheitspolitik ein Bumerang gegen die «innere Sicherheit» des SED-Staates gerade bei jenen Menschen, die sich dieser Staat dienstbar gemacht hatte oder die ihm in bewußter Zustimmung dienen wollten: Sie wurden nicht nur durch das Westreiseverbot gestraft, sondern auch durch die damit verbundenen Familientrennungen. Überspitzt formuliert: Die Reaktionen der SED auf die Wirkungen der nationalen Frage schufen nicht nur die äußeren Grenzen zur BRD, sondern auch innerfamiliäre Barrieren, und zwar gerade bei den Treuesten der Treuen, die zusätzlich zu allem auch noch mit dem Mißtrauen, mit den Vorsichten und Ablehnungen des weniger treuen Teils ihrer Verwandtschaft bestraft wurden.[1]

Aber auch diese Erkenntnis, die mir so befriedigend schien, weil sie die von mir erwartete Dominanz der Politik über die Privatheit in der DDR sichtbar werden ließ und damit die liebgewordene Theorie von der privaten Nische, die vor der Politik abschirmte, unglaubwürdig macht, war nicht die letzte, die zeigte, wie schnell solche Erklärungsmuster dazu verleiten, die komplizierte Beziehung von «politischem» und «persönlichem» Leben in der DDR zu reduzieren, als ob diese Ebenen auch ohne die SED nur zweidimensional wären.

Frau Murowski jedenfalls war danach nicht nur in der Politik, sondern auch in unmittelbarem Sinne erledigt, was ihre Gesundheit und ihre Kraft für ihren Beruf betrifft.

Es hat alles in allem dazu beigetragen, daß ich eben vorzeitig aus dem Berufsleben ausscheiden mußte, weil ich es eben nicht mehr verkraftet hab. Wenn das (die Politik? – die Auswirkungen der Flucht der Tochter?) *normal* gelaufen wäre und in der privaten Sphäre alles in Ordnung gewesen wäre oder geblieben wäre, dann hätte man die beruflichen Belastungen auch besser ertragen oder verkraftet. Ich habe gern gearbeitet, arbeite heut noch gern. Ich scheue mich auch vor keiner Arbeit, auch zu Hause am Grundstück und so. Ich mache sehr viele Arbeiten selbst.

---

1 Für den umgekehrten Fall, die Auswirkungen dieser Politik auf die «unpolitischen» Angehörigen eines Aktivisten aus dem Sicherheitsbereich, siehe den Fall Apel.

Kaum «verkraften» konnte Frau Murowski die Scheidung von ihrem Mann und die Flucht ihrer Tochter mit den entsprechenden politischen Konsequenzen; belastet wurde sie darüber hinaus durch die Hausarbeit und die Kinder, die immerhin neben Beruf und Politik zu erziehen waren. «Als die Ehe intakt war, war die Hausarbeit aufgeteilt. Und das ging auch wirklich.» Erst danach scheiterte die Aufteilung der Arbeit zu Hause.

Aber wie viele berufstätige Frauen hatte Frau Murowski ihre eigene «Hausfrau»:

I.: Wer machte denn die Hausarbeit?
M.: Na ja, die Hausarbeit. Sagen wir mal, das Kochen und Backen, da hat viel die Oma noch, meine Mutter, mitgemacht. Die war ja mit im Haus. Wir waren ja zusammen. Da habe ich sehr viel meiner Mutter zu verdanken.
I.: Ah ja.
M.: Wenn die Kinder krank waren. Ich brauchte nicht zu Hause bleiben. Da wurden die Kinder von meiner Mutter versorgt. Also, das hätte ich alleine nicht geschafft, wenn Oma und Opa nicht mitgewesen wären.

Schon während des Interviews fragte ich mich, ob Frau Murowski mehr Mühe mit ihren verschiedenen Rollen hatte, als sie erwähnte: als Kommunalpolitikerin, als Kontoristin, als Mutter und Hausfrau. Vielleicht trat sie deshalb in größerer Runde so dominant (so «männlich») auf? Eventuell gab es deshalb auch schon vorher Probleme in ihrer Ehe? Sie selbst meinte allerdings auf meine Fragen in diese Richtung, daß es für sie keine besonderen Schwierigkeiten als berufstätige Hausfrau und Politikerin gegeben habe.

Die Ehe jedenfalls war bereits vor der Scheidung und damit auch vor ihrem ersten Weggang aus der Politik im Jahre 1970 nicht mehr die beste; nicht nur deshalb, weil der Mann früher bereits «fremd» ging, sondern weil – wie Frau Murowski sich ausdrückte – es «verständlich» wäre, «daß man nach 25 Jahren nicht mehr den gemeinsamen Nenner findet».

Der fehlende gemeinsame Nenner zeigte sich wohl vor allem daran, daß sie als gläubige Katholikin – hier ist ein weiterer Konfliktpunkt in ihrer Biographie – eine andere Vorstellung vom Leben eines Ehepaares hatte als ihr Mann, obwohl der ebenfalls katholisch war.

I.: Ich wollte Sie gerade noch etwas Indiskretes fragen, nämlich: Da Sie ja nun offensichtlich sehr gläubig waren, war ja wahrscheinlich auch Ihre Vorstellung von Ehe eine sehr stark christlich geprägte Vorstellung?
M.: Ja, ja.
I.: Also, Sie haben sie als Sakrament begriffen? Auch sehr treu vermutlich, Treue gehörte mit dazu?
M.: Ja.
I.: Wenn ich Sie frage, ob das auch vorher immer eingehalten wurde? – Also, sind Sie auch wirklich so mit diesen Vorstellungen in der Praxis umgegangen? Oder war es das allererste Mal bei Ihrem Mann?
M.: (Seufzt) Nein. Das war nicht das allererste Mal da. Es ist öfter vorgekommen, aber die Kinder und das Gemeinsame hat dann doch überwogen, und es ist immer irgendwie weitergegangen.
I.: Und ist es nur, entschuldigen Sie die Frage, ist es nur bei Ihrem Mann vorgekommen?
M.: Ja, vorwiegend. Viele, viele Jahre war ich ein richtiges dummes Schaf. Für mich stand wirklich das, was Sie eben sagten, ganz hoch im Vordergrund. Ich habe dann allerdings auch mal so an diesem oder jenem Punkt in viel späteren Jahren, da hab ich mir dann auch gesagt: Ja, warum bist du nur immer so blöd, warum wirst du nicht auch mal irgendwie – na ja, ich weiß nicht, wie ich mich ausdrücken soll, aber ich bin dann auch mal. Aber meistens weit weg. Und es war dann mal ein kleines Erlebnis, und das war sofort wieder beendet. Es hat nichts beeinträchtigt und nichts beeindruckt. Wogegen eben mir mein Mann glatt sagte: Was du für Theater machst, es gibt Hunderte von Männern, die eine Freundin nebenbei haben. Die Frauen wissen das, deswegen kann das doch weitergehen zwischen uns. Aber das war für mich keine Basis, miteinander weiterzuleben.
I.: Und zwar, weil es so eng war oder weshalb?
M.: Ja, weil es so eng war.
I.: Oder hatte er sich richtig verliebt?
M.: Nein, nein, er war ausgezogen zu Hause und wohnte ein Vierteljahr schon woanders. Nicht bei dieser Frau, aber so daß er immer vogelfrei war und gehn und kommen konnte, wann er wollte. Er ist dann noch mal zurückgekehrt. Er hatte die Scheidung eingereicht, und ich hab nicht eingewilligt, eben aus den Gründen, die ich sagte. Ich wollte die Ehe erhalten. Und da ist er noch mal nach Hause gekommen, kurzzeitig, weil ich nicht eingewilligt hatte in die Scheidung. Aber das war dann die Hölle. Diese Zeit war die Hölle. Da bin ich nachher gegangen und hab die Scheidung eingereicht. Er ist dann fast nur noch betrunken nach Hause gekommen und hat mich dann geschlagen und mißhandelt. Das habe ich in 25 Jahren vorher nicht gekannt an dem Mann. Der war plötzlich ein ganz anderer Mensch. Und

das ging nicht nur gegen mich, sondern der griff auch meine Mutter an, die Oma, und der griff seinen Sohn an. Der hat nachher alles verprügelt, war betrunken und hat um sich geschlagen. Und das war nachher ein Leben, als wenn wir Asoziale wären. Und deshalb habe ich nachher die Scheidung eingereicht. Ich konnte das vor meinen Kindern und meiner Umwelt nicht mehr verantworten.

Irgend etwas schien mir erklärungsbedürftig an diesen Teilen des Gespräches, an irgendeiner Stelle schien sie mir gegenüber verschlossener zu sein. Es war nur das unbestimmte Gefühl, das man manchmal in Interviews bekommt: War ihre Ehe vielleicht schon so lange «kaputt» gewesen, daß das «Fremdgehen» des Mannes mit ihrer Sekretärin kaum noch ein Anlaß sein konnte für ihren eigenen Abgang aus der Bürgermeisterei? Oder war sie so verletzt, fühlte sich so verlassen, daß sie diese Geliebte des Mannes einfach nicht neben sich aushielt – unabhängig davon, wie lange diese Ehe schon in der geschilderten Trostlosigkeit versunken war? Vielleicht versuchte Frau Murowski auch nur mit dieser Geschichte die politischen Differenzen einer CDU-Aktivistin mit der SED zu überspielen – eine Erklärung, die mir persönlich durchaus näher lag. Ob es an ihr lag oder an mir, von da an kreiste ein großer Teil unseres Gesprächs um die Klärung dieser Fragen.

I.: Und warum mußten Sie dann aus dem Amt gehen? Oder warum glaubten Sie, Sie müßten gehen? Haben Sie es denn versucht nochmal?
M.: Ja, ich hab das versucht. Diese Frau ist nicht gegangen. Die hat dort gearbeitet, und die konnte nicht auf die Straße geworfen werden. Ich mußte tagtäglich mit der Frau zusammenarbeiten.
I.: Aber für die war das ja wahrscheinlich auch nicht das angenehmste.
M.: Doch, für die war das ein Vergnügen. Das war eine sehr abrupte und eine sehr – eine Frau, die hatte Routine in diesen Dingen. Das war nicht das erste Mal, daß sie so etwas gemacht hatte. Und ich konnte das seelisch nicht ertragen. Ich konnte nicht mit der Frau ständig zusammenarbeiten. Das ging nicht. Das war eigentlich eine rein persönliche Sache, daß ich dort ausgeschieden bin, weil ich es einfach seelisch und nervlich nicht mehr verkraften konnte.

In einer anderen Gesprächssituation heißt es:

M.: Diese Frau war ja meine Sekretärin. Das war ja das ganz Üble, daß ich dann weder im Kollektiv bei den Arbeitskollegen Halt fand noch sonstwo. Ich konnte ja dort in dem Amt, wo wir zwölf Leute waren, konnte ich überhaupt keinem trauen. Die Frau hat mit dem Geld um sich geschmissen, die hat sie alle freigehalten. Die hat die Leute so irgendwie gekauft, auf ihre Seite gekriegt. Und es war eine unerträgliche Situation. Deshalb bin ich auch aus dem Amt ausgeschieden, weil ich die Frau nicht mehr sehen konnte jeden Tag.
I.: Und Sie beide, also die Frau und Sie, konnten sich auch nicht mal miteinander austauschen?
M.: Nein, das ging nicht. Die Frau hat das doch nicht offen zugegeben. Die war verheiratet. Die hat das doch nicht offen zugegeben. Der Mann dieser Frau hat mich in der Wohnung aufgesucht, weil er meinen Mann bei seiner Frau erwischt hat. Das war eine ganz verzwickte Angelegenheit.

Und wie zur Selbstberuhigung fährt sie fort:

M.: Das ist aber nun so lange schon her. Mich regt das nicht auf jetzt. Das einzige, was ich bedaure, ist eben, daß nicht Opa und Oma zusammen sind und sich mit den Enkelkindern und Urenkelchen beschäftigen.
I.: Hmm.
M.: Eine verrufene Sache.

Mein Mißtrauen (oder meine Hoffnung auf politische Motive) war also unberechtigt: Frau Murowski konnte es einfach nicht tagtäglich neben dieser Frau, dieser Geliebten ihres Mannes, aushalten und ging – nicht in eine andere politische Position, sondern zurück in ihren Betrieb. Obwohl auch dies mir erklärungsbedürftig schien, wechselte ich das Thema: Nun ging es um die christliche Erziehung ihrer Kinder. Die seien alle christlich getauft und erzogen worden; alle seien zur Kommunion gegangen, da auch ihr Mann katholisch sei; und ihr Sohn ist heute sogar – wie erwähnt – ebenfalls CDU-Bürgermeister in einer anderen Stadt.

Auch ihre Enkel und sogar ein Urenkel (Frau Murowski war damals 59!) seien christlich aufgewachsen.

M.: Zumal meine Schwiegertochter Atheistin ist. Ja, aber die Schwiegertochter als Atheistin hat gewünscht und ist mit mir zum katholischen Pfarrer gegangen, daß ihre Kinder, alle vier, die haben vier Kinder, getauft werden. Einfach aus dem Grund, daß sie später mal, wenn sie erwachsen sind, selber wählen können, und wenn sie eine christliche Frau kennenlernen, ihnen dann keine Steine in den Weg geräumt werden. Das war ihre Einstellung dazu. Das habe ich immer sehr hoch anerkannt.

Ich grübelte während der folgenden Gesprächsteile immer wieder über die verschiedenen Abgänge von Frau Murowski aus der Politik nach: Genau um die Zeit der ersten Entlassung von Frau Murowski, im Jahre 1970, war auch ihre Tochter, die zunächst technische Zeichnerin war und sich dann wegen Gelenkrheumas zur Arzthelferin umschulen ließ, in den Westen geflohen. Also begann ich in einer späteren Gesprächssituation, intensiver nach dieser Tochter zu fragen.

Frau Murowski hatte sie kurz vor dem Interview das erste Mal in der Bundesrepublik besucht und hatte feststellen müssen, daß sie sich fremd geworden waren. Die Tochter war bei ihrer Flucht ein junges Mädchen gewesen, nun war sie eine Mutter mit Familie. Auch mit deren Mann wurde Frau Murowski nicht so richtig warm. Gab es für diese Entfremdung nur persönliche Gründe? Oder wirkte da noch die unklare damalige Scheidungsgeschichte nach? Oder waren es Entfremdungen zwischen Deutschen im Westen und jenen im Osten?

Ich meine, nur persönliche. Diese anderen Dinge, die bewegen mich zwar auch und die finde ich auch ganz anders als hier, das ist ja klar. Man hat ja Augen zum Sehen, aber das bewegt einen als älteren Menschen nicht mehr ganz so. Und da soll man sich auch nicht blenden lassen von. Deswegen bin ich auch der Meinung, es ist nicht alles Gold, was glänzt.

Gegen die Konsumgenüsse in der BRD setzt Frau Murowski die dortige Arbeitslosigkeit und die Schwierigkeiten, als verheiratete Frau und Mutter in das Berufsleben zurückzukehren.

Meine Tochter versucht ja nun auch wieder einzusteigen ins Berufsleben. Aber es ist ganz schwer. Ich habe auch das Gefühl gehabt, daß sie sich wahrscheinlich selbst so einen kleinen Panzer umgelegt hat, um vielleicht zeitweiliges Heimweh oder Sehnsucht auch nach den Geschwistern irgendwie zu unterdrücken. Daß ihr das vielleicht nicht immer leichtfällt, daß sie eben dort allein ist, und sie weiß, hier sind ihre Geschwister, hier ist der übrige Teil der Familie. Sie hat das nicht offen ausgesprochen. Ich habe das aber irgendwie, irgendwie so empfunden.

Dann frage ich vorsichtig:

I.: Vielleicht denkt Ihre Tochter ja auch, daß Sie ihr Vorwürfe machen, weil sie damals gegangen ist, und daß Sie deshalb später Probleme hatten?
M.: Ja, sicher. Und wir haben uns darüber unterhalten. Es war ja das erste Mal, daß wir darüber sprechen konnten. Aber ich habe das weniger mit Vorwürfen (verbunden). Sie hat die Entscheidung getroffen. Sie hat da sicher auch gewußt, welche Konsequenzen das hat. Aber das hat keinen Sinn heutzutage noch nach so langer Zeit da mit Vorwürfen zu operieren. Das ist sinnlos. Sie hat ja ihre Familie, für die sie gradestehen muß mit ihrem Mann zusammen.

Wieder erfahre ich nichts Genaueres und frage direkt:

I.: Warum ist sie denn damals rübergegangen?
M.: Nu, sicher aus persönlichen Gründen. Sie hat den Burschen irgendwo mal kennengelernt, und sie wollten zueinander kommen.
I.: Ach so, die haben sich (schon früher) kennengelernt.
M.: Die haben sich als Kinder irgendwo mal kennengelernt und haben sich geschrieben über viele Jahre.
I.: Ah ja, und dann haben sie sich mal im Urlaub getroffen?
M.: Ja. Der ist mal hier gewesen zu Besuch.
I.: Ach so, und da hat sie sich dann verliebt.
M.: Ja, und sie wollte zu diesem Mann. Das hat sie mir auch klipp und klar gesagt.
I.: Ach so.
M.: Dieser oder keiner. Und da war ihr alles egal... Die war zwölf Jahre alt, als sie irgendwo bei Bekannten in einem Heftchen eine Annonce gefunden hat, und da hat sie dahin geschrieben. Da ging die Schreiberei (los), wie das so bei Kindern ist, Partner und was weiß ich, ging das jahrelang hin und her.

Die Liebe, wenn auch eine innerdeutsche Grenzen überschreitende, war also entgegen meinen erneuten politischen Erwartungen der Grund, weshalb die Tochter in den Westen gegangen war.

I.: Und der Mann war immer im Westen?
M.: Ja, der ist dann mal über Touristik nach Berlin gekommen, und pfff, da haben die sich persönlich kennengelernt. Da hat er auch angetragen, ob er uns besuchen darf. Ich habe das auch hier beantragt. Habe das auch genehmigt bekommen. Da ist er hier gewesen bei uns. Da haben wir ihm einen ganzen Teil von der DDR gezeigt. Er fand es auch schön hier. Und, hm, so ist das eben gelaufen.
I.: Hmm.
M.: Er hatte sich dann mit dem Gedanken getragen, hierher überzusiedeln. Er wollte sich aber die Hintertür offenhalten, auch seine Eltern im Bedarfsfall, wenn sie krank sind, mal wieder besuchen zu dürfen. Und wollte eine andere Staatsangehörigkeit annehmen. Aber ich weiß nicht, das ist dann, wie das gelaufen ist und über welche – das weiß ich nicht.

Hier fängt die ansonsten sehr klar und flüssig sprechende Frau Murowski aus mir unverständlichen Gründen an zu stottern.

M.: Aber dadurch, daß meine Ehe kaputtging und ich so schwer krank war, und ich für den jungen Mann dann ja doch nicht der Halt und, und, und da sein konnte, ist das dann gescheitert. Ich hätte ja erstmal für ihn bürgen müssen und hätte ihn, naja, einführen müssen, daß er sich hier in unserem Staat und in unserem Leben zurechtfindet.
I.: Hat irgendwie etwas Rührendes diese Geschichte, nicht, solche Liebe zwischen Ost und West.

Diese meine Rührung zerstob aber mit ihren nächsten überraschenden Eröffnungen.

I.: Sie ist dann in den Urlaub gegangen und kam –
M.: (unterbricht) Sie ist dann in den Urlaub gegangen und kam nicht wieder.
I.: Da war sie 23, hatte ich jetzt ausgerechnet.
M.: Es war 1970. (Also zu der Zeit ihrer Abberufung aus der Politik.) 21 war sie da. Und das war für mich furchtbar. Ich wußte ja nicht, überhaupt nicht, was geschehen war. Ich hab mich dann gemeldet. Ich mußte das ja melden, daß die Zeit abgelaufen ist, daß sie nicht wiedergekommen ist. Und das war in doppelter Hinsicht furchtbar: Ich habe aufgrund dieser, auch dieser Tatsache, daß das geschehen war, daß ihr eigener Vater in sehr stark angetrunkenem Zustand dann diese Tochter vergewaltigen wollte, hab ich die Schei-

dung eingereicht. Unter anderem auch aus diesem Grund mit, und hab das auch als Grund mit angegeben. So daß meine Tochter als Zeuge beim Gericht gehört worden wäre. Und in dieser Zwischenzeit war sie weg.

Das ist also der Kulminationspunkt dieses Dramas: Frau Murowski hatte die Tochter als Zeugin gegen den Vater im Scheidungsprozeß angegeben, und daraufhin war die Tochter in den Westen geflohen.

I.: Vielleicht wollte Ihre Tochter das nicht aussagen? Wußte sie das?
M.: Sie wußte das.
I.: Mhm, mhm.
M.: Sie wußte das. Sie hat aber von einer Anzeige abgesehen, das hätte sie selbst tun müssen, weil sie ja schon erwachsen war, und hat gesagt, mein Vater wird schon seine Strafe dafür bekommen. Ich will ihn nicht ins Gefängnis bringen.
I.: Das ist ja eine furchtbare Geschichte.
M.: Und auch aus diesem Grunde mit haben auch meine anderen Kinder alle keinen Kontakt zu ihm.
I.: Hat er sich denn dafür mal entschuldigt?
M.: Nein. (Sie wird sehr traurig. Ich lege meine Hand auf ihren Arm.)
I.: Lassen wir das jetzt lieber mal.

Wir brechen dieses Kapitel des Gesprächs ab, sie mit Tränen in den Augen, ich mit dem peinlichen Gefühl, zu weit gegangen zu sein in der Hoffnung, etwas über die gewaltsamen Einbrüche der Zäune zwischen Politik und Privatsphäre zu erfahren. Darüber war in der Tat etwas zu hören, aber mehr noch kam etwas über die andere Seite dieses ruinierten Zaunes heraus, über die individuellen Verwundungen und Entfremdungen im Privaten.

Sicherlich ist dies ein individuelles Schicksal, aber dennoch gibt es viele dieser Geschichten in unseren Interviews, deren Einzelschicksale zwar sehr unterschiedlich sind, deren Struktur aber ähnlich ist: Es geht um die persönlichen Verletzungen in der komplizierten Grauzone zwischen Politik und Privatsphäre, die so schwer «der» Politik anzulasten sind; und vermutlich deshalb werden schwierige politische Probleme als persönliche und manche persönliche als politische erzählt; darin zeigt sich, daß diese Kategorien nur begrenzt in der Beschreibung einer Welt helfen können, die selbst solche Grenzen verwischt.

Erstaunlich bleibt jedenfalls, daß Frau Murowski weniger gehemmt ist, wenn es um höchst privat-belastende Themen geht. Bei der Schilderung wie der Vater versucht, die Tochter zu vergewaltigen, darf das Tonband anbleiben. Bei den politischen Begründungen ihres Rausschmisses 1979 muß es abgestellt werden.

Vielleicht liegt in dieser unterschiedlichen Scham- oder Vorsichtsschwelle ein Grund dafür, daß diese so scharf kontrollierte, diese scheinbar so gläserne DDR-Gesellschaft doch für die «Oberen» so undurchsichtig blieb, daß ihnen «ihr Volk» so fremd und unverstehbar war oder wurde.

Gegen mein Gefühl, taktlos gewesen zu sein, versuche ich mich mit dem Gedanken zu trösten, daß diese Familientragödie nicht nur etwas darüber offenbart, wie «verzwickt» und «verrufen» (in den Worten Frau Murowskis) das Verhältnis von privater und öffentlich-politischer Sphäre in diesem Staate ist oder war; sondern auch mit dem Gedanken, daß durch Frau Murowski zu erfahren war, warum sie als aktive Frau – und wahrscheinlich nicht nur sie – die Kommunalpolitik so schätzte, wo es nicht darauf ankam, welcher Fraktion man angehörte oder woher man kam, sondern welche Ideen man hatte und wie man sie mit den Menschen vor Ort, in der DDR, durchsetzen konnte. Vielleicht offenbaren sich hier Potentiale der Wende: Wie für Frau Murowski dürfte auch für andere Staatsdiener, die sich nicht mit der «höheren Sphäre» der Politik der DDR oder der SED identifizieren konnten, die Kommunalpolitik in einer Blockpartei weniger belastend gewesen sein.

Und das Gespräch mit Frau Murowski erklärt ein wenig, warum sie – und vielleicht mit ihr viele andere Christen auch – nicht zur SED gegangen war: nicht allein wegen des vorsichtigen Vaters und nicht nur wegen ihrer offensichtlichen politischen Ressentiments, sondern auch wegen ihres Glaubens, der ihr um so wichtiger schien, je mehr ihr Leben sonst an Sinn verlor.

I.: Würden Sie sich denn heute auch noch als gläubige Katholikin bezeichnen?
M.: Ja. Ich bin allerdings jetzt nicht mehr ein Kirchengänger, der nun jeden Sonntag zur Kirche geht. Aber ich bete täglich. Ich war Pfingsten beide Tage in der Kirche und auch, wenn Ihnen das was sagt, zur Kommunion. Ich lebe

nicht immer allein. Ich hab jemanden, einen Bekannten, der aber nicht mit bei mir direkt wohnt, sondern wir gestalten unsere Leben so, wie sich das ergibt.
I.: Aber nicht aus religiösen Gründen?
M.: Nicht aus religiösen Gründen. Das ist ein Atheist, der andere Mann. Er hat sehr viel durchgemacht, hat aber auch nichts dagegen, daß ich zu meiner Kirche gehe. Ich unterhalte mich da auch mit unserem Pfarrer drüber, der hat mir sehr geholfen, der ist nicht konservativ und ist auf diesem Gebiet sehr offen und sagt: Ja, von Natur aus ist der Mensch nicht zur Einsamkeit geboren. Und das finde ich sehr gut, daß ich dort einen Gesprächspartner habe an diesem Pfarrer, der Verständnis für meine Situation hat. Wenn das nicht wäre, würde ich wahrscheinlich immer mehr Abstand von der Sache nehmen. Das würde nicht bedeuten, daß mein Glaube innendrin zerbricht. Aber ich würde immer weniger und immer seltener den Weg zur Kirche suchen. Aber der Pfarrer gibt mir einen Halt und macht mir auch Mut, daß mein Leben eben doch nicht so zwecklos und sinnlos ist auf diesem Gebiet...

Selbst jene Teile der Erzählung von Frau Murowski, die sehr persönlich erscheinen, regen zum Nachdenken über deren gesellschaftliche Bedeutung an: Ob es um ihr Verhältnis zur Religion geht oder um ihre religiös geprägte Vorstellung von Ehe und Treue, um das Verhältnis zum anderen Geschlecht im allgemeinen oder zu einer konkurrierenden Frau im besonderen oder um die Scheidung – überall fragt man sich, wie tief die Wandlungsprozesse und wie gewichtig die Selbstbehauptungen der Werte der älteren Generation, die sich hier andeuten, eigentlich sind.

Sogar der Höhepunkt dieses Familiendramas und zugleich seine Lösung durch die Flucht der Tochter in den Westen ist eine individuelle Tragödie, aber zugleich «mehr»: «Scheidungen auf deutsch», also durch die Flucht des einen Partners vor dem anderen über die deutsche Grenze, hat es mehrfach gegeben und waren auch nur wegen der Verschlossenheit dieser Grenze denkbar. Hier handelte es sich sogar um eine Familientrennung auf nachkriegsdeutsch, um ein Melodram, das schließlich die jüngere Generation, den Schwiegersohn in spe und die Tochter jenseits dieser Grenze zum Happy-End führt, während es die Älteren im frustrierten Haß enden läßt, in einem Scheidungsprozeß, dem die Tochter dank dieser Grenze in mehrfachem Sinn entfliehen kann, ohne gegen den Vater aussagen zu müssen. Welch ein Gleichnis.

Frau Murowski ist keine politische Kämpferin. In einem Telefonat, mit dem wir uns für ein nachfolgendes Gespräch im Westen verabreden wollten, das bis heute nicht zustande kam, drückte sie es so aus: Sie habe viel im kleinen gewollt, ohne sich im großen zu belasten. Wie wahrscheinlich Millionen von Menschen in der DDR und wahrscheinlich Hunderttausende von Aktivisten des damaligen politischen Systems...

Späte Liebe

Ehepaar Sonja und Erwin Gerhardt,
Angestellte, 59 und 63 Jahre

Im Altenclub der Volkssolidarität ging es beim Kaffeekränzchen hoch her. Über ein Detail aus den Lebensdaten der ältesten Teilnehmerin war die Runde in helle Empörung geraten, und wir drei Interviewer waren danach den Tränen nah, weil wir alles ausgelöst hatten. Unsere Betreuerin von der Akademie war ähnlich hilflos, aber reagierte auf charakteristische Weise anders: Sie sagte, sie werde über die z. T. verzweifelt geringen Einkommen der Rentner die örtliche Partei unterrichten, und schrieb sich den Namen einer Kriegerwitwe auf, die am wenigsten Rente bekam. Obwohl sie seit dem Tod ihres Mannes als Schwesternhelferin in Krankenhäusern gearbeitet und zwei Kinder großgezogen hatte, stand sie mit 290,– Mark da und mußte davon noch 81,– Mark Miete bezahlen. Von 200 Mark konnte auch in der DDR niemand leben, so daß sie mit ihren 73 Jahren selbst fürs Notdürftigste bei ihren Kindern betteln mußte.

Lotte Anton, mit fast 80 Jahren die älteste in der Runde, hatte bei der Vorstellung der Lebensdaten schon von der Form her einen merkwürdigen Bericht gegeben. Sie hatte nämlich damit begonnen, nicht ihr eigenes Leben zu erzählen, sondern das ihres verstorbenen Mannes: Der war Feinmechaniker gewesen und bereits 1922 in die KPD eingetreten, war 1933 ins Zuchthaus gekommen und danach arbeitslos geblieben, bis er im Krieg in einen Rüstungsbetrieb verpflichtet worden war. Damals sei seine erste Frau gestorben. Nach dem Krieg sei er hauptamtlicher Gewerkschaftsfunktionär im Mecklenburgischen geworden, habe sich aber bereits in den fünfziger Jahren jedenfalls teilweise invalidisieren lassen müssen. Frau Anton hatte ihn 1942 in jenem Rüstungsbetrieb, in dem sie im Büro arbeitete, getroffen und dann geheiratet. Nach dem Krieg war sie stets Hausfrau geblieben und hatte später ihren kranken Mann bis zu dessen Tod vor zwei Jahren gepflegt. Erst auf unsere Bitte fügte sie auch noch über sich selbst hinzu, daß ihr Vater selbständiger Schmiedemeister gewesen sei, weshalb sie, da sie ja keine Arbeitertochter gewesen sei, 1946 nicht habe in die SED eintreten können. 1949 ging sie dann aber in den Frauenbund und übernahm dort das Kassieren, und wenig später wurde sie auch Mitglied in der Volkssolidarität, in der DSF und im Roten Kreuz. Seit vielen Jahren leide sie an Krebs und sei, obwohl sie ja nur Hausfrau gewesen sei, Invalidenrentner. Sie sei jetzt hierhergezogen, weil ihr einziger Sohn hier eine leitende Stelle im Fleischkombinat (das ist ein Schlachthof mit Wurstfabrik) innehabe, damit er sie ab und zu mit ihrem Auto, das sie – wie auch ihr Telefon, auf das manche anderen zwanzig Jahre vergeblich warten – gleich bekommen habe, spazierenfahren könne und sie nicht so allein sei. Ihre Einsamkeit war wohl auch der Grund, weshalb sie zum Mittagstisch der Volkssolidarität kam, obwohl sie auf das billige Essen für 80 Pfennige nicht angewiesen war. Sie sei, schloß sie, nämlich von der Vereinigung der Verfolgten des Naziregimes (VdN) anerkannt, weil ihr Mann «Kämpfer gegen den Faschismus» gewesen sei und sie ihn schließlich gepflegt habe. Da alle über ihre Renten geklagt hatten, fragte einer von uns nach, wieviel Rente sie bekäme, und nachdem sie zögernd 1850 Mark geflüstert hatte, brach der Sturm in der Runde los. Schon etwas schwerhörig waren fast alle unter den fünf Frauen und zwei Männern, aber dafür hatten sie ein feines Ohr, zumal ihre Renten zwischen 290,– und 390,– lagen. Nur einer, der immerhin einmal einen kleinen Betrieb geleitet und sich dabei kaputtgemacht hatte, hatte seine Grundrente von 414,– durch einen Invalidenzuschlag und eine Zusatzversicherung auf den für Normalverbraucher in der DDR sehr stattlichen Betrag von fast 900 Mark anheben können.

Die Runde fand den Kontrast zwischen ihren eigenen Renten und der VdN-Rente von Frau Anton empörend, ja «demütigend». Sie kämen auch aus Familien mit acht Kindern und hätten ihr ganzes Leben gearbeitet, sagte die eine, und ihr Nebenmann fügte hinzu, von der Rente seiner verstorbenen Frau werde ihm kein Pfennig angerechnet. Ein Paar errechnete, daß sie von dem Betrag, den Frau Anton im Monat allein zur Verfügung habe, zusammen drei Monate leben müßten, und allgemein brach es aus den alten Leuten heraus, daß die Alten nur abgeschoben würden, alles teurer geworden sei, daß sie alle viel durchgemacht hätten. Und dann immer diese Feiern, wo ihnen für ihre Aufbauarbeit gedankt werde, aber auf die Renten werde nichts angerechnet. Als Frau Anton auch noch so unklug war, trotzig «Ich bin zufrieden!» dazwischenzurufen, konnte sie über die Intervention unserer Betreuerin zugunsten der Kleinstverdienenden und den ambivalenten Schlichtungsversuch eines Mannes «Die Frau Anton kann ja nichts dafür!» nur dankbar sein. Aber im Grunde waren sich die Versammelten einig, sie seien «zu früh geboren».

Nach diesem Eklat waren die meisten zu einem Einzelinterview nicht mehr bereit; neben einer Kriegerwitwe aus armen Verhältnissen im Erzgebirge, die nach dem Krieg noch einmal einen vertriebenen Arbeiter geheiratet, drei Töchter aufgezogen, 47 Jahre in der Küche eines Krankenhauses gearbeitet hatte und jetzt ihre Rente von 370 Mark noch als Pförtnerin etwas aufbesserte, war nur noch das Ehepaar Sonja und Erwin Gerhardt übrig, die beide gerade an der Pensionsgrenze und damit die jüngsten unserer Gesprächspartner am Tisch waren. Wie alle in der Runde waren sie parteilos und hatten sich anfangs besonders über die Höhe der VdN-Rente erregt wie auch über den Umstand, daß man in den Stand eines Widerstandskämpfers quasi einheiraten konnte; auf der anderen Seite war Herr Gerhardt derjenige in der Runde, der immerhin unterm Strich halb soviel Rente wie Frau Anton bezog und der auch mit seinem ausgleichenden Wesen und mit den Worten, sie könne ja nichts dafür, die hochgehenden Wogen etwas geglättet hatte. Die Gerhardts waren nicht nur zu einem Gespräch bereit, sondern freuten sich, als ich am nächsten Tag zum ersten von drei Interviews in ihre Wohnung kam, offenbar richtig darauf, daß auch sie einmal gefragt wurden. Besonders Sonja Gerhardt war am Schluß über die ungewohnte Intimität, die lebensgeschichtliche Gespräche hervorrufen, gerührt und ließ es sich nicht nehmen, mir handgehäkelte Deckchen mitzugeben.

Beide Gerhardts waren krank und hatten sich vorzeitig invalidisieren lassen müssen. Dennoch antworteten beide auf eine unserer Abschlußfragen, wann es in ihrem Leben gute und schlechte Jahre gegeben habe, übereinstimmend, die guten seien jetzt. Jetzt, seitdem sie zusammen seien. Sie hatten sich nämlich erst vor ein paar Jahren über eine Heiratsanzeige in der Zeitung gefunden, und Erwin Gerhardt war quer durch die Republik zu seiner späten Liebe gezogen und hatte dafür einen Produktionsleiterposten aufgegeben und hier gegen eine kleine Bürofunktion im Fleischkombinat eingetauscht, bevor er krank wurde. Frau Gerhardt fühlte sich ihrer Kinder wegen ortsgebunden; sie war schon seit über zehn Jahren verwitwet. Für Herrn Gerhardt ist es die dritte Ehe. Die Vorgeschichten ihres späten Glücks liegen also weit auseinander; ich berichte darüber getrennt. Herrn Gerhardt, einem verschmitzt-nuschelnden, in sich ruhenden Sachsen, wird von seiner Frau, einer lebhaften, etwas überartikulierenden Preußin, der Vortritt gelassen. Doch zuvor möchte ich aufzeichnen, wie sie sich in der geplatzten Runde in der Volkssolidarität vorgestellt hatten, denn dies war offenbar ihr der DDR-Gesellschaft zugewandtes Gesicht.

Die Außenhaut der Lebensläufe

Die Stichworte, die Sonja Gerhardt zunächst zu ihrem Lebenslauf gegeben hatte, begannen, wie ein Lebenslauf in der DDR beginnt: Der Vater war Bergmann, und 1942 begann sie eine Lehre bei einer Bank. Nach dem Krieg heiratete sie einen Bäcker, half ihm im Laden und brachte drei Kinder zur Welt. Als 1968 ihr Mann starb, konnte sie die Bäckerei nicht weiterführen und wurde Heimleiterin in einem Altersheim am Ort. Wieder ein paar Jahre später scheint ein Knick zu kommen: Sie wird Sekretärin in einem volkseigenen Betrieb der Textilindustrie, kurze Zeit später Vorsitzende der dortigen BGL. Dann wechselt sie in eine Großbäckerei und wird dort «Sicherheitsinspektor», muß aber bald wegen einer Krankheit auf Teilzeitarbeit zurück und heiratet in dieser Zeit zum zweitenmal.

Bei Erwin Gerhardt waren der Präsentationsform an drei Stellen seltene Nebentöne beigemischt: 1924 ist er in einer sächsischen Stadt als Sohn eines Bankbeamten und einer Ladenbesitzerin geboren, und er fügt hinzu, sein Vater sei ein Nazi gewesen. Er habe nach der Schule eine Lehre als Maschinenschlosser absolviert und sei dann zur Kriegsmarine gekommen und nach seiner Gefangennahme 1943–45 in Irland interniert gewesen. Danach habe er – zweite Besonderheit – «Schiebereien» gemacht und sei dann wieder Arbeiter geworden. Nach vielen Jobs sei er Vulkaniseur geworden und schließlich 1978 Produktionsleiter des Betriebs, in dem er bisher als Arbeiter war. Dann sei seine Frau gestorben, und er sei seiner neuen Frau wegen weggegangen, aber «als Nicht-Parteigenosse nicht gut gelandet»: nach eineinhalb Jahren Bürotätigkeit habe er sich invalidisieren lassen müssen.

Wir dürfen denken, eine Aufsteigerin und ein Absteiger seien hier zusammengekommen, beide mit merkwürdigen Knicks: Warum wird eine Bäckersfrau, die nach der erzwungenen Aufgabe dieser Position eine berufliche Absicherung sucht, plötzlich Gewerkschaftsfunktionärin, und warum gibt der Sohn eines Nazis, der in der Produktion bleiben mußte, den mit 54 Jahren endlich erzielten Aufstieg zum Produktionsleiter eines kleinen Betriebs für eine Beziehung aus der Zeitung auf? Was veranlaßt ihn zu den politischen Akzentuierungen seines Lebenslaufs, warum ist der ihre so blaß in dieser Hinsicht, und warum haben sie sich gefunden? Der Ortswechsel in die Privatwohnung – 2½ Zimmer in einem großen Wohnblock – und das Selbstgespräch vor einem Westler sollen die Rätsel lüften.

«Wenn Sie von mir was anderes hören wollen als die Wahrheit, dann passe ich. Ich muß die Möglichkeit haben, daß ich es loswerden kann», sagte Sonja Gerhardt gleich zu Beginn des Gesprächs. «Es» ist die andere Geschichte ihres Lebens, die sie sonst nicht erzählt. Sie sind auf der Hut, daß sie ihre Möglichkeit, in den Westen zu reisen, nicht verlieren. Schon wenn sie einmal am 1. Mai nicht geflaggt hätten, wisse es am nächsten Tag der ABVer (der Abschnittsbevollmächtigte der Volkspolizei), und dann gelte man nicht mehr als vertrauenswürdig. Nachdem die sonst meist offene Wohnungstür geschlossen worden ist, erzählen sie mir diese andere Geschichte, weil sie mich als einen Vertreter des Westens nehmen, dem sie offenbar schon deswegen vertrauen können. Seit sie in Rente sind, fahren sie jedes Jahr rüber – ein Freund ihres verstorbenen Mannes lädt sie ein. Obwohl Frau Gerhardt ihrer Kinder wegen in dieser Stadt bleiben wollte, als es um den gemeinsamen Wohnsitz des Ehepaars ging, würde sie nun gern versuchen, ganz in den Westen überzusiedeln, wenn davor nicht die «Behördenwege» drohten; er möchte aber jetzt im Alter nicht noch einmal «von Null» anfangen. Also bleiben sie da.

«Bei uns war schon immer Hausmusik Mode»

Erwin Gerhardt ist 1924 in einer sächsischen Großstadt geboren. Obwohl er seine Eltern «an und für sich wohlhabend» nennt, hat er wie seine Brüder eine Handwerkslehre gemacht und als bester abgeschlossen. Erwin hätte gerne Musik studiert, aber der Vater hatte darauf bestanden, daß seine Jungen zuerst etwas Ordentliches lernten. Vermutlich war das eine Lehre seines eigenen Lebens, denn er hatte in der Weltwirtschaftskrise seinen Job bei einer Bank verloren und später gesehen, wie der Laden seiner Frau, bei der er dann half, auch noch pleite ging. Dann war der Vater, ein Sportsmensch und prominenter Schiedsrichter bei den Boxern, 1932 zu den Nazis gegangen und hatte nur auf politischem Wege wieder Arbeit gefunden – bei der NS-Volksfürsorge, von der er 1935 auch ein Siedlungshaus bekam und bei der er sich mit der Zeit zum Chef der Stadtleitung hochboxte. Politisches Gespür scheint er sonst weniger gehabt zu haben. 14 Tage vor Kriegsende ließ er sich seine letzte Parteiuniform schneidern. Aber zu Hause war er «der King», der seiner Frau verbot, wieder einen Laden aufzumachen, weil es nicht mehr nötig sei. Seine Mutter («man war behütet») erinnert Erwin als «herzensgut» und hilfsbereit gegenüber jedermann, seinen Vater aber mit den Worten: «Wenn der sagte, die Wand ist schwarz, war sie schwarz. Und wehe, wenn du sagtest, sie ist weiß.»

Der Vater wollte sportliche Jungen und schleppte seinen Sohn zwei

Jahre zum Boxen, aber der drückte sich, wo's ging. Von seinen Lehrern erinnert er sich am liebsten an seinen Turnlehrer, denn der hatte ihn von der Turnstunde befreit. Schon lieber war er mit acht Jahren zum Jungvolk gegangen, wo die Kämpfe der Straßengangs jetzt in politischer Formation und Erbitterung ausgetragen wurden; in einer Prügelei mit Jungs vom kommunistischen Jugendverband steckte ihm einer der Gegner ein Messer in den Rücken. Das war schlimm genug gewesen, aber seine eigentliche Bedeutung bekam die Wunde aus der Straßenschlacht erst später, als er in seiner Lehrzeit in die HJ mußte, denn da entpuppte sich sein Bannführer just als derjenige Junge, der ihm einst den Messerstich versetzt hatte. Der vorgesetzte Gegner erlaubte ihm zwar vorsichtshalber, die Gruppe zu wechseln, aber Erwins Lust an der politischen Jugend war vorbei, und er habe den Dienst, der in den ersten Kriegsjahren sehr streng gewesen sei, dann nur noch als Pflicht absolviert. Obwohl mir diese Unlust durchaus glaubhaft erscheint, warf seine Frau, die ihn damals ja noch nicht kannte, dazwischen, man sei damals gerne in der HJ gewesen, denn die sei «zackiger als die Pimpfe heute» gewesen.

Auf einem anderen Gebiet freilich harmonierte Erwins Elternhaus, und da konnte er sich ohne Schaden hervortun: Alle machten Musik, Volksmusik meistens, «wo man so mitjodeln konnte». Der Vater spielte Klavier, die Mutter sang, der Große spielte Geige und Erwin anfangs Akkordeon, aber dann lernte er mit der Zeit auch alles andere, Klavier, Schlagzeug, Baß usw., und wurde offenbar ein As. Der Schlosserlehrling trat einer Band bei, wo sie in den ersten Kriegsjahren auch Swing spielten, machte ohne Mühe die für öffentliche Auftritte notwendige Aufnahmeprüfung in die Musikkammer und war dann für die umliegenden Tanzböden ebensogut gerüstet wie für die Marine. Sein bester Freund in der Lehre, eigentlich sein einziger enger Freund überhaupt, hatte sich 1942 freiwillig gemeldet und hatte ihn bewogen, auch mitzukommen, obwohl er nicht davon begeistert war. Warum er sich doch gemeldet hat, kann er sonst nicht so recht erklären, und den Freund hat er beim Militär dann auch aus den Augen verloren. Aber am Schluß sagt er, außer jetzt mit seiner neuen Liebe sei es ihm im Krieg am besten gegangen. Er sei rausgekommen und habe ein Stück der Welt gesehen, und es sei ihm gutgegangen.

Auch das hing wieder mit der Musik zusammen. Nach kurzer Grundausbildung in der Ostsee kam er nämlich auf ein Torpedoboot, das in der Biskaya Begleitschutz für Frachtschiffe fuhr und dessen Kapitän allabendlich in der Offiziersmesse nach seinem Schifferklavier verlangte. Dadurch hatte er eine Sonderstellung an Bord und bekam viel Sonderurlaub, um in Brest seine Schüchternheit gegenüber Frauen zu verlieren. Es hatte auch damit zu tun, daß gleich die erste schwere Feindbegegnung nach einem knappen Jahr für ihn den Krieg beendete. Ihr Boot wurde versenkt, die Mannschaft rettete sich auf Flöße, wurde nach 32 Stunden voller Angst von einem irischen Frachtschiff aufgenommen und nach Irland in die Internierung gebracht. Niemand scheint sich 1943 dagegen innerlich gewehrt zu haben, und tatsächlich lebten sie in Südirland in weitgehender Freiheit «wie die Made im Speck». Tagsüber spezialisierte er sich darauf, die Uhren der Bauern zu reparieren, und für den Abend hatte er eine Band gesammelt und spielte auf. Bei beidem verdiente er «ein schönes Geld» und hat sich «sehr wohl gefühlt».

Nachkriegsjugend vor der Mauer

Die Rückkehr in die Heimat im Herbst 1945 riß ihn aus diesem Glück. Erst ein berüchtigtes Durchgangslager in Niedersachsen, in dem er hörte, daß das väterliche Haus einen Volltreffer bekommen habe. Dann Herumstreunen in Bayern, wo er bei seiner nach Westen verlagerten Lehrfirma vergeblich Arbeit suchte. Schiebereien am Schwarzmarkt. Verhaftung in Bremen, wo er zuerst Rennhunde gezüchtet hatte, dann aber mit einem amerikanischen Hehlerring, der Armeegut verscherbelte, aufgeflogen war. Selbstverpflichtung in den Ruhrbergbau zwecks Strafverschonung. Ausbüchsen noch bei der Anreise. Heimkehr nach Sachsen, wo er sich anfangs auch mit Gelegenheitsarbeiten behalf, Musik machte und «streunte». Aber als er sich mit einem Vertriebenenmädchen, das allein dastand, nachdem sich seine Mutter mit einem anderen Vertriebenen zusammengetan hatte, verband und sie heiratete, als Kinder kamen, mußte er sich 1949 eine geregelte Arbeit suchen und wurde von einer russischen

Ärztin auf dem Arbeitsamt prompt in den sowjetischen Uranbergbau im Erzgebirge verpflichtet, aus dem er sich erst nach anderthalb Jahren wieder herauslösen konnte.

Kurz nach seiner Heimkehr hatte er erfahren, daß seine Eltern nicht ausgebombt worden waren und noch lebten, aber aus politischen Gründen nichts mehr hatten. Im letzten Kriegsjahr hatten sie nämlich einen ausgebombten Arbeitskollegen und seine Familie aufgenommen, der sich nach Kriegsende als verkappter Kommunist darzustellen wußte und die Wohnung samt Inhalt für sich requiriert hatte. Als Erwin die Eltern wiedersah, erkannte er sie zunächst nicht wieder: Sie saßen, sprunghaft gealtert und krank, in einem Barackenzimmer und hatten noch ein Bett, einen Tisch und zwei Stühle. Der Vater verkaufte Zeitungen auf der Straße, weil nicht nur sein NS-Amt natürlich weg war, sondern nach der Entnazifizierung auch keine andere Arbeit oder Unterstützung zu finden war. Erwin trat 1948 sogleich der NDPD bei, als sie von der SED als Sammelbecken für kooperationswillige Nazis gegründet wurde. Er brauchte aber keine ideologische Heimat, und er blieb auch nur für ein halbes Jahr dabei, nämlich genau so lange, bis er mit Hilfe seiner neuen Partei den angeblichen Kommunisten enttarnt und aus dem Elternhaus geworfen und wenigstens einiges Inventar, darunter das väterliche Klavier und andere Musikinstrumente, erobert hatte. Für ihn war das einerseits Sohnespflicht, andererseits die Voraussetzung seiner späteren musikalischen Karriere auf den Tanzböden des Erzgebirges. Sein Vater blieb bis zu seinem Tod Ende der fünfziger Jahre in der NDPD, weil er sich mit dem Verkauf der Parteizeitung an die alten Parteigenossen notdürftig über Wasser halten konnte. Herr Gerhardt kommentiert, nicht alle Nazis seien ja abgehauen, aber «alle sind stumm geworden». Keiner habe sich noch getraut. Insofern erscheint die Zustellung der NDPD-Parteizeitung durch einen stadtbekannten NS-Funktionär nicht so etwas wie die Pflege eines widerständigen Netzes, sondern eher als kompromittierendes Gnadenbrot.

Als Erwin, jetzt Ende 20, aus dem Uranbergbau der Wismut zurückkam, wurde er Vorarbeiter, was man jetzt Brigadier nannte, in einer Maschinenfabrik. Nach kurzer Zeit sei er gefeuert worden, weil er für einen jungen Schlosser den ihm zustehenden Leistungslohn gefordert habe. Als nächstes arbeitete er wieder ungelernt als Transportarbeiter in einer Ladenkette für Fischereiprodukte. Auch das war nur ein Übergang, und daneben spielte er auf. Dann machte er sich mit einer Band als Musiker selbständig. Er kannte einen, der den RIAS abhörte und danach die Noten für die Band schreiben konnte. Mit dem arbeitete er zusammen. Mit seinem Quintett wurde er der Größte im Bezirk für die verpönte Musik aus dem Westen: Er spielte, was verboten war: Boogie. Und er spielte es besonders vor denen, die es verbaten, und vor den Arbeitern der Wismut, einem verlorenen Haufen von Gaunern, wie er sagt, die viel verdienten und alles versoffen und verhurten. Zu vorgerückter Stunde hieß seine Spezialität: «Sie wünschen, wir spielen.» Ein Grenzgang im Markt der Sehnsucht. Im Frühjahr 1954 kam es dann zum Knall. Das Drama selbst war indessen trivial.

Es war bei einer Feier zum 1. Mai. Die SED vor Ort wollte seine Popularität, aber nicht seine Tarife. Als er in den Ort kam, sagte ihm der SED-Funktionär, der ihn eingeladen hatte, daß er nur die Hälfte seiner Gage bestreiten wolle, was Erwin Gerhardt ablehnte. Er spielte dann mit seiner Band das Übliche, und die Wismut-Arbeiter wurden heißer und heißer. Gegen Mitternacht verlangten sie «In the mood», damals der Inbegriff westlicher Dekadenz: «Sie wünschen, wir spielen». Das half dem SED-Funktionär aus seinem Etat-Problem, und Herr Gerhardt bekam eine saftige Geldstrafe und Auftrittsverbot. Die anderen von der Band haben mit braverer Musik weitergemacht, aber er ist abgehauen und hat bei einer Hannoveraner Speditionsfirma Schränke geschleppt.

Das Auftrittsverbot war aber nicht der einzige Grund für seine «Republikflucht». Daneben floh er auch aus seiner Ehe, in der sich nach der Geburt von zwei Kindern nichts mehr abspielte, sondern sich die Gefühle stauten. Der Kinder wegen ging man nicht auseinander, der Triebe wegen hatte man andere Partner. Für sich selbst reklamiert Erwin Gerhardt das ganz selbstverständlich, weil seine Frau ihn «nicht mehr ranließ» und es auf den Tanzböden, wo er Musik und ziemlich viel Geld machte, genügend Gelegenheit gegeben habe. Als er aber merkte, daß seine Frau es in seiner Abwesenheit mit Russen trieb, war für ihn das Tischtuch zerschnitten. Ein «Russenliebchen» war für ihn offensichtlich das letzte, mit dem Stichwort ist für ihn alles gesagt. Der Zuhörer muß sich erst klar machen, daß «Russenliebchen» in der DDR und gar unter Nazisöhnen und ehemaligen Soldaten viel schlimmer klang als «Amiliebchen» im Westen. Erstens waren sie viel weniger verbreitet, weil es im Osten kaum Kontakte der Besatzungssoldaten mit der Zivilbevölkerung gab und die Russen den Deutschen keinen amerikanischen Konsumstandard und keine kommende Mode voraushatten. Deshalb kam, zweitens, der Gedanke, daß es sich um Erotik mit angenehmen materiellen Nebenaspekten handeln könnte, gar nicht erst auf, sondern die Beziehungen zu Rotarmisten wurden sozusagen als Vergewaltigung mit Entschädigung phantasiert. Und schließlich erschienen sie als besonders unerträgliche, ja, «widernatürliche» nationale Demütigung der Unterlegenen, denn der Sieg der Sowjets konnte nicht einmal wie jener der Amerikaner mit technischer und wirtschaftlicher Überlegenheit rationalisiert werden.

Erst wenn man diese unterschwelligen Bedeutungen mitdenkt, begreift man die Panik und den Haß in der Reaktion des sonst so gemütlichen und nicht in Schablonen denkenden Erwin Gerhardt. Er floh nicht nur nach Westen und reichte die Scheidung ein, sondern zeigte seine Frau, als er hörte, daß sie schwanger geworden war und das Kind abgetrieben hatte, bei den verhaßten heimatlichen Behörden wegen eines Schwangerschaftsabbruchs an, der erst 1972 in der DDR legalisiert werden sollte. Die Behörden verfolgten den Fall jedoch nicht, wie er vermutet: wegen der Mitwirkung eines Offiziers der Besatzungsmacht (die übrigens im selben Jahr 1954 die Fristenlösung einführte). Aber sie willigten nun in die Scheidung ein, allerdings unter der Bedingung seiner Rückkehr in die DDR. Anfang 1956 kehrte er deshalb zurück und erwirkte ein Jahr später auch tatsächlich die Scheidung. Als Musiker durfte er sich aber nicht wieder selbständig machen, und sein Leben blieb unstet. Er spielte in anderen Bands mit, aber das ernährte ihn nicht, er jobbte als Beifahrer in einer Holzhandlung, dann in einer Brauerei, schließlich in einer Kohlenhandlung. Noch im Jahr seiner Scheidung trifft er auf dem Tanzboden eine Blumenbinderin und kann dazu nur sagen: «Der Rhythmus hatt's in sich gehabt!» Als sie zusammenzogen, war sie erst 25 Jahre alt und brachte einen Sohn mit. Die erste gemeinsame Bude war nur 8 qm groß, aber die Liebe war stark, und die beiden wollten eine Familie aufbauen. Sie hörte nach der Hochzeit auf mit dem Beruf, obwohl er immer noch in der Szene der Gelegenheitsarbeiter war, aber er klotzte jetzt ran. Die Musik trat zurück, tagsüber machte er Beifahrer bei Transportunternehmen, und abends schloß er sich einer Kolonne an, die gegen Festpreis für die Stadtverwaltung Häuser abriß und den Transport und die Verwertung selbst organisierte. Der Nebenjob war härter als der erste, und er brachte oft mehr. Der Streß war nötig, denn in der DDR waren die Gehälter auf Doppelverdienertum abgestellt, und er hatte seit Anfang der sechziger Jahre, als seine erste Frau seinen ersten Sohn rausschmiß und sie den Zwölfjährigen aufnahmen, für vier Köpfe zu sorgen.

Der Stillstand

1964 ist plötzlich das bunte Leben vorbei. Mit vierzig Jahren wird Erwin Gerhardt stetig, an die Stelle des Boogie tritt jetzt eine fast professionell gepflegte Briefmarkensammlung. Er wird häuslich, aber der Wechsel kommt von der Seite des Berufs. Er ist in eine kleine private Vulkanisieranstalt eingetreten und arbeitet als Angelernter an der Maschine «auf Leistung», vierzehn Jahre lang. Nach zwei Jahren wird er nebenbei der BGLer des 15-Mann-Betriebs, der von einer Frau geleitet wird. Dann wird er Vorarbeiter, schließlich – ohne Ausbildung – als Meister eingesetzt. Als die Chefin stirbt, wird der Familienbetrieb halbstaatlich und mit ähnlichen zu einem 150-Mann-Unternehmen zusammengefaßt, das dann 1972 vollends verstaatlicht wird. Durch all das hindurch bleibt Herr Gerhardt das Rückgrat des kleinen Betriebs und wird 1978 zu seinem Produktionsleiter eingesetzt. Und zwar im Status eines Arbeiters, denn er kann durchsetzen, daß er als Leiter nicht Angestellter werden und dadurch auf 860,– Mark netto absteigen muß, sondern seinen Leistungslohn von rund 1200,– Mark behält und dazu noch eine erfolgsabhängige Prämie bekommt.

Das Glück der Stabilität dauerte freilich nur kurz, denn sechs Jahre, nachdem Erwin Gerhardt hinter seiner Maschine zur Ruhe gekommen war, erkrankte seine Frau an «Gehirnschwund». Es war ein langsames Siechtum zum Tode, in dem ihre geistigen Kräfte, ihre Bewegungsfähigkeit, schließlich auch ihr Körper schrumpften. Die acht Jahre bis zu ihrem Tode ist Herr Gerhardt zwischen seiner Maschine, die der ruhende Pol in seinem Leben wurde, und der Wohnung hin und her gehastet und hat seine Frau versorgt. Später, als sie sich vor den Behörden weigerte, sich in ein Pflegeheim verlegen zu lassen («Mir geht es gut»), blieb ihm auch nichts übrig, als sie zu füttern, zu säubern, von einem Zimmer ins andere zu tragen und nach den beiden Buben zu sehen, soweit es ging, aber seine Kraft reichte da nicht hin. Herr Gerhardt fürchtet, er sei nicht streng genug gewesen, aber wahrscheinlich fehlten den Jungen eher ihre Mütter: Der größere, sein eigener Sohn aus erster Ehe, hatte die Pubertät gerade hinter sich und begann zu streunen. Er wurde wegen «Arbeitsscheu» eingesperrt und blieb fünf Jahre in einem Jugendhof in Haft. Das habe angeschlagen, denn sein Sohn sei jetzt ein «toller Arbeiter» und verantwortungsvoll. Der Kleine, sein Stiefsohn, sei ein schmächtiger «Schütterling» gewesen und sei in der Schule viel wegen seiner «doofen Mutter» gehänselt worden. Auch er habe ausgenutzt, daß der Vater immer habe arbeiten müssen: Schon während seiner Maurerlehre habe er sich mit der Tochter eines Trinkers eingelassen und habe ein uneheliches Kind gezeugt. Später sei er dann Transportarbeiter geworden und habe geheiratet. Bedenkt man, wie lange Erwin Gerhardt gebraucht hat, um erwachsen zu werden, erscheint der Bericht über seine unsteten und streunenden Söhne merkwürdig, wie von seiner eigenen Jugenderfahrung abgespalten, als habe er sich nie in ihnen wiedererkennen können. Die Mehrfachbelastung hatte ihn in den siebziger Jahren so völlig überfordert, daß er selbst die Zwangserziehung seines Sohnes – immerhin fünf Jahre Haft wegen jugendlicher Arbeitsscheu! – noch wie eine Hilfe empfand. In den letzten Monaten vor dem Tod seiner Frau hatte der Arzt ein Einsehen und verordnete ihre Zwangseinweisung in ein Pflegeheim – sein Bericht verzeichnet nur noch die Erleichterung und nicht mehr die Trauer. Im selben Jahr wird er im Betrieb als Produktionsleiter eingesetzt. Am Ziel seiner beruflichen Etablierung ist er «mutterseelenallein» und an Leib und Seele ausgewrungen. Sonja Gerhardt hat ihn damals das erste Mal gesehen:

Ich habe ihn ja kennengelernt, da war er vollkommen am Boden. Vollkommen am Boden. Und wenn er nicht so gute Augen gehabt hätte und irgendwas so sehr für ihn sprach, da hätte man Reißaus nehmen können.

Was mit ihm einst 1964, als sein unstetes Leben abbrach und er sich mit der Lebensform eines Arbeiters arrangierte, passiert war, kann er im Rückblick nur andeuten: Der Akkord an der Maschine «lag mir», «mir konnte da ja keiner das Wasser reichen», aber auch «gute Arbeit, gute Kollegen», «ich habe mich gefangen», «nach dem bunten Leben hat sichs stabilisiert». Hinter seiner Maschine ist Erwin Gerhardt «im Alltag angekommen», und das etwa zeitgleich mit denen seiner Generation, die diese Formel für den Übergang vom begeisterten Umlernen und vom improvisierten Aufbaukampf für den neuen Sozialismus zur Leistungsgesellschaft hinter der Mauer geprägt haben. Bei ihm war das «bunte Leben» vorher, als er Deutschland noch mehr als «etwas Ganzes» empfunden hatte, in dem man die Grenzen wechseln konnte, wahrlich anders als bei den Sprechern der FDJ-Generation. Aber das Ergebnis erscheint doch nicht so sehr verschieden. Später sprechen wir noch einmal über diese Veränderungen des Rhythmus, und er bilanziert seine Erfahrungen und Erwartungen:

Also am Anfang an sich keine guten Erfahrungen gehabt mit dem Neuaufbau oder mit dem neuen Leben, wie sie's bei uns nennen. Wenig gute Erfahrungen gehabt. Vielleicht war damals in diesem Alter auch noch das alte Nazi-Zeug drinne. Ich weiß es nicht. Ich weiß nicht, wie ich das ausdrücken soll. Das erste Erlebnis, wie ich rüberkam: Kriegt ein Deutscher ein paar Ohrfeigen von 'nem Russen, von einem russischen Soldat. Ja Gott, Himmelangst ist einem ja geworden. Ich komm über die Grenze, die schießen ja auf mich. Weil ich schwarz rübergehen mußte, damals. Das sind alles so kleine innerliche Erlebnisse, wo man gewisse Hemmungen bekam.
I.: Sie hatten Angst, oder haben die wirklich geschossen?
E. G.: Die haben geschossen. Einen haben sie erschossen, und zweie sind noch davongekommen.
(Er macht eine Pause und sinniert.)
Obwohl ich immer wieder sagen muß, wenn ich mein Leben heute betrachte: Ich hab vielleicht mehr für diesen Staat getan als vielleicht mancher Genosse. Was ich alles an Aufbaustunden gemacht hab, freiwillige Aufbaustunden, die sind unbezahlt, z. B. Grünanlagen mitgemacht oder Tiefbauarbeiten, alles kostenlos.

I.: Warum haben Sie das gemacht?
E. G.: Ja, man hat gedacht, man muß auch mithelfen, damit's weitergeht.[1] ... Man wollte mithelfen. Man wollte sehen, daß es vorwärtsging. Und es ging ja auch bei uns Ende der fünfziger Jahre rapid aufwärts. Und dann kam ein Stillstand. Und der Stillstand ist bis heute noch irgendwie.
I.: Seit wann?
E. G.: Pieck hat noch gesagt: Wir wer'n die BRD noch überholen.
I.: Das war der Ulbricht, und er hat es etwas trickreicher gesagt: «Überholen ohne einzuholen».

Da schaltet sich seine Frau ein:

Darauf haben wir uns eigentlich verlassen, und darauf haben wir uns auch gefreut.

Die persönliche Stabilisierung als allgemeiner Stillstand? Hat sich Herr Gerhardt gefangen oder wurde er's? Eingefangen in den Fortschritt des Hamsters in der Trommel? Gerade als er glaubt, das «Nazi-Zeug» nicht mehr «drinne» zu haben, und sich auf die neuen Verhältnisse wegen ihres materiellen Erwartungshorizonts einläßt, in dessen Rahmen man eine Familie aufbauen und einer befriedigenden Arbeit nachgehen kann, erweist sich dieser Horizont als Fata Morgana, die über die allgemeine Stagnation hinwegtäuscht. Aber war diese Wahrnehmung in seinem Fall nicht eher aus einer sehr persönlichen, der Krankheit seiner Frau geschuldeten Geschichte als aus der allgemeinen der DDR erwachsen? Am Ende bestätigt jedoch auch seine jetzige Frau, die ihn damals noch lange nicht kannte, diesen Erwartungshorizont vor und nach dem Bau der Mauer, dessen Täuschungen offenbar auch sie und andere ihren Frieden mit dem Regime machen ließ. Darin gehören beide zu einem größeren «Wir», das noch nicht das kleinere «Wir» ihrer späten Liebe ist, sondern sich auf jene Teile des Volkes bezieht, die sich erst angesichts der ökonomischen Normalisierung hinter der Mauer innerlich arrangierten.

1 An dieser Stelle erwähnt er, daß er in den sechziger Jahren siebenmal mit der «Aufbaunadel» geehrt wurde, und kommentiert: «Was sollen denn die Dinger? Soll ich sie mir siebenmal anstecken. Mach ich mir doch bloß den Anzug kaputt.»

Kinderglück und Nachkriegsschicksal

Sonja Schmittke, wie ihr Mädchenname lautet, kommt wie so viele Menschen in der DDR aus einer Arbeiterfamilie. Aber im Gegensatz zu den meisten erinnert sie sich «an eine ganz glückliche Kindheit rundherum», obwohl die Bergmannsfamilie mit fünf Personen nur in «Stube und Küche» wohnte. Dieses Leitmotiv wird im dritten Satz ihres Berichts gesetzt. In den ersten beiden nennt sie Motive, die ich zunächst nicht verstehe: Nachdem sie die Namen ihrer Eltern genannt hat, fügt sie im ersten Satz hinzu: «Vater selbst war Halbwaise, meine Mutter war Vollwaise.» Da sie später darauf nie mehr eingeht, sind gleichsam die Wurzeln nach rückwärts abgeschnitten, und sie ist in ihrer weiteren Erzählung ganz auf ihre Eltern bezogen. Im zweiten Satz erwähnt sie zwei ältere Brüder und fügt als einziges hinzu, daß beide «auch» schon verstorben sind, einer vor vierzig und einer vor vier Jahren. «Auch» muß heißen: wie die Eltern. Der Dreiklang der Eröffnungssätze könnte andeuten, daß die Geschichte, die sie über sich erzählen will, davon handelt, wie sie – nach einer glücklichen Kindheit in einem geschichtslosen Raum – verwaist und der Außenwelt ausgesetzt worden ist.

Ihre Geschichte ist keine Collage des Interviewers, sondern bewußt gestaltet. Sie hat zugehört, wie ihr Mann die Informationen, die ich hier zusammengefaßt habe, zwar bereitwillig, aber doch aus sich herausfragen ließ und dabei gelegentlich für die Daten seinen «Lebensbogen» (das Stammblatt seiner Sozialversicherung) zu Rate zog. Sie möchte von sich aus etwas bieten und hat sich deshalb zwischen dem ersten Gespräch mit ihrem Mann und dem zweiten, das ihr gelten sollte, Aufzeichnungen für ihre Geschichte gemacht, nach denen sie nun ihren Bericht improvisiert. Das kann ich hier nicht in voller Länge dokumentieren, aber es wäre unfair, nicht wenigstens ein längeres Stück aus dem Anfang ihrer Erzählung im Wortlaut zu zitieren.[2]

2 Da meine gelegentlichen Zwischenfragen sich – wenig einfühlsam – fast ausschließlich auf die von ihr ausgesparten Jahreszahlen bezogen, habe ich diese Wortwechsel im folgenden Zitat wieder beseitigt, um dem nahezukommen, was sie sagen wollte. Außerdem sind Namen und Ortsangaben aus Anonymisierungsgründen getilgt. Wäh-

Es ist ein märchenhafter Bericht aus dem Krieg, bei dessen Beginn sie 11 Jahre alt war.

Ich besuchte die Volksschule bis zur achten Klasse und habe dann mein Pflichtjahr absolviert. Das war ja damals so Mode, daß wir Mädchen gleich im Anschluß an die Schule ein Jahr Pflichtjahr ableisten mußten. Ich hatte das Glück, daß ich mir meine Pflichtjahrstelle selbst aussuchen konnte. Das war mein Direktor von der Schule. Hatte fünf Kinder, das sechste war unterwegs, und es war meine Seligkeit bei so vielen Kindern. Und anschließend habe ich dann in der Sparkasse gelernt. Und das war ja nun so die Zeit kurz vorm Zusammenbruch[3], und alle die Lehrlinge der Sparkasse, die einigermaßen gut besattelt waren, durften die Notprüfung ablegen. Ich hatte zusätzlich schon eine Bankfachklasse besucht, eben um weiterzukommen. Es waren ja nicht nur Volksschüler da als Lehrlinge, sondern auch höhere Schulen. Und da mußte man schon ein bißchen ranklotzen, wenn man da Schritt halten wollte. Und ich hatte das große Glück, daß ich auch meine Notprüfung bestanden habe.
Hier war ja Festungsstadt, und es wurde so nach und nach evakuiert. Darunter auch meine Mutter. Mein Vater war Soldat, und meine Mutter kam weg, und ich durfte nicht mit. Da kam der Festungskommandant in die Sportklasse, und alle, die ein bißchen Schreibmaschine schreiben konnten, mußten dableiben, und dazu gehörte ich auch.[4] Und da habe ich in der Festungskommandantur als Stenotypistin gearbeitet, war ich verpflichtet dazu. Auch da hatte ich wieder großes Glück. Ich war da einem Hauptmann unterstellt. Und mein Glück bestand darin, daß er eine gleichaltrige Tochter hatte, die in – das habe ich vergessen –, aber jetzt jedenfalls in Westdeutschland wohnte, und er hat dafür gesorgt, daß ich auch rausgeschleust wurde. Nicht nur ich, wir waren 'ne ganze Truppe. Und ein Hauptmann vom Volkssturm, der hatte nun so 'ne ganze Truppe am Hals, die er nun noch durch die Linien schleusen mußte. Es war 'ne ganz aufregende Sache für uns. Da sind wir so ganz eng mit dem Krieg konfrontiert worden. Noch enger ging es beinahe nicht. Und ich habe schon immer so 'ne Leidenschaft für Medaillons gehabt, und da waren die Bilder meiner Eltern drin. Nun ging es ja raus aus der Stadt, und wir mußten robben, und dabei habe ich mein Medaillon verloren. Mir war gar nichts passiert, und trotzdem ist es meinen Eltern blutverkrustet zugestellt worden. Die waren nun der Meinung, unser Mädel ist nicht mehr.

---

rend die Zeitstruktur ihrer Erzählung fluide war, machte sie alle räumlichen Angaben dingfest.

3 Tatsächlich 1943.

4 Februar 1945.

Das war eine recht strapaziöse Flucht. Wir sind noch bis an die Elbe gekommen, und da standen wir auf einmal den Russen gegenüber. Vorne hatten wir die Deutschen, hinter uns hatten wir die Russen. Und von beiden Seiten wurden wir beschossen. Und da bin ich das erste Mal in meinem Leben über tote Menschen drüber weggestiegen. Und sind auch da wieder gut bei weggekommen, und in der Gegend hat mich dann dieser Hauptmann abgeliefert bei einem Bauern. Wir wurden dann aufgeteilt. War ich erst bei einem großen Bauern, aber da hat es mir absolut nicht gefallen.

Und als ich mich mal so satt und müde geweint habe an einem kleinen Bach, da sprach mich eine Bauersfrau an, ob ich nicht Lust hätte, zu ihnen zu kommen, wenn's mir da nun gar nicht gefiele. Und das war mein großes Glück. Ich habe dann da das Melken gelernt und wurde mit sämtlichen landwirtschaftlichen Arbeiten vertraut, hab auch Pferde angespannt, bin selber auf die Koppel gefahren. Es ging mir also herzlich gut. Hunger habe ich gar nicht kennengelernt.

Und natürlich war das Heimweh dann groß. Der Bauer hat das auch verstanden. Und dann mußte ich in die Stadt, um einen Passierschein zu bekommen, daß ich hier rüber konnte. Und da bin ich dann gefahren, und dort in der Stadt fährt mir ein Russe mit dem Fahrrad in die Kniekehle. Sie waren ja nun ganz begeistert von den Fahrrädern und haben ihre Fahrversuche ja nicht auf der Straße gemacht, sondern auf'm Bürgersteig. Vor mir hat er schon den ersten Kriegsinvaliden mitgenommen, 'ne Frau mit 'nem Kinderwagen mitgenommen. Und der nächste hinter mir hat mich auch noch mitgenommen, und da bin ich dort in eine Privatklinik eingeliefert worden. Aber zu dem Zeitpunkt waren in S. die Amis und die Russen. Und ein Ami hat das beobachtet, daß ich nun da lag, hat mich aufgelesen, in die Klinik gebracht. Ich wurde da bestens versorgt. Wurde in Gips gelegt, Kniescheibe war rausgesprungen. Da habe ich sechs Wochen da zugebracht. Der russische Soldat hat sich nicht sehen lassen, aber die Amerikaner haben sich in schöner Regelmäßigkeit um mich gekümmert, und das wurde natürlich von dem Klinikbesitzer – das war noch ein Privatmann, das war ja damals noch nicht, daß hier alles einverleibt war – sehr begrüßt, denn das, was ich gekriegt habe, das konnte ich alleine nicht verbrauchen. Das kam der ganzen Klinik zugute.

Na ja, und als ich wieder zurückkam, dann war's also soweit, daß ich meine Erlaubnis hatte, daß ich fahren durfte. Nun hatten mir die Bauern da eingepackt, einen ganzen schweren Rucksack voll. Ich weiß nicht, ob das wichtig ist: Auf der Flucht hatten uns die Polen, die uns begegneten, das bißchen Gepäck weggenommen. Mich haben se ausgezogen bis auf een Unterrock. Ich bin im Unterrock weitergelaufen. Ich hatte dann gar nischt mehr.[5] Und

5 Sie meint offenbar Begegnungen ihrer von einem Volkssturmmann geführten Ju-

wie gesagt, der Bauer hat mir dann alles eingepackt, eingeweckte Wurst und Strümpfe und, ach was weiß ich nicht alles. Dann gings also ab in Richtung Heimat. Im Zug war es grausam. Es war ein geschlossener Güterwagen, in dem wir fuhren. Da kamen auch, wenn der Zug anhielt, wieder mal 'n paar Russen rein, haben uns so'n bißchen erleichtert und, und, und. Ich blieb verschont. Ich hab alles mitgebracht. Und dann traf ich eine Bekannte aus unserer Stadt, die sagte: Sonja, du hast ja ein Glück, euer Haus steht. Ach, und ich war froh.

Da bin ich in der Nacht angekommen.[6] Zielstrebig nach Hause, und ausgerechnet *das* Haus war weg. Nun saß ich da vorm Haus, geheult wie'n Schloßhund und aus dem Nachbarhaus eine, die sagt zu mir: «Sonja, du brauchst nicht zu weinen. Deine Eltern leben.» Die hat mir dann die Adresse gegeben, da bin ich dann am nächsten (Morgen) früh hin, hab mir das gesucht. Da hausten meine Eltern in einer Kellerwohnung...[7] Als ich da nun an dem Fenster, Kellerfenster klopfte, wo meine Eltern drin waren: Solche großen Augen guckten mich an. Beide ausgemergelt, halb verhungert, und meine Mutter hat nur noch geschrien. Die hörte gar nicht mehr auf zu schreien. Ich konnte mir ja das gar nicht denken, warum. Ja, sie war ja der Meinung, ich war tot. Und nun steht auf einmal die Tote vor der Tür. Es war furchtbar. Die hat mich die ersten drei Tage überhaupt nicht von ihrem Bett weggelassen. Und so een Dummchen, wie ich war, ich wollte meinen Eltern nun was Gutes tun, da habe ich ihnen erstmal tüchtig was zu essen gemacht. Ja, meine beiden Herrschaften sind ja nicht mehr vom Klo runtergekommen. Die hat ja das weggeruppt. Ja, dann hat es ja auch nicht lange gedauert, waren ja die Vorräte erschöpft. Ja, was nun?

Vater konnte nicht arbeiten. Das ging ja nur so, der erholte sich gar nicht. Und Mutti, die war nach einem Vorort von Berlin evakuiert gewesen, und Mutti hatte sehr zu leiden gehabt unter den – unsern Befreiern. Sie hat es mir nie selbst erzählt. Das war so ein Thema, das war für Mutti tabu. Das konnte man mit der Tochter nicht besprechen. Aber die mit ihr in einer Wohnung gewesen sind, die haben uns das erzählt. Die wurde ja von einer Tür in die

---

gendlichengruppe mit befreiten Zwangsarbeitern, bevor sie auf die Bauernhöfe in der Magdeburger Börde verteilt wurden.

6 Sie ist zunächst unsicher, wann das war, und datiert es auf Rückfrage aus ihrem geschichtslosen Gedächtnis auf März 1945, aber anhand ihrer Aufzeichnungen klärt sich, daß es im September 1945 war.

7 Dazwischen berichtet sie, daß ihr Elternhaus, das einem Getränkehändler gehörte, nach dem Umbruch niedergebrannt worden sei, weil die Sowjets im Schnapskeller, in dem sich zuvor eine Wehrmachtseinheit eingerichtet hatte, noch Uniformteile gefunden hätten.

andere gezogen. Aus einer taumelte sie raus, und in die nächste wurde sie schon wieder reingezogen. Die war ja so –. Die war ja so aufgeschwemmt. Da habe ich mich wieder in die Bahn gesetzt, nachdem sich Mutti wieder so'n bißchen gefangen hat, 'n bißchen ruhiger war, da bin ich wieder hin zu meinem Bauern. Und der hat mir wieder alles vollgepackt. Und hat uns natürlich sehr geholfen. Dann haben die Russen im Park die Kühe geweidet. Ich bin mit der Mutti spazieren gegangen, hatte 'n Kochgeschirr dabei, und immer, wenn die Wache sich rumdrehte, bin ich ran an die nächste Kuh und hab strip, strap, strull, 'n bißchen Milch gemolken. Aber das war so eine ganz ganz – (schlechte Zeit). Wie gesagt, weil ich ja den Hunger nun gar nicht kennengelernt hatte, nur in dieser Übergangsphase hier. Na ja, und meine Mutti hat diese ganze Geschichte auch nicht lange überlebt. Die ist im März 46 dann verstorben. Das Wasser stieg immer höher, immer höher. Und ich bin noch in die Stadt gefahren. Sie hat dann auf Attest Weißbrot bekommen. Bin noch dazu in die Stadt gefahren. Als ich wiederkam, hatte Mutti schon die Augen zu.

Die einzige präzise Zeitangabe in Sonja Gerhardts Bericht ihrer Erlebnisse in diesem ereignisreichen Zeitraum ist «März 1946» und bezeichnet den Tod ihrer Mutter. Er ist ein Wendepunkt in ihrem Leben, der sie aus der Kindheit stößt. Denn kurz nach dem Tod der Mutter, den sie als Folge ihrer Vergewaltigung beim Einmarsch der Roten Armee interpretiert, ließ sich ihr Vater mit einer anderen Frau ein, die eine Wohnung hatte. Zwar sollte das hastig legalisierte Verhältnis nach einigen Monaten wieder auseinandergehen, aber Sonja war über die Heirat ihres Vaters kurz nach dem Tod ihrer Mutter dermaßen empört, daß sie ihrem Vater vorhielt, seine Ehe werde «sich nicht aufrechterhalten lassen». Zur Antwort erhielt Sonja zum erstenmal in ihrem Leben eine Ohrfeige von ihrem Vater. Noch am selben Tag ist sie von zu Hause ausgerückt, blindlings in einen Zug geflohen und irgendwo im Spreewald ausgestiegen. Sie kannte die Gegend nicht. Hier beginnt ihre zweite Geschichte sozusagen als 18jährige Waise.

Doch bevor ich daran anknüpfe, möchte ich noch einen Blick auf den zitierten Text werfen. Trotz seines traurigen Endes ist er in einer kräftigen und selbstbewußten Tonart gehalten, die sich ihrerseits wieder als von den Verhältnissen getragen erfährt: Im allgemeinen Untergang und Chaos hat Sonja Schritt für Schritt Glück, auch wenn sie sich dazwischen zuweilen wie das Aschenputtel die Augen ausweinen muß, und verhalten deutet sie an, daß sie das Ihre zu diesem Glück beigetragen hat. Als Volksschülerin konkurriert sie erfolgreich mit Abiturientinnen, sie ist gelehrig und will weiterkommen, an der Saldiermaschine wie beim Melken, sie ist weiblich, kinderlieb im Pflichtjahr, fürsorglich mit ihren notleidenden Eltern, sie erweckt väterliche Fürsorge bei deutschen Offizieren und ist auch mit Gipsbein ein attraktives Fräulein für die GIs, deren Gaben sie in der Klinik umverteilt. Mit den wirklichen Gegnern hat sie wirklich Glück: Die Polen ziehen sie nur bis zum Unterrock aus, die Russen verletzen sie nur am Knie und lassen ihr ihre Würste im Rucksack, und beim Melken im Stadtpark lassen sie sich leicht austricksen.

Die durchgehende Linie ihres Glücks und ihre Tüchtigkeit steht in einem starken Kontrast zum Unglück ihrer Eltern, das mit der «Befreiung» beginnt. Das Ende des Elternhauses bezeichnet auch das Ende der glücklichen Kindheit «rundherum». Persönliche Eigenschaften haben die Eltern im Bericht nicht angenommen, und auch bei späteren Rückfragen blieben sie mir schemenhaft; es waren eben Vater und Mutti, an denen sie «abgöttisch» hing. Bei den Rückfragen wird aber einiges nachgetragen, das bei der Erzählung ausgeblendet blieb, aber vielleicht das «Rundherum» des kindlichen Glücks erklärt. Fast die ganze Familie war im Dritten Reich aktiv: Der Vater ging in die SA[8] und wurde bei der DAF im Betrieb Knappschaftsältester, die Mutter war in der NS-Frauenschaft und sammelte fürs Winterhilfswerk. Die Kinder waren in der HJ, und Frau Gerhardt schwärmt noch heute von ihrer Zeit im BDM:

Ich war nie vor eine Wahl gestellt worden. Ich hab nur das eine erlebt und mit Spaß und Freude. Mit Singen, Tanzen, Spielen, Handwerkeln und alles was so drum. Das hat mir sehr viel Freude gemacht, und wir waren ein ganz disziplinierter Haufen. Wenn wir marschiert sind, das sah schneidig aus.

---

8 Das Eintrittsjahr weiß sie nicht mehr, aber es muß wohl in ihrer Kindheit gewesen sein, denn sie erinnert sich noch, wie «lustig» sie die Breecheshosen seiner Uniform fand, als er sie das erste Mal zu Hause ausprobierte. Besonders linientreu scheint die Familie indessen nicht gewesen zu sein, denn Sonja ging in einen evangelischen Kindergarten und wurde 1942 konfirmiert.

Und dann fügt sie noch hinzu:

Ich habe keine Not kennengelernt unter diesem Regime.

Ihr ältester Bruder tat sich mit dem Lernen schwer und brachte es nur bis zur sechsten Klasse; nach der Lehre wurde er zur Infanterie eingezogen und zog sich am Ende des Krieges eine TBC zu, an der er später starb. Der mittlere jedoch wollte schon immer zu den Soldaten und konnte nur von seiner Mutter bestimmt werden, wenigstens die Lehre – immerhin schon als Nachrichtentechniker – fertig zu machen. Dann ging er freiwillig zur Waffen-SS und kam zur Leibstandarte Adolf Hitler. Sonja erinnert sich, wie blendend er in seiner Uniform ausgesehen habe. Da habe alles gesessen, als sei es maßgeschneidert.
Doch wer danach dächte, das Nachkriegsschickal der Familie habe der Wiedergutmachung, Vergeltung oder Säuberung gegolten, muß sich von der Maßstabslosigkeit, mit der es die einzelnen Mitglieder der Familie traf, verwirren lassen. Was Sonja geschehen war, haben wir schon gehört. Ihr Vater war zwar kurzzeitig in sowjetischer Kriegsgefangenschaft und verlor seine Wohnung, aber beides hatte nichts mit seinem politischen Engagement zu tun, und er verlor auch nicht seine Arbeit, nur seinen gewerkschaftlichen Zusatzposten. Ihre Mutter wurde mehrfach brutal vergewaltigt, aber auch dies nicht als Nazifrau, sondern als namenlose Evakuierte. Erst später wurde sie, aus der Evakuierung zurück, wegen ihrer Mitgliedschaft in der NS-Frauenschaft für mehrere Monate als Trümmerfrau zum Steineklopfen verpflichtet, was ihrer zerrütteten Gesundheit den Rest gab. Sie nahm es auch sehr schwer, daß ihre Wohnung, das Ergebnis jahrzehntelanger Sparsamkeit und Fürsorge, nach dem Krieg niedergebrannt wurde, was mit der politischen Haltung der Mietparteien gar nichts zu tun hatte. Der Bruder, der zur SS gegangen war, hatte sich nach dem Krieg in den Westen abgesetzt und war dort wirtschaftlich auf keinen grünen Zweig gekommen. In den fünfziger Jahren kehrte er deshalb (Sonja meint: «Hier war's damals ja eher besser») in die DDR zurück und blieb unbehelligt. Daß er sich aber auch hier beruflich nicht etablieren konnte, sondern im Stall einer LPG und später als Hausmeister arbeiten mußte, lag nicht an seiner politischen Ver-

gangenheit, sondern daran, daß sein Sohn krumme Dinger gedreht hatte und der Vater sich vor seinen Kollegen und Nachbarn schämte und aufs Land zog.

Der unpolitische Bruder indessen, der bei den Rückzügen der Infanterie lange Zeit im Wasser gestanden hatte und falsch behandelt worden war, mußte sich nach der Heimkehr zuerst das eine Bein und nach einem Jahr das andere abnehmen lassen und starb 1947 an TBC. Seine Frau, die er im Krieg geheiratet hatte, war zwischenzeitlich ein «Russenliebchen» geworden und praktizierte ihr Gewerbe in der Wohnung, in der sie mit dem Kriegsinvaliden gemeinsam wohnte. Als ihr Mann kurz vor seinem Tod 1947 in die Klinik gekommen war, fand sie einen neuen deutschen Freund, den sie ihrem todkranken Mann beim letzten Besuch im Krankenhaus als «Dein Nachfolger» vorstellte. Von diesem Bruder handelt auch eine nachdenkliche Geschichte über eine Begegnung mit einem Rotarmisten, die Sonja 1946 erlebt hat:

Er war nun dadurch mächtig behindert, weil er ja am Stock ging, er ging dann nur noch an einem Stock. Und eines Abends wollte er mich ein Stück begleiten von seiner Wohnung aus, und da kam uns ein russischer Offizier entgegen. Und wir sind arglos beide gelaufen und da – der hatte so ein Stock in der Hand –, und da fängt der an, auf meinen Bruder einzuschlagen, aber wie doll. Ich bin dann gerannt, habe Hilfe geholt, mein Bruder lag dann aber schon. Mußte ein Arzt kommen. Nun muß ich da ja auch was Gutes dazu sagen. Dieser Offizier wurde festgenommen, er kam auch zu meinem Bruder in die Wohnung und hat sich entschuldigt. Aber da kamen ihm schon wieder die Zornesadern. Da hat der gesagt, er hat den verwundeten Menschen gesehen und hat gedacht, das ist einer von diesen Schweinen, die bei mir zu Hause soviel kaputtgemacht haben. Und da hat der den eben niedergedroschen. Der hat das zugegeben, daß bei ihm auch soviel war. Aber das war nun kein Einzelfall, und nicht jeder ist gegangen und hat sich dann entschuldigt, nich. Manche haben – wie hier im Lokal, sitzen am Tisch, fällt kein böses Wort, zieht (der Russe) seine Pistole und erschießt den Malermeister.

Der letzte Satz spielt auf eine Geschichte an, die mir Frau Gerhardt schon früher erzählt hatte und die sie 1948 als Serviermädchen in einem Lokal miterlebt habe. Von dieser Sorte von Geschichten hat sie aus zweiter Hand noch mehr parat: Wie ihre beste Freundin und deren Mutter beim Einmarsch vergewaltigt wurden und ein lebenslanges Trauma behielten, oder wie ihr Lieblingslehrer in ihrer Heimatstadt sich lange nach dem Einmarsch zwischen zudringliche Rotarmisten und seine Frau gestellt habe und mit einem Revolverschuß niedergestreckt worden sei. Ihre diesbezüglichen Geschichten laufen alle auf dasselbe hinaus: Die Verbindung zwischen Vorkriegshaltung und Nachkriegserfahrung ist nicht in der individuellen Verantwortung zu greifen, sondern allenfalls in einem nationalen Schicksalszusammenhang, in den der einzelne gerissen wurde.

Bäckerei mit Ehrenschuld

In der spreewäldischen Kleinstadt, in der Sonja nach ihrer Flucht vor ihrem Vater aus dem Zug gestiegen war, beginnt ihr zweites Leben als Waise. Sie suchte nun eine Bleibe, Arbeit und einen Familienersatz. Zuerst kam sie beim Bauern unter, aber die Bäuerin war hart, und die Mägde durften nicht am Tisch essen, so daß sie wieder floh. Dann bekam sie mit etwas Schwindelei eine Stelle als Buchhalterin und Serviererin in einem Hotel, das von zwei alten Herrschaften geführt wurde, die sie bald Onkel und Tante nannte und die sie adoptierten wollten. Aber bevor es dazu kam, starb der neue «Onkel», und sie stand wieder «als heulendes Elend» allein da. In dem Hotel hatte es einen Stammtisch gegeben, wo sich die lokalen Honoratioren schon darum stritten, wessen Schwiegertochter die anstellige neue Haustochter einmal werden sollte, wenn die Söhne aus der Gefangenschaft nach Hause kämen. Einstweilen erbarmte sich der Polizist in der Runde und verschaffte ihr einen Posten als Schreibkraft bei der Polizei, wo sie – ungeachtet ihrer BDM-Begeisterung – alsbald zum Aufstieg vorgesehen wurde und zur Schulung sollte. Sonja bekam ein möbliertes Zimmer und suchte «Nestwärme».

Da kam der Sohn des Bäckers und Mühlenbesitzers aus der Stammtischrunde aus der Gefangenschaft zurück und wurde tatsächlich der Ihre. Wieder klingt alles wie im Märchen, aber in Wirklichkeit konnte man zunächst nur den Frosch sehen, und auch hernach kam gewiß kein Märchenprinz zum Vorschein, sondern der Alltag einer Privatbäckerei in der frühen DDR, die obendrein mit einer «Ehrenschuld» belastet war.

Aber ich war irgendwie doch immer alleine. Und es war für mich eigentlich wie ein Geschenk der Natur, daß ich meinen Mann da kennenlernte und (wir) viel Verständnis füreinander hatten. Mein Mann hatte Wolfsrachen, Hasenscharte, und dadurch bedingt einen ziemlich argen Sprachfehler. Und da habe ich mit ihm gepaukt: Sprachübungen. Sie haben nachher nichts mehr von dem Sprachfehler gemerkt. Wenn er aufgeregt war, dann gings mal wieder ein bißchen. Ansonsten ging das alles sehr schön. 1947 haben wir dann auch geheiratet. Das hat gar nicht so sehr lange gedauert, dann haben wir geheiratet.
I.: Hatten Sie sich in Ihren Mann verliebt?
S. G.: Ich will mal ehrlich sagen, nein. Das war nur irgendwie Vernunft. Bist nicht mehr alleine, hast jemand. Dann war er auch sehr empfindlich. Ich hatte den Verlobungsring und hatte noch een anderen Siegelring. Und bei der Schreibmaschine rutschte mir der eine, seitdem ich den Verlobungsring hatte, dann habe ich den Ring da mit rübergesteckt. Mittag nach Hause gekommen zum Essen, mein Verlobter sah das, gab's Ärger. Soll wohl niemand sehen und, und, und. Also wir haben uns tüchtig gezankt.
Und dann wollte das Kreispolizeiamt mich fordern. Ich sollte zur Schule. Das hätte aber bedeutet: weg aus der Stadt für die nächsten zwei Jahre. Dann bin ich nach Hause und hab das meinem Verlobten gesagt, und ich erinnere mich da noch ganz genau: Er saß im Sessel, stand dann auf, als ich ihm die Frage stellte, was er davon hält und wie seine Meinung ist, und stand lange dann am Fenster und hat sich nicht geäußert. Da habe ich gesagt. «Wenn du sagst, ich soll hierbleiben, dann bleibe ich.» Der hat sich nicht geäußert. Und in dem Moment habe ich eigentlich gemerkt, daß es mehr ist als nur Mitleid. Da habe ich gedacht, um Himmelswillen, wenn der jetzt sagt, geh', dann ist ja alles aus. Aber dann sagte er: «Bleib!» Dann war alles gut. Und wir haben auch 22 Jahre eine sehr gute Ehe geführt trotz vieler Arbeit.

Die Begegnung mit ihrem ersten Mann nennt Sonja Gerhardt ein «Geschenk der Natur», weil es sie aus ihrer Einsamkeit erlöste und ihr eine Aufgabe und einen Zusammenhang gab. Warum dies wie ein Geschenk «der Natur» erscheint, bleibt indessen schwer verständlich. Die natürliche Behinderung ihres Bräutigams wird dieser schwerlich als ein Geschenk empfunden haben, und daß der Verlobte der einzige Erbe eines substantiellen Lokalhonoratiors war, der nicht nur eine Mühle und eine größere Bäckerei besaß, sondern auch noch diverse Geschäfte und ein Café und ein Steuerberatungsbüro betrieb, wird man kaum zu den «natürlichen» Attraktionen des heimgekehrten Soldaten rechnen können. Vielmehr könnte der Ausdruck eher einen Hinweis auf Sonjas Natur geben, dergestalt daß der eingesessene Erbe ohne seinen Wolfsrachen wohl andere Möglichkeiten gehabt hätte, als sich der zugereisten mittellosen Bergmannswaise zuzuwenden und in ihrer zupackenden Fürsorge seinen Pygmalion zu entdecken. Die Natur bringt einsame und verletzte Herzen zusammen.

Vermutlich hat es auch noch eine andere, aus ähnlichen Vorerfahrungen stammende Verbindung zwischen ihnen gegeben, aber diese Vermutung kann man nicht belegen, sondern nur aus einem Schweigen erahnen. Der Kriegsheimkehrer, den Sonja 1947 kennenlernt und mit dem sie dann bis zu seinem Tod eine «sehr gute» Ehe führt, tritt nämlich (wohl Anfang der fünfziger Jahre) in die NDPD ein. Aber über sein Vorleben weiß sie rein gar nichts zu sagen, weder über seine Jugend im Dritten Reich noch über seine Kriegserfahrung, die Länder, in denen er gekämpft hatte, die Waffengattung, ob er Offizier gewesen ist, wo er – immerhin mindestens zwei Jahre unmittelbar vor ihrer Begegnung – in Kriegsgefangenschaft gewesen ist: Alle Fragen laufen ins Leere ihres sonst so detailvollen Gedächtnisses. Nicht daß sie sich dazu nicht äußern wollte; sie versucht, sich zu erinnern, sie sucht nach einem Foto ihres Mannes aus der Militärzeit, aus dem man erkennen könnte, welche Uniform er trug – alles vergebens. Es bleibt bei einer vagen Vermutung, er müsse wohl irgendwo in westlicher Gefangenschaft gewesen sein. Davor ist nichts. Auch die Geschichtslosigkeit ihrer Begegnung läßt sie wie ein Geschenk der Natur erscheinen.

Indessen könnte sein Engagement in der NDPD auch mit jener «Ehrenschuld» zusammenhängen, deren Abtragung ihre Ehe so sehr belasten sollte, daß Frau Gerhardt später im Rückblick feststellt, sie wünschte, sie hätte ihren damaligen Mann, den sie als Person zunehmend liebte und achtete, nicht geheiratet. Zu dieser Schuld sei es dadurch gekommen, daß ihr Schwiegervater in der Nachkriegszeit die Angewohnheit gehabt habe, jedem durch den Ort ziehenden Kriegsheimkehrer einen Laib Brot aus seiner Bäckerei zu schenken. Nahe der Oder waren das viele. Solche Freigebigkeit war damals selten und machte auffällig, zumal das Regime der Lebensmittelmarken sie eigentlich gar nicht zuließ. Der Bäcker und Müller mußte also Mehl aus schwarzen Kanälen verbacken, wenn er etwas zu verschenken hatte. Ende 1948 ist er bei einer Kontrolle «bis über beide Ohren reingesegelt», wurde verhaftet und – in einer Phase, in der man dem Sozialismus durch Kriminalisierung der Privaten, die natürlich wie alle am Schwarzmarkt schoben, den Weg bereiten wollte –, zu 15 Jahren Zuchthaus und 15.000,– M. Geldstrafe verurteilt. Sonja war bei der Gerichtsverhandlung dabei: «Es war grauenvoll. Schwiegervater plumpste richtig in sich zusammen.» Sein Geschäft ging in die Hände des Konsums über. Nach einem Jahr Haft in einem Zementwerk wurde der Schwiegervater wegen Haftunfähigkeit in ein Krankenhaus überstellt und starb kurz darauf. In der Stadt war der freigebige Bäcker, der in der Kirche die Orgel gespielt hatte, beliebt gewesen. Seine Beerdigung wurde zum alternativen Staatsbegräbnis, bei dem die ganze Bevölkerung auf den Beinen war.

Ja, nun kam ja die große Testamentseröffnung. Es war ein Grundstück da, ein sehr großes Grundstück, ein beschädigtes Grundstück durch Kriegseinwirkung. Und es waren da Schulden, Schulden, Schulden, Müller X., die Mühle Y., der Klempnermeister und, und, und, insgesamt ein Schuldenbetrag von 40.000 Mark. Na ja, die Haftgeschichte hat er auch nicht bezahlt, die Strafe. Ja, mein Vorschlag war, das nicht anzunehmen. Na, und nun kommt der echte Deutsche zum Vorschein, das war mein Mann. Der hat gesagt: «Sonja, diese Zuchthausstrafe und diese Geldstrafe ist für mich 'ne Ehrensache, die bezahle ich. Bis wann wir das schaffen werden (weiß man nicht), aber ich bezahle das. Unser Name muß sauber bleiben.» Ich war ja nun beim Kreispolizeiamt, und mit im gleichen Haus war der Rat des Kreises, und da wollte ich mich scheiden lassen. 40.000 Mark Schulden! Mein Einkommen betrug damals 291 Mark. Ach, noch gar nicht mal zu dem Zeitpunkt. Da hatte ich noch weniger... Dann hatte ich da mit dem einen Kollegen vom Gericht gesprochen, und der sagt: ‹Weißte, Sonja, wir hatten schon das Gespräch, wie anständig von deinem Mann, daß er nicht die anderen kleinen Leute hier bluten läßt, sondern daß er das wirklich machen will und will es nach und nach abzahlen.› Er hat allen klipp und klar gemacht: einen nach dem anderen. Ich zahle nicht 50, 50, 50, sondern ich zahle 150 und mache erst einen fertig usw. Die waren auch alle damit einverstanden. Na, da habe ich mich dann doch, na ja, mußte ich halt mitziehen. Na, was blieb mir übrig, arbeiten gehen. Ich hab mir 'ne Arbeit gesucht.

Sonja hatte kurz zuvor ihren ersten Sohn geboren, einen «Winzling», der nicht krippenfähig war, so daß sie entweder kein Geld verdienen konnte oder die Hälfte davon an eine Haushaltshilfe weitergeben mußte. Das verlängerte die Ehrenschuld. Sie arbeitete nun in verschiedenen Verwaltungen, bis sie eine Stelle gefunden hatte, die etwas mehr Geld brachte und nur ein paar Häuser von ihrem «Winzling» entfernt war. Bei einer der Stellen sollte sie gezwungen werden, zusammen mit der ganzen Verwaltung der Gesellschaft für Deutsch-Sowjetische Freundschaft beizutreten. Das lehnte sie entschieden ab und drohte an, in der Betriebsversammlung über ihre Gründe Auskunft zu geben. Bevor es dazu kam, wurde sie aus der Betriebsversammlung verwiesen, und sie behielt ihren Job, nachdem sie als Zeichen guten Willens pro forma dem Demokratischen Frauenbund Deutschlands beigetreten war. Ihr Mann, der in seiner eigenen Bäckerei als Konsumangestellter arbeitete und jeden Pfennig, den sie sich absparen konnten, an die Schuldner seines Vaters weiterreichte, machte seinen Meister, um überhaupt einen Betrieb übernehmen zu können. Nach der Prüfung 1953 ging er zur SED-Stadtleitung – denn sie und nicht etwa die kommunalen Ämter und Gerichte hat das Sagen in der Stadt – und wollte die väterliche Bäckerei wiederhaben. Und er bekam sie auch; der Konsum verschwand. Sonja machte nun den Laden, und sie plackten sich rund um die Uhr, aber sie wohnten immer noch in einem Zimmer, und Sonja ging mit einem weiteren Kind schwanger. Der andere Bäcker am Markt war schon nach Westen gegangen, da stellten sie auch einen Ausreiseantrag und erzwangen sich damit Mitte der fünfziger Jahre eine 3-Zimmer-Wohnung. Ähnlich selbstbewußt erwirkten sie sich damals auch «rucki-zucki» die kurzfristige Zuteilung eines Autos und bekamen sogar ein stattliches Cabriolet, später dazu noch einen Standplatz für ihren Campinganhänger «Klappfix» am Baggersee.

Die Verhältnisse sind kleinräumig, und die Funktionäre wollen auch nicht die knusprigen Semmeln ihres letzten Privatbäckers verlieren und die weichen «Ochsenaugen» aus der Brotfabrik essen müssen. Man ist wieder wer, und man ist auch nicht mehr so verletzlich. Außerdem hat ja der fleißige und ehrenhafte Bäcker durch seine Mitgliedschaft in der NDPD auf seine Weise seine Kompromißbereitschaft mit den real existierenden Verhältnissen signalisiert. Die Geschäftsstelle dieser Partei ist im eigenen Haus der Bäckerfamilie untergebracht, und Sonja verweigert zwar zweimal den Eintritt als Mitglied, denn sie ist weniger kompromißbereit und hat sich angesichts des Schicksals ihrer Eltern geschworen, nie mehr in eine Organisation einzutreten, «nicht mal in einen Gesangverein». Die Konzession mit dem Frauenverein war ihr schon zuviel. Aber als sich herausstellt, daß sie als mithelfende Familienangehörige keinerlei Versicherungsschutz genießt, putzt die Bäckersfrau nebenher die Räume der Parteigeschäftsstelle und kommt dadurch – quasi als Parteiangestellte der letzten Kategorie – wieder in die Sozialversicherung hinein.

Aber mit der Ehrenschuld kommen sie auf keinen grünen Zweig. Der Tagesablauf der Bäckerei verhindert, daß das Ehepaar mehr als zum Abendbrot in wachem Zustand beisammen ist, und am Samstag will Vati auch einmal in die Kneipe. Angestellte können sie sich nicht leisten. Das Cabriolet dient zum Ausliefern und wird sonst nur an Feiertagen bewegt. Der ehemalige Kollege von der anderen Seite des Marktes hat «drüben» gleich eine Bäckerei übernehmen können und ist – in der kurzen Phase zwischen Arbeitskräftemangel und der Monopolisierung des Einzelhandels – auf die Füße gefallen. Da stellen sie Ende 1960 einen weiteren Antrag zur Übersiedlung nach Westen, aber diesmal wollen sie wirklich gehen und verkaufen ihr Geschäft wieder an den Konsum. Kaum ist das nicht mehr rückgängig zu machen, stellt sich heraus, daß Sonja nicht nur schwanger ist, sondern auch einen Tumor im Bauch hat und im März 1961 dringend operiert werden muß. Das Kind wird gerettet, das Geschäft nicht, und das Ehepaar verläßt der Mut, im Westen mit nur halber Kraft eine Bäckerei eröffnen zu können. Während sie noch mit dem Gedanken, nun im Osten von vorn anfangen zu müssen, kämpfen, nimmt ihnen der Bau der Mauer die Entscheidung ab. Der Mann wird wieder Konsum-Angestellter in seiner vormaligen Bäckerei, die jetzt in eine Produktionsgenossenschaft eingegangen ist, und seine Frau übernimmt die Nachtschicht im Büro, damit ihr Rhythmus etwas besser zusammenstimmt und sie tagsüber für die Kinder da ist. Doch 1964 werden die Bäckereien zu einer Verkaufskette für eine Brotfabrik, die eine Stunde entfernt ist, zusammengelegt, und der Mann soll dort einen

Meisterposten übernehmen. Aber dort gibt es keine Wohnung, und getrennt wollen sie nicht leben, und eine berufsfremde Arbeit wird dem Bäcker vom Arbeitsamt verweigert.

Da können sie von Glück sagen, daß sie in einem Dorf in der Nähe eine kleine Klitsche finden, deren Besitzer sich gerade aufs Altenteil zurückziehen möchte und ihnen Backstube und Laden verpachtet. Für die Maschinen will er 15 000,– M. Abstand, aber sie haben nichts Bares, und ihr Haus in der Stadt, das einen Buchwert von 28 000,– M. hat, können sie selbst für die Hälfte nicht losschlagen – wer will schon in den sechziger Jahren in der DDR ein großes Haus mit einem stillgelegten Produktionsbetrieb? Da erbarmt sich die Kirche, die einen «Betschuppen» sucht. Die Backstube ist groß und hat Fenster, fast so groß wie eine richtige Kirche. Für das Stammhaus der Familie mit dem guten Namen bekommen sie gerade so viel, daß sie die Maschinen in der Klitsche übernehmen können. Alles beginnt von vorn, und die Abzahlung der Ehrenschuld geht weiter. Der Bäkker steht immer noch allein in der Backstube, seine Frau im Laden und versorgt daneben drei Kinder, davon zwei kränkliche. Der Einzugsbereich des Ladens ist zuerst kaum halb so groß wie der des letzten; sie müssen Qualität beim Kuchen bringen, damit die Leute auch aus anderen Dörfern kommen. Als der Bäcker sich öfter ans Herz zu greifen beginnt, bekommen sie eine Kraft für die Backstube und eine halbe Verkäuferin, weil Frau Gerhardt jetzt ihrem Mann das Schieben der großen Brote im Ofen abnimmt. Aber per Saldo machen sie sich tot. Jede Freitagnacht wird durchgemacht.

Nach vier Jahren sind sie aus den Schulden heraus, und der Bäcker kommt mit einem Herzinfarkt ins Krankenhaus. Sein Junge, der gerade in einer Konditoreiwarenfabrik ausgelernt hat, springt ein und zieht zusammen mit seiner Mutter den Laden ohne Bäcker, aber mit Zulieferungen von einer Brotfabrik durch. Der Vater scheint sich zu erholen und bekommt im Frühjahr 1969 Urlaub vom Krankenhaus, um bei einer großen Betriebskontrolle dabei zu sein. Als sie am Wochenende im Klappfix am Baggersee ihre Schuldenfreiheit feiern wollen, bekommt er einen zweiten Herzinfarkt und ist sofort tot. Sonja erstarrt und hat keine Träne. Erst als der Junge auf dem Rückweg von der Beerdigung mit beiden Mädchen an Bord das Auto zu Schrott fährt und der Krankenwagen ihr ihre Kinder mit leichten Verletzungen zurückbringt, brechen die Tränen los und hören fast eine Woche nicht mehr auf.

Umsichtig und mit hoher Einsatzbereitschaft

Sonja Gerhardt ist vierzig Jahre alt und muß die zweite Hälfte ihres Erwachsenenlebens in die Hand nehmen. Die Bäckerei kann sie nicht halten, denn der Junge ist noch nicht Meister, und einen fremden Mann ins Haus zu nehmen verbietet die Pietät. Eine Substanz, von der sie leben und ihre ältere Tochter, die gerade eine PH bezogen hat, studieren lassen könnte, ist nicht da. Also gibt sie den Betrieb an einen anderen Bäcker weiter, der ihn in zwei Jahren zugrunde richtet, und erhält die Gelegenheit, am Ort ein Altenpflegeheim zu leiten, ein Allroundjob, in dem sie sich voll einsetzt. Aber von 400,– M. netto kann sie mit ihren Mädchen nicht leben, zumal die Tochter an ihrem 18. Lebensjahr ihre Halbwaisenrente verliert. Nach zwei Jahren, als ihr eine Aufbesserung abgeschlagen wird, kündigt sie, ohne eine andere Arbeit zu haben. Alles ist entsetzt, daß sie geht, aber ihr geht es um ihren Stolz und ums Prinzip. Bei ihrer nächsten Stelle als Sekretärin einer BGL in einem Verbund von Kieswerken bekommt sie sogar sieben Mark weniger im Monat.

Wieder einmal hat sie Glück im Unglück, denn ihr Chef, der Vorsitzende der Betriebsgewerkschaft, hat krumme Dinger gedreht und wird abgelöst. Für 750,– M. will keiner der Schichtarbeiter arbeiten, also fragt man die Sekretärin, weil sie die Abläufe ja schon kennt. Aber kaum ist die Bäckersfrau hauptamtliche Gewerkschaftsfunktionärin, hat sie wieder Unglück im Glück und bekommt Anfälle: mehrmals die Woche fällt sie in Ohnmacht, vom zweiten und letzten Jahr als BGLerin ist sie neun Monate krank. Was ihr fehlt, können die Ärzte, bei denen sie jahrelang erfolglos herumgereicht wird, erst mit den drakonischsten Untersuchungsmethoden (einer Luftfüllung des Gehirns zur Röntgenuntersuchung, die sie als vorweggenommenen Tod erinnert) herausfinden: in der Zeit, als ihr Mann starb, muß sie eine Hirnhautentzündung gehabt haben, ohne sie zu bemerken, und seither schleppt sie schwere Durchblutungsstörungen des Gehirns mit sich herum. Für so große Krankheitsrisiken erscheint der Posten des BGLers zu wichtig, aber nachdem sie mit Medikamenten eingestellt wird, beginnt sie wieder zu arbeiten, und ihre Tüchtigkeit im Beruf findet nach wie vor Anerkennung. Damit sie ungefähr ihr Gehalt halten kann, bietet man ihr den Posten eines Sicherheitsinspektors bei der Brotfabrik an, dessen Aufgaben von der Einhaltung des Arbeitsschutzes und der Hygiene über die Umweltverordnungen bis zum Beitrag des Betriebs zur Zivilverteidigung reichen.

Ich sage: ‹Ihr müßt doch wohl nicht ganz richtig sein. Das bringe ich doch nie im Leben.› 8-Klassen-Schüler. Ich hätte ja später vielleicht auch zur Sparkasse zurückgekonnt, aber Post und Sparkassen waren ja alles so schlecht besoldete Arbeitsplätze, da habe ich mich eben vorgestellt bei der Großbäkkerei. Und die Kaderleiterin, die kannte ich dadurch, daß unser Junge da ja mal gelernt hat. ‹Ach›, sagt se, ‹das machen Sie›. Und da kommt doch in dem Moment, wo sie mir da gut zuredet, da so ein kleenes Kerlchen rein, stellt sich da so am Tisch hin, ja, sagt er, ‹das glaube ich auch, daß Sie das schaffen›. Jetzt gucke ich den an, ich sage: ‹Jetzt will ich Ihnen mal was sagen. Sie kommen hier rein, sagen noch nicht mal Guten Tag, kennen mich gar nicht und wollen behaupten, ich schaffe das.› Jetzt kriegt der so een Kopp, die Kaderleiterin einen noch viel (röteren). Ich denke, was habe ich denn nun gemacht. Da sagt sie: ‹Ach, ich muß mich entschuldigen, darf ich vorstellen, das ist unser Betriebsdirektor.›
Ich hab da angefangen. Aber auch nischt gab es in dem Betrieb, gar nischt. Keine Unterlagen. Und dann wollte der von mir schon nach drei Tagen sonst was wissen. Habe ich ihm een Brief zurückgeschrieben. Alles schriftlich gemacht. Habe ich ihm geschrieben, wenn ich das erbringen soll, was er von mir erwartet, dann erbitte ich erst mal die gesetzlichen Unterlagen und und und, was zu meiner eigentlichen Tätigkeit auch gehört. Na ja, trotzdem, ich bin dann noch mal auf die Schulbank gegangen. Denn es war auch nicht gleich mit 700 Mark. Da habe ich auch erst mit 610 angefangen, also doch weniger. Aber die Schulbank ist mir nicht schwergefallen. Das lag mir irgendwie und (ich) hatte dann auch das große Glück, daß ich mit den Kollegen gut ausgekommen bin.
Es war denn aber auch so, daß ich nun in diesem Betrieb dann zur Rente gebracht wurde. Das war gar nicht so ganz einfach.

Dabei kam ihr diesmal zustatten, daß man es mit den Vorschriften nicht so genau nahm, denn eigentlich hätte sie invalidisiert werden müssen und dann 291,80 Rente gehabt. «Da hab ich Terror gemacht!» Sie überzeugte die widerstrebende Ärztekommission, sie wenigstens noch halbtags weiterarbeiten zu lassen, um ihren Standard einigermaßen zu halten. Der Betrieb war's auch zufrieden, denn einen anderen Sicherheitsinspektor hatte er sowieso nicht, ihre Tüchtigkeit konnte man brauchen, und eine beliebte Kollegin ließ man ungern von der Leitungsetage ziehen. Also arbeitete sie weiter halbtags, mal in der Zivilverteidigung der Großbäckerei, mal in ihrer Abteilung für Wissenschaft und Technik, schließlich als Büroleiterin des Werkdirektors, von ihrem 46. bis zu ihrem 54. Lebensjahr. Dann kam das Aus, weil neben ihren periodischen Ohnmachten nun auch noch chronische rheumatische Beschwerden in den Armen hinzugekommen waren. Die längere Arbeit erhöhte ihre Rente auf 385,– M.

Die Aufgabe der Arbeit fiel Frau Gerhardt nicht nur aus finanziellen Gründen schwer, denn sie war stolz darauf, daß sie es von der verwitweten mithelfenden Familienangehörigen zu angesehenen Funktionen in größeren Betrieben gebracht hatte. Gewiß, diese Funktionen waren zuvor vernachlässigt worden, und sie ist selber nicht so sicher, wie wichtig sie für die Betriebe waren. Um so wichtiger ist für sie die persönliche Anerkennung, die sie sich in ihnen erworben hat. Deshalb liest sie mir zum Abschluß ihres Berichts zwei Zeugnisse vor. Das erste wurde ihr für ihre Tätigkeit als Sicherheitsinspektor ausgestellt. Darin heißt es, sie habe

gewissenhaft, umsichtig und mit hoher Einsatzbereitschaft gearbeitet. Sie war unduldsam gegen Mängel und hat sich um deren Abstellung bemüht. Bei der Erfullung ihrer Aufgaben scheute sie auch nicht vor Auseinandersetzungen zurück. Die durch die Kollegin wahrzunehmenden Pflichten in bezug auf Kontrollen, Einhaltung von Terminen, Erarbeitung von betrieblicher Ordnung und Vorlagen sowie Analysen usw. wurden mit hoher Qualität und Sachkenntnis erledigt. Ihr Wirken muß als echter Beitrag zur ständigen Erhöhung von Ordnung und Sicherheit des Brandschutzes und der Hygiene gewertet werden. Ihre Zuverlässigkeit in der Arbeit war wesentlich für die Entscheidung, der Kollegin die neue verantwortungsvolle Tätigkeit (vertrauliche Dienstsachen, Zivilverteidigung, Information und Dokumentation) zu übertragen.

Das andere Zeugnis erhielt sie am Ende ihrer Tätigkeit, als sie noch einmal als Monatsbeste ihrer Verwaltung ausgezeichnet worden war und eine Prämie erhalten hatte, Zeichen ihrer Beliebtheit im Leitungskollektiv:

Sie hat sich außerordentlich schnell in das Aufgabengebiet eingearbeitet und mit großer Umsicht die übertragenen Aufgaben erfüllt. Bedingt durch die verkürzte Arbeitszeit mußte ein Teil der Schreibarbeiten in andere Bereiche verlagert werden, damit die Kollegin Gerhardt vorrangig Sekretariatsaufgaben und teilweise Aufgaben des Leiterbüros übernehmen konnte. Sie führte alle Arbeiten zur vollen Zufriedenheit aus, hatte ein sehr gutes Verhältnis zum Leitungskollektiv und verstand es ausgezeichnet, den Werksdirektor zu unterstützen und eine fast lückenlose Kontrolle im Sekretariat auszuüben. Kollegin Gerhardt konnte während dieser Zeit als Beste des Monats geehrt werden.

Die Zeugnisse belegen, daß es Frau Gerhardt trotz ihrer gesundheitlichen Behinderung gelungen war, auch im vierten Abschnitt ihrer Erwerbslaufbahn – nach der Ausbildung im Dritten Reich, den Hilfstätigkeiten in der Nachkriegszeit, ihrer Arbeit als Frau eines selbständigen Bäckers – durch ihre Anpassungsfähigkeit, ihre Strebsamkeit und ihren praktischen Einsatz die Achtung und überdurchschnittliche Zuwendung ihrer Vorgesetzten zu erwerben. Ihre anhaltende Tüchtigkeit, auf deren Erweis ihr gesamter Lebensbericht ausgerichtet ist, darf indessen auch erstaunen, wurden diese Leistungen doch nicht nur höchst unterschiedlichen Vorgesetzten erbracht, sondern auch Repräsentanten politischer Verhältnisse, die sie zum Teil völlig zu akzeptieren, zum Teil völlig abzulehnen schien. Daß z. B. das begeisterte BDM-Mädchen aus der Nazi-Familie schon zwei Jahre nach dem Krieg im Polizeidienst für weitere Schulung und Aufstieg vorgemerkt war, sagt ja nicht nur über sie selbst, die zugleich standhaft den Eintritt in die DSF verweigern sollte, etwas aus, sondern insbesondere über ihre Dienststelle, zumindest über deren Personalnot. Daß die Bäckerswitwe, die politisch noch nicht einmal für eine Randgröße des Regimes wie die NDPD ihres Mannes gewonnen werden konnte, dann zur leitenden Gewerkschafterin eines Betriebs mit über tausend Beschäftigten, später zur Sicherheitsinspektorin, zur Verwalterin der vertraulichen und Sicherheitsfragen und schließlich zur rechten Hand des Werkdirektors eines anderen realsozialistischen Betriebs aufsteigen konnte, erneuert auf einem höheren Niveau und nach der Erfahrung von 20 Jahren DDR die Priorität von Leistung und Einfügungsbereitschaft vor der politischen Gesinnung auf beiden Seiten.

Die Grundmauern einer späten Liebe

Als Sonja Gerhardt mit 50 Jahren auf eine Partnerschaftsanzeige in der Zeitung der Briefmarkensammler antwortet, hat sie seit zehn Jahren ihren Ehepartner verloren, die jüngste Tochter war im selben Jahr zur weiteren Ausbildung aus dem Haus gegangen, und ihr Einsatz im Beruf war seit vier Jahren auf eine Halbtagsstelle beschränkt. Sie war allein und hatte für niemanden mehr zu sorgen. Wie bei ihrem ersten Mann, so ist auch die Begegnung mit dem zweiten durch ihr Mitleid, das eine solche Aufgabe verspricht, und durch die Attraktivität ihrer offensichtlichen Tüchtigkeit geprägt. Sie braucht einen Vati, der ohne eine Mutti verloren ist, und mit diesen Titeln redet das Paar sich auch an, obwohl sie keine gemeinsamen Kinder haben, aber alle Kinder, die ihnen aus früheren Partnerschaften erwachsen waren, als die ihren behandeln.

Erwin Gerhardt, dem zu seiner Mutter als erstes einfällt, man habe sich bei ihr «umsorgt gefühlt», hat in seiner ersten Ehe mit jungen Jahren eine solche Frau nicht gefunden und während seiner zweiten verloren, nachdem ihm für lange Zeit und über seine Kraft hinaus die umsorgende Rolle aufgezwungen worden war. Hernach hatte er sich «mutterseelenallein» gefühlt. Zwei Menschen finden im Alter zueinander und erfüllen sich ihre lange unerfüllten Partnerwünsche. Beide sind krank und verletzlich, aber beide sind einander dankbar und glücklich, weil ihnen das Alter eine Gemeinsamkeit beschert, die nicht von der chronischen Überarbeitung in ihren bisherigen Partnerschaften erdrückt wird.

Diese Erfüllung ihrer komplementären Wünsche hat zugleich eine lange Vorgeschichte. Sie haben eine spezifisch gemeinsame Erfahrung, ohne je zusammen gewesen zu sein. Beide kommen aus der

Privatheit von Nazi-Familien, die ihre Kindheit und frühe Jugend von den in dieser Generation sonst so häufigen Rissen zwischen der Innen- und der Außenwelt der Familien abgeschirmt hat. Beide haben den Krieg, obwohl sie dort dem Tod begegnet sind, als eine gute Zeit erlebt. Für beide zerbricht der Hort der Familie mit der Befreiung vom Faschismus, die sie als Einbruch sowjetischer und kommunistischer Gewalt erfahren, und sieht man aufs einzelne, so können sie diese neue Macht nicht als eine erfahren, die Verantwortliche zur Rechenschaft zieht, sondern nur als die Willkür eines nationalen Schicksals.

Beide geraten in der Nachkriegszeit, als Sonja ein ‹Häufchen Elend› ist und von ‹Nestwärme› träumt und Erwin in zwanzigjähriger Unstetigkeit ‹herumlumpt›, in eine Vereinzelung und verlieren ihre traditionellen Zusammenhänge, lange bevor sie erwachsen werden. Beide schlagen sich durch und sind auf ihre Weise tüchtig. Aber beiden verhilft diese Tüchtigkeit nicht zum Glück, sondern sie werden von Zensuren und Zumutungen des neuen Regimes, aber auch von der wirtschaftlichen Not der Verhältnisse immer wieder gebeutelt. Beide finden sich im Umfeld derjenigen politischen Konstellation, mit der die SED das Milieu ehemaliger Nazis zu integrieren versucht, aber beide machen davon einen rein instrumentellen Gebrauch, ohne sich – skeptische Generation Ost – auf sie einzulassen. Beide betrachten Gesamtdeutschland in den fünfziger Jahren als ihren selbstverständlichen Bezugshorizont und erhoffen sich vom Grenzwechsel eine Lösung ihrer Probleme.

Aber bei beiden scheitert eine solche Lösung, und sie tauchen spätestens nach dem Bau der Mauer aus ihrer inneren Emigration – im Boogie und in der Leistungsverweigerung der eine, im selbstbewußten Trotz und Stolz eines privaten Handwerks die andere – in die Gesellschaft der DDR ein. Sie arbeiten in der volkseigenen Industrie und akzeptieren deren Rahmen als Bedingung ihres Einsatzes, der sie konstant überfordert und deren Ertrag ihre Hoffnungen enttäuscht. Denn sie hatten sich in den sechziger Jahren auf die DDR als eine Gesellschaft materiellen Fortschritts eingelassen, aber ihre eigenen, hart erworbenen Fortschritte, die sich im Ost-West-Vergleich wie ein Stillstand ausnahmen, wurden von privaten Katastrophen aufgezehrt und forderten in der Zerrüttung ihrer Gesundheit einen hohen Preis.

Der Sockel dieser getrennten und doch gemeinsamen Erfahrung und die Enttäuschung über das späte Arrangement ihres Lebens lassen sie im Alter zu einem privaten Arrangement Zuflucht nehmen, in dem ihre Vorgeschichte besser aufgehoben ist als in ihrem Kompromiß mit den gegebenen Verhältnissen, obschon dieser Kompromiß zugleich in ihrem Bedürfnis nach Leistung und Anerkennung wurzelt, das ihnen in jedem System berechtigt erscheint.

Die Brücke

Lisa Gabert, Lehrerin, 61 Jahre

Extrakt für die Kaderakte

Frau Gabert wurde 1928 in einem kleinen Dorf bei Altenburg geboren. Der Vater war Arbeiter, arbeitslos, und spielte anscheinend schon vor 1933 im SA-Musikzug. 1934 erhielt er Arbeit bei den Zeiss-Werken in Jena, wohin die Familie auch zog. Dort kamen noch zwei Geschwister zur Welt. Nach Abschluß der Volksschule 1942 besuchte Frau Gabert eine nationalsozialistische Lehrerbildungsanstalt bei Gera. 1945 erlebte sie zu Hause in Jena den Einmarsch der Amerikaner und im August den Einzug der Roten Armee. Nach 1945 meldete sie sich zur Oberschule, machte das Abitur nach und beteiligte sich an der Enttrümmerung der Universität. Nach einer erfolglosen Bewerbung bei der Musikhochschule in Weimar schrieb sie sich für Deutsch und Musik im Lehrerstudiengang in Jena ein. Inzwischen war sie Mitglied der LDPD geworden, trennte sich aber 1948/49 von dieser Partei und trat statt dessen in die NDPD ein, zu deren Gründungsmitgliedern ihr Freund und späterer Mann gehörte. 1950 trat sie auch der FDJ bei. Als Lehrerin arbeitete sie zunächst an einer achtklassigen Volksschule, dann an der zehnklassigen polytechnischen Oberschule, schließlich an der Erweiterten Oberschule (EOS) in verschiedenen Städten, zuletzt in Karl-Marx-Stadt.

Stellt man die Frage, wie aus dem überzeugten BDM-Mädchen, als das Frau Gabert sich im Interview ehrlich bekennt, später eine loyale Staatsbürgerin der DDR und verdiente Studienzirkelleiterin der NDPD wurde, so erscheint das Leben von Lisa Gabert als Bilderbuchbiographie, die sich etwa so interpretieren ließe:

Die vom Faschismus verführte, aus dem aufstiegsorientierten Proletariat stammende Jugendliche war 1945 bereit zum Aufbau und zur Überwindung ihrer nationalsozialistischen Ideologie. Sie geriet dabei zunächst unter den Einfluß großbürgerlicher Demokraten aus der Tradition der Weimarer Republik. Abgestoßen von deren Arroganz und Unwilligkeit, im Block der antifaschistischen Parteien am Aufbau einer neuen Gesellschaft teilzunehmen, fand sie als «Ehemalige» den Weg in die NDPD [1], die ihr auch sozial stärker entsprach. In dieser Partei entwickelte sie sich ideologisch über das geforderte Maß hinaus zur überzeugten Vertreterin einer materialistischen Weltanschauung. In diesem Sinne wirkt sie in Beruf und Partei mit unermüdlicher Überzeugungsarbeit für «ihren» Staat.

Dies ist in gedrängter Form das Bild, das Frau Gabert von sich entwarf, als ich in ihrer Neubauwohnung bei Kaffee und Kuchen saß. Ich hatte ihre Adresse von der örtlichen Leitung der NDPD erhalten, nachdem Berlin grünes Licht für die Erweiterung unseres Projekts auf die Blockparteien gegeben hatte. Frau Gabert repräsentierte die erklärte Klientel dieser Partei in so reiner Form, daß ich ihre Geschichte zunächst nicht nur unglaubwürdig, sondern auch langweilig fand und nur neugierig blieb, ob die vorgestellte Fassade «zu knakken» sein und was sich dahinter verbergen würde. Außerdem mochte ich Frau Gabert. Sie war ernst und kontrolliert, aber auch freundlich und nachdenklich. Wie erfuhr sie ihren sozialen Status im lebensgeschichtlichen Wandel? Wir kamen trotz meiner und ihrer Vorbehalte ins Gespräch.

---

1 Die NDPD wurde 1948 von SED-Mitgliedern gegründet, einerseits, um über einen treuen Bündnispartner gegen die damals drohende Übermacht oppositioneller Kräfte, vor allem der LDPD, zu verfügen, andererseits, um dort ehemaligen Nationalsozialisten einen politischen Einstieg in das System zu verschaffen.

Leute wie sie

Die Erfahrung, daß die Generation Frau Gaberts in besonderer Weise die DDR als Gesellschaft des Aufstiegs erfuhr, läßt mich auch in ihrem Fall nach den sozialen Erfahrungen fragen, in die diese politische Biographie eingebettet ist. Dieser Ansatz liegt um so näher, als Frau Gabert selbst die «Schicht» zur zentralen Deutungskategorie ihrer Biographie macht.

Die Mutter verkörpert in ihren Augen den Zwiespalt zwischen kleinbürgerlichen Aufstiegswünschen und -ängsten. Vater und Geschwister der Mutter werden von dieser als etwas «Besseres» vorgeführt: sie sind Steiger, Meister, Serviererin und Ehefrau eines Rentiers geworden. Ihre stehende Redewendung: – «Leute wie wir» – dient aber weniger der Abgrenzung nach unten, als vielmehr zur Bezeichnung der oberen Grenze, über die Mutter und Tochter sich nicht hinauswagen dürfen. In der Volksschule mit ihrem sozial gemischten Einzugsbereich erlebte Frau Gabert diese Grenze ganz deutlich. Während sie selbst an ihrem sozialen Ort verblieb, wechselten die Klassenkameradinnen nach und nach auf weiterführende Schulen. Die Mutter mit ihrer Angst verpatzte ihr noch die letzte Chance, nämlich den Besuch einer privaten Handelsschule, da eröffnete sich 1942 eine ganz andere Perspektive im nationalsozialistischen Staat, für dessen Lehrerbildungsanstalt sie ausgewählt wurde – mit dem Ziel, nach vier Jahren die an der Front stehenden Lehrer zu ersetzen und in den eroberten Ostgebieten zur «Germanisierung» eingesetzt zu werden. Es war der Lehrer und Schuldirektor Donnerhack, der sie «ausersieht». Sie bestand die Aufnahmeprüfung, «eigentlich» freute es sie, «eigentlich war Lehrerin schon immer mein Berufswunsch», «eigenartig», daß der Direktor «eigentlich ein Nazi war». Die Häufung solcher zugleich distanzierenden und betonenden Füllwörter verweist auf Donnerhacks *eigentliche* Bedeutung für Frau Gabert:

der hat uns zusammengenommen, wie man so sagt, und hat gesagt, ‹seht mal, wenn Ihr jetzt dort hingeht, auf diese Lehrerbildungsanstalt, da kommt's also nicht nur drauf an, daß Ihr gut lernt und so, da lebt Ihr mit

Menschen zusammen›, und er nahm nun an, und sicherlich war das auch zu Recht, wir kamen aus Arbeiterfamilien, da hat er uns noch mal so richtig väterlich unterwiesen, in Benehmen, Tischsitten, und uns Nachhilfe gegeben, wo er dachte, es mangelt uns daran, ne? Und wir sind, meine Schulkameradinnen und ich, wir waren ihm ewig dankbar dafür.

Nach 1945 behielt der nun entlassene Pg Donnerhack zunächst seine Funktion für Frau Gabert. Aktiv unterstützte er das «Arbeiterkind», mit sicherem Instinkt empfahl er ihr nun den freiwilligen Enttrümmerungseinsatz an der Universität. Dr. Koch dagegen, der erste Deutschlehrer nach 1945, verschaffte ihr bleibende Erlebnisse bürgerlicher Bildung und liberaler Kultur. Ohne daß er seine Schülerin persönlich angesprochen, um sie geworben hätte, nannte sie ihn bei ihrem Eintritt in die LDPD – damals stärkste Partei im Lande Thüringen – als Bezugsperson und Vorbild. In dieser Zeit wurden auch die Tennisplätze neu eröffnet, und die bürgerlichen Klassenkameradinnen des Gymnasiums wollten sie dorthin mitnehmen. Die Mutter bremste: «Leute wie wir!» und floh, wenn die Freundinnen zu Besuch kamen, aus der Wohnung. Frau Gabert hatte an ihren Eltern keinen Halt, nahm die Sache aber nun selbst in die Hand und scheiterte zwar an ihrem höchsten Ziel, landete aber doch ein gutes Stück weiter oben.

Und dann wurden die Schulen wieder eröffnet im Herbst. Und da hab ich mir dann doch überlegt, daß ich ganz einfach mal versuche, auf ne normale Schule zu gehen, ich traute mir nicht zu, sofort zu studieren, mich hätten se wahrscheinlich auch nicht genommen, mein Vater war ja Pg gewesen, und da hab ich mich zur Oberschule gemeldet, und da war ich dann auf der Mädchenoberschule, ein Jahr noch, und habe dann 46 Abitur gemacht. Das war das erste, was es wieder nach dem Kriege gegeben hat.

Latein lernte sie in einem Zusatzkurs, die Prüfung wurde mit «zugedrückten Augen» abgenommen.

Und ich hab damals das Abitur gemacht und ich hatte mich dann beworben... und, na, meine Eltern wußten überhaupt nicht, wie das lang geht, da hab ich so'n Brief entworfen, und der kam dann natürlich viel zu spät, da wollt ich erst Musik studieren. Ich spielte en bißchen Klavier, da drüben in der Ecke steht's noch, und liebte überhaupt die Musik, und da hab ich mich in Weimar beworben, aber das wurde natürlich nichts, da sagten die, komm das nächste Mal wieder, das ist zu spät, na ja, und das nächste

Mal, da hab ich mich dann an der Friedrich-Schiller Universität[2] beworben, um Lehrer für Deutsch und Musik zu werden. So, und das hat dann geklappt.

Inzwischen war Frau Gabert bei der LDPD aktiv geworden, ließ sich als «Zehnerkassierer» einsetzen. «Und da muß ich sagen, da bin ich dann in Kreise gekommen – was heißt gekommen – da hab ich die Klinken geputzt bei Menschen.» Frau Gabert näherte sich den Villen des Groß- und Bildungsbürgertums also als Kassiererin der LDPD – und wurde «an der Tür abgefertigt». Sie resümiert im Stil der Mutter: «Da gehörte ich nicht hin.» Im späteren Lehrerstudium dagegen fand sie wirklich «Leute wie sich», vor allem ihren zukünftigen Mann, der nicht nur wie sie ein «Ehemaliger» ist, sondern den Nazis eine ähnliche soziale Förderung zu verdanken schien wie sie selbst: Er hatte die Chance genutzt, nach der 7. Klasse auf die Aufbauschule zu gehen, und studierte an der juristischen Fakultät. Die Bindung an ihn und die Zurückweisung durch die Liberalen mögen also für ihre politische Entscheidung, zur NDPD zu wechseln, entscheidend gewesen sein. Als bei den Studentenratswahlen 1948 die LDPD aufforderte, bei der erstmals mit Einheitslisten stattfindenden Blockwahl die Kandidaten der SED zu streichen, nahm sie das zum Anlaß, diese Partei zugunsten der NDPD zu verlassen. Begründet aber wird dieser Schritt eher unpolitisch damit, daß sie die zu streichenden Kommilitonen persönlich geschätzt habe und ihre Diskriminierung «hat mir –, das hat meinem Mann nicht gefallen, das hat mir auch nicht gefallen».

Der Rest geht wie von selbst, Stationen von Schultypen und Städten werden aneinandergereiht. Die Lehrerin an der EOS und Ehefrau eines Juristen hat es weit gebracht – viel weiter jedenfalls als die Familienmitglieder ihrer Mutter. In der DDR wurden ihre Aufstiegswünsche anerkannt und gefördert, ihre Aufstiegsängste sozial abgefangen, ihre sozialen Kränkungen kompensiert.

Insofern erklärt sich die Möglichkeit des politischen Bruchs auch aus der Kontinuität des sozialen Aufstiegs.

---

2 In Jena.

Meine Gesprächspartnerin hatte mich gereizt, gegen ihre ausdrücklichen Bekenntnisse ihre Lebensgeschichte zu entpolitisieren. Frau Gabert hätte demnach lediglich in der DDR besonders erfolgreich realisiert, was schon der Vater seit 1933 versucht hatte: die Politik für sozialen und persönlichen Erfolg zu nutzen. Der begeisterte Musiker verschaffte sich nämlich durch seine Mitgliedschaft in der SA zunächst die staatliche «Genehmigung zum Musikmachen» und durch seine Mitgliedschaft in der NSDAP eine Stelle bei Zeiss in Jena. Frau Gabert akzeptiert diese Haltung zwar, wenn sie über das Leben des Vaters vor 1933 sagt:

Er war nämlich ein Mensch, der sich in jeder Lebenslage über Wasser zu halten versuchte, er war der Sohn eines Bergarbeiters, im Altenburgischen sind Braunkohlengruben, und hat aber frühzeitig von seinem Lehrlingsgeld jede Woche die Fahrt nach Altenburg bezahlt, hat dort bei einem Theatermusiker Trompete und Geige spielen gelernt, und das war dann aber das Rüstzeug, abends auf dem Lande, zur Kirmes usw. noch etwas Geld verdienen zu können... Ich habe das alles viel später erst verstanden, wie vielseitig dieser Mensch gewesen ist, und daß es eigentlich schade ist, daß früher solche vielseitigen Menschen, daß aus denen nichts zu machen war, ja, unter den damaligen Bedingungen.

Über seine SA- und NSDAP-Mitgliedschaft bemerkt sie,

ich will nicht sagen, daß er sich da reingeprügelt fühlte – ... Er war wie viele einfache Leute ohne politische Bildung, voller Hoffnung, daß es nun anders werden würde, es ist vor allem damals die Frage der Arbeitslosigkeit gewesen...

Aber der Vater war eben nicht einfach Opportunist, sondern, weil «ohne politische Bildung», «voller Hoffnung». Politische und soziale Erfahrungen lassen sich eben im wirklichen Leben nicht sauber voneinander trennen. Ich suche weiter nach ihrer Vermischung, und auch danach, wie die so zusammengesetzte politische Bildung, die *Frau Gabert* im Laufe ihres Lebens erwarb, nicht nur ihre Hoffnungen, sondern auch ihre Erinnerungen strukturierte.

Geschichten im Umbruch

Wir hatten im Garten wunderschöne Blumen, und da sagt mein Vater, ‹ach, du könntest mal› – es gab ja nichts zu essen und nichts Besonders, da machte man aus allem irgendwas, und da gab's in Jena ‹Zur Sonne› hieß das, ein Gasthaus und da sagt er, da sagt er: ‹Da wohnen auch so'n paar Amis, mit Frauen usw., und die wollen immer Blumen.› Und da hab ich mal Blumen hingebracht, ja? Und dieser eine Herr, der hieß, es war ein amerikanischer Offizier, ich hab ihn nur einmal in Zivil gesehen, der hatte so ne Geliebte oder Freundin, er war schon älteren Jahrgangs, Katzenellenbogen hieß er –
I.: Der hieß Katzenellenbogen?
G.: Ja. Muß ein jüdischer Bürger gewesen sein und das wird auch sicher, ich weiß nicht, bei Ihnen bekannt sein, denn der wurde hinterher hingerichtet oder verurteilt, soweit ich weiß, und zwar kam der vor Gericht, der hatte sich irgendwie beteiligt an Experimenten und Versuchen, irgendwie hatte der sich in der Nazizeit vergangen, ja, sicherlich, um sich Vorteile zu erkaufen oder auch selbst Schlimmem zu entgehen. Na, das sind solche ersten Erlebnisse, mit denen man fertigwerden mußte.

Frau Gabert will von ihrer Begegnung mit den amerikanischen Besetzern erzählen. Sie geht zu deren Quartier, um ihnen Blumen zu verkaufen oder gegen Lebensmittel einzutauschen. Dort trifft sie einen Offizier, über den sie eine Geschichte weiß: Katzenellenbogen, ein Jude, habe sich «irgendwie vergangen», an «Naziverbrechen» beteiligt und wurde dafür «hinterher» verurteilt. Das Gerücht setzt Besetzer, Opfer und Täter in eins. Die Tat, die Strafe und sogar der Status des Täters bleiben zwar ungewiß: Sie ist sich nicht sicher, daß es ein Jude war, glaubt aber, daß es so sein *mußte*. Real bleibt lediglich der Mann selbst, ein Name und die Tatsache, daß er mit einer «Freundin» im Gasthaus wohnte. Das Gerücht über den schuldigen Juden und Besetzer drückt die Verwirrung in der Situation des Umbruchs aus, ermöglicht aber auch eine diffuse Entlastung von Schuldgefühlen. Wenn Frau Gabert ihre Geschichte mit der Bemerkung beschließt, das seien so erste Erlebnisse, mit denen man habe fertigwerden müssen, so ist dies vielleicht nur die Verschiebung einer ‹eigentlichen› Aussage: ‹Das sind so erste Erlebnisse, mit denen man versuchte, damit – d. h. der Desorientierung nach dem Zusammenbruch des Nationalsozialismus – fertigzuwerden.› Die zweite Geschichte handelt von den Russen, Frau Gabert hat sie vor kurzem auch in einer Parteiversammlung vorgetragen, wo sie nach einem Kiew-Besuch über ihr Verhältnis zur Sowjetunion sprach.

Da weiß ich noch, die zogen dann ein, ich war auf'm Weg nach Kulitz, em Vorort, da hatte ne Freundin Geburtstag, ich bin aber dann umgekehrt, und an diesem Tag kamen die sowjetischen Streitkräfte, war so'n richtiger trüber Augusttag, noch wärmer als heute und so ganz stille, da lag schon das Sommerende, das war alles schon da, und da kamen die nun, und da bin ich schnell auf die andere Seite vom Platz und hab mich versteckt, und da hab ich die einziehen sehen, na, es war ne abgekämpfte Truppe, ne richtig abgekämpfte und abgelatschte Truppe war das. Und konnte keiner ausbrechen, wir hatten dann ja Angst als Mädchen, wurden alle zur Ordnung gerufen und in der Kolonne gehalten, es geschah also gar nichts. Na ja, und das Leben, das wurde dann wieder normal... ich bin dann einige Tage später nach Kulitz gegangen, und da war ne provisorische Brücke über die Saale geschlagen worden, und das hab ich dann in der Parteiversammlung als Aufhänger genommen, und da mußten wir –, und da hatten wir so kleine Kontrollkarten, die mußten wir vorlegen, ich hatte so'n Dirndl an, rot, mit ner blauen Schürze, Karte in der Hand, und da stand so'n sowjetischer Posten, zwei Mann, der eine guckte sich die Papiere an, und der andere, der nahm, einen Strauß, ne Blume, ja, ich war damals 17 und noch nicht so großformatig, da steckte er mir die Blume ins Knopfloch, war ganz freundlich dabei, ne, da hab ich ein Gesicht gemacht, also, als könnte mich das alles überhaupt nicht interessieren, ne, und dann bin ich ein paar Schritte gegangen, so lange hab ich natürlich gewartet, also nicht sofort, und dann hab ich die in hohem Bogen über die Brücke geworfen, das war der Ausdruck meines Verhältnisses...

Die Geschichte von den Russen läßt sich spiegelbildlich lesen zu derjenigen von den Amerikanern. Diesen, die im Gasthaus «mit Frauen» leben, stehen in der zweiten Geschichte die ordentlichen sowjetischen Soldaten als Posten gegenüber. Während dem amerikanischen Offizier eine böse Rolle in einer vagen, aber sicher weitverbreiteten Geschichte zugesprochen wird, sind die Sowjets zwar fremd, aber berechenbar, gefährlich, aber diszipliniert, denn «es konnte keiner ausbrechen», es «wurden alle zur Ordnung gerufen und in der Kolonne gehalten». Schließlich die Blumen: bei den Amerikanern sind sie Ausdruck abhängiger und entwürdigender Beziehungen; sie verkauft sie, weil sie überleben will. Die Käufer schenken sie an

Frauen, die mit ihnen leben, um zu überleben. Die Erotik ist hier ein Geschäft und eine Kränkung. In der Russengeschichte dagegen sind die Blumen ein Geschenk für die Freundin. Der Russe entnimmt dem Strauß eine Blume, nur, um sie ihr anzustecken, die da mit dem rotblauen Dirndl steht, attraktiv, jung und schlank. Aus sicherem Abstand kann Frau Gabert die stolze Geste der Verachtung machen. Die Blume, die sie über die Brücke wirft, wird zum Symbol ihres weiblichen und nationalen Stolzes, den jene Frauen im Gasthaus bei den Amis lassen mußten. Hier ist die Erotik zarte Huldigung ohne Herabsetzung. Im Laufe des Interviews erweitert Frau Gabert das gegensätzliche Geschichtenpaar um eine dritte Szene, eine zweite Amerikanergeschichte, in der sie deren Einmarsch beobachtet. Statt der im Sommer einziehenden «abgelatschten Truppe» der Russen beobachtet sie,

> da kam so eine ganze Kolonne an uns vorbei, die sahen alle so wohlgenährt aus, und so elastisch, ... gar nicht so unsere Vorstellung von – unsere Soldaten, unsere Vorstellung von Soldaten war ganz anders geprägt, kernig und zackig und diszipliniert, gar nicht, wir haben immer gedacht, wie kann denn so was den Krieg gewinnen? Und da haben die uns Schokolade rausgeworfen aus'm Auto, und wir hätten gerne welche gehabt, aber wir haben sie dann liegengelassen. Haben aber nicht alle sie dann liegenlassen, manche haben sie auch genommen.

Nicht nur angesichts der «müden, abgelatschten Truppe» der Russen, auch bei der «wohlgenährten, elastischen» der Amerikaner fragte sich die junge Frau, wie «so was den Krieg gewinnen konnte». Diese Frage wird zur zentralen ihrer Umerziehung. Da es die Sowjets sind, die in ihrem Besatzungsgebiet dauernde Gewinner werden, verweist die Russenerzählung auch in eine Zukunft, nämlich in diejenige, in der auch die Rahmenhandlung dieser Geschichte spielt: Sie wird ja in einer NDPD-Versammlung vorgetragen, in der Frau Gabert von ihrer Reise nach Kiew berichten will, und wo diese Nachkriegsgeschichte zum «Aufhänger» wird, um ihre persönliche Entwicklung im Verhältnis zur Sowjetunion deutlich zu machen.

Dagegen verweist die erste Amerikanergeschichte mit dem Verbrechensgerücht in die Vergangenheit, steht nicht in so deutlichem Verwertungszusammenhang mit der Zukunft. Diese unterschiedlichen Zeitlinien sollen in einem letzten Schritt genauer beschrieben werden.

Anfang und Ende der Umerziehung

Meine Gesprächspartnerin sagt in bezug auf die nationalsozialistische Vergangenheit, sie habe sich manchmal gefragt, und sie frage ihre ganze Generation: «Seid Ihr nicht ein einziges Mal auf ein Problem gestoßen? Damals kaum. Doch, Zeichen haben wir schon gespürt, aber wir haben nichts damit anfangen können und später, da hab ich mich solcher Zeichen erinnert.» Sowjetische Zwangsarbeiter in der Straßenbahn, sie erinnert die Szenen genau. Das polnische Küchenmädchen Elisabeth in der Lehrerbildungsanstalt, das «ins Wasser ging», gerettet und anschließend von der Gestapo abgeholt wurde. Gerüchteweise erfuhr man das, von den großen Mädchen, die es wiederum von einer Lehrerin hatten, deren Namen sie genau erinnert und deren lesbische Neigungen sie andeutet: doppeltes Gerücht und Geheimnis. Diese Wahrnehmung der «Zeichen» führt aber zunächst zu gar nichts. Später im Krieg erlebt sie die Angst einer Klassenkameradin um den vermißten Bruder und empfindet die Menschlichkeit der neuen Lehrerin – «liberalkonservativ... aus alter Weimarer Familie» – als wohltuend. Deren Bemerkung «Die Ratten verlassen das sinkende Schiff» kommt ihr in dieser Zeit sehr mutig vor. Sie selbst aber, offenbar der verantwortlichen Schiffsführung näher, glaubt bis zuletzt an den Endsieg. Trotzdem begeht sie das Kriegsende nicht ohne ein Element von Pragmatismus und Wurstigkeit: Im elterlichen Keller kommt es vor dem Einmarsch der Alliierten zur Freßorgie, um den Siegern, die sie sich hungrig vorstellt, kein einziges gefülltes Einmachglas zu überlassen.

Danach beginnt «langsam, langsam» das Umdenken. Die Nachrichten über die Nürnberger Prozesse hört sie noch «zu Hause ab mit dem Rundfunk», als lausche sie heimlich dem verbotenen Feindsender.

Und nun zum Ende ihrer Umerziehung. In der Parteiversammlung des Jahres 1987, in der sie die zitierte Russengeschichte erzählte, schilderte sie die Sowjets als «abgekämpfte Truppe, ne richtig abgekämpfte und abgelatschte Truppe». Das paßt nicht so recht zu dem Bild, das sie vor den NDPD-Freunden errichten will, «als Ausdruck meines Verhältnisses zu denen, die da gekommen waren». In Kiew aber hat sie Beobachtungen gemacht, mit deren Hilfe sie versucht, diesen Widerspruch doch noch aufzulösen, nämlich:

wie die Bürger von Kiew, überhaupt, Ukraine, gerade die Ukraine hat ja sehr gelitten im Krieg, wie die in ihrer Tradition stehen. Es ist ganz bewundernswert, die Museen dort. Und da wird nicht ne Schulklasse hingetrieben oder en organisierter Besuch, da sitzen eben in den Nischen die Alten mit ihren Orden und guten schwarzen Anzügen, und da merkt man, das ist ihre Welt, die leben in ihrer Zeit, die eben ganz von ihnen gestaltet worden ist, ja? Und da sind die Eltern mit ihren Kindern dort, alle sehr selbstbewußt und sehr kinderlieb, ist uns aufgefallen, sehr stolz, und da hab ich manchmal gedacht, na, da könntet Ihr auch noch en bißchen (von) lernen, (wie die) ihr Verhältnis zu ihrer Geschichte gestalten, ne? Und da denkt man manchmal, na ja, das ist klar, daß die gesiegt haben.

Und das soll auch klar bleiben, auf keinen Fall durch eine kritische Diskussion über Tschernobyl gefährdet werden, die der deutschen Delegation von den souveränen russischen Gastgebern angeboten wird. Frau Gaberts Deutung kann als der Versuch interpretiert werden, sich auf einfache Weise über die Schmach hinwegzutäuschen, die der Sieg der «abgelatschten Truppe» für sie bedeutet haben muß. Aber die beobachtete Stärke und das Selbstbewußtsein gründen für sie ja nicht in (militärischer) Macht, sondern in dem Einverständnis mit der eigenen Geschichte, in Tradition. In ihren Augen sind die Russen stolz auf ihre Geschichte, sie leben «in ihrer Zeit», sie tragen die Orden aus dem Großen Vaterländischen Krieg. Liest man die Stelle gegen den Strich, so heißt es dort über die DDR: Wir stehen nicht in unserer Tradition, bei uns müssen die Besucher in die historischen Museen hineingetrieben werden, bei uns gibt es keine Nischen für alte Männer mit Orden, dies ist nicht unsere Welt, wir leben nicht in unserer Zeit, diese ist eben nicht von uns gestaltet. Und deshalb sind wir weder selbstbewußt noch stolz.

Es geht hier selbstverständlich nicht darum, ob Frau Gaberts

Wahrnehmungen in Kiew und ihr Vergleich mit der DDR die soziale und politische Wirklichkeit dieser Länder treffen. Und sicher ist sie nachdenklich und sensibel genug, nicht einfach einer ungebrochenen nationalen Identität nachzutrauern. Sie beobachtete einen Unterschied und meinte dazu: «Da könntet Ihr noch ein bißchen lernen.»

Keine Probleme mehr

Auch Frau Gabert kann sich nicht widerspruchsfrei in diese zu lernende Geschichte integrieren. Das kann daran liegen, daß auch ihre eigenen, persönlichen Erfahrungen zahlreiche Elemente enthalten, die nicht in das geschlossene Geschichtsbild passen, das in der DDR angeboten wurde und in das sie sich gerne einpassen *würde*. Ich finde solche Elemente z. B. in ihren Erinnerungen an die liberalen Zeiten zwischen 1945 und 1948. Eigentlich ist sie mit ihrer Lebensgeschichte fertig, nachdem sie von ihrem Eintritt in die NDPD erzählt hat: «Und, na, was könnte man nun noch sagen?» Pause. Will sie abbrechen? Will sie Fragen von mir beantworten? Bevor ich mit Fragen beginne, ergreift sie aber noch einmal die Gelegenheit, von ihrem Studium zu erzählen, von den Professoren, den unterschiedlichen Einflüssen, den Streitgesprächen.

Ich würde nur noch eins sagen, die Uni selbst war natürlich auch damals – also die Beeinflussung auf der Uni die war auch noch nicht etwa, wie wir das heute haben, sondern wir hatten sehr viel Professoren, die inzwischen bei Ihnen in der BRD lehren oder emeritiert sind... Wir waren also vielen Einflüssen ausgesetzt damals und mußten uns eigentlich unseren Weg suchen. Und unsere Schüler sagen manchmal, wenn wir so was von früher erzählen, ...sagen die, ‹mein Gott, Sie hatten das gut, Sie konnten sich immerzu selbst entscheiden, und Sie mußten sich entscheiden, aber es war doch toll, heute ist eigentlich alles immer schon fertig, wir haben eigentlich keine Probleme mehr› ...Ja, und da hatten wir dann den Professor Klaus an der Universität, der hat hier das philosophische Wörterbuch bei uns herausgegeben.
I.: Ja, das kenn ich.
G.: Der war damals en ganz junger Mann, der sprach so mit bayrischem Dialekt, der muß so aus'm Coburgischen gekommen sein, und, na also für

den waren wir toll, also zu haben. Und da gab es noch an der Uni so was, da gab es Vertreter der marxistischen Weltanschauung und, na ja, der idealistischen Weltanschauung, und die lieferten sich dort noch Streitgespräche.
I.: Das war ja unheimlich spannend, ne?
G.: Ja, jaja. Um den Begriff der Materie, und um Leben, und ja, ... da haben wir natürlich zugehört, das war dann toll. Und dieser Professor, der hatte en sehr guten Lehrstil, der hat auch sehr viele Fragen zugelassen, der hat auch unwahrscheinlich das Seine getan, ja (seufzt).

An keiner anderen Stelle des Interviews wurde sie so enthusiastisch wie hier, wo sie sich in der Auseinandersetzung der frühen Nachkriegsjahre einen eigenen Weg suchen mußte. In der FDJ, in die sie dann eintrat, erwähnt sie zwar noch ein «Streitgespräch» um die Uniform, die viele an das Militär und an die Nazizeit erinnerte, aber das war nicht begeisternd – die fünfziger Jahre waren nicht mehr die Zeiten offener Auseinandersetzungen.

Die Alten aus der Weimarer Republik tauchten während des Interviews immer wieder als Träger jener begeisternden bürgerlichen Liberalität auf, zugleich aber auch als Träger bürgerlicher Arroganz. Die Liberalen hatten bei Frau Gabert echte Chancen, die sie zum Teil aus eigenem Versagen verspielten, so scheint es. Die tolle, die offene, die streitbare Zeit kann aber zumindest den Schülern erzählt werden, deren neidische Antwort sie wohl registriert.

Ein winziges Stück dieser Erfahrung bis 1948 glaubt Frau Gabert, in die folgende Zeit hinübergerettet zu haben. Sie möchte mir deshalb unbedingt erklären, warum sie so gern Zirkelleiterin der NDPD ist. Die Mitglieder dieser Partei seien ja weltanschaulich nicht festgelegt, sie müßten nur die beiden Kernsätze befolgen, die sich auf die führende Rolle der Arbeiterklasse und die ewige Freundschaft mit der Sowjetunion beziehen.

Da hör ich nun in meiner Partei aufgrund unterschiedlichen Bewußtseinsstandes sehr viel Argumente, mit denen ich mich auseinandersetzen muß, und da muß ich manchmal auch tief durchatmen, ja, ich muß also jeden akzeptieren so wie er ist mit seinen Fragen, und ich kann mir vorstellen, die Genossen der Sozialistischen Einheitspartei setzen da schon einen gewissen Grad an Verständnis und ideologischer Aufgeschlossenheit voraus, die wären sicher nicht immer so tolerant.

Ich weiß nicht, wie diese Diskussionen verlaufen sind. Aber Frau Gabert gibt mir selbst einen Hinweis auf deren Grenzen, als sie über ihre Erfahrung als Lehrerin spricht: «Große werden ja schon (ein) bißchen überlegter und berechnender, wie wir Erwachsenen auch, wir überlegen uns, wo wir was sagen, und wem wir was sagen, ne?» Sicher auch eine Warnung an die Interviewerin und Interpretin.

Gewalt und Gesetz

Rudolf Kamp, Betriebsparteisekretär, 58 Jahre

Rudolf Kamp, der Parteisekretär in der Abteilung eines Stahlwerks, wurde zweimal interviewt.[1] Nach dem ersten Gespräch von drei Stunden verabschiedeten sich alle Beteiligten höflich und erschöpft. Das Interview galt als gescheitert. Es war nicht gelungen, die von Kamp aufgebaute Barriere der Vorsicht und des Mißtrauens zu durchbrechen. Er hatte sich weitgehend fester Sprachformeln bedient, um sein Leben, seinen Glauben und seine Partei vor den skeptischen Fragen der westlichen Historiker zu schützen. Auch der Kollege aus dem Osten war enttäuscht: mehr als ein paar persönliche Kommentare zum «Parteilehrjahr»[2] seien wohl nicht herausgekommen.

Kamp, Jahrgang 1929, als Sohn eines Bäckers auf der jetzt polnischen Seite der Oder geboren, hatte 1945 seine Bäckerlehre abbrechen müssen und war, nachdem man ihn im letzten Moment noch eingezogen hatte, bei Kriegsende nach Wurzen (östlich von Leipzig) geflohen, wo die Familie sich bereits niedergelassen hatte und wo er

1 Das erste Interview wurde durchgeführt von Lutz Niethammer und Alexander von Plato, unter Anwesenheit eines DDR-Kollegen, das zweite Interview führte ich allein mit Kamp.

2 SED-Grundkurs, der sich in wöchentlichen Sitzungen über ein Jahr hinzieht.

zunächst in seinem Beruf arbeitete. Nach der Geburt einer Tochter heiratete er die Mutter des Kindes und wurde Bergmann. Seit den fünfziger Jahren hatte «die Partei» Kamps Leben bestimmt. Er hatte in ihrem Auftrag im Kalibergbau die Normen übererfüllt – zum Ärger vieler Kumpel –, hatte sich unter erheblichem Gehaltsverlust zur Kasernierten Volkspolizei delegieren, von dort in die Stahlindustrie schicken lassen, hatte unter großen Anstrengungen studiert und 30 Jahre lang Parteifunktionen übernommen, bis er mehrfach psychosomatisch erkrankte, von seinen Aufgaben entbunden wurde und sich scheiden ließ. Vor einigen Jahren war er wieder als Parteisekretär in den Betrieb zurückgekehrt. Die Frage eines Interviewers, warum er immer über die Partei rede, wenn er nach seinem persönlichen Leben gefragt werde, unterbricht Kamp:

K.: Ja, weil das mein Leben ist.
I.: Das ist Ihr Leben?
K.: Das ist mein Leben. Ich habe Ihnen gesagt, wenn ich mich für etwas entschieden habe, dann hundertprozentig...

Sein Werdegang sei «durch die Partei geformt», und Widersprüche zu seinen persönlichen Wünschen könne er nicht feststellen.

Also ich brauchte mir nie Gedanken machen. Mir hat man immer gesagt, Du gehst dahin, und dann gehst Du dahin (lacht). Du gehst dahin, dann gehst Du dahin. Also dann bin ich, bei mir war's so, daß doch die Partei mich einmal geformt hat und zum andern auch die Partei mein Leben ein bißchen mitbestimmt hat.

Für Kamp klingt das gar nicht beunruhigend, im Gegenteil. Den irritierten Interviewern versucht er zu erläutern, wie es kommt, daß er sich der Partei so vollständig und bedingungslos zur Verfügung stellt, daß alle Fragen nach möglichen Problemen daran vorbeizielen, daß für ihn Partei und Leben eins sind.

Na ja, ich sage, das sind Prozesse, die, die ablaufen. Das kommt nicht von heute auf morgen, aber sicher, sicher faßt auch wieder ein solcher Gedanke Fuß, daß man ja das, was andere an einem in der verkehrten Richtung erzogen haben, man ja doch jetzt versuchen muß, auf sich selber gestellt, und als doch reiferer und selbst schon mehr in der Lage, Entscheidungen selber zu treffen, der Mensch doch versucht, jetzt irgendwie in andere Gleise lenken zu müssen und sich der Entwicklung auch nicht entgegenzustellen, sondern der Entwicklung so, wie sie sich vollzieht, anzupassen. Und durch diese, durch diese Schulungen usw., das Erkennen der Gesetzmäßigkeit, ich meine, der Marxismus-Leninismus ist ja die Wissenschaft, die auf Gesetzmäßigkeiten aufbaut. Die also nicht von irgendwo hergeholt wird und nicht, weil es nun, was weiß ich, der Parteiführung so gefällt, machen wir es heut so und morgen so und übermorgen anders, sondern das sind eben Gesetzmäßigkeiten, die ablaufen und die man doch berücksichtigen muß, und die man als Mensch auch ausnutzen mußte. Entgegen den Naturgesetzen, die ja entgegen dem Willen des Menschen ablaufen, ich meine, es blitzt, ob ich das will oder nicht, es donnert, ob ich das will oder nicht, aber ob, ob das eine oder andere in der Richtung verläuft oder nicht, das kann ich schon ein bißchen mit beeinflussen und aus diesem Grunde auch dann die Entscheidung, daß ich eben von meiner Person aus, alles das, was in meiner Kraft steht, mit beeinflussen werde, um diese Gesetzmäßigkeiten eben durchzusetzen.

Für Kamp ist die Partei die Instanz, die seine Lebensgeschichte in Einklang bringt mit der Weltgeschichte. Die Parteigesetze orientieren sich an den Gesetzmäßigkeiten der gesellschaftlichen Entwicklung. Hier aber herrschen nicht Willkür, nicht Zufall, nicht bloße Natur, sondern Wissenschaft, Regelhaftigkeit, Klarheit, eben: in doppeltem Sinne das Gesetz. Anders als die bedrohliche Natur, der er sich ausgeliefert fühlt, stellt er sich die Gesellschaft vor als eine Struktur, deren Gesetzmäßigkeiten und Prozesse vom Menschen beeinflußt werden können, indem er sie durchsetzt – für ihn heißt das: Anpassung, z. B. sich von der Partei zur Armee schicken lassen, auch wenn ihm dadurch mancherlei Nachteile entstehen (das obige Zitat ist eine Antwort auf die Interviewerfrage, warum er 1955 zur Kasernierten Volkspolizei[3] ging). Für seine politische Arbeit heißt das: Erziehung, so wie Anpassung Umerziehung bedeutet. Denn er erwähnt ja eine Vorgeschichte, die «Erziehung in die verkehrte Richtung», die er nun, in den fünfziger Jahren, überwinden wollte, indem er sich «hundertprozentig» der neuen, der richtigen Richtung anschloß. Von da an wird die Gesellschaft der DDR zu einem Spielfeld, auf dem er die

3 Die Kasernierte Volkspolizei (KVP) war der Vorläufer der Nationalen Volksarmee (NVA).

Spielregeln beherrscht und zur Herrschaft bringt. Diese Regeln mögen dem westlichen Zuhörer langweilig, verwirrend und irreal erscheinen, aber Kamp versteht etwas davon und breitet sie unermüdlich aus, verteidigt und erläutert sie, z. B. als Regelwerk des «sozialistischen Wettbewerbs», den er für das Kombinat lange Jahre organisierte und dessen System von Kennziffern, Fonds, Prämien und Kommissionen er geradezu liebevoll vor den verständnislosen Westlern eine halbe Stunde lang ausbreitet. Der demokratische Charakter dieses Systems scheint ihm allein durch seine feste und berechenbare hierarchische Struktur gegeben: «Das ist nun mal unser Prinzip der Freiwilligkeit, unser Prinzip der Überzeugung, daß sie (die Belegschaft, D. W.) also genau wissen, welche Kennziffern sie erfüllen müssen.» (!) Deshalb liebt Kamp auch die Idee des Plans und den Vorgang der «Plandiskussion» – wenn diese beendet ist, wenn der endgültige Plan «angekündigt» ist, «das ist dann geplant. Das ist nun mal Planwirtschaft. Das ist gut.» So beruhigt Kamp sich selbst. Denn, scheu und freundlich, wie er eigentlich ist, befindet er sich ständig in der Position desjenigen, der den «Plan», die Politik, das Gesetz durchsetzen muß gegen die natürlichen Bedürfnisse der Arbeiter. Er nennt das «Erziehung» und spricht deshalb auch distanziert von «unseren Menschen», denen er «aufgeschlossen gegenübertreten» will, «man muß versuchen, den Kontakt zu finden», und deshalb über Fußball mit ihnen sprechen, auch wenn man sich für Fußball nicht interessiert, aber gar nicht mit ihnen sprechen, wenn die Lieblingsmannschaft verloren hat, weil sie sonst aggressiv werden. Kamp ist leutselig, weil er die ihm fremden «Leute» fürchtet. Als er Anfang der fünfziger Jahre im Kalibergbau als «Aktivist» die Normen übererfüllte, hatten sie vor ihm ausgespuckt und ihn einen «Normbrecher» genannt.[4] Seitdem ist sie ihm aufgetragen, «diese ganze Frage der Erziehung unserer Menschen», die er manchmal auch «Umerziehung unserer Menschen» nennt, aufgetragen vom 8. Par-

4 Vorläufer der «Aktivisten», die die Normen übererfüllten, war der legendäre Adolf Hennecke mit seiner Aktion aus dem Jahre 1948, der im Bergbau während einer Schicht die Norm um über 330 Prozent übererfüllt hatte. Die Auseinandersetzungen um das «Normbrechen» schildert Heiner Müller in seinem Stück: Der Lohndrücker, in: Geschichten aus der Produktion I, Berlin (West) 1988, S. 15–44.

teitag, als die Errichtung der «entwickelten sozialistischen Gesellschaft» zur «Hauptaufgabe» erklärt wurde. Und diese «Errichtung» wurde «bestätigt» auf dem 9., 10. und 11. Parteitag.[5] Bestätigt als Beschluß, aber auch durch das wirkliche Leben? Kamp definiert am Ende das Interview als Teil seines Erziehungsauftrags («das macht mir an und für sich auch Spaß, jungen Menschen den Marxismus beizubringen») und bilanziert seine Erziehungs- und Lebenserfahrung:

> ... wenn sie dann kommen, und man bringt ihnen die Gesetzmäßigkeiten und sagt, also, so wird es, und so kann es und so muß es sein, also, stellen wir uns es vor, sondern so wird es einfach sein, weil die Gesetzmäßigkeit so ist, und nicht anders. Dann sagen sie immer, ‹Mensch, du erzählst ein Zeug, und guck doch mal raus, wie es aussieht, uns erzählst du hier›..., das muß man dann so ein bißchen, weil es ja in Wirklichkeit in der Praxis immer noch ein bißchen anders aussieht, als der Marxismus-Leninismus lehrt. Aber es ist nun mal das Leben.

Kamps Leben in der DDR ist von diesem Problem geprägt gewesen, daß die Gesetzmäßigkeiten, an die er glaubte, sich nur teilweise mit der Realität, auf die die Objekte seiner Schulungsanstrengungen verweisen, vereinbaren ließen. Und obwohl es ihn krank machte, mit dieser Diskrepanz zu leben, glaubte er, ohne das hemmende Gerüst der «Gesetzmäßigkeiten» nicht auskommen zu können. Warum?

Rudolf Kamp soll in einem zweiten Gespräch aus seiner unflexiblen Verteidigungsposition hervorgelockt werden. Deshalb wird er nun nicht mehr nach Politik, sondern nach seinem Privatleben, nach seinen persönlichen und privaten Erinnerungen befragt. Das Gespräch bezieht sich vor allem auf seine Kindheit und Jugend, d. h. auf die Zeit des Nationalsozialismus, des Krieges und der unmittelbaren Nachkriegszeit. Kriegsende und Flucht spielen dabei eine besonders starke Rolle. Dabei gerät er in die Geschichte seiner privaten Kapitulation. Kamp war nämlich, als der Flüchtlingstreck, auf den er mit seinem Vater gekommen war (Die Mutter und die beiden älteren Schwe-

---

5 Mit dem 8. Parteitag der SED im Jahre 1971 begann die Ära Honecker. Plakatlosung damals: «Was der 8. Parteitag beschloß, wird sein!» (vgl. Staritz, DDR, a. a. O. S. 199.

stern waren früher fort, er selbst mußte noch backen für die Einheiten, die mit Schanzen beschäftigt waren), vor der Oder stand, von der deutschen Armee noch einmal «ausgesondert» worden und in ein «Wehrertüchtigungslager» gekommen. Dort wurde er unter Drill zum Einzelkämpfer ausgebildet und anschließend am 6. Mai 1945 an die Front geschickt, um Prag zu «verteidigen». Zwei Tage später wurde die Truppe aufgelöst, und Kamp machte sich in Zivilkleidung und mit sechs Freunden auf den Weg nach Wurzen bei Leipzig, wo er seine Familie wußte. Schon im ersten Interview hatte er angedeutet, daß es auf diesem Rückzug in der Tschechei viel «Schwierigkeiten» und «Dresche» gegeben habe. Ich frage ihn nach einem Beispiel. Auf der Suche nach Plätzen mit Verpflegungshilfen für Flüchtlinge kamen die Jungen in eine Schule,

und dort, dort waren Tschechen drin. Die Schule war dann schon von Tschechen besetzt und waren Tschechen drin und die, für die waren wir wahrscheinlich das gefundene Fressen. Also, denn damals, erst mal empfangen, und, und, und ja, und ach, Ihr deutschen Schweine, und Ihr kriegt jetzt schon Dresche, mußten wir uns mit Spaten bewaffnen und dann ging es raus aufs Feld. Und dann mußten wir auf dem Feld ein großes Loch ausheben, große Grube, und dann mußten wir aufs Feld, mußten Steine sammeln gehen, und dann mußten wir die Steine vor uns hinlegen, dann haben wir gedacht, das wird wohl das letzte sein hier, dann mußten wir uns ausziehen, Oberkörper frei, und dann kamen sie auf einmal an mit großen Führerbildern. Aber Dresche, Dresche, immer Dresche, wenn es nicht schnell genug ging, das Graben, dann immer Dresche. Dann kam auch einer, soo ein Ochsenziemer, dann stellten sie die Führerbilder vielleicht zehn, fünfzehn Meter lang auf und der, der uns dann anwies, der sprach sehr gut deutsch. Der befahl uns dann also, mit Steinen nach dem Führerbild zu schmeißen, und nach den Führerbildern anzuschmeißen, und wir sollten auch schreien, ‹das haben wir Dir Schwein zu verdanken›, und das mußten wir natürlich auch tun und nach den Führerbildern werfen und obendrauf stand der mit dem Ochsenziemer. Da haben wir Dresche gekriegt, ja, und dann durften wir uns wieder anziehen... Am nächsten Tag dann überholte uns die Front, wurden wir von der Front überholt und mit denen sind wir nach Hause.

Dort kam er einige Tage später an, am 18. Mai. Zwei Tage später feierte er seinen 16. Geburtstag.

Kamp war einer furchtbaren Strafe ausgesetzt worden: Todesangst, verbunden mit tiefer Demütigung und dem Zwang, das früher so verehrte Idol Hitler nun vor den ehemals Unterworfenen schänden zu müssen – all dies muß den Jungen zutiefst verstört und verletzt haben. Gegenüber der unberechenbaren, individuellen Gewalt der Tschechen muß ihm die Begegnung mit der Roten Armee als eine Rettung, als Schutz vorgekommen sein. Die fragten zwar nach Uhren und Fahrrädern (die die Jungen nicht besaßen), aber dann schickten sie die Gruppe mit einem abgestempelten Passierschein weiter auf ihrem Nachhauseweg, der sie nun zwar wieder durch tschechische Siedlungen führte, wo aber der russische Posten individuelle Racheakte verhinderte. Vor dem Hintergrund dieser Geschichte wird verständlicher, warum Kamp schon im ersten Interview erklärt, er sei froh gewesen, «daß dann die ‹Freunde›[6] uns überholten und wir doch ein bißchen Rückenhalt bei den ‹Freunden› fanden.» So gab er auch an, der «Umdenkungsprozeß» 1945 habe begonnen «mit der Berührung einmal der Freunde schon, und auch der Behandlung damals». Die Behandlung in der ČSSR habe ihm gezeigt, «wie man als Deutscher in der Welt so verschrien ist», und so sei er verwundert gewesen, daß die Freunde trotz des Schadens, den die Deutschen in der Sowjetunion angerichtet hätten, viel großzügiger gewesen seien,

> daß also dort dieser Erziehungsprozeß weiter war, und ich habe dann viele Bücher gelesen, ‹Frühling an der Oder› z. B. sehr schön geschrieben, wie gesagt, Umdenkungsprozeß auch in der sowjetischen Armee, durch die kommunistische Partei getrieben wurde, daß also sie, je näher sie an die Grenzen Deutschlands heranrücken, doch der Gedanke stärker kommen muß, daß Deutscher nicht gleich Deutscher ist, und nicht jeder Deutscher ein Faschist ist und man gleiches nicht mit gleichem vergelten kann und vergelten darf, also, und gerade diese Bücher haben mir sehr viel geholfen bei meinem Umdenkungsprozeß und bei der Findung des Klassenstandpunktes bei mir.

6 Die Bezeichung ‹Freunde› für die Sowjets, insbesondere die Besatzungsarmee, leitet sich formal ab aus der Mitgliedschaft in der Gesellschaft für Deutsch-Sowjetische Freundschaft (DSF), die bis 1989 eine der größten Massenorganisationen der DDR war – Ergebnis freiwilligen Zwangs. Von den ‹Freunden› sprachen allerdings nur überzeugte Kommunisten ohne Ironie.

Kamp versteht das Phänomen ausbleibender Vergeltung bei der Roten Armee als Folge eines Umdenkungsprozesses, den er der Erziehung durch die kommunistische Partei zuschreibt. Von der Erfahrung seiner persönlichen Kapitulation abgesehen, bezieht er sich dabei aber nicht auf selbst Erlebtes, auf Wirklichkeit, sondern auf Bücher, die in ihm Vorstellungen erweckt haben über den Erziehungsprozeß bei den Sowjets. Aber er ging ja selbst im Frühling über die Oder und weiter nach Wurzen zu seiner Familie, wo die russische Armee gerade eingezogen war.

I.: Also, in Wurzen sind auch Vergewaltigungen vorgekommen?
K.: Sicher, bei meinen Schwestern, bei meiner älteren Schwester (Straßenlärm, deshalb unverständlich), ... Verwandten in Wurzen selbst nicht, selbst nicht. Die ersten Maßnahmen, die ich selbst gesehen habe, sehr hart, sehr hart, unter den eigenen Leuten, also...
I.: Was warn das für Maßnahmen?
K.: Sie faßten ihre Leute sehr hart an, indem sie solche Dinge spitzkriegten, oder daß, na ja, vergewaltigt, besoffen und dann Vergewaltigungen drauf folgten, also wenn sie, die GPU, solche Dinge mitkriegten, dann wurden die draufgeworfen wie ein Stück Vieh, also da schonten sie ihre eigene Partei auch nicht. Sehr hart, sehr sehr hart.

Auf die Frage, ob ihn solche Maßnahmen zugleich beruhigt und erschreckt hätten, antwortet Kamp zustimmend, spricht aber im folgenden wieder ausschließlich vom Schrecken der Gewalt der Einzelnen und den Erziehungsversuchen der Partei. Denn Kamps Umdenken hat nicht einfach eine Liebe zum russischen Volk hervorgebracht, das er in üblicher rassistischer Güte als freundlich, gutmütig, trinkfest und jähzornig beschreibt, sondern er sieht in der Roten Armee die erste Ordnungsmacht, die seiner gefährdeten Existenz, seiner verletzten Identität Halt und erste Sicherheiten wiedergibt.

Diese Sicherheit hatte er als Zehnjähriger im Prozeß der Ablösung von seiner kindlichen Familienbindung im nationalsozialistischen Jungvolk gefunden. Er erinnert sich noch, Aufnahme war am 20. April 1939, der Eid wurde einige Wochen später abgelegt und enthielt Worte wie jung, hart, schweigsam, treu, «irgendwie war da noch was mit Ehre drin», und dazu gab es ein Fahrtenmesser, «und auf der Klinge stand ja auch, ‹Blut und, Blut und Ehre›.» Die Ausbildung war damals «sehr hart, sehr hart, also sehr hart, der Dienst sehr hart auch, bei Geländespielen untereinander sehr hart», immer wieder benutzt Kamp dieses Wort. Bei den Geländespielen ging es um das «Lebensbändchen», ein Band um den Arm oder auch das Halstuch, das im Falle des Sieges durchgeschnitten wurde, das stand dann «für entweder Leben oder Tod». Kamp hatte oft Angst, brauchte oft Mut. Andererseits machte er auch Erfahrungen von Stärke, wenn er mit seinem Fanfarenzug durch die Ortschaften zog,

> das war dann schon gewaltig, dann klirrten fast schon die Fensterscheiben. Das war schon gewaltig, schon beeindruckend. Na ja, und dann eben Geländespiele in solchen Dimensionen, dann schon 1000 und mehr Mann, also Jugendliche, das ist dann schon sehr, sehr gewaltig.

«Gewaltig» und «hart» bezeichnen die Grunderfahrungen in der autoritären und streng hierarchischen Organisation des Jungvolks, in der die Männlichkeit leidvoll und beglückend zugleich erfahren und eingeübt wurde und das Geländespiel um Leben und Tod ging. Kamp, der die Kameradschaftlichkeit der Führer im Jungvolk lobte – er selbst brachte es trotz häufiger langer Krankheiten zum Jungenschaftsführer –, erlebte erst bei Kriegsende den Zusammenbruch des «Gewaltigen», d. h. der Sicherheit und Macht durch die Zugehörigkeit zur Organisation als schützendem Kollektiv, als er nämlich im Wehrertüchtigungslager im Januar 1945 eine militärische Grundausbildung zum Einzelkämpfer erhielt und nachts den Schikanen des betrunkenen Kommandeurs ausgesetzt war. Schließlich erhielt er nur noch den Rat, sich allein auf den Nachhauseweg zu machen – quer durch das Gebiet der feindseligen Tschechen, die mit ihm ein eigenes Spiel um Leben oder Tod veranstalteten. Erst ab 1949, mit seinem Eintritt in die FDJ, und dann weiter 1952 mit seiner Kandidatur für die Mitgliedschaft in der SED, schließlich 1955 durch Eintritt in die Armee erlangte Kamp jene Sicherheit wieder, die ihm in den vierziger Jahren abhanden gekommen war. Er war wieder Teil einer Organisation geworden, die ihm zwar Härten zumutete, zugleich aber Schutz bot und die Gewißheit, einen festen Platz in einer hierarchischen Struktur zu haben – das «Gewaltige» brauchte er ja und hatte es wieder: in autoritär-geregelter Form.

Und noch etwas anderes hatte er wiedergefunden: eine Welterklärung, eine Zukunftsgewißheit, wie sie aus einer geschlossenen Ideologie erwächst. Als Rudolf Kamp 1939 zum Jungvolk gekommen war, brach kurze Zeit später der Zweite Weltkrieg aus, und wie viele Jungen war er

sehr kriegsbegeistert, weil ja auch diese ganze Erziehungsfrage vom Dienst her schon in diese Richtung lief. Es wurden ja damals auch die Kriegshandlungen ausgewertet, wurden, man kommentierte sehr viel, man erläuterte das, man spielte sogar Angriffshandlungen im Sandkasten nach, das bewies uns also, warum das gar nicht anders sein konnte, daß wir siegen mußten, und, und, und...

Noch jetzt beeindruckt ihn die Wirksamkeit dieser Propaganda, an die er durch das Westfernsehen, das zum Zeitraum des Interviews alte Wochenschauen ausstrahlte, immer wieder erinnert wird. Da er sich selbst als Erzieher versteht, liegt der Gedanke der Übertragbarkeit nahe. Aber so, wie ihm heute die Arbeiter widersprechen, wenn er ihnen «die Gesetzmäßigkeiten bringt», nach denen der Sozialismus siegen wird, so fand auch der Pimpf indirekten Widerspruch, wenn er den skeptischen Fronterzählungen lauschte, mit denen die Ehemänner seiner Schwestern seit 1942 aus Rußland auf Fronturlaub kamen. Er überlegte dann,

«vielleicht sehen sie das nicht richtig, oder vielleicht waren sie zu langsam, sie waren Unteroffizier, na ja, was hat ein Unteroffizier schon für einen Überblick über die gesamte Frontlage und über das gesamte Geschehen, das waren damals meine Gedanken, weil ich eben doch vom Aufbau her, und von Hitler, vom Jungvolk her, einigermaßen auch vertraut war mit dem Aufbau der Wehrmacht, mit den einzelnen Gliederungen, mit den Befehlsgewalten bzw. mit den Armabzeichen, der Verantwortungsbereich und wie sie abgegrenzt waren... und, wie kann der sich erlauben, die Frontlage so einzuschätzen, das waren meine Gedanken, er hat doch den Überblick gar nicht, der sieht zwar seinen Frontabschnitt, was die Gruppe, sei wie sie will, einen Frontabschnitt haben sie, und wenn er sagt, ‹dünn besetzt›, ...wie will der das schon einschätzen, wie will der sagen, der Krieg ist für uns verloren...»

So wie Rudolf Kamp sich im Krieg mit dem Überblick tröstete, den er aus seinen jugendlichen Sandkastenspielen gewonnen zu haben glaubte, so baute er auch als Parteisekretär darauf, daß sein durch die Organisation gewonnener Überblick ihn gegenüber den Kollegen im Betrieb überlegen machte.

Vieles, was von parteilosen Menschen kritisiert wird, aus Beweggründen heraus, aus dem nicht genügenden Überblick, aus dem nicht genügenden Verständnis, aus den nicht genügenden Informationen. Kritisieren sie oftmals Dinge, die, wenn man die Zusammenhänge kennt, ganz anders aussehen. Das sind solche Situationen, in denen man sich also einiges sagen lassen muß, sehr hart manchmal, sehr hart. Die sind ja sehr hart und sehr offen, sollen sie auch sein, zum Mitdenken, zum Mithandeln, wir wollen's ja…

Das ist nun gerade das Dilemma, in dem Kamp steckt. Wenn er den Kapitalismus die Gesellschaft des Zwangs, den Sozialismus aber die Gesellschaft der Überzeugung nennt, so bedeutet das für ihn persönlich den Zwang, andere zu überzeugen. Da aber sein «Überblick» über die Wirklichkeit hinweggeht und das Leben nicht nach den Regeln der Partei und den Gesetzmäßigkeiten des Marxismus-Leninismus verläuft, befindet er sich in ständiger Auseinandersetzung, die ihn schließlich krank gemacht hat. So mag auch politisch 1989 auf ihn zutreffen, was er über seine Situation als junger Soldat 1945 sagte:

die Beeinflussung kam ja dann von der anderen (als der familiären, D. W.) Seite erst mal, Kino, Radio, Nachrichten und so, hörte man ja dann, und die konnten ja nur reden, die konnten auch noch reden, als er dann sagte, ‹der Krieg ist für uns verloren›.

Es ist nicht ganz klar, wer «er» ist. Vielleicht der Schwager, vielleicht der letzte Kommandant? Klar ist dagegen, daß bei Kriegsende die Großen, die regulären Wehrmachtseinheiten sich mit Lastwagen absetzten, während Rudolf Kamp mit seinen Freunden sich in einer Scheune versteckt hielt. Da merkte er, daß der Krieg wirklich verloren war, und stellte sich auf seine Gefangennahme ein, die wie durch ein Wunder nicht erfolgte. Nun sind auch seine Versuche, in der Nachkriegszeit neuen Halt zu finden, gescheitert. Damals war er mit 16 noch zu jung, um sich Stärke und Identität außerhalb einer festen Autoritätsstruktur zuzumuten. Heute wird er, mit 60, zu alt dafür sein.

Unsägliche Ästhetik

Nikolaus Frankl, Priester, 60 Jahre

Das Interview mit Nikolaus Frankl habe ich auf seinen Wunsch fast zur Hälfte gelöscht. Als er am Tag nach dem Gespräch zu mir ins Hotel kam und von mir die Tonbänder wiederhaben wollte, war der Interviewer in mir enttäuscht und hat nicht sogleich nachgegeben. Nur zweimal ist mir das während unserer Feldphase in der DDR passiert, daß ein Gesprächspartner nach dem Interview seine Freimütigkeit bedauerte und das Dokument vernichtet sehen wollte. Beide Male handelte es sich um Gespräche, die mir für unsere Nachforschungen besonders wichtig erschienen. Und beide Male haben wir lange Gespräche geführt, um einen Kompromiß zu finden. In diesem Fall spazierten wir fernab von den umliegenden Gebäuden immer wieder auf einem Parkplatz auf und ab. Er bereute, daß er sich in dem Gespräch mit mir am vorigen Tag vergessen, daß ihm vielleicht sogar seine Eitelkeit vor einem aus dem Westen, aus dem er selber kam, einen Streich gespielt habe. Wir hatten uns freimütig unterhalten, aber er hatte mir nichts erzählt, das ich im entferntesten als spektakulär, gefährlich oder als einen Vertrauensbruch hätte erkennen können. Es wollte mir nicht in den Kopf, was an seinen bedächtigen Äußerungen bedenklich war.

Schließlich einigten wir uns auf der Mitte: Ich durfte seine lebensgeschichtliche Erzählung für unser Projekt erhalten und versprach ihm zugleich, eine Kassette, auf der wir uns über allgemeine Fragen unterhalten hatten, zu löschen. Das habe ich auch am selben Tag noch getan, da die Wünsche unserer Gesprächspartner am Ende immer Vorrang hatten, denn sie und nicht wir mußten ja mögliche Folgen tragen. Aber ich habe mir über die Erfahrung dieser beiden Tage später einige Notizen gemacht, die ich nun, nach dem Herbst der DDR, wieder vorgenommen habe, denn der Grund seiner Befürchtungen dürfte nun entfallen sein. Aber den Wortlaut seiner Äußerungen gibt es nicht mehr, nur Stichworte zu seinen Erinnerungen.

Evangelische Christen und Kirchenleute haben wir in der DDR viele getroffen. Die Pfarrämter halfen uns mit Verweisen, die Pastoren waren gesprächsbereit. Die Tage des Kirchenkampfs waren nicht vergessen, aber sie lagen lange zurück. Die Kirche war zusammengeschrumpft, aber sie hatte wieder Zulauf, besonders von jungen Leuten und besonders in den Bereichen, in denen es sich nicht um die eigentliche Seelsorge und kirchliche Amtshandlungen handelte, sondern um soziale und kulturelle Aktivitäten in ihrem Vorfeld. Oft bekamen wir den Eindruck, daß die Sinn- und Sozialangebote der evangelischen Kirche eine ungewollte Ersatzstütze des Staates waren und daß die Partei das zunehmend erkannte.

Bei den Katholiken war das anders. Zwar haben wir mit mehreren Interviewpartnern gesprochen, bei denen sich im Laufe des Gesprächs herausstellte, daß sie praktizierende Katholiken waren. Aber über kirchliche Stellen konnten wir keinen Gesprächsfaden knüpfen. Die katholische Kirche in der DDR ist in einer doppelten Diaspora: in einem kommunistischen und in einem protestantischen Land. Das macht sie besonders vorsichtig und nach innen gekehrt. Zudem bestanden die katholischen Gemeinden, mit denen wir Kontakt hatten, zu über der Hälfte aus Vertriebenen, sie waren insofern auch für die Älteren ein kultureller Hort zwischen der einstigen Heimat und der Fremde in Brandenburg oder in Sachsen. Manche katholischen Pfarrer waren uns gegenüber aufgeschlossener, aber wir waren von der Aufgabenstellung unseres Projekts nicht so sehr an ihnen als an Arbeitern unter ihren Gemeindemitgliedern interessiert. Wenn sie dann für uns ihre Gemeindeältesten nach möglichen Interviewpartnern fragten, bekamen wir immer eine Ablehnung. So war es auch bei Nikolaus Frankl gewesen, einem höheren Kleriker; gleichsam zum

Ersatz für seine mißtrauischen Gemeindemitglieder ließ er sich mit mir auf ein Gespräch ein. Warum wollte er einen Tag später diese Bereitschaft wieder zurücknehmen?

Die Insel der Kindheit

Nikolaus Frankl ist im schlesischen Bergland aufgewachsen; seine Eltern hatten ein Eisenwarengeschäft. Als der Vater früh starb, machte die Mutter einen Kunst- und Devotionalienhandel auf und zog ihre vier Kinder alleine auf. Nikolaus, der jüngste, wurde von seiner Mutter und vor allem von seiner Großmutter geprägt, die er als eine in ihrer Stille beherrschende Figur «von unbeschreiblicher Güte und dabei nichts Weiches», eine «heiligmäßige Frau» erinnert. Seine Jugend im Dritten Reich erinnert er als ein katholisches «Insel- und Nestdasein», abgeschirmt von der Politik, die seine Großmutter mit Worten wie «Hitler ist kein Guter» fernhielt. Er war Ministrant, und die Jungen machten abenteuerliche Verschwörungen im Wald, wie man Hitler loswerden könne.

Nachdem seine älteren Geschwister auf der höheren Schule versagt hatten, wurde er gleich auf eine Handelsschule geschickt, wo seine Lehrer alles gläubige Katholiken gewesen seien; zwar habe es auch Nazis im Kollegium der Schule gegeben, aber er sei nie von einem unterrichtet worden. Ansonsten aber litt er darunter, daß er, der Begabte, nicht aufs Gymnasium geschickt worden war; allerdings war es später für ihn im kirchlichen Verwaltungsdienst nützlich, daß er Schreibmaschine und Buchhaltung gelernt hatte. Seine katholische Verankerung und sein zurückgesetzter Ehrgeiz fanden in seiner Stellung in der HJ einen angemessenen Ausdruck: An sich wollte er nicht zur HJ und verdrückte sich in deren Sanitätsabteilung, aber dort ließ er seine Kräfte spielen und wurde im Nu «Bannfeldscherführer» für den ganzen Landkreis.

Pater Frankl war einer der ganz wenigen unter unseren Gesprächspartnern in der DDR, der von sich aus Erinnerungsfragmente an Juden und Antisemitismus in das Gedächtnis seiner Jugend im Dritten Reich einflocht. Sie sind von seltener Vielschichtigkeit, vielleicht ein Ergebnis seiner Erinnerungsarbeit in den siebziger Jahren, als er eine

Arbeitsgemeinschaft Juden und Christen in der DDR mit begründete. Zunächst hält er der allgemeinen Aussage, daß man von der Vernichtung der Juden nichts gewußt habe, entgegen, daß er als junger Mensch 1943 davon über einen Bekannten aus Ost-Oberschlesien gehört habe. Erwachsene, bei denen er Rat gesucht habe, hätten ihm aber nur gesagt, er solle sich nicht darum kümmern. Die Nachrichten blieben gleichsam stecken und die über die Schikanen gegen katholische Geistliche gingen näher. Zu Hause, wo die Mutter in kollegialen Beziehungen zu jüdischen Ladenbesitzern gestanden habe, habe es keinen Antisemitismus gegeben. Die Juden unter seinen Mitschülern haben in seinem Gedächtnis Namen, und er weiß, daß der eine emigrierte und der andere deportiert wurde. Den Brand der Synagoge am Morgen nach der ‹Reichskristallnacht›, als er vom Ministrieren in der Frühmette nach Hause ging, erinnert er, «wie wenns heute wäre». Von Hause aus hattc er keine Voreingenommenheit gegen die Juden, obwohl dann im späteren Dritten Reich auch zu Hause die «Arkan-Disziplin» [1] geherrscht habe und jedes Gespräch über das Schicksal der Juden «abgeblockt» worden sei.

Aber jetzt kommt etwas dazu. Auf dem Wege von der Schule nach Hause war ein Kasten «Der Stürmer», die Zeitung. Und als Junge blieb man ja immer an allen Ecken stehen, wo es etwas zu gucken gab. Diese Bilder, die da drin waren, das weiß ich, wenn ich in mein Inneres hineinschaue, daß ich von dorther eine Spur von Voreingenommenheit gegen Juden mitbekommen habe. Das hat sich längst wieder – auch vom Bewußtsein her – aufgelöst. Aber ich würde sagen, von dorther ist doch ein bißchen Gift in einen reingekommen. Dadurch, daß es gleichzeitig immer ein Angriff gegen die Kirche war, wurde es gewissermaßen wieder neutralisiert. Aber ich würde schon meinen, jetzt hinterher, daß das einen gewissen Einfluß doch ausgeübt hat. Nicht wesentlich, aber diese Fratzen, die man da so sah – erst kürzlich habe ich mal wieder Bilder aus dem Stürmer gesehen, und hab gedacht, ja das waren die Bilder, die man da so sah.

1944 wurde er eingezogen, er war damals Lehrling im Büro und noch nicht einmal 18 Jahre alt. Das Kriegsende erlebte er in Frankreich, in einem katholischen Seminar für Kriegsgefangene in einem riesigen Lager bei Chartres, aus dem später viele Priester hervorgegangen

---

1 Geistlicher Ausdruck für Schweigegebot.

sind. Seine Familie war 1946 vertrieben worden und nach Westdeutschland gekommen, wohin auch er entlassen wurde. Auf einer katholischen Vertriebenenschule konnte er nun seinen Wunsch, das Abitur zu machen, noch nachträglich erfüllen, danach studierte er Theologie, aber daneben auch Psychologie, Geschichte und Kunstgeschichte. Das Universitätsstädtchen in Süddeutschland, in dem er studierte, blieb der Traum seines Lebens.

Zwischen den Stühlen

Aber noch vor der Priesterweihe brach er auf und ging Mitte der fünfziger Jahre in die DDR, ein schlesischer Priester hatte ihn geworben. Mutter und Bruder hatten ihm abgeraten, ja, der Bruder hat es ihm bis heute nicht verziehen, daß er in die DDR ging. Die Reise war eine Erfahrung «absoluter Einsamkeit».

«Es war 'ne Katastrophe. Ich hab mich in meinem Leben niemals einsamer gefühlt – also ich kam mit einem Volkswagen rüber – als auf der Straße zwischen Eisenach und Erfurt. Es fuhr kein Auto, erst mal rein äußerlich gesehen, ganz selten mal eins. Aber ich wußte, daß hinter mir eben jetzt eine Grenze liegt.»

Ich frage Pater Frankl, ob er sich als Missionar gefühlt habe, und er antwortet, das sei «nicht ganz falsch», und er spricht von seinem Idealismus als junger Mensch. Ob man sich in der DDR über die Verstärkung im Kirchenkampf gefreut habe? Das wehrt er ab: Die Kirche denke in Jahrhunderten. Etwas anderes lag ihm näher: In der DDR wurden Priester gesucht, weil die katholischen Diasporagemeinden durch die Umsiedler aufgeschwollen waren; der Klerus war mit Schlesiern durchsetzt. Obwohl viele Katholiken nach 1945 abgehauen seien, seien noch viel mehr aus dem Osten hinzugekommen. In den fünfziger Jahren waren die tonangebenden Leute in den Gemeinden aus dem Osten. Seine erste Gemeinde erschien ihm als eine Gemeinde der Schlesier.

Die Gemeinden waren recht rege, aber die Gemeinden hatten keinen Eigenstand. Den haben wir auch heute noch nicht, aber damals lebte man viel mehr aus der Vergangenheit bzw. im Kontext und im Kontakt mit der westdeutschen Kirche. Das hat sich jetzt etwas geändert, aber das ist jetzt wieder die traurige Sache unserer Existenz hier, daß wir uns bis heute haben noch kein eigenes Gesicht geben können, aber deswegen nicht, weil die ganze Gesellschaft kein Gesicht hat.

Im Rückblick glaubt er, eine Vermittlung zwischen seiner schlesischen Heimat und jenem süddeutschen Traumstädtchen seiner Studentenjahre gesucht zu haben: sozusagen als Weigerung gegen dessen Veralltäglichung habe er sich «zwischen die Stühle gesetzt». So empfinde er heute seine Situation in der DDR, aber für einen Priester sei ein solcher Schwebezustand sinnvoll.

Anfang der sechziger Jahre ist er übrigens noch einmal in die alte Heimat gefahren. Mit der ‹Kalkleiste› des priesterlichen Habits sei das in Polen problemlos gewesen, und ein polnischer Amtsbruder habe ihn aufgenommen und ihn zum erhaltenen Grab seines Vaters geführt.

«Und wir waren noch in unserer Wohnung, und das war interessant: Die Leute, die dort wohnten, ein Postbeamter übrigens, ein polnischer, die waren sehr gut zu meinen Großeltern und zu meiner Mutter gewesen, hatten noch Essen runtergeschafft, als sie schon im Viehwagen waren. Und die waren nun also glücklich, die beiden, als die mich nun kennenlernten. Der polnische Pfarrer kam mit. Und sie fragten natürlich nach den Großeltern. Ich sagte, die sind nun schon in der Ewigkeit. Und nach der Mutter, wie's ihr geht. Und daß da nun ein Priester aus der Familie kommt, das konnten sie (gar nicht fassen). Und dann war für mich, ja, ich würde sagen, das Makabre an der ganzen Geschichte: Alles stand so, wie wir's praktisch verlassen hatten. Nur das einzige, ein Schränkchen, das hinter meinem Rücken hätte stehen müssen, stand jetzt etwas quer. Das andere war alles so, die Bilder, die ganze Wohnung, so wie sie war.

Und nun kam also das Interessante. Jetzt sagten diese polnischen Leute: Lieber Herr Pfarrer, alle Dinge gehören hier, also mir, unserer Familie. Sie würden nur hier sitzen, bis wir wiederkämen. Die warn also noch überzeugt, daß wir wiederkommen. Und dann habe ich also etwas gemacht, wovon ich hinterher nicht wußte, ob ich lachen oder heulen sollte. Ich habe dann dem polnischen Pfarrer gesagt, bitte sagen Sie den Leuten: Ich brauche nichts, meine Geschwister brauchen nichts, meine Mutter braucht nichts. Ich schenke jetzt alles, was hier ist, diesen Leuten, der Familie. Ich meine, es hatte praktisch sowieso keine Bedeutung, aber für die war das sicher eine große Hilfe, daß die Wohnung ihnen jetzt rechtmäßig zu eigen war und daß sie nicht nur so reingesetzt waren. Als ich dann ein paar Jahre später wieder da war, war alles umgeräumt.»

Die Bindungen nach Osten haben sich gelockert. Die nach Westen nicht. Pfarrer Frankl fühlt sich für die DDR noch immer als viel zu westlich. Seitdem das wieder ging, fuhr er jedes Jahr rüber, und er plant auch, die Zeit seiner Pensionierung in der Traumstadt seiner Jugend zu verbringen. «Drüben scheint die Sonne anders.» Wenn er ‹drüben› sei, dann sei «der Film erst mal abgerissen».

Eben drüben sofort wieder ein anderer sein zu können, vor allem eben wenn ich mit meinen Freunden zusammenkomme, mit denen ich studiert habe, da ist es, wie wenn diese 30 Jahre überhaupt nicht existierten. Wenn ich wieder rüberkomme, weiß ich wieder, wo ich bin.

Diesseits des Filmrisses

Aber er ist seit über dreißig Jahren in der DDR, ein Priester, der drei Pfarreien innehatte, der Aberhunderte von Katholiken getauft, gefirmt, die Ehe eingesegnet, die letzte Ölung gespendet und Zehntausenden die Beichte abgenommen hat, der wegen seines praktischen Sinns in der kirchlichen Hierarchie aufgestiegen und ein «Hochwürdenträger» geworden ist. Wir sagen das letzte lachend, als er mir berichtet, daß die Straßenverkehrspolizei ihm auch bei größeren Verstößen und gegen seinen Willen keinen Strafzettel mehr verpaßt, sobald sie seinen Ausweis gesehen hat: Höhere kirchliche Würdenträger bekommen in der DDR dieselbe Korruption aufgedrängt, wie sie die Würdenträger der Partei für sich beanspruchen. Unbestraft und unerlöst muß er weiterfahren, wenn er die rote Ampel übersehen und die VP ihn gestoppt hat.

Äußerlich ist er etabliert, und die Anerkennung der Kirche nimmt zu. Vor einigen Monaten hatte er mit einem höheren Parteifunktionär ein Gespräch über die Sinnentleerung des Lebens in der DDR und die zunehmenden Krisenzeichen: den Vandalismus in den Neubaugebieten, den verbreiteten Alkoholismus, die Einsamkeit alter Leute, die Selbstmorde und den verbreiteten krassen Materialismus. Seinem Gesprächspartner war klar, daß die überzeugten Marxisten eine ebenso kleine Minderheit in der DDR seien wie die überzeugten Christen und daß beide Gruppen verstärkt zusammenarbeiten sollten, «weil sie nicht mehr weiter wissen». Pater Frankl verfolgte deshalb die früher in der ČSSR gepflegten und seit einiger Zeit in der DDR aufgenommenen Gespräche zwischen Christen und Marxisten mit Aufmerksamkeit. Der Marxismus habe es nicht vermocht, die Persönlichkeitsbildung der Mehrheit zu erreichen. Das Ergebnis sei eine verbreitete Unlust, das sei sogar das Hauptkennzeichen des Lebens in der DDR.

Wenn man die heutigen Verhältnisse mit denen in den fünfziger Jahren vergleiche, müsse man zugeben, daß sich manches zum Besseren gewandelt habe, aber nicht genug. Gorbatschow habe eingesehen, daß man eine Gesellschaft nicht mehr nur mit Repression machen könne.

Es spürt doch jeder, daß es so nicht weitergehen kann. Und das weiß der Honecker so gut wie der letzte Arbeiter. Aber wie kommt man denn hier heraus, wenn man eine Ideologie vom letzten Jahrhundert hat und möchte diese Ideologie nicht aufgeben? Ich weiß nicht, inwiefern der Herr Gorbatschow diese Ideologie nicht schon längst aufgegeben hat. Der dürfte sie schon ein Weilchen aufgegeben haben. Das geht so nicht weiter.

In den fünfziger Jahren habe diese Gesellschaft im 19. Jahrhundert gesteckt, und obendrein sei die Angst vor der Staatssicherheit realistisch gewesen und tief im Innern eines jeden verankert worden. Damals hätte er – sagte er, bevor er mich bat, zumindest diesen Gesprächsteil zu löschen – nicht so mit mir reden können, mir auch nicht seine Anschrift und Telefonnummer gegeben. Damals sei jeder Grenzübertritt beklemmend und entwürdigend gewesen, und immer wieder seien ihm die Bücher abgenommen worden. Der staatliche Druck habe das alltägliche Leben durchdrungen. Das Lebensgefühl in der DDR sei insgesamt gespalten, und diese Spaltung gehe tiefer, als er dies aus seiner Jugend im Dritten Reich erinnere.

Pater Frankl, der ein wacheres Gedächtnis für die Verbrechen der Nazis als die meisten unserer Gesprächspartner hat, versucht mir klarzumachen, daß der Totalitarismus in der DDR weiter gegangen und tiefer in die Person eingedrungen sei als im Dritten Reich, obwohl sich die DDR keineswegs derart wie dieses mit Menschheitsverbrechen belastet habe. Während der Nationalsozialismus nur für die von ihm definierten Opfer unausweichlich gewesen sei, aber dann mit meist tödlicher Folge, hätten große Teile der Gesellschaft ihr Leben fast unbehelligt weitergelebt. Die DDR, deren Führung keineswegs so verbrecherisch, sondern oft eher auf eine dilettantische Weise wohlgesonnen gewesen sei, habe einen längeren und tieferen Einfluß auf den Alltag, die Umwelt und das Denken, die innere Spaltung und die Verarmung der Kreativität aller Menschen genommen. Pater Frankl versucht mir zu erklären, daß die Langzeitwirkung der DDR nicht primär durch Schuld, sondern durch eine unausweichliche totalitäre Zersetzung der Identität ihrer Menschen charakterisiert sei.

Die Persönlichkeitsstruktur wird hier ganz stark angegriffen, wenn nicht sogar zerstört. Das müßte schon jemand sein, der eine ganz starke innere Kraft hat.

Diese Zersetzung hänge an der allgemeinen Atmosphäre, die die inneren Möglichkeiten präge und der man sich nicht entgegenstellen könne. «Drüben ist man gelöst, man bastelt, man bekommt kreative Möglichkeiten.» Die Blumenkästen vor vielen Fenstern im Westen signalisieren ihm: «Ich bringe etwas ein», will sagen: Ich schmücke nicht nur mich, sondern auch das Zusammenleben. Wie Pater Frankl das sagt, denke ich an die vielen schönen Bauerngärten, die ich auf meinen Reisen durch Sachsen gesehen habe, an die Blumenbüsche, die zwischen dem Salat und dem Gemüse blühten. In den Städten ist das in der Tat weitgehend verloren, sogar die Blumenkästen.

Das verborgene Gesicht

Damit sind wir beim Kernpunkt seiner DDR-Kritik angelangt, den er an der Unlust der Menschen, an der Verkümmerung ihrer Kreativität, an der Verarmung der Ästhetik festmacht. Daß die Menschen sich im Grau ihrer Kleider und Häuser verbergen, daß sie keinen Stolz in die Gestaltung ihrer Umwelt setzten oder setzen könnten, ist ihm ein Zeichen für die Ermattung und Zermürbung der personalen Kräfte. Durch seine vielen Hausbesuche wisse er, daß dies auch häufig für die Innenräume des Lebens gelte. Man könne das aber auch ablesen an der Öde des Städtebaus, überhaupt ganz allgemein an einem Erscheinungsbild, in dem nichts stimme. Selbst das Ruhrgebiet habe erheblich mehr «Gesicht» als die großen alten Städte Sachsens. Was an ihnen sehenswert sei, sei das Überkommene, soweit es die Bomben und den Neuerungswahn der Nachkriegszeit überlebt habe, und das verkomme nun zusehends. Er beginnt wieder von seiner Traumstadt im Westen zu schwärmen und kontrastiert sie zu der Stadt, in der er nun lebt: «Die kann man nur ertragen.»

Ich hatte mir vorgestellt, ein Priester in der DDR habe andere Sorgen als ihren Mangel an Lust und Schönheit. Und doch bin ich froh, daß er so eingehend davon redet, denn für mich war die Reise durch die DDR auch oft eine Beklemmung der Augen, und sonst hat keiner meiner Gesprächspartner sich bei Fragen der Schönheit aufgehalten. Brauchte es einen Gesprächspartner, der von Erfahrungen im Westen geprägt war, um darüber sprechen zu können? Pater Frankl ist ein kunstsinniger Mensch, für den Ästhetik nicht Design bedeutet, sondern die sinnliche Erfahrbarkeit seelischer Zustände.

Auch in der Kirche bekomme man die Leute nicht aus dieser Haltung heraus, jedenfalls nicht von sich aus. Er habe es in seinen Gemeinden nur dadurch geschafft, daß er sie zur Schönheit «praktisch gezwungen» habe. In allen drei Pfarreien, in denen er bisher sein Amt versehen hat, hat er sich dem Kirchenbau gewidmet und nicht nur, wie es die meisten Pfarrer uns erzählten, weil ihnen gar nichts anderes übrigblieb, als das regendurchlässige Kirchendach in einem 25jährigen Kleinkrieg mit den Behörden um etwas Baumaterial zu flicken. Er steckte in den Kirchenbau einen großen Teil seiner Energie und seiner praktischen Fähigkeiten, und weil er darin im Gegensatz zu den meisten seiner Amtsbrüder so erfolgreich war, holte ihn sogar die Kirchenleitung, als sie selber ein neues Bürogebäude brauchte, in ihre Reihen. Aber darum ging es ihm nicht, sondern um die Schönheit der Kirchen als einer sinnlich erfahrbaren Gegenwelt. Bei diesem Thema bricht es aus ihm heraus:

Daß es eben Mache ist, bis hin daß sie hier Karneval feiern. Das ist zum Kotzen. Weil jeder merkt, das stimmt nicht, das stimmt hinten und vorne nicht. Eine Lebensform, die der hiesigen Ideologie entspricht, das ist eine konstruierte Angelegenheit, und das läßt sich nicht konstruieren und deshalb wird nischt draus. Im Grunde wundert man sich, daß die Leute nicht noch mehr mit langgezogenen Gesichtern herumlaufen.

Es gebe keine Ansätze zu etwas Eigenem, immer habe es einen faden Geschmack. Und wieder vergleicht er mit seinen Erinnerungen an den Westen:

Aber wenn ich daran denke, wie nach '48, nach der Währungsreform, wieder eins nach dem andern entstand, mit welcher Freude man so – für mich sind die fünfziger Jahre die goldenen Jahre auch des Westens, obwohl noch vieles darniederlag. Aber sehn Sie, das entsteht hier eben einfach nicht. Das ist nicht möglich. Jetzt komme ich doch etwas aus meiner Distanz heraus. Das ist nicht möglich. Weil's nicht stimmt. Weil's nicht stimmt. Dieses Wort ‹stimmig› ist ein Wort, das mir sehr viel bedeutet.[2] Und da würde ich eben in dieser Hinsicht sagen soziologisch: hier stimmt nischt. Das hat nichts damit zu tun, daß wir wirtschaftlich ärmer sind. Aber ich würde jetzt ein Wort gebrauchen in moralischen Kategorien: Die Verlogenheit, die Verlogenheit hinten und vorn, an allen Ecken und Enden, das ist das Unerträglichste. Daß jemand anderer Meinung ist, daß jemand andere Vorstellungen hat, andere Idealvorstellungen im Bereich des Soziologischen oder meinetwegen auch des Wirtschaftlichen – warum nicht? Sie können hingehen und ihre Meinung, und wäre sie noch so abstrus, die können Sie in irgendeinem Blättchen von sich geben, und da gibt's irgendeine Gruppe, die ähnlich denkt wie Sie – das ist doch (hier) alles nicht der Fall. Das ist doch alles Eintopf. Das ist doch das, was zur Folge hat, daß die Leute in sich reinkriechen. Aber sie haben dann auch keine Kraft, etwas Eigenes zu entwickeln. Sie hängen sich dann ans westliche Fernsehen, und dann wird dort ein Idealbild aufgebaut, das auch wieder nicht stimmt.

Seine erste Dorfkirche, einen heruntergekommenen mittelalterlichen Bau, hat er fachmännisch restauriert. In der zweiten Pfarre, einem

2 An anderer Stelle sagte er: «Diese mangelnde Stimmigkeit. Wenn einer im Betrieb jetzt wirklich die Wahrheit sagt, ganz offen und ehrlich, dann muß er damit rechnen, daß er bei der nächsten Beförderung oder bei der Prämie das deutlich zu spüren kriegt. Die Leute haben sich doch alle ein zweites Gesicht zugelegt.»

großstädtischen Arbeitervorort, der bisher überhaupt keine eigene katholische Kirche besaß, hat er mit viel, auch illegaler, Hilfe eine moderne Kirche aus Beton und Glas errichtet.[3] Der frühere Pfarrer habe einen Raum als künftigen Gemeindesaal gebaut, der immer für eine Turnhalle gehalten wurde. Die Kirche sollte dann auf einen Sturzacker kommen, den sie erst einmal schön gestaltet haben – mit drei Frauen hat er da selbst über fünfhundert Bäume und Sträucher in die Erde gebracht. Hat dann den Kitsch aus dem Betsaal genommen und – obwohl Rathaus und Bauamt schräg gegenüber lagen – ohne Baugenehmigung gebaut. Genehmigt war nur, daß er vor den Betsaal einen Windfang setzte, und den hat er rausgezogen auf 16 mal 10 Meter.

Es gab dann einen Riesenknatsch. Aber das war lustig. Der Mann, der dann von der Baubehörde kam und mir das Bauverbot aussprach, dem habe ich im nächsten Augenblick, als er wegging, die Genehmigung abgeluchst für eine Garage, und zwar 'ne sehr große. Ich hab nämlich gemerkt, daß der mit den Augen zwinkerte. Und dann dachte ich: Tut er's von Natur aus, oder? Und dann merkte ich, daß er's nicht von Natur aus tat. Sondern daß er mir nur signalisieren wollte, daß er eben den Auftrag hätte, mir's zu verbieten. Aber im Grunde haben sie sich amüsiert. Und die Gemeinde hat wunderschön mitgemacht, wie gesagt: vor allem die alten Leute, aber eigentlich erst hinterher.

Denn vorher hat er den Zement sackweise in seinem Trabi zusammengefahren – woher, das könne man gar nicht mehr wissen. Und jetzt in seinem neuen Amt versucht er schon wieder, seine Gemeinde dazu zu bekommen, den grauen Kirchenbau, den hier ein früherer Bauhaus-Architekt im schönsten stalinistischen Heimatstil zum Ersatz für eine zerbombte Kirche nach 1953 errichtet hatte, von seinem Edelkitsch zu befreien, ihn aufzulichten und sein Umfeld in Ordnung zu bringen. Es ist nicht einfach, den Kirchengemeinderat, den der Architekt einst mit einem Modell gegen die Zeichnungen weniger opportunistischer Konkurrenten gewonnen hatte, von der Notwendigkeit dieser Modernisierung zu überzeugen.

---

3 Die Vorstudien dazu hatte er freilich nicht in der DDR, sondern am Ende seiner Studienzeit bei einer Reise mit seiner Mutter zu den neuen Kirchen der Schweiz und Burgunds getrieben.

Ich begreife nicht, daß die Gemeinde sich damit abfindet, daß die Kirche in einem Zustand ist, daß Gott erbarm! Rings herum also Wildnis ist. Weil die einfach nicht begreifen, daß es für mich keine Äußerlichkeit ist. Daß es für mich Ausdruck des Menschlichen ist, daß man etwas formt, daß man etwas gestaltet, daß man etwas schön macht. Jede Idee sucht eine Form.

Er zeigt mir Alben mit Fotos und Plänen seiner Kirchen. Sein Stolz ist seine «Garage», die Betonkirche aus den sechziger Jahren. Er faßt diesen Stolz in eine kleine Geschichte. Nach der Eröffnung traf er einmal einen Mann allein in der Kirche, der lange nur dasaß und schaute. Es stellte sich heraus, daß es kein Kirchenfreund war, der hier Einkehr hielt, sondern ein führender Kulturfunktionär der Stadt. Gebannt und wohl auch neidvoll sagte er nur: «Hier stimmt alles.»

Schönheit und Schweigen

Nachdem ich nun das Wesentliche aus meinen Notizen über das Gespräch, das Pater Frankl gelöscht sehen wollte, zusammengetragen habe, werde ich unsicher, ob mein Bericht darüber durch die «Wende» in der DDR wirklich ermöglicht worden oder ob er auch jetzt noch illoyal ist. Außer in einigen Hinweisen auf die Bedrükkung durch Stasi und Ämter und die Anlehnungsbereitschaft der überzeugten Minderheiten der Marxisten und Christen kann ich nämlich noch immer schwer etwas finden, das mir als unmittelbares Sicherheitsrisiko an diesem Gespräch erscheint. Immerhin stigmatisiert ihn seine ästhetische Generalanklage der Gesellschaft, die er auf eine unpäßliche Ideologie und ihre Verankerung in der Angst zurückführt, als Außenseiter; das führt in der DDR nicht nur in die Einsamkeit, sondern ist als solches schon bedrohlich. Die Stasi schützte nicht nur die Institutionen des Staates, sondern auch die vom Staat in der Gesellschaft institutionalisierte Mentalität.

Vielleicht hatte er ja aber weniger Angst davor, daß die ohnehin sehr allgemein gehaltenen politischen Punkte aus diesem Interview der Stasi hätten bekannt werden können, als vielmehr die ästhetischen seinen Gemeindemitgliedern. Da ich es für außerordentlich unwahrscheinlich halte, daß diese meinen Bericht lesen werden oder ihren Hirten daraus erkennen könnten, halte ich aber auch diese Gefahr für gebannt. Ich möchte über das Gespräch mit Pater Frankl berichten, weil es das einzige Mal war, daß ich mit einem unserer Interviewten eine Stunde über ästhetische Probleme der DDR gesprochen habe, und auch fast das einzige Mal, daß der Interviewte hernach das Gespräch gelöscht sehen wollte. Was ist so unsäglich an der Ästhetik der DDR?

Ein weltoffener und sinnenfroher Geistlicher, der in Schlesien aufgewachsen ist und im Südwesten geprägt wurde, hat sich bewußt zwischen die Stühle seines Lebens in Deutschland gesetzt. Zwischen zwei irdischen Träumen hat er sich eine missionarische Askese auferlegt, die ihn da, wo er gelandet ist, bei aller praktischen Tüchtigkeit und sensiblen Zuwendung zu den Menschen und zu den Sachen, nicht wirklich landen läßt. Auch nach dreißig Jahren ist er ein Fremder geblieben und er weiß es, macht keinen Hehl aus seiner Absicht, sich diese Askese nicht länger, als sein Amt gebietet, aufzuerlegen. Diese Fremdheit schärft sein Wahrnehmungsvermögen an der Gesellschaft, in der er lebt. Daß er sich nicht wie sie und seine Gemeindemitglieder in ihre Unstimmigkeit und Unlust schickt und unter ihren Grauschleier duckt, sondern ihr Schönheit wie einen Pfahl ins Fleisch rammen will, das verknüpft seine Askese mit einem Anflug irdischer Hoffart. Ein Gesprächspartner aus derselben heimischen Fremde, der noch weniger in die Veralltäglichung und Unsichtbarmachung der sinnlichen Erfahrung eingebunden ist, spielt dann die Rolle des Versuchers.

Das Aussprechen der Wahrnehmungen schafft eine Distanz, die das Amt verbietet. Das Amt verbietet nicht die Wahrnehmungen, und es gebietet, gegen die Gründe der Unlust und des Unstimmigen eine frohere Botschaft zu setzen – das ist politische Seelsorge. Aber dazwischen setzt es eine Einsamkeit des Schweigens, als wäre dem Auge gebeichtet worden.

Anhang

Betreuerberichte

Im folgenden werden zwei Berichte abgedruckt, die von «Betreuern» des Projekts für ihre Institutsleitung verfaßt werden mußten, sowie ein Berichtsentwurf und ein Brief zwischen zwei «Betreuern», der erklärt, warum dieser Berichtsentwurf nicht «nach oben» weitergegeben wurde. Bis auf die Tilgung von Namen sind die von den «Betreuern» im Sommer 1990 zur Verfügung gestellten Schriftstücke nicht verändert. Zum Zusammenhang vgl. den einführenden Feldbericht ‹Glasnost privat›.

1.

Vertraulich!
Betreuerbericht über die 1. Phase
von Prof. Niethammers
oral history-Forschungen in der DDR.

1. Das Unternehmen begann am 1.4. und wurde für Eisenhüttenstadt nach insgesamt 14 Arbeitstagen am 2.5. vorläufig abgeschlossen. Aus Vorstellungs- und Einführungsgesprächen, zu denen von

ZPL EKO bzw. KL EHSt.[1] über Betriebsleitungen, BGL[2] u. Volkssolidarität jeweils bis zu 30 Werktätige bzw. Veteranen eingeladen worden waren, ergaben sich Verabredungen für die Interviews, die dann meist in den Wohnungen und oft unter Einbeziehung der Ehepartner stattfanden und sich auf 1–2, mitunter 3 «Sitzungen» von jeweils 2–3 Stunden erstreckten. Insgesamt wurden 40–45 Personen interviewt, ein knappes Viertel davon im Beisein des Betreuers, der sich allerdings nie in die Gesprächsführung einschaltete. Wie Niethammer in seiner Projektskizze angekündigt hatte, ging er auch Hinweisen nach, die er in Gesprächen erhielt (z. B. auf die Aktion «Industriearbeiter aufs Land» und einen vom EKO «delegierten» Bürgermeister), so daß 3 oder 4 Interviews mit Bürgern zustande kamen, die nicht zu den Gesprächsrunden der ersten Tage gehört hatten.

Die Genossen in EHSt. gaben jede mögliche Unterstützung. Das ging von Quartierbeschaffung über Stadt- u. Werksbesichtigung bis zur Vermittlung der Interviews, wobei sie auf Niethammers Wünsche flexibel eingingen, auch auf den Wunsch, mehr «Unpolitische» u. auch engagierte Christen zu interviewen. Den reibungslosen An- und Ablauf des Unternehmens in EHSt. sowie die günstigen Eindrücke, welche Niethammer u. seine Mitarbeiter bekamen, verdanken wir zu einem guten Teil den Genossen in KL u. ZPL EKO.

Die erste, bereits für den 1.4. arrangierte Gesprächsrunde im EKO wurde zum Modell für weitere: Niethammer stellte sich und seine Mitarbeiter vor, erläuterte sein Projekt, gab die üblichen Zusicherungen (u. a.: nicht nach «Dienstgeheimnissen» zu fragen) und bat um Mitarbeit; die Angesprochenen stellten sich mit einigen biographischen Angaben vor; es wurden Termine für erste Interviews vereinbart. Ebenso unkompliziert und in ungezwungener Atmosphäre gab es weitere 2 Runden im EKO und eine mit Angehörigen anderer Betriebe. Nur in einem über die Volkssolidarität organisierten Treff gab es Probleme. Zwischen den Rentnern kam es zu einer

1 Zentrale Parteileitung des Eisenhüttenkombinats Ost bzw. Kreisleitung Eisenhüttenstadt der SED
2 Betriebsgewerkschaftsleitung

zugespitzten Auseinandersetzung über die Rentenfrage, worüber wir die KL mündlich ausführlich informiert haben.

2. Die Aufgeschlossenheit für das Projekt, die Bereitschaft zu Interviews und die Ungezwungenheit, mit der sich unsere Bürger, wenn nicht schon im ersten, dann meist im zweiten Gespräch äußerten, übertrafen Niethammers Erwartungen. Zurückhaltung und Fragen nach Garantien dafür, daß die Äußerungen nicht politisch mißbraucht bzw. zum Nachteil der Interviewten verwandt werden würden, gab es am ehesten in den Kontakten, welche nicht von den Parteileitungen vermittelt worden waren.

Die Anzahl der vermittelten Kontakte war so groß, daß Niethammer eine seiner Projektskizze entsprechende Auswahl von Interviewpartnern selbst vornehmen konnte. Der interviewte Personenkreis hatte schließlich folgende Zusammensetzung:

– Repräsentiert sind Jahrgänge etwa zwischen 1907 und 1932, am stärksten aber Frauen und Männer, die um 60 bzw. 65 Jahre alt sind.

– Die relativ größte Gruppe kommt aus dem EKO.

– Knapp die Hälfte aller Interviewten sind Frauen. Deren Mehrzahl ist (anders als bei den interviewten Männern) parteipolitisch nicht organisiert.

– Zu einem Drittel besteht der Kreis aus SED-Mitgliedern. Nur wenige Interviewte gehören anderen Parteien an, zumeist der CDU.

– Bei ungefähr einem Sechstel der Interviewten handelt es sich um mehr oder minder engagierte Christen (was sich aus Niethammers «Sonderwunsch» nach Kontakt mit Pfarrern ergab).

Bei den Interviews gingen Niethammer und seine Mitarbeiter in genau der Weise vor, die in der Projektskizze beschrieben und in den Einführungsrunden erläutert worden war. Sie blieben in allen drei Interviewphasen weitestgehend in freundlicher, aufmerksamer, interessierter Distanz. Sie motivierten zwar gelegentlich ihre Nachfragen («Das kennen wir nicht», «Das haben wir nicht verstanden», «Sie haben aber vorhin gesagt...»), enthielten sich im übrigen aber jeder Stellungnahme. Sie vermieden es, nach betrieblichen und Partei-«Interna» zu fragen, respektierten auch Zurückhaltung, wenn es um Familiäres ging, obwohl sie dieser Bereich und insbesondere die

Mann-Frau-Beziehungen sehr stark interessierten. Nicht nur die Arbeits- und Lebensbedingungen, sondern auch das politische Geschehen wurden ausschließlich auf der Ebene individueller und familiärer Erlebnisse und Erfahrungen erörtert. Die DDR-BRD-Beziehungen wurden wenig thematisiert, die Beziehungen zur Sowjetunion (meist schon vom Kriegserlebnis her) sowie zu Polen (Umsiedlung, Grenzverkehr) fast immer.

3. In den o. g. Gesprächsrunden kam von Niethammer regelmäßig die Absichtserklärung, er möchte ein differenziertes DDR-Bild gewinnen und (über seine Publikationen) vermitteln, ein anderes, als es unsern Bürgern im Westfernsehen begegne. Er möchte den DDR-Alltag entdecken, von dem man in der BRD allenfalls aus unserer Belletristik etwas erfahren könne. Insbesondere interessiere ihn die DDR als «weiblichstes Land Europas». Aus den Gesprächen mit Niethammer ließe sich ergänzen: Sein DDR-Bild wird sich aus einer Mischung von kritischer, allerdings vergleichsweise sachlicher «Fremdwahrnehmung» (sein Wort) und differenzierter, von Erlebnissen und Erfahrungen der interviewten DDR-Bürger getragener «Selbstdarstellung» ergeben. Gesprächsweise äußerte Niethammer, er wisse noch nicht, was bei seinem Unternehmen herauskommen und wie das zu publizieren sein würde, vermute aber, das Ergebnis werde weder in Bonn noch in Berlin gefallen. Da wird er wohl recht behalten.

Soweit sich das nach der 1. Eisenhüttenstädter Phase und in Kenntnis nur eines kleinen Teils der Interviews beurteilen läßt, werden die Aufbauleistungen und sozialen Errungenschaften insbesondere der fünfziger Jahre ziemlich gut ins Bild kommen. Doch hat Niethammer genug von – teils fortbestehenden, teils mittlerweile stärker ausgeprägten – sozialen Problemen mitbekommen (Rentenfrage, Reallohnentwicklung, Konsumgüterangebot), um sie stärker zu reflektieren, als wir das zu tun pflegen. Überraschen – und zwar angenehm! – könnte uns, wie er die Frauenemanzipation reflektiert. Sicher wird er mehr darüber schreiben, als in unseren Geschichtsdarstellungen steht, wird es differenziert, aber wohl überwiegend positiv tun. Für das politische Leben ist eine zwar gleichfalls differenzierte, aber wohl überwiegend ungünstige Darstellung zu erwarten.

Was Niethammer überrascht und beeindruckt hat (gesprächsweise stellte er da für uns schmeichelhafte Vergleiche mit anderen sozialistischen Ländern an): das weitverzweigte «Kapillarsystem» (sein Wort) Partei-Klasse, die enge Verbindung zwischen fachlicher und politisch-ideologischer Leitung, die allseitige Aus- und Weiterbildung der Funktionäre, die Normalität des Wechsels von der einen zur anderen Funktion (z.B. Parteifunktionär/Wirtschaftsfunktionär und umgekehrt), des Wechsels auch der Arbeitsebene (etwa bei Parteifunktionären, die teil- bzw. zeitweise hauptamtlich, im übrigen aber in der materiellen Produktion tätig waren). Für derartige Entdeckungen äußerst sensibel (weil er aus der BRD sowohl den Managertyp als auch den Gewerkschaftsbeamten gut kennt), wird Niethammer sie auch sorgfältig beschreiben. In einer ganzen Reihe von Interviews kann er aber auch die Bestätigung für seine Vorstellung von den autoritären Strukturen des demokratischen Zentralismus suchen und finden, dafür, daß die Möglichkeit echter Interessenvertretung von unten nach oben eng begrenzt ist und die Rolle der Funktionäre an der Basis mehr darin besteht, ohne ihr Zutun «oben» gefallene Entscheidungen «unten» verständlich zu machen und durchzusetzen. Wir dürfen nicht annehmen, wir könnten dies durch eine bessere Auswahl der Interviewpartner verhindern. Gerade Interviews mit Funktionären können den Nachteil haben, daß sie – weil ja keine Argumentation erbeten wird, sondern die Schilderung von persönlichen Erlebnissen, die Darlegung praktischer Erfahrung – das Verhältnis zwischen Partei und Klasse einseitig reflektieren und der Dialog, wie Lamberz das einmal nannte, nicht recht ins Bild kommt.

Niethammer ist antiautoritär eingestellt. Die Frage nach dem Verhältnis zwischen «Selbstbestimmung» des Individuums und «Fremdbestimmung» ist für ihn eine zentrale Frage, mit der er sich jedweder Gesellschaftsordnung nähert, also auch unserer. Als Historiker formuliert er diese Frage allerdings nicht politisch, sondern «soziokulturell», und er stellt sie an alle sozialen Strukturen, von der Familie angefangen. In dieser Hinsicht wie unter anderen Aspekten (das wurde weiter oben exemplifiziert) versucht er, in der Geschichte des deutschen Volkes, insbesondere der Arbeiterklasse, Kontinuitäten und Brüche zu entdecken. Wie er in der Projektskizze angekündigt hat, wird er die hier gewonnenen Ergebnisse mit den seit 1980 im Ruhrgebiet gewonnenen vergleichen. Daß dabei die «deutsche Kulturnation» herauskommt, ist schon deswegen kaum zu erwarten, weil Niethammer einer der ersten Wissenschaftler in der BRD war, der für beide Staaten nationale Eigenentwicklungen konstatierte. Doch zeichnet sich als zumindest eine Interpretations- und Auswertungslinie für die bisher geführten Interviews ab, daß formations- und systemübergreifende Lebenszusammenhänge in familiärem Bereich und «industriegesellschaftlichem» Alltag stark hervortreten.

4. Das politische Risiko, welches mit der Zulassung von Niethammers Forschungen entstand, ist nach der 1. Eisenhüttenstädter Phase besser erkennbar als zuvor. Es ist primär durch Forschungsgegenstand und -methode sowie durch den gewonnenen lebensgeschichtlichen Stoff gegeben.

Durch den «subjektiven Faktor», die Forscher Niethammer, Plato und Wierling sowie ihre kollegial-kritische Zusammenarbeit, wird das Risiko nicht größer, als es ohnehin ist, eher wird es eingeschränkt, zumindest besser kalkulierbar. Niethammer wird die Reputation eines seriösen Historikers und die Stellung des «Ansprechpartners» (sein Wort) für Bemühungen um deutsch-deutsche Diskussion, später vielleicht auch Kooperation in der neuesten und Zeitgeschichte aufrechterhalten, durch das laufende Unternehmen womöglich festigen und ausbauen wollen. Er ist zwar weitgehend in den Forschungsansätzen und Interpretationsmodellen befangen, die er bei seinen lebensgeschichtlich-sozialkulturellen Forschungen im Ruhrgebiet entwickelt und erprobt hat, doch hat er sich hinsichtlich der Veröffentlichung von Ergebnissen seiner hiesigen Forschungen noch in keiner Weise festgelegt, und da er der erste und für längere Zeit wohl einzige BRD-Historiker ist, der hier forschen darf, unterliegt er auch kaum dem Zwang raschen Erfolgs. Plato wiederum, viel enger als Niethammer mit der sozialistischen Bewegung verbunden, denkt in erster Linie politisch, ist minder stark wissenschaftlichen Hypothesen verpflichtet und in mancher Hinsicht noch besser ansprechbar. Wierling steht uns vielleicht sogar mit einer gewissen Sympathie gegenüber, zumindest mit geringeren Vorbehalten, als sie Niethammer und Plato haben. Daß sie zweimal in die DKP ein- und wieder ausgetreten ist, läßt allerdings keine große Standfestigkeit erwarten.

Was die drei Kollegen selbst kommentierend und interpretierend schreiben, wird keinesfalls feindselig sein. Doch das lebens- und sozialgeschichtliche Material, welches sie in ihrer Publikation jedenfalls anbieten müssen, ist vielschichtig und wird wohl auch Ansatzpunkte für antikommunistische Interpretationen durch andere Wissenschaftler und Publizisten bieten.

5. Für alle Fälle müssen wir verstärkt darauf bedacht sein, aus der Betreuung keine «stille Teilhabe» erwachsen zu lassen, die in krassem Mißverhältnis zu unseren Möglichkeiten stünde, auf Interviewführung und -auswertung Einfluß zu nehmen.

Wir konnten allenfalls an einem Drittel der Interviews teilnehmen, dies auch nur passiv, weil wir ansonsten Niethammers Konzept übernehmen oder ein alternatives entwickeln und durchsetzen müßten. Schon die passive Teilnahme ist problematisch, weil sie die Gesprächssituation in einer für das Ergebnis jedenfalls nachteiligen Weise ändert. (Mitunter entsteht eine Art von Prüfungssituation, in der sich interviewte Genossen um eine parteilehrjahrsreife Argumentation bemühen, was Niethammer aber nur dazu provoziert, die Argumentation zu «hinterfragen». Noch unangenehmer ist natürlich der Eindruck, der entsteht, wenn unsere Anwesenheit den Erzählfluß bremst – etwa bei der ersten Begegnung mit Sowjetsoldaten.) Doch bleibt das größte Hindernis für jedwede direkte Beteiligung (für die interpretatorische Arbeit hat sie uns Niethammer geradezu angeboten!), daß wir ein eigenes Oral-history-Konzept nicht haben und nicht einmal genug Alltagsforschung betrieben haben, um von hier aus Niethammers Konzept konkret kritisieren zu können.

Daraus folgt: Wir sollten die Betreuung «vor Ort» auf die jeweils 1. Woche in Bitterfeld/Wolfen und Karl-Marx-Stadt reduzieren. Das genügt für die Herstellung der wichtigsten Kontakte und die Teilnahme an einigen Interviews. Auf letzteres können wir nicht völlig verzichten, sonst wissen wir bald nicht mehr, was gespielt wird. Ansonsten halten wir uns bereit, wenn nötig in o. g. Orte zu fahren. Auf unsere – bislang unerfüllte – Bitte nach Aushändigung des Interview-Leitfadens (Fragebogen) sowie eines Musters der schriftlichen Abmachung mit den Interviewten sollten wir nicht mehr zurückkommen. Bis jetzt wurde keinem Interviewpartner eine solche Abmachung vorgelegt. Nüchtern überlegt, würde sie auch keine Sicherheiten gewähren, die nicht ohnehin bestünden. Auch ohne formelle Abmachung wird Niethammer die Interviews nur auszugsweise wiedergeben und die Anonymität des Interviewten wahren.

2.

Bericht über die Fortsetzung des oral history-Projektes der BRD-Historiker in Eisenhüttenstadt vom 21.4. bis 3.5.1987[3]

Wie schon in der ersten Phase vollzog sich die organisatorische Vorbereitung und Vermittlung der Kontaktaufnahme zu dem avisierten Personenkreis, die hauptsächlich von der Parteileitung des EKO und der SED-Kreisleitung von Eisenhüttenstadt getragen wurde, unkompliziert, reibungslos und effektiv. Aber auch während des gesamten Zeitraumes erhielten wir von den eingesetzten Gen. [Genossen] der genannten Parteiinstanzen jede notwendige Unterstützung (z. B. bei Quartierfragen, bei der Vermittlung weiterer Gesprächspartner oder bei der Betriebsbesichtigung im EKO).

Die Kontakte zu den Interviewpartnern wurden zum einen über 4 im offiziellen Rahmen stattfindende Treffs (2 davon waren durch das EKO, 2 durch die KL[4] über Betrieb und die Volkssolidarität organisiert) hergestellt. Es handelte sich dabei im wesentlichen um Veteranen, aber auch um noch berufstätige Personen. Zum andern lief der Gesprächseinstieg – einem ausdrücklichen Wunsch der BRD-Historiker entsprechend – über (einen) von der KL (in Abstimmung mit dem Verantwortlichen für Kirchenfragen des Rates der Stadt) be-

3 Dieser Bericht wurde nicht weitergeleitet. Vgl. Nr. 3 S. 635

4 Kreisleitung der SED

nannten evangelischen Pfarrer, und schließlich ergaben sich – durch den sog. Schneeballeffekt – einige wenige (2–3) spontane Kontakte.

3 der 4 organisierten kollektiven Treffs verliefen im Hinblick auf die Begründung und Erläuterung des Unternehmens (vorgenommen von L. Niethammer) sowie der Selbstvorstellung der anwesenden Eisenhüttenstädter völlig unproblematisch und erfreulich unkompliziert. Nur in einem über die Volkssolidarität organisierten Treff mit (7, sämtlich parteilosen) Rentnern kam es zu einer recht zugespitzten Auseinandersetzung zwischen den Gruppenmitgliedern über die Rentenfrage, die jedoch nicht deren Teilnahme am Projekt verhinderte. (Zum Inhalt weiter hinten.)

Nach einer nachträglich nach eigenen Notizen angefertigten, im einzelnen nicht exakten Übersicht wurden im genannten Zeitraum von den 3 BRD-Historikern ca. 40–45 Personen z. T. einmal, in der Regel jedoch zweimal, vereinzelt auch dreimal in 2–3stündigen Gesprächen sowohl zu ihrer persönlichen Lebensgeschichte als auch – davon ausgehend – zu ausgewählten politischen Fragen der DDR- und Nachkriegsgeschichte intensiv befragt.

Die Gesprächspartner, hauptsächlich aus dem Arbeitermilieu stammend und selbst langjährig als Arbeiter und Angestellte tätig, sind alle nach der Jahrhundertwende (etwa von 1907–1932) geboren worden und gehören somit der Generation an, die die Nachkriegsentwicklung in der DDR, speziell in Eisenhüttenstadt, getragen hat. Zur Zusammensetzung des befragten Personenkreises:

- knapp die Hälfte aller Befragten sind Frauen. Die Mehrzahl von ihnen ist – im Unterschied zu den interviewten Männern – parteipolitisch nicht organisiert.
- der Anteil der SED-Mitglieder macht etwa ein Drittel der Interviewten aus, wohingegen nur eine geringe Zahl Mitglieder von Blockparteien sind.
- ungefähr ein Sechstel der Befragten sind relativ aktive Christen.

Diese Zusammensetzung des interviewten Personenkreises ist das Ergebnis einer gesteuerten Auswahl durch die Parteiinstanzen, die allerdings (durch) von eigenen Forschungsintentionen des BRD-Historikerteams geleitetes Suchen nach andersartigen Gesprächspartnern modifiziert wurde.

Infolgedessen ist die zunächst noch vorhandene Überrepräsentation von Männern gegenüber Frauen und von Parteimitgliedern gegenüber Nichtorganisierten überwunden worden; außerdem wurde der weltanschaulichen Differenziertheit durch das Ansprechen von zur Kirche gehörenden Christen Rechnung getragen, und auch das gesamte politische Spektrum fand durch die Einbeziehung (ehemaliger) politisch oppositioneller Personen (pensionierter Pfarrer aus Fürstenberg) bzw. von politischen «Opfern» (ein wegen staatsfeindlicher Aktivitäten in den fünfziger Jahren Verhafteter) Berücksichtigung.

Damit dürfte das von Ansprüchen wissenschaftlicher Solidität und Glaubwürdigkeit bestimmte Anliegen der BRD-Historiker, möglichst alle Gruppierungen und Schattierungen der Arbeiterklasse (Eisenhüttenstadts) in ihrer tatsächlichen Gewichtung im gesellschaftlichen Leben in entsprechenden Samples zu erfassen, wenigstens in Annäherung realisiert sein.

Die Interviews wurden in der Mehrzahl in den Wohnungen der Interviewten, in einigen Fällen aber auch in Räumen des EKO durchgeführt. Die Interviewführung lag ausschließlich in den Händen der BRD-Historiker; die ZIG-Vertreter[5] haben überwiegend passiv, d. h. beobachtend an den Interviews teilgenommen. Ich persönlich war bei 13 Gesprächen anwesend, die insgesamt mit 10 Personen durchgeführt worden sind.

In der Regel erklärten sich die von den BRD-Historikern angesprochenen Personen sofort und ohne weiteres zum Gespräch bereit; Verweigerungen oder nachträgliche Absagen traten nur vereinzelt auf. Diese hohe Gesprächsbereitschaft mag begründet sein

– in der klugen Auswahl der Gesprächspartner durch die Parteiinstanzen;

– in der überzeugenden Erläuterung des Inhalts und Zwecks dieser lebensgeschichtlichen Untersuchung sowie einer hinreichenden Begründung ihrer Legitimität durch Prof. N.;

– durch das freundliche, offene Auftreten der BRD-Historiker, das Hemmungen abbaute und Sympathie erzeugte;

---

5 Historiker des ‹Zentralinstituts für Geschichte› der Akademie der Wissenschaften der DDR

– genügend stabiles Selbstbewußtsein und Sicherheit der Angesprochenen im Verein mit einem relativ starken Mitteilungsbedürfnis in bezug auf die gefragte Thematik: ihr persönliches «Schicksal».

Allerdings wurde diese erfreuliche Aufgeschlossenheit in den nachfolgenden intensiven Gesprächen von vielen Interviewpartnern nicht naht- und problemlos durchgehalten und beibehalten. Nun wurden doch immer wieder einmal Bedenken und auch Mißtrauen laut; z. B. in bezug auf die Rechtmäßigkeit des Unternehmens und die Verwendbarkeit des Geäußerten in nicht gewünschter Weise bzw. seine Verkehrung gegen die Interviewten selbst, doch dominierten diese Verunsicherungen und Befürchtungen nicht und beeinträchtigten auch nur partiell die Offenheit der Gesprächspartner und die Ergiebigkeit der Gespräche.

Sicher liegt dieser partiell verunsicherten, ängstlichen und mißtrauischen Haltung gegenüber Interviews und Interviewern ein Komplex von Faktoren zugrunde; folgende scheinen mir wesentlich zu sein:

– die Unnormalität/Ungewöhnlichkeit dieses Vorgangs überhaupt und im konkreten Zusammenhang (mit BRD-Historikern im Beisein von DDR-Historikern über das eigene Leben in Vergangenheit und Gegenwart Auskunft geben zu sollen);

– die Unvertrautheit mit rechtlichen Regelungen der Informationsvergabe bzw. ihrer Handhabung in unserem Land;

– negative Erfahrungen aus 1. oder 2. Hand mit Repräsentanten westlicher Medien, die auf diese Situation übertragen werden (jüngstes Beispiel war die entstellende Berichterstattung eines Stern-Journalisten anläßlich der Einweihung des christlichen Gemeindezentrums in Eisenhüttenstadt und ihre Nachwirkungen);

– negative Primär- oder Sekundärerfahrungen mit den eigenen Macht- und Sicherheitsorganen, die in den zurückliegenden Jahren gemacht bzw. gehört worden sind;

– eine aus der Vergangenheit überkommene diffuse Ängstlichkeit gegenüber allen nicht eindeutig «abgesegneten» Aktionen; Furcht vor der Übertretung ungeschriebener, aber dennoch wirksamer Gesetze oder gesellschaftlicher Normen;

– vorsichtiges Kalkulieren der Vorteilhaftigkeit oder Schädlichkeit des eigenen Verhaltens im Hinblick auf die Bewahrung des erreichten materiellen und sozialen Standards.

Insgesamt gesehen traten jedoch diese gesprächshemmenden Momente hinter der faktischen Aufgeschlossenheit und einem starken Mitteilungsbedürfnis zurück. In der Mehrzahl der Fälle kam es zu freimütigen und gehaltvollen Gesprächen.

Dies wurde auch von den BRD-Historikern registriert und anerkennend hervorgehoben.

Bezugnehmend auf ihre Interviewerfahrung im Ruhrgebiet (und anderswo in der BRD) stellten die BRD-Historiker fest, daß ihre westdeutschen Gesprächspartner sich vielfach mißtrauisch bzw. kritischer, fordernder hinsichtlich der rechtlichen Regelung ihrer Rolle in dem Unternehmen verhalten hätten und auch öfter als bei uns lebensgeschichtliche Interviews generell abgelehnt oder doch die Beantwortung bestimmter Fragen, vor allem jener, die stärker in die Intimsphäre der Interviewten zielten, verweigert hatten. Demgegenüber konstatierten die BRD-Historiker bei den befragten DDR-Bürgern eine größere, unbestimmtere Furcht vor repressiven Folgen aufgrund ihrer Äußerungen. Diese «negativen Phantasien» – ob berechtigt oder nicht – führten die BRD-Historiker auf die unterschiedlichen politischen Verfassungen beider Systeme zurück. Sie vermuteten eine größere Sicherheit der einzelnen in dieser Frage innerhalb des eingespielten bürgerlich-demokratischen Mechanismus, als sie im Rahmen eines allmächtigen zentralisierten Staatswesens möglich wäre.

Dabei könnte insofern noch differenziert werden, daß vermutlich bei Nichtgenossen, vor allem bei christlich orientierten DDR-Bürgern, stärker als bei Parteimitgliedern (bzw. allgemein bei politischen Menschen) eine diffuse Furchtsamkeit vorhanden ist, während demgegenüber bei Parteimitgliedern eine stärkere Zurückhaltung und Selbstzensur hinsichtlich ihrer Äußerungen zu bestimmten politischen Themen und zu politischen Aspekten des eigenen Lebens zu bemerken ist.

Diese Einstellung zur öffentlichen Selbstäußerung beeinträchtigt die Qualität der durch die Interviews gewonnenen und auf Tonkassette festgehaltenen mündlichen Quellen und erschwert auch die nachfolgende Interpretation infolge ihrer Lückenhaftigkeit, Vagheit, Verzerrungen, Verdeckungen ...[6] Interpretatorische, ja beinahe kriminalistische Findigkeit/Kunstfertigkeit ist hierdurch gefragt.

Neben dieser unvermeidbaren, weil spontan durch die objektive Konstellation bedingten Beschränktheit der mündlichen Quellen, ergaben sich noch zusätzlich aus der spezifischen Interaktionssituation dieses DDR-Projekts Qualitätseinbußen bzw. eine besondere Zurichtung der gewonnenen mündlichen Quellen (die demzufolge auch einer zusätzlichen Interpretation bedürfen, um ausgeklammert oder wenigstens objektiviert zu werden): Daß die Interviews zwar von BRD-Historikern geführt werden, aber im Beisein von DDR-Historikern, die sich als SED-Mitglieder zu erkennen geben und damit als Repräsentanten des herrschenden politischen Systems erscheinen, bleibt nicht ohne Wirkung auf die Mitteilungen der Interviewten – vor allem, wenn es um ihre politische Geschichte geht.

Nach dem Eindruck der BRD-Historiker, der sich auf Beobachtungen und direkte Äußerungen von Interviewpartnern stützt, beeindruckt unsere vornehmlich passive Teilnahme an den Interviews (wir haben ja in der Regel nur mit freundlicher, ermunternder Haltung – gelegentlich auch Gesprächsverläufe oder -aspekte notierend – an einer kleinen Zahl der Gespräche teilgenommen) die Interviewten in einer negativen Richtung: indem wir von einer recht erheblichen Anzahl von ihnen als Kontrolleure, Informanten, Bewacher, böse gelegentlich auch als «Spitzel» formuliert, wahrgenommen werden, fallen ihre Äußerungen entweder systemkonformer oder unbestimmter, verdrehter, andeutungshafter aus; manche bitteren, kränkenden negativen Erlebnisse mit den politischen Verhältnissen des hiesigen Systems in Vergangenheit und Gegenwart werden gar nicht oder nur obenhin geäußert, während sie bei unserer Abwesenheit den BRD-Historikern durchaus erzählt werden, d.h. unsere bloße Gegenwart scheint die ohnehin schon starke Selbstkontrolle und -zensur der Befragten noch zu verstärken. Dieses Phänomen tritt

6 Diese «...» finden sich hier und an anderen Stellen im Original, bezeichnen also keine Kürzungen.

vor allem bei den sozial schwachen, weniger selbstbewußten, autoritätsgläubigen, aber auch bei wenig positiv in das bestehende System integrierten, oppositionell gestimmten Menschen auf; ist aber auch bei einer nicht unerheblichen Zahl von Parteimitgliedern anzutreffen, die im Grunde unpolitisch leben, für die ihr Parteieintritt keine bewußte, autonome Entscheidung darstellte und die sich auch nur oberflächlich mit der politischen Seite ihrer Rolle als Parteimitglied identifizieren. Letztere fühlen sich durch unsere Anwesenheit noch stärker gedrängt, die durch uns signalisierten parteipolitischen Normen/Erwartungen zu bedienen, ohne dies auf wirklich überzeugende Weise zu können. Sind sie dagegen mit den BRD-Historikern allein, fühlen sie sich offenbar «freier», unkontrollierter und bekennen sich demzufolge auch leichter, unverkrampfter zu ihrer originären sozialen Natur und Wahrnehmungsweise.

Soweit die Einschätzung unseres Einflusses durch die BRD-Historiker. Auch wenn ich diese Bewertung unserer Wirkung auf die Interviewpartner und die Ergebnisse der Interviews nicht selbständig überprüfen kann und sie im Prinzip – angesichts eigener Interviewerfahrungen – auch nur bedingt für richtig/zutreffend halte, muß ich sie doch für das gegebene Arrangement erst einmal annehmen.

Abgesehen davon, daß das Fremdbild der Interviewten von unserer Rolle und seine Spiegelung durch die BRD-Historiker ohnehin schon für uns belastend ist, ergibt sich aus der beschriebenen Situation auch objektiv die Notwendigkeit einer Veränderung unserer Rolle im Projekt der BRD-Historiker. (Es sei denn, die skizzierte Wirkung, also die Beschränkung/Selbstbeschränkung der Interviewten durch unsere Anwesenheit ist das Gewollte; politische Rücksichten stehen vor wissenschaftlichem Erkenntnisgewinn.)

Meines Erachtens stellt sich folgende Alternative: entweder müssen wir uns noch weiter aus der inhaltlichen Durchführung des Projektes, speziell dem Interviewteil herausziehen (was allerdings unsere Funktion verarmen und unsere Teilnahme weithin abstrakt und uninteressanter machen würde) und uns auf die organisatorisch-politische Absicherung des Unternehmens beschränken, oder wir müßten als DDR-Historiker mit eigenen konzeptionellen Überlegungen und Fragestellungen sowie mit auf deren Grundlage durchgeführten Interviews in mehr oder minder starker Kooperation mit den BRD-Historikern parallel zu ihnen lebensgeschichtliche Untersuchungen vornehmen, um die Ergebnisse vergleichen und miteinander konfrontieren zu können und womöglich auf diese Weise eine gemeinsame Publikation zu erarbeiten. Zum letzteren fehlen uns jedoch im Moment sowohl die erforderlichen theoretisch-methodischen als auch die personellen Voraussetzungen.

Eine weitergehende Zusammenarbeit würde allerdings durch die bereits jetzt schon sichtbar gewordenen, unterschiedlichen politischen Standpunkte und Intentionen der beteiligten Historiker erschwert werden.

(Mir scheint ihre Position – einmal abgesehen von nicht unerheblichen Unterschieden zwischen ihnen – die von progressiven engagierten Wissenschaftlern zu sein, die dem linken Flügel der SPD und den Grünen nahestehen. Allen 3 Historikern ist eine antifaschistische, antigroßmacht- und antiblockorientierte, sowie antiautoritäre, auf soziale Gerechtigkeit, Solidarität und Toleranz wie auf individuelle Freiheit und Autonomie gerichtete Haltung eigen, bei zweien von ihnen durch eine frühere Mitgliedschaft in kommunistischen Gruppen beeinflußt – die sich allerdings nicht in bestehende politische Bewegungen und gesellschaftliche Systeme einbinden läßt, eher eine stärkere Affinität zum bürgerlichen Demokratieverständnis aufweist.)

Die BRD-Historiker scheinen an einer weitergehenden Zusammenarbeit mit DDR-Historikern interessiert zu sein.

U. a. drückte sich dies in dem Vorschlag einer «doppelten Dienstleistung» (von Prof. N. am letzten Abend gemacht) aus:

Die BRD-Historiker würden uns Transkripte bzw. Auszüge aus solchen Gesprächen, an denen wir selbst teilgenommen haben, zusammen mit ihren (vorläufigen) Interpretationen zur Verfügung stellen und beides mit uns diskutieren (in der Absicht, uns konkreten Einblick in ihre Methode zu geben und damit unsere spontane Einbeziehung in ihre Verstehens- und Interpretationsarbeit während der Interviewphase auf eine höhere Stufe heben), wenn wir ihnen unsere speziellen DDR-geschichtlichen Kenntnisse und Erfahrungen vermittelten.

Dabei erwarten sie von uns besonders die Formulierung von konkreteren Fragestellungen zu den fünfziger und sechziger Jahren der DDR-Geschichte, um gezieltere Interviews zu diesem Zeitraum durchführen zu können. Sie stellten nämlich bei sich selbst diesbezüglich eine Unschärfe und Unsicherheit fest. Hier größere Genauigkeit und Sicherheit zu erlangen, erschien ihnen allein schon deshalb wichtig, weil sich nach den jetzigen Interviews abzeichnet, daß sich ihre Voraussetzung, bei den Gesprächspartnern in der DDR würde – ähnlich wie bei den BRD-Bürgern nach der Währungsreform – spätestens nach dem Mauerbau 61 eine geschichtsarme Zeit anbrechen, weil dann die Ereignisse in der konturenarmen Normalität des Alltags untergehen bzw. verschwimmen würden, nicht voll bestätigt hat.

Im übrigen können wir in methodischer und interpretatorischer Hinsicht auf dem Gebiet der oral history von den BRD-Historikern sehr viel lernen; schon deshalb sollten wir wenigstens in der Zukunft die Möglichkeiten für ein engeres Zusammenwirken umfassender und intensiver nutzen, trotz eventuell sich auftuender politischer Hindernisse und Komplikationen, die in einem solchen Unternehmen liegen.

Zur Interviewführung der BRD-Historiker

Die Interviews werden von ihnen mehrstufig durchgeführt:

Der 1. Teil beschränkt/konzentriert sich auf das freie, ungesteuerte Erzählen der ganzen Lebensgeschichte durch den Interviewten selbst, dem bestenfalls kleinere Fragen nach Details gestellt werden. Hierdurch verschafft sich der Interviewer einen Überblick über das Ganze des jeweiligen Lebens und notiert sich bereits die Punkte der individuellen Geschichte, bei denen er Schlüsselerlebnisse (sog. «Knackpunkte») vermutet oder die ihm auf eine besondere Weise interessant zu sein scheinen. Eine wache soziale Wahrnehmung, eine hohe Konzentration sowie ein gutes Gedächtnis sind hier notwendige Voraussetzungen für ein erfolgreiches Weiter- und Tieferführen des Interviews.

Der 2. Teil besteht in einem gezielten Nachfragen nach bereits angedeuteten Lebensumständen und -stationen in der Absicht, Gehörtes nach übergreifenden konzeptionellen Fragestellungen zu vertiefen. In dieser Phase wird der Gesprächspartner angeregt, für ihn bedeutsame Erlebnisse in Familie, Schule, aus dem Arbeitsleben, in der Freizeit, aus der Kriegs- und Nachkriegszeit möglichst konkret und anschaulich zu erinnern. Die Nachfragen und Impulsgebungen durch den Interviewer zielen darauf, dem Interviewten Geschichten zu entlocken. Dieses Vorgehen geht von der Überlegung aus, daß es sich bei diesen spontan erzählten, wenig reflektierten Geschichten um sozial geronnene Erfahrungen handelt, in denen somit wesentliche soziale Haltungen, Einstellungen, Wünsche, Wahrnehmungen des jeweiligen Gesprächspartners in komplexer Gestalt vorliegen, die am wenigsten durch Selbstzensur und nachträgliche Be- und Überarbeitung verfälscht sind und deren sinnhafter Kern durch eine geschulte Interpretationstechnik erschlossen werden kann.

Die Produktion von plastischen Geschichten ist demzufolge primäres Ziel der Interviewführung, und die Geschichten selbst bilden den Hauptgegenstand der nachfolgenden Interpretation, die auf die Erschließung des sozialen Wesens der Befragten (wobei der einzelne als Repräsentant einer bestimmten sozialen Schicht oder Gruppe genommen wird, seine individuelle Eigentümlichkeit nicht interessiert) sowie auf die Erschließung des inneren Zusammenhangs von individueller Erfahrung/Wahrnehmung/Verhaltenstendenz und allgemeinen gesellschaftlichen wie politischen Strukturen, in denen die einzelnen lebenslänglich agiert haben, zielt.

(Kenntnis andersartiger als der selbst erarbeiteten mündlichen Quellen ist selbstverständliche Voraussetzung solcher Interpretationsbemühungen und hypothetischer Schlußfolgerungen, die daraus abgeleitet werden.)

3. werden den Interviewten – auf der Grundlage eines umfassenden Fragespiegels (der alle Seiten des Lebens in seinen wesentlichen Momenten umfaßt), bestimmte Fragen gestellt. Hierbei kommen dann zumeist direkt politische Themen zur Sprache, um die politische Dimension des persönlichen Lebens des Interviewten ausmachen und den Grad der Aneignung/Verlebendigung der jeweiligen sozialen und politischen Strukturen durch die Gesprächspartner feststellen zu können. Es geht hier um die lebensgeschichtliche Veranke-

rung und Umsetzung sozial-politischer Strukturen im Fühlen, Denken und Verhalten der einzelnen...

Die Interviewer halten sich auf allen 3 Ebenen weitgehend zurück, halten sich – bei unterschiedlichen Schattierungen – in freundlicher, aufmerksamer, interessierter Distanz, regen das Gespräch durch geschickte Nachfragen an, enthalten sich aber jeder persönlichen Stellungnahme und Argumentation. Nur gelegentlich werden eigene Erlebnisse zur Impulsgebung eingebracht oder verdeutlicht, daß man sich mit dem Geäußerten nicht zufriedengeben kann, daß man bemerkt hat, daß der Interviewte Wesentliches ausspart. Aber auch dann wird der wissenschaftliche Gestus eines unparteiischen Interesses an der Meinung/Erfahrung des Interviewten beibehalten.

Dieses Vorgehen der Interviewer zielt darauf, einen unverfälschten Selbstausdruck des Befragten zu erhalten. Nicht Annäherung der Standpunkte/Bestrebungen, sondern Aufdeckung der Unterschiede, der Fremdheiten und Andersartigkeiten ist das oberste Ziel in der vorliegenden Interaktion.

Zu einigen inhaltlichen Aspekten des Projekts:

1. Zu sozialen und politischen Haltungen und Wahrnehmungsweisen der Interviewten

(Das Nachfolgende ist lediglich als vorläufiger, unvollkommener und tastender Versuch einer ersten Verallgemeinerung und Systematisierung des Gehörten zu verstehen; als solchem sind ihm leider mangelnde Schärfe, Differenziertheit, wohl auch Überzeichnungen, Egalisierungen der gehörten Positionen eigen.

Die Teilnahme an 13 Gesprächen mit 10 Personen und das Beteiligtsein an den allabendlichen «Auswertungs»gesprächen im Kreis der BRD-Historiker, in denen die tagsüber aufgenommenen Lebensgeschichten in ihren prägnanten Momenten nacherzählt und bereits unter interpretatorischen Gesichtspunkten «gewendet» wurden, ist – obwohl beides für mich ein großer Gewinn und ein eindrucksvolles Erlebnis war – nicht ausreichend gewesen, um selbst schon zu einer fundierten, differenzierten und selbständigen Einschätzung zu gelangen.

Um dies zu erreichen, brauchte ich einen umfassenderen und intensiveren Einblick in das ganze mündliche Quellenmaterial, aber auch sichere, begründetere methodische wie gesellschaftspolitische Kenntnisse.)

Allgemeine Aspekte der Kindheitserfahrung:

Im Elternhaus der Befragten dominierte – in Abstufungen – der autoritäre Erziehungsstil. Als seine Wirkungen werden beschrieben:

– Furcht vor Strafe und Anpassungsbereitschaft an die elterlichen Autoritäten, was positive gefühlsmäßige Bindungen nicht ausschließt;

– Einüben von Ausweich- und Unterlaufungsstrategien, um eigene Interessen und Bedürfnisse doch noch (partiell) durchsetzen zu können;

– politische Einflüsse durch das Elternhaus sind offenbar recht schwach und konturenlos gewesen; das gilt auch bei antifaschistisch orientierten Eltern. (Jedenfalls bringt die Erinnerung hier kaum plastische Geschichten zum Vorschein.)

– Kindheit ist mehr oder weniger durch Arbeit für Familie innerhalb eines bescheidenen materiellen Lebenszusammenhangs geprägt. Die Folge scheint ein frühes Selbständig-/Tüchtigwerden zu sein...

Haltungen im Faschismus

Sie reichen vom begeisterten Mitmachen in faschistischen Organisationen («Ich war ein stolzer Fahnenträger») über ein Integrieren der Organisationsangebote in ein unpolitisches, «normales» persönliches Leben (das Geselligkeit, Tanz, Gesang, Kameradschaft, Romantik usw. meint) uber ein Sichdrücken vor der Mitgliedschaft in faschistischen Organisationen und dem Ausweichen vor ihren Zugriffen durch alle möglichen Ausflüchte.

Als dominierende Haltung wird deutlich

– das Ausblenden, Übersehen von negativen Erlebnissen mit Berührungen, inhumanen Momenten des Systems. Beschwichtigung, Bagatellisierung, Überspielen negativer Wahrnehmung, die zur Systemkritik hinführen und die eigene Integriertheit gefährden könnten durch positive, bestätigende Aspekte;

– Denken in größeren Zusammenhängen und allgemeine Entscheidungen überläßt man anderen, den Höherstehenden, Befehlsgebern;

– Fatalistisches Mitlaufen, Sichdurchschlängeln, Untertauchen, seinen «Schnitt» machen, solange es irgend geht.
– nur vereinzelt und sehr spät treten Momente von kritischer Distanzierung (so etwa in der Gefangenenbehandlung) und einer systemunterlaufenden, elementaren Solidarität mit Systemopfern auf...

Politische Haltungen nach 45

stehen unter Kontinuitätsdruck (aus Kindheits- und Faschismuserfahrungen gespeist):

Eintritt in die neugegründeten Organisationen (FDGB, DSF, DFD, FDJ...[7]) wird selten als eine aus inneren Motiven vollzogene Entscheidung verstanden, sondern man tritt ein,
– weil man sich nicht entziehen kann (dem moralischen Druck, der Überredung durch Vorgesetzte...),
– weil es einem gleichgültig ist und man seine Ruhe haben will,
– weil man keine Gegenargumente hat und an sich dafür ist, allerdings nicht genau weiß, wofür die Organisation eigentlich steht,
– weil man irgendeine Gruppe braucht, der man sich zugehörig fühlt,
– weil man mithelfen will, sich beteiligen möchte
– weil man glaubt, eine «gute» Sache zu unterstützen, deren Güte aber ungeprüft vorausgesetzt wird, indem man sich an bestimmte Führer/Repräsentanten hält.

Ein Nachprüfen und Durchdenken der politischen Programmatik dieser Organisationen überläßt man jedoch – wie ehemals – den Kompetenten, dafür Zuständigen, das sind die Spezialisten, politischen Führer, Autoritäten... Das Mitmachen in den Organisationen bedarf für viele keiner tieferen ideologischen Begründung und Rechtfertigung; wenn überhaupt, stützt man sich auf die mageren Angebote ohne selbständige, drängende Nachfrage... Die Organisationen entscheiden als quasi natürliche, mächtige Faktizitäten, denen man – will man leben und zunehmend besser leben, und das will man ja nach der ganzen Misere der Vergangenheit – Rechnung tragen

---

7 Freier Deutscher Gewerkschaftsbund, Gesellschaft für Deutsch-Sowjetische Freundschaft, Demokratischer Frauenbund Deutschlands, Freie Deutsche Jugend

muß. Insofern tritt man ein, macht mit. Das bedeutet aber nicht, daß man sie nun auch schon als Äußerungsformen eigener umfassender Bestrebungen begreift und nutzt... Infolgedessen erscheinen die individuellen Äußerungen über das politische Leben, das Ausüben von Funktionen usw. als unecht, merkwürdig, blaß, ohne rechte Erlebnisqualität und damit dem persönlichen Leben als ein fremder Überbau und damit aufgesetzt...

Allgemeine Einstellungen zur DDR – Wurzeln/Gründe für die Identifikation mit ihrem Gesellschaftssystem

– geht zurück auf das Kontrasterlebnis: schreckliche Kriegsjahre, erste Nachkriegszeit, allmähliche Normalisierung unter Friedensbedingungen mit DDR-Gründung.

Konkret vermittelt ist sie durch

– die Teilhabe an der wirtschaftlichen Festigung und dem Aufschwung des Systems sowohl in produktiver Hinsicht: Finden eines sicheren Platzes in der Arbeitswelt mit Qualifizierungsmöglichkeiten – als auch in konsumtiver Beziehung: sukzessive Verbesserung des Lebensstandards, sich festmachend am Erwerb zeitgenössischer Wohlstandsgüter;

– Eroberung neuer Arbeitsbereiche und Fertigkeiten (z.B. bei Frauen die Beherrschung der bisher den Männern vorbehaltenen Technik, bei Männern das Aufsteigen in Vorgesetztenpositionen);

– gesellschaftliche Anerkennung persönlicher Leistungen durch Orden, Titel, Prämien, Urkunden, Lobe, Prämien, soziale Zuwendungen (wobei besonders auf die Verknüpfung beider Momente und der Beziehung zum Kollektiv Wert gelegt wird);

– Erfahrung der sozialen Sicherheit und des Schutzes (positiver Bezug auf die vielfältigen Versorgungs- und Betreuungseinrichtungen in Betrieb und Gesellschaft, vom sicheren Arbeitsplatz bis zum guten Gesundheitswesen)

– positive Erfahrung der Parallelität des individuellen Wachsens im Beruf und der Entwicklung des Werkes: starke emotionale Bindung ans EKO als ihr Werk, das so auch – wenigstens partiell – zum positiven Vermittlungsglied zum Systemganzen wird.

– Teilhabe am Aufbau der Wohnstadt Eisenhüttenstadt nach 2 Seiten hin: in Form der freiwilligen, unentgeltlichen Teilnahme am Stadtaufbau und in Gestalt des Erhaltes einer eigenen, den Bedürfnissen entsprechenden, billigen Wohnung...

Die Identifikation mit dem Gesellschaftssystem DDR wurzelt also überwiegend in den als positiv erlebten materiellen und sozialen Lebensbedingungen und -zusammenhängen im Alltag; sie wird jedoch kaum an seinen politischen und ideologischen Strukturen festgemacht. (Dies scheint auch für viele Genossen zuzutreffen.) Das akzeptierte, wirkliche Leben scheint sich unterhalb davon oder daneben abzuspielen. Zu den öffentlichen, direkt politischen Formen des Zusammenlebens nimmt man vorwiegend ein Verhältnis der fatalistischen, duldenden oder listigen Hinnahme, der pragmatischen, vorteilbedachten Ausnutzung, einer gleichgültigen Mitläuferschaft ein. Man richtet sich in ihnen ein, nimmt ihre sozialen Angebote an (z. B. Fahrten, Feiern, kulturelle Veranstaltungen, ohne sich groß um ihren politisch-ideologischen Gehalt zu kümmern). Nur selten trifft man auf wirklich engagierte, bewußte Mitwirkung in einer eigenständigen, konstruktiven, vorwärtsdrängenden Richtung... Formen echter Mitentscheidung und eines lebendigen Interessenaustrags scheinen sie für die Mehrzahl der Befragten nicht (gewesen) zu sein.

Irritierende, problematische Tendenzen in der individuellen Haltung zur Politik bzw. zur politischen Ordnung der DDR

Grundlage der Einschätzung bilden die Antworten auf folgende Fragen, die dem Inhalt (nicht unbedingt der Formulierung) nach von den Interviewern ihren Gesprächspartnern gestellt wurden:
– Welche Erinnerung haben Sie an die ersten Russen?
– Was betrachten Sie als die Ursache für die Spaltung Deutschlands?
– Wozu wurde in der DDR die Kampfgruppe, die Miliz (kasernierte Volkspolizei) gebraucht?
– Welche Erinnerungen haben Sie an den 17. Juni; wie verlief er im EKO?
– Hatten Sie nach 45 irgendwann Angst vor einem Kriegsausbruch?

– Wie standen Sie zum 13. August? Haben Sie am Mauerbau teilgenommen?
– Kennen Sie jemanden, der im Gefängnis gesessen hat; und wissen Sie, was aus ihm geworden ist?
– Sind Sie mit Sabotage- oder Spionagefällen in Berührung gekommen?
– Kennen Sie jemanden, der die DDR verlassen hat?
– Was verbinden Sie mit dem Jahr 1968?
– Welche Empfindungen hatten Sie beim Einmarsch sozialistischer Truppen, vor allem deutscher Armee-Einheiten, in die ČSSR 68?
– Haben Sie Kontakte zu Polen zur Zeit der offenen Grenze gehabt? Wie war das Verhältnis zu Polen? Wie beurteilen Sie die Grenzschließung zu Polen?
– Welche Politiker sind Ihnen sympathisch, welche unsympathisch?
– Welche Gründe bewegten Sie, in die Gewerkschaft, die DSF, die SED einzutreten?

(Fragen sind nicht vollständig aufgeführt)

Die Antworten auf diese Fragen sind in der Regel (auch bei vielen Genossen) recht nichtssagend, abstrakt, ohne rechte Anschaulichkeit ausgefallen, bzw. stellten eine bloße Wiedergabe offizieller Begründungen dar, ohne einen eigenen Standpunkt und differenziertes Werten spüren zu lassen; z. T. stößt man auf eine reine Tabula rasa. Die in der jüngeren Vergangenheit liegenden großen politischen Ereignisse, Konflikte, selbst die, die im eigenen Erfahrungsbereich gelegen haben, scheinen nicht wirklich ins Bewußtsein getreten und reflektiert worden zu sein. Man reagiert größtenteils mit Hilflosigkeit auf solche Fragestellungen. («Das wird schon seine Richtigkeit haben, wie sich die sozialistischen Regierungen 68 entschieden haben.» – «Politik ist so kompliziert, das ist Sache der Politiker, nicht der kleinen Leute.» – «Alle Seiten haben ihre eigene Ansicht, wie soll man sich da zurechtfinden?» «Ich nehme mir das beste aus den vielen Meinungen raus...» «Wenn man hört, wie korrupt die amtlichen Politiker sind und welche Schiebungen in der politischen Welt vorkommen, bin ich froh, daß wir hier davon gar nichts erfahren.» – «Wir machen unsere Arbeit, die Politiker die ihre...»)

Aus diesen und ähnlichen Antworten scheint die Schlußfolgerung berechtigt zu sein, daß auch in den 40 Jahren DDR-Entwicklung bei der Mehrzahl der der Arbeiterklasse angehörenden Menschen keine tiefgreifende Politisierung erfolgt ist. Es gibt wohl ein laues Interesse an Politik (man verfolgt die abendlichen Fernsehnachrichten zumindest in einem Kanal), aber ein existentielles Interesse gewinnt man diesem Bereich nicht ab. Die Probleme der kleinen und etwas weiteren Alltagswelt in Familie und Betrieb dominieren weithin...

Auch bei einem Großteil der Parteimitglieder wird deutlich, daß die politische Welt nicht ihre Welt ist, daß sie, wenn sie von ihr sprechen, nicht ihre eigene Sprache benutzen, sondern oftmals in politische Formeln, in Sprachhülsen («politische Sprechblasen») schlüpfen. Dabei ist schwer zu sagen, ob das bloße Ungeschicklichkeit, Unvertrautheit mit der Terminologie dieses Bereiches bedeutet, das ungeschickt Geäußerte aber trotzdem von ihrem Fühlen und Denken getragen ist, oder ob die leere, unlcbendige Sprache Ausdruck einer fehlenden inhaltlichen Verbindung, von Desinteresse, Gleichgültigkeit ist.

Man trifft nur bei sehr wenigen auf (das Bemühen um) ein selbständiges, durchdachtes politisches Urteil, das sich auf das Systemganze bezieht. Bei politisch denkenden Menschen stößt man auf eine kritische Bewertung politischer Öffentlichkeit in unserem Staat, auf die Forderung nach größerer Problemhaltigkeit der Selbstdarstellung und öffentlichem Austragen von unterschiedlichen Ansichten... Am verbreitetsten ist aber eine verschiedenartige Anpassungshaltung. Schweyksche Positionen des Sich-Durchschlängelns scheinen häufig und mit Erfolg praktiziert worden zu sein bzw. zu werden. Man findet allgemein genügend Gründe, um sich mit dem System, in dem man lebt, zu identifizieren und mit ihm zu arrangieren. Äußerungen wie: «Wir können nicht klagen.» «Uns geht es heute recht gut.» «Wir haben uns viel angeschafft.» «Wir sind mit dem Erreichten zufrieden.» usw. fallen häufig, jedoch scheint eine Mobilisierung und Aktivierung auf der Höhe der politischen Zielsetzungen weithin nicht stattgefunden zu haben. Es fragt sich aber, ob das zu erwarten und zu erreichen gewesen wäre...

Jedenfalls ist die Tendenz zur Nichtpolitisierung (im sozialistischen Sinne, aber auch im allgemeinen Sinne) hier nicht zu übersehen; ein zwar systemkonformes, aber opportunistisches Vorteils-Nutzendenken, das partielle Identifikation und lauwarmes Arrangieren und Mitmachen ein-, jedoch aktives, konstruktiv-kritisches Engagement ausschließt, herrscht bei vielen der Befragten vor. Das Gefühl der Ohnmacht gegenüber den politischen Strukturen und ihrer Fremdheit gegenüber dem einzelnen Leben scheint noch weit verbreitet zu sein, und so überdauern auch die alten Formen des Sicheinrichtens in dieser unverstandenen, uneigentlichen Welt in unterschiedlichsten Versionen...

Auf selbständiges, konstruktiv-kritisches, nach Alternativen suchendes System-Denken bin ich nicht getroffen; allerdings begegneten einem systemverbundene, kluge Menschen von großer Energie, Tüchtigkeit, Einsatz und Risikobereitschaft, die die Gewähr für die Effizienz des Systems darstellen.

Vermutungen über Interpretationslinien der Interviews bzw. der in ihnen geäußerten Haltungen durch die westdeutschen Historiker

Es ist anzunehmen, daß das Ermittelte eine allseitige und keine einseitig verzerrende, grob antisozialistische Interpretation erfährt. Man wird sich darum bemühen, die ermittelten individuellen Verhaltenstendenzen aus den übergreifenden sozialen und gesellschaftspolitischen Strukturen, wie diese wiederum aus den dominierenden Haltungen der einzelnen zu erklären. Hierin liegt allerdings ein starkes Kritikpotential. Der Maßstab wird aber wohl nicht ein abstraktes Ideal, sondern eher die historischen Möglichkeiten sein – die jedoch anders, offener als wir es (jetzt noch) tun, gesehen werden dürften.

Angriffspunkt dürfte in diesem Zusammenhang der Abbau aller bürgerlich-demokratischen Artikulationsformen während der 40jährigen DDR-Entwicklung (Einebnung des Parteiensystems, Abschaffung der Betriebsräte, Ausschaltung einer oppositionellen Presse usw.) und die Durchsetzung eines starren, allmächtigen Zentralismus sein. Dies werden sie sicher als Hauptgrund für das Weiterbestehen autoritärer und opportunistischer Haltungen darstellen.

Ihr Erklärungsinteresse richtet sich ja darauf, die lebensgeschichtliche Kontinuität über den Wechsel der Systeme hinweg zu verfolgen und jene Durchbrechungen und Modifikationen aufzufinden, die aus dem politischen Systemwechsel vom Faschismus zum DDR-Sozialismus zu begreifen sind. Was sie in letzterer Beziehung entdeckt haben, ist mir nicht recht klar. Ich könnte mir aber vorstellen, daß sie hier die abgelaufenen Umschichtungs- und Qualifizierungsprozesse etwa vom Arbeiter zum Funktionär mit der damit gewonnenen Horizont- und Kompetenzerweiterung einbringen werden. Zugleich werden sie aber die Festgelegtheit dieses Zugewinns in Alternativen ausschließende politische Strukturen kritisieren, d. h. die Okkupation von Herrschaftswissen, Durchsetzungsfähigkeit durch eine kleine Schicht von Geschulten, die ihrer Meinung nach verbunden sein muß mit einer zunehmenden Inkompetenz bei der Interessenartikulation durch jene Vielzahl von Arbeitern, die unten bleiben. (Infolge fehlender Selbstorganisation an der Basis.)...

Ihr Leitmodell der Erklärung individuellen Verhaltens scheint von der Kategorie der Macht/Machtstrategien und ihrer Wirkungen auszugehen: Unterwerfungsbestrebungen und Kompensations-, Rationalisierungsversuche... Diese Phänomene finden sie im persönlichen wie im politischen Leben auf und beziehen sie interpretatorisch auch aufeinander (so rücken individueller Machtgebrauch und -mißbrauch in der Familie und in der Gesellschaft und damit Diktatur, Totalitarismus, Faschismus, Stalinismus nahe aneinander...) Allerdings bewerten sie «Macht» differenziert. Wenn sie wohl auch jede Art unterdrückender Machtanwendung in Familie und Gesellschaft/Staat – im Namen der Autonomie des Individuums – ablehnen, so betrachten sie als Realisten die Anwendung von Macht/Gewalt unter den Bedingungen gegensätzlicher Interessen(gruppierungen) in den Beziehungen zwischen Menschen als unvermeidbar; jedoch richten sie sich gegen die Etablierung einer absoluten, einer sich alle anderen sozialen Kräfte unterordnenden bzw. unterwerfenden Macht und plädieren für die Anwesenheit von selbständigen Gegenmächten. Nicht anarchistische Herrschaftslosigkeit, sondern die Einschränkung der herrschenden Macht durch die Konfrontation mit anderen Machtgrößen (damit die Individuen sich ihrer Interessen bewußt werden und sie auch praktisch ausdrücken können und um Machtmißbrauch zu verhindern), ist offenbar ihr Ideal. Von hier aus werden sie das Vorgefundene kritisch reflektieren. So, wie sie die Formen sozialistischer Demokratie in den Äußerungen der Interviewten widergespiegelt gefunden haben, dürften sie sie keinesfalls als erstrebenswerte Alternative zur bürgerlichen Demokratie (die ihnen doch lebendiger vorkommt) bewerten. Eher werden sie in den angetroffenen Haltungen eines – wie sie es bezeichnen – aktiven Gewerkschaftertums die Bestätigung ihrer Demokratievorstellung gefunden haben.

Die Politik des nicht öffentlichen Austragens von Interessengegensätzen, ihr Vertuschen und pragmatisches Ausgleichen werden sie sicher vorwiegend von ihren negativen Wirkungen her beurteilen: Entpolitisierung und Privatisierung, Aufstauen von sozialen Aggressionen gegen die vom System Privilegierten, moralischer Abbau/Versumpfung... (siehe Erlebnis mit den Rentern im Klub der Volkssolidarität)

3.

Aus einem Schreiben des Verf.s des ersten Berichts an den Verf. des letzten Berichts, mit dem er den zweiten Bericht, der von einem dritten Verf. stammt, übersendet:

Außer den S. 1–7 von A.s «Bericht über die Fortsetzung...», die ich auch (dem Direktor) z. K. gegeben habe und auch zur Vorbereitung auf das «Pfingstgespräch» zirkulieren lassen möchte (weswegen ich Dich um baldige Rückgabe bitte), gebe ich Dir hier den zweiten Teil «Zu einigen inhaltlichen Problemen des Projekts» mit ersten Versuchen einer Analyse von Interviews und Interpretationsbemühungen Niethammers. Da wirst Du die neuralgischen Punkte überaus deutlich markiert finden. Insofern wünschte ich, auch diese Seiten zirkulieren lassen zu können. Aus zwei, drei Gründen geht das nicht. 1. weil A. hier die im gewonnenen lebensgeschichtlichen Stoff zweifellos gegebenen Möglichkeiten einer politischen DDR-Kritik in einer Weise hervorkehrt, die den Historiker-Intentionen sowie dem historischen Verständnis von Niethammer/Plato/Wierling nicht entspricht. Vgl. die «Vermutungen» am Ende: Etwa so, wie es im 1. Abs. steht, sehe ich es auch, und im Bereich der «historischen Möglichkeiten» liegen auch wichtige Chancen/Aufgaben unserer Kritik u. Einflußnahme an/auf die Hagener. Doch ist (2.) A. s negative Interpretation der Interviews so zwingend dargelegt, daß sie zur Diskussion nicht ermutigt. Eher entmutigt sie und könnte sogar zur Panik führen, gäbe ich sie so «nach oben». 3. ist schwer auszumachen, was hier eigentlich Niethammer, was Plato, was Wierling ist – und was A. selbst.

Diese Seiten sind Selbstverständigung, auch Einladung zur Diskussion. Doch müssen wir bestrebt sein, die Diskussion mit A. von der mit den Hagenern weitestgehend abzutrennen. Das, was ich für A. s Defizit an Historiker-Sicht und -Verständnis halte, läßt sich kurzfristig leider nicht beheben. Für die «Pfingstrunde» kann es aber auch genügen, wenn wir uns mit A. darüber verständigen: Die DDR-Kritik, die hier für dringend geboten gehalten wird, und ich stimme da weitgehend überein, funktioniert nur als Selbstkritik. Kommt die Kritik so, wie das prognostiziert wird, von außen, funktioniert das als Angriff, den wir nur abwehren, kaum produktiv machen können...

4.

Bericht über die Betreuung der Wissenschaftlergruppe um Prof. Niethammer (BRD) [August 1987].

Die zweite Karl-Marx-Städter Arbeitsetappe der Hagener Gruppe um Prof. Niethammer fand in der Zeit vom 20. Juli bis zum 1. August 1987 statt. Die Vorbereitung durch die Genossen der Bezirksleitung der SED und der Stadtleitung waren ausgezeichnet. Uns wurde jegliche Unterstützung zuteil; selbst bei diffizilen Verhandlungen über die Zimmerpreise im Interhotel «Chemnitzer Hof» erhielten wir wirksame Hilfe.

Die Gruppe führte einige Interviews aus der ersten Etappe mit Arbeitern der beiden Betriebe zu Ende. Im Zentrum standen Interviews mit Rentnern, die die Stadtleitung über die Volkssolidarität angesprochen hatte. Daneben wurden Gespräche mit Personen aus christlichen und jüdischen Kreisen geführt. Für Anfang September wurden über den Bezirksvorstand der NDPD, deren Parteivorstand und die Abteilung «Befreundete Parteien» im ZK der SED einige Gespräche mit NDPD-Mitgliedern vereinbart.

Die Gruppe arbeitete, wie vereinbart, weitgehend selbständig (eine wirksame Kontrolle ist praktisch ohnehin unmöglich). Verschiedene Informationen über den DDR-Alltag sammelten sie auch durch Gespräche mit Jugendlichen, die sie in Gaststätten und beim Mitnehmen im Auto kennenlernten. Bei den Interviews wurde, wie auch vorher, viel positives Material über das Leben in der DDR zu Tage gefördert, so daß die Gruppe viele ihrer Ausgangsthesen bzw. Vorurteile fallen lassen mußte. Immer wieder aufs neue zeigen sich die drei von der real existierenden sozialen Sicherheit für alle Angehörigen unserer Gesellschaft beeindruckt. Das soziale Netz ist im Unterschied von der BRD so geflochten, daß auch sozial schwache Schichten existenzfähig bleiben. Besonders stark würdigte die Gruppe die Volkssolidarität, durch deren Arbeit vielen Rentnern oft erst ein menschenwürdiger Lebensabend – auch materiell – ermöglicht wird. Beeindruckend wurde empfunden, daß die soziale Sicherheit in unserer Gesellschaft so stark wirkt, daß die für die kapitalistische Gesellschaft typischen Existenzängste beseitigt sind. Trotz dieser positiven Eindrücke kristallisierte sich in dieser zweiten Karl-Marx-Städter Etappe ein zumindest in der Tendenz negativ dominierter Gesamteindruck bei der Gruppe vom DDR-Alltag heraus, obwohl alle drei sichtbar bemüht waren, allen Eindrücken eine positive Seite abzugewinnen. Ihre augenblickliche Haltung gegenüber der DDR läßt sich als ein widerspruchsgeladenes Verhältnis von Sympathie und Deprimiertheit beschreiben. Wesentliche Punkte, mit denen sie nicht fertig werden, sind: 1. die nicht selten anzutreffende Verdrängung statt Bewältigung des Faschismus; 2. die Teilidentifikation einiger Gesprächspartner mit den wirtschaftlichen und sozialen Erfolgen des Nazi-Staates in der zweiten Hälfte der dreißiger Jahre; 3. die Spaltung der Mehrheit der Interviewten in einen «öffentlichen» und in einen «privaten» Menschen; 4. Zurückhaltung bis Angst beim Äußern politischer Meinungen bei einem Großteil der Interviewten –

ein besonders kompliziertes Phänomen; 5. die soziale Lage vieler Rentner, verursacht durch niedrige Renten; 6. die Ausgerichtetheit vieler Interviewten auf die BRD in materieller Hinsicht, aber auch bis hin zur politischen Identifikation mit der SPD, namentlich mit H. Schmidt, vereinzelt auch mit der CSU (Strauß); 7. eine latente, z. T. aber auch offene Ausländerfeindlichkeit etlicher Menschen quer durch alle Generationen und 8. das Wertesystem der von ihnen kennengelernten Jugendlichen.

Über die Verwertung des Materials herrscht bei allen drei augenblicklich große Unsicherheit. Da sie aber durch Vertrag an die sie finanzierende Stiftung gebunden sind, werden sie es letztlich, wenn auch wahrscheinlich mit Vorsicht, verwenden müssen. Höchstwahrscheinlich werden sensationsträchtige, den Antikommunismus in der BRD zumindest nicht eindämmende Manuskripte herauskommen. Da sie sich über die Konsequenzen, die das für ihre Beziehungen zur DDR haben wird, im klaren sind, fühlen sich alle drei in einem ziemlichen Dilemma. Für die DDR-Geschichtswissenschaft stellt das Unternehmen eine große Herausforderung dar, der wir nur durch eigene Projekte und Interpretationen aus marxistisch-leninistischer Sicht gerecht werden können.

Für den Rest der Zeit sind in allen drei Standorten (Eisenhüttenstadt, Bitterfeld und Karl-Marx-Stadt) von den einzelnen Mitgliedern der Gruppe noch Nachinterviews geplant. Ein Zeitplan ist noch nicht bekannt.

Nachwort

Wir, die Autoren, wollen dieses Buch nicht in die Welt gehen lassen, ohne denen, die seine Entstehung ermöglicht und mit Rat und Kritik begleitet haben, unseren Dank zu sagen. An erster Stelle stehen hier unsere Gesprächspartner, die oft weit über unsere Erwartung hinaus bereit waren, uns aus ihrem Leben zu erzählen und auf viele zusätzliche Fragen einzugehen. Sie alle treten hier nicht mit ihrem wirklichen Namen auf, denn wir haben ihnen zugesichert, bei Zitaten aus ihren Mitteilungen ihre Anonymität zu schützen, und gelegentlich haben wir auch andere Angaben zu diesem Zweck verändert; in zwei oder drei Fällen, in denen es sich um unverwechselbare sog. Personen der Zeitgeschichte handelte, mag uns das nicht immer gelungen sein, aber in diesen Fällen legten unsere Gesprächspartner auch keinen Wert auf ihre Anonymisierung. Wir haben zwar getreulich zitiert, aber wir haben unsere Interpretationen mit unseren Interviewpartnern nicht diskutiert; insofern liegt alle Last von Mißverständnissen und Fehlinterpretationen auf uns.

Daß die Interviewerhebung überhaupt möglich wurde, haben wir einer Genehmigung durch Erich Honecker zu verdanken. Entscheidend dafür dürfte die Fürsprache von Johannes Rau gewesen sein. Für die – unter den damaligen Verhältnissen – selten liberale Durchführung dieser Genehmigung waren Olaf Gröhler und Rolf Badstübner an der Akademie der Wissenschaften der DDR verantwortlich, und bei der ersten Anbahnung von Kontakten haben uns viele namenlose Partei- und Gewerkschaftsfunktionäre vor allem in Eisenhüttenstadt und Chemnitz geholfen, deren Freundlichkeit auch unter veränderten Verhältnissen nicht vergessen ist. Dasselbe gilt für die vielen Pfarrämter und Bediensteten der Volkssolidarität, die uns bei unserer Suche nach weiteren Gesprächspartnern unbürokratisch unterstützten. Bei der Feldarbeit und in mehreren nachfolgenden gemeinsamen Seminaren zur Interpretation der Ergebnisse haben uns Kollegen und Kolleginnen aus der DDR unterstützt und inspiriert, namentlich Jochen Czerny, Petra Clemens, Rainer Eckhardt, Wolfgang Herzberg, Peter Hübner, Jürgen Köhler, Jörn Schüttrumpf, Dagmar Semmelmann und Hartmut Zwahr.

Auf westlicher Seite haben wir viel institutionelle Förderung erfahren, vor allem durch die Volkswagen-Stiftung, die FernUniversität, das Wissenschaftskolleg zu Berlin, die Wiener Library an der Universität von Tel Aviv und durch das Kulturwissenschaftliche Institut im Wissenschaftszentrum Nordrhein-Westfalen. Einzelne Hinweise und Kritikmöglichkeiten von Kollegen und Kolleginnen wie Robin Ostow, Christoph Klessmann, Dieter Staritz und Wolfgang Zimmermann waren hier ebenso hilfreich wie die kritische Diskussion erster Auswertungen in Seminaren und Kolloquien u. a. in Basel, Berlin, Bielefeld, Bochum, Buffalo, N. Y., Cambridge, Mass., Essen, Hagen, Frankfurt, Köln, Milwaukee, München, Tel Aviv und Wien. Allen, die uns in diesen Diskussionen durch ihr Interesse und ihre Kritik geholfen haben, möchten wir unseren herzlichen Dank sagen.

Schließlich gehört unser Dank denen, die uns in Berlin, Hagen und Essen bei der Transkription der Interviews und der Ausfertigung der Interpretationen geholfen haben. Ohne die oft peinsame Geduld unseres Verlages und die konzeptionelle Mitwirkung und Kritik unseres Lektors Charles Schüddekopf wäre aus unseren Einzelansätzen kein Buch geworden. Sie alle und viele unserer Freunde, mit denen wir unser Projekt oder einzelne Interpretationen diskutierten, haben das Verdienst, uns zu diesem Buch ermutigt und seine Teile verbessert zu haben. Für seine Fehler und Schwächen sind allerdings nur wir verantwortlich.

Essen, Hagen, Leipzig L. N., A. v. P., D. W.